Instrumentação e Segurança de Barragens de Terra e Enrocamento

Usina Hidrelétrica Tucuruí (PA) - Foto: Eletronorte (divulgação)

    A Eletrobrás sabe o quanto a literatura técnica é importante. Determinados temas, a princípio dirigidos a públicos específicos, têm, na verdade, importância estratégica e, por isso, irradiam-se por toda a sociedade. *Instrumentação e segurança de barragens de terra e enrocamento*, do engenheiro João Francisco A. Silveira, é um exemplo desse tipo de obra e não foi por outro motivo que abraçamos o projeto aqui apresentado.

    Intimamente relacionada à atividade fim da Eletrobrás, a tecnologia, aqui descrita com rigor histórico, é esmiuçada e oferecida a todos aqueles que, de alguma forma, trabalham no setor elétrico. Destinada especificamente a técnicos, engenheiros, empresas públicas e construtoras de obras públicas, responsáveis por obras de geração e transmissão de energia, esta publicação, pelo assunto e pela qualidade, torna-se um instrumento a serviço do bem-estar para toda a população.

    Os conhecimentos aqui transmitidos, de forma didática, foram assimilados ao longo de décadas pelo autor e têm uma missão a cumprir no futuro: aperfeiçoar ainda mais a formação dos quadros técnicos que trabalham pelo desenvolvimento do País. Por isso, o Grupo Eletrobrás sente-se honrado em participar deste projeto.

Eletrobrás

João Francisco Alves Silveira

Instrumentação e Segurança de Barragens de Terra e Enrocamento

oficina de textos

© Copyright 2006 Oficina de Textos
1ª reimpressão 2013 | 2ª reimpressão 2015 | 3ª reimpressão 2021 | 4ª reimpressão 2023

CONSELHO EDITORIAL Arthur Pinto Chaves; Cylon Gonçalves da Silva;
Doris C. C. K. Kowaltowski; José Galizia Tundisi;
Luis Enrique Sánchez; Paulo Helene; Rozely Ferreira dos Santos;
Teresa Gallotti Florenzano

Assistência editorial: Ana Paula Ribeiro
Capa: Malu Vallim
Foto capa: © Randa Bishop/(Contact Press Images)
Diagramação: Anselmo Ávila
Preparação e revisão de textos: Ana Paula Ribeiro e Gislene de Oliveira
Preparação de figuras: Ana Karina R. Caetano e Mauro Gregolin

Dados Internacionais de Catalogação na Publicação (CIP)
(Câmara Brasileira do Livro, SP, Brasil)

Silveira, João Francisco Alves
Instrumentação e segurança de barragens de terra e enrocamento /
João Francisco Alves Silveira. –
São Paulo : Oficina de Textos, 2006.
Bibliografia.
ISBN 978-85-86238-61-1

1. Barragens de terra - Segurança   2. Enrocamentos
I. Título.

06-6083   CDD-627.8

Índice para catálogo sistemático:
1. Barragens de terra : Segurança : Engenharia civil   627.8
2. Enrocamento : Segurança : Engenharia civil   627.8

Todos os direitos reservados à **Oficina de Textos**
Rua Cubatão, 798
CEP 04013-003 – São Paulo – Brasil
Fone (11) 3085 7933
www.ofitexto.com.br   e-mail: atend@ofitexto.com.br

Agradecimentos

Inicialmente gostaria de expressar meus agradecimentos as quatro empresas que patrocinaram a publicação deste livro: GEOKON, empresa americana que atua na área de Instrumentação Geotécnica, ELETROBRÁS, ITAIPU BINACIONAL e CEEE – Cia Estadual de Energia Elétrica - Rio Grande do Sul. A todas elas, os meus mais sinceros agradecimentos.

Agradeço também a todas as empresas nas quais atuei, nas áreas de Instrumentação e Segurança de Barragens:

• IPT – Instituto de Pesquisas Tecnológicas de São Paulo, onde atuei no Departamento de Minas e Geologia Aplicada e iniciei na área de Instrumentação Geotécnica, em 1973.

• PROMON Engenharia S.A., onde trabalhei entre 1971/1972 e entre 1975/1994, na instrumentação das barragens de Itaipu, Água Vermelha, Três Irmãos, Rio Grande, Jacareí, Jaguari (Sabesp), Xingó, Dahmouni (Argélia) e Misbaque (Equador).

• ENGEVIX Engenharia, onde atuei entre 1996 e 2002 na instrumentação das barragens de Itá, Itapebi, Quebra-Queixo, Dona Francisca, Barra Grande e Monte Claro (CERAN).

• ITAIPU-BINACIONAL, onde atuo desde 1994 na supervisão e inspeção formal e análise da instrumentação da barragem principal e estrutura de desvio.

• CHESF – Companhia Hidro Elétrica do São Francisco, onde atuei na instrumentação das usinas hidrelétricas de Moxotó, Paulo Afonso I, II, III e IV, afetadas por RAA, assim como na re-instrumentação das usinas de Xingó, Moxotó, Paulo Afonso I, II, III e IV, Itaparica, Sobradinho e Boa Esperança, em 2005.

• CESP – Companhia Energética de São Paulo, onde atuei na análise da instru-

SEGURANÇA DE BARRAGENS NA ITAIPU BINACIONAL

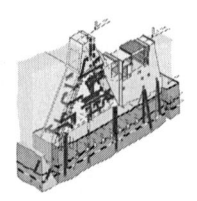

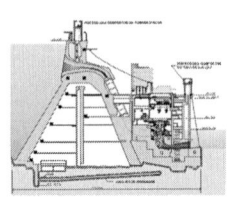

A usina hidrelétrica de Itaipu, com capacidade instalada de 14.000 MW, é responsável pelo suprimento de 22% das necessidades de energia do Brasil e 97% do Paraguai.

Os cuidados com a segurança das suas estruturas e com o reservatório são fundamentais. Afinal, a barragem, com altura máxima de 196 m, represa um volume total de 29 bilhões de metros cúbicos de água.

Em Itaipu, o controle da segurança da barragem é executado por engenheiros e técnicos especializados, que fazem inspeções visuais e análise e interpretação sistemática dos resultados das medições dos 2.383 instrumentos de auscultação. Tais instrumentos estão instalados nas estruturas e nas fundações da barragem. Eles permitem a emissão periódica de relatórios e pareceres técnicos contendo o laudo técnico sobre o desempenho das estruturas e recomendações para eventuais tomadas de medidas preventivas ou corretivas.

2.383 Instrumentos Instalados, 270 com leitura "on-line"	Inspeções Visuais Periódicas	6 Estações Sismográficas
Emissão de Pareceres Técnicos a cada 6 meses	Emissão de Relatórios Detalhados de Análise a cada 2 anos	Reunião com Board de Consultores Especiais a cada 4 anos

ITAIPU BINACIONAL

mentação e elaboração de análise de risco das estruturas civis das usinas hidrelétricas de Jupiá, Ilha Solteira, Três Irmãos, Paraibuna-Paraitinga e Jaguari, no período 2003 a 2006.

- CEMIG – Companhia Energética de Minas Gerais, onde participei da inspeção formal e análise da instrumentação das usinas hidrelétricas de São Simão, Três Marias, Nova Ponte, Volta Grande, Jaguara, Salto Grande, Peti, Bananal, Mosquito, Caraíbas, Salinas, Samambaia, Calhauzinho, Joasal, Marmelos e Paciência, de 1995 a 2004.

- CEEE – Companhia Energética Estadual – RS, onde atuei na inspeção formal e análise da instrumentação das usinas hidrelétricas de Dona Francisca, Itaúba e Passo Real.

- DUKE ENERGY, onde procedi ao detalhamento do plano de re-instrumentação das usinas hidrelétricas de Jurumirim, Chavantes e Capivara, e participo atualmente da análise da instrumentação das obras civis de Canoas I e Canoas II.

- INTERTECHNE Engenharia, onde atuei no projeto e na análise da instrumentação das usinas hidrelétricas de Salto Caxias e Cana Brava.

- ODEBRECHT – SONDOTÉCNICA, onde atuei na inspeção formal e no projeto de instrumentação da barragem de concreto de Matala, em Angola, afetada por RAA.

- CBA – Companhia Brasileira de Alumínio, onde atuei na inspeção formal e na elaboração do plano de instrumentação das usinas hidrelétricas de França, Fumaça, Serraria, Barra, Alecrim, Porto Raso, Iporanga e Itupararanga.

- SANEAGO – Companhia de Saneamento de Goiás, onde atuei na revisão do plano de instrumentação e análise de risco da barragem de João Leite.

Gostaria de agradecer à minha família, particularmente à minha esposa, Marlene Crepaldi Silveira, pela compreensão e pelo apoio durante a elaboração deste livro. Não poderia deixar de expressar meus agradecimentos à estagiária Carla Mariana da Costa, que freqüenta o 4º ano de Engenharia Civil, da Escola de Engenharia de São Carlos - USP, pela revisão do texto de todos os capítulos, assim como pelo trabalho de preparação dos arquivos eletrônicos de todas as fotos e figuras deste livro.

Apresentação

O livro de João Francisco Alves Silveira, *Instrumentação e segurança de barragens de terra e enrocamento*, que tenho a oportunidade de ler em primeira mão, remete-nos a algumas reflexões essenciais.

A primeira é a importância de documentar em livro, em um texto único, toda informação publicada em fragmentos, como anais de congressos, revistas especializadas e inúmeros CDs. O trabalho de João Francisco de reunir essa informação, de forma aprazível e precisa, é referência para todos aqueles que se dedicam a projetar, instrumentar, construir e analisar o desempenho das barragens de terra e enrocamento.

A segunda é que as barragens são obras de vida longa, que envelhecem com o passar dos anos, precisam ser conservadas, e, periodicamente, reavaliadas quanto à segurança. Nesse aspecto, a instrumentação ocupa um lugar de destaque.

Na década de 1950, quando teve início a construção dos grandes aproveitamentos hidrelétricos brasileiros, talvez não houvesse ainda a consciência de que os piezômetros, as células de pressão e de recalques das barragens tivessem de ser projetados e instalados para durarem 20, 30, 50 anos.

Por outro lado, nesses últimos 50 anos, a tecnologia relacionada à instrumentação de barragens vem se modificando e se aperfeiçoando, como é mostrado em detalhe em cada capítulo deste livro e com a acuidade de um pesquisador como João Francisco, que discute e documenta com exemplos e performances de cada tipo de piezômetro, de medidores de recalque, de extensômetros, de células de pressão total, de inclinômetros e medidores de vazão, além dos problemas de cabos, tubulações, fibras óticas e outros meios de levar por centenas de metros os registros dos instrumentos às caixas de leitura. E "sonha", no final, com as instrumentações sem cabos, e até com controle remoto, equipadas com baterias de longa duração, não sujeitas à ação de campos magnéticos e descargas atmosféricas.

Passando do geral ao particular, chamaram a minha atenção alguns relatos de obras e de medidas de grandeza que gostaria de destacar.

No Capítulo 3, são apresentados dados de piezometria que permitem avaliar a evolução das redes de percolação que se estabelecem nos maciços compactados e nas fundações das barragens. Confirma-se o fato, de difícil previsão, de que nossos solos compactados, embora não saturados e de baixa permeabilidade, e com pressões neutras construtivas em geral muito pequenas, alcançam um estado de equilíbrio de fluxo em um período de dois a três anos.

A seguir, Silveira discute as variações das permeabilidades nas fundações das barragens, com variações para menos nos trechos centrais, e para mais nas proximidades dos pés dos taludes, e o seu reflexo no fluxo subterrâneo e nos sistemas internos de drenagem.

No Capítulo 6, o autor dá especial importância à instrumentação dirigida para registrar pressões totais e de poros, em núcleos delgados de barragens de enrocamento, bem como em trincheiras de fundação em vales fechados rochosos, voltados ao problema do arqueamento, responsável por vários acidentes em barragens.

Nos capítulos seguintes, discute em detalhes a instrumentação destinada a medidas de deslocamentos verticais e, principalmente, horizontais, tanto no sentido longitudinal como transversal das barragens, responsáveis pelos estados de compressão e tração que se estabelecem nos maciços de terra e enrocamento.

Apresenta em detalhes as medidas feitas em duas barragens na Áustria, Gepatsch – de 153 metros, de enrocamento com núcleo de terra, em que foram instalados 32 piezômetros e 52 células de pressão total – e Finstertal – enrocamento com núcleo delgado de asfalto, em que foram instaladas 83 células de pressão total.

Ainda no tema de pressões, totais a obra mostra que os drenos verticais de areia formam verdadeiras paredes rígidas dentro dos aterros compactados e que devem, por isso, ser substituídos por drenos inclinados em barragens com mais de 25 a 30 metros de altura, como já defendido por Victor de Mello em sua Rankine Lecture.

Nos Capítulos 8 e 10, João Francisco fornece dados sobre recalques e deslocamentos horizontais medidos em fundações e nos maciços compactados de solos e enrocamento das barragens. Nas tabelas desses capítulos, a diferença entre valores medidos e previstos representa as dificuldades de se prever tais grandezas, mesmo dispondo de recursos sofisticados de cálculos.

E, para o meu deleite, que, nos últimos 35 anos, leciono Fluxo em Meios Contínuos e Descontínuos na Escola Politécnica da USP, encontro nos Capítulos 12 e 13 as medidas de vazões nos maciços, principalmente nas fundações das barragens de terra de enrocamento e de face de concreto.

Vazões de 0,5 a 3,0 litros/minuto/metro em barragens de terra e enrocamento com núcleo e de até 20 litros/minuto/metro em barragens de enrocamento com face de concreto são valores de controle. Se excedidos, deve-se identificar a causa e procurar corrigi-la.

Esses são apenas alguns destaques dentre muitos relatados pelo autor. Parabéns!

Prof. Paulo Teixeira da Cruz
Consultor em Geotecnia
Autor de *Cem Barragens Brasileiras*

Energia gaúcha, tchê!

Barragem Passo Real, que represa as águas do rio Jacuí, é a mais longa do Rio Grande do Sul.

Nas últimas seis décadas, a Companhia Estadual de Energia Elétrica (CEEE) e seus profissionais aplicaram as mais modernas tecnologias e conhecimentos para erguer um vigoroso parque gerador de energia. Iniciado com a PCH Passo do Inferno, concluída em 1948, o atual conjunto é formado por 16 usinas hidrelétricas com capacidade para produzir quase mil megawatts.
Na bacia do rio Jacuí, estão assentadas as maiores unidades: Itaúba (500 MW), Engenheiro Leonel Brizola - Jacuí (180 MW), Passo Real (158 MW) e Dona Francisca (125 MW). Para sustentar a produção das quatro unidades, a CEEE construiu a barragem Passo Real, tipo gravidade - enrocamento com núcleo de argila, de 58 metros de altura e 3.850 metros de extensão, formando um reservatório de 248,82 km².
No Rio Grande do Sul, a energia da CEEE também combina com o sotaque.

CEEE
COMPANHIA ESTADUAL
DE ENERGIA ELÉTRICA - RS

Sumário

Introdução 17

1 O Planejamento dos Programas de Monitoração Geotécnica 21
1.1 Definição das condições do empreendimento 22
1.2 Definição das questões geotécnicas e dos objetivos da instrumentação 22
1.3 Seleção dos parâmetros a serem monitorados 23
1.4 Previsão do campo de variação das medidas 23
1.5 O planejamento de ações corretivas 25
1.6 Atribuição de tarefas nas fases de projeto, construção e operação 25
1.7 Seleção dos instrumentos de auscultação 29
1.8 Localização dos instrumentos 31
1.9 Registro dos fatores que podem influenciar os dados medidos 35
1.10 Estabelecimento dos procedimentos básicos para assegurar a precisão das leituras 35
1.11 Preparo do orçamento 36
1.12 Preparo das especificações e lista de materiais para aquisição 37
1.13 Planejamento da instalação 37
1.14 Manutenção periódica e eventual calibração 37
1.15 Planejamento das etapas desde a aquisição até os relatórios 39
1.16 Orçamento atualizado 39

2 Desempenho e Características dos Instrumentos de Medida 40
2.1 Introdução 40
2.2 Características dos instrumentos 41
2.3 Erros de leitura 47

3	**Piezometria – Instrumentos de Medida**	50
3.1	Diferença entre poropressão e nível freático	50
3.2	Poropressões positiva e negativa	51
3.3	Pressão intersticial do gás	52
3.4	Poropressão *versus* subpressão na fundação	53
3.5	Piezômetros *standpipe*	56
3.6	Tempo de resposta dos piezômetros *standpipe*	61
3.7	Proteção dos piezômetros *standpipe* durante o período construtivo	63
3.8	Piezômetros hidráulicos de dupla tubulação	64
3.9	Piezômetros pneumáticos	66
3.10	Piezômetros de resistência elétrica	67
3.11	Piezômetros de corda vibrante	70
3.12	Piezômetros de fibra óptica	73
3.13	Cuidados com a cablagem dos instrumentos	77
3.14	Piezômetros sem cabos	79
3.15	Piezômetros tipo multinível	80
3.16	Desempenho dos piezômetros em condições reais de obra	82
4	**Observações Piezométricas em Barragens**	86
4.1	Observações durante o período construtivo	86
4.2	Observações durante o período de enchimento do reservatório	92
4.3	Evolução das redes de fluxo através dos aterros compactados	98
4.4	Anomalias observadas no núcleo das barragens de enrocamento	101
4.5	Eficiência dos dispositivos de drenagem	106
4.6	Eficiência dos dispositivos de vedação	108
4.7	Influência da compressibilidade do solo nas variações de permeabilidade da fundação	114
4.8	Barragens afetadas por *sinkholes*	120
5	**Medição das Pressões Internas em Maciços de Barragens**	129
5.1	Pressão total *versus* pressão efetiva	130
5.2	Arranjo das células de pressão total	131
5.3	Células de pressão embutidas no aterro	132
5.4	Células de pressão na interface solo-concreto	137
5.5	Fatores que afetam a medição de pressão total	142
5.6	Procedimentos de instalação	146
5.7	Pressões aplicadas pelos equipamentos de compactação	150
5.8	Profundidade recomendada para a instalação das células em aterros	154
6	**Pressões Medidas em Barragens de Terra e os Procedimentos de Análise**	156

6.1	Processamento e apresentação dos dados	157
6.2	Tensões observadas na base do aterro	164
6.3	Tensões nas proximidades do filtro vertical	167
6.4	Tensões no núcleo das barragens de enrocamento	173
6.5	Tensões junto às paredes de cânions profundos	181
6.6	Tensões sobre galerias enterradas	186
6.7	Tensões na interface solo-concreto dos muros de ligação	194
7	**A Medição de Recalques em Barragens de Terra ou Enrocamento**	**203**
7.1	Introdução	203
7.2	Medidores de recalque instalados verticalmente	204
7.3	Medidores de recalque instalados horizontalmente	210
7.4	Marcos de deslocamento superficial	218
8	**Observação e Análise de Recalques em Barragens**	**224**
8.1	Recalques da fundação	224
8.2	Recalques durante o período construtivo	226
8.3	Recalques pós-construção e a sobreelevação da crista	234
8.4	Recalques diferenciais e a fissuração de barragens	235
8.5	Solos colapsíveis de fundação	240
8.6	Recalques das barragens de enrocamento	242
9	**A Medição de Deslocamentos Horizontais**	**250**
9.1	Introdução	250
9.2	Extensômetros múltiplos horizontais	253
9.3	Inclinômetros	257
9.4	Cadeia de inclinômetros fixos (In Place Inclinometer)	264
9.5	Eletroníveis	266
9.6	Fita de cisalhamento	268
9.7	Marcos superficiais	270
9.8	Sistema de posicionamento global (GPS)	272
10	**Observação e Análise de Deslocamentos Horizontais**	**274**
10.1	Introdução	274
10.2	Controle das velocidades dos deslocamentos horizonais	275
10.3	Comparação com os deslocamentos previstos	277
10.4	Comparação com os deslocamentos observados em obras similares	286
10.5	Detecção de trechos com movimentos cisalhantes pronunciados	288
10.6	Detecção de trechos com movimentos cisalhantes concentrados na fundação da barragem de Água Vermelha	290

11	**Medição de Zonas de Distensão - Extensômetros para Solo**	294
11.1	Introdução	294
11.2	A medição das deformações internas com extensômetros	295
11.3	A medição das deformações longitudinais na crista da barragem	298
11.4	Exemplos práticos da instalação de extensômetros para solo em barragens de enrocamento	302
11.5	As deformações observadas na crista das barragens de enrocamento	309
12	**A Medição de Vazões e o Controle de Materiais Sólidos Carreados**	312
12.1	Introdução	312
12.2	A importância das medições de vazão	312
12.3	A medição de vazão por meio de técnicas expeditas	314
12.4	O emprego dos medidores triangulares de vazão	315
12.5	O emprego dos medidores retangulares de vazão	319
12.6	O emprego dos medidores trapezoidais de vazão	322
12.7	O emprego de calha tipo Parshall	324
12.8	A locação dos medidores de vazão - aspectos de projeto	325
12.9	A automação dos medidores de vazão	328
12.10	O controle de materiais sólidos carreados	329
13	**Resultados Práticos e Métodos de Análise das Vazões de Drenagem**	332
13.1	A medição das vazões em superfície	332
13.2	A medição das vazões em subsuperfície	334
13.3	O controle das surgências d'água	335
13.4	Métodos de análise das vazões e resultados práticos	337
13.5	Materiais sólidos carreados	349
13.6	A importância da automação na detecção de aumentos súbitos de vazão	353
14	**Proteção dos Instrumentos Elétricos de Corda Vibrante contra Sobretensão**	357
14.1	Introdução	357
14.2	Histórico de casos	358
14.3	Tipos de danos provocados por sobretensão	359
14.4	Sistemas de proteção recomendados	361
14.5	Conclusões	364
15	**Cabines de Instrumentação: Tipos, Objetivos e Recomendações**	366

Apêndice A – Freqüências de Leitura dos Instrumentos de Auscultação ... 377

Apêndice B – Relação de Fornecedores de Instrumentação ... 380

Referências Bibliográficas ... 385

Barragem Erthan

A Geokon localiza-se em Lebanon, New Hampshire, EUA, e opera mundialmente. A companhia foi fundada em 1979 e atualmente tem mais de 70 empregados. No decorrer dos anos, a Geokon tornou-se uma das empresas líderes de projeto e fabricação de uma ampla gama de instrumentos geotécnicos de alta qualidade. A Geokon destaca-se por ter desenvolvido, com inovação e experiência, uma linha de sensores de corda vibrante sem comparação no mundo todo. Esses equipamentos de alta confiança muito contribuíram para a crescente aceitação da tecnologia de corda vibrante como a melhor na monitoração de barragens.

Geokon, Incorporated is located in Lebanon, New Hampshire, USA and operates on a worldwide basis. The company was founded in 1979 and currently has over 70 employees. Over the years, Geokon has emerged as one of the leading designers and manufacturers of a broad range of high quality geotechnical instrumentation. In particular, Geokon, through innovation and experience, has developed a line of vibrating wire sensors unsurpassed anywhere in the world. These highly reliable devices have contributed in no small way to the growing worldwide acceptance of vibrating wire technology as the best for dam monitoring applications.

Barragem Olivenhein

GEOKON
www.geokon.com

Introdução

> *Experience gained from incidents on dams should be brought to the knowledge of the engineering world. They teach valuable lessons for further surveillance, maintenance and construction of dams.*
>
> Gruner

Em 1853, medições topográficas foram realizadas na barragem em cantaria (*masonry*) de Grosbois, na França, construída entre 1830 e 1838, para a observação dos deslocamentos da crista. Essa barragem havia apresentado inúmeros problemas desde o início do enchimento do reservatório em 1838 e teve que ser reforçada em mais de uma ocasião. Sendo assim, a partir de 1853, medições topográficas tornaram-se prática comum em barragens em cantaria.

No final do século XIX, piezômetros foram empregados na Índia, para se estudar as condições de percolação na fundação de barragens para irrigação, construídas em materiais aluvionares. Em 1907, esse tipo de instrumento foi empregado por engenheiros na Inglaterra, para a determinação da superfície freática em uma barragem homogênea. De 1917 em diante, piezômetros passaram a ser empregados nos Estados Unidos em barragens de terra. Modificações e adaptações nesse equipamento levaram ao projeto de células de pressão para a medição da pressão neutra.

Em 1916, nos Estados Unidos, Roy Carlson projetou um aparelho para a medição da pressão em barragens de terra e concreto, por meio de um sensor que consistia na distensão de um fio. O aparelho media as variações de resistência elétrica do fio em relação aos movimentos de dois pontos de ancoragem, empregando uma ponte de Wheatstone. O elemento sensível era uma fina película de mercúrio que preenchia uma almofada, na qual a deflexão de uma das membranas era medida. Em 1922, também nos Estados Unidos, foi lançado um grande programa de instrumentação de barragens em arco, para uma melhor compreensão do comportamento desse tipo de estrutura, tendo por objetivo reduzir custos e aumentar sua segurança. Fissurômetros e inclinômetros foram utilizados para a medição das deformações internas do concreto, com instrumentos elétricos confeccionados com sensores de resistência elétrica.

Outro importante marco no campo da instrumentação está representado por André Coyne, quando, em 1931, na França, obteve patente para um sensor de corda vibrante, então designado de indicador acústico. Na seqüência, um total de 17 extensômetros de corda vibrante foi instalado na barragem em arco de Bromme (1930-1932), construída sobre o rio Truyère. Mas o primeiro grande programa de auscultação foi desenvolvido para a barragem de Marèges, na França (1932-1935), na qual 78 extensômetros foram instalados no corpo da barragem em arco e 40 outros, nas ombreiras. Desde então, esse tipo de sensor, que deu origem a uma grande variedade de instrumentos, tem sido utilizado em um grande número de barragens, em vários países.

No Brasil, a instrumentação de barragens de terra e enrocamento ganhou particular impulso a partir de 1950, conforme se observa no gráfico a seguir, no qual se apresentam os resultados de um total de 87 barragens de terra e enrocamento construídas e instrumentadas até 1995.

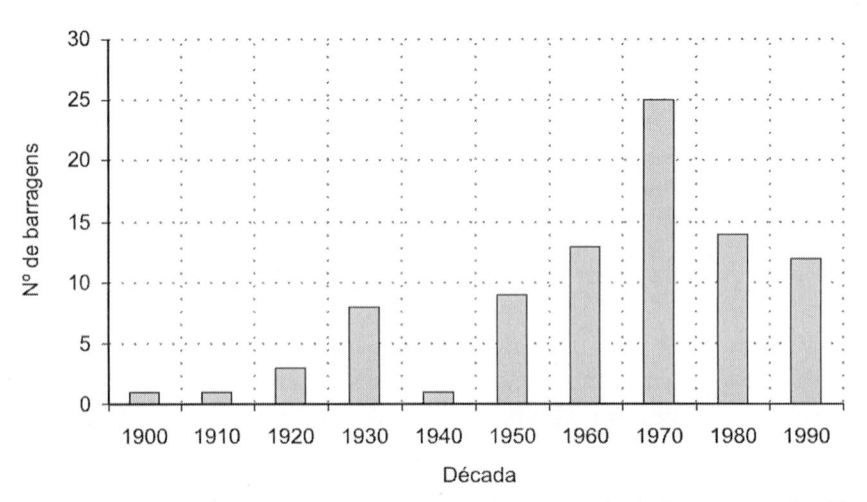

Barragens de terra e enrocamento instrumentadas no Brasil

Fonte: Boletim final da Comissão de "Auscultação e Instrumentação de Barragens no Brasil". II Simpósio sobre Instrumentação de Barragens, realizado pelo CBDB. Belo Horizonte, 1996. v. 1.

Desse total de 87 barragens de terra e enrocamento instrumentadas, 84% foram construídos a partir de 1950, época em que se passou a construir um grande número de usinas hidrelétricas, empregando-se estruturas cada vez maiores e situadas em locais com grande diversidade e complexidade geológico-geotécnica – o que exigiu projetos mais elaborados e maior atenção e cuidados na concepção dos planos de instrumentação dessas barragens, objetivando uma boa supervisão de suas condições de segurança.

A partir da década de 1970, passou-se a confeccionar-se em nosso País uma grande diversidade de instrumentos para a auscultação de barragens de terra e enrocamento, dentre os quais se destacam novos tipos de medidores de recalque; piezômetros elétricos, hidráulicos e pneumáticos; células de pressão total; marcos superficiais; alguns acessórios para inclinômetros e medidores de vazão. Ressaltaram-se nessa área a atuação do Instituto de Pesquisas Tecnológicas de São Paulo (IPT) e a do Laboratório Central da Companhia Energética de São Paulo (Cesp), em Ilha Solteira, pela qualidade, diversidade e confiabilidade dos instrumentos confeccionados na época, o que permitiu a substituição de muitos dos instrumentos de auscultação, que até então eram importados, e possibilitou a instrumentação, dentro de bons padrões de qualidade, de muitas das barragens construídas na época. Esse desenvolvimento na confecção de instrumentos nacionais decorreu das dificuldades e dos longos prazos necessários à importação durante o regime militar no Brasil. Instrumentos de concepção mais rebuscada e envolvendo princípios eletrônicos ou materiais especiais, como os piezômetros de corda vibrante e inclinômetros dotados de servo-acelerômetros, continuaram a ser importados normalmente, o que exigiu um bom planejamento na fase de projeto.

Nessa época de grande importância para a instrumentação de barragens, o autor, em 1973, inicia suas atividades nessa área, tendo a oportunidade de participar, nesses 33 anos de experiência, da elaboração do plano de instrumentação ou da análise dos dados da instrumentação das barragens de terra e enrocamento de Marimbondo, Água Vermelha, Três Irmãos, Jacareí, Jaguari (Sabesp), Promissão, Xingó, Dahmouni (Argélia), Misbaque (Equador), Itá, Itapebi, Quebra-Queixo, Morro do Ouro, São Simão, Jaguará, Três Marias, Volta Grande, Itauba, Passo Real, dentre outras.

Este livro trata da instrumentação de barragens de terra ou enrocamento e objetiva preencher uma lacuna que há em nosso meio técnico, procurando sintetizar a experiência do autor em algumas dezenas de barragens instrumentadas e também em inúmeros trabalhos técnicos apresentados na área, mais particularmente nos Seminários Brasileiros de Grandes Barragens, nos Simpósios Brasileiros sobre Pequenas e Médias Centrais Hidrelétricas, no I Simpósio sobre Instrumentação de Barragens, realizado no Rio de Janeiro, em 1989, e no II Simpósio sobre Instrumentação de Barragens, realizado em Belo Horizonte, em 1996.

O Cap. 1, intitulado "O Planejamento dos Programas de Monitoração Geotécnica", aborda a seleção dos instrumentos, a previsão dos campos de leitura, as atribuições das tarefas de instrumentação nas fases de projeto, construção e operação de uma barragem etc. No Cap. 2, trata-se do desempenho e das características dos instrumentos de medição, conceituando-se o que é conformidade, acurácia, precisão, resolução, campo de leitura, repetibilidade etc.

Nos Caps. 3 a 13, apresentam-se os vários tipos de medição realizados em barragens de terra e enrocamento, de modo que cada um dos tipos é abordado em dois capítulos distintos. No primeiro deles, destacam-se os diversos instrumentos utilizados na sua medição, suas características básicas, suas vantagens e desvantagens, além de fotos e esquemas, comentando os procedimentos usuais de instalação. No capítulo subseqüente, aborda-se a forma de apresentação e análise dos dados obtidos, separadamente para os períodos construtivo, fase de enchimento do reservatório e operação, buscando-se ilustrar com casos práticos de barragens brasileiras. Procura-se destacar as várias formas de representação dos resultados obtidos, suas diferentes formas de análise, comparações entre valores medidos e teóricos e a evolução dos parâmetros medidos ao longo do tempo.

No Cap. 14, aborda-se a proteção dos instrumentos de corda vibrante contra descargas atmosféricas, enquanto que no Cap. 15 se apresentam os vários tipos de cabines de leitura empregadas na instrumentação de barragens de terra ou enrocamento, e se pode observar como se deu a evolução das mesmas em nosso meio técnico, particularmente a partir da década de 1970. A seguir, apresentam-se as referências bibliográficas, classificadas por tipo de instrumento.

Nos Apêndices A e B, apresentam-se sugestões sobre as freqüências de leitura da instrumentação de barragens de terra e enrocamento durante o período construtivo, a fase de enchimento do reservatório e a operação, assim como uma relação de fabricantes de instrumentação nacionais e estrangeiros.

1 O Planejamento dos Programas de Monitoração Geotécnica

> *When you can measure what you are speaking about, and express it in numbers, you know something about it, but when you cannot measure it, when you cannot express it in numbers, your knowledge is of a meagre and unsatisfactory kind; it may be the beginning of knowledge, but you have scarcely, in your thoughts, advanced to the stage of science, whatever the matter may be.*
>
> Lord Kelvin

Planejar um programa de monitoração utilizando instrumentação geotécnica é similar a outros projetos de Engenharia. Um projeto típico de Engenharia começa com a definição de um objetivo e se processa por meio de uma série de passos lógicos até a preparação dos desenhos, especificações e lista de materiais. Similarmente, a tarefa de planejar um programa de monitoração deve ser um processo lógico e compreensivo, que tem início com a definição de um objetivo e termina com o planejamento de como os parâmetros a serem medidos serão implementados.

Infelizmente, há uma tendência entre alguns engenheiros e geólogos em proceder de maneira ilógica, algumas vezes selecionando os instrumentos e realizando as medições para, somente então, pensar o que fazer com os dados obtidos. Franklin (1977) indica que um programa de monitoração é uma corrente com vários elos potencialmente fracos que se rompem com maior facilidade e freqüência, do que na maioria dos trabalhos em Engenharia Geotécnica.

Planejamento sistemático requer especial empenho e dedicação da equipe responsável. O planejamento deve ser feito por um grupo com especialista em aplicações de instrumentação geotécnica. Reconhecendo que a instrumentação é apenas uma ferramenta e não uma solução, esse grupo deve ser capaz de trabalhar em íntima colaboração com a equipe de projeto. O autor teve a oportunidade de trabalhar mais de 20 anos com a equipe de projeto de barragens da Promon Engenharia, em São Paulo, tendo chefiado o projeto de instrumentação das barragens de Água Vermelha e Três Irmãos, da Cesp; Barragem Principal de Itaipu; barragens de Jacareí e Jaguari, da Sabesp; UHE's de Moxotó e Xingó, da Chesf; barragens de Dahmouni e Beni Haroun, na Argélia; barragem de Misbaque, no Equador, dentre outras. Nesses projetos foi de relevante importância o entrosamento com as equipes de Geologia e de Geotecnia – na instrumentação das fundações e das barragens de terra – e com a equipe de estruturas – na instrumentação das barragens de concreto.

O planejamento deve ser feito segundo os itens a seguir apresentados, e todas as etapas completadas, se possível, antes que os trabalhos de instrumentação sejam iniciados no campo, conforme assinalado por Dunnicliff (1993).

1.1 Definição das condições do empreendimento

Se o engenheiro ou geólogo responsável pelo planejamento do programa de instrumentação está familiarizado com o empreendimento, esta etapa é usualmente desnecessária. Entretanto, se o programa é planejado por outros, é importante se familiarizar com as condições da obra, como, por exemplo, o tipo de empreendimento e o arranjo geral das estruturas, a estratigrafia e as propriedades dos materiais de subsuperfície, as condições do nível freático, as condições das estruturas circunvizinhas, as condições ambientais no local e o método de construção planejado. Se o programa de monitoração foi concebido de modo que auxilie na descoberta das causas de situações críticas, todo conhecimento disponível deve também ser assimilado.

1.2 Definição das questões geotécnicas e dos objetivos da instrumentação

Todo instrumento em um empreendimento deve ser selecionado e instalado para responder a questões específicas: se não há perguntas, não deve haver instrumentação. Antes de indicar os métodos de medição propriamente ditos, deve ser feita uma lista das questões geotécnicas que provavelmente surgirão durante as fases de projeto, construção ou operação. Toda barragem de grande porte, e mesmo algumas de pequeno, possuem pontos mais suscetíveis a problemas na fundação, em decorrência de anomalias geológicas ou, então, pontos de fraqueza estrutural na interface das estruturas de solo/concreto ou solo/enrocamento, os quais requerem, normalmente, uma instrumentação específica para a observação de seu desempenho a longo prazo.

A instrumentação não deve ser utilizada, a não ser que haja uma razão lógica para tal. Peck (1984) estabelece que "os usos legítimos da instrumentação são tantos, e as questões que os instrumentos e as observações podem responder são tão vitais, que não se deve promover seu descrédito, utilizando-os impropriamente ou desnecessariamente".

1.3 Seleção dos parâmetros a serem monitorados

Os parâmetros a serem medidos incluem a pressão da água nos poros, a pressão da água na rocha de fundação, as pressões totais, os recalques, os deslocamentos horizontais, as cargas e a tensão nos elementos estruturais, a temperatura, as vazões de drenagem, os materiais sólidos careados etc. A questão a ser respondida é: quais parâmetros são mais importantes?

Variações nas grandezas a serem medidas podem resultar tanto de causas como de efeitos. Por exemplo, o parâmetro de interesse primário em um problema de estabilidade de talude é normalmente a deformação, que pode ser considerada um *efeito* do problema, mas a *causa* está, freqüentemente, associada às condições de pressão neutra no solo. Monitorando, nesse caso, tanto causa como efeito, uma relação entre os dois parâmetros pode ser desenvolvida e ações podem ser tomadas para remediar qualquer efeito indesejado por meio da atenuação da causa.

A maioria das medições de pressão, esforços, cargas, tensões e temperaturas é influenciada por condições pertencentes a uma zona muito pequena e é, portanto, dependente das características locais dessa região. São, em geral, medidas essencialmente pontuais, sujeitas a qualquer variação na geologia ou outras características, e podem, portanto, não representar características em grande escala. Quando este é o caso, um grande número de pontos de medida pode ser requerido antes que se possa confiar nos dados. Por outro lado, vários instrumentos que medem deformação respondem a movimentos dentro de uma zona grande e representativa. Dados obtidos de um único instrumento podem, sim, ser representativos, e medidas de deformação são, geralmente, as mais confiáveis e menos ambíguas, por serem de mais fácil medição.

1.4 Previsão do campo de variação das medidas

Previsões são necessárias para que o tipo de instrumento e a sensibilidade ou precisão requeridos possam ser selecionados adequadamente. Uma estimativa do valor máximo previsto de ser medido, ou do valor máximo de interesse, conduz à seleção de uma determinada categoria de instrumentos. Essa estimativa normalmente exige um substancial julgamento e experiência do engenheiro, mas, ocasionalmente, pode ser feita com um simples cálculo, como é o caso da máxima pressão da água nos poros em uma fundação argilosa, ao longo da linha de centro de uma barragem.

Uma estimativa do mínimo valor de interesse conduz à seleção da sensibilidade ou precisão do instrumento. Há uma tendência de buscar desnecessariamente alta precisão, quando, na realidade, alta precisão deve ser sacrificada em prol da confiabilidade, quando essas conflitam entre si. Alta precisão está, geralmente, vinculada à delicadeza e fragilidade. Em alguns casos, alta precisão pode ser necessária: quando pequenas variações na grandeza medida são importantes, ou quando há somente um pequeno tempo disponível para definir tendências, por exemplo, ao se estabelecer a taxa de escorregamento por meio dos dados de um inclinômetro. Estudos paramétricos podem ser realizados com a ajuda de um computador, para auxiliar no estabelecimento da categoria, precisão e sensibilidade dos instrumentos.

Se as medições de controle de barragens envolvem questões de segurança, uma predeterminação dos valores numéricos deve ser feita para que possam indicar a necessidade de ações corretivas. Esses valores numéricos são expressos, freqüentemente, em termos de taxa de alteração das medidas ao invés de valores absolutos. Em suas diretrizes para o método observativo, Peck (1969a) inclui:

• seleção dos parâmetros a serem observados e cálculo dos seus valores antecipados, com base nas hipóteses de projeto;

• cálculo dos valores dos mesmos parâmetros, submetidos às condições mais desfavoráveis de carregamento.

O primeiro dos passos anteriores permite que qualquer anomalia seja detectada, e ambos os passos permitem a determinação do nível de advertência de perigo. O nível de advertência de perigo deve ser baseado em critérios de desempenho claramente definidos – por exemplo, o recalque diferencial máximo ao longo da crista da barragem para evitar fissuras transversais. Também pode basear-se em um julgamento sólido do engenheiro, conduzido pela avaliação geral do comportamento do solo e dos mecanismos de problemas em potencial ou de eventuais falhas. Quando em dúvida, vários níveis de advertência de perigo devem ser estabelecidos. No Quadro 1.1, mostra-se um exemplo hipotético de níveis de advertência de perigo e ações contingentes, para a monitoração dos taludes em uma mina a céu aberto.

Quadro 1.1 *Exemplo de níveis de advertência de perigo*

Nível de advertência	Critério	Ação
1	Movimentação maior que 10 mm em qualquer estação topográfica	Informar ao gerente da mineração
2	Movimentação maior que 15 mm em duas estações adjacentes; ou velocidade superior a 15 mm por mês em qualquer estação	Contato verbal e reunião no canteiro, seguidos de relatório impresso com recomendações
3	Movimentação maior que 15 mm mais aceleração em qualquer uma das estações	Inspeção imediata do local pelo engenheiro consultor, reunião local e implementação de medidas corretivas (segundo plano de contingências)

Fonte: Franklin, 1977.

O conceito de nível de advertência de perigo, que pode ser assinalado pelas cores verde, amarelo e vermelho, também é útil. Verde indica que tudo está bem; amarelo indica a necessidade de medidas de precaução, incluindo um aumento na freqüência de leitura dos instrumentos; e vermelho indica a necessidade de implementação de ações corretivas, rapidamente.

1.5 O planejamento de ações corretivas

Inerente ao uso da instrumentação para propósitos construtivos, é imperativo decidir, antecipadamente, por um método efetivo para solucionar qualquer problema que possa ser revelado pelos resultados das observações (Peck, 1973). Se as observações podem mostrar a necessidade de ações corretivas, estas devem ser baseadas preferencialmente em planos previstos. Vários níveis de advertência de perigo devem ser estabelecidos, cada um requerendo um plano de ação apropriado. O planejamento deve assegurar que serviços e materiais requeridos estarão disponíveis, para que as ações corretivas possam ser implementadas com o mínimo atraso aceitável, e o grupo responsável pela análise dos dados da instrumentação tenha autoridade contratual para iniciar as ações corretivas.

Na fase de enchimento do reservatório, por exemplo, deve-se prever, em toda barragem de porte, a disponibilidade de equipamentos para a execução de sondagens à percussão e para a execução de injeções de cimento na fundação, no caso da necessidade de reforço da cortina de drenagem ou da cortina de injeção, tendo por base as informações transmitidas pela instrumentação. Também alguns instrumentos sobressalentes são úteis nessa fase, para complementar o plano de instrumentação original em regiões de interesse. Dentre esses instrumentos, incluem-se, particularmente, alguns piezômetros tipo *standpipe* e alguns medidores triangulares de vazão.

Um canal de comunicação deve ser mantido entre as equipes de projeto e de construção, para que ações corretivas possam ser discutidas a qualquer momento, do modo mais ágil possível. Um empenho especial é freqüentemente exigido para manter esse canal aberto, porque as duas equipes, às vezes, evitam uma comunicação franca e também porque o contrato do projeto pode ter terminado. Preparativos devem ser realizados para estabelecer como as partes serão informadas das ações corretivas planejadas.

1.6 Atribuição de tarefas nas fases de projeto, construção e operação

Quando da atribuição de tarefas em um plano de auscultação, a parte com o maior interesse nos dados deve receber a responsabilidade de supervisioná-los, assegurando que sejam obtidos com a maior precisão possível. Enfatiza-se nesse ponto a importância em manter a empresa projetista em íntima colaboração com a equipe de instrumentação de campo, visto que, nas fases de construção, enchimento do reservatório e operação, é de relevante importância a participação de técnicos da empresa projetista, subsidiando os especialistas na área de auscultação, para agilizar a análise preliminar dos dados, providenciar uma rápida comparação com os valores teóricos, ajudar a esclarecer comportamentos anômalos ou discrepâncias entre os valores teóricos e medidos, propor o estudo de eventuais medidas corretivas etc.

As várias tarefas envolvidas para completar com sucesso um programa de monitoração, além da escolha dos participantes disponíveis para desempenhá-las, estão no Quadro 1.2. É útil completar esse quadro durante o estágio de planejamento, com a indicação da parte responsável de cada tarefa.

Quadro 1.2 *Atribuição de tarefas*

Tarefa	Parte responsável			
	Proprietário	Consultor do projeto	Especialista em instrumentação	Empresa construtora
Concepção do plano de auscultação				
Aquisição dos instrumentos e calibrações de fábrica				
Instalação dos instrumentos				
Manutenção e calibração periódica dos instrumentos				
Seleção e atualização do programa de aquisição dos dados				
Aquisição dos dados				
Processamento e apresentação dos dados				
Análise e elaboração de relatórios periódicos				
Decisão pela implementação das recomendações e das medidas corretivas				

Fonte: Dunnicliff, 1993.

Várias tarefas envolvem a participação de mais de uma das partes. O especialista em instrumentação pode ser funcionário do proprietário ou de uma empresa especializada, ou pode ser um consultor qualificado com experiência de pelo menos duas décadas em instrumentação geotécnica. Todas as tarefas atribuídas ao especialista em instrumentação devem estar sob a supervisão de um único profissional.

Se a segurança de uma barragem depende das medições realizadas, o requisito para que pessoas experientes cuidem da instrumentação é duplamente importante. A supervisão da implementação do plano de auscultação de uma obra de barragem por um especialista em instrumentação, com pelo menos 20 anos de experiência nessa atividade, é de fundamental importância para o sucesso do plano. Vale lembrar a quantidade de instrumentos atualmente disponíveis no mercado, as freqüentes modificações e os aprimoramentos que eles vêm sofrendo, a importância de conhecer o desempenho dos instrumentos em condições reais de obra etc. Esse dinamismo decorre do desenvolvimento de novos materiais e de novos sensores, como os instrumentos de fibra óptica, que, ao não serem afetados por manter-se descargas atmosféricas ou altas sobre tensões na rede, constituem instrumentos de grande potencial para a instrumentação geotécnica. Portanto, a experiência com esses instrumentos em outras barragens e obras similares será de inestimável valor e só poderá ser acumulada por um especialista que atua especificamente na área de instrumentação de auscultação de barragens.

A seleção e aquisição dos instrumentos, calibração na fábrica, instalação, calibração regular *in situ*, manutenção, coleta, processamento e apresentação dos dados devem, preferencialmente, estar sob controle direto do proprietário ou do especialista em instrumentação, selecionado pelo proprietário. Quando qualquer uma dessas tarefas é desempenhada pelo empreiteiro, a qualidade dos dados é freqüentemente duvidosa, conforme destacado por Dunnicliff (1993), de acordo com sua experiência em várias barragens nos Estados Unidos, na Inglaterra e na França, mais particularmente.

No Brasil, a partir do momento que a instrumentação das barragens passou a ser tarefa designada ao empreiteiro, conforme já ocorria nos empreendimentos internacionais, foram observadas algumas experiências bem-sucedidas e outras, infelizmente, malsucedidas. Como experiências bem-sucedidas, cita-se a instrumentação das usinas hidrelétricas de Itá, em Santa Catarina, e de Itapebi, na Bahia, nas quais o consórcio construtor subcontratou uma empresa especializada na instrumentação de barragens e obteve resultados promissores, seguros e confiáveis. Já na construção de outras hidrelétricas, nas quais o empreiteiro, ao invés de contratar uma empresa especializada, resolveu ele mesmo instalar os instrumentos de auscultação, a experiência foi frustrante em muitos aspectos, devido ao elevado número de instrumentos danificados ou com comportamento anômalo. Quando um empreiteiro decide providenciar a instalação da instrumentação por conta própria, é como entregar a um mecânico de equipamentos pesados (tratores de esteira, caminhões fora de estrada etc.) o conserto de um relógio suíço; por mais capacitado que seja esse mecânico, evidentemente não estará preparado para lidar com um equipamento frágil, como um relógio suíço.

A interpretação e a análise dos dados devem ser de responsabilidade direta do proprietário, do consultor do projeto ou do especialista em instrumentação, selecionado pelo proprietário. O Quadro 1.3 fornece um exemplo de atribuição de tarefas em um programa de monitoração supervisionado pelo proprietário. Contudo, não deve ser utilizado como "livro de receitas", sendo meramente um exemplo, pois as necessidades de cada empreendimento devem ser consideradas individualmente.

Ao completar o Quadro 1.2, pode se tornar evidente que a equipe não terá disponibilidade para todas as tarefas, o que leva ou à contratação de uma equipe adicional ou a uma mudança de direção do plano de auscultação. Por exemplo, se o grupo disponível para coleta de dados é insuficiente, pode ser adequado optar pelo uso de sistemas automáticos de aquisição de dados, decisão essa que afetará a seleção dos instrumentos de auscultação e implicará na necessidade de instalação de equipamentos adicionais, como, por exemplo, de unidades de aquisição remotas.

Quadro 1.3 *Exemplo de atribuição de tarefas para um programa de monitoração executado pelo proprietário*

Tarefa	Parte responsável			
	Proprietário	*Consultor do projeto*	*Especialista em instrumentação*	*Empresa construtora*
Concepção do plano de auscultação	•	•	•	
Aquisição dos instrumentos e calibração de fábrica			•	•
Instalação dos instrumentos			•	•
Manutenção e calibração periódica dos instrumentos			•	•
Estabelecimento da programação de coleta de dados		•	•	
Aquisição dos dados			•	•
Processamento e apresentação dos dados			•	
Análise e elaboração de relatórios periódicos		•	•	
Decisão pela implementação das recomendações e das medidas corretivas	•	•		

Fonte: Dunnicliff, 1993.

A atribuição de tarefas deve incluir o planejamento dos canais de informação e integração. Atribuições devem indicar claramente quem assume toda a responsabilidade, assim como a autoridade contratual para implementar as recomendações ou medidas corretivas eventualmente necessárias.

1.7 Seleção dos instrumentos de auscultação

As seis etapas precedentes devem ser finalizadas antes que os instrumentos estejam selecionados. Os vários tipos de instrumentos de auscultação de barragens são descritos nos itens a seguir, e os principais fornecedores comerciais estão listados no Apêndice B.

Ao selecionar os instrumentos, o principal aspecto almejado é sua confiabilidade, visto estar em jogo a supervisão das condições de segurança de uma barragem, cuja ruptura pode trazer conseqüências devastadoras. Inerente à confiabilidade dos instrumentos está sua máxima simplicidade, sendo que, em geral, os transdutores podem ser classificados pela seguinte ordem de simplicidade e confiabilidade:

- ópticos
- mecânicos
- magnéticos
- hidráulicos
- pneumáticos
- corda vibrante
- fibra óptica

O baixo custo de um instrumento nunca deve ser o único quesito utilizado no processo de seleção, e é improvável que um instrumento mais barato resulte em um custo total menor. Ao avaliar a economia de instrumentos alternativos, o custo de todas as etapas deve ser ponderado: aquisição, calibração, instalação, manutenção, operação e processamento dos dados. É responsabilidade dos usuários desenvolver um nível adequado de compreensão dos instrumentos que eles selecionaram, freqüentemente, beneficiando-se ao discutir suas aplicações com os engenheiros ou geólogos da equipe de produção. Eles devem discutir, tanto quanto possível, sobre as aplicações e limitações dos instrumentos sugeridos.

Em nosso país, todavia, há alguns fornecedores de instrumentos que se preocupam apenas com o fornecimento do equipamento em si, sem um acompanhamento adequado de seu comportamento na prática, para detectar quais são os pontos fracos ou falhos, que poderiam ser aprimorados em novas versões do aparelho. Destaca-se a seguir um comentário feito pelo Dr. Stanley Wilson (proprietário da Slope Indicator Co., de Seattle, Estados Unidos, e que concebeu o inclinômetro), em outubro de 1974, durante o curso de "Instrumentação de Barragens de Terra e Enrocamento", ministrado no Laboratório da Cesp, em Ilha Solteira: "o tempo necessário para o desenvolvimento de um instrumento de auscultação geotécnica, desde sua concepção e fabricação inicial até seu aprimoramento em condições reais de campo é de, pelo menos, cinco anos". A experiência tem revelado que, de fato, é isso o que acontece e, mesmo atualmente, apesar de todo avanço tecnológico e dos novos materiais que surgiram, o tempo para o aperfeiçoamento prático de um instrumento continua sendo da ordem de cinco anos, pois, por mais que se esmere no projeto e confecção de um instrumento geotécnico, somente após sua instalação na obra e seu acompanhamento durante alguns anos é que será possível avaliar seu desempenho e verificar as modificações que se fazem necessárias para melhorá-lo sob condições reais de uso.

Os instrumentos devem ter uma prova de seu bom desempenho no passado e devem sempre assegurar a máxima durabilidade, no ambiente em que foram instalados. O meio ambiente em barragens é normalmente agressivo e, infelizmente, alguns instrumentos não são adequadamente bem projetados para uma operação confiável em tais circunstâncias. O Quadro 1.4 apresenta uma relação dos principais aspectos ambientais, que podem afetar o desempenho dos instrumentos de auscultação geotécnica. O transdutor, a unidade de leitura e o sistema de comunicação entre o transdutor e essa unidade devem ser analisados separadamente, porque diferentes critérios devem ser aplicados a cada um deles.

Quadro 1.4 *Ambientes dos instrumentos*

1. Grandes deformações – normalmente deformações cisalhantes
2. Altas pressões – tanto sólidas como fluidas
3. Corrosivo – químico (umidade, argamassas, aditivos do concreto, bactérias) e eletrolítico (eletrólise de materiais não similares, correntes elétricas de dispersão)
4. Temperaturas extremas – abaixo da temperatura de congelamento até 60°C no sol
5. Choques – detonações, atividades construtivas, transporte em rodovias precárias
6. Vandalismo, destruição por equipamentos construtivos, queda de blocos de rocha
7. Poeira, sujeira, lama, chuva, precipitados químicos
8. Alta umidade, infiltração ou água estagnada
9. Fornecimento errático de energia (instrumentos elétricos)
10. Perda da acessibilidade dos instrumentos, quando cobertos por rocha, solo, concreto projetado ou outros suportes, em taludes e obras subterrâneas

Fonte: Dunnicliff, 1993.

A seleção dos instrumentos deve reconhecer qualquer limitação na qualidade e quantidade da equipe disponível, identificada ao completar o Quadro 1.4, e deve considerar tanto as necessidades e condições de construção, como as de longo prazo, que surgirão durante a operação da barragem. Critérios para as duas fases podem ser diferentes e demandar a seleção de diferentes métodos de instrumentação. Uma barragem é, atualmente, concebida para operar ao longo de pelo menos 50 anos, de modo que um bom plano de auscultação deva operar adequadamente durante essas cinco décadas. As barragens passam a "envelhecer" após as três primeiras décadas, quando, então, alguns dos instrumentos de auscultação se apresentam deteriorados, necessitando, dessa forma, de uma "reinstrumentação", ou seja, uma avaliação minuciosa de quais são os instrumentos ainda confiáveis, quais podem ser desativados em definitivo (pois já se encontram com a vida útil comprometida) e quais devem ser substituídos por outros mais novos.

Outro objetivo da seleção de instrumentos inclui a mínima interferência com a construção da barragem, assim como mínimas dificuldades de acesso durante a instalação e as leituras subseqüentes. Instrumentos que implicam subida de tubulações verticalmente, tais como os medidores de recalque, os inclinômetros, os piezômetros *standpipe*, devem ter sua locação adequadamente analisada na fase de projeto, para evitar muitas interferências na praça de compactação das barragens de terra ou enrocamento, particularmente na etapa final, quando, então, a praça torna-se cada vez mais estreita. Os instrumentos de auscultação são, entretanto, de grande valor para a supervisão das condições de segurança da barragem, devendo ser ajustados a um número mínimo, porém, razoável e adequado para a boa supervisão do desempenho das estruturas civis de barramento.

A necessidade de um sistema automático de aquisição de dados deve ser analisada, e as informações obtidas devem ser selecionadas, respeitando a freqüência planejada e a duração das leituras. Sofisticação e automação desnecessárias precisam ser evitadas. Devem ser feitos planos de ação para eventuais falhas em qualquer parte do sistema de automação, bem como a determinação da necessidade de elementos adicionais e de unidades de leitura reservas.

O tempo gasto para a entrega do instrumento e o tempo disponível para sua instalação, dentro do cronograma de obra, podem eventualmente afetar a seleção do instrumento. Se um instrumento que não foi adequadamente testado é selecionado, todos devem aceitar sua natureza experimental e o máximo suporte deve ser assegurado.

1.8 Localização dos instrumentos

A escolha da localização dos instrumentos deve refletir os comportamentos previsíveis da barragem e de sua fundação, devendo ser compatível com os métodos de análise que, posteriormente, serão utilizados no exame dos dados obtidos. Análises de Elementos Finitos são geralmente úteis na identificação de locais críticos e orientações preferenciais sobre a locação dos instrumentos. Por exemplo, na instrumentação da Barragem de Enrocamento com Face de Concreto (BEFC) de Xingó, ocorreu inicialmente a locação dos medidores elétricos de junta entre lajes, na região das ombreiras, onde normalmente ocorrem zonas de tração, tendo por base a conformação das ombreiras e a experiência com outras BEFC. Posteriormente, a partir dos resultados de modelos matemáticos – que foram realizados para a investigação do comportamento da laje durante a fase de enchimento do reservató-rio –, pôde-se determinar teoricamente a locação exata da zona tracionada horizontalmente, procedendo-se, então, à locação dos medidores elétricos de junta na região mais central dessa zona. Isso se mostrou, posteriormente, em perfeita sintonia com o comportamento do protótipo, pois as maiores aberturas entre lajes ocorreram exatamente na região das maiores tensões de tração, conforme indicação dos modelos matemáticos.

Uma solução prática para a seleção da localização dos instrumentos deve envolver três passos básicos. Primeiramente, a identificação de áreas de risco (tais como áreas estruturalmente frágeis, com carregamentos mais intensos, ou onde as maiores pressões d'água intersticial são esperadas), para receber a instrumentação apropriada. Se não há tais áreas, ou se os instrumentos são instalados também em outros locais, um segundo passo deve ser tomado: é feita a seleção de áreas, normalmente seções transversais, nas quais o comportamento previsível é considerado representativo do comportamento geral do protótipo. Ao considerar quais áreas são representativas, variações tanto da geologia como dos procedimentos construtivos devem ser levadas em conta. Essas seções transversais são, então, consideradas como seções instrumentadas primárias, sendo os instrumentos locados para fornecerem dados de desempenho geral. Deve haver, no mínimo, duas dessas seções. Terceiro, como a seleção de áreas representativas pode estar incorreta, a instrumentação deve ser instalada também em um número de seções instrumentadas secundárias, para servir como comparação de comportamento.

Na instrumentação da barragem de terra do Jaguari, da Sabesp, localizada no rio Jaguari, nas proximidades de Bragança Paulista, optou-se pela instalação de algumas células piezométricas na região de uma junta longitudinal, deixada no aterro em função do alteamento da barragem em duas etapas. Na instrumentação da barragem de terra para contenção de rejeitos do Morro do Ouro, da Rio Paracatu Mineração S.A., localizada em Paracatu, Minas Gerais, optou-se pela instalação dos piezômetros maciços nas juntas longitudinais de construção (Fig. 1.1), resultante das diferentes etapas em que o projeto foi executado, conforme se pode depreender do trabalho de Borges et al. (1996).

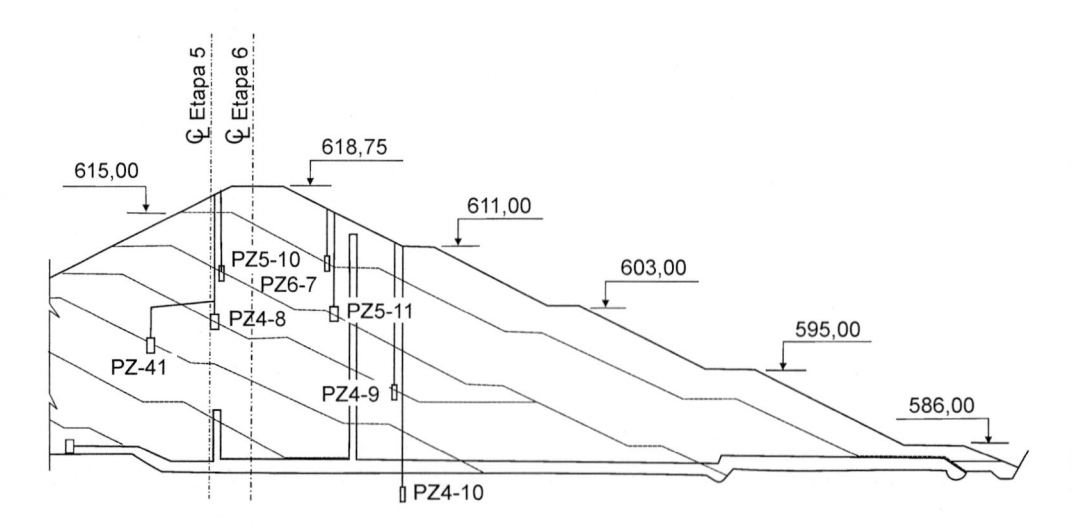

Fig. 1.1 *Locação dos piezômetros na seção da Est. 63+00 da barragem Morro do Ouro*

Ao longo da seção longitudinal da barragem, é importante que a seção de maior altura seja instrumentada, em função das maiores tensões internas à barragem, assim como da maior pressão hidrostática a montante. Na região das ombreiras, deve-se determinar uma seção transversal em cada uma delas, pois, mesmo que a barragem apresente uma geometria simétrica ao longo da longitudinal, seu comportamento costuma apresentar diferenças marcantes entre uma ombreira e outra, em decorrência das alterações do solo entre áreas de empréstimo diferentes, e de alterações entre os períodos do ano em que as mesmas são construídas. Particularmente em BEFC é muito diferente o comportamento das juntas de construção das duas ombreiras.

As locações, geralmente, devem ser selecionadas de modo que os dados possam ser obtidos o mais cedo possível durante o processo de construção. Os piezômetros *standpipe* previstos para a região das ombreiras devem ser instalados tão logo haja condições para tal, pois fornecerão informações valiosas sobre a posição do nível freático e de suas variações entre as estações de chuva e de estiagem. Piezômetros instalados na ombreira esquerda da barragem de Água Vermelha, por exemplo, bem antes do enchimento do reservatório, revelaram flutuações do nível freático da ordem de 6,0 mca a 7,0 mca (metros de coluna d'água) ao longo do ano, que ajudaram a entender o comportamento de algumas surgências ocorridas nessa ombreira após a fase de enchimento do reservatório.

Devido à variabilidade inerente ao solo e à rocha, é desaconselhável confiar em um único instrumento como indicador de desempenho. Onde for possível, a locação deve ser organizada para permitir verificações cruzadas entre tipos diferentes de instrumentos. Por exemplo, se tanto o recalque de subsuperfície como a pressão d'água nos poros forem medidos em uma argila sujeita à consolidação, piezômetros devem ser locados a meia altura entre os pontos de recalque. Nas BEFC de Xingó e de Itá, por exemplo, onde uma mesma seção transversal dispunha de células de recalque instaladas horizontalmente ao longo de três cotas, assim como de medidores magnéticos de recalque instalados verticalmente, um mais a montante e outro a jusante, pôde-se comparar os recalques medidos por esses dois instrumentos. Tal comparação, conforme se pode observar na Fig. 1.2, mostrou uma significativa diferença entre as medidas em decorrência da perda parcial dos dados provenientes das células de recalque, uma vez que suas leituras só puderam ser iniciadas alguns dias após sua instalação, quando as tubulações estavam estendidas até jusante, as camadas de transição executadas e instalada a cabine. Já os medidores magnéticos não enfrentaram semelhante problema, fornecendo os recalques desde os instantes iniciais. Foram observadas diferenças de recalque de 155 mm, para a célula mais a montante, e de 390 mm, para a célula de jusante, na região mais deformável do enrocamento, conforme mostra a Fig. 1.2.

Essa constatação foi de relevante importância, devido à necessidade de abreviar ao máximo o tempo necessário para a instalação das células de recalque e o início das medições de recalque em uma cabine provisória, até que houvesse condições de transferência das leituras para a cabine definitiva.

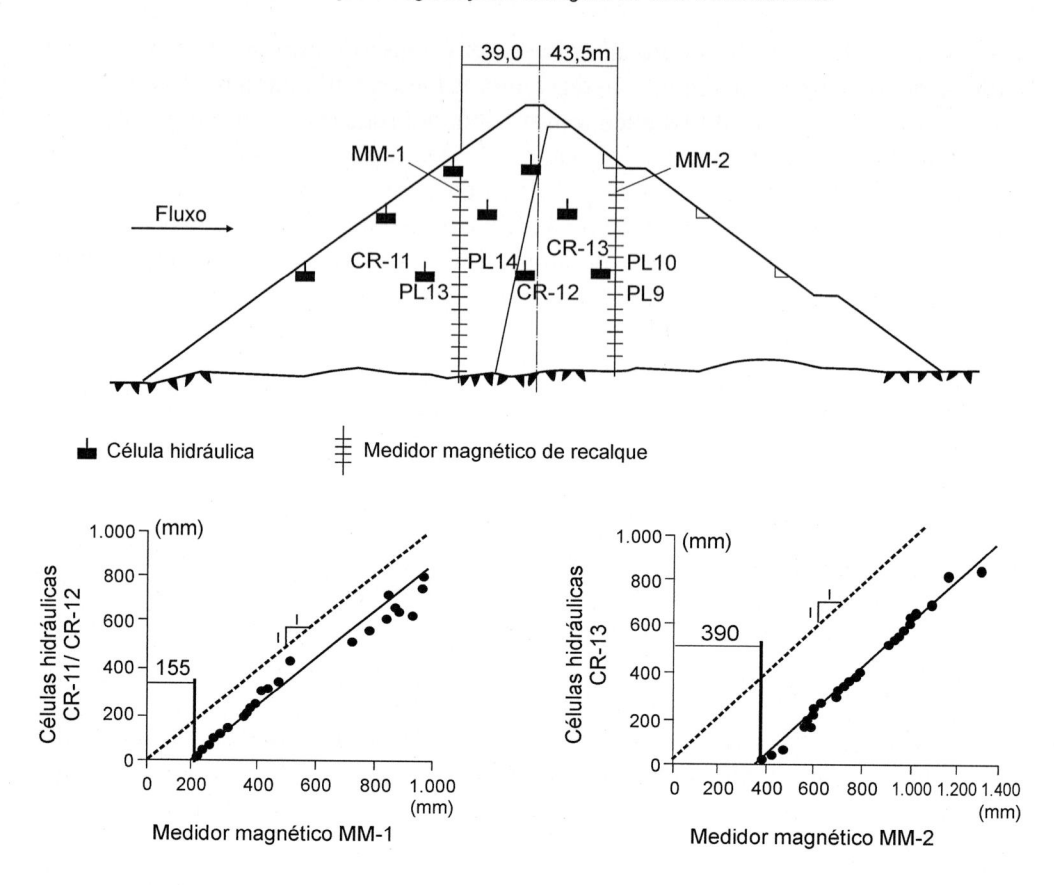

Fig. 1.2 *Comparação entre os recalques medidos pelas células de recalque e medidores magnéticos na BEFC de Xingó*

A experiência adquirida durante a elaboração do projeto de instrumentação de várias barragens no Brasil, assim como de algumas no exterior, revelou que as seções inicialmente selecionadas para a locação dos instrumentos, geralmente concebida na fase de Projeto Básico da barragem e, posteriormente, ajustada e aprimorada na fase de Projeto Executivo, devem ser complementadas por outros instrumentos durante a execução da obra. Esses ajustes e complementações decorrem das informações de âmbito geológico-geotécnico, que são obtidas durante o desenrolar das escavações. Por mais elaborado que tenha sido o plano de investigações das fundações, através de sondagens, poços de prospecção, valetas de investigação etc., existem sempre anomalias e detalhes que escapam dessas investigações e que só são revelados após a sua exposição nas paredes e superfícies de fundo das escavações. Cita-se, por exemplo, a existência de um plano de falha subvertical nas fundações da barragem de terra do Jacareí, da Sabesp, com cerca de 60 m de altura máxima, que só foi descoberto após o desvio do rio e a limpeza das fundações para assentamento. Tão logo a falha foi noticiada pela equipe de projeto, os responsáveis pelo plano de instru-mentação incorporaram uma nova seção instrumentada na barragem, integrada por piezômetros de fundação e de maciço, e coincidente com o plano de falha. Destaca-se que o plano de falha se posicionava aproximadamente na direção montante-jusante e que, em função do maior fraturamento e alteração da rocha na região falhada, era conveniente uma observação detalhada de seu comportamento na fase de operação da barragem.

1.9 Registro dos fatores que podem influenciar os dados medidos

Raramente as medições são suficientes para fornecer conclusões úteis. O uso de instrumentação, em geral, envolve a relação das medições com suas causas. Portanto, documentações e diários completos devem ser mantidos de todos os fatores que possam causar alterações nos parâmetros medidos. Os instrumentos instalados no aterro de uma barragem ou em sua fundação são normalmente influenciados pelos níveis d'água de montante e/ou de jusante, pela ocorrência de chuvas no período, pelas variações de temperatura, pela evolução do alteamento do aterro etc. Todos esses fatores devem ser minuciosamente registrados e, preferencialmente, apresentados com o relatório de dados da instrumentação, para facilitar sua análise. Constatações de comportamentos esperados e não usuais devem também ser documentadas. Documentações de geologia e de condições de subsuperfície, tais como o mapeamento geológico da superfície das fundações, devem ser guardadas.

Detalhes da instalação de cada instrumento devem ser documentados nos relatórios de documentação da instalação, porque condições locais ou não usuais normalmente influenciam as variáveis medidas. Na instrumentação da barragem de Água Vermelha, da Cesp, executada entre 1974 e 1978, eram preparados relatórios completos ao final da instalação de cada tipo de instrumento da barragem de terra (piezômetros de fundação, células piezométricas do aterro, medidores de recalque, inclinômetros, medidores de vazão etc.), o que veio facilitar e enriquecer a análise e interpretação da instrumentação durante os períodos de enchimento e operação do reservatório.

1.10 Estabelecimento dos procedimentos básicos para assegurar a precisão das leituras

A equipe responsável pela instrumentação deve ser capacitada a responder à questão: o instrumento está funcionando corretamente? A habilidade para responder depende da disponibilidade de boas evidências, para as quais o planejamento é exigido. A resposta pode, às vezes, ser fornecida por observações diretas. Por exemplo, a detecção visual de fissuras no topo de um talude, onde os inclinômetros estão indicando grandes deslocamentos horizontais, é de fundamental importância para uma análise mais abrangente do fenômeno. Por outro lado, a ocorrência de um *sinkhole* na crista de uma barragem, como ocorreu na barragem canadense de Bennett, só pôde ser adequadamente investigada por meio de instrumentos adicionais, instalados no filtro inclinado da barragem, a jusante.

Em situações críticas, instrumentos duplicados podem ser utilizados. Um sistema de apoio é freqüentemente útil e fornecerá uma resposta para a questão, mesmo quando sua precisão é significantemente menor do que a do sistema primário. Por exemplo, observações diretas podem ser utilizadas para examinar a precisão de movimentos aparentes na superfície sobre a qual estão instalados os instrumentos que monitoram as deformações em subsuperfície.

A precisão dos dados pode também ser avaliada pelo exame de consistência entre os mesmos. Por exemplo, as pressões neutras de períodos construtivos estão, normalmente, associadas ao processo de adensamento que ocorre durante a elevação do aterro, enquanto a dissipação da pressão d'água intersticial deve estar coerente com as paralisações da construção ou o término da construção da barragem. Na fundação, o aumento da pressão d'água intersticial deve estar coerente com os recalques medidos e com o carregamento imposto pela construção do aterro. Repetições podem também dar uma pista da precisão dos dados, e é útil fazer várias leituras em um pequeno período de tempo, para descobrir se a falta de repetições indica dados suspeitos ou não.

Certos instrumentos possuem elementos que permitem uma checagem *in loco* realizadas regularmente. Por exemplo, testes de permeabilidade podem ser feitos em piezômetros de tubo, para examinar seu correto funcionamento; alguns instrumentos têm transdutores duplos; os inclinômetros podem ter suas medidas verificadas por meio de leituras realizadas diretamente e com o sensor girado em 180°, conforme procedimentos usualmente empregados e recomendações do fabricante. A partir do momento em que em um determinado trecho do inclinômetro se observar um deslocamento cisalhante concentrado, novas leituras devem passar a ser realizadas em profundidades intermediárias, nesse mesmo trecho, para uma melhor avaliação das deformações cisalhantes e detecção de uma eventual superfície de escorregamento.

1.11 Preparo do orçamento

Mesmo que o planejamento das tarefas de instrumentação não esteja completo, um orçamento deve ser preparado nessa etapa, para todas as tarefas listadas na Tabela 1.2, a fim de assegurar que os recursos estejam realmente disponíveis. Um erro freqüente na preparação do orçamento é subestimar a duração do projeto e os custos reais da coleta e do processamento de dados. Se fundos suficientes não estiverem disponíveis, o programa de instrumentação pode ter que ser reduzido ou fundos adicionais solicitados ao proprietário em tempo oportuno. Obviamente, uma aplicação para mais fundos deve ser justificada por razões que possam ser defendidas e claramente explicadas.

1.12 Preparo das especificações e lista de materiais para aquisição

Tentativas de usuários em projetar e produzir instrumentos, geralmente, não têm sido bem-sucedidas. Os instrumentos devem, portanto, ser adquiridos de produtores reconhecidos, para os quais as especificações de compra são, normalmente, requeridas, conforme experiência dos países mais desenvolvidos. Atualmente, os requerimentos para a calibração de fábrica devem ser determinados e testes de aprovação planejados, para assegurar o correto funcionamento, quando os instrumentos são recebidos pela primeira vez. A responsabilidade pelos testes de aprovação de desempenho dos instrumentos deve ser destinada a um membro da equipe de campo.

1.13 Planejamento da instalação

Procedimentos de instalação devem ser bem planejados, antes da determinação das datas de instalação, e devidamente ajustados ao cronograma das obras.

Procedimentos escritos devem ser preparados passo a passo, tendo como base o manual de instruções do produtor e o conhecimento do projetista sobre as condições geotécnicas locais. Os procedimentos escritos devem incluir uma lista detalhada de materiais e equipamentos requeridos, e folhas de documentação da instalação devem ser preparadas, para documentar todos os fatores que podem influenciar os dados medidos. O fato de que a equipe do proprietário instalará os instrumentos não elimina a necessidade de procedimentos escritos. No Brasil, infelizmente, os procedimentos escritos não são rotineiramente empregados, o que, algumas vezes, tem implicado planos de instrumentação insatisfatórios e com freqüentes falhas.

O treinamento dos funcionários deve ser planejado e exercido por técnicos com nível secundário completo. Planos de instalação devem ser coordenados com a empresa de construção contratada e os preparativos feitos para o acesso e a proteção contra danos dos instrumentos instalados, particularmente durante os períodos noturnos de construção.

1.14 Manutenção periódica e eventual calibração

A leitura de um instrumento é útil apenas se a correta calibração é conhecida. São freqüentes alterações da leitura "zero" e variação de escala dos transdutores de acordo com o tempo, devido ao desgaste natural, à fluência dos materiais, penetração de umidade e corrosão. Se essas alterações não forem levadas em conta, todo o programa de monitoração poderá se tornar de pouca valia. Para a minimização desses efeitos, todos os instrumentos devem ser calibrados e mantidos adequadamente.

A calibração consiste na aplicação de pressões, cargas, deslocamentos, temperaturas conhecidas a um instrumento, sob condições ambientais controladas, medindo-se a resposta nas medições realizadas. Dunnicliff (1993) destaca que a calibração de um instrumento é exigida em três etapas: antes do envio do instrumento para a obra (teste de fábrica), quando o instrumento é recebido (teste de aceitação) e durante sua vida útil.

No teste de fábrica, os instrumentos são calibrados imediatamente após sua confecção, antes do empacotamento e envio para a obra. A experiência tem mostrado que a calibração na fábrica é mínima e pode ser incompleta e insuficiente. A responsabilidade por essa deficiência não é dos fabricantes, mas, sim, dos clientes, ao optarem por processos de licitação a preço mínimo. Uma forma de assegurar calibrações de fábrica mais bem elaboradas seria o cliente optar pelo acompanhamento e participação nessas calibrações, particularmente quando se tratar de instrumentos de concepção nova, cuja calibração não poderá ser realizada apropriadamente no laboratório da obra.

Os instrumentos passam, entre a fábrica e o local de instalação na obra, por processos de empacotamento, transporte rodoviário, aéreo ou marítimo, operações de carregamento e descarregamento, empilhamento etc., de modo que devem ter seu desempenho verificado tão logo sejam recebidos pelo cliente, para assegurar seu perfeito funcionamento após a instalação. Os testes de aceitação, normalmente realizados nos países mais desenvolvidos, são de grande importância para assegurar o bom desempenho do plano de auscultação da barragem, no entanto, nem sempre esses testes são realizados no Brasil. Todo instrumento que apresentar falhas ou mau funcionamento nos testes de aceitação deve ser devolvido ao fabricante, para reposição, com a descrição pormenorizada da falha observada.

Calibrações e testes de verificação das unidades de leitura são normalmente requeridos durante a vida útil do instrumento. Esses testes são realizados pelos técnicos responsáveis pela leitura da instrumentação e devem ser supervisionados por um especialista em instrumentação, a ser designado pelo cliente. As unidades portáteis de leitura são vulneráveis a alterações na calibração, em decorrência do freqüente manuseio, utilização por diferentes pessoas, impactos eventuais, insolação direta e falta de manutenção regular. A calibração periódica das unidades de leitura deve ser realizada, preferencialmente, na própria fábrica. Também os manômetros instalados permanentemente *in situ*, para a leitura de piezômetros tipo *standpipe*, exigem de tempos em tempos calibrações para a comprovação de seus desempenhos, as quais devem ser realizadas em laboratório.

A manutenção regular requerida durante a vida útil do instrumento é usualmente realizada pelo responsável da coleta de dados, devendo estar sob o controle direto do proprietário e sob supervisão periódica de um especialista em instrumentação. Os técnicos envolvidos na leitura devem receber instruções apropriadas sobre as observações a serem realizadas durante o manuseio dos instrumentos, cuidando minuciosamente de sua limpeza, proteção contra corrosão, lubrificação, troca de peças ou dobradiças defeituosas etc. Cada tipo de instrumento exige procedimentos apropriados para sua correta manutenção, que devem constar das especificações detalhadas fornecidas pelo fabricante.

1.15 Planejamento das etapas desde a aquisição até os relatórios

Não deve ser subestimado o empenho requerido para tarefas, como procedimentos por escrito para a coleta, processamento, apresentação adequada e interpretação dos dados. Muitas empresas proprietárias de barragens têm arquivos repletos de grande quantidade de dados parcialmente processados, ou não processados, porque não houve tempo ou fundos suficientes para tais tarefas. O computador é uma ferramenta fantástica, mas não uma panacéia.

O treinamento de funcionários deve ser planejado, a fim de assegurar que ações corretivas tenham sido planejadas, que a equipe responsável pela análise e interpretação dos dados da instrumentação tenha autoridade contratual para iniciar ações corretivas, que os canais de comunicação entre as equipes de projeto e de construção estejam funcionando, e que os preparativos foram feitos para alertar todas as partes do plano de ações corretivas escolhido.

Experiências com a terceirização das tarefas de leitura dos instrumentos de auscultação de barragens brasileiras, opção de proprietários de grandes usinas hidrelétricas, revelaram resultados frustrantes, comprometendo seriamente a qualidade dos dados obtidos durante um período de até dois anos, durante o qual a supervisão das condições de segurança da barragem esteve seriamente comprometida. Evidentemente que tal operação pode ser terceirizada, desde que se planeje adequadamente a contratação e o eventual treinamento das pessoas que ficarão responsáveis pela operação e manutenção dos instrumentos. Caso contrário, todo o investimento na elaboração de um bom projeto, na aquisição de instrumentos de boa qualidade, na sua calibração e instalação em condições adequadas poderá ser anulado pela realização de leituras sem qualquer precisão ou confiabilidade.

1.16 Orçamento atualizado

O planejamento neste momento estaria completo, e o orçamento para todas as tarefas listadas no Quadro 1.2 deveria ser atualizado, à luz de todos os passos planejados.

2 Desempenho e Características dos Instrumentos de Medida

Full benefit can be achieved from geotechnical instrumentation programs only if every step in the planning and execution process is taken with great care.

Dunnicliff, 1993

2.1 Introdução

A instrumentação é utilizada para medições, e cada medida realizada envolve erros e incertezas. O propósito deste capítulo é definir os termos associados com as incertezas, no sentido de examinar os vários tipos de erros que podem afetar uma medição, e sugerir como podem ser atenuados.

Quando da seleção de um instrumento de medição, o usuário deve avaliar as características de desempenho apresentadas nos catálogos, de modo que julgue a adequação do instrumento ao uso que pretende fazer dele. No momento da interpretação dos dados obtidos, o desempenho especificado deve ser levado em consideração, para diferenciar uma leitura com importância e seriedade de desvios sem significado. A compreensão da performance especificada é, portanto, importante para a obtenção de bons resultados no programa de monitoração. Dentre as principais características dos instrumentos de medição, estão o campo de leitura, a resolução, a precisão, a acurácia e a repetibilidade. Como essas propriedades, às vezes, são confundidas, suas definições estão ilustradas na Fig. 2.1 e são discutidas a seguir.

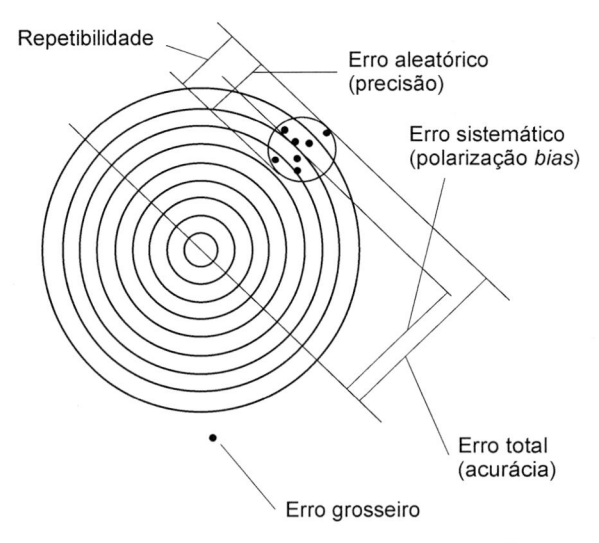

Fig. 2.1 *Terminologia referente ao desempenho dos instrumentos*

2.2 Características dos instrumentos

Apresentam-se a seguir as principais características dos instrumentos de medição e de sua conceituação básica, incluindo os vários tipos de erros que afetam a realização de suas leituras.

Conformidade

Em condições ideais, um instrumento de medida não deve alterar o valor do parâmetro a ser medido. Se de fato o instrumento altera o valor, diz-se que ele apresenta baixa conformidade. Por exemplo, extensômetros fixos para furos de sondagem e qualquer injeção nas adjacências deverão ser suficientemente deformáveis, de modo que não inibam a deformabilidade do solo ou da rocha. Uma célula de pressão total embutida em um aterro de barragem deve, em condições ideais, apresentar a mesma deformabilidade do solo em que foi instalada. De modo complementar, o ato de perfurar uma sondagem ou compactar o aterro em torno do instrumento não deve implicar uma alteração significativa das condições geológicas locais. Assim, os piezômetros não devem criar condições de drenagem localizada que reduzam as poropressões d'água a valores menores que os encontrados nas adjacências. Conformidade é um ingrediente desejável para obter alto grau de acurácia.

Acurácia

Acurácia representa o grau de aproximação de uma medida em relação ao valor real (absoluto) da grandeza medida, é sinônimo de grau de exatidão. A acurácia de um instrumento é avaliada durante sua calibração, quando, então, o valor verdadeiro é aquele indicado por um instrumento cuja acurácia é verificada e ajustada a um valor-padrão. No Brasil, esse ajuste pode ser realizado, sempre que possível, pelo Instituto Nacional de Metrologia, Normalização e Qualidade Industrial (Inmetro).

A acurácia é expressa como um valor ±, tal como ± 1 mm, ± 1% da medida ou ± 1% do campo de leitura. A acurácia especificada indica que o valor medido irá adequar-se ao valor absoluto dentro do intervalo estabelecido, ao longo do campo total de leitura, e das condições operacionais especificadas.

A diferença entre acurácia e precisão é mostrada na Fig. 2.2. Quando se seleciona um instrumento com uma acurácia apropriada, todo o sistema deve ser considerado, incluindo a acurácia de cada um dos componentes e de cada fonte de erro.

Preciso, mas sem acurácia   Não preciso, mas a média é acurada   Preciso e acurado

Fig. 2.2 *Acurácia e precisão dos instrumentos*

Precisão

Representa a aproximação de cada número de uma série de medições similares em relação à média aritmética. Precisão é sinônimo de *reprodutibilidade* ou *repetibilidade*. É comum se expressar a precisão como ± um número. O número de algarismos significativos de uma medida reflete a precisão da medição; desse modo, ± 1,00 indica maior precisão que ± 1,0. Portanto, o registro de uma medida deve refletir a precisão do instrumento. O fato de um instrumento permitir uma medida com três algarismos significativos não é garantia de que tenha a acurácia de ± 0,1, e é sem sentido se tentar obter uma medida com três algarismos de um instrumento com uma acurácia de somente ± 10%.

Na Fig. 2.2, o alvo representa o valor verdadeiro. No primeiro caso, as medidas são precisas, mas sem acurácia, como ocorre quando se usa uma trena com torções ou um manômetro com uma alteração do zero. Tais erros são sistemáticos. No segundo caso, falta precisão às leituras, mas, se um número suficiente de leituras for realizado, a média será precisa. Tais erros são randômicos. No terceiro caso, as leituras são precisas e acuradas. Na instrumentação de barragens, a precisão é usualmente mais importante que a acurácia, porque a variação, mais que o valor absoluto, é de maior interesse prático.

Resolução

A resolução é a menor divisão no mostrador do instrumento. É a menor variação do parâmetro medido, que pode ser detectada pelo instrumento, sendo, muitas vezes, menor que a precisão e a acurácia do instrumento; nunca deve ser expressa como ± um valor. Em alguns casos, pode ser possível e conveniente se interpolar entre divisões do mostrador, mas deve-se considerar que essa interpolação é subjetiva e não aumenta a resolução do instrumento.

Campo de leitura

Especifica o maior e o menor valor que o instrumento está projetado para medir. Por exemplo, o campo abrangido por um piezômetro pode ser de 0-350 kPa. Os valores a serem medidos devem estar contidos no campo-limite do instrumento. Caso o limite seja ultrapassado, corre-se o risco de danificação imediata do instrumento, o que, portanto, deve ser evitado em um projeto bem concebido.

Por *span* (amplitude) entende-se a diferença aritmética entre o menor e o maior valor-limite. Por exemplo, um campo de ± 50 mm equivale a um *span* de 100 mm.

Span (Amplitude)

O *span* representa a diferença algébrica entre a leitura mínima e máxima que pode ser realizada pelo instrumento. Por exemplo:

- Campo de leitura: -25°C a +70°C, *span* = 95°C
- Campo de leitura: 0 kPa a 110 kPa, *span* = 110 kPa

Repetibilidade

Representa o ajuste na concordância de um número de medições consecutivas, uma com a outra, sob mesmas condições de operação. É expressa em unidades de engenharia, tal como 1 mm, ou como uma percentagem da amplitude (*span*).

Linearidade

Um instrumento é classificado como linear se os valores indicados pelas medições forem diretamente proporcionais à quantidade que está sendo medida. Como ilustrado na Fig. 2.3, a representação gráfica da correlação entre os valores indicados e os valores atuais é ligeiramente curva, por causa das limitações do instrumento. Se uma linha reta é representada neste gráfico, de tal modo que as diferenças entre as linhas reta e curva sejam mínimas, o afastamento entre elas (*gap*) é uma medida da linearidade. Dessa forma, uma linearidade de 1% do campo de leitura significa que o máximo erro cometido ao assumir um fator de calibração linear será de 1% da amplitude (*span*).

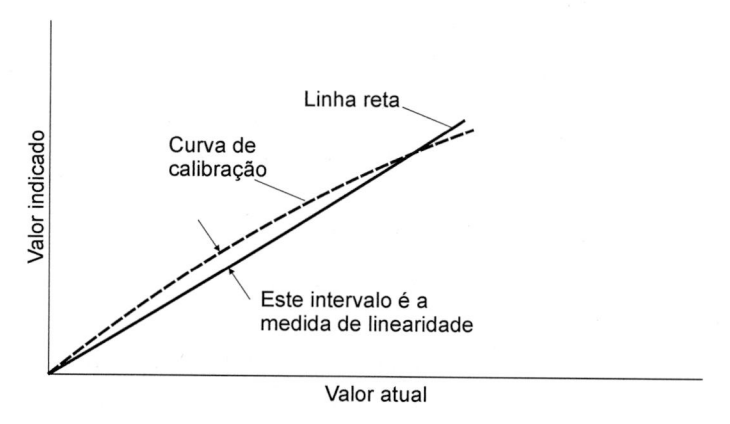

Fig. 2.3 *Representação gráfica da linearidade de um instrumento*

Histerese

Quando a medida está sujeita a variações cíclicas, o valor medido depende, algumas vezes, da correspondência com o ramo ascendente ou descendente do ciclo de carga. Se essas relações forem representadas graficamente, como indicado na Fig. 2.4, a separação entre as duas curvas é a medida da histerese. A histerese é

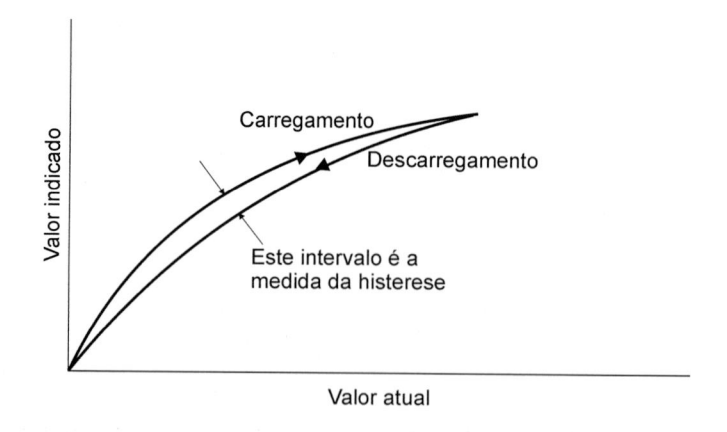

Fig. 2.4 *Representação gráfica da histerese de um instrumento*

normalmente causada pelo atrito ou condições de deformação de um material não elástico, como, por exemplo, um maciço rochoso, cujo resultado poderá se refletir nas leituras de uma célula de carga para tirantes, no deslocamento de um pêndulo direto etc. Instrumentos com grande histerese não são apropriados para a medição de parâmetros submetidos a variações cíclicas ou freqüentes de carga.

Sinal de saída *(Output signal)*

Representa o sinal eletrônico produzido pelo instrumento e determina como será lido. O sinal analógico mais comum e resistente é do tipo voltagem DC, corrente elétrica DC e freqüência. O sinal digital mais comum é do tipo RS232 com saída serial e RS485 com saída serial.

As especificações devem incluir o intervalo do sinal de saída, como, por exemplo, ± 5 volts DC, 4-20 mA, e outros detalhes que determinem como o sinal deve ser registrado.

Constante de tempo

Para o sinal de saída de um sistema de primeira ordem, ao qual é aplicado um incremento no sinal de entrada, a constante é o tempo requerido para completar 63,2% da elevação total ou queda do sinal.

Bias

Representa a média indicada pela medição de uma variável, resultante de um número infinito de medições subtraído o valor atual da variável, conforme se pode observar na Fig. 2.1.

Curva de calibração

Corresponde a uma representação gráfica dos valores medidos *versus* os valores teóricos da grandeza medida.

Fator escala

É o número pelo qual o sinal de saída (*output signal*), medido em milivolts, miliampères, freqüência, polinomial etc., deverá ser multiplicado para se obter a real ordem de grandeza da variável medida.

Ruído

Ruído é um termo usado para designar variações de medida randômicas causadas por fatores externos que geram falta de precisão e acurácia. Ruído excessivo em um sistema pode mascarar pequenas e verdadeiras variações nas medidas. Interferências de radiofreqüência emitidas por fontes de alta voltagem, TV ou rádio constituem exemplos de fatores externos de ruído.

Outro parâmetro de grande importância, mas que raramente é especificado pelo fabricante – ou mesmo consistentemente definido –, é a "estabilidade a longo prazo". Como definido aqui, a "estabilidade a longo prazo" representa uma indicação de alteração no dado de saída (*output*) do instrumento, que ocorrerá ao longo de um período especificado em anos, na ausência de variações na medição de entrada (*input*), seja ela uma pressão, força, deslocamento etc. Por causa dos longos períodos de tempo envolvidos na aquisição dos dados e da diversidade de fatores que podem contribuir para o desvio do dado de saída ao longo desse período, respostas precisas podem ser evasivas. Entretanto, publicações que discutem a performance da instrumentação de auscultação de barragens a longo prazo já existem, podendo ser providenciadas pelos fabricantes dos instrumentos.

Enquanto as especificações dos instrumentos definem a performance do instrumento, a performance total de um sistema de instrumentação é também uma função do sistema de leitura ou do equipamento de aquisição de dados. Por exemplo, uma repetibilidade do instrumento de 1 mm pode ser equivalente a uma repetibilidade no sinal de saída de 1 mV. Se o aparelho de leitura (ou *data logger*) é incapaz de solucionar variações menores que 2 mV, a precisão do dado registrado não será melhor que 2 mm. Ruídos eletrônicos de fundo em cabos longos ou conexões de rádio entre o instrumento e o aparelho registrador podem também degradar a performance do instrumento. É muito importante avaliar as especificações combinadas do instrumento de medida e do sistema de aquisição de dados e providenciar a eliminação dos ruídos de fundo, se dados de alta resolução devem ser obtidos.

A avaliação prévia da ordem de grandeza dos valores máximos a serem medidos é de grande importância na concepção do plano de instrumentação de uma barragem e é também onde a experiência é fundamental. Em função desses valores, seleciona-se o campo de leitura dos piezômetros, medidores de recalque, das células de pressão total, dos medidores de vazão etc., possibilitando a escolha dos instrumentos que melhor se ajustem às grandezas a serem medidas, sem risco de perda do instrumento e procurando obter os dados com máxima precisão. A resolução de um instrumento, ou seja, a menor variação do parâmetro que pode ser medida pelo instrumento, depende do campo de leitura; portanto, quanto maior o campo de leitura, menor será sua resolução. O campo de leitura dos instrumentos nunca deve ser inferior aos valores máximos previstos, para não haver risco de danificação do instrumento. Porém, não deve ser muito superior aos valores máximos medidos, para que pequenas variações sejam relatadas com maior precisão.

2.3 Erros de leitura

Erro constitui o desvio entre o valor medido e o valor real. Assim, ele é matematicamente igual a precisão. Erros surgem em função de várias causas distintas, descritas a seguir e sintetizadas no Quadro 2.1.

Quadro 2.1 *Causas e medidas corretivas para os erros de medição*

Tipo de erro	Causas	Medidas corretivas dos instrumentos
Erro grosseiro	Inexperiência Falha na leitura Falha no registro Erro computacional	Mais cuidado/atenção Treinamento Leituras duplicadas Dois observadores Comparação com as leituras prévias
Erro sistemático	Calibração imprópria Falta de calibração Histerese Não linearidade	Uso de calibração correta Recalibração Uso de padrões Uso de procedimentos de leitura consistentes
Erro de conformidade	Detalhes de instalação incorretos Limitações do instrumento de medição	Seleção de instrumento apropriado Modificação dos procedimentos de instalação Aprimoramento do projeto de instrumentação
Erro ambiental	Clima Temperatura Vibração Corrosão	Registrar as variações ambientais e introduzir correções Fazer escolha apropriada dos materiais dos instrumentos
Erro observacional	Variação entre observadores	Treinamento Uso de sistemas de aquisição automática de dados
Erro de amostragem	Variabilidade nos parâmetros medidos Técnicas incorretas de amostragem	Instalação de um número suficiente de instrumentos nos locais representativos
Erro randômico	Ruído Atrito Efeitos ambientais	Seleção correta dos instrumentos Eliminação temporária de ruídos Leituras múltiplas Análises estatísticas
Lei de Murphy	Se alguma coisa pode dar errado, com certeza, dará	Nenhuma – qualquer tentativa de remediar a situação irá piorá-la

Fonte: Dunnicliff, 1993.

Erros grosseiros

São causados por falta de cuidado, fadiga ou inexperiência. Eles incluem leituras mal-realizadas, falhas na transcrição dos dados, erros computacionais, falha na operação do equipamento de leitura, instalação incorreta, conexões elétricas impróprias e posição errada da chave do comutador. Os erros grosseiros podem ser evitados e devem ser minimizados pela realização de leituras duplicadas, utilização de mais de um operador, comparação da leitura atual com leituras prévias e investimento em treinamento e nos cuidados necessários.

Erros sistemáticos

São causados por uma calibração inapropriada, por alterações na calibração ao longo do tempo e também por histerese e falta de linearidade. O primeiro conjunto de dados da Fig. 2.1 mostra erros sistemáticos. Esses erros podem ser minimizados por recalibrações periódicas e pela comparação das leituras com medidores "padrão" e "sem carga", mantidos no laboratório ou no campo. Se as leituras na referência "padrão" ou no medidor "sem carga" se alteram, fatores de correção devem ser aplicados. Erros causados por histerese podem, algumas vezes, ser minimizados pela operação de um indicador, de modo que as medições sejam sempre crescentes ou decrescentes. Erros por falta de linearidade podem ser minimizados com a realização adequada de calibrações.

Erros de conformidade

São causados por falhas na escolha dos procedimentos de instalação ou por limitações no projeto do instrumento. Podem ser evitados por meio da seleção dos procedimentos de instalação corretos e da garantia de que o instrumento selecionado é apropriado para a aplicação que se deseja.

Erros ambientais

São provenientes da influência de fatores ambientais, como temperatura, umidade, vibração, ondas de choque, pressão, corrosão etc. Duas alternativas são viáveis para minimizar os erros ambientais: primeiramente, pela medição da extensão da influência de tais erros e a aplicação de fatores de correção adequados; em segundo lugar, pela seleção de um instrumento que não seja adversamente afetado pelo ambiente. Os fatores ambientais devem ser sempre registrados durante a realização das leituras obtidas, porque podem ser correlacionados com variações reais das grandezas medidas. Por exemplo, as variações da temperatura ambiente podem acarretar variações anuais da ordem de 0,2 mm, entre os períodos de verão e inverno, nas hastes de um extensômetro múltiplo, instalado em furo de sondagem realizado a partir da superfície do terreno.

Erros observacionais

Surgem quando diferentes operadores (leituristas) usam técnicas de observação diversas. Esse tipo de erro pode ser minimizado por sessões regulares de treinamento e por cursos periódicos de atualização nos procedimentos de leitura. O emprego de sistemas automáticos de aquisição de dados pode prevenir erros observacionais, porém, tais sistemas estão mais sujeitos aos erros ambientais, requerendo uma manutenção mais cuidadosa e onerosa.

Erros de amostragem

São comuns quando se medem parâmetros geotécnicos, em razão da variabilidade inerente aos materiais geológicos. Desse modo, a medição realizada em local determinado corre o risco de não ser representativa do comportamento geral. Os erros de amostragem podem ser minimizados pela instalação de um número adequado de instrumentos nos locais mais representativos.

Erros randômicos

Mesmo quando os erros forem reconhecidos e remediados, as medições ainda serão afetadas por erros randômicos. Esses erros são causados por ruídos, atrito interno, histerese e fatores ambientais. Mas podem ser minimizados pela seleção de um bom instrumento ou pela realização de leituras múltiplas, ou mesmo ser tratados matematicamente por meio de análises estatísticas, de modo que as leituras sejam representadas em termos da média, com o desvio-padrão e os limites de confiabilidade. Entretanto, o valor médio deve ser usado com cautela, uma vez que os valores-limite poderão ser verdadeiros e representar uma situação crítica ou de risco. Dunnicliff (1993), por exemplo, observa que uma pessoa com um pé em água fervente e o outro em água gelada, em termos de temperatura média, poderá ser considerada em situação confortável.

3 Piezometria – Instrumentos de Medida

Teton dam and its foundation were not instrumented sufficiently to enable the Project Construction Engineers and his forces to be informed fully of the changing conditions in the embankment and its abutments.

Painel de consultores que analisou as causas da ruptura da barragem de Teton, nos Estados Unidos, 1976

3.1 Diferença entre poropressão e nível freático

O nível freático é definido como a superfície superior de um corpo d'água subterrâneo, na qual a pressão corresponde à atmosférica.

A Fig. 3.1 ilustra três tubos perfurados, instalados em um solo, no qual não ocorre fluxo d'água; entretanto, a pressão hidrostática aumenta uniformemente com a profundidade. Quando existir tal condição de equilíbrio, o nível d'água dentro do tubo subirá até o nível freático, independentemente da locação da perfuração.

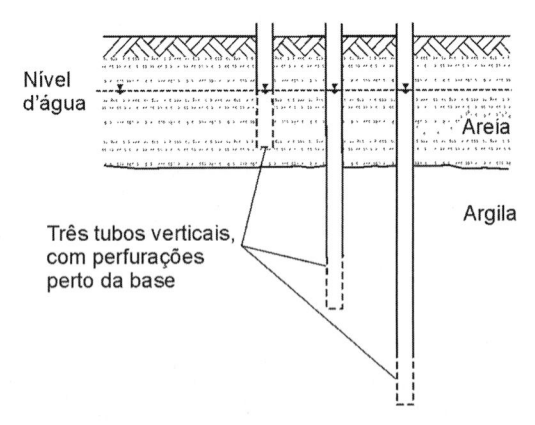

Fig. 3.1 *Nível freático quando não há fluxo d'água subterrânea (Dunnicliff, 1993)*

Na Fig. 3.2, ilustra-se a situação decorrente da sobrecarga de um aterro em uma camada de areia, imediatamente após sua execução. Nessa situação, a consolidação da areia ainda não está terminada, o que gera uma elevação da poropressão na camada de argila e faz com que o nível freático também não se encontre em equilíbrio.

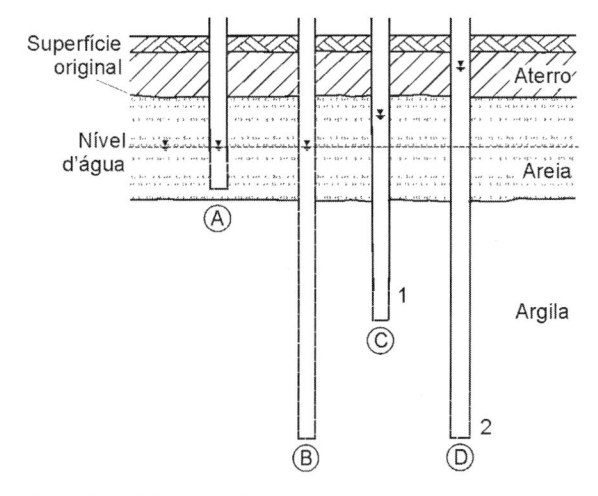

Fig. 3.2 *Nível freático e poropressões quando há fluxo d'água (Dunnicliff, 1993)*

Os quatro tubos perfurados na Fig. 3.2 são instalados de tal modo que o solo se encontra em contato direto com o trecho perfurado dos tubos. O tubo (B) é perfurado ao longo de toda a sua extensão, enquanto os outros tubos são perfurados apenas no trecho inferior. Por causa da alta permeabilidade da areia, o excesso de poropressão nesse material se dissipa quase que imediatamente e deixa de existir. O tubo (A) indica o nível freático. Os tubos (C) e (D) indicam as poropressões na camada de argila, nos locais (1) e (2). O nível d'água no tubo (C) é mais baixo que no tubo (D) por causa da maior dissipação da poropressão no nível (1), em relação ao nível (2), devido à maior proximidade da camada superior de areia, que auxilia na dissipação das poropressões. No caso ilustrado nessa figura, o tubo (B) provavelmente está indicando o nível freático, porque a permeabilidade da areia é substancialmente maior que a da argila, de tal maneira que a poropressão excedente na argila provoque um fluxo ascendente de água da argila para a areia, através da tubulação do instrumento. Dessa forma, o fluxo dissipa-se rapidamente.

Verifica-se, desse modo, que a instalação de uma tubulação perfurada através de duas ou mais camadas, mesmo que protegidas por uma camada de areia em toda a extensão da tubulação, criará uma conexão vertical indesejável entre essas camadas, e o nível d'água no interior do tubo indicará usualmente um valor errôneo. O tubo (B) é normalmente designado de *poço de observação* ou *medidor de nível d'água*, enquanto que os tubos (C) e (D) indicam as poropressões, e sua dissipação dentro da camada de areia ou argila, sendo designados de *piezômetros*. Detalhes desses dois tipos de instrumentos serão apresentados mais adiante.

3.2 Poropressões positiva e negativa

Normalmente, as poropressões registradas abaixo do nível d'água são positivas e, como mostrado na Fig. 3.2, as mesmas podem aumentar em um solo, pela aplicação de esforços de compressão à camada em análise. No exemplo em questão, a colocação de um aterro sobre uma camada de argila, ou a construção de um aterro de rodovia, ou ainda a construção de uma barragem, pode provocar aumentos significativos de poropressão na fundação. As poropressões podem também aumentar quando esforços de cisalhamento são aplicados a um solo fofo. Nesses casos, as deformações cisalhantes tendem a provocar uma redução de volume. Quando os poros do solo estão cheios de água, tende a ocorrer uma elevação da poropressão. Como um exemplo prático, pode-se considerar uma ruptura pela fundação de um aterro sobre solo fofo de origem aluvionar. O material sob o pé do aterro é submetido a esforços de cisalhamento enquanto o aterro é construído, além de sofrer um incremento das poropressões, decorrente do adensamento do solo pelo peso das camadas sobrejacentes. Os esforços cisalhantes causam a deformação do solo, o aumento das poropressões e a redução da resistência, aumentando dessa forma a tendência de ruptura.

As poropressões podem também ser *negativas*, quando são inferiores à pressão atmosférica. Podem, em alguns casos, ser provocadas pela remoção dos esforços que comprimiam uma camada de solo. Por exemplo, quando uma escavação é realizada em argila, o solo abaixo da base da escavação é descarregado, causando um início de redução das poropressões, que podem se tornar negativas. As poropressões podem também decrescer quando esforços cisalhantes são aplicados ao solo, cujo esqueleto está em um estado bastante adensado. Por exemplo, considere a escavação de um talude em uma argila sobreconsolidada. As poropressões diminuem como conseqüência do descarregamento, mas reduções significativas adicionais podem ser causadas pelo desenvolvimento de esforços laterais de cisalhamento. Essas forças cisalhantes causam deformações, uma redução temporária de poropressão e o aumento temporário da resistência.

3.3 Pressão intersticial do gás

Em um *solo insaturado*, tanto o gás como a água estão presentes nos vazios, sendo a pressão do gás designada de *pressão intersticial do gás*. Assim como a pressão d'água dos poros, a pressão intersticial do gás atua em todas as direções. Exemplos de solos insaturados incluem os aterros de barragens e os depósitos de solo orgânico, nos quais o gás é gerado com a decomposição da matéria orgânica. Quando o gás é o ar, o termo *pressão intersticial do ar* pode ser empregado.

A pressão intersticial do gás é sempre maior que a pressão intersticial da água. Admita-se um canudinho colocado em um recipiente com água, como ilustrado na Fig. 3.3. O nível d'água no canudinho tende a se elevar acima do nível d'água no recipiente e será mantido elevado graças à tensão superficial da água no menisco.

A pressão no ar será a pressão atmosférica P_a; entretanto, a pressão no ponto "A" também deverá ser P_a, pois, caso contrário, haveria fluxo d'água para criar a equalização de pressão no mesmo nível. De outro lado, a pressão no ponto "A" deve ser maior que no ponto "B" (Pw), uma vez que a pressão aumenta com a profundidade em uma coluna líquida. Pa é, então, maior que Pw, e a pressão do lado aéreo do menisco é maior que a do lado da água. Quanto menor o diâmetro do canudo, maior a altura atingida pela água em seu interior, ou seja, a diferença de pressão através do menisco será maior.

Considere agora um menisco entre o ar e a água em um vazio do solo, como mostrado na Fig. 3.4. A mesma lei aplica-se neste caso, mantendo-se a analogia de materiais, ou seja, a pressão intersticial do gás u_a é maior que a pressão intersticial da água u_w. Quanto menores os poros, menor o raio de curvatura do menisco e, portanto, maior a pressão intersticial do gás.

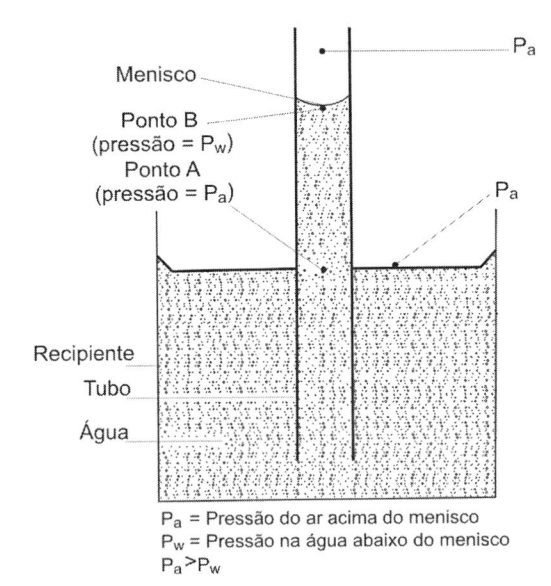

Fig. 3.3 *Pressão intersticial do gás e da água: canudinho em um recipiente*

Sherard (1981) destacou que, durante a construção de uma barragem, parte do ar incorporado em uma camada compactada escapa para o ambiente exterior, à medida que a camada se comprime sob a carga das camadas sobrejacentes e do tráfego de veículos e equipamentos de compactação, enquanto, em condições de laboratório, todo o ar é retido no interior das amostras de solo. Dessa forma, é provável que essa diferença entre as pressões do ar e da água intersticiais em uma argila, durante a construção, seja consideravelmente menor do que as diferenças observadas em laboratório.

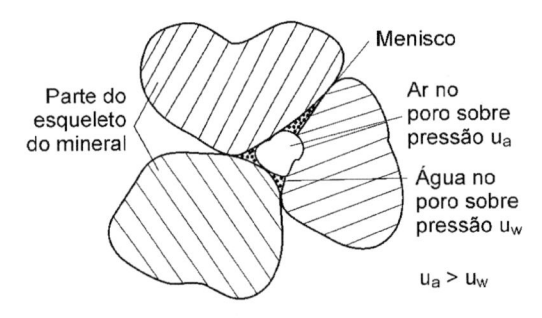

Fig. 3.4 *Pressão intersticial do gás e da água: elementos de um solo insaturado*

3.4 Poropressão *versus* subpressão na fundação

Na instrumentação de barragens é importante diferenciar poropressões medidas no aterro da barragem daquelas medidas na fundação. Enquanto as primeiras são designadas de poropressões propriamente ditas, as observadas na fundação recebem a designação de *subpressões*, ou, em inglês, *upliftpressure*, em decorrência de atuarem invariavelmente de baixo para cima. As subpressões são de relevante importância na análise das condições de estabilidade da barragem e devem ser observadas nos principais horizontes da fundação, a saber:

- contato solo-rocha ou saprolito-rocha;
- níveis e camadas mais permeáveis da fundação;
- proximidades da base da barragem.

O filtro horizontal de uma barragem é outra região de particular interesse, mas, por fazer parte da barragem propriamente dita, integrará a instrumentação, e não a fundação.

Vale enfatizar que mesmo barragens de terra posicionadas sobre maciços rochosos devem receber alguns piezômetros na fundação, sempre que juntas mais permeáveis existirem nas proximidades da superfície do terreno. Muitas vezes, essas juntas afloram a montante, ficando em contato com o reservatório e sendo submetidas a altos gradientes hidráulicos, que podem implicar altas vazões através da fundação ou artesianismo dos piezômetros instalados no pé de jusante da barragem, conforme pode ser observado na região da ombreira esquerda da barragem de Marimbondo, de Furnas. Nessa região da barragem, conhecida como Ilha das Andorinhas, em razão de uma camada de sedimento intertrapiano mais permeável entre dois derrames basálticos, a subida do reservatório causou uma elevação dos níveis piezométricos a jusante, que ocasionou artesianismo tanto nos piezômetros aí instalados como nos poços de alívio instalados no pé de jusante. Esse exemplo será analisado mais detalhadamente adiante, vindo ilustrar bem a importância da instalação de piezômetros, mesmo em barragens de terra sobre maciços rochosos, desde que existam juntas permeáveis na fundação.

Uma vez que a resistência e a deformação dos solos são controladas pela tensão efetiva, a medição da poropressão é particularmente útil para determinar a posição da superfície freática e de toda a rede de percolação através da barragem e de sua fundação, nas seguintes situações:

- As poropressões medidas em um aterro de barragem e em sua fundação podem ser utilizadas para o cálculo de estabilidade pelo método de equilíbrio-limite, usando-se as tensões efetivas para a avaliação dos fatores de segurança dos taludes.
- A medição das poropressões, imediatamente a montante e a jusante do núcleo ou de uma trincheira de vedação, fornece uma indicação do desempenho desses dispositivos de vedação. Por exemplo, infiltrações preferenciais através de um núcleo de barragem podem ser detectadas pela instalação de piezômetros em juntas transversais, eventualmente, deixadas durante a construção.
- Onde uma camada de argila se encontra sobreposta a uma fundação permeável, é possível que altas pressões neutras ocorram na camada permeável, de modo que a instalação de um piezômetro nessa camada, nas proximidades do pé de jusante, pode fornecer informações muito úteis sobre as subpressões na fundação. Pode também

alertar sobre a necessidade de execução ou suplementação de poços de alívio no pé de jusante, para o alívio das subpressões na área.

• Piezômetros no espaldar de montante de uma barragem podem fornecer dados relevantes sobre as condições de estabilidade durante a operação ou o esvaziamento rápido do reservatório.

Até cerca de 10 a 15 anos atrás, era comum a instalação de piezômetros em núcleos de barragens para o acompanhamento da medição freática e a supervisão das condições de percolação. Atualmente, essa instrumentação deve se concentrar em aspectos particulares, tais como uma junta transversal de construção, através do aterro, ou em núcleos delgados, ou de materiais que requerem uma supervisão apropriada. Muito cuidado deve ser dedicado à execução de furos de sondagem através do núcleo de uma barragem, uma vez que se pode induzir à ocorrência de fraturamento hidráulico.

A ponteira de um piezômetro *standpipe* é instalada para a medição da poropressão, requerendo um isolamento das pressões da água na circunvizinhança. A ponteira consiste em um elemento poroso que permite a passagem d'água até o elemento sensível do instrumento. Todos os piezômetros requerem algum fluxo d'água para dentro ou para fora do instrumento, até que ocorra equilíbrio com a poropressão d'água no solo. Dessa forma, o tempo de resposta do piezômetro, para medir uma variação na poropressão, depende da quantidade de água requerida para sensibilizar o instrumento, que pode ser hidráulico, pneumático ou elétrico.

Os piezômetros instalados na fundação ou no aterro de uma barragem, após a construção, são geralmente instalados em furos de sondagem. O elemento poroso de um piezômetro é normalmente envolto por areia, sendo a célula de areia vedada no interior da sondagem, por um trecho de injeção, por exemplo, com bentonita. A célula de areia aumenta, portanto, a área de contribuição do elemento poroso e, assim, melhora o tempo de resposta. Alguns piezômetros podem ser cravados diretamente no solo, ou no fundo de um furo de sondagem, desde que o material não esteja excessivamente consolidado. A ocorrência de falha no sistema de vedação de um piezômetro poderá implicar leituras errôneas. O sucesso na medição das poropressões e subpressões em uma barragem depende dos cuidados tomados na instalação e na manutenção subseqüente, assim como na realização das leituras do instrumento.

Piezômetros especialmente projetados podem ser cravados diretamente no chão, mas no caso das barragens usuais de terra ou de enrocamento tal procedimento não é possível. Em algumas barragens de rejeito, tal técnica se faz viável. A seleção do piezômetro mais adequado irá depender, inevitavelmente, não apenas de razões técnicas, mas também do orçamento disponível. Deve-se enfatizar que não é apropriado adquirir instrumentos baratos, pois podem deixar de assegurar leituras confiáveis e uma boa monitoração da grandeza medida. O custo da instrumentação não decorre apenas dos instrumentos em si, mas deve incluir o custo das operações de instalação, leitura e análise dos dados.

3.5 Piezômetros *standpipe*

Em português, este tipo de instrumento poderia ser designado de *"piezômetro de tubo aberto"*; porém, por facilidade de expressão, utilizaremos aqui a sua designação em inglês, *piezômetro standpipe*, também consagrada na área técnica nacional. São instrumentos dos mais confiáveis e robustos, para a observação das subpressões ou poropressões, em barragens de terra, em função de sua simplicidade, baixo custo e ótimo desempenho a longo prazo, apresentando, geralmente, vida útil compatível com a da barragem.

Dentre as principais vantagens desse tipo de piezômetro, destacam-se:

- confiabilidade;
- durabilidade;
- sensibilidade;
- possibilidade de verificação de seu desempenho por meio de ensaios de recuperação do NA;
- estimativa do coeficiente de permeabilidade do solo onde se encontra instalado o instrumento.

Dentre suas principais desvantagens, destacam-se:

- interferência da praça de compactação durante a construção da barragem;
- inadequação, geralmente, para a medição das pressões neutras de período construtivo;
- restrições quanto à sua instalação a montante da linha d'água;
- certa dificuldade de acesso aos terminais de leitura;
- alto tempo de resposta, quando instalado em solos com baixa permeabilidade.

A água dos poros passa através do filtro do bulbo drenante do instrumento até atingir o equilíbrio com a poropressão na fundação. A poropressão corresponde, então, à altura da água acima do bulbo do instrumento. Geralmente, adota-se como referência para leitura dos piezômetros *standpipe* a cota do ponto médio do bulbo. Os primeiros piezômetros *stanpipe* utilizavam como elemento poroso uma vela de filtro, sendo conhecidos por piezômetros tipo Casagrande, uma vez que foi Arthur Casagrande quem os desenvolveu. Em uma segunda fase, passou-se a empregar, no bulbo do instrumento, um sistema mais robusto constituído por duas tubulações, com um filtro interno de areia, conforme ilustrado na Fig. 3.5.

Mais recentemente, com o surgimento das mantas de poliéster, passou-se a empregá-las como filtro, aplicadas diretamente sobre o trecho perfurado no bulbo do piezômetro, geralmente com ϕ 3/4", com bons resultados, o que veio simplificar muito o manuseio desses instrumentos.

Na Fig. 3.6, apresenta-se um esquema típico de instalação desse instrumento em um furo de sondagem, ao passo que na Fig. 3.7 se apresenta um piezômetro *standpipe* em que o elemento poroso é confeccionado em poliuretano hidrofílico de poros de alta densidade, com cerca de 38 mm de diâmetro. Os poros são igualmente distribuídos e possuem 60 µ de diâmetro, com um baixo coeficiente de entrada de ar e alta resistência a quebra.

No Brasil, na instrumentação da fundação de barragens de terra-enrocamento, tem-se utilizado como ponteira drenante ou bulbo do piezômetro um trecho da tubulação perfurado ao longo de 0,50 a 0,80 m, em PVC rígido, com ϕ 3/4", envolto por duas camadas de manta de poliéster tipo BIDIM, por exemplo. Instrumentos desse tipo têm sido utilizados há mais de 20 anos, com resultados bastante satisfatórios. A tubulação dos piezômetros *standpipe* poderá empregar tubos de aço galvanizados, ao invés de PVC, sempre que se exigir uma maior resistência da tubulação, ou sempre que as poropressões a serem medidas atingirem valores altos.

Os procedimentos para insta-lação dos piezômetros *standpipe* devem ser sempre meticulosos, envolvendo a perfuração de furos de sondagem bem executados, com revestimento e realização de ensaios de perda d'água em trechos de 3,0 em 3,0 m, para auxiliar na determinação da camada a ser instrumentada. Na Fig. 3.8, apresenta-se uma seqüência de ins-

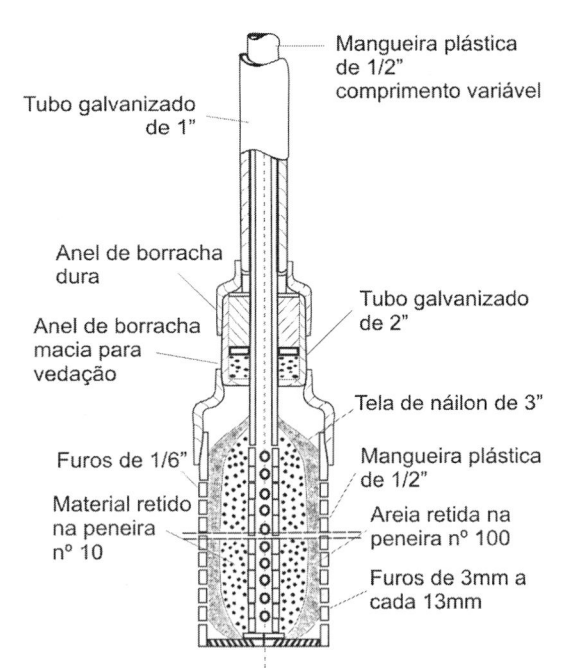

Fig. 3.5 *Piezômetro tipo Casagrande modificado*

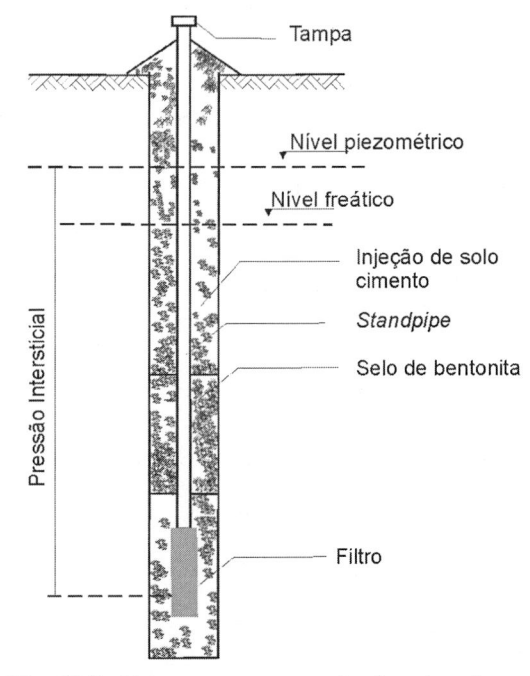

Fig. 3.6 *Esquema de um piezômetro stan-dpipe instalado em furo de sondagem*

talação desses piezômetros, segundo o *Earth Manual*, do Bureau of Reclamation, na qual se ilustram as operações de limpeza do furo, colocação de trecho de areia no bulbo do instrumento, saturação do tubo poroso, instalação do instrumento e preenchimento com areia em torno da ponteira drenante.

A tubulação dos piezômetros *standpipe* geralmente é confeccionada em PVC de cor branca, de boa procedência e qualidade, com diâmetro interno de ϕ 3/4", preferencialmente. As conexões entre tubos são normalmente rosqueadas, devendo-se assegurar a boa vedação das mesmas com veda rosca ou com colas adesivas apropriadas. Quando os piezômetros *standpipe* são instalados antes da construção da barragem, que seria a condição ideal, não se deve esquecer de que os recalques do aterro poderão romper as tubulações desses instrumentos. Isso poderá ser evitado empregando-se tubulações flexíveis do tipo corrugado, geralmente de plástico, e com diâmetro ligeiramente maior que a tubulação do piezômetro, para sua proteção durante o período construtivo. A tubulação corrugada deverá ser instalada entre o topo do bulbo do instrumento e a superfície do terreno. Para o caso de dois piezômetros insta-

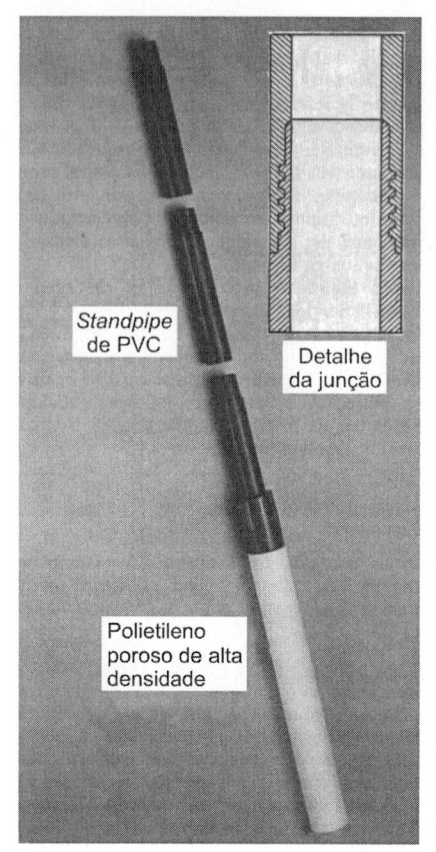

Fig. 3.7 *Piezômetro* standpipe *com filtro poroso, conectado à tubulação em PVC (Dunnicliff, 1993)*

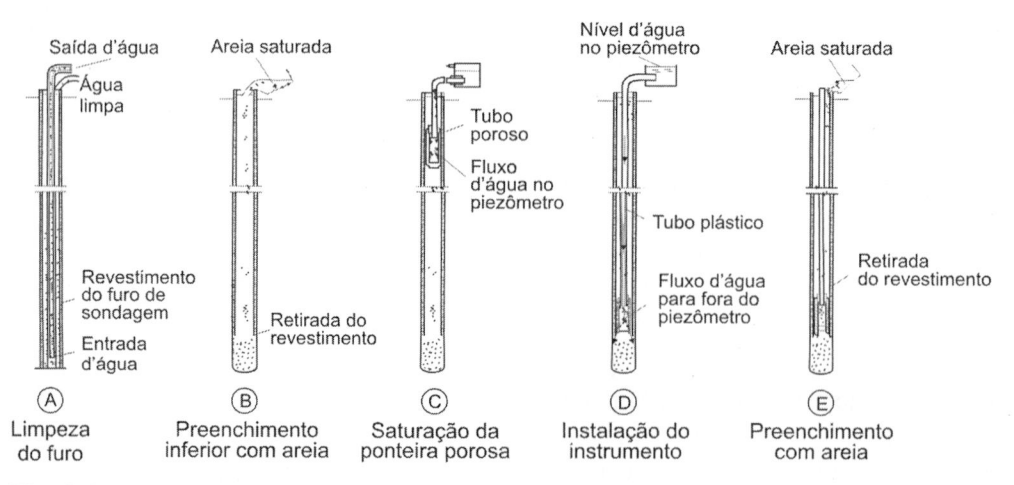

Fig. 3.8 *Instalação de piezômetro* standpipe *(Earth Manual, Bureau of Reclamation)*

lados em um mesmo furo de sondagem, as duas tubulações deverão ser protegidas externamente com tubo corrugado até a superfície do terreno.

O preenchimento com areia na região do bulbo do piezômetro deve ser feito com uma granulometria apropriada, em função do solo ou material adjacente. Para piezômetros *standpipe* em fundação de barragens, têm-se utilizado areias com granulometria 2,4 mm < ϕ < 4,8 mm, que são apropriadas para camadas de rocha sã, rocha alterada ou solos arenosos. Para camadas de solos argilosos e siltosos, o ideal é areia mais fina, por exemplo, 1,0 mm < ϕ < 2,4 mm. O trecho com areia junto ao bulbo do instrumento deve se estender pelo menos 0,20 m acima do trecho perfurado do piezômetro, para, então, executar a vedação com bentonita.

Para uma boa vedação, acima do bulbo do instrumento, deve-se empregar uma camada de bentonita com pelo menos 0,50 m, colocando-se a seguir uma mistura de solo-cimento, em que o solo seja constituído por uma fração bem argilosa e o cimento represente teor de 10% em peso. Deve-se tomar cuidado na execução do trecho de vedação e no preenchimento do restante do furo, para que a haste do piezômetro inferior seja mantida em uma posição bem centrada no furo, e não em contato com as paredes da sondagem, o que poderá prejudicar ou impedir a boa vedação acima do bulbo do instrumento.

Um detalhe importante na instalação dos piezômetros tipo *standpipe* refere-se à retirada do revestimento da sondagem, a qual deve ser realizada concomitantemente com a instalação do instrumento. A retirada do revestimento deve ser feita logo após o posicionamento do instrumento no fundo da sondagem e a colocação do trecho de areia saturada, quando, então, a retirada poderá provocar a subida da coluna do instrumento, caso a mesma não seja bem presa ao substrato. Não se trata de uma operação de fácil execução, a qual requer especial cuidado e uma equipe muito bem treinada, para evitar eventuais falhas.

O nível da coluna d'água no interior do tubo do piezômetro é medido por um pio elétrico, conforme mostrado na Fig. 3.9. O sensor de nível d'água opera eletricamente, com uma bateria apropriada, indicando – por meio de uma lâmpada que acende ou da emissão de um ruído –, no mostrador digital, o instante em que a ponteira do sensor atinge o NA. Isso permite a leitura do nível d'água com sensibilidade da ordem de 0,5 cm. No mercado norte-americano, por exemplo, existem fornecedores de trenas desde 10 m até 600 m de comprimento, conforme relação a seguir:

- minitrenas: 10 e 20 m
- trenas pequenas: 30 – 50 – 560 – 80 – 100 e 120 m
- trenas médias: 150 – 200 – 250 – 300 m
- trenas longas: 400 – 450 – 500 e 600 m

Fig. 3.9 *Aparelho para leitura do nível d'água em piezômetros* standpipe, *do tipo pio elétrico (Cortesia Geokon/Solinst)*

A tubulação dos piezômetros *standpipe* deve apresentar pelo menos ϕ 3/4", para facilitar a introdução da sonda dos medidores de nível d'água, visto que tubulações de diâmetro menor dificultam sobremaneira tal operação, particularmente para barragens com mais de 30 m de altura, ou, então, onde os piezômetros são instalados inclinados em relação à vertical.

Lindquist (1983) observou que, desde que instalados em condições apropriadas, os piezômetros *standpipe* estão entre os instrumentos mais confiáveis que existem. Na década de 1980, a Cesp

Fig. 3.10 *Leitura de piezômetro* standpipe *na crista da barragem de Paraitinga – Sabesp*

construiu um grande número de barragens ao longo dos rios Tietê, Paranapanema e Grande, onde foram instalados 1.024 desses instrumentos, constatando-se que apenas 45 deles, ou seja, 4% deixaram de fornecer leituras por problemas diversos, a saber:

- obstrução do tubo pela queda de objetos;
- obstrução do tubo por cisalhamento no interior do maciço;
- colmatação dos orifícios do tubo ou do material drenante;
- perfuração do tubo de aço por oxidação;
- ruptura do tubo plástico;
- flambagem da mangueira dentro do tubo rígido de proteção, com dificuldade para passagem do pio elétrico.

Para contornar o problema de oxidação dos pequenos furos no bulbo de instrumentos confeccionados com aço comum ou galvanizado, há 30 anos emprega-se tubulação de PVC rígido, protegida externamente por um tubo plástico corrugado, para acompanhar os recalques do aterro durante a construção e fase inicial de operação. Os instrumentos assim confeccionados têm apresentado excelente desempenho, sendo raríssimos os casos de perda.

Na barragem de Chavantes, construída entre 1965 e 1968, empregou-se na instalação dos piezômetros *standpipe* uma mangueira plástica flexível, de cor preta, com diâmetro interno aproximado de 14 mm. Essas mangueiras apresentavam, após 36 anos de sua instalação, rachaduras em decorrência do ressecamento do plástico. Essa constatação mostra que não se pode empregar qualquer tipo de material na confecção dos piezômetros tipo *standpipe* e que sua extremidade superior deve ser sempre protegida por uma caixa apropriada – geralmente confeccionada em alvenaria e dotada de uma tampa metálica com cadeado. Nas Figs. 3.11 e 3.12, há dois tipos de caixas superficiais, que têm sido empregadas para a proteção de piezômetros *standpipe* nas barragens de Paraitinga (Sabesp) e Rosana (Duke Energy), respectivamente. A caixa tem a função de evitar a entrada de água de escoamento superficial, proteger contra ações de vandalismo e também de evitar a insolação direta da tubulação dos piezômetros e seu conseqüente ressecamento. O emprego de tubulação em aço galvanizado evitaria esse problema.

Fig. 3.11 *Caixa de proteção de piezô-metros na barragem de Paraitinga – Sabesp*

Fig. 3.12 *Caixa de proteção de piezômetros na barragem de Rosana – Duke Energy*

3.6 Tempo de resposta dos piezômetros *standpipe*

O tempo requerido para que a coluna líquida no piezômetro se estabilize, após uma variação de pressão, representa a sensibilidade do instrumento. Esse tempo é diretamente proporcional à seção transversal da tubulação e varia inversamente com a permeabilidade do solo nas adjacências. A sensibilidade do instrumento pode ser aumentada pela extensão do trecho poroso (bulbo do instrumento) e, em menor grau, pelo aumento de seu diâmetro (furo de sondagem).

O tempo requerido para que um *standpipe* atinja 95% de seu nível de equilíbrio, após uma alteração de poropressão no meio, é mostrado na Fig. 3.13, na qual o comprimento do bulbo para os esquemas de instalação A, B e C é 1,5 m, 0,90 m e 0,60 m, respectivamente. O diâmetro do furo de sondagem NX é 75,6 mm. A tubulação do piezômetro apresenta diâmetro externo de 1/2" e interno de 3/8", ou seja, igual a 9,5 mm.

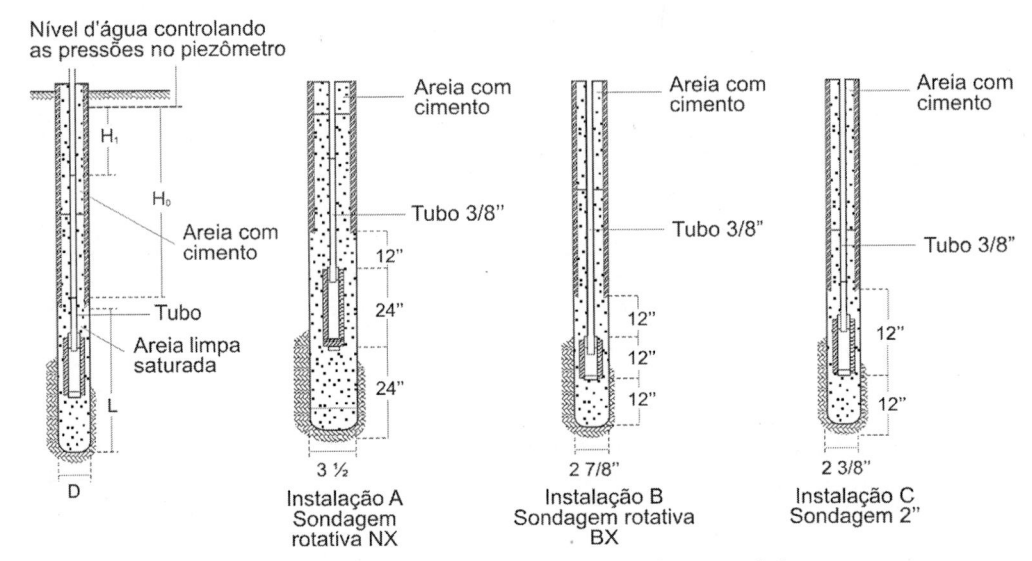

Fig. 3.13 *Esquemas de instalação de piezômetros tipo* standpipe

Os dados apresentados na Tabela 3.1 são de grande interesse prático, mostrando que esses três esquemas de instalação para os piezômetros do tipo *standpipe* permitem boa supervisão das condições de variação das subpressões, em solos com 10^{-4} cm/s a 10^{-6} cm/s, em termos de coeficiente de permeabilidade. Isso decorre do fato de as leituras desses instrumentos normalmente serem realizadas uma vez por dia durante a fase de enchimento do reservatório, reduzindo-se posteriormente a cada dois, três dias ou mesmo semanas. Desse modo, tem-se 95% de equalização em intervalos de tempo de 2,2 a 4,8 horas, e o tempo de resposta desses piezômetros

Tabela 3.1 *Tempo de resposta para 95% de equalização*

Tipo de solo	Areia	Silte			Argila		
k (cm/s)	10^{-3}	10^{-4}	10^{-5}	10^{-6}	10^{-7}	10^{-8}	10^{-9}
Instalação A	8 s	1,3 min	13 min	2,2 h	22 h	9,4 dias	94 dias
Instalação B	12 s	2,0 min	20 min	3,4 h	34 h	14,2 dias	142 dias
Instalação C	17 s	2,9 min	29 min	4,8 h	48 h	20,2 dias	202 dias

Fonte: Earth Manual, 1974.

é perfeitamente adequado para fins práticos, mesmo para solos com coeficiente de permeabilidade de 10^{-6} cm/s.

Tendo em vista que a maioria das barragens construídas na bacia do Alto Paraná apresenta solos compactados com permeabilidade geralmente da ordem de 10^{-5} cm/s a 10^{-6} cm/s, pode-se depreender que tais barragens poderiam ter sido instrumentadas com piezômetros tipo *standpipe*, para a observação da rede de fluxo, após a fase de enchimento do reservatório. Esses instrumentos não seriam apropriados, entretanto, para a observação das pressões neutras de período construtivo, por causa da quantidade de água necessária para sensibilizar o instrumento.

A grande maioria dos piezômetros tipo *standpipe*, instalados na fundação rochosa de barragens (basalto ou granito-gnaisse) ou em solos porosos, apresenta geralmente tempo básico de resposta (*basic time lag*) baixo. Para a maioria das barragens brasileiras localizadas na região Centro-sul, o tempo de resposta para 95% de equalização é da ordem de 30 minutos, o que indica coeficientes de permeabilidade para essas rochas da ordem de 10^{-5} cm/s.

3.7 Proteção dos piezômetros *standpipe* durante o período construtivo

A compactação do aterro nas proximidades da tubulação do piezômetro deve ser realizada manualmente e com o máximo cuidado, empregando-se compactadores mecânicos tipo "sapo", em camadas de pequena espessura, de modo que se assegurem as mesmas características do aterro nas proximidades. A compactação mencionada deve ser realizada em uma área com cerca de 2,50 m de diâmetro, mantendo-se a tubulação do piezômetro em seu centro e mantendo-se a elevação do aterro sempre acima da elevação da praça circunjacente, em pelo menos 0,50 m de altura, conforme ilustrado nas Figs. 3.14 e 3.15. Ao redor do instrumento, deve ser instalada uma grade metálica de proteção, desmontável e com cerca de 2,0 m x 2,0 m, pintada com tinta fluorescente (para operações noturnas), conforme ilustrado na Fig. 3.16.

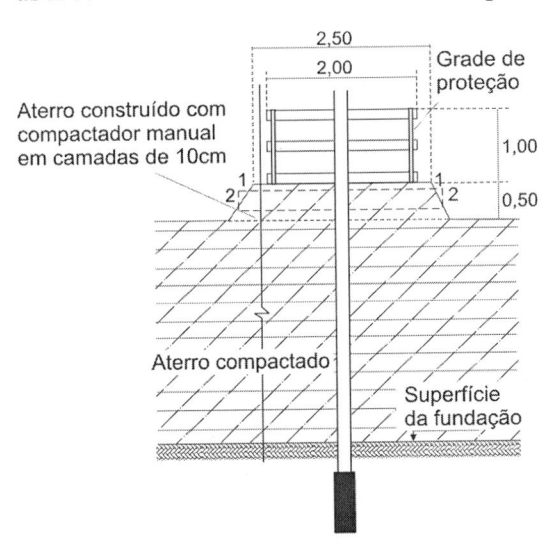

Fig. 3.14 *Proteção do tubo do piezômetro durante a construção da barragem*

O solo compactado manualmente deverá ser idêntico ao uti-

Fig. 3.15 *Compactação cuidadosa do solo ao redor do instrumento*

Fig. 3.16 *Sinalização do instrumento durante a construção da barragem de Água Vermelha, da Cesp*

lizado na praça adjacente, com o mesmo teor de umidade médio e assegurando as mesmas características de compactação do aterro da barragem.

3.8 Piezômetros hidráulicos de dupla tubulação

Os piezômetros hidráulicos de dupla tubulação, também designados como do tipo inglês ou piezômetro hidráulico fechado, foram desenvolvidos para instalação na fundação e no aterro de barragens de terra durante a construção. Consistiam em um elemento poroso conectado através de duas tubulações de plástico à cabine de leitura, onde se posicionava um manômetro Bourdon na extremidade dessas tubulações. A elevação piezométrica era determinada adicionando-se à pressão média medida em ambas as tubulações a cota de instalação do manômetro, determinada topograficamente. Se ambas as tubulações eram completamente cheias de líquido, as leituras manométricas nas duas tubulações seriam idênticas. Entretanto, se o ar entrasse no sistema através do filtro, da tubulação ou das conexões, as leituras não coincidiriam, necessitando de uma operação apropriada de deaeração do sistema.

Uma das primeiras barragens de terra brasileiras a empregar os piezômetros hidráulicos de dupla tubulação, fabricados pela Soil Mechanics Ltd., de Londres, foi a barragem de Três Marias, da Cemig, construída entre 1957 e 1963. A barragem de terra, com um comprimento de 2.700 m e com 65 m de altura máxima, foi instrumentada na época com um total de 104 piezômetros, sendo 12 do tipo inglês. Conforme trabalho de Áreas (1963), consistiam em um estojo de polietileno, dotado de uma pedra porosa, através da qual a pressão neutra era transmitida, empregando-se um sistema de tubulação dupla até a cabine de leitura. Cada ramo dessa tubulação era conectado a um manômetro por meio de um "Y" de latão, provido de torneiras que permitiam a leitura, separadamente, em cada uma das tubulações, conforme Fig. 3.17.

A tubulação dotada de dois ramos facilitava a saturação do sistema, quando da instalação das células, utilizando-se para tal um painel apropriado fornecido pelo

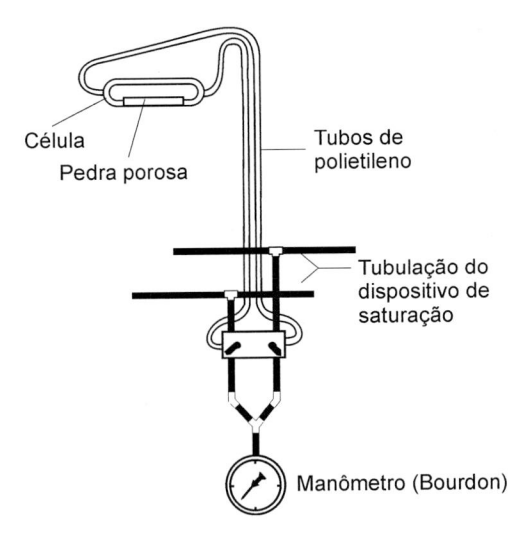

Fig. 3.17 *Esquema de funcionamento dos piezômetros hidráulicos do tipo inglês instalados na barragem de Três Marias, da Cemig*

fabricante, conforme pode ser observado na Fig. 3.18, que ilustra o painel de leitura dos piezômetros ingleses da barragem de Chavantes, da Duke Energy – Paranapanema.

Para a saturação do sistema, empregava-se água deaerada, isto é, sem ar incorporado, o que se conseguia utilizando água destilada, fervida ou água comum submetida a uma câmara de vácuo. Essa operação era executada no próprio painel, na cabine de leitura dos piezômetros, e tinha por finalidade evitar o aparecimento de bolhas de ar, por efeito de variações de temperatura ou de pressão, e sua influência sobre as pressões neutras medidas. Quando da realização das leituras, os dois ramos deveriam indicar valores aproximadamente iguais; quando isso não acontecia,

Fig. 3.18 *Painel de leitura dos piezômetros tipo BRS – inglês, na barragem de Chavantes, da Duke Energy*

o sistema deveria ser verificado, pois provavelmente havia vazamento ou presença de ar, havendo a necessidade de submetê-lo à circulação de água deaerada até que as leituras fossem da mesma ordem de grandeza.

Na barragem de Chavantes, foram instalados 21 piezômetros hidráulicos do tipo inglês, manufaturados pela Soil Instruments Ltd., de Londres, segundo padrão do British Research Stations (BRS). Seis desses instrumentos foram instalados em furos rasos de sondagem, na superfície da fundação. Vargas (1983) comentou que

19 desses instrumentos ainda funcionavam satisfatoriamente bem 12 anos após a instalação, sendo que um havia sido danificado com dez anos de operação, um havia apresentado comportamento insatisfatório e outro havia sido danificado durante a instalação. Destaca-se que esses são instrumentos com vida útil da ordem de 20 anos e que já estariam danificados ou com comportamento duvidoso, não sendo mais passíveis de recuperação.

3.9 Piezômetros pneumáticos

Uma das primeiras aplicações de piezômetros pneumáticos ocorreu na barragem de Briones, com 88 m de altura máxima, localizada na Califórnia, Estados Unidos, construída entre 1961 e 1964, onde foram empregados piezômetros hidráulicos de tubulação dupla e pneumáticos (Sherar, 1981). Nessa, como em outras aplicações subseqüentes, o desempenho foi satisfatório. Nos primeiros anos de operação, os dois tipos de piezômetros apresentaram praticamente a mesma medida. Um relatório do proprietário da barragem, emitido em 1980, destacava que após 18 anos de operação todos os piezômetros pneumáticos estavam ainda em funcionamento, enquanto que os piezômetros hidráulicos tipo USBR estavam obstruídos e fora de funcionamento cerca de 10 a 12 anos após a instalação.

Vários tipos de piezômetros que operavam com sistemas pneumáticos dos tipos fechado e aberto foram empregados na fase inicial da instrumentação das barragens de terra e enrocamento. Na Fig. 3.19, mostra-se esquematicamente o funcionamento de um piezômetro pneumático do tipo fechado, em que a pressão do solo é determinada pela aplicação de uma pressão crescente, através da tubulação de alimentação e da medição da intensidade da pressão na tubulação de retorno, momento em que a pressão aplicada se iguala à pressão intersticial do solo. Aguardando a pressão na tubulação de retorno atingir zero, consegue-se determinar exatamente a pressão exercida pela água que passou através da pedra porosa do instrumento e que atua sobre o diafragma flexível. Esse diafragma permanece fechado quando da aplicação da pressão intersticial do solo, abrindo-se somente quando a pressão aplicada através da tubulação de alimentação se iguala à pressão intersticial. Instrumentos similares, nos quais se emprega óleo ao invés de água, também foram instalados em algumas barragens; porém, não foram vantajosos e acabaram desaparecendo do mercado.

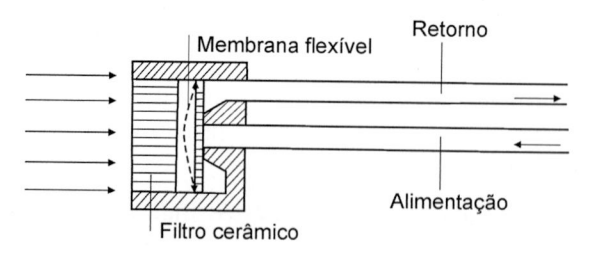

Fig. 3.19 *Esquema de funcionamento de um piezômetro pneumático do tipo fechado*

Alguns piezômetros do tipo pneumático passaram a apresentar vida útil inferior àqueles do tipo hidráulico. Citam-se, por exemplo, as conclusões obtidas por Amaral et al. (1976), na instrumentação da barragem de Capivara, em meados da década de 1970, em que os piezômetros hidráulicos do tipo Geonor mostraram-se confiáveis e de longa durabilidade, enquanto os pneumáticos do tipo Warlan, apesar de todo o cuidado tomado em sua instalação e operação, começaram a apresentar defeitos que os inutilizavam, alguns anos após a instalação. Lindquist (1983) destaca como limitações dos piezômetros pneumáticos a baixa confiabilidade para a medição de pressões neutras negativas, menor sensibilidade em relação aos de corda vibrante, necessidade de recarregamento das ampolas ou reservatórios de gás comprimido (normalmente nitrogênio) e leituras morosas para alguns medidores em relação a outros. Na barragem de Punchina, por exemplo, na Colômbia, com 70 m de altura máxima, 5 milhões de m^3 de aterro e onde haviam sido instalados 140 piezômetros pneumáticos, Sherard (1981) comenta que o tempo de leitura para os 50 instrumentos inicialmente instalados era da ordem de 10 a 20 minutos por piezômetro.

Na instrumentação da barragem de terra de Tucuruí, com 103 m de altura máxima, cujo volume total de aterro entre a barragem principal e os diques atingiu 80 x 10^3 m^3, foram empregados piezômetros pneumáticos tipo Hall, de procedência americana, e do tipo IPT, fabricados pela Equipgeo e IPT no Brasil. Herkenhoff e Dib (1985) comentam que, após algum tempo de utilização de gás carbônico (conforme recomendação do fabricante) foram constatados danos em muitos dos instrumentos, em decorrência da intensa corrosão que estava ocorrendo nas conexões. Sendo assim, passou-se a empregar o equipamento de leitura tipo Hall, que utilizava exclusivamente nitrogênio, não ocorrendo mais esse tipo de problema.

Várias empresas continuam produzindo piezômetros do tipo pneumático, como a SisGeo, empresa italiana que produz esses instrumentos com campo de leitura entre 100 kPa e 5 MPa, conforme Fig. 3.20. Esses piezômetros utilizam atualmente o nitrogênio e são aplicados para a medição das pressões intersticiais em barragens, fundações etc. Não são mais instalados junto a outros piezômetros do tipo hidráulico ou de corda vibrante como antigamente e podem ter vida útil de 20 a 25 anos, aproximadamente.

3.10 Piezômetros de resistência elétrica

O primeiro transdutor a empregar resistência elétrica foi inventado por Roy Carlson, em 1928, e patenteado em 1936. Tratava-se de um transdutor no qual duas resistências operavam dentro de um invólucro hermético e que, ao serem apropriadamente conectadas a uma ponte de Wheatstone, permitiam a medição de diferentes tipos de grandezas, inclusive as pressões intersticiais de um solo. Pode-se, portanto, caracterizar dois tipos de transdutores de resistência elétrica, os de fio, do tipo Carlson, e os de resistência elétrica colada, tipo *strain-gauge*. Esses instrumentos apresentam como característica importante a possibilidade de realizar medições dinâmicas, com registro contínuo dos dados, pois apresentam um tempo de resposta praticamente instantâneo em relação à pressão aplicada.

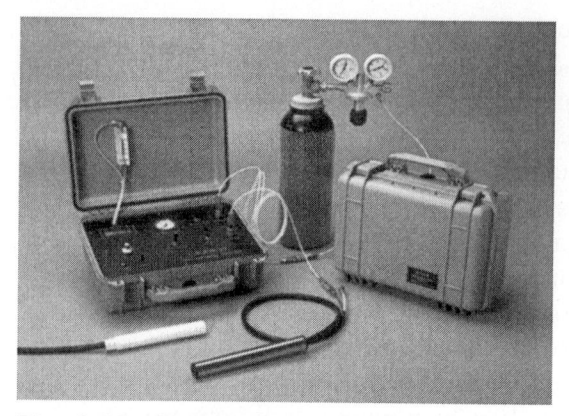

Fig. 3.20 *Piezômetro pneumático com os equipamentos de leitura (SisGeo)*

Os transdutores a empregar resistência elétrica colada para a medição de deflexão de um diafragma flexível internamente ao piezômetro foram desenvolvidos mais tarde que os transdutores de fio. O transdutor de resistência elétrica passou a ter grande emprego e bom desempenho nas medições de ensaios e modelos reduzidos de laboratório, onde o tempo de execução das medições não se prolongava demasiadamente. À medida que esses transdutores passaram a ser empregados em instrumentos instalados em obras, como os piezômetros das barragens de terra ou enrocamento, onde se exige uma vida útil de algumas décadas, observou-se que sua vida útil era muito limitada, normalmente bem inferior aos instrumentos que empregavam transdutores do tipo Carlson.

Os piezômetros elétricos de resistência do tipo *strain-gauge* foram os primeiros a ser empregados na instrumentação das barragens de terra brasileiras, conforme se pode depreender do trabalho de Pacheco Silva (1958), apresentado no II Congresso Brasileiro de Mecânica dos Solos, realizado em Recife/PE. Nesse trabalho, o autor descreve uma célula piezométrica projetada e construída no Instituto de Pesquisas Tecnológicas de São Paulo (IPT) e baseada em extensômetros elétricos de resistência.

Conforme se pode observar na Fig. 3.21, a deflexão de uma membrana metálica engastada perfeitamente ao longo de seu perímetro era medida por extensômetros elétricos colados na parte mais central da membrana, que constituía o extensômetro ativo, sendo o instrumento dotado de outro extensômetro, que era o compensador, para permitir o cálculo das temperaturas, através de uma ligação apropriada à ponte de Wheatstone.

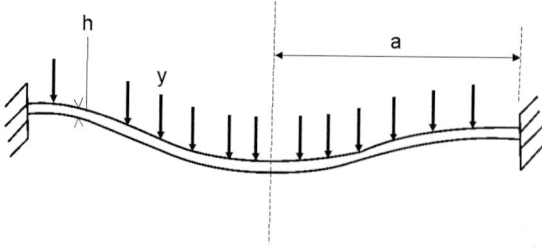

Fig. 3.21 *Esquema da deflexão da membrana metálica, que era medida através de um extensômetro elétrico de resistência*

Pacheco Silva (1958) apresentou resultados da calibração desses piezômetros, confeccionados pelo IPT e em fase de pesquisa, para instalação na barragem de Limoeira, no rio Pardo, em São Paulo, tendo obtido os seguintes valores para a deformação, na parte central da membrana:

- Valor medido .... $\varepsilon = 0{,}68 \times 10^{-3}$
- Valor teórico .... $\varepsilon = 0{,}71 \times 10^{-3}$

Tratava-se de instrumentos com um bom desempenho inicial, mas que, a longo prazo, ou seja, após alguns anos, em decorrência das dificuldades de proteção da resistência elétrica contra a umidade e dos problemas decorrentes da fluência da cola de fixação das resistências elétricas à membrana, apresentam vida útil limitada.

Destaca-se como fabricante a japonesa Kyowa, cujo foco era quase que exclusivamente a confecção de instrumentos de resistência elétrica e que se especializou na construção dos extensômetros elétricos de resistência – muito empregados em ensaios e modelos reduzidos de laboratório –, além de instrumentos de auscultação de obras civis.

Na Fig. 3.22 apresentam-se dois tipos de piezômetros confeccionados pela empresa japonesa Kyowa, o superior, confeccionado para ser inserido em furos de sondagem, pos-suindo 30 mm de diâmetro e filtro com poros de 10 m apenas; o inferior também é dotado de filtro com poros de 10 m, com um corpo bem mais resistente, para suportar sem problemas altas pressões laterais. Na Fig. 3.23, apresenta-se o esquema de funcionamento dos piezômetros de resistência da Kyowa. Essa empresa confecciona também piezômetros com apenas 10 mm de diâmetro, que podem ser empregados, por exemplo, na automação de piezômetros do tipo *standpipe*, com tubulação de ϕ 1/2" ou ϕ 3/4".

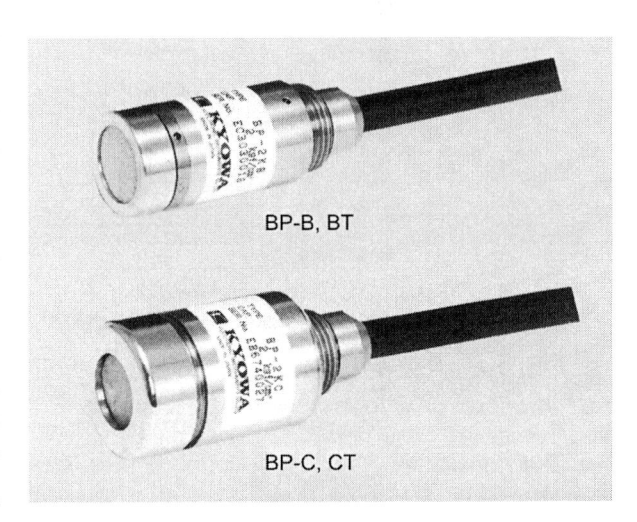

Fig. 3.22 *Piezômetros de resistência elétrica tipo Kyowa*

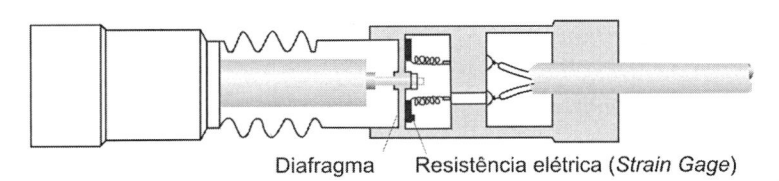

Fig. 3.23 *Esquema de funcionamento de um piezômetro de resistência da Kyowa*

3.11 Piezômetros de corda vibrante

A técnica de medição empregando o princípio da corda vibrante foi desenvolvida em torno de 1930 pela Telemac, na França, e pela Maihak, na Alemanha. Posteriormente, os instrumentos de corda vibrante passaram a ser fabricados e utilizados extensivamente na Noruega, pela Geonor, e na Inglaterra, pela Gage Technique, e também na USSR, Índia e Argentina. São instrumentos de alta sensibilidade, sendo atualmente fabricados pela Maihak, Rocktest, Geonor, Soil Instruments, Geokon, SisGeo, dentre outras empresas.

Os piezômetros elétricos de corda vibrante funcionam da seguinte forma: a pressão intersticial da água é transmitida através da pedra porosa para um diafragma interno, cuja deflexão é medida por um transdutor de corda vibrante instalado perpendicularmente ao plano do diafragma, conforme se pode observar na Fig. 3.24. Atualmente, são largamente empregados na auscultação de barragens de terra devido à sua boa precisão, alta sensibilidade e possibilidade de serem lidos a distância – o que permite sua integração ao sistema de automação da auscultação de barragens.

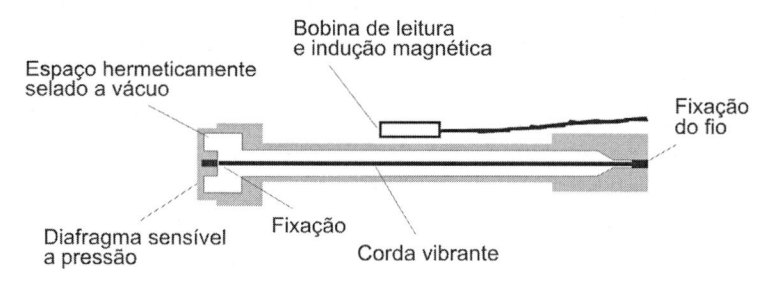

Fig. 3.24 *Esquema de funcionamento de um transdutor de corda vibrante*

Na Fig. 3.25, há vários modelos de piezômetros de corda vibrante da Geokon, com diferentes formatos e posições da pedra porosa, segundo a finalidade para a qual foram concebidos. Os dois piezômetros da série 4500B e 4500C foram concebidos para a automação de piezômetros tipo *standpipe*, sendo instalados dentro da tubulação do ins-trumento. O modelo 4500HD (*Heavy Duty Piezometer*) foi concebido para ser instalado no interior de aterros, sendo dotado de cabo bastante resistente, para suportar os movimentos e as deformações do aterro durante e após a constru-

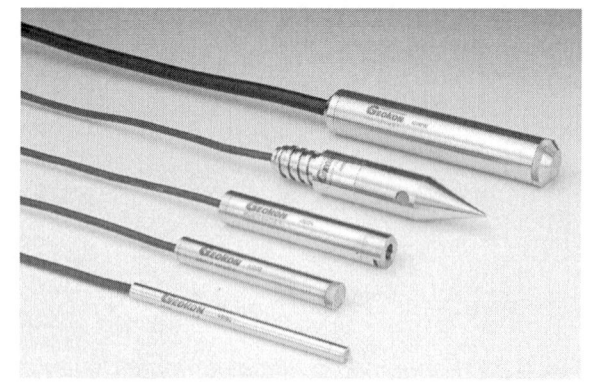

Fig. 3.25 *Diferentes modelos de piezômetros de corda vibrante da Geokon*

ção, sendo recomendado para barragens de terra ou enrocamento. O modelo 4500S (*Standard Piezometer*) foi projetado para medir a pressão neutra quando instalado diretamente no aterro de uma barragem ou em sua fundação, podendo também ser instalado no interior de furos de sondagem.

O modelo 4500DP (*Drive Point Piezometer*), com a pedra porosa alojada na lateral do instrumento, foi especialmente concebido para instalação por meio do processo de cravação, geralmente realizado em solos moles tipo argila orgânica ou barragens de rejeito. Os piezômetros desse tipo terminam em forma de uma ponta cônica, para facilitar sua cravação no terreno, sendo dotados ainda de terminal com rosca, junto ao ponto de saída do cabo elétrico, para permitir sua conexão ao conjunto de hastes que será utilizado em sua cravação.

Na Fig. 3.26, apresentam-se os modelos da série 4500B e 4500C, de pequeno diâmetro, especialmente concebidos para a automação de piezômetros tipo *standpipe*. O modelo 4500B é adequado para tubulações com 19 mm de diâmetro, enquanto o modelo 4500C pode ser instalado em tubulações com 12 mm de diâmetro. Esses instrumentos permitem a leitura remota de piezômetros do tipo *standpipe*, possibilitando a sua automação. Sempre que houver a necessidade de uma comprovação do desempenho do instrumento, o piezômetro de corda vibrante poderá ser retirado para a leitura do *standpipe* com um pio elétrico.

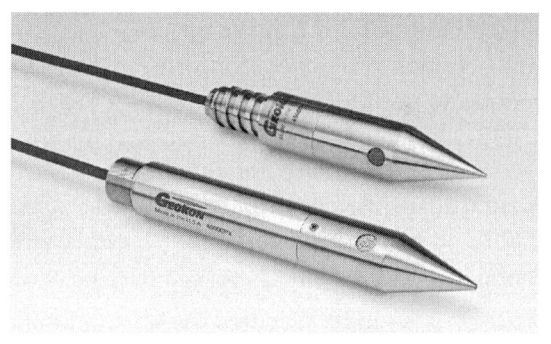

Fig. 3.26 Piezômetros de corda vibrante da Geokon, adequados para a automação de piezômetros tipo standpipe

Alguns piezômetros de corda vibrante são confeccionados em pedras porosas com alta pressão de borbulhamento, possuindo poros de apenas 1 µ, enquanto outros, com baixa pressão de borbulhamento, possuem poros de 50 µ a 60 µ. A pedra porosa pode ser removida para facilitar sua saturação em laboratório. Algumas dessas pedras podem chegar a 90 cm^2 de área externa.

Na Fig. 3.27, observa-se a realização de leituras nos piezômetros de corda vibrante tipo Maihak, na cabine de instrumentação da barragem de Chavantes, da Duke Energy.

Os problemas mais comumente associados aos instrumentos de corda vibrante dizem respeito aos erros causados pela alteração do "zero" e à corrosão da corda vibrante, constituída por um fio metálico. A maioria dos instrumentos de corda vibrante dispõe de um compartimento hermeticamente selado e preenchido quase que totalmente por um óleo antiferrugem. Ao se reconhecer o problema de alteração do "zero", várias versões de piezômetros do tipo corda vibrante são fornecidas com procedimentos para a realização de calibrações *in situ*, durante a vida útil do instrumento, para a aferição da leitura "zero".

Há algumas evidências mais recentes, na Noruega, de que os piezômetros de corda vibrante instalados em aterros compactados podem apresentar alterações de leitura causadas pela tensão total atuante sobre a lateral do instrumento. Esse problema pode ser evitado desde que o fabricante se prepare para a construção de instrumentos com um corpo cilíndrico bem resistente, conforme reportado por DiBiagio e Myrvoll (1985). Recomenda-se, portanto, que particularmente na instrumentação de núcleos de barragens de terra ou enrocamento, com altura da ordem de 100 m ou mais, os piezômetros de corda vibrante sejam manufaturados com corpo metálico o mais rígido possível, para se evitar problemas desse tipo.

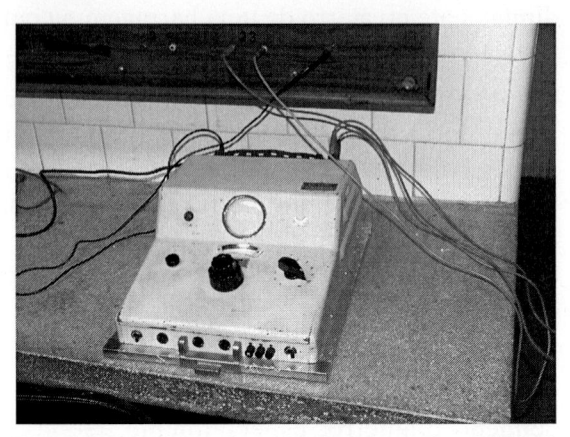

Fig. 3.27 *Leitura dos piezômetros tipo Maihak da barragem de Chavantes*

Estudos mais recentes têm revelado que a vida útil dos transdutores de corda vibrante confeccionados pelos fabricantes mais cuidadosos é da ordem de 30 anos. MacRae e Simmonds (1991), por exemplo, comentam que, por meio da seleção cuidadosa dos materiais utilizados na confecção do instrumento e empregando as eficientes técnicas atualmente disponíveis, um fabricante pode confeccionar transdutores nos quais a corda vibrante se encontre alojada em um compartimento isolado a vácuo e hermeticamente selado por solda, de modo que assegure a proteção contra corrosão do filamento vibrante, garantindo baixa sensibilidade térmica e possibilitando alteração insignificante do "zero", a longo prazo. Ao empregar materiais selecionados e técnicas esmeradas no controle do sistema de produção, é possível assegurar que todos os transdutores de um determinado lote tenham as mesmas características com respeito à estabilidade de longo prazo. Os ensaios realizados pela Geokon, nos Estados Unidos, por exemplo, têm indicado que, se a tensão no fio for mantida abaixo de 30% da tensão de escoamento do aço, as alterações a longo prazo são mínimas, sendo que naqueles transdutores, cuja tensão é de apenas 13% da tensão de escoamento, as alterações a longo prazo são ínfimas.

Outra deficiência desses instrumentos pode estar no emprego de cabos elétricos não devidamente blindados, por causa das interferências causadas pelos campos magnéticos provenientes das linhas de transmissão de alta tensão, das subestações, unidades geradoras das usinas hidrelétricas etc., que têm gerado muitas das falhas observadas na aplicação desse tipo de piezômetro, nas primeiras usinas hidrelétricas brasileiras de grande porte.

As primeiras utilizações desse tipo de medidor, particularmente na barragem de Ilha Solteira, da Cesp, no início da década de 1970, revelaram uma alta percentagem de instrumentos danificados, geralmente por descargas atmosféricas, cujas altas tensões induzidas no cabo elétrico do instrumento provocavam a queima das bobinas do transdutor.

Durante a instrumentação da barragem de Água Vermelha, da Cesp, em meados da década de 1970, a empresa suíça Maihak chegou a enviar um representante ao Brasil, que aqui permaneceu por cerca de um ano para estudar com os brasileiros a melhor técnica para a proteção dos instrumentos de corda vibrante. Empregou-se, então, nessa barragem, os seguintes cuidados com a instalação dos piezômetros nos maciços de terra direito e esquerdo, que vieram assegurar uma boa proteção dos instrumentos:

- emprego de cabos elétricos com blindagem de cobre entre o instrumento e as cabines de leitura a jusante;
- aterramento da blindagem dos cabos junto às cabines de leitura;
- blindagem das caixas seletoras de leitura dos instrumentos junto às cabines de leitura;
- instalação de um dispositivo de proteção, que, ao ocorrer uma sobretensão, descarregava-a para o sistema de aterramento, evitando que atingisse a parte delicada do transdutor.

Durante os primeiros cinco anos após a instalação, período durante o qual houve oportunidade de acompanhar a instrumentação dessa barragem, verificou-se que os instrumentos não foram mais danificados.

Os instrumentos de corda vibrante têm sido submetidos a uma série de testes de avaliação de seu desempenho ao longo do tempo, conforme se pode observar nos trabalhos de McRae e Simmonds (1991) e Zarriello (1995). Nesses trabalhos, os autores testaram uma série de aparelhos sob diferentes condições de carga e avaliaram seus desempenhos a longo prazo. Verificaram que os instrumentos apresentam desvios mínimos de leitura dentro de períodos da ordem de 20 a 30 anos, período decorrente da vida útil dos sensores eletrônicos e do pequeno fio metálico que funciona como corda vibrante. Considerando que a vida útil das barragens é da ordem de 50 anos, não se pôde contar com a durabilidade ou confiabilidade desses instrumentos durante toda a vida útil da obra.

3.12 Piezômetros de fibra óptica

Um dos desenvolvimentos mais recentes no campo da engenharia civil, especialmente na instrumentação geotécnica e estrutural, é representado pelos sensores de fibra óptica. Esse novo tipo de sensor despertou um forte interesse entre alguns fabricantes e pesquisadores, tendo por base diferentes princípios, tais como a interferometria de Fabry-Perot, a grade de Bragg e o polarímetro, conforme observação de Choquet, Juneau e Quirion (2000). O pequeno tamanho, o rápido tempo de resposta e a imunidade a descargas atmosféricas, ondas de radiofreqüência ou interferências eletromagnéticas estão entre as principais vantagens dos sensores de fibra óptica.

A instrumentação baseava-se usualmente na medição de um sinal elétrico, conduzido através de fios de cobre. Os sensores de fibra óptica são estruturados de modo que permitam que um feixe de luz branca seja mantido dentro de um cabo, viajando muito rápido e ao longo de grandes distâncias com perda mínima de sinal. Na Fig. 3.28, pode-se observar esquema-ticamente a estrutura de um cabo de fibra óptica.

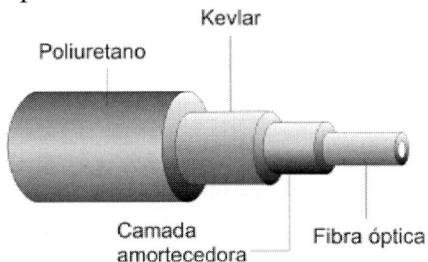

Fig 3.28 *Estrutura de um cabo de fibra ótica (Choquet, Juneau e Quirion, 2000)*

Os cabos de fibra óptica são também fornecidos com uma jaqueta de proteção externa e um membro interno resistente, geralmente Kevlar, que evitam a aplicação de tensões sobre o cabo durante e após a instalação. Todos os cabos de fibra óptica são confeccionados com material dielétrico, que conferem proteção contra campos ele-tromagnéticos, ondas de radiofreqüência e imunidade a descargas atmosféricas. Outra vantagem é a pequena atenuação do sinal elétrico nos cabos, com perdas típicas de 1 dB/km, ou inferiores, significando que aproximadamente 80% do sinal de luz atinja a extremidade do cabo de fibra óptica após trajetos com 1 km de extensão. No caso dos sensores de interferometria, como do tipo Fabry-Perot ou grade de Bragg, a grandeza medida não é afetada por essa atenuação do sinal, de modo que cabos extensos podem ser utilizados sem maiores problemas.

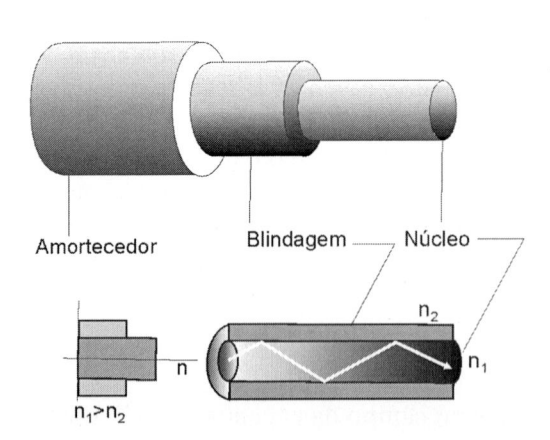

Fig 3.29 *Propagação do feixe de luz em um cabo de fibra óptica (Choquet, Juneau e Quirion, 2000)*

O sinal de luz propaga-se por reflexões internas na fibra, entre o núcleo e a blindagem, que possuem índices diferentes de refração, como ilustrado na Fig. 3.29.

Os piezômetros de fibra óptica passaram a ser confeccionados a partir da última década, particularmente, pela empresa canadense Roctest, após seu consórcio com a Telémac, de origem francesa. O transdutor de pressão baseia-se na interferometria de Fabry-Perot, cujo princípio de funcionamento será resumido a seguir, tendo por base o trabalho de Choquet, Juneau e Bessette (2000). Essa técnica de medição é altamente sensível, podendo realizar medições precisas, absolutas e de modo linear sem a necessidade de fontes de estabilização, sendo praticamente insensível às variações da temperatura ambiente. A Fig. 3.30 apresenta esquematicamente o princípio de funcionamento de um sensor de fibra óptica Fabry-Perot, para a medição de deformações, onde o espaçamento entre os espelhos é chamado de comprimento da cavidade Fabry-Perot (lcavidade), e a distância separando os pontos de fusão é designada de comprimento de medida (Lg) e estabelece o campo de leitura do medidor e sua sensibilidade.

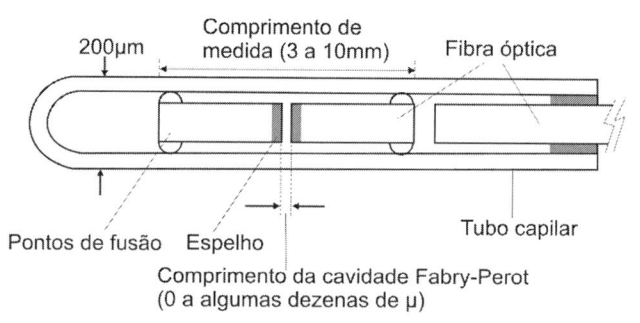

Fig. 3.30 *Sensor de fibra óptica Fabry-Perot para medição de deformações*

Uma porção da luz branca é lançada pela unidade de leitura em uma extremidade do cabo de fibra óptica e viaja em direção ao sensor Fabry-Perot. Uma parte da luz é refletida pelo primeiro espelho semi-refletor. O remanescente da luz viaja através da cavidade Fabry-Perot e é parcialmente refletido uma segunda vez pelo próximo espelho semi-refletor. A luz proveniente das duas reflexões interfere entre si e viaja de volta até a unidade de leitura, onde se aloja um detector. O comprimento da cavidade (lcavidade) é determinado instantaneamente por intermédio de um interferômetro tipo Fizeau, contido na unidade de leitura. Dessa forma, a expressão para o cálculo da deformação é a seguinte:

$$\text{Deformação } (\varepsilon) = \Delta \, l_{cavidade} / L_g$$

O projeto EFPI para os sensores de fibra óptica, por meio dos quais piezômetros podem ser confeccionados, baseia-se em uma medição sem contato da deflexão de um diafragma de aço, em oposição à medição da deformação do diafragma, conforme pode ser observado na Fig. 3.31. Quando o sensor está sob pressão, há uma variação do comprimento da cavidade de Fabry-Perot causada pela superfície interna do diafragma flexível de aço de um lado e a extremidade de um cabo de fibra óptica do outro, conforme ilustrado. A geometria e os materiais do transdutor são selecionados de modo que se obtenha uma relação linear entre a deflexão do diafragma e a pressão aplicada. Na Fig. 3.32, pode-se observar vários modelos e dimensões dos piezômetros de fibra óptica fabricados pela Roctest.

Esses instrumentos têm apresentado ótimos resultados em testes de laboratório e de campo. A Fig. 3.33 mostra os resultados de uma comparação entre um piezômetro de fibra óptica e um de corda vibrante, instalados em um furo de sondagem na mesma profundidade e empregados para a medição das flutuações do nível d'água

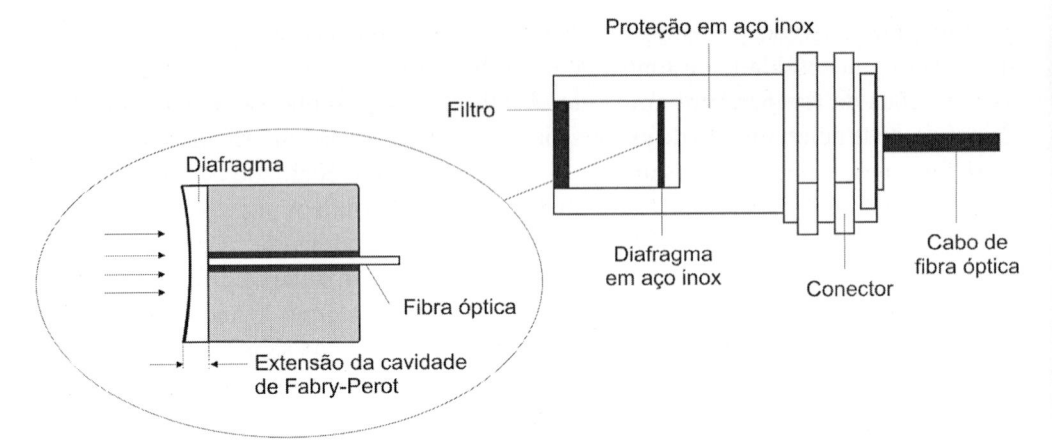

Fig. 3.31 *Princípio de operação de sensor de pressão Fabry-Perot*

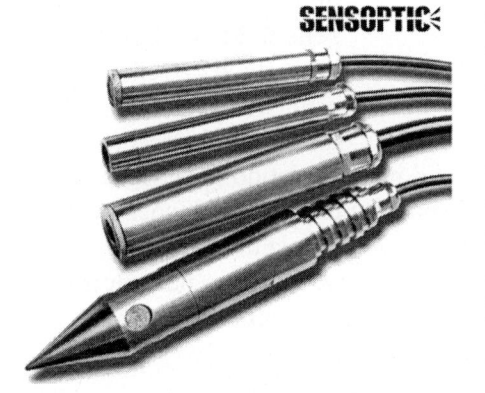

Fig. 3.32 *Diferentes modelos de piezômetros de fibra óptica da Roctest*

durante um período de 110 dias. Pode-se observar que os resultados fornecidos pelos dois instrumentos foram muito similares.

Uma das grandes vantagens dos transdutores de fibra óptica reside no fato de não serem afetados por campos magnéticos nas vizinhanças, assim como por descargas atmosféricas, o que faz prever um enorme potencial para esse tipo de sensor, a partir do momento em que for comprovada sua durabilidade a longo prazo sob condições reais de obras de engenharia geotécnica.

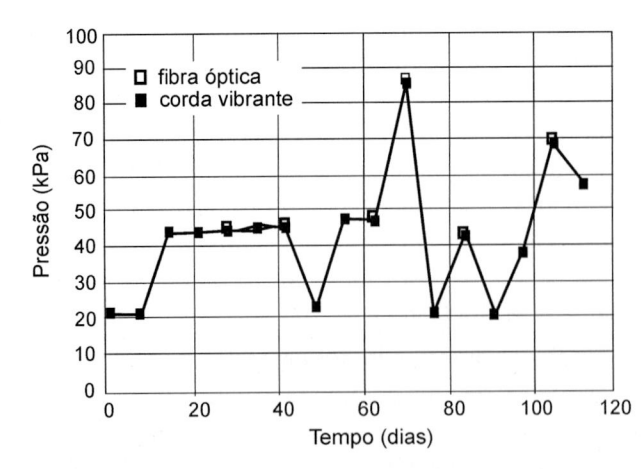

Fig. 3.33 *Gráfico de comparação entre um piezômetro de fibra óptica e um de corda vibrante*

3.13 Cuidados com a cablagem dos instrumentos

Com relação à cablagem dos instrumentos elétricos, de resistência ou de corda vibrante ou aos cabos dos instrumentos pneumáticos ou hidráulicos, todos devem ser conduzidos horizontalmente entre os locais de instalação e a cabine de instrumentação, a jusante, ao longo de uma valeta escavada com auxílio de uma retroescavadeira, tendo a sua base e as paredes devidamente regularizadas manualmente.

O feixe de cabos nunca deve ser conduzido de maneira que os cabos fiquem encostados, como ilustrado na Fig. 3.34, pois é impossível que o solo compactado penetre entre eles, deixando, dessa forma, um caminho preferencial de percolação através do aterro da barragem localizado na posição mais desfavorável possível: na direção montante-jusante. A Fig. 3.35 ilustra a instalação de uma grande quantidade de cabos, na base de uma valeta, onde foram mantidos adequadamente, afastados uns dos outros, por uma ferramenta tipo rastelo, enquanto se despeja o aterro. Como segunda linha de defesa, deve-se providenciar a instalação de septos de bentonita ou de argila de olaria a cada 10 m de afastamento ao longo da valeta de cabos, de modo que envolva todos os cabos com uma camada bem plástica, cerca de 0,20 m de espessura, durante o preenchimento da valeta, conforme Fig. 3.36. Essa técnica impede a formação de um caminho preferencial de percolação ao longo da valeta aberta para o assentamento dos cabos.

Fig. 3.34 *Feixe de cabos de piezômetros sendo conduzido ao longo de uma valeta*

Fig. 3.35 *Feixe de cabos de piezometria sendo conduzido com um dispositivo que assegura o afastamento entre os cabos*

Fig. 3.36 *Selos de bentonita instalados ao longo da valeta de cabos*

A seleção do tipo mais apropriado de cabo para os instrumentos elétricos, particularmente os dotados de transdutores de corda vibrante (Fig. 3.37), é de extrema importância e deverá ser realizada por pessoa altamente experiente na área de instrumentação de barragens, pois assegurará a boa execução do plano de instrumentação, enquanto que uma seleção de um cabo inapropriado ou frágil poderá pôr fora de operação parte dos instrumentos alguns meses após a instalação.

Em geral, o número de condutores no cabo é determinado pelo número de sensores a serem conectados a ele e o número de condutores requerido por cada sensor. Os condutores com fios entrelaçados são mais flexíveis que os condutores sólidos, tornando o cabo mais fácil de manusear durante a instalação.

Os condutores devem ser isolados e enrolados aos pares, acoplados em um feixe dentro de uma proteção externa. Os cabos dos instrumentos de corda vibrante devem ser dotados de uma blinda-gem em malha de cobre, para protegê-los contra radiações eletromagnéticas provenientes de descargas atmosféricas, redes de alta tensão, equipamentos elétricos nas proximidades, transformadores etc.

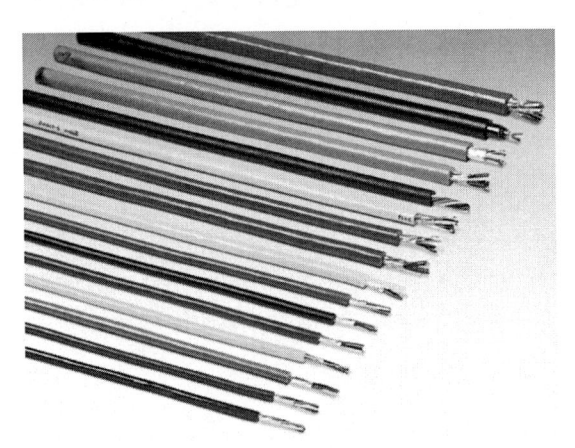

Fig. 3.37 *Diferentes tipos de cabos para instrumentos de corda vibrante (Cortesia Geokon)*

Os cabos de todos os instrumentos elétricos deverão ser devidamente protegidos da umidade, procurando-se evitar emendas durante a instalação. Para tanto, faz-se necessário contar com um plano de instrumentação suficientemente detalhado, a fim de que cada instrumento possa ser previamente conectado ao respectivo cabo, assegurando o caminhamento correto entre o local de instalação e a respectiva cabine de leitura. Cabos especiais podem ser necessários para alguns instrumentos, por exemplo, dotados de reforço em fios de aço ou Kevlar, por exigirem resistência adicional.

3.14 Piezômetros sem cabos

Durante a 72ª reunião internacional do Icold, realizada em Seul, Coréia, em maio de 2004, teve-se a oportunidade de se conhecer alguns instrumentos da empresa japonesa Sakata Denki, que produz uma linha de instrumentos geotécnicos sem necessidade de cabos. Trata-se de medidores de pressão, inclinação, temperatura, recalque e deformação, que utilizam um sensor que fica embutido na fundação ou no aterro, empregado para medições em barragens, obras no fundo do mar, encostas instáveis, escavação de túneis etc.

Os piezômetros da Sakata Denki (Fig. 3.38) são dotados de uma bateria elétrica e funcionam conectados a um transmissor, que transmite os dados medidos no interior da barragem a uma estação receptora localizada na crista, por exemplo, conforme se pode observar na Fig. 3.39. São confeccionados com campo de leitura de 0,1 – 0,2 – 0,3 – 0,5 – 0,7 e 1,0 mPa, empregando um sensor interno tipo LVDT – transdutor diferencial de variação linear.

O sistema de transmissão via magnética opera até distâncias de 100 m, o que constitui uma séria limitação desses sensores para barragens de terra com mais de 100 m de altura. Além disso, uma barragem desse porte pode possuir 500 m de base.

A bateria permite, segundo o fabricante, uma vida útil de 20 anos, com leituras realizadas uma vez por semana. Como durante o período construtivo e, parti-cularmente, durante o período de enchimento do reservatório e primeiros anos de operação são recomendáveis leituras mais freqüentes, na realidade, a vida útil da bateria seria em torno de 15 anos apenas, o que constitui outra limitação para esse tipo de piezômetro. Levando em conta, entretanto, o rápido desenvolvimento dos equipamentos eletrônicos, julga-se que dentro de mais alguns anos esses inconvenientes deixarão de existir.

Considerando as dificuldades decorrentes dos piezômetros dotados de tubulações verticais ou de cabos instalados ao

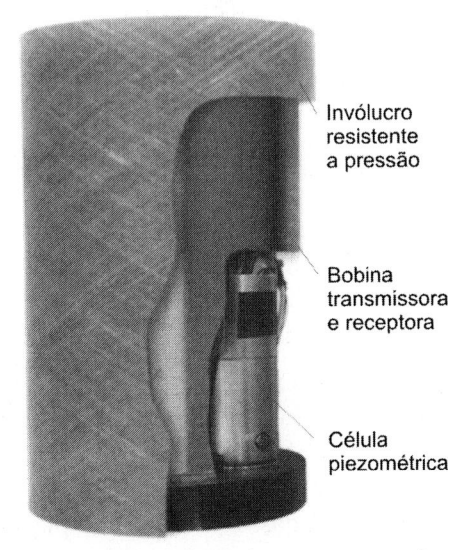

Fig. 3.38 *Piezômetro sem cabo (Sakata Denki Co.)*

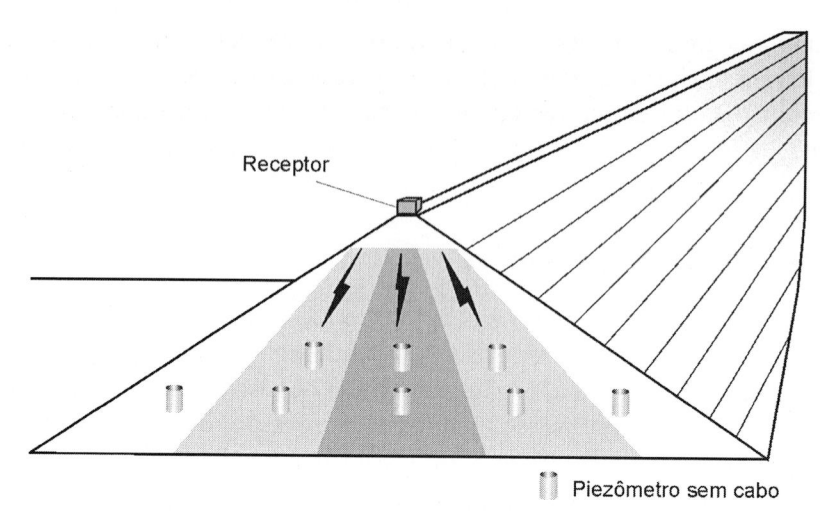

Fig. 3.39 *Piezômetros embutidos no aterro com transmissão via rádio à cabine de leitura na crista da barragem*

longo de trincheiras horizontais, os cuidados que precisam ser tomados para evitar a danificação dos instrumentos, as interferências com os cronogramas de obra etc., acredita-se que os instrumentos "sem cabo" têm grande potencial para o futuro da instrumentação das barragens de terra e de enrocamento, destacando-se como vantagens principais:

• possibilidade de medição das subpressões na fundação e das pressões intersticiais no aterro das barragens, sem qualquer necessidade de cabos e tubulações;

• redução do custo na instalação dos instrumentos;

• ausência de problemas com descargas atmosféricas (segundo o fabricante).

3.15 Piezômetros tipo multinível

Quando se deseja medir a pressão intersticial da água em mais de uma elevação ao longo de um furo de sondagem e há dificuldades na instalação de vários piezômetros convencionais ao longo do furo, pode-se lançar mão dos piezômetros tipo multinível, em inglês, *multilevel*, especialmente desenvolvidos para essa finalidade.

Os piezômetros tipo multinível da Geokon (Fig. 3.40), por exemplo, eliminam a necessidade de colocar camadas de areia nos trechos de medida, substituindo-as por outra técnica que assegure que os instrumentos sejam mantidos, hidraulicamente e mecanicamente, em contato profundo com o terreno, em cada uma das elevações pré-selecionadas. Nesse tipo de piezômetro, a pedra porosa é mantida em contato com o solo, na parede da sondagem, através de um sistema de mola e mecanismo de acionamento hidráulico, que pressiona a pedra porosa do instrumento contra a parede da sondagem, conforme se pode observar na Fig. 3.41. Após a instalação de todos os sensores ao longo do furo de sondagem, este é totalmente preenchido com calda de bentonita mais cimento, para assegurar o isolamento dos vários trechos de medida.

Outro tipo de piezômetro multinível foi desenvolvido pela Sinco, para monitorar as poropressões em várias camadas ao longo de um furo de sondagem, conforme pode ser observado na Fig. 3.42, em que o correto posicionamento dos piezômetros é assegurado por uma tubulação de PVC rígido, que serve também de proteção aos cabos elétricos, quando da retirada da tubulação de revestimento da sondagem. No esquema de instalação do instrumento, a pedra porosa deve ser orientada para cima, para prevenir a formação de bolhas de ar, conforme Fig. 3.43.

Quando os componentes do sistema estão devidamente posicionados no interior do furo de sondagem, providencia-se injeção de calda de bentonita e cimento pela tubulação do instrumento, para o preenchimento de todo o furo de sondagem, incluindo a área ao redor de cada piezômetro. Quando ocorre a cura da calda injetada, esta isola cada piezômetro das camadas superiores e inferiores, mas permite a medição das poropressões nos níveis onde os instrumentos estão instalados. Na barragem de Bennet, no Canadá, com 183 m de altura máxima e 1.980 m de comprimento, onde foram detectados dois *sinkholes* na crista da barragem em 1996, procedeu-se à instalação de piezômetros tipo multiníveis em cinco seções transversais, ao longo do filtro a

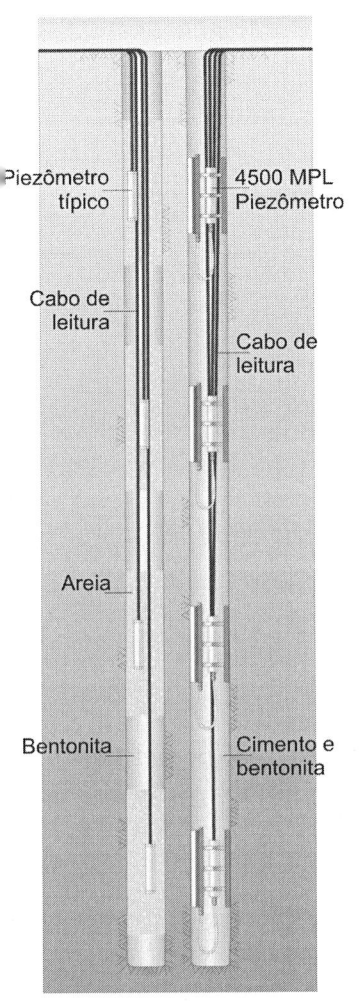

Fig. 3.40 *Piezômetro multinível da Geokon, modelo 4500MLP*

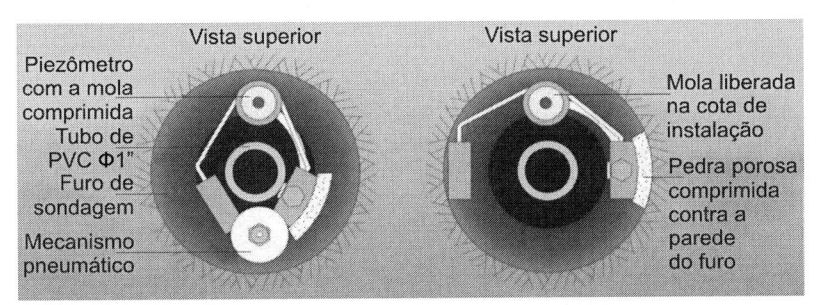

Fig. 3.41 *Esquema de instalação do piezômetro tipo multinível da Geokon no interior de um furo de sondagem*

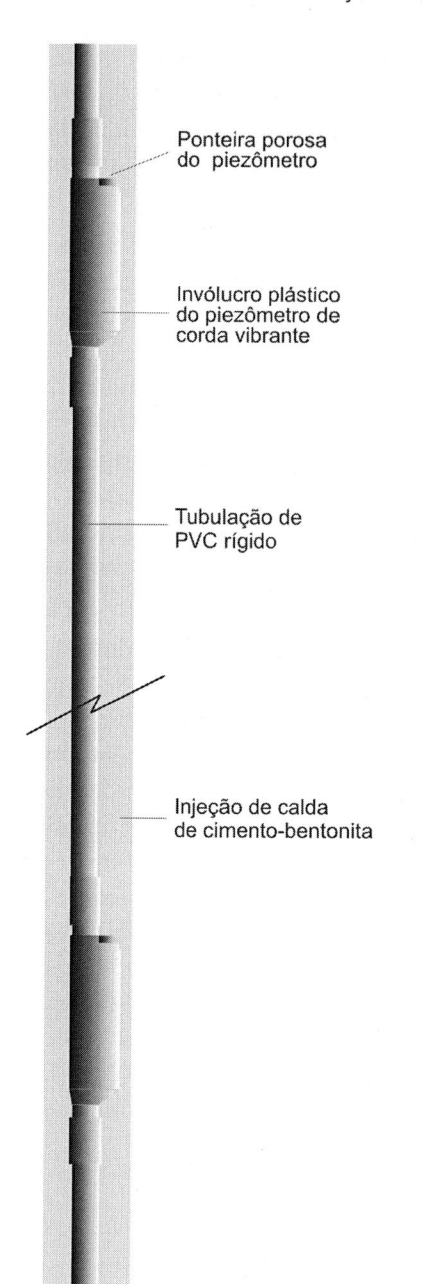

Fig. 3.42 *Piezômetro multinível da Sinco*

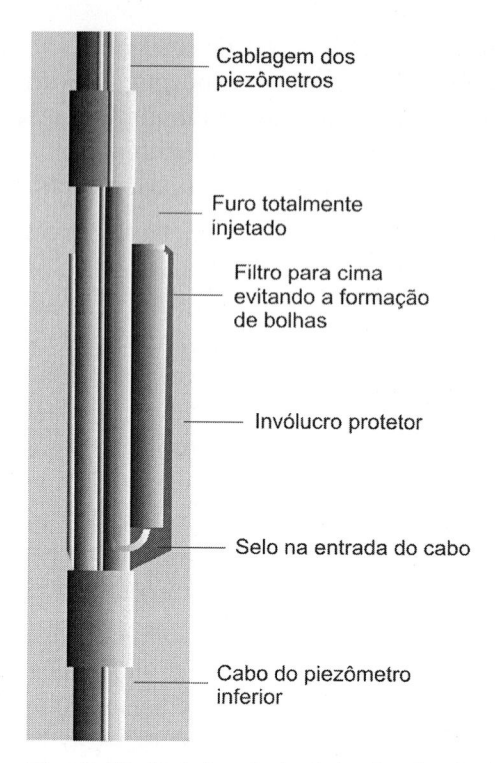

(Labels: Ponteira porosa do piezômetro; Invólucro plástico do piezômetro de corda vibrante; Tubulação de PVC rígido; Injeção de calda de cimento-bentonita)

Fig. 3.43 *Detalhe da instalação do piezômetro de corda vibrante tipo multinível da Sinco*

(Labels: Cablagem dos piezômetros; Furo totalmente injetado; Filtro para cima evitando a formação de bolhas; Invólucro protetor; Selo na entrada do cabo; Cabo do piezômetro inferior)

jusante do núcleo da barragem, tendo por objetivo proceder a uma melhor monitoração do comportamento desta, após a injeção de compactação dos *sinkholes*, cujos resultados são apresentados no Cap. 5 deste livro.

3.16 Desempenho dos piezômetros em condições reais de obra

Um dos trabalhos mais extensos e completos sobre o desempenho da piezometria instalada em barragens de terra ou enrocamento é indubitavelmente aquele realizado por Sherard (1981), em um simpósio de "Instrumentação sobre a Confiabilidade e o Desempenho dos Instrumentos de Auscultação de Barragens de Terra", realizado pela ASCE (American Society of Civil Engineering), em Nova Yorque, em maio de 1981.

Após uma exaustiva pesquisa sobre o comportamento dos piezômetros em barragens de terra e consulta a um grande número de especialistas em instrumentação, em várias partes do mundo, inclusive no Brasil, onde Sherard atuou como consultor de várias barragens da Cesp, este autor conseguiu chegar às seguintes conclusões:

• Piezômetros hidráulicos de tubulação dupla são bons instrumentos, mas exigem mais trabalho e cuidado de manutenção em relação aos piezômetros dotados de diafragma (pneumáticos e corda vibrante).

• Na prática corrente, há uma tendência de não se empregar mais os piezômetros hidráulicos de dupla tubulação, substituindo-os pelos novos piezômetros pneumáticos e de corda vibrante, que são de utilização mais fácil.

• Os piezômetros de corda vibrante e os melhores do tipo pneumático são instrumentos satisfatórios, mas os primeiros possuem uma série de vantagens substanciais e passarão a ser utilizados mais largamente no futuro.

• Têm ocorrido muitas melhorias nos detalhes dos piezômetros pneumáticos nos últimos anos, mas há ainda diferenças importantes nas características e no desempenho dos diferentes modelos. Alguns deles não têm apresentado uniformidade de resultados e um bom desempenho.

• Quando empregados com pedra porosa grossa, tanto os piezômetros pneumáticos como os de corda vibrante medem a pressão do ar incorporado (e não a pressão da água intersticial) quando há uma diferença significativa entre elas (caso dos solos mais argilosos).

• Nos aterros impermeáveis, como a maioria dos solos finos não está coesa, a diferença entre as pressões do ar e d'água intersticial é usualmente desprezível.

• Nos aterros impermeáveis com argilas finas, que apresentam grande capilaridade inicial, a pressão do ar é sempre superior àquela da água intersticial; a diferença geralmente não é grande quando a pressão neutra está acima da pressão atmosférica. Há algumas situações raras, nas quais a diferença entre a pressão do ar incorporado e da água intersticial pode ter significativa influência na avaliação do comportamento da barragem.

• Quando os piezômetros de corda vibrante ou pneumáticos são utilizados para instrumentação de rotina em aterros impermeáveis de barragens, há uma tendência geral em empregar pedras porosas grossas (com baixa pressão de borbulhamento).

• Há uma tendência crescente no emprego de piezômetros de diafragma com pedras porosas finas (alta pressão de borbulhamento), com a pedra porosa saturada e no interior de uma cavidade, para a medição da pressão d'água intersticial (ao invés da pressão do ar). Para essas aplicações, os piezômetros de corda vibrante têm vantagens importantes sobre os pneumáticos, por causa da saturação inicial e isolamento ao ar e porque podem ser testados antes da instalação.

• Para os piezômetros de diafragma com pedra porosa fina para a medição da pressão intersticial d'água, a pedra porosa e o piezômetro devem ser saturados no campo, imediatamente antes da instalação. Nessa aplicação é essencial que seja assegurado um bom contato entre a pedra porosa e o aterro compactado. Mesmo uma pequena espessura de solo fofo ou mal compactado em contato com a pedra porosa pode provocar o mau funcionamento do piezômetro. Para os piezômetros de forma cilíndrica, com a pedra porosa na lateral do instrumento, uma boa prática é preparar um furo cilíndrico no aterro, com um diâmetro ligeiramente inferior ao do corpo do piezômetro, forçando a sua penetração no interior do furo. Espalhar uma fina camada de pasta de solo saturado, com uma consistência próxima ao limite de liquidez, é provavelmente desejável para assegurar um contato contínuo entre a água da pedra porosa e a água intersticial do aterro.

• Para os piezômetros hidráulicos de dupla tubulação e de corda vibrante, pedras porosas com alta pressão de borbulhamento, superiores àquelas usadas na atualidade, deverão ser utilizadas no futuro.

• Têm sido realizadas experiências com piezômetros de corda vibrante, com pedras porosas finas (alta pressão de borbulhamento), que revelam que esses instrumentos podem medir pressões subatmosféricas d'água intersticial em aterros argilosos. Entretanto, atualmente, essa prática está em fase experimental. Há indícios de que, com uma boa vedação entre o elemento cerâmico fino e o corpo do piezômetro, ou com elemento cerâmico mais grosso com pressão de borbulhamento de 550 kPa (80 psi) ou superior, os piezômetros de corda vibrante irão medir, de forma consistente, pressões subatmosféricas d'água intersticial, sem a entrada de ar no instrumento por difusão.

• Pequenos bolsões de areia em torno da pedra porosa do piezômetro não devem ser utilizados para qualquer um dos três tipos de piezômetros com leitura remota, instalados em aterros impermeáveis de barragens.

• Em algumas barragens que empregaram solo argiloso, as pressões iniciais do ar incorporado imediatamente após a instalação foram de 7 kPa a 40 kPa inferiores à pressão atmosférica.

Destaca-se, ao final dessas conclusões de Sherard, realizadas há mais de duas décadas, que muitas de suas previsões se confirmaram mais recentemente, como aquela de que os piezômetros de corda vibrante iriam passar a ser utilizados mais comumente em relação aos do tipo pneumático, o que realmente se verifica na instrumentação da maioria das barragens de terra ou enrocamento. Trabalhos mais recentes têm revelado que a vida útil dos atuais piezômetros de corda vibrante é da ordem de 30 anos, o que mostra a necessidade de reinstrumentação da barragem após esse período, uma vez que o período operacional dessas obras é usualmente de 50 anos ou mais.

A recomendação de não mais instalar os piezômetros junto a um bolsão de areia que os envolve passou a ser atendida já há cerca de duas décadas. Em algumas barragens brasileiras, como São Simão, por exemplo, com o término da construção em 1978, período anterior à recomendação de Sherard, o esquema de instalação sugerido por esse estudioso foi adotado.

Julga-se que os piezômetros de fibra óptica, dentro de mais algum tempo, tomarão o lugar dos instrumentos de corda vibrante, em função de sua imunidade à ação de campos magnéticos e descargas atmosféricas. Esses fatores ambientais podem ser contornados, de certa forma, na instalação dos piezômetros de corda vibrante, porém, encarecem de modo expressivo o sistema de auscultação da barragem, em decorrência da necessidade de utilização de cabos blindados, execução de sistemas especiais de aterramento etc. Os piezômetros sem cabos estão ainda em uma fase incipiente de seu desenvolvimento; porém, à medida que forem dotados de sistemas de transmissão de dados a longa distância e possuírem baterias que assegurem seu funcionamento por um mínimo de três décadas, passarão a constituir uma ferramenta valiosa para a auscultação das barragens de terra e enrocamento, em decorrência das facilidades de instalação.

4 Observações Piezométricas em Barragens

Monitoring of every dam is mandatory, because dams change with age and may develop defects. There is no substitute for systematic and intelligent surveillance.

Ralph B. Peck, 2001

Neste capítulo, pretende-se apresentar alguns resultados típicos das observações piezométricas realizadas em barragens de terra e enrocamento durante as fases de enchimento do reservatório e operação, tendo por objetivo não apenas ressaltar a importância dessas observações na supervisão do comportamento da barragem, como também mostrar os vários tipos de análises que podem ser realizadas com os dados obtidos, as formas mais usuais de representação gráfica dos resultados, os modelos de análise normalmente empregados e algumas soluções corretivas para alguns problemas, como, por exemplo, *sinkholes* na crista da barragem. Procurou-se sempre utilizar casos de barragens instrumentadas no Brasil; no entanto, em alguns casos especialmente importantes, são citados resultados de barragens em outros países, como Canadá, Coréia do Sul, Suécia, entre outros.

4.1 Observações durante o período construtivo

Quando os piezômetros de diafragma começaram a ser largamente utilizados (por volta da década de 1960), várias barragens foram instrumentadas com piezômetros de diferentes tipos, instalados lado a lado, para comparação de seus resultados, particularmente para as "condições de período construtivo", nas quais as diferenças entre pressão intersticial do ar e da água eram grandes. Essas experimentações mostraram que, geralmente, não havia diferenças significativas entre as pressões medidas por diferentes tipos de piezômetros; alguns deles estavam, claramente, medindo a pressão do ar incorporado.

Uma das primeiras barragens brasileiras a receber uma boa instrumentação piezométrica de seu núcleo para a observação das pressões neutras de período construtivo foi a barragem de Santa Branca, localizada no rio Paraíba do Sul, no Estado de São Paulo, construída entre 1956 e 1959. Trata-se de uma barragem com 320 m de comprimento e 55 m de altura máxima, que foi instrumentada com seis piezômetros de corda vibrante tipo Maihak, 23 piezômetros hidráulicos tipo geotécnica e três medidores de nível d'água no filtro vertical. Ao final do período construtivo, as pressões neutras no núcleo argiloso da barragem atingiram valores significativos, tendo o parâmetro $\overline{B}$ ultrapassado ligeiramente o valor de 40%, conforme Fig. 4.1.

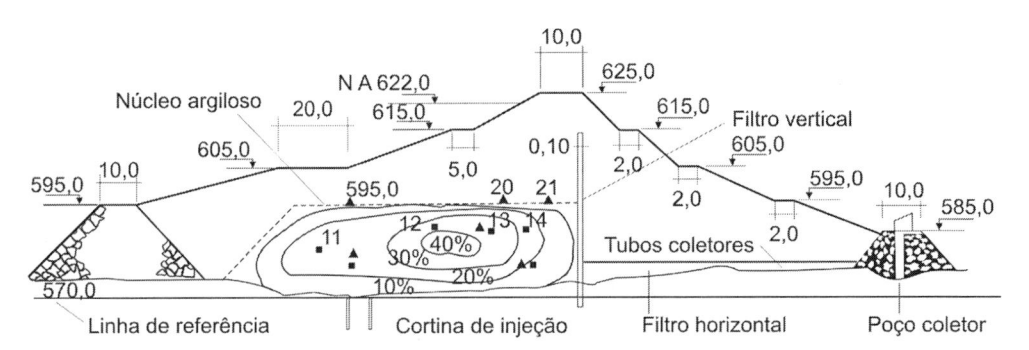

Fig. 4.1 *Pressões neutras na barragem de Santa Branca, com relação ao parâmetro $\overline{B}$, ao final do período construtivo (Santos e Domingues, 1991)*

Outro exemplo interessante é aquele referente à barragem de Três Marias, com 60 m de altura máxima, construída com argila relativamente homogênea, entre 1958 e 1961 (Áreas, 1963). Em vários locais representativos, três tipos de piezômetros foram instalados lado a lado e lidos durante o período construtivo, a saber, piezômetros de corda vibrante, *standpipe* e hidráulicos de dupla tubulação.

A barragem de Três Marias foi construída antes que se tornasse prática corrente o emprego de pedras porosas com alta pressão de borbulhamento, de modo que tanto os piezômetros de corda vibrante como os hidráulicos de dupla tubulação foram instalados com pedras porosas relativamente grossas, comumente utilizadas na época. Na Fig. 4.2, apresentam-se as poropressões medidas por três instrumentos instalados nas proximidades da base, diretamente sob a crista da barragem. O material do aterro era uma argila aluvionar de média plasticidade, compactada em torno do teor de umidade ótima de Proctor Normal, com LL = 42%, IP = 24, peso específico seco de 1,69 t/m^3, teor de umidade igual a 19,6% e grau de saturação de

90%. As medições mostraram que, após as poropressões ultrapassarem cerca de 5 mca (metros de coluna d'água), todos os piezômetros apresentavam essencialmente os mesmos resultados, com diferenças máximas não ultrapassando 1,5 mca.

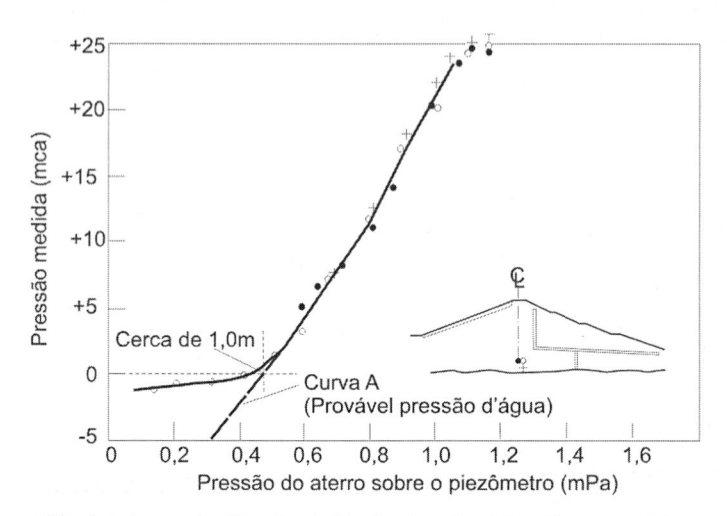

Fig. 4.2 *Comparação entre piezômetros instalados lado a lado na barragem de Três Marias (Áreas, 1963)*

Sherard (1981) comenta que, se tivesse sido possível medir a pressão intersticial d'água de modo confiável, abaixo da pressão atmosférica, as pressões medidas provavelmente teriam um comportamento similar àquele mostrado na Fig. 4.2, em linha tracejada. Dessa forma, a pressão intersticial d'água provavelmente se tornou igual à pressão atmosférica quando o peso das camadas sobrejacentes atingiu 0,47 mPa (470 kN/m^2), quando, então, a pressão intersticial do ar seria provavelmente de 1,0 mca, como indicado. Decorre dessas medições que, após a pressão d'água intersticial atingir a pressão atmosférica, a diferença entre as pressões do ar e d'água intersticial é menor, como mostrado na Fig. 4.2.

As medições realizadas na barragem de Três Marias confirmaram que nos aterros com solos argilosos de granulometria fina, com grande potencial para apresentar diferenças significativas entre as pressões do ar e d'água, as diferenças observadas não são significativas após as pressões neutras ultrapassarem a pressão atmosférica em cerca de 5,0 mca. Sherard (1981) comenta que o aterro de Três Marias utilizou uma argila aluvionar com propriedades similares àquelas de várias outras barragens, não havendo razões para se acreditar que as medições realizadas nessa barragem não fossem representativas das poropressões que se desenvolvem nos aterros de barragens que empregam solos argilosos.

No Brasil, as medições das pressões neutras de período construtivo foram realizadas com mais intensidade a partir das décadas de 1970 e 1980, particularmente, em decorrência da experiência com as barragens inglesas e algumas americanas, que empregaram solos argilosos de baixa permeabilidade (k = 10^{-7} a 10^{-8} cm/s), onde o desenvolvimento de pressões neutras de período construtivo era geralmente expressivo. Em nosso País, portanto, todas as barragens de terra ou enrocamento de grande porte passaram a ser muito bem instrumentadas em termos de células piezométricas instaladas no núcleo, para a observação das poropressões de período construtivo a partir de meados da década de 1960 e início da década de 1970.

Na barragem de Água Vermelha, as pressões neutras de período construtivo – para alturas de aterro da ordem de 20 m sobre os piezômetros de corda vibrante tipo Maihak – variaram entre -0,05 e +0,04 kgf/cm². Na Tabela 4.1, são apresentadas, em função do parâmetro $\overline{B}$, as pressões neutras de período construtivo da barragem de Marimbondo, de Furnas, calculadas pelo Método de Hilf e medidas *in situ* por piezometria.

Tabela 4.1 *Comparação entre as pressões neutras de período construtivo, calculadas e medidas in situ na barragem de Marimbondo*

Tensão vertical (mPa)	Coeficiente calculado pelo método de Hilf $\overline{B} = u/\sigma_v$	Coeficiente medido in situ $\overline{B} = u/\sigma_v$
0,5	12 %	4 %
0,8 a 1,2	15 %	5 %

A Tabela 4.2 apresenta uma síntese realizada pelo autor em 1983, na qual estão registradas as pressões neutras de período construtivo medidas em um total de 18 barragens de terra, construídas essencialmente em regiões de solos residuais e coluvionares de basaltos ou de granito-gnaisses. Nessa tabela são também apresentados, para essas várias barragens, dados referentes ao aterro compactado, tais como índices físicos do solo, parâmetros de percolação e coeficiente de permeabilidade, tendo em vista possibilitar uma comparação com os dados de outras barragens.

Nas Figs. 4.3 e 4.4, procurou-se representar graficamente os parâmetros de pressão neutra ($B = u/\sigma v$) observados *versus* a tensão vertical atuante sobre o piezômetro para os diversos solos utilizados nessas barragens (como granitos e basaltos). Da análise desses dados, podem ser destacadas as seguintes observações:

• Independentemente da tensão aplicada, cerca de 70% dos valores observados do parâmetro de pressão neutra $\overline{B}$ são inferiores a 10%.

• Em praticamente todas as barragens construídas com solos coluvionares e residuais de basalto, o parâmetro $\overline{B}$ mostrou-se inferior a 12%.

Tabela 4.2 Pressões neutras observadas no período construtivo em várias barragens brasileiras

Barragem	Tipo de solo (origem geológica)	Índices físicos		Coeficiente de permeabilidade	Parâmetros de compactação		Parâmetro de pressão neutra: $B = \mu(\sigma_v(\%))$ **					
							Previsto (máx)			Observado (máx)		
		LL (%)	IP (%)		GC (%)	Δh (%)	$\sigma_v=4,0$	$\sigma_v=8,0$	$\sigma_v=12,0$	$\sigma_v=4,0$	$\sigma_v=8,0$	$\sigma_v=12,0$
Marimbondo	Solo coluvionar de arenitos e basaltos	31	14	$10^{-6} < k < 10^{-5}$	100,7 (± 3,0)	-1,4 (± 1,2)	12	13	15	5	5	6
Água Vermelha	Solo coluvionar de basalto	43	13	$10^{-6} < k < 10^{-5}$	—	—	23	15	27	0	1	—
Itumbiara	Solo residual de basalto	58	27	—	—	—	—	—	<30	3	2	2
Bariri	Solo coluvionar de basalto e arenito	28 – 45	12 – 28	—	99,5 (± 2,7)	-0,6 (± 0,7)	—	—	—	23	—	—
Capivara	Solo residual de basalto	46	18	10^{-8}	102	+0,6	—	40	—	—	50 $\sigma_v=9,0$	—
Ilha Solteira	Solo coluvionar de basalto	30 – 58	13 – 22	—	101,8 (± 1,0)	-0,7 (± 1,0)	20	12	—	6	2	—
Porto Colômbia	Solo residual de basalto	—	—	—	98	-0,6	7	—	—	0	—	—
Salto Santiago	Solo residual de basalto	67	21	10^{-7}	96 a 98	+0,4	—	—	—	—	12	—
	Saprolito de basalto	56 – 64	20	$10^{-7} < k < 10^{-5}$	96 a 102	+0,9 a +2,6	—	—	—	—	8	—
Promissão	Solo coluvionar de basalto	23	15	—	100,2 (± 2,1)	-0,8 (± 0,5)	7	4	—	4	—	—
Euclides da Cunha	Solo residual de granito-gnaisse	25 – 75	5 – 35	—	101 (± 2,2)	-0,8 (± 0,9)	—	—	—	20	38	—
Três Marias	Solo aluvionar fino	42	19	$10^{-8} < k < 10^{-6}$	—	—	13	21	28	15	20	21
Graminha	Solo residual de granito	26 – 72	5 – 30	—	101,5 (± 2,0)	-0,4 (± 0,5)	—	—	—	3	17	—
Jaguari (Cesp)	Solos residuais de gnaisse	72 / 55	38 / 26	—	100 (± 2)	-0,13 (± 0,8)	—	—	—	14 / 1	22 / 7	26 / 16
Jupiá	Solo residual de arenito Bauru	27	12	—	99 (± 2,1)	-0,6 (± 0,4)	18	20	—	15	15	—
Capivari-Cachoeira	Solos residuais de gnaisse	—	—	10^{-6}	—	—	—	—	—	0	0	0
Chavantes	Solo residual de arenito	20	2	—	102,3	-1,1	6	4	4	7	7	7
	Solo residual de basalto	54	22	—	102,0	0,0	20	25	—	28	—	—
Paraibuna	Argila arenosa (gnaisse)	65 – 73	30 – 35	—	99	-0,9 (± 0,7)	—	—	—	2	4	10
	Silte arenoso (gnaisse)	44 – 51	NP – 23	—	99	-1,1 (± 0,7)	—	—	—	1	1	2
Paraitinga	Argila arenosa (gnaisse)	53 – 87	23 – 42	—	99,2	-0,5 (± 1,1)	—	—	—	2	5	8
	Silte arenoso (gnaisse)	34 – 48	NP – 19	—	98,7	-1,0 (± 0,8)	—	—	—	1	1	2

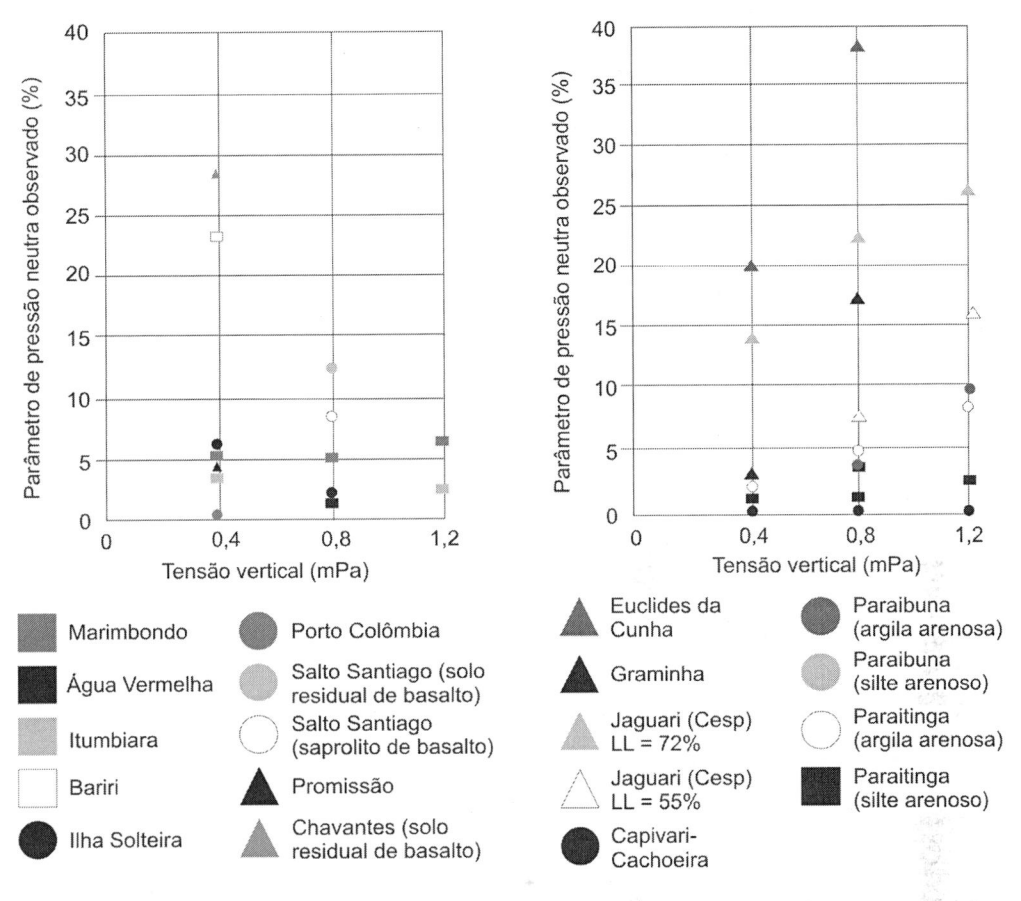

Fig. 4.3 *Parâmetro β x σv para solos de rochas basálticas*

Fig. 4.4 *Parâmetro β x σv para solos de rochas granito-gnáissicas*

- Em praticamente todas as barragens construídas com solos residuais de rochas granito-gnáissicas, o parâmetro $\bar{B}$ apresentou-se inferior a 26%. Esse valor é praticamente o dobro daqueles observados para os solos residuais e coluvionares de basalto.

Em uma análise global dos resultados, não se conseguiu estabelecer uma separação muito clara entre os solos residuais de basalto com LL < 50% e LL > 50% e os siltes arenosos ou as argilas arenosas residuais de granito-gnaisses. Entretanto, para uma mesma barragem, é possível estabelecer uma separação bem nítida para as envoltórias de $\bar{B}$ desses dois tipos de solo, conforme resultados obtidos por Oliveira et al. (1976). A Fig. 4.5 apresenta os resultados durante a construção das barragens de Jaguari, Paraibuna e Paraitinga, da Cesp.

Em termos de previsão de pressões neutras de período construtivo, pode-se assinalar que as maiores discrepâncias foram observadas quando se aplicava o método

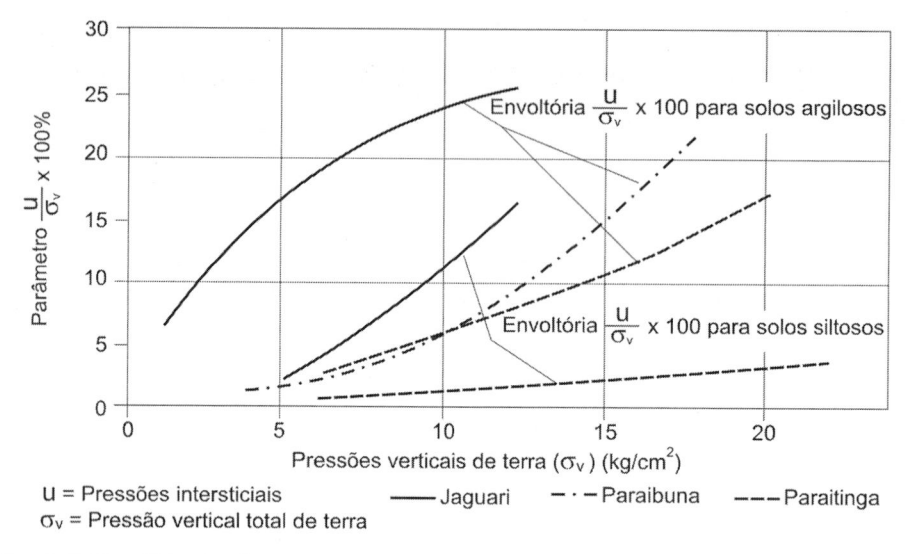

Fig. 4.5 *Coeficiente de pressão neutra* versus *pressão vertical (Oliveira et al., 1976)*

de Hilf, associado aos ensaios de adensamento edométrico de laboratório. Quando as previsões eram realizadas tendo por base os resultados de ensaios do tipo PN, com relação $\sigma_3/\sigma_1 = 0{,}4$ a $0{,}5$, obtinham-se resultados mais próximos da realidade (Cruz e Signer, 1973).

4.2 Observações durante o período de enchimento do reservatório

Tendo por base a experiência com um grande número de barragens de terra construídas na bacia do Alto Paraná (barragens de Ilha Solteira, Água Vermelha, Três Irmãos, Porto Colômbia, dentre outras), a resposta dos piezômetros tipo *standpipe* instalados na fundação é praticamente imediata durante a fase de enchimento do reservatório, pois geralmente estão instalados abaixo do nível freático, de modo que apresentem um reflexo praticamente instantâneo do aumento das pressões hidrostáticas a montante, constituindo um bom indicador na supervisão das condições de segurança da obra, já que qualquer eventual problema seria rapidamente detectado e analisado.

Várias são as técnicas de análise da piezometria instalada na fundação de uma barragem de terra durante a fase de enchimento, dentre as quais se destacam:

4.2.1 Comparação das subpressões medidas com as de projeto

Tendo em mente que, na elaboração do projeto de uma barragem de terra, ao estudar a estabilidade dos taludes de montante e de jusante, há necessidade de avaliar as subpressões na fundação, as condições de carga ao longo do filtro horizontal da barragem e as pressões neutras no aterro, verifica-se que é importante comparar as subpressões medidas e teóricas, para avaliar o acerto das hipóteses de projeto, confirmar os reais fatores de segurança e, eventualmente, verificar a necessidade de medidas corretivas.

Na Fig. 4.6, apresenta-se, para a barragem de Porto Colômbia, uma comparação entre subpressões medidas e de projeto. As subpressões medidas datam de 24 de maio de 1973, final do período de enchimento do reservatório.

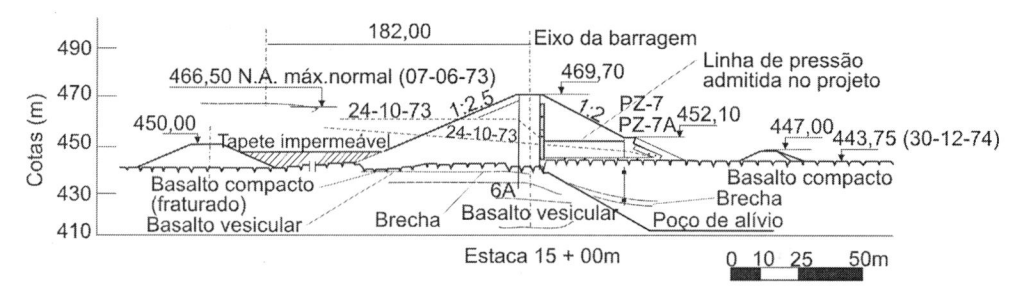

Fig. 4.6 *Comparação entre subpressões medidas e teóricas na Est. 15+00 da barragem de Porto Colômbia (Bourdeaux et al., 1975)*

Apesar das baixas subpressões observadas em relação aos valores de projeto em Porto Colômbia, ocorreu surgência d'água em alguns pontos, cerca de 65 m a jusante do eixo da barragem, nas proximidades da Est. 4+00. Para uma melhor avaliação, foi executado um programa de instrumentação complementar, envolvendo a instalação de alguns medidores de nível d'água, cujos resultados são apresentados na Fig. 4.8, mais adiante.

4.2.2 Análise dos gradientes hidráulicos montante-jusante

Outra boa técnica para a análise dos níveis piezométricos na fundação de uma barragem de terra consiste no cálculo dos gradientes hidráulicos ao longo da direção montante-jusante, de modo que se possa avaliar por meio de comparações com os valores previstos em projeto – observados em outras seções da barragem ou em outras barragens –, quando se trata de valores aceitáveis ou de pequena magnitude. Esses gradientes geralmente são calculados ao longo das camadas mais permeáveis da fundação, por exemplo, ao longo do contato solo-rocha, que normalmente é instrumentado por se tratar de um nível relativamente mais permeável.

Na Tabela 4.3, são apresentados os gradientes hidráulicos observados entre o pé de montante e a região do eixo da barragem, e entre essa região e o pé de jusante da barragem de terra de Marimbondo, ao longo dos níveis mais permeáveis da fundação, conforme pode ser observado na Fig. 4.7, que apresenta a locação dos piezômetros tipo *standpipe* em uma das seções instrumentadas da barragem.

Tabela 4.3 *Gradientes hidráulicos ao longo das camadas mais permeáveis na fundação da barragem de Marimbondo, em dezembro de 1976*

Estaca	Camada instrumentada	Gradiente hidráulico Eixo Montante	Gradiente hidráulico Eixo Jusante
45+00	Brecha sedimentar	0,12	0,12
50+00	Brecha sedimentar	0,13	0,15
55+00	Brecha sedimentar	0,15	0,15
106+00	Brecha / basalto denso (~380,00)	0,16	0,43
112+00	Brecha / basalto denso (~380,00)	0,19	0,34
115+00	Basalto vesicular	0,23	0,21
164+00	Areia fina argilosa	0,13	0,16
170+00	Areia fina argilosa	0,13	0,10

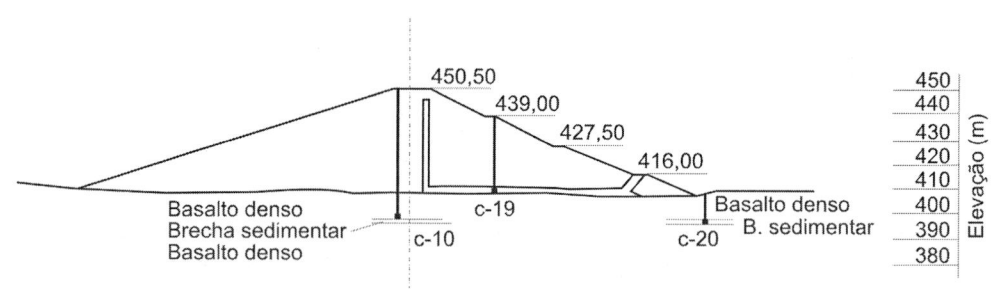

Fig. 4.7 *Locação dos piezômetros na seção da Est. 50+00 da barragem de terra de Marimbondo*

Pode-se, portanto, por meio das informações transmitidas pela piezometria instalada na barragem de Marimbondo, verificar que os gradientes hidráulicos normalmente observados são da mesma ordem de grandeza, entre as regiões a montante e a jusante do eixo da barragem. Exceção se faz aos instrumentos das Est. 106+00 e 112+00, nas proximidades do canal do Ferrador, antigo leito do rio Grande, em decorrência, provavelmente, da cortina de injeção de cimento realizada na região do eixo da barragem.

Conforme reportado por Bourdeaux et al. (1975), na ombreira direita da barragem de Porto Colômbia, a rede de fluxo traçada após a fase de enchimento do reservatório, para a região imediatamente a jusante da barragem, revelou, a partir das equipotenciais traçadas, tendo por base os dados da piezometria, baixos gradientes de percolação, com valores médios em torno de 0,08 e máximo de 0,12, que foram considerados de baixa magnitude e perfeitamente aceitáveis.

4.2.3 Estudo das condições de fluxo na região das ombreiras

Considerando que é muito freqüente a ocorrência de surgências d'água junto ao pé de jusante das barragens de terra, após a fase de enchimento do reservatório, constitui boa técnica empregar os piezômetros instalados nessa região, para o traçado da rede de percolação, visando a uma melhor avaliação do problema e ao eventual acompanhamento do sistema de drenagem a ser implementado no local. Na Fig. 4.8, apresenta-se a rede de fluxo na ombreira direita da barragem de Porto Colômbia, de Furnas, imediatamente após o enchimento do reservatório e posteriormente à observação de uma surgência d'água que ocorria na Est. 4+00, junto ao pé de jusante da barragem.

A rede de fluxo foi traçada após a complementação do plano original de auscultação da barragem, por mais alguns instrumentos, indicando que as linhas de fluxo apresentavam um desenvolvimento aproximadamente perpendicular ao eixo da barragem, no trecho entre as Est. 2+50 e 3+50, inclinando-se em direção à calha do rio mais próximo.

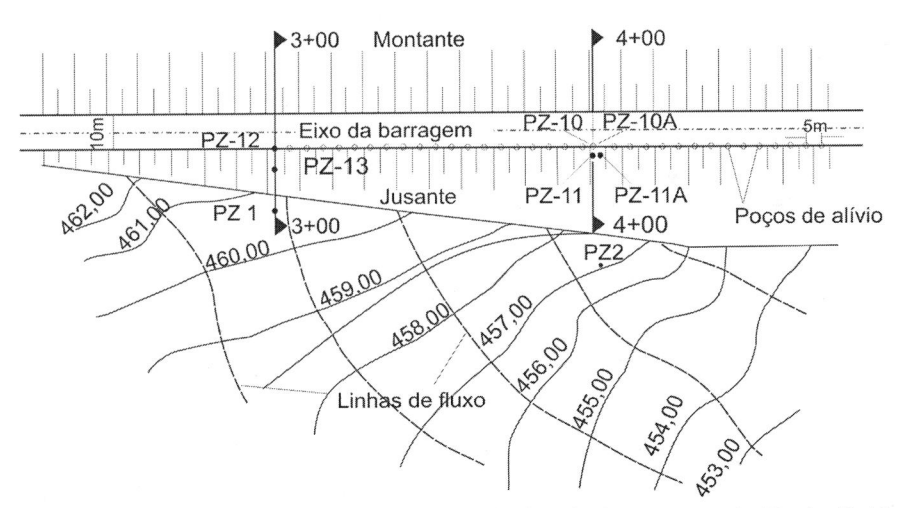

Fig. 4.8 *Rede de percolação na ombreira direita da barragem de Porto Colômbia em junho de 1973 (Bourdeaux et al., 1975)*

A ombreira esquerda da barragem de Água Vermelha, da Cesp, construída entre 1973 e 1978, exigiu especiais cuidados na fase de projeto, assim como uma monitoração piezométrica relativamente detalhada (Fig. 4.9), em decorrência de uma camada de lava aglomerática extremamente permeável, com permeabilidade média da ordem de 10^{-1} cm/s. O total de sólidos injetados nessa camada de lava atingiu 60,7 toneladas, em três linhas de cortina que foram executadas ao longo do eixo

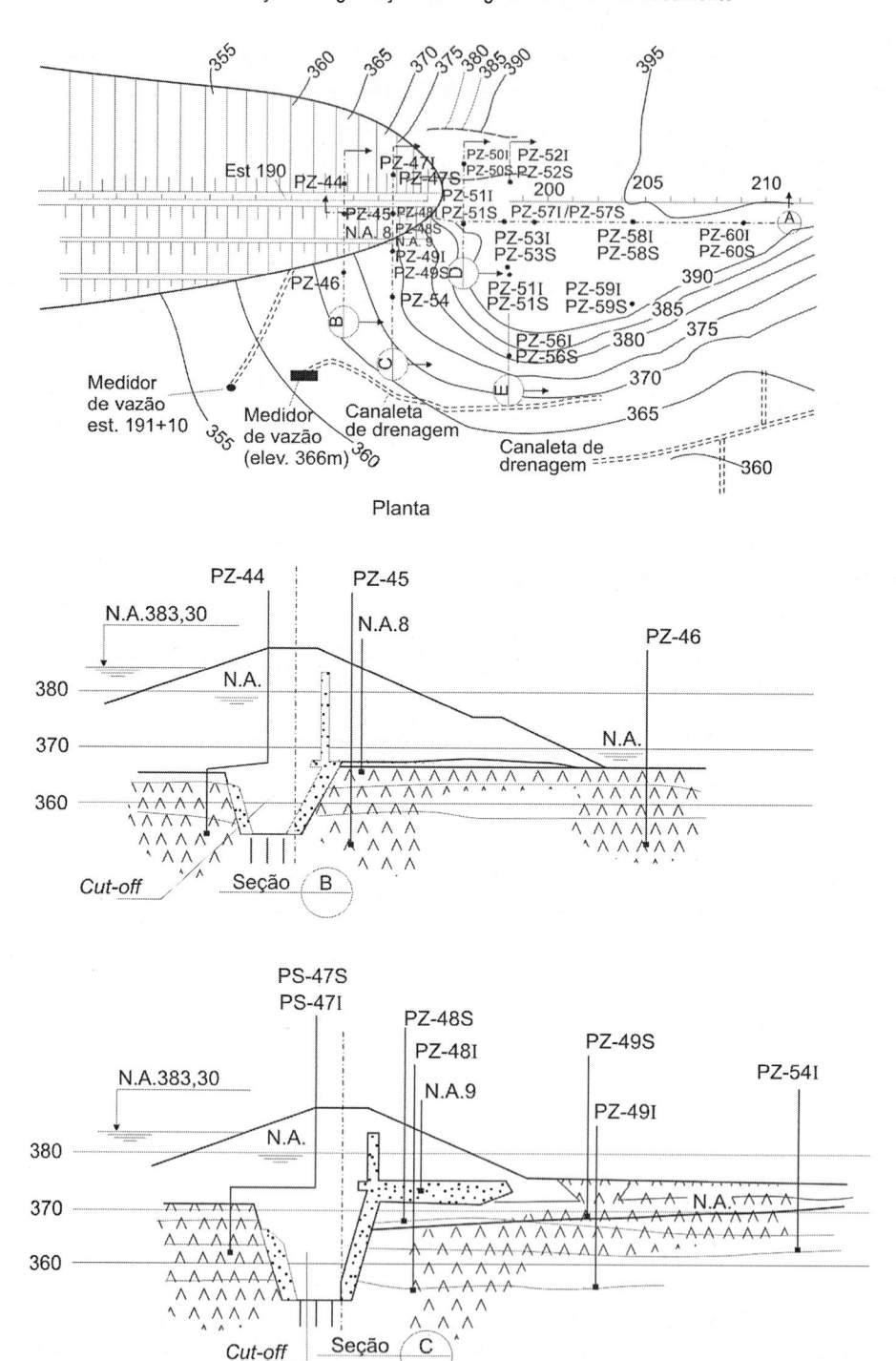

Fig. 4.9 *Locação dos piezômetros na ombreira esquerda da barragem de Água Vermelha (Alves Filho et al., 1980)*

da barragem, com as seguintes absorções médias por metro de furo, consideradas bastante elevadas:

- Linha de montante: 63,1 kg/m.furo
- Linha de jusante: 40,0 kg/m.furo
- Linha central: 35,0 kg/m.furo

A execução de duas sondagens rotativas para a verificação da eficiência dessa cortina revelou, mesmo após a injeção desse volume de calda, a ocorrência de trechos com coeficientes de permeabilidade de até 10^{-2} cm/s, entre as cotas 358 m e 366 m, ou seja, na região da camada de lava aglomerática.

Piezômetros do tipo *standpipe*, instalados na parte mais alta da ombreira esquerda de Água Vermelha, na camada de lava aglomerática (entre El. 360 m e 368 m), revelaram durante o período construtivo variações anuais do nível freático da ordem de 6 m a 7 m. Essas variações ocorriam entre os períodos de estiagem e de chuvas. Essa constatação revelou a importância em se colocar alguns piezômetros na região das ombreiras, em locais não diretamente afetados pela construção da barragem, instalados o mais cedo possível, para a caracterização do comportamento do nível freático antes de qualquer influência do reservatório.

Com o enchimento do reservatório, os resultados da instrumentação indicaram no dreno da estaca 191+10 m vazões da ordem de 2.300 ℓ/min e surgências a jusante, ao longo do afloramento de lava aglomerática, da ordem de 1.000 ℓ/min, que passaram a preocupar e implicaram a elaboração de um modelo matemático tridimensional na ombreira esquerda da barragem de Água Vermelha, para o estudo de soluções corretivas, caso se tornassem necessárias.

Todos os cálculos foram executados admitindo materiais isotrópicos e que o plano inferior do maciço rochoso, na cota 358 m, constituído por basalto compacto, fosse impermeável perante o campo de permeabilidades envolvido no problema. Os modelos matemáticos foram desenvolvidos em uma área em planta de 700 m por 600 m, abrangendo a ombreira esquerda, e compostos por 1.500 nós e 913 elementos, totalizando seis diferentes modelos até se conseguir um bom ajuste entre subpressões medidas e teóricas. A Fig. 4.10 apresenta os resultados de um dos modelos estudados, no qual se pôde observar que a água, após percolar através da cortina de injeção e da ombreira propriamente dita, era parcialmente atraída pela trincheira drenante existente na Est. 191+10 e pelo filtro subvertical existente na parede de jusante do *cut-off*.

As vazões de drenagem na ombreira esquerda de Água Vermelha estabilizaram--se em 3.300 ℓ/min, em março de 1979, dois meses após o reservatório ter atingido o seu nível máximo. Apesar dessas elevadas vazões (apenas o dreno da estaca 191+10 m era responsável por 2.300 ℓ/min), não foi observada, nos meses que se seguiram, qualquer indicação de carreamento deletério de partículas sólidas, através das camadas mais permeáveis da fundação, não se fazendo necessário qualquer tipo de tratamento corretivo na ombreira, a não ser a construção de uma valeta de drenagem superficial, para a eliminação de uma pequena surgência a jusante do pé da barragem.

Fig. 4.10 *Linhas equipotenciais e vetores de velocidade do Modelo 01 na ombreira esquerda da barragem de Água Vermelha*

4.3 Evolução das redes de fluxo através dos aterros compactados

Considerando que os materiais de fundação são geralmente mais permeáveis que os aterros das barragens de terra, com a subida do nível d'água na fase de enchimento do reservatório, passa-se a observar a saturação do aterro pela evolução da linha freática, que se estende inicialmente nas proximidades do talude de montante e da superfície da fundação, deslocando-se lentamente para cima até atingir sua posição definitiva entre o nível máximo normal do reservatório e o filtro vertical a jusante.

Na Fig. 4.11, são apresentadas as linhas de isopressão traçadas para o aterro da barragem de Marimbondo, de Furnas, durante o período de enchimento do reservatório, que teve início em maio de 1975. As linhas de igual pressão foram traçadas a partir das leituras dos piezômetros, instalados no aterro da barragem, por ocasião do período de enchimento do reservatório.

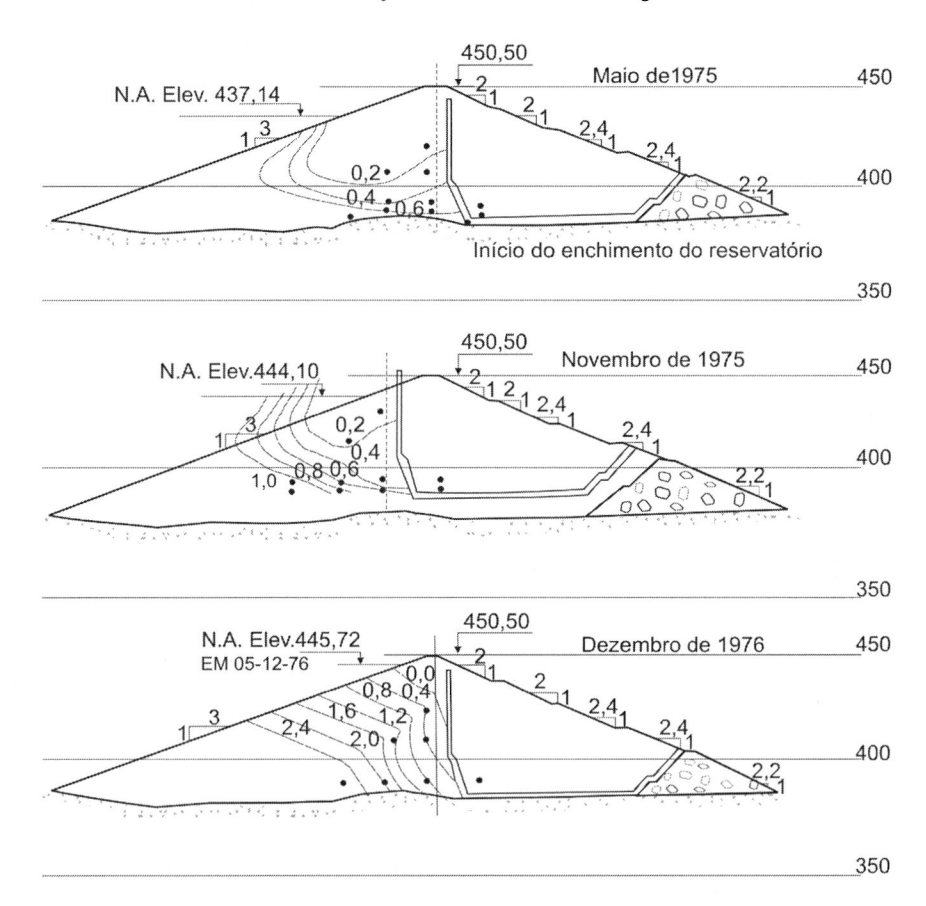

Fig. 4.11 *Evolução das linhas de isopressão na barragem de Marimbondo*

O tempo normalmente requerido para o estabelecimento da rede de fluxo através do maciço das barragens convencionais de terra, confeccionadas com os solos coluvionares de basalto – tendo por base a experiência com as barragens de Ilha Solteira, Marimbondo e Água Vermelha, todas elas localizadas na bacia do Alto Paraná –, é de dois a três anos. Em Marimbondo, o tempo para a estabilização do fluxo d'água através da seção mais central da barragem foi de dois anos.

Na barragem de Água Vermelha, conforme se pode observar na Fig. 4.12, ocorreu diferença significativa entre o tempo de saturação dos maciços direito e esquerdo. Além da diferença entre os solos das áreas de empréstimo da barragem, uma vez que na ombreira esquerda o solo era um pouco mais arenoso e, portanto, mais permeável, destaca-se que, na seção da margem esquerda, a barragem teve a ensecadeira de montante incorporada, a qual, por já estar previamente saturada, agilizou sobremaneira o estabelecimento da rede de fluxo através do maciço. O enchimento do reservatório teve início em 26 de junho de 1978 e findou em 9 de março de 1979, quando foi atingido o nível máximo normal.

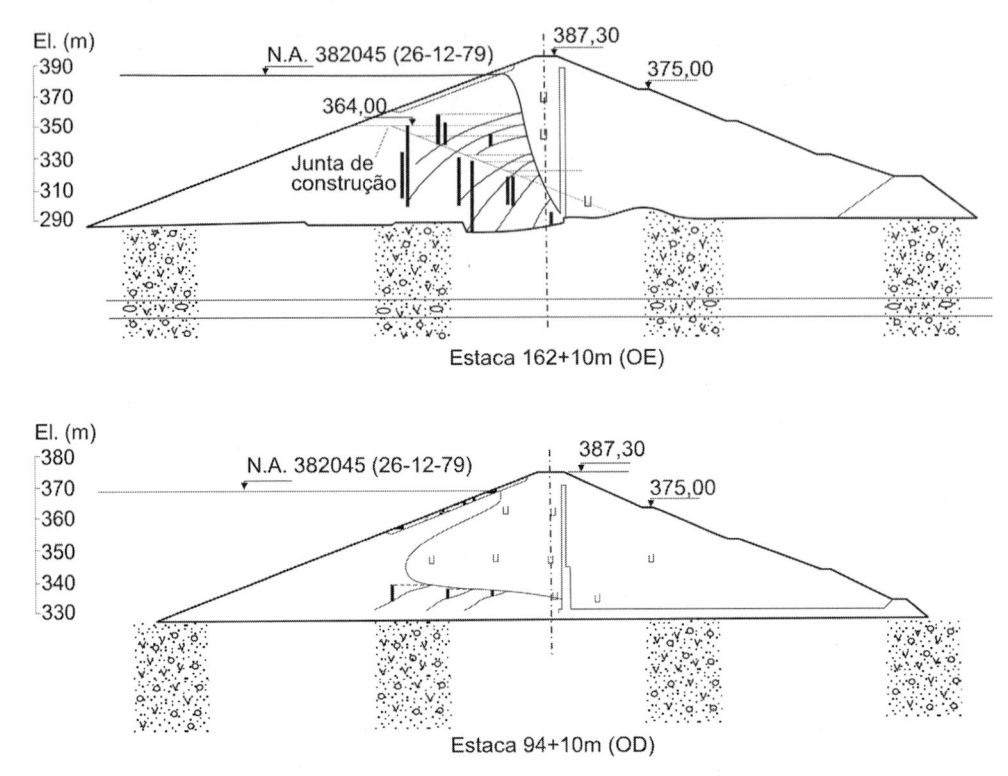

Fig. 4.12 *Configuração das linhas freáticas nos maciços direito e esquerdo da barragem de Água Vermelha, da Cesp*

Enquanto a rede de fluxo do maciço esquerdo, que incorporava a ensecadeira de montante, levou dois anos para se estabelecer, a do maciço direito só veio a se estabilizar após cerca de três anos de operação.

Na Fig. 4.13, observa-se a evolução da posição da superfície freática durante o período de enchimento do reservatório (posições 1 – 2 – 3 – 4 – 7) e, posteriormente, durante o rebaixamento do reservatório (posições 8 – 9 – 10 – 12), para uma barragem de terra com enrocamento de pé. Esse exemplo foi extraído do manual do Geo-Slope International Ltd. (Krahn, 2004).

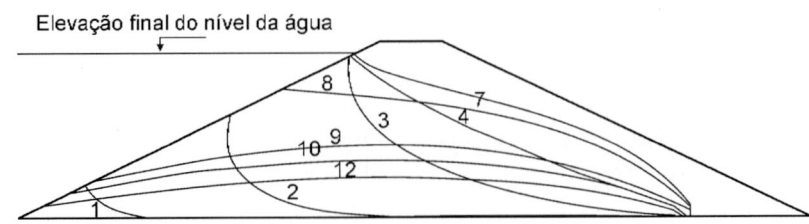

Fig. 4.13 *Evolução da posição da superfície freática ao longo de dez anos (Krahn, 2004)*

4.4 Anomalias observadas no núcleo das barragens de enrocamento

Ao fazer a análise da piezometria instalada no núcleo das barragens de enrocamento, observou-se, em vários países, que as poropressões medidas eram geralmente superiores às previstas, particularmente para os instrumentos instalados na região mais a jusante do núcleo. As linhas de fluxo, ao invés de mostrarem uma distribuição uniforme através do núcleo, revelavam certa concentração nas proximidades da transição de jusante, conforme se pode observar nas Figs. 4.14 e 4.15; há uma faixa mais impermeável a jusante do núcleo, bloqueando a livre drenagem para o filtro.

Na Fig. 4.14, Komada e Kanazawa (1976) apresentam as linhas de fluxo obtidas das medições realizadas, conjuntamente àquelas calculadas a partir de dois modelos teóricos para a barragem de Misakubo, no Japão, onde é muito clara a diferença de comportamento entre os modelos teóricos analíticos – que assumem o núcleo com um comportamento uniforme em termos de permeabilidade – com a situação do protótipo. Na Fig. 4.15, Kim (1979) apresenta as linhas de fluxo obtidas a partir da piezometria instalada no núcleo da barragem de Soyanggang, na Coréia do Sul, onde se pode observar certa concentração das linhas de fluxo a jusante do núcleo. Nessas duas barragens, os gradientes hidráulicos atingiram valores da ordem de 15 e 10, respectivamente, na região mais a jusante do núcleo; bem mais elevados, portanto, que os valores normalmente observados a partir da rede de percolação teórica.

DiBiagio et al. (1982) apresentam os resultados da piezometria na barragem sueca de Svartevann, com 129 m de altura, e que foi instrumentada, por ser uma das mais altas barragens da Suécia na época de sua construção, e para um bom conhecimento do comportamento das barragens de enrocamento com núcleo de

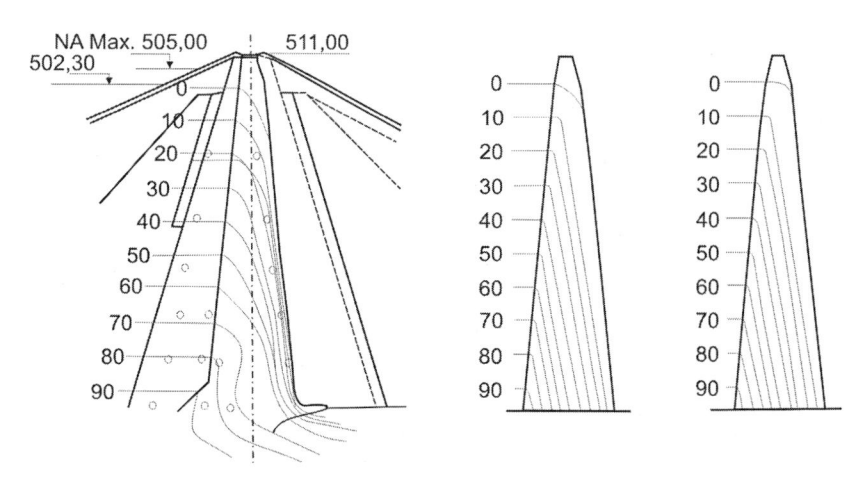

Fig. 4.14 *Diagrama das linhas de fluxo no núcleo da barragem de Misakubo (Komada e Kanazawa, 1976)*

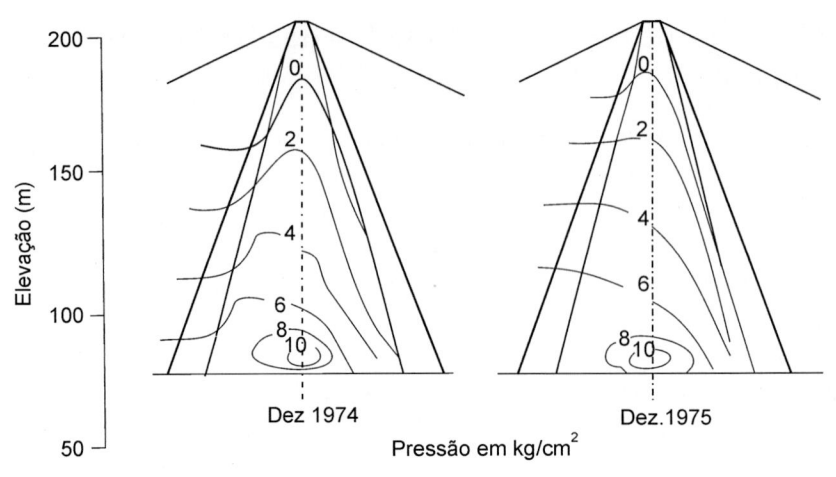

Fig. 4.15 *Diagrama das linhas de fluxo no núcleo da barragem de Soyanggang (Kim, 1979)*

moraina, que constitui o tipo mais usual de barragem construída naquele país. Os piezômetros instalados ao longo de uma mesma elevação do núcleo passaram a mostrar também que o gradiente hidráulico através do núcleo era bastante íngreme a jusante e que a maior parte da dissipação das poropressões ocorria em uma faixa relativamente estreita, localizada a jusante do núcleo (Fig. 4.16). Esses autores observaram que a magnitude das poropressões medidas não teve maior implicação quanto à estabilidade da barragem. Durante a fase de projeto, estava prevista a construção de uma pequena berma junto ao pé do talude de montante, que foi dispensada em função dos resultados fornecidos pela instrumentação durante os estágios iniciais de construção.

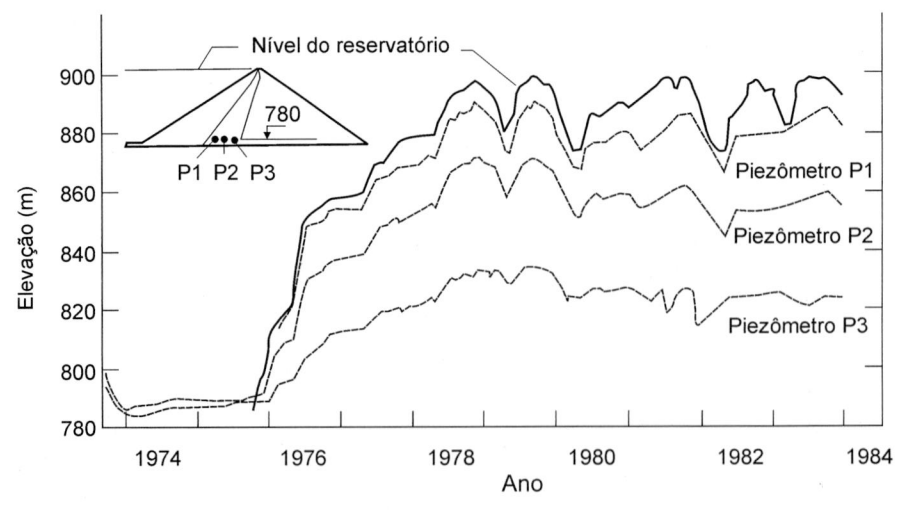

Fig. 4.16 *Evolução das pressões neutras em duas elevações instrumentadas do núcleo da barragem de Svartevann (DiBiagio e Myrvoll, 1986)*

No Brasil, condições similares a essas foram observadas nas barragens de enrocamento de Jaguará, da Cemig, e Capivara, da Duke Energy. Ao se comparar valores medidos e teóricos, observou-se, em termos gerais, pressões neutras medidas um pouco superiores aos valores teóricos. As diferenças eram mais acentuadas para os piezômetros instalados na região mais a jusante do núcleo da barragem.

Considerando a possibilidade de um comportamento similar ao relatado para as barragens de Svartevann, Benett, Misakubo e Soyanggang, dentre outras, o estudo do comportamento desse tipo de barragem passou a ser feito simulando uma faixa mais impermeável a jusante do núcleo, obtendo, em termos gerais, um bom ajuste entre pressões neutras medidas e previstas. Pôde-se, pois, concluir que a existência dessa zona mais impermeável a jusante do núcleo das barragens de enrocamento ocorre, provavelmente, devido ao desprendimento de bolhas de ar dissolvidas nas águas de percolação, nas proximidades do filtro, devido a uma súbita queda de pressão d'água, para a pressão atmosférica. Pode-se adiantar que esse fenômeno é pouco conhecido e divulgado no meio técnico nacional, afetando mais particularmente as barragens de enrocamento com núcleo impermeável.

Comportamento similar a esses foi observado também na barragem canadense de Bennett, da B. C. Hydro, que, com 183 m de altura e represando o maior reservatório da América do Norte, recebeu uma instrumentação minuciosa, particularmente na região do núcleo. O seu núcleo, apesar de não ser tão delgado como o das barragens anteriormente citadas, passou a apresentar, após a fase de enchimento do reservatório, uma nítida concentração das equipotenciais a jusante, conforme Fig. 4.17.

Esse fenômeno passou a ser designado *equipotential crowding* (concentração das equipotenciais). Vários mecanismos foram concebidos para explicar esse fenômeno, dentre os quais se destacavam como mais prováveis:

• Influência do ar dissolvido na água de percolação. O ar poderia ser proveniente da dissolução do ar intersticial do solo pelas águas de percolação, cujas bolhas de ar

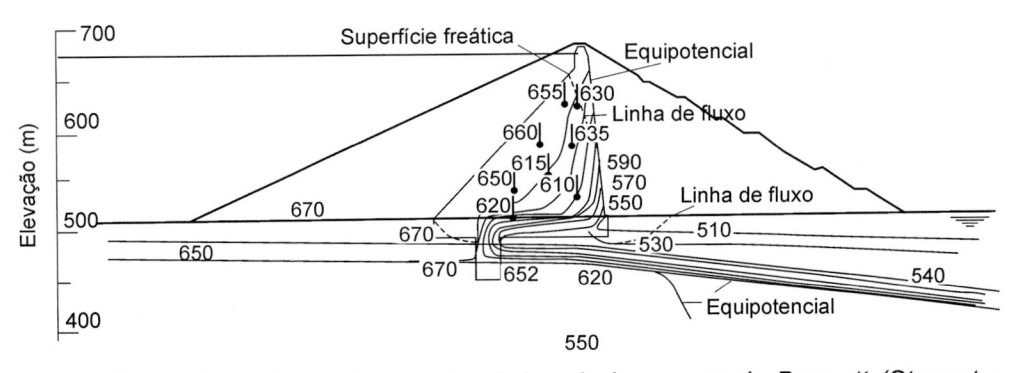

Fig. 4.17 *Rede de fluxo através do núcleo da barragem de Bennett (Stewart e Imrie, 1993)*

aprisionadas no solo causariam certo bloqueio a jusante, nas proximidades do filtro, devido ao súbito alívio de pressão e ao desprendimento do ar dissolvido.

• Influência da consolidação do núcleo sob as altas tensões verticais e dos esforços cisalhantes que se desenvolveriam na interface com os materiais da transição de jusante, em decorrência de grande diferença de deformabilidade entre o material do núcleo, bem mais deformável, e o da transição de jusante, bem mais rígido.

As observações piezométricas realizadas no núcleo da barragem de Bennett, no Canadá, indicaram, inicialmente, um pico das poropressões cerca de um a quatro anos após o reservatório atingir o nível máximo normal, pela primeira vez em 1972. Os piezômetros que atingiram o pico mais cedo permaneceram com leituras praticamente constantes até aproximadamente 1976, conforme se observa na Fig. 4.18.

No período de 1976 a 1992, um número significativo de piezômetros indicou redução nas poropressões, de modo gradual e permanente, atingindo 55 mca no piezômetro EP04 e 34 mca no EP03. A partir de 1989, as taxas de redução de pressão neutra, na maioria dos piezômetros, tinham diminuído de modo expressivo, aproximando-se de uma situação estável (Fig. 4.18).

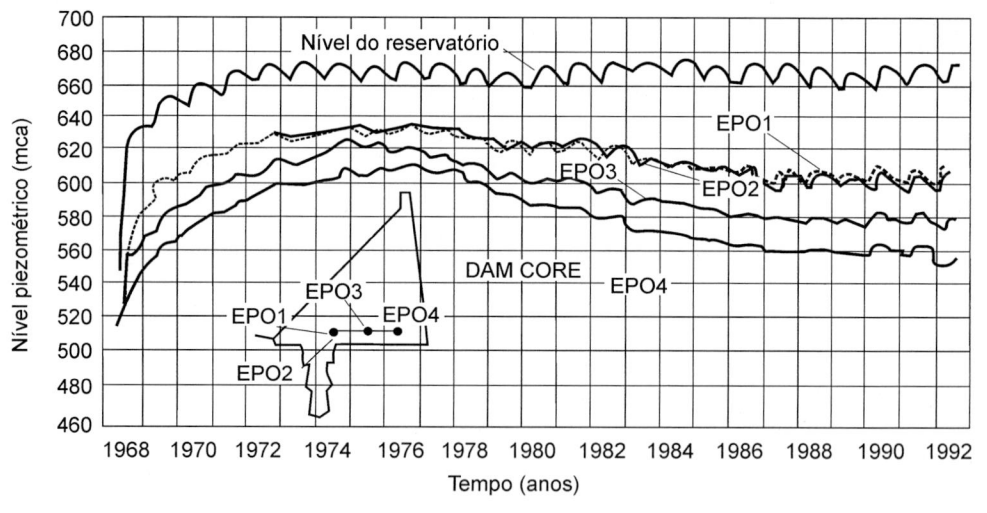

Fig. 4.18 *Piezômetros no núcleo da barragem de Bennett (Stewart e Imrie, 1993)*

Tendo por base o trabalho de Billstein e Svensson (2000), o fenômeno das pressões neutras elevadas nos núcleos das barragens de enrocamento poderia ser explicado pelo bloqueio do fluxo d'água por bolhas de ar aprisionadas a jusante, na interface do núcleo com o filtro. Esses autores desenvolveram um modelo para a explicação física do mecanismo em jogo, baseando-se nas equações de Darcy,

Boyle e Henry, e conseguiram, por meio de uma análise paramétrica, explicar quase que totalmente o mecanismo que teria ocorrido no núcleo da barragem de Bennett, inicialmente bloqueando a livre percolação na porção mais a jusante do núcleo e, posteriormente, explicando a lenta redução de pressões neutras, que os piezômetros passaram a indicar ao longo de um período de 13 anos. O mecanismo em questão envolveria, então, as seguintes etapas:

• Quando a barragem é terminada, os vazios do solo apresentam água e ar incorporado, presumidamente na forma de bolhas.

• Assim que o enchimento do reservatório ocorre, as pressões a montante e, progressivamente, também a jusante elevam-se.

• Dois efeitos podem ocorrer para deslocar o ar para jusante, conforme as pressões se elevam:

1. O ar, na parte a montante do núcleo, irá se dissolver na água e será transportado para jusante, depreendendo-se, quando a pressão se reduz à pressão atmosférica, nas proximidades do filtro.

2. As bolhas de ar irão se comprimir e seu volume será reduzido (sob uma coluna d'água de 100 m a redução de volume será de um fator de 10). As bolhas irão se mover, então, através dos poros e assim que se aproximarem da porção mais a jusante do núcleo, sob tensão atmosférica, o seu tamanho aumentará, causando o seu aprisionamento.

• As bolhas de ar a jusante do núcleo causam certo bloqueio da água, reduzindo a condutividade hidráulica na direção do fluxo.

• Eventualmente, as bolhas de ar irão se dissolver lentamente na água, e um núcleo totalmente saturado será o resultado final, após atingir uma condição de equilíbrio, que demandou, no caso da barragem de Bennett, cerca de 13 anos.

Comportamento similar a esse foi relatado por Myrvool et al. (1985), referente às barragens principal e se-cundária de Vatnedalsvatn, na Noruega, construídas entre 1978 e 1983, com, respectivamente, 125 m e 60 m de altura máxima. Trata-se de barragens de enrocamento com núcleo de argila, instrumentado com linhas de três a quatro piezômetros ao longo de uma mesma elevação, distribuídos entre as faces de montante e jusante do núcleo (Fig. 4.19). As pressões neutras medidas mostraram inicialmente que os gradientes no interior do núcleo eram bastante íngremes, uma vez que a maior parte da perda de carga ocorria em uma zona estreita localizada a jusante. Com o tempo, entretanto, o gradiente tornou-se menos pronunciado, conforme se pode observar na Fig. 4.19. Os autores observaram também que, nos vários ciclos de subida do reservatório, as pressões neutras medidas eram sempre um pouco inferiores àquelas observadas no ano anterior para as mesmas elevações do reservatório. Todos esses fenômenos podem ser bem entendidos, aplicando-se a essas observações da barragem norueguesa de Vatnedalsvatn a teoria dos canadenses Billstein e Svensson (2000), anteriormente apresentada.

4.5 Eficiência dos dispositivos de drenagem

O sistema de drenagem interna das barragens de terra é usualmente constituído por filtros verticais e horizontais de areia. Os filtros verticais têm por objetivo a drenagem interna da barragem, no sentido de se assegurar uma zona praticamente sem percolação interna, a jusante desse filtro, melhorando, dessa forma, as condições de estabilidade da barragem. Os filtros horizontais têm por objetivo a drenagem do maciço de fundação da barragem, recebendo, geralmente, as maiores vazões. Dessa forma, enquanto o filtro vertical é, em geral, construído com 1,0 m de espessura, o horizontal é constituído com 1,5 m a 2,0 m ou, então, constrói-se um filtro tipo "sanduíche", composto por camadas de areia, pedrisco e brita, onde as vazões a serem drenadas são relativamente altas.

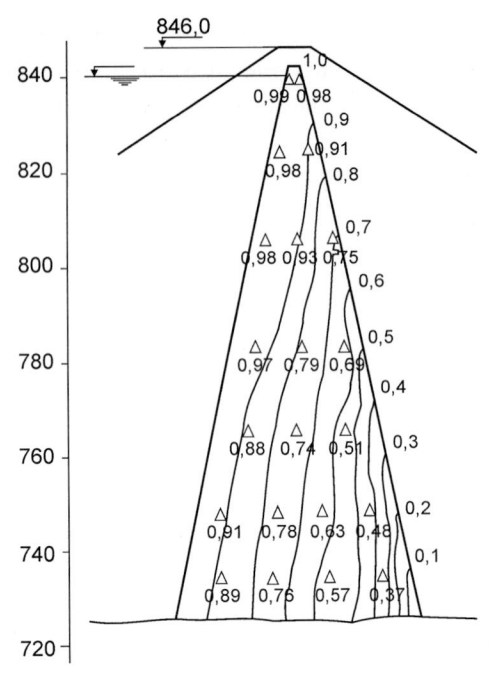

Fig. 4.19 Linhas equipotenciais no núcleo da barragem de Vatnedalsvatn, em dezembro de 1983, com o NA máximo do reservatório

Enquanto nas fundações dotadas de camadas mais permeáveis superficialmente e mais impermeáveis em profundidade o desempenho do filtro horizontal é perfeito para o alívio das subpressões na fundação, existem outros tipos de fundações nas quais o filtro horizontal tem mais a função de conduzir as águas drenadas pelo filtro vertical para jusante, não representando um alívio significativo nas subpressões da fundação, conforme Fig. 4.20.

Pode-se observar na Fig. 4.20 que os piezômetros de fundação na seção da Est. 30+10 da barragem de Água Vermelha, foram instalados essencialmente na interface solo-rocha, que se caracterizava como altamente permeável, geralmente com coeficiente de permeabilidade da ordem de 10^{-2} cm/s a 10^{-3} cm/s, enquanto a camada de solo residual apresentava permeabilidade da ordem de 10^{-5} cm/s, isolando, praticamente, essa interface mais permeável do filtro horizontal da barragem.

Na Fig. 4.21, verifica-se que os níveis piezométricos observados em outra seção transversal, também na ombreira direita da barragem de Água Vermelha, na interface solo-rocha e na própria camada de solo residual de basalto, chegaram a se posicionar cerca de 9,0 mca acima da base do filtro horizontal. Destaca-se, nesta seção, o comportamento do PZ-8, instalado no topo da camada de solo residual, cerca de 10m a montante do filtro vertical, que registrou uma subpressão de 28 mca

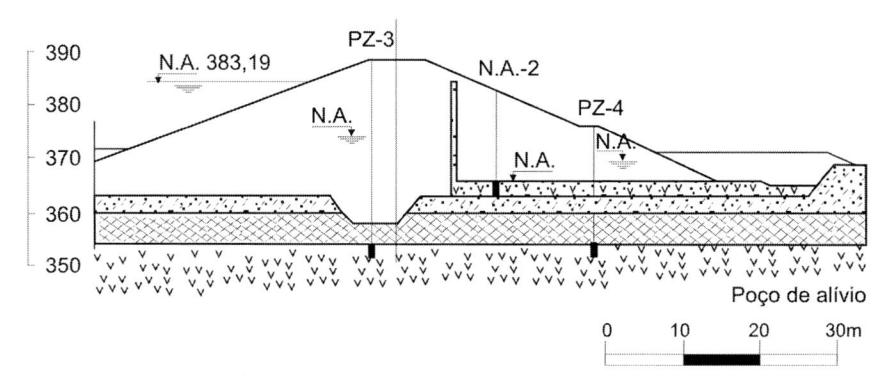

Fig. 4.20 *Níveis piezométricos na seção Est. 30 + 10 m da barragem de Água Vermelha (Silveira et al., 1981)*

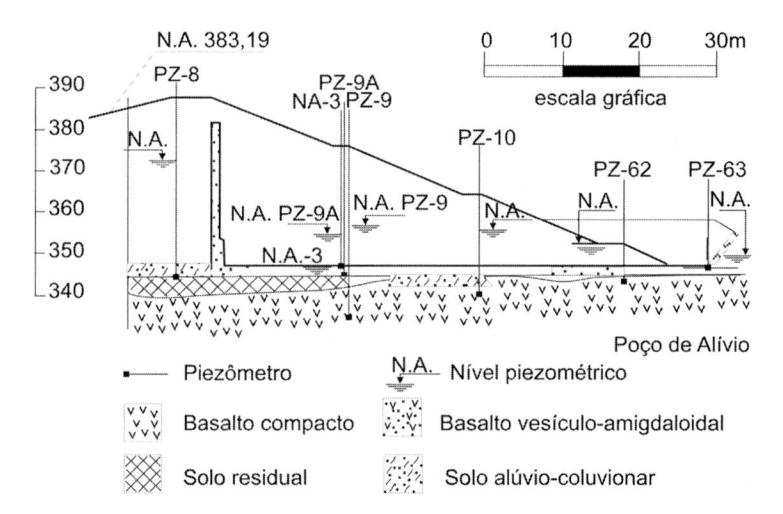

Fig. 4.21 *Níveis piezométricos na seção Est. 55 + 10 m da barragem de Água Vermelha (Silveira et al., 1981)*

acima do nível de base do filtro horizontal, o que implicou um gradiente hidráulico de 2,8. Apesar desse gradiente hidráulico ser alto, foi considerado aceitável após uma análise minuciosa do problema, em função das seguintes ponderações:

• As características granulométricas e coesivas do solo residual de basalto não favoreciam a ocorrência de um processo de *piping*.

• O gradiente mais elevado estava ocorrendo na região mais central da barragem, na qual o estado de tensão confinante a que estava submetido o solo da fundação era bastante elevado.

• O antecedente da observação de pressões neutras em núcleos impermeáveis de barragens de enrocamento, onde têm sido observados elevados gradientes hidráulicos na região mais a jusante, não tem implicado maiores problemas. Para exemplificar, mencionam-se os casos das barragens de Misakubo e Soyanggang, já apresentados, onde os gradientes a jusante atingiram valores da ordem de 15 e 10, respectivamente.

• A constatação de que o solo residual de basalto da fundação da barragem de Água Vermelha podia suportar gradientes hidráulicos bastante elevados, em ensaios do tipo *Pinhole Test*, realizados no Laboratório Central da Cesp, em Ilha Solteira (Silveira et al., 1981). Esses ensaios evidenciaram que, pelo menos a curto prazo (24 horas), o solo residual de basalto pode suportar gradientes hidráulicos bastante elevados (até 200), sem qualquer evidência de carreamento de partículas sólidas.

4.6 Eficiência dos dispositivos de vedação

Este item trata da análise dos dispositivos de vedação na fundação das barragens de terra-enrocamento, constituídos por cortinas de injeção ou pela execução de *cut-offs*, tendo por base as informações fornecidas pela piezometria instalada a montante e a jusante dos mesmos.

4.6.1 Procedimentos de análise

A análise da eficiência de um dispositivo de vedação pode ser feita com base na expressão proposta por Casagrande (1961), que basicamente representa a eficiência do dispositivo de vedação a partir da redução da vazão de drenagem imposta pelo mesmo, em relação à vazão inicial sem o dispositivo:

$$E = \frac{(Q_0 - Q)}{Q_0}$$

(Eq. 1)

onde:

Q_0 = vazão de drenagem sem dispositivo de vedação;

Q = vazão de drenagem com dispositivo de vedação.

Pode-se também expressar a eficiência como uma função dos gradientes hidráulicos, com e sem dispositivos de vedação, o que facilita a sua aplicação prática, uma vez que é mais fácil a determinação dos níveis piezométricos que das vazões de drenagem em uma determinada seção transversal da barragem. Dessa forma, a eficiência do dispositivo de vedação pode ser expressa como:

$$E = \frac{(I_0 - I)}{I_0}$$

(Eq. 2)

Considere-se a seção transversal de uma barragem dotada de um dispositivo de impermeabilização na fundação, conforme Fig. 4.22.

H = carga hidráulica total

ΔH = perda de carga pelo dispositivo de vedação

L = extensão da base da barragem

L' = largura do dispositivo de vedação

Os gradientes hidráulicos I e I0 podem ser expressos, portanto, da seguinte

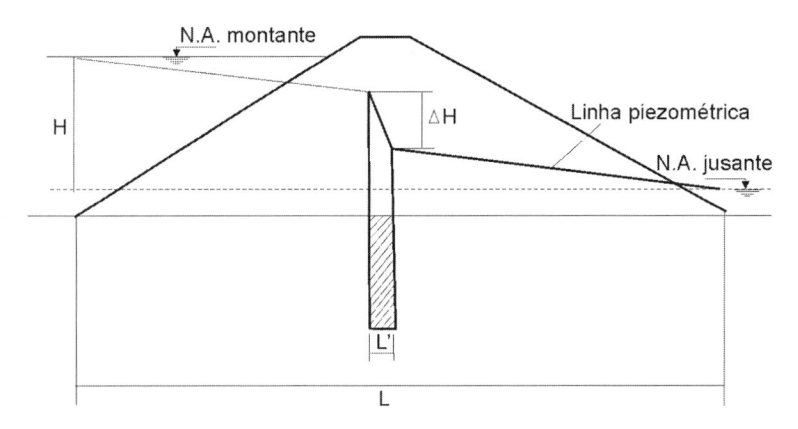

Fig. 4.22 *Representação esquemática da perda de carga por um dispositivo de vedação*

forma:

$$I_0 = \frac{H}{L}$$ (Eq. 3)

$$I = \frac{(H - \Delta H)}{(L - L')}$$ (Eq. 4)

Em virtude de L' ser muito inferior a L, pode-se simplificar a segunda expressão para $I = (H - \Delta H) / L$. Conseqüentemente, a expressão da eficiência de um dispositivo de vedação poderá ser resumida em:

$$E = \frac{\Delta H}{H}$$ (Eq. 5)

Essa expressão foi empregada na análise da eficiência da trincheira de vedação e das cortinas de injeção da fundação da barragem de terra de Água Vermelha.

4.6.2 Eficiência das cortinas de injeção

A primeira cortina de injeção, cuja eficiência será analisada, foi executada ao longo de uma extensão de 300 m, entre as estacas 174 e 189, na fundação da barragem de terra de Água Vermelha, margem esquerda, com o objetivo de se criar uma barreira ao longo de uma camada de brecha sedimentar arenosa, com permeabilidade média variando na faixa de 5×10^{-4} cm/s a 7×10^{-3} cm/s. A camada de brecha ocorria nas proximidades da elevação 342 m, tendo sido injetada com uma linha única de furos, coincidentes com o eixo da barragem e com espaçamento entre furos de 1,50 m.

Foram instrumentadas com piezômetros de fundação duas seções transversais nesse trecho, uma na Estaca 181+10 m e outra na Estaca 184+00 m. A Fig. 4.23 apresenta a locação dos piezômetros após o primeiro enchimento do reservatório.

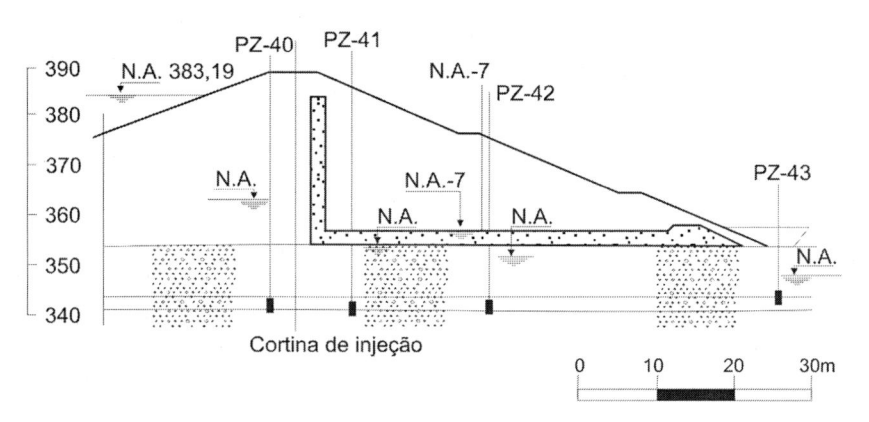

Fig. 4.23 *Níveis piezométricos na seção da Estaca 181+10 m em outubro de 1979, na barragem de Água Vermelha*

Em março de 1979, época em que o reservatório atingiu o seu nível máximo normal, a eficiência dessa cortina de injeções era de 40%. Entretanto, a partir dessa fase, observou-se certa redução na sua eficiência, com uma queda acentuada de subpressão nos piezômetros PZ-36 e PZ-40, localizados a montante da cortina, e uma elevação mais ou menos geral nos piezômetros a jusante, conforme Fig. 4.24. As razões dessa redução de eficiência parecem estar associadas a um possível processo de carreamento de materiais da camada de brecha sedimentar injetada, em decorrência do gradiente hidráulico mais elevado que se implantou através da cortina de injeção após o enchimento do reservatório.

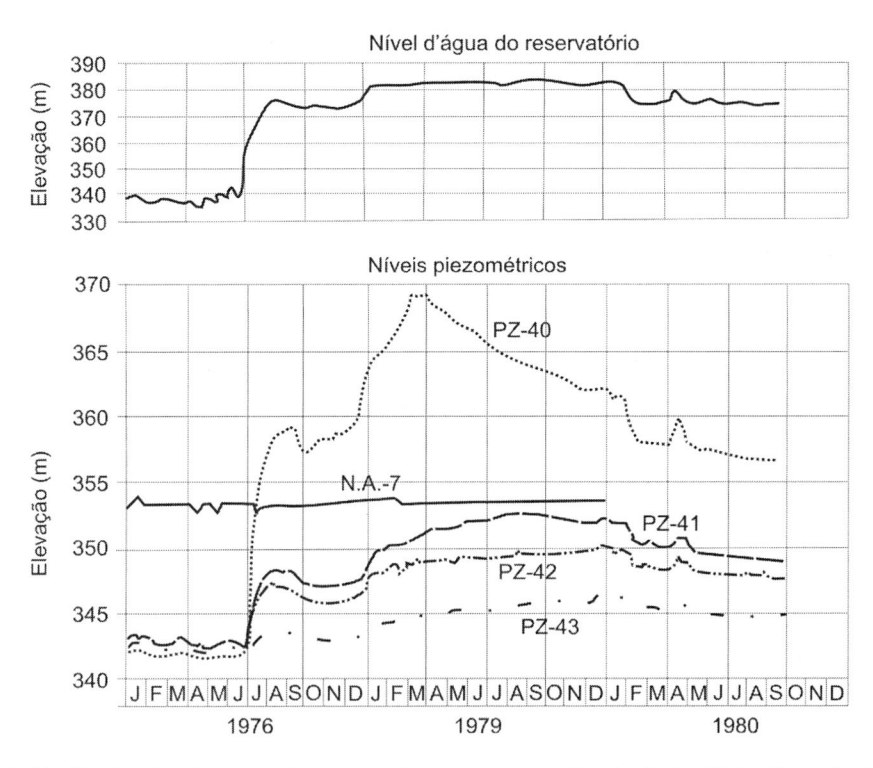

Fig. 4.24 *Variação dos níveis piezométricos na seção da Est. 181+10 m da barragem de Água Vermelha*

Na Tabela 4.4, são apresentados os valores do coeficiente de eficiência calculados para três datas-chave, na qual se pode observar que ocorreu uma redução média de 42% para 24% na eficiência da cortina de injeção, nos sete meses iniciais de operação, durante os quais o reservatório permaneceu praticamente estável.

Tabela 4.4 *Eficiência da cortina de injeção realizada entre as estacas 174 e 189*

Data	N. A. Reservatório	Coeficiente de eficiência (%)	
		EST. 181+10	EST. 184+00
09/03/1979	383,3	39	45
31/10/1979	383,2	24	27
29/09/1980	374,3	23	26

O segundo trecho injetado na fundação da barragem de Água Vermelha localiza-se também na ombreira esquerda, entre as estacas 196+13 m e 200+10 m, trecho em que o maciço rochoso é constituído por camadas de basalto vesicular e lava aglomerática muito permeável. Os contatos entre derrames apresentaram, geralmente, perda d'água total nos ensaios de infiltração. A cortina de injeção aplicada ao longo do eixo da barragem era composta por três linhas espaçadas de 1,5 m entre si e com furos espaçados de 3,0 m.

Os piezômetros de fundação instalados nas seções transversais das estacas 197+5 m (Fig. 4.25) e 199+5 m indicaram para essa cortina de injeção coeficientes de eficiência de 70% e 58%, respectivamente. A menor eficiência observada na seção da Estaca 199+5 m atribui-se ao fato de estar localizada próxima à extremidade final da cortina, sujeita ao fluxo d'água através da ombreira. Com o tempo, a redução de eficiência dessa cortina de injeção, conforme pode ser observado na Tabela 4.5, deve-se, essencialmente, a uma colmatação geral dos caminhos de percolação na região da ombreira esquerda de Água Vermelha, como provável resultado da deposição de sedimentos pelo reservatório.

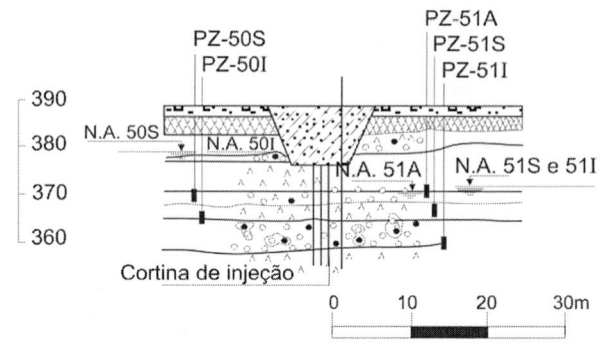

Fig. 4.25 Níveis piezométricos na seção da Estaca 197+05 m em 31 de outubro de 1979

Tabela 4.5 Eficiência da cortina de injeção realizada entre as estacas 196+13 m e 200+10 m

Data	N.A. Reservatório	Coeficiente de eficiência (%)	
		EST. 197+05	EST. 199+05
09/03/1979	383,3	70	58
31/10/1979	383,2	62	43
29/09/1980	374,3	55	38

Na Fig. 4.26, os níveis piezométricos de cinco piezômetros tipo *standpipe* estão instalados ao longo da seção transversal de uma barragem (Casagrande, 1961), onde se pode observar uma variação linear dos níveis piezométricos entre montante e jusante, mesmo na região dos dispositivos de vedação construídos na região mais central da fundação. Sabendo que os piezômetros estão instalados na rocha gnáissica da fundação, pode-se concluir dessas observações que a cortina de injeção, executada até o topo da rocha sã, atravessando a camada de gnaisse mais alterado e fraturado, não teve qualquer eficiência. Trata-se, provavelmente, de uma cortina com apenas uma linha de furos de injeção, na qual os procedimentos adotados ou o tipo de maciço rochoso não favoreceu a penetração da calda de cimento. Nesse caso apresentado por Casagrande em 1961, é possível que o muro de concreto executado através da camada de solo residual tenha apresentado uma boa eficiência, não dispondo de piezômetros nessa camada de solo para tal avaliação.

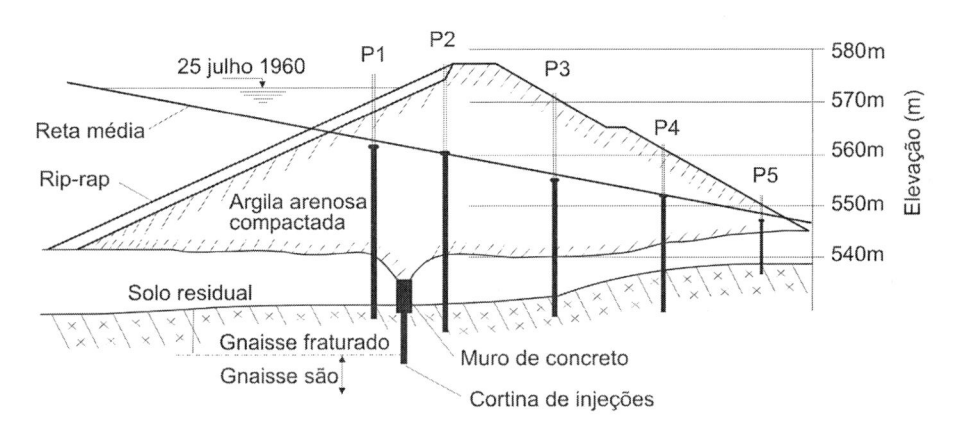

Fig. 4.26 *Observações piezométricas na fundação de uma barragem de terra com cortina de injeção de cimento*

4.6.3 Eficiência da trincheira de vedação (cut-off)

A ombreira esquerda da barragem de Água Vermelha foi dotada de uma trincheira de vedação, entre as estacas 189+00 m e 196+10 m, para interceptar o fluxo d'água através de uma camada de lava aglomerática altamente permeável ($k \cong 10^{-1}$ cm/s), localizada aproximadamente entre elevações 360 m e 368 m. Essa trincheira foi dotada de uma parede de concreto a montante e de um filtro a jusante. Mais detalhes sobre essa trincheira e a geologia local poderão ser obtidos no trabalho de Alves Filho et al. (1980).

Foram instrumentadas duas seções transversais nesse trecho, nas estacas 192+10 m e 194+10 m. Na Fig. 4.27, pode-se observar a localização dos piezômetros da estaca 194+10 m, assim como os níveis piezométricos observados após a fase de enchimento do reservatório.

Na Tabela 4.6, são apresentados os coeficientes de eficiência dessa trincheira de vedação para as três "datas-chaves" em análise, na qual se verificam uma eficiência inicial de 80% e uma aparente redução da mesma em um período inicial de sete meses. Trata-se de uma perda de eficiência aparente, uma vez que reflete a depleção geral verificada nos níveis piezométricos na ombreira esquerda, que foi mais sensível a montante, e não uma perda real de eficiência, provocada por uma eventual alteração física na região do *cut-off*.

Considera-se que a eficiência dessa trincheira de vedação é garantida, essencialmente, pela parede de concreto construída a montante do *cut-off*, que funciona como um bloqueio perfeito ao fluxo d'água através da camada de lava aglomerática, cuja permeabilidade média era da ordem de 10^{-1} cm/s.

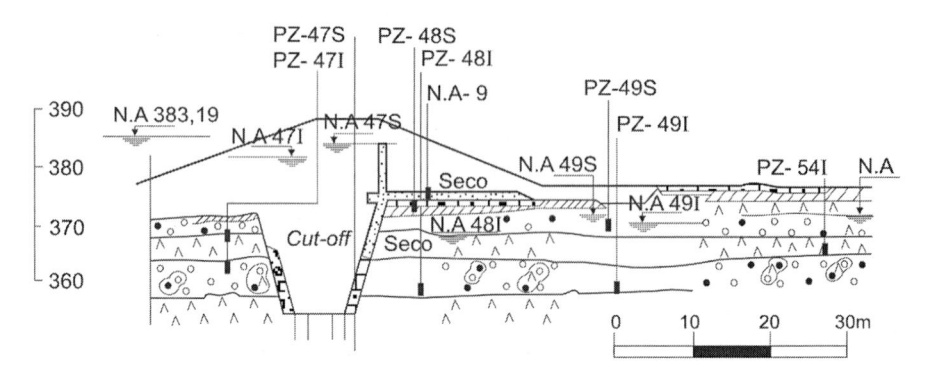

Fig. 4.27 *Níveis piezométricos na seção da estaca 194+10 m em 31 de outubro de 1979*

Tabela 4.6 *Eficiência da trincheira de vedação na ombreira esquerda da barragem de Água Vermelha*

Data	N.A. Reservatório	Coeficiente de eficiência (%)	
		EST. 192+10	EST. 194+10
09/03/1979	383,3	82	83
31/10/1979	383,2	76	74
29/09/1980	374,3	*	*

* Os piezômetros de montante encontravam-se sem condições de leitura nesse período.

4.7 Influência da compressibilidade do solo nas variações de permeabilidade da fundação

4.7.1 Introdução

Nas análises de estabilidade de barragens apoiadas sobre solos de baixa resistência, um dos pontos principais é o estabelecimento dos critérios a adotar para o diagrama de subpressões no solo de fundação. Um fator normalmente discutido durante a fase de projeto é o da redução das permeabilidades no trecho central da barragem, devido ao acréscimo de pressão propiciado pela construção da barragem (Mello, 1977).

Na fundação da barragem de terra de Água Vermelha, na margem direita foi instalado um total de 19 piezômetros tipo *standpipe*, com o objetivo de observar as subpressões na fundação. Esses piezômetros foram instalados em sondagens rotativas com 4" de diâmetro e são dotados de bulbos com cerca de 1,3 metros de comprimento. Durante as sondagens, foram realizados ensaios de perda d'água nos trechos em rocha e ensaios de infiltração nos trechos em solo, os quais possibilitaram a instalação dos piezômetros nos níveis mais permeáveis da fundação.

Apesar das dificuldades com a instalação dos piezômetros antes da construção do aterro – dificuldades geradas pela interferência desses instrumentos nos trabalhos de compactação –, decidiu-se instalá-los antes do início da construção. Essa decisão foi tomada em decorrência das dificuldades em atravessar com sondagens o filtro horizontal tipo "sanduíche" (contendo camadas de brita), além da possibilidade de que eventuais atrasos na instalação iriam implicar a perda de informações valiosas durante a fase de enchimento do reservatório. Como vantagem adicional da instalação desses piezômetros antes do início da construção, surgiu a possibilidade de determinar as variações de permeabilidade das camadas da fundação, antes e após a construção da barragem.

4.7.2 Determinação do coeficiente de permeabilidade

Hvorslev (1951), em seu trabalho "Time Lag and Soil Permeability in Ground – Water Observations", mostrou que, uma vez conhecido o fator de forma F (função das características geométricas do piezômetro), é teoricamente possível determinar o coeficiente de permeabilidade do solo *in situ*. Para ensaios de carga variável, mas nível freático constante, conforme ilustrado na Fig. 4.28, a seguinte expressão é válida:

$$k = \frac{A}{F(t_2 - t_1)} \cdot \ln \frac{H_1}{H_2}$$

onde:

A = seção transversal do tubo

F = fator de forma

H_1 = nível piezométrico no tempo t_1

H_2 = nível piezométrico no tempo t_2

Essa é a mesma fórmula comumente utilizada para a determinação do coeficiente de permeabilidade em laboratório, por meio do permeâmetro de carga variável.

A mais simples expressão para o cálculo do coeficiente de permeabilidade é obtida pela determinação do tempo de resposta básico (*basic time lag*), T<small>L</small>, na instalação. Tem-se, então, que:

$$k = \frac{A}{F \cdot T_L}$$

O fator de forma F, para vários tipos de piezômetros e poços de observação, é fornecido por Hvorslev (1951), e para o caso em questão, onde há piezômetros *standpipe* instalados no interior de uma camada de solo suposta uniforme, tem-se:

$$F = \frac{2\pi L}{\ln\left(\dfrac{2mL}{D}\right)}$$

onde

$$m = \sqrt{\frac{k_h}{k_v}}$$

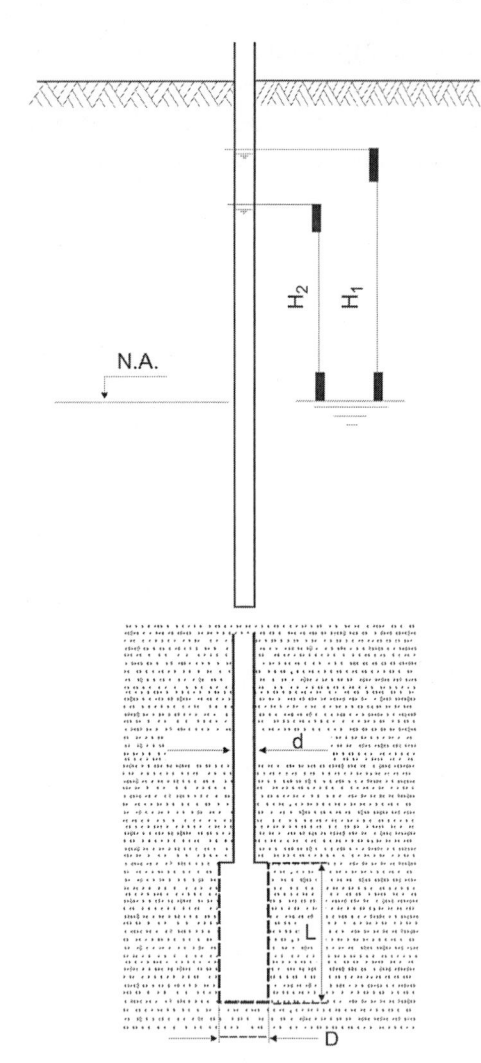

Fig. 4.28 *Representação esquemática de um ensaio de recuperação de nível d'água em um piezômetro* standpipe

O tempo de resposta básico (T<small>L</small>) pode ser obtido a partir de gráficos do tempo *versus* a relação de carga, conforme ilustrado na Fig. 4.29. H<small>0</small> corresponde ao nível piezométrico no instante zero.

A expressão final para o cálculo do coeficiente de permeabilidade, considerando m = 1, seria, então, para o caso em questão:

$$k = \frac{d^2 \cdot \ln\left(\dfrac{2L}{D}\right)}{8L \cdot T_L}$$

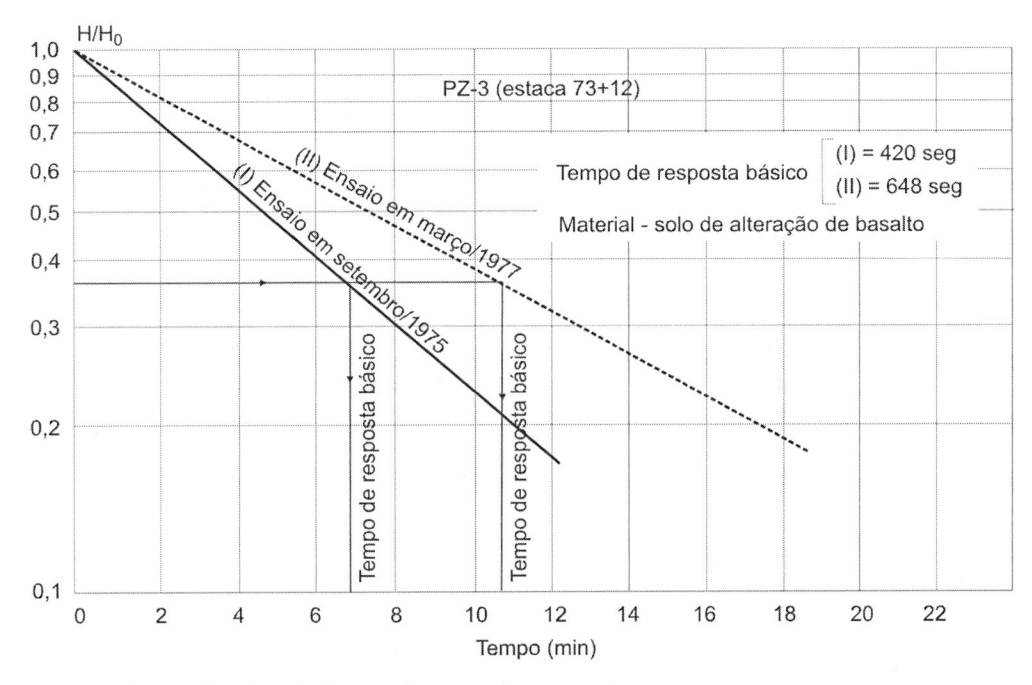

Fig. 4.29 *Gráfico log (relação de carga)* versus *tempo*

Apesar dessa fórmula ter sido deduzida especificamente para meios porosos, foi empregada também para o cálculo do coeficiente de trechos abrangendo o contato solo-rocha, ou mesmo a rocha, uma vez que se constatou haver uma relação linear entre o tempo e o logaritmo da relação de carga (H/H0), na quase totalidade dos casos estudados; e também por não se dispor de uma fórmula apropriada para o caso de ensaios de permeabilidade à carga variável em meios fissurados.

4.7.3 Resultados obtidos

O confronto entre os valores dos coeficientes de permeabilidade calculados a partir de ensaios de recuperação do nível d'água realizados imediatamente após a instalação, isto é, no período de maio a setembro de 1975, e aqueles realizados em março de 1977, quando a barragem de terra de Água Vermelha se encontrava em adiantada fase construtiva, revelou uma diminuição de permeabilidade na região da fundação sob a parte central da barragem e um aumento de permeabilidade nas proximidades do pé da barragem, conforme Figs. 4.30 e 4.31.

As reduções de permeabilidade foram observadas em uma extensão de aproximadamente 60% de D, onde D é a distância compreendida entre o eixo e o pé da barragem, conforme Fig. 4.32.

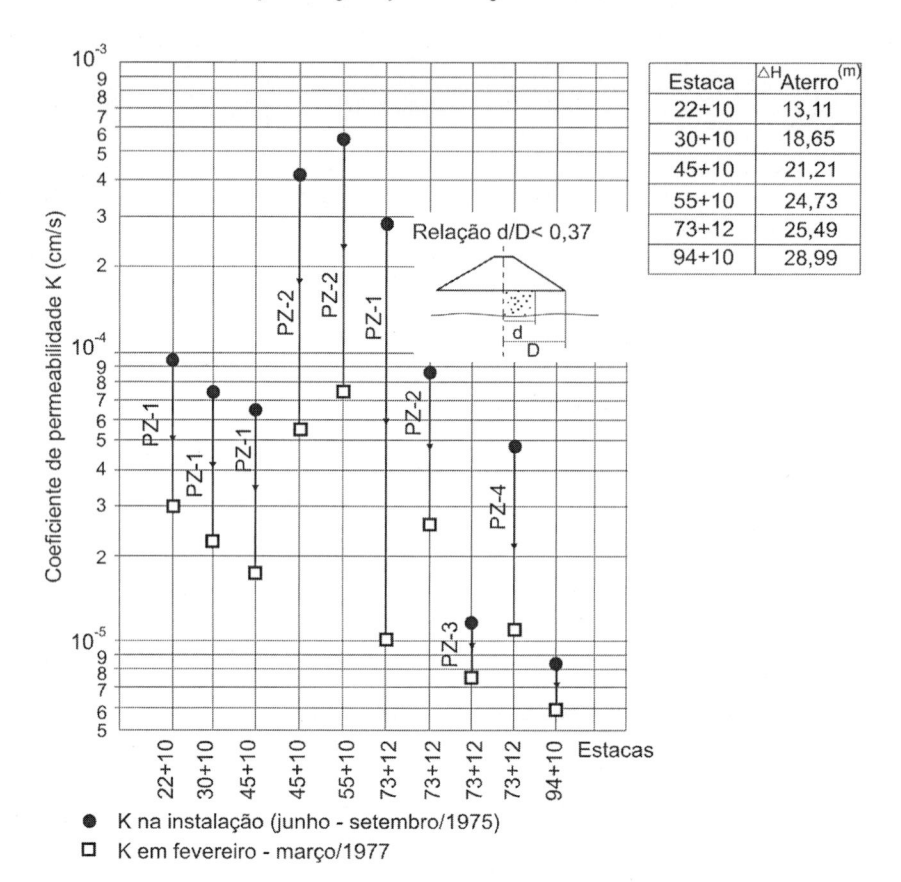

Estaca	ΔH Aterro$^{(m)}$
22+10	13,11
30+10	18,65
45+10	21,21
55+10	24,73
73+12	25,49
94+10	28,99

● K na instalação (junho - setembro/1975)
□ K em fevereiro - março/1977

Fig. 4.30 *Gráfico da redução de permeabilidade na região central da fundação, devido à construção do aterro*

A redução de permeabilidade na fundação de uma barragem durante o período construtivo é freqüentemente relacionada ao projeto de dispositivos de controle de percolação e decorre, evidentemente, do adensamento do material sob o efeito do carregamento imposto pela construção do aterro. A quantificação dessa redução, entretanto, não é fácil de ser prevista, uma vez que os ensaios de permeabilidade no adensamento só podem ser executados sobre o material argiloso que envolve os blocos da matriz de rocha alterada. Os resultados aqui apresentados permitem comparar a redução real dos valores de permeabilidade do horizonte de solo de alteração e rocha alterada, tendo por base os ensaios de perda d'água nos piezômetros, realizados antes e após a construção da barragem.

Um resultado que de certa forma não foi esperado diz respeito ao aumento da permeabilidade nas proximidades do pé dos taludes de montante e de jusante da barragem, ao longo de uma extensão de aproximadamente 40% de D, conforme ilustrado na Fig. 4.33.

4 Observações Piezométricas em Barragens

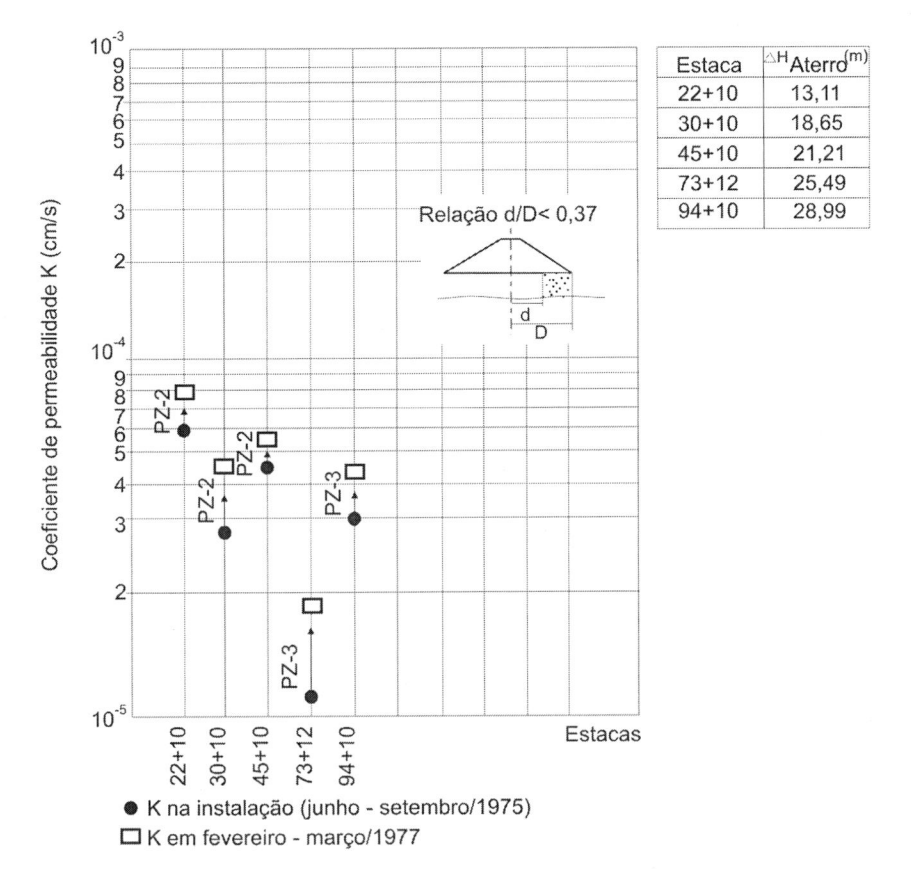

Estaca	$\triangle H$ Aterro$^{(m)}$
22+10	13,11
30+10	18,65
45+10	21,21
73+12	25,49
94+10	28,99

● K na instalação (junho - setembro/1975)
□ K em fevereiro - março/1977

Fig. 4.31 *Gráfico do aumento de permeabilidade na região da fundação próxima ao pé do talude*

Apesar da pequena diferença constatada (Fig. 4.31), nota-se uma consistência razoável dos resultados, tendo todos os piezômetros registrado a mesma tendência: um aumento nos valores da permeabilidade. Essa elevação de permeabilidade poderia, por exemplo, ser atribuída a deformações horizontais de cisalhamento que ocorrem com maior intensidade na região próxima ao pé da barragem, conforme ilustrado na Fig. 4.34, e que tendem a provocar, em um solo sobreadensado, ou em um material rochoso, uma expansão volumétrica. Essa explicação merece uma investigação mais aprofundada.

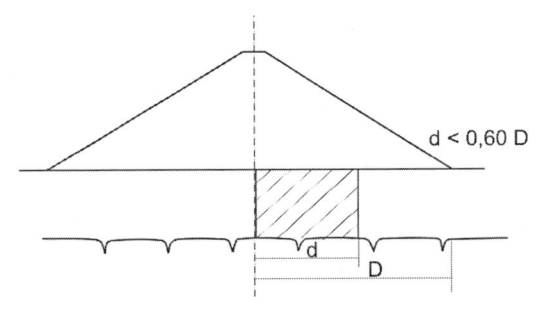

Fig. 4.32 *Região da fundação onde se observou uma redução do coeficiente de permeabilidade durante o período construtivo na barragem de Água Vermelha*

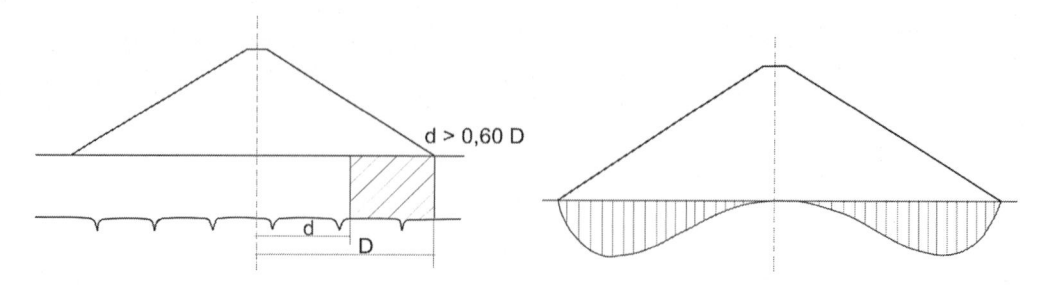

Fig. 4.33 *Região da fundação onde se observou um aumento do coeficiente de permeabilidade durante o período construtivo*

Fig. 4.34 *Distribuição esquemática das tensões de cisalhamento $\tau \times Z$ na base de uma barragem de terra*

4.8 Barragens afetadas por *sinkholes*

Neste item, analisam-se os *sinkholes* detectados recentemente na crista da barragem canadense de Bennett e na barragem coreana de Unmun, que trouxeram bastante preocupação quanto à sua implicação nas condições de segurança das respectivas barragens, as quais foram instrumentadas adicionalmente, incluindo a instalação de piezômetros tipo multinível, conforme será apresentado a seguir.

4.8.1 *Sinkholes* na crista da barragem de Bennett

A experiência canadense na barragem de Bennett – na qual após cerca de três décadas em operação foram observados dois *sinkholes* na crista da barragem, em 1996, o que implicou sérias preocupações com relação ao seu desempenho, uma vez que essa barragem, com seus 183 m de altura, é responsável pela formação do maior reservatório da América do Norte – é tratada neste item.

A barragem de Bennett, localizada na província de British Columbia, na costa oeste canadense, possui uma altura máxima de 183 m e 1.980 m de comprimento (Fig. 4.35). Sua construção foi finalizada em 1968. A barragem é de terra zoneada com núcleo de areia siltosa não plástica e 170 m de largura na seção de maior altura (Fig. 4.36). Parte integrante de uma usina hidrelétrica com dez unidades geradoras e uma casa de força subterrânea com capacidade total de 2.730 MW, representa 20% da capacidade geradora da província de British Columbia.

Em junho de 1996, após 28 anos de operação normal, um *sinkhole* foi descoberto na crista da barragem, nas proximidades da ombreira direita (Fig. 4.37). Vale destacar que o *sinkhole* foi detectado algumas horas após a realização de uma inspeção semestral detalhada da barragem, por uma equipe de engenheiros que não detectou nada de anormal em relação ao desempenho da mesma. A teoria resultante

4 Observações Piezométricas em Barragens

Fig. 4.35 Vista geral da barragem de Bennett – província de British Columbia

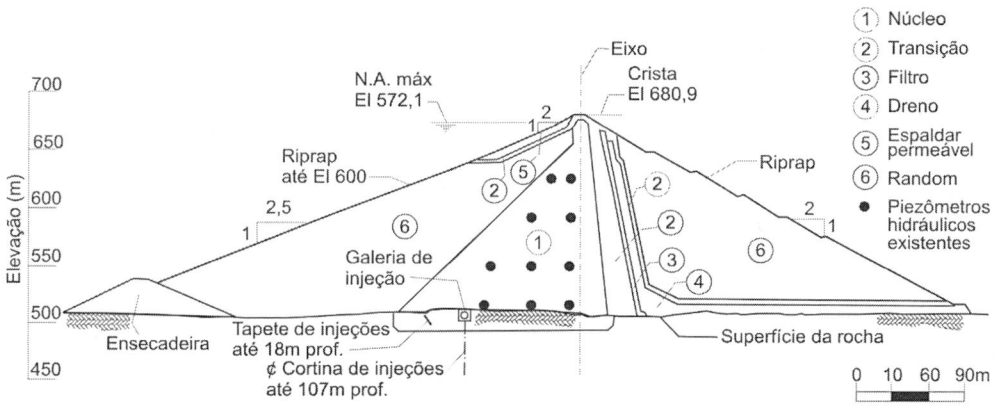

Fig. 4.36 Seção transversal da barragem

Fig. 4.37 Sinkhole na barragem de Bennett, Canadá

das investigações inicialmente realizadas *in situ* foi a de que o *sinkhole*, com cerca de 2 m de diâmetro, era conseqüência de um processo de erosão interna e possível perda de material do núcleo. Como medida de segurança, optou-se pelo rebaixamento do reservatório, para a obtenção de uma borda livre adicional, tendo-se, então providenciado seu deplecionamento. Essa medida implicou o vertimento de 1/3 da capacidade de armazenamento do reservatório, com vazões que atingiram 5.150 m^3/s.

Uma extensa campanha de investigações de caráter emergencial, que durou até o verão de 1996, permitiu a localização de um segundo *sinkhole* na crista da barragem, nas proximidades da ombreira esquerda. As investigações que se seguiram revelaram que os dois *sinkholes* estavam associados à instalação de tubulações topográficas, colocadas durante o período construtivo em ambas as ombreiras da barragem, nas quais o solo foi compactado manualmente em uma área com 2,4 m de diâmetro, na região dessas tubulações topográficas. As duas tubulações estendiam-se até a rocha de fundação, a 115 m e 75 m de profundidade, respectivamente. Durante os 28 anos de operação da barragem, a baixa compactação do material no entorno das tubulações permitiu a ocorrência de certo fluxo d'água verticalmente, junto às tubulações, favorecendo o carreamento dos finos no entorno da tubulação, resultando na formação do *sinkhole*.

4.8.2 Complementação do sistema de auscultação

A barragem de Bennett foi devidamente instrumentada durante o período construtivo e apresentou um comportamento normal até meados de 1980, quando foi observada uma pequena redução das pressões neutras no núcleo da barragem, conforme já analisado anteriormente. Nessa época, foram instalados novos piezômetros e medidores de vazão.

Com o aparecimento dos dois *sinkholes* em 1996, decidiu-se incrementar a instrumentação de auscultação na região do núcleo da barragem e, particularmente, nas proximidades dos dois *sinkholes*, instalando novos piezômetros, medidores de vazão, de turbidez da água, de temperatura e de deformação. O número total de instrumentos aumentou de 149 instalados antes dos *sinkholes* para 470, dos quais 136 (~30%) passaram a ser automatizados, com leituras realizadas a cada dez minutos. Alguns detalhes do sistema de automação e de medição de vazão são mostrados nas Figs. 4.38 e 4.39.

Durante as investigações e os reparos na região dos *sinkholes*, as leituras dos instrumentos nas proximidades foram acompanhadas detalhadamente, a cada dois minutos. Dessa forma, qualquer indício de danificação durante a execução das sondagens ou durante os trabalhos de injeção de compactação para o preenchimento dos *sinkholes* pôde ser prontamente detectado.

Fig. 4.38 *Sistema ADAS de auscultação na barragem de Bennett, Canadá*

Fig. 4.39 *Medidor de vazão com ultra-som na barragem de Bennett*

Para observar as condições de infiltração através do núcleo da barragem, foram instalados piezômetros multiníveis em cinco seções trans-versais da barragem, através da transição imediatamente a jusante do núcleo, espaçados entre 4,5 m e 6,0 m entre si, estendendo-se entre a crista e a rocha de fundação. Conforme se pode observar nas Figs. 4.40 e 4.41, os piezômetros foram colocados no interior de um furo de sondagem com 168 mm de diâmetro externo, utilizando equipamento especial para piezômetros tipo Westbay MP38 Multi-Port. Os revestimentos da Westbay, disponíveis em comprimentos de 0,5 m; 1,0 m; 1,5 m e 3,0 m, permitiram extrema flexi-bilidade na locação dos instrumentos.

Após a instalação, as leituras nos piezômetros multiníveis passaram a ser realizadas uma vez por semana, por meio de uma sonda que chegava até o fundo da composição. Dessa forma, a tran-sição a jusante do núcleo passou a ser monitorada por um total de 84 piezôme-tros independentes (isolados),

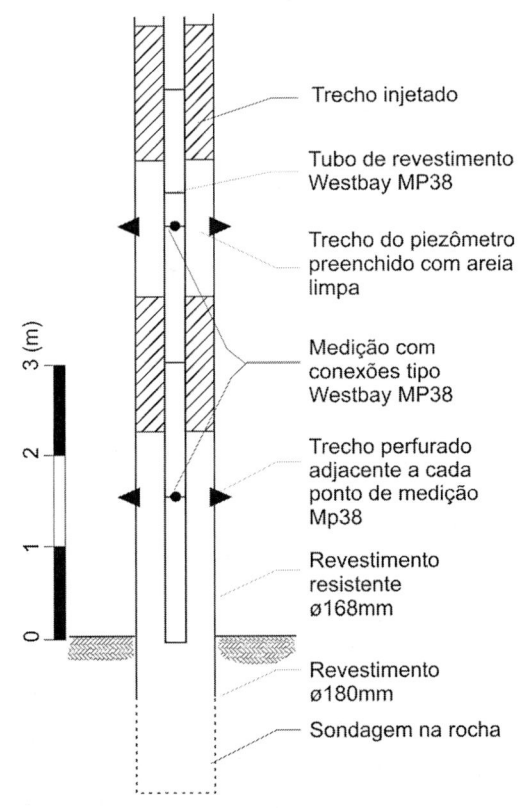

Fig. 4.40 *Esquema de instalação dos piezômetros multiníveis na barragem de Bennett (Baker, 1999)*

que passaram a fornecer informações piezométricas detalhadas da área de drenagem, a jusante do núcleo impermeável da barragem.

A Fig. 4.42 apresenta os resultados observados na seção transversal onde foi detectado o primeiro *sinkhole* e se pode observar nitidamente a posição da linha freática, assim como a existência de uma depressão no perfil piezomé-trico, localizada cerca de 15 m a 25 m acima do topo da rocha de fundação, a qual estava sendo investigada por meio de modelos matemáticos de percolação. A Fig. 4.43 ilustra os resultados dos piezômetros MP9, MP11 e MP13 ao longo do tempo, atestando o bom isolamento entre os mesmos.

Enfim, os piezômetros tipo multinível, instalados na zona da tran-sição da barragem de Bennett, mos-traram-se instrumentos adequados e de boa confiabilidade. Espera-se que apresentem uma vida útil compatível com o empreendimento.

4.8.3 *Sinkholes* na crista da barragem de Unmun

Os *sinkholes* que ocorreram na barragem coreana de Unmun estão sendo aqui relatados por serem similares àqueles observados na barragem de Bennett, cuja instalação de piezômetros tipo multinível teria sido de especial valia para o acompanhamento do tratamento realizado, que voltou a apresentar outros *sinkholes* mais recentemente, conforme informações obtidas em maio de 2004, durante a 72ª reunião anual da Comissão Internacional de Grandes Barragens (ICOLD), realizada em Seul.

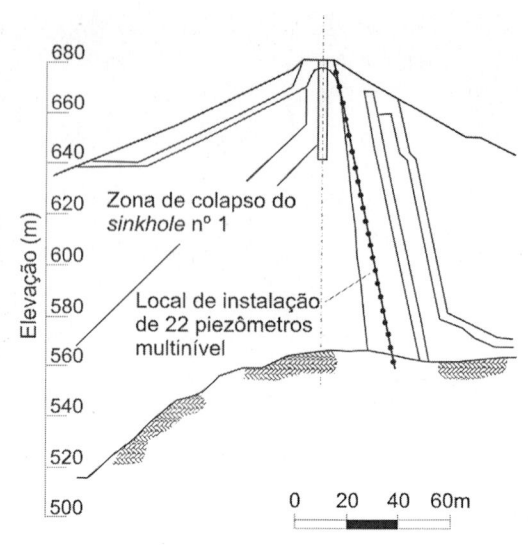

Fig. 4.41 *Seção transversal do furo de sondagem nº 1 na barragem de Bennett (Baker, 1999)*

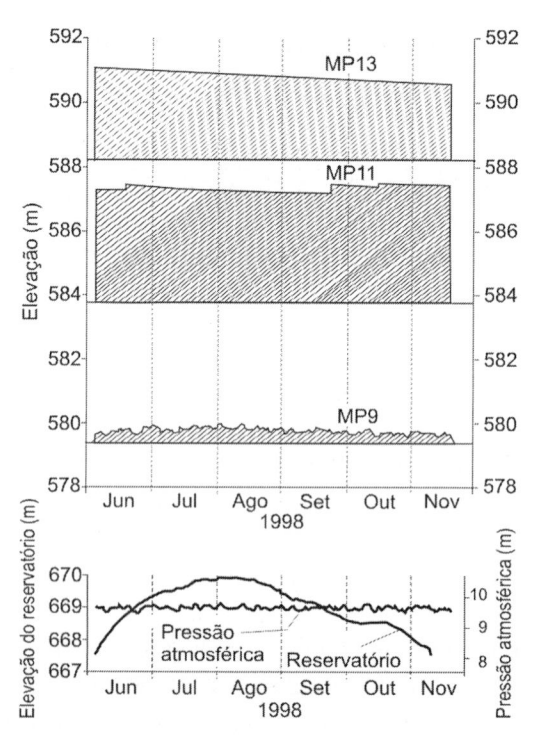

Fig. 4.43 *Gráfico de três piezômetros adjacentes ao longo do trecho*

A barragem de Unmun é do tipo enrocamento com núcleo vertical de argila, 407 m de comprimento e 55 m de altura máxima, construção finalizada em 1993 (Fig. 4.44). O núcleo é constituído por areia argilosa e argila arenosa com cascalho, com LL entre 20% e 45% e LP entre 2% e 15% (LP<15%).

Sinkholes foram observados na região da crista da barragem em três datas diferentes:

• Abril de 1998: o primeiro *sinkhole* foi observado na crista, próximo à estrutura do vertedouro, causado, provavelmente, pela compactação insuficiente do solo na interface com a estrutura de concreto (parede vertical). Sua cavidade foi preenchida com pedras (*rubble*), mas não evitou a propagação.

• Junho de 1998: o segundo foi também detectado na crista da barragem, com 1,7 m de diâmetro. Provavelmente, associado ao preenchimento de um furo vertical, executado através do núcleo, para a instalação de um medidor de recalque. Esse *sinkhole* foi preenchido com cerca de 9,5 m^3 de pedras, mas os recalques prosseguiram com rapidez.

• Outubro de 1998: o terceiro *sinkhole* apareceu na parte mais central da crista da barragem.

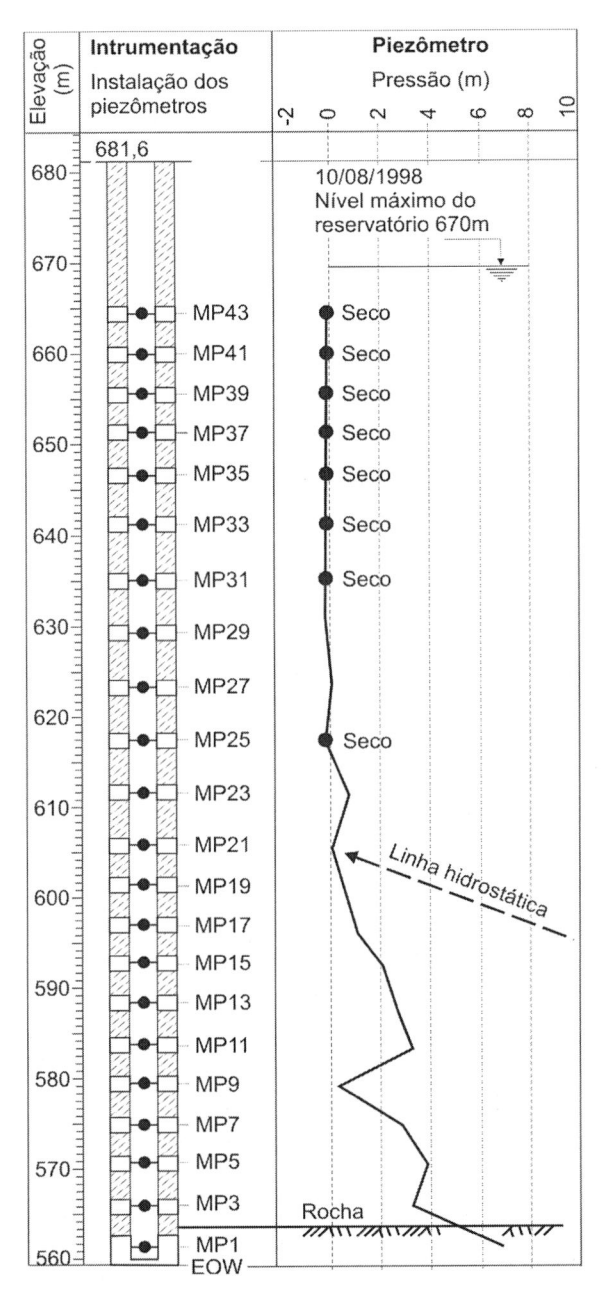

Fig. 4.42 *Perfil piezométrico a jusante do núcleo*

Instrumentação: os dados coletados durante e após a construção praticamente nada informaram, em decorrência da mudança do proprietário da barragem ao final da construção. Não se sabe se as leituras dos instrumentos não foram realizadas ou se as mesmas foram perdidas durante a construção da barragem.

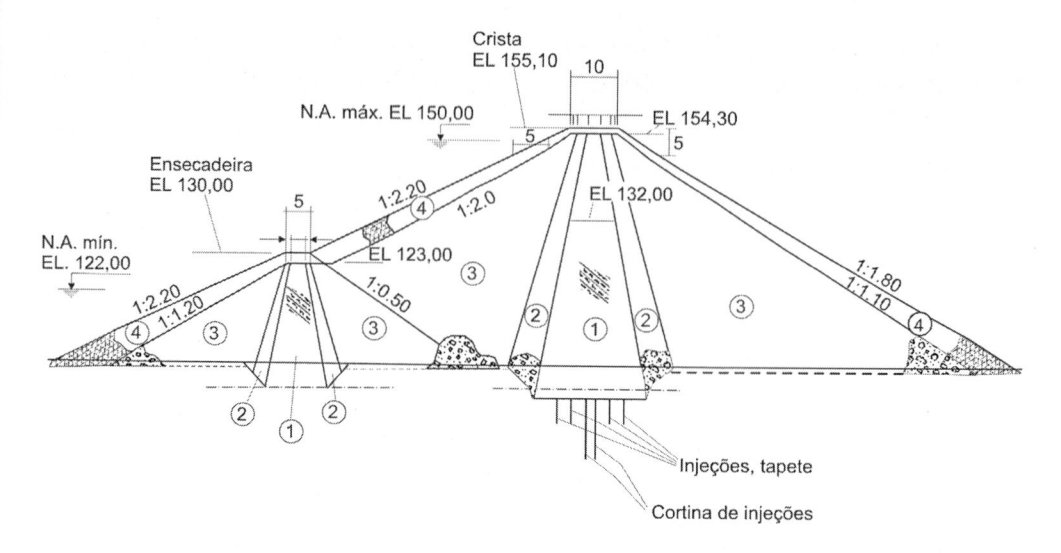

Fig. 4.44 *Seção transversal da barragem de Unmun, na Coréia*

Velocidade de enchimento do reservatório: velocidades de subida do lago de até 6,77 m/dia foram registradas em junho de 1977; julga-se que o rápido enchimento do reservatório teve influência sobre o comportamento da barragem, favorecendo talvez o aparecimento de fissuração interna.

Tomografia sísmica entre furos de sondagem (*crosshole seismic tomography*): esses testes foram realizados entre furos de sondagem espaçados em 20 m, ao longo de um trecho de 80 m de comprimento, para informar sobre a homogeneidade do núcleo impermeável da barragem. Os testes de tomografia sísmica e levantamento sísmico de fração (*seismic fraction survey*), baseados na velocidade das ondas de cisalhamento, permitiram a obtenção de um zoneamento do núcleo em termos de rigidez.

Medidas corretivas: tendo por base os resultados das investigações realizadas e da técnica empregada nas barragens canadenses de Bennett e Tim's Ford, optou-se pela técnica de injeções de compactação (*compaction grouting*) para o reparo dos *sinkholes* na barragem de Unmun.

A técnica de injeção de compactação consiste na injeção de um produto de baixa mobilidade, utilizando bombas com pistão hidraulicamente modificado e de tamanho especial. As injeções são realizadas lentamente, para minimizar o aumento das pressões intersticiais no solo adjacente à região sob compactação. A mistura apropriada para injeção é de baixa mobilidade, com alto ângulo de atrito interno e coesão. Ela não deve causar o fraturamento hidráulico do núcleo, evitando a penetração descontrolada da calda e a contaminação do filtro da barragem, o alteamento da crista ou a instabilidade de taludes. Fibras de polímero foram adicionadas à calda com o objetivo de evitar a possibilidade de fraturamento hidráulico. As fibras aumentam a resistência interna ao cisalhamento da calda de baixa mobilidade, evitando a propagação de fissuras.

Infiltrações: após as injeções na área dos *sinkholes*, as infiltrações passaram de 467 ℓ/min (Q$_{esp}$ = 1,15 ℓ/min/m) para 76 ℓ/min, revelando uma redução da ordem de 84%.

Conclusões: a locação dos danos na barragem de Unmun, na Coréia do Sul, sugere que o arqueamento do núcleo e as tensões longitudinais devido aos recalques diferenciais em descontinuidades da fundação devem ter contribuído para a ocorrência de baixas tensões no núcleo e a sua conseqüente fissuração.

As fissuras parecem ter sido causadas devido à combinação desfavorável dos seguintes fatores:

- taludes íngremes e diferença de rigidez entre o núcleo e os espaldares;
- segregação do solo;
- fundação íngreme, com irregularidades não adequadamente seladas na superfície;
- interface vertical do núcleo com o vertedouro.

Fig. 4.45 Sinkhole *na crista da barragem de Unmun (Lim e Park, 2001)*

4.8.4 Cuidados com os *sinkholes* na barragem de Marguerite-3

Na barragem canadense de Sainte Marguerite-3, construída recentemente na província de Québec, particular atenção foi tomada em relação à locação e instalação dos instrumentos de auscultação, conforme reportado por Rattue et al. (2000). Trata-se de uma barragem de enrocamento, com núcleo de material de origem glacial tipo *till*, 171 m de altura máxima. Graças à experiência obtida pelos canadenses no complexo hidrelétrico de La Grande (Boncompain et al., 1989), onde a instalação de colunas verticais no aterro – instalação de inclinômetros e piezômetros no núcleo das barragens – conduziu ao desen-volvimento de grandes recalques diferenciais ou de *sinkholes*, devido à pobre compactação do solo no entorno das tubulações. Decidiu-se, então, na barragem de Sainte Marguerite-3, instalar as colunas próximas ao filtro de jusante e os inclinômetros ao longo dos filtros de montante e de jusante, conforme se pode observar na Fig. 4.46, com os canos e respectivas tubulações sendo encaminhados horizontalmente até as cabines de jusante.

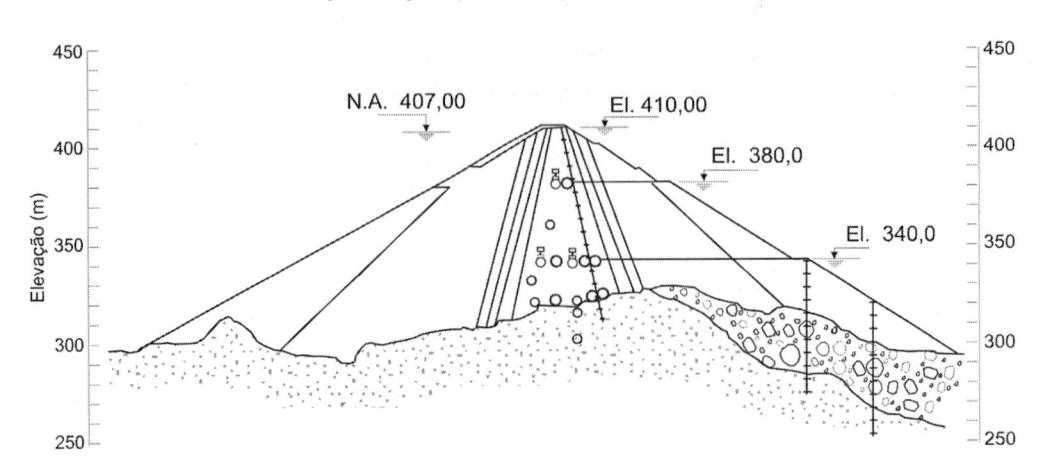

Fig. 4.46 *Locação dos instrumentos na seção da margem direita da barragem de SM-3 (Rattue et al., 2000)*

Ao empregar rolos de pneus de 50 t, as interferências com a compactação do núcleo impermeável da barragem foram evitadas. A compactação da areia dos filtros e do cascalho das transições foi realizada com rolo vibratório autopropelido, que, por ser mais manobrável, foi utilizado nas proximidades dos instrumentos.

5 Medição das Pressões Internas em Maciços de Barragens

> *The control of dams sometimes is reduced to send eventually somebody to look if the dam is still there.*
>
> Groner, 1976

As células de pressão para solo, geralmente designadas de células de pressão total, são inseridas no interior do aterro durante a construção da barragem, para indicar o nível das tensões atuantes no núcleo, conhecer-se a distribuição de tensões entre os diferentes materiais e zonas da barragem, medir as tensões na interface do aterro com os muros de concreto, e as tensões na interface com as galerias enterradas, entre outras funções. As células embutidas no aterro são geralmente constituídas por uma almofada metálica, onde a pressão transmitida pelo solo provoca a compressão de um fluido interno, cuja pressão é medida por um sensor idêntico àquele utilizado nos piezômetros. As células empregadas para a medição das tensões atuantes na interface aterro/concreto, de um muro de ligação ou de uma galeria enterrada, fornecem valores mais confiáveis, uma vez que as mesmas são embutidas nas estruturas de concreto, não alterando o campo de tensões no solo, enquanto que aquelas embutidas no aterro podem causar pequenas alterações no campo de tensões a ser medido.

Nos aterros de barragens, as células de pressão total são particularmente úteis para a medição das tensões em zonas da barragem onde tende a ocorrer certo alívio nas tensões verticais, em decorrência do processo de arqueamento do solo argiloso no interior de *canyons* com taludes subverticais, de *cut-offs* profundos em rocha, no núcleo vertical de barragens de enrocamento, na interface do aterro com as estruturas de concreto, nos abraços de uma barragem etc. Quando da ocorrência de um processo de arqueamento do solo, tende a haver uma redução na tensão vertical, pois o solo tende a ficar "dependurado" em materiais mais rígidos existentes nas proximidades, como as paredes de um *cut-off* em rocha ou o paramento vertical do muro lateral do vertedouro. Nesses casos, a tensão vertical efetiva no solo pode cair para valores muito baixos, favorecendo a ocorrência de erosão interna pelo aterro e ameaçando a segurança da barragem, o que, por si só, vem ressaltar a importância da medição das pressões totais e efetivas no interior de certas zonas, particularmente naquelas de grande porte. Para tanto, faz-se necessária a medição das pressões totais, por meio de células de pressão total, e das pressões efetivas, por meio de células piezométricas instaladas nas proximidades das células de pressão total, conforme será discutido mais adiante.

Dentre as principais questões a serem respondidas pela instrumentação de maciços de barragens de terra ou enrocamento, com células de pressão total, destacam-se:

• Quais são as tensões atuantes nos muros de ligação ou sobre as galerias enterradas de uma barragem?

• O nível das tensões efetivas nesses contatos é satisfatório ou pode favorecer a ocorrência de erosão interna?

• São as tensões verticais efetivas, no interior de um *cut-off* ou na base de um *canyon* com paredes subverticais, adequadas para evitar um processo de erosão interna?

• O campo das tensões medidas é estável ou evolui ao longo do tempo?

• As pressões efetivas são superiores às pressões da água intersticial?

5.1 Pressão total *versus* pressão efetiva

Tendo em vista que as células de pressão medem a pressão total, ou seja, a somatória da pressão resultante da atuação das partículas sólidas (pressão efetiva), com a pressão intersticial da água (pressão neutra) sobre o diafragma da célula, faz-se necessário providenciar a instalação das células de pressão total, com alguns piezômetros nas proximidades, para que seja possível a determinação da pressão efetiva no local instrumentado.

As células de pressão para solo são designadas de células de pressão total, cuja expressão pode ser desmembrada em:

$$\sigma_t = \sigma_{ef} + u$$

onde "u" corresponde à pressão neutra ou pressão intersticial da água. Quando se dispõe de um piezômetro instalado na célula de pressão, pode-se medir também a pressão intersticial da água, para calcular, assim, a pressão efetiva no solo, pela expressão:

$$\sigma_{ef} = \sigma_t - u$$

sendo "σ_t" fornecida pela célula de pressão total e "u" pela célula piezométrica instalada nas proximidades.

A medição apenas da pressão total no aterro de uma barragem constitui uma informação incompleta, visto que, se a pressão neutra não for também conhecida, nada poderá ser concluído sobre as reais condições de segurança da barragem, em termos da possibilidade de desenvolvimento de um processo de erosão interna. Dispondo-se, entretanto, da célula de pressão total e de um piezômetro ao lado, será possível a determinação tanto da pressão neutra quanto da pressão efetiva, para avaliar a possibilidade de ocorrência de um eventual processo de erosão interna. A ocorrência de erosão interna está inversamente ligada à intensidade da pressão efetiva, ou seja, quanto menor a pressão efetiva, maior será a possibilidade de sua ocorrência.

5.2 Arranjo das células de pressão total

Usualmente, as células de pressão total são instaladas na posição horizontal, para a medição das tensões verticais na base das barragens de terra ou enrocamento. Onde as tensões verticais atingem seus valores máximos, as células de pressão são particularmente recomendadas para regiões da barragem suscetíveis a processos de arqueamento, como nos núcleos das barragens de enrocamento, no interior de *cut-offs* mais profundos, nas paredes verticais dos muros de ligação em concreto etc.

Quando houver interesse na determinação do estado geral de tensões em uma seção transversal da barragem, as células podem ser instaladas segundo uma roseta de 45°, conforme ilustrado na Fig. 5.1,

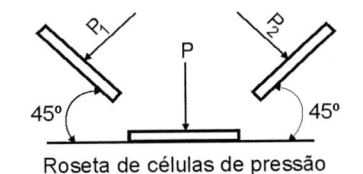

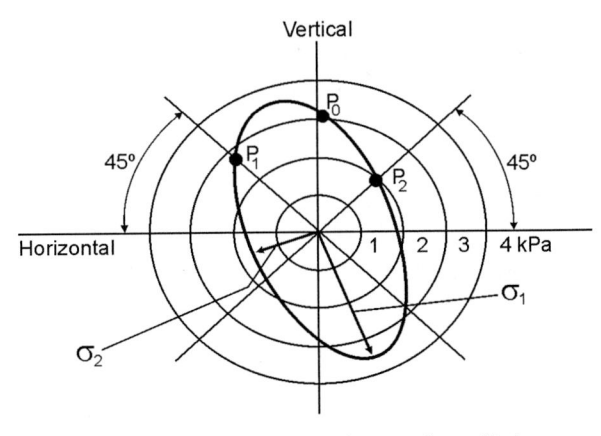

Fig. 5.1 *Esquema de instalação das células de pressão segundo uma roseta de 45°*

que representa as tensões medidas nas três células da roseta, segundo um elipsóide de tensões, de modo que permita a determinação das tensões principais maior σ_1 e menor σ_3.

Para a instalação de um conjunto de células de pressão total segundo uma roseta de 45° (Fig. 5.1) ou de uma roseta de três células, segundo três planos: horizontal, transversal e longitudinal, objetivando a medição, respectivamente, das tensões vertical, longitudinal e transversal ao eixo da barragem, deve-se proceder à escavação de uma trincheira apropriada, cuja profundidade ideal será analisada a seguir.

5.3 Células de pressão embutidas no aterro

As células de pressão total podem ser basicamente de dois tipos: de diafragma e hidráulicas. Nas células de diafragma, a pressão aplicada pelo solo ou aterro provoca a deflexão de uma lâmina de aço circular, que é suportada na periferia por um anel de aço. A deflexão da lâmina é detectada em sua porção interna por um transdutor de deformação (de corda vibrante ou de resistência elétrica tipo Carlson). As células de diafragma são mais apropriadas para os casos em que a tensão sobre a célula é uniforme. Em barragens de terra, onde o solo não é uniforme, contendo partículas de cascalho, por exemplo, podem ocorrer cargas de ponta ou efeitos de arqueamento localizados, que inviabilizam o uso desse equipamento. Esse tipo de célula é mais apropriado para ser embutido no concreto, em paredes de diafragmas ou em muros de ligação de barragens.

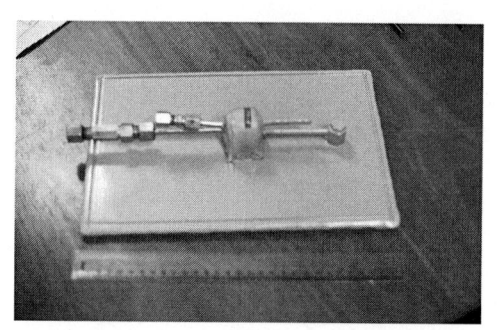

Fig. 5.2 *Célula hidráulica tipo Gloetzl*

As células hidráulicas de pressão são geralmente preferidas para emprego em barragens de terra, porque seu desempenho não é tão influenciado por carregamentos não uniformes. São constituídas por duas lâminas circulares de aço, com cerca de 23 cm de diâmetro, soldadas na periferia a um anel de aço. O espaço entre lâminas, não excedendo cerca de 0,2 mm de espessura, é preenchido com um fluido hidráulico, tal como óleo ou glicol, no sentido de formar uma almofada de pressão. A pressão aplicada pelo solo é transmitida ao fluido da almofada, que é medido por um transdutor de deformação do tipo corda vibrante, ou outro tipo, de modo semelhante a um piezômetro.

Fig. 5.3 *Célula de pressão de corda vibrante, modelo 4810 da Geokon*

Existem também as células de pressão total com formato retan-gular, geralmente com 10 x 20 cm, 20 x 30 cm ou 40 x 40 cm de lado, como aquelas produzidas pela Gloetzl, conforme Fig. 5.2.

Na Fig. 5.4, pode-se observar o princípio de funcionamento das células hidráulicas tipo Gloetzl, que foram utilizadas na instrumentação das barragens de Ilha Solteira, Água Vermelha e Três Irmãos, por exemplo. A pressão do fluido era aplicada pela linha de pressão, até se igualar à pressão do solo, quando, então, ocorria o vazamento do fluido, através da linha de retorno. Nas células hidráulicas desse tipo, o transdutor é montado sobre a almofada da célula, a fim de introduzir certa influência sobre a pressão medida, o que não ocorre em outros tipos de células, onde o transdutor é conectado através de uma tubulação metálica que sai de sua lateral, como na Fig. 5.3. A montagem do transdutor acima da célula assegura maior proteção para o mesmo durante a instalação, mas torna a compactação do solo sobre o instrumento mais difícil.

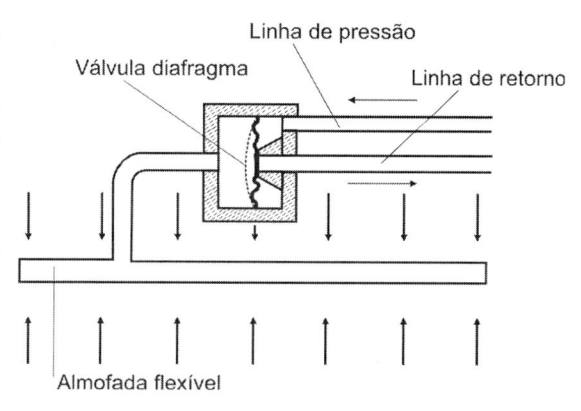

Fig. 5.4 Seção esquemática do funcionamento de uma célula hidráulica tipo Gloetzl (Schober, 1965)

A Fig. 5.5 apresenta três tipos de células de pressão da Geokon, EUA: o modelo 4800 (em primeiro plano), apropriado para ser embutido no aterro, e os modelos 4810 e 4820 (mais ao fundo), que constituem células concebidas para serem instaladas embutidas em muros de transição ou galerias enterradas. Essas células são confeccionadas em chapas de aço inox, soldadas na periferia e preenchidas por um fluido hidráulico, com as seguintes dimen-sões: 6 x 230 mm, 12 x 230 mm e 12 x 150 mm, respectivamente. Conforme dados do fabricante, as células Geokon, testadas em vários tipos de solo, indicaram pressões ligeiramente superiores às reais, porém, com acréscimos inferiores a 5%, o que é a princípio aceitável, por estar dentro do campo de dispersão inerente às heteroge-neidades do solo.

Para a medição das tensões em um plano normal ao eixo de uma sondagem, a Slope Indicator Co. desenvolveu um conjunto de três células, sendo uma roseta de

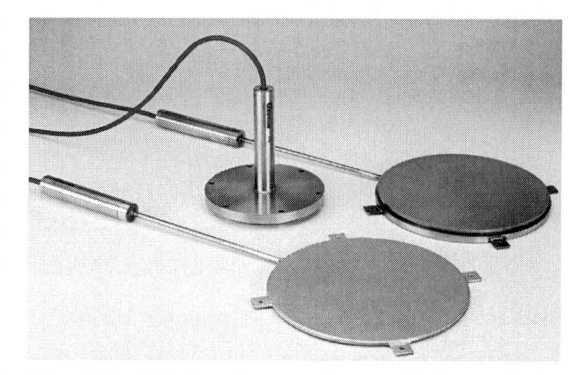

Fig. 5.5 Células de pressão modelo 4800 em primeiro plano; modelo 4820 ao fundo, à direita; e o modelo 4810, ao fundo, à esquerda, que é uma célula de contato (Cortesia Geokon)

60°, para ser instalada em furos de sondagem, objetivando a medição das tensões em solos e rochas brandas (Fig. 5.6). O conjunto é posicionado na profundidade de interesse, sendo injetado no interior da sondagem por uma calda apropriada, com rigidez similar à do solo ou rocha circunjacente. Após a cura da calda, as células são pressurizadas pelo bombeamento de óleo em cada uma delas, de modo que assegure um contato íntimo entre a almofada e o material injetado. Por meio desse arranjo das células, é possível a determinação das tensões principais em um plano normal ao eixo da sondagem.

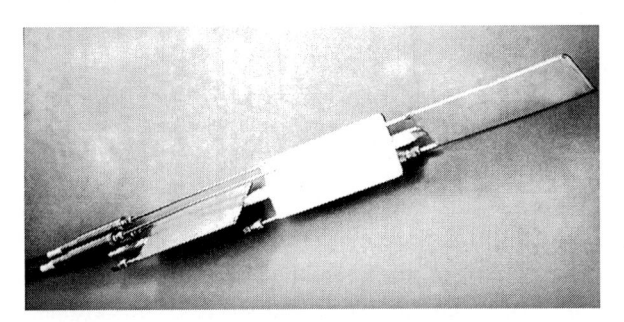

Fig.5.6 *Roseta de células de pressão total para solo e rocha branda (Catálogo Sinco)*

Na Tabela 5.1, há uma relação das principais células de pressão total produzidas atualmente, na qual estão apresentados o fabricante, os modelos de células, seu campo de leitura, precisão, sensibili-dade, capacidade de carga e dimensões, com o objetivo de auxiliar na seleção das células mais apropriadas para cada caso.

Tabela 5.1 *Características das principais células de pressão total para solo*

Fabricante	Modelo	Sensor	Campo de leitura (Mpa)	Precisão (% CL*)	Sensibilidade (% CL*)	Capacidade de sobrecarga (%)	Dimensões φ (mm)	LxL (mm)	e (mm)
Geokon	4800	Corda vibrante	0 - 0,35 a 5	± 0,1	0,025	-	230	-	6
	4810	Corda vibrante	0 - 0,35 a 5	± 0,1	0,025	-	230	-	12
	3500**	Semicondutor	0 - 0,1 a 7	± 0,5	0,025	-	230	-	12
Glotzl	KF (óleo)	Corda vibrante	0 - 0,5 a 20	± 0,1	-	-	120	70x140	6
							170	100x200	6
							-	150x250	6
							-	200x300	6
							-	400x400	6
Kyowa	BE-E	-	0 - 2 a 20	-	-	120	200	-	25
SisGeo	L143D	Corda vibrante	0 - 0,35 a 7	± 0,5	0,025	-	230	-	12
	L143S	Corda vibrante	0 - 0,35 a 7	± 0,5	0,025	-	-	100x200	6
	L141D	Elétrico	0 - 0,2 a 10	± 0,3	0,01	-	230	-	12
	L141S	Elétrico	0 - 0,2 a 10	± 0,3	0,01	-	-	100x200	6
Soil Instruments	P6	Corda vibrante	0 - 15	± 0,1	0,025	150	-	-	-
	P9	Corda vibrante	0 - 4	± 0,1	0,025	150	-	-	-
Slope Indicator	VW TPC	Corda vibrante	0 - 0,35 a 3,5	± 0,5	0,025	200	230	40x40	11
	Pneumatic TPC	Pneumático	0 - 2,1	± 0,5	0,025	100	230	-	11
Roctest	FO-TPC	Fibra ótica	0 - 0,2 a 20	± 0,1	0,05	200	230	100x200	6,3
							-	150x250	6,3
							-	200x300	6,3
	FO-EPC	Fibra ótica	0 - 0,2 a 2	± 0,1	0,05	-	230	-	9,9
	TPC-O (óleo)	Corda vibrante	0 - 0,17 a 7	± 0,5	0,1	200	220	100x200	6,1
	TPC-M (mercúrio)	Pneumático	0 - 0,17 a 2	± 0,25	-	200	-	150x250	6,3
		Elétrico	0 - 0,17 a 2	± 1,0	-	200	-	200x300	6,3
	EPC (óleo)	Idem TPC-O	Idem TPC-O	Idem TPC-O	Idem TPC-O	Idem TPC-O	229	-	9,9
RST Instruments	TP-101-P	Pneumático	0 - 0,35 a 7	± 0,25 a ± 0,15	-	100	110	-	-
	TP-101-S	Silicone	0 - 0,35 a 7	± 0,1	-	200 - 500	240	-	-
	TP-101-V	Corda vibrante	0 - 0,35 a 7	± 0,1	-	200	320	-	-

(*) CL = Campo de Leitura

Mellius e Lindquist (1990), ao analisarem as tensões medidas nas barragens de Três Irmãos e Água Vermelha, da Cesp, comentaram que nessas barragens foram utilizados quatro tipos de células de pressão total. Em Água Vermelha, foram empregadas as células Gloetzl e Maihak e, em Três Irmãos, as células da Maihak e da Cesp, cujas características principais são listadas na Tabela 5.2.

Tabela 5.2 *Principais características das células de pressão total instaladas nas barragens de Água Vermelha e Três Irmãos*

Característica	Gloetzl	Maihak	Cesp	Cesp
Modelo	-	MDS-78	Retangular	Circular
Princípio de funcionamento	Hidráulico	Elétrico	Pneumático	Pneumático
Capacidade (kPa)	2.000	400 a 1.000	1.000	1.000
Dimensões do sensor (mm)	39x27	54x114	50x44	50x44
Dimensões da almofada (mm)	300x200x7	300x200x4	300x200x7	275x7
Distância ao sensor (mm)	(*)	225	250	210

(*) Montagem do sensor sobre uma das faces da almofada

Os autores ressaltam que as células Gloetzl com o tempo apresentaram como característica indesejável a alteração do fluido hidráulico, com a formação de um precipitado, provavelmente resultante do ataque ao náilon das tubulações pelo querosene utilizado como fluido. Passou a ocorrer, então, o gradativo entupimento dos filtros no interior da célula e, conseqüentemente, alterações nas tensões medidas, especialmente no período entre o término da construção da barragem e a fase de enchimento do reservatório, quando as tensões medidas se faziam mais importantes.

Apesar do fabricante recomendar para o sistema hidráulico das células Gloetzl a utilização de uma mistura de querosene (90%) e óleo (10%), optou-se, na barragem de Água Vermelha, apenas pela utilização de querosene, em virtude dos problemas anteriormente ocorridos na barragem de Ilha Solteira (Mellios e Sverzut, 1975). A utilização de querosene puro filtrado mostrou-se, de início, conveniente, pois as primeiras células instaladas em Água Vermelha apresentaram um comportamento coerente durante os primeiros meses após a instalação. Porém, a partir de meados de 1977, decorridos 14 meses da instalação, essas células começaram a indicar leituras anômalas, registrando-se queda de pressão com a subida do aterro, conforme mostrado na Fig. 5.7. Nessa mesma época, esse problema foi constatado em várias outras células dessa barragem, supondo-se que era conseqüência de uma pasta esbranquiçada que se observava no fluido de leitura.

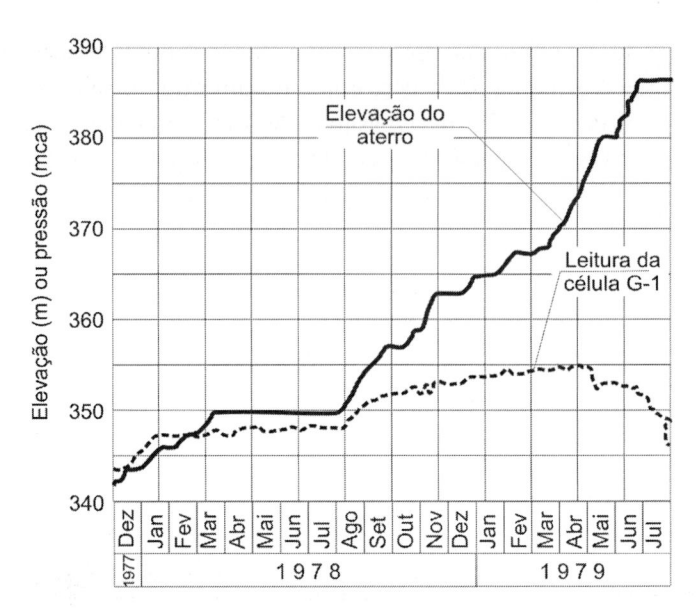

Fig. 5.7 *Gráfico do comportamento anômalo de uma célula de pressão tipo Gloetzl instalada na barragem de Água Vermelha*

Decidiu-se, nessa época, com o objetivo de se tentar recuperar as células avariadas, realizar algumas leituras utilizando-se nitrogênio em substituição ao querosene, também para verificar se, em termos de variação de tensões, tal substituição era viável. A análise desses testes permitiu optar pelo emprego apenas de nitrogênio, em todas as células Gloetzl, a partir de maio de 1978. No entanto, essa tentativa foi malsucedida, pois, no início do enchimento (26/06/1978), todas as células encontravam-se avariadas ou com problemas operacionais sérios.

Tendo em vista que o custo das células de pressão total hidráulicas é geralmente da ordem de metade do custo das células de pressão de diafragma, Dunnicliff (1988) observa que, a menos que outros dados comparativos sejam disponíveis, se deve, normalmente, proceder à seleção de células hidráulicas, com faces ativas rígidas e chanfradas. Destacam-se, portanto, as células hidráulicas tipo Gloetzl como as mais recomendáveis, não fosse o problema observado nas barragens de Ilha Solteira, Água Vermelha e Três Irmãos, anteriormente descrito. Esses problemas praticamente implicaram o abandono da utilização das células hidráulicas tipo Gloetzl a partir de meados da década de 1980 no Brasil, sem saber se as atuais células da Gloetzl seriam confeccionadas com materiais que evitariam os problemas anteriormente observados. A partir do momento que esse problema fosse equacionado, essas células voltariam a ser de grande aplicação para a medição de tensões em nossas barragens, particularmente pelo seu baixo custo, bom desempenho inicial e boa robustez.

Nas barragens de Água Vermelha e Três Irmãos, as células instaladas na interface concreto-solo ou no interior do aterro foram aferidas em laboratório sob condições similares às de campo, empregando-se um recipiente com diâmetro de 0,90 m e 0,50 m de altura, no qual o solo do aterro era compactado em camadas com 0,20 m de espessura sobre as células. O carregamento na superfície era aplicado através de um dispositivo pneumático, empregando-se uma câmara de ar, que formava um "colchão" circular reagindo contra uma estrutura apropriada. Wilson (1974) comenta, em relação à calibração das células de pressão total para solo, que não é correto calibrá-las em um recipiente cheio d'água, pela aplicação da pressão hidrostática. O melhor procedimento é alojá-las em um recipiente especial, com paredes corrugadas e flexíveis (Fig. 5.8), preenchido com o solo nas mesmas características do local de instalação na barragem.

A aferição das células de pressão total realizada no Laboratório Central da Cesp, em Ilha Solteira, permitiu constatar, pelas análises de regressão linear, que os resultados obtidos repetiam-se para uma mesma célula, em condições similares às do aterro, mas variavam significativamente de um instrumento para outro, provavelmente em função da quantidade de ar retido no óleo que preenchia as almofadas, apesar de todos os cuidados tomados pela Cesp para o total preenchimento das células.

Mellius e Lindquist (1990) comentam também que, devido às dificuldades de aferição das células de pressão em solo, causadas pela necessidade de transporte do solo entre a barragem e o laboratório, destorroamento, umedecimento uniforme, compactação, reaproveitamento do material utilizado, remoção do solo após a aferição etc., as calibrações passaram a ser realizadas empregando-se areia fina a média, com resultados similares, o que facilitou sobremaneira as operações de calibração durante a instrumentação das barragens de Água Vermelha e Três Irmãos, da Cesp.

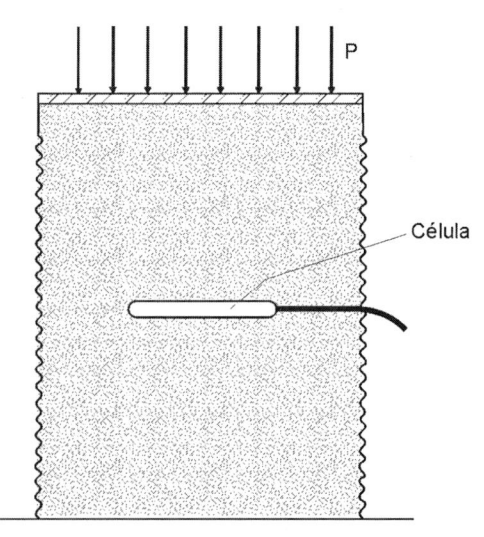

Fig. 5.8 *Proposição de recipiente para calibração das células de pressão total feita por Wilson (1974) e adotada pela Cesp*

5.4 Células de pressão na interface solo-concreto

Existe particular interesse na supervisão das condições de segurança das barragens de terra e enrocamento, na medição das tensões transmitidas pelo aterro compactado aos muros de ligação de concreto ou sobre o teto e as paredes laterais das galerias de desvio. Pela medição das tensões totais e neutras nessas interfaces, é possível calcular as tensões efetivas, para avaliar a possibilidade de ocorrência de um processo de erosão interna, que poderia vir a comprometer seriamente as condições de segurança da barragem.

As células de pressão total mais apropriadas para a instrumentação de interfaces solo-concreto são geralmente do tipo mostrado na Fig. 5.9, em que o transdutor se dispõe em uma direção normal ao plano da almofada, favorecendo a sua instalação embutida no concreto. As células do tipo plano podem também ser utilizadas para a instrumentação de interfaces solo-concreto; porém, devem ser sempre embutidas no concreto e não instaladas superficialmente, conforme esquema ilustrado na Fig. 5.10. Esse esquema pode ser apropriado para a instrumentação de paredes diafragmas de escavações, com cerca de 20 m a 30 m de profundidade; no entanto, para barragens de terra, nas quais os muros de ligação podem atingir alturas de 50 m, 100 m ou superiores, não é apropriado. Esse esquema foi adotado na instrumentação da interface dos muros de ligação com o aterro de algumas barragens brasileiras, onde o desempenho das células de pressão não foi dos mais satisfatórios, provavelmente decorrente das altas tensões e deslocamentos entre o solo e o concreto, que acabara provocando alterações na posição da célula, em sua fixação ou afetando o próprio transdutor de pressão.

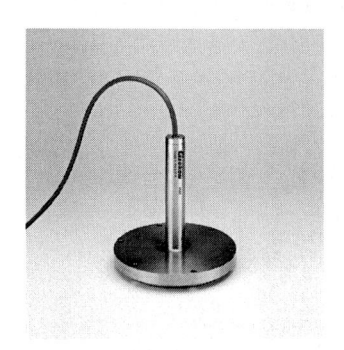

Fig. 5.9 *Célula de pressão modelo 4820, da Geokon*

Na elevação intermediária do muro direito da barragem de Água Vermelha, foram instaladas três células de pressão total segundo um esquema de roseta de 60°, em cada uma das três faces (montante, lateral e jusante), com o objetivo de medir não apenas as tensões normais à superfície do muro, mas também as tensões segundo outras duas direções, objetivando-se o cálculo das tensões principais (Fig. 5.11). Nota-se que, ao proceder-se à instalação das células segundo esse arranjo, a célula da interface ficou em-butida

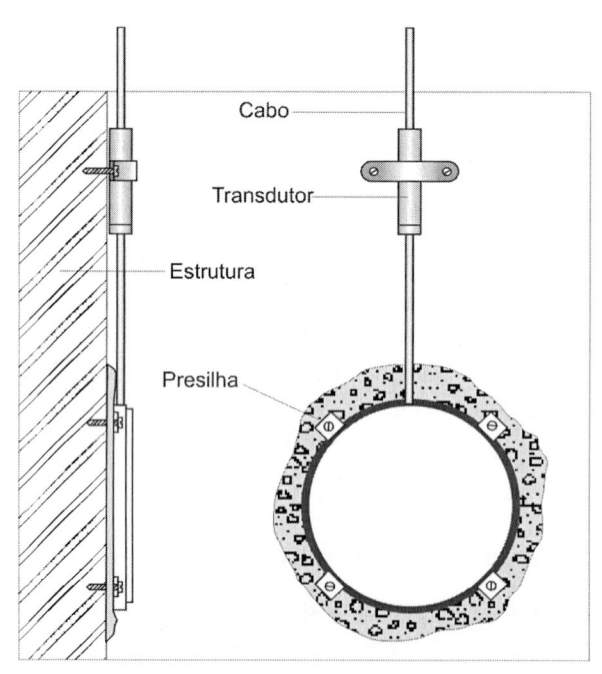

Fig. 5.10 *Vista lateral e frontal da instalação da célula modelo 4810, da Geokon*

no concreto, tangenciando a superfície exterior, que é o procedimento correto. Esse esquema de instalação implicou resultados iniciais bastante consistentes em termos de tensões medidas. Os problemas com as células Gloetzl ocorridos posteriormente foram causados pela formação de um precipitado no fluido de leitura, dificultando a leitura de algumas células e exigindo a recirculação do fluido. Esse mesmo esquema foi depois empregado na instrumentação dos abraços da barragem de Três Irmãos, da Cesp, com resultados bastante satisfatórios.

Nas células da face de jusante, que ficaram em contato com o enrocamento, procedeu-se à execução de uma transição gradual entre o enrocamento e a superfície da célula de pressão, empregando-se camadas de areia, pedrisco e brita, conforme Fig. 5.12.

Durante a instalação das células de pressão para medir a tensão transmitida

Fig. 5.11 *Detalhe da instalação de uma roseta de células de pressão total, com piezômetros, na face de jusante do muro de ligação de Água Vermelha*

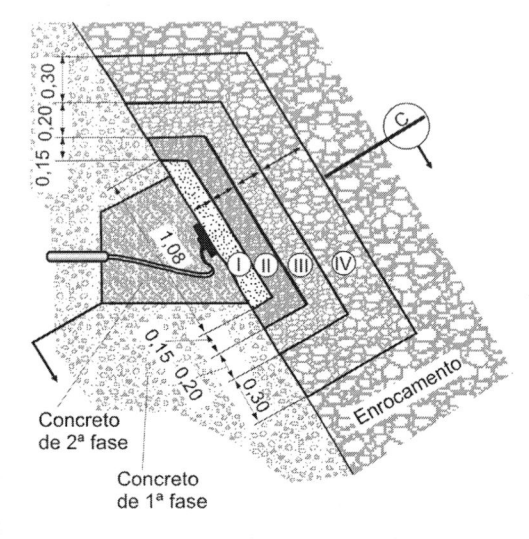

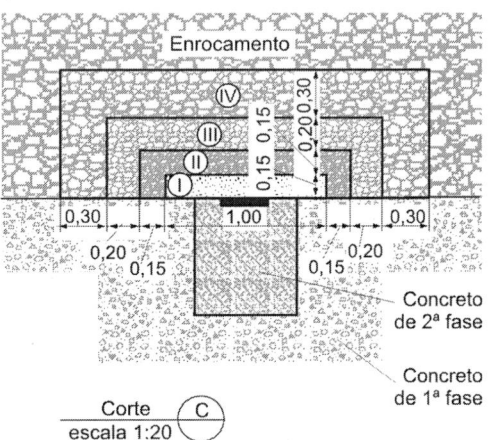

Fig. 5.12 *Detalhe da transição executada no local de instalação das células de pressão total, na face jusante da barragem de Água Vermelha*

pelo aterro ao concreto, há a possibilidade de descolamento do concreto em relação à célula, em função da cura e da retração da argamassa de cimento (ou microconcreto), empregada no preenchimento do recesso. Esse inconveniente poderá ser evitado pelo emprego de células semelhantes ao modelo 4820, da Geokon (Fig. 5.10), que, pela sua maior robustez e geometria, não seria afetado por essa retração na base da célula.

Dentre os procedimentos empregados para a instalação das células em interfaces aterro-concreto, deve-se sempre aguardar a construção do aterro até cerca de 1,0 m acima da cota de instalação da célula, escavando-se, então, uma trincheira até a base do recesso deixado no concreto, para se proceder à instalação da célula. Essa escavação deverá ser realizada manualmente e com todo o cuidado, para a retirada do tampão metálico (placa metálica com 10 mm de espessura) que ficou protegendo o recesso durante a execução do aterro. Próximo às células de pressão total, deve-se sempre prever a instalação de piezômetros, para que seja possível a determinação das pressões efetivas no local.

Após a pega do concreto de preenchimento do recesso, deverá ser executado o enchimento da valeta que foi aberta, lançando-se o solo com umidade igual a do aterro, em camadas com cerca de 10 cm de espessura, e compactando-se cuidadosamente com soquete manual. A compactação do solo nas vizinhanças da célula de pressão deverá evitar a aplicação de golpes do soquete, procurando-se pressioná-lo cuidadosamente contra o solo. Durante o fechamento, as paredes da vala deverão ser umedecidas, de modo que assegure uma boa aderência entre o solo de preenchimento e o aterro compactado. As células de pressão total e os piezômetros deverão ser lidos antes e após o término da compactação do material de preenchimento, para acompanhar o funcionamento dos instrumentos e a estanquidade dos cabos entre o instrumento e a cabine de leitura. Na eventualidade de se constatar uma anomalia com algum dos instrumentos, a vala deverá ser reaberta para a investigação das causas do problema ou eventual troca do instrumento danificado.

Uma das células mais completas para a instrumentação de interfaces solo-concreto foi desenvolvida pela Maihak no início da década de 1980, sendo o modelo MDS-74 o que permite a medição da tensão normal e cisalhante na região da interface. Essas células eram dotadas de dois transdutores de deslocamento – para permitir a medição das tensões cisalhantes segundo duas direções normais entre si, conforme se pode observar na Fig. 5.13 – ou podiam também ser dotadas de apenas um transdutor, para o caso de se conhecer antecipadamente a direção de atuação da tensão cisalhante. No Brasil, esse tipo de célula foi empregado na instrumentação do nível intermediário dos muros de transição da barragem de Três Irmãos, da Cesp.

Em termos de instrumentação de galerias enterradas, será abordada a seguir a instrumentação das galerias de desvio das barragens de Jacareí e Jaguari, da Sabesp, onde o autor deste livro teve participação direta no projeto de instrumentação e na

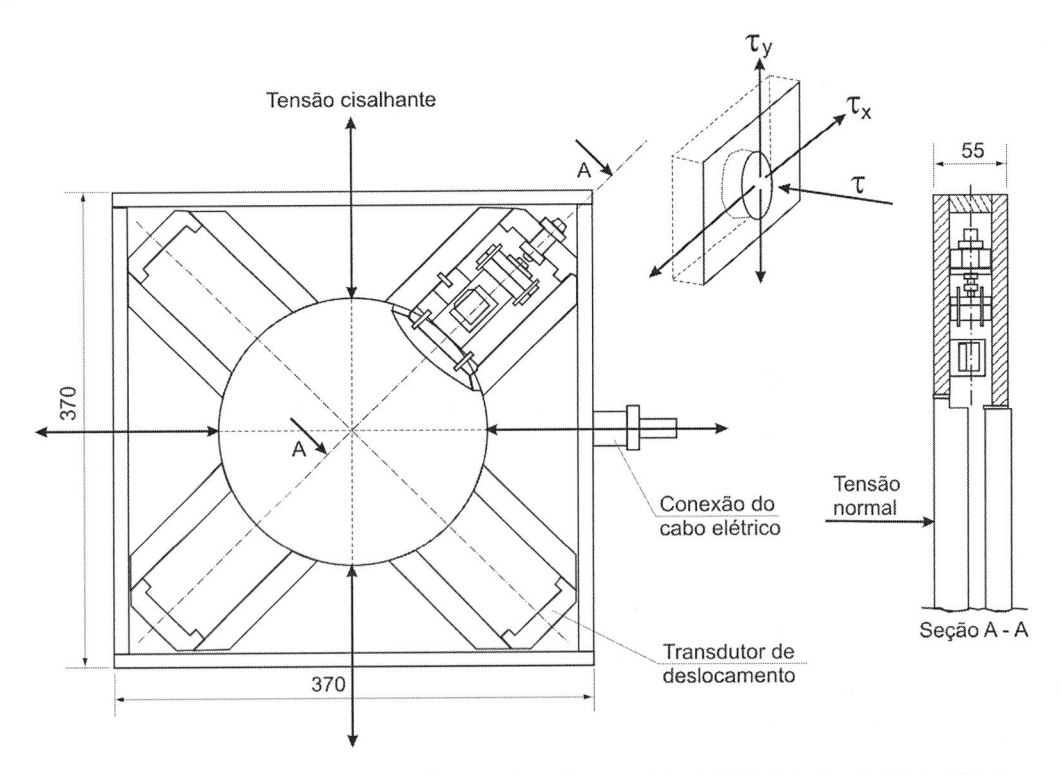

Fig. 5.13 *Célula de pressão total e cisalhante, modelo MDS-74, da Maihak (Silveira, 1980)*

análise dos dados obtidos. Trata-se, nos dois casos, de galerias de concreto com cerca de 10 m de altura, localizadas na base de aterros com 55 m de altura máxima. Para a medição das tensões na interface solo-concreto, empregou-se dois tipos de células de pressão total: células de corda vibrante tipo Maihak e células pneumáticas tipo IPT. Essas células foram ins-taladas em duas seções transversais das galerias, para a observação das tensões nas paredes laterais e teto da galeria, conforme pode-se observar na Fig. 5.14, que ilustra o arranjo das células de pressão total na galeria do Jacareí. Em algumas posições, insta-laram-se as

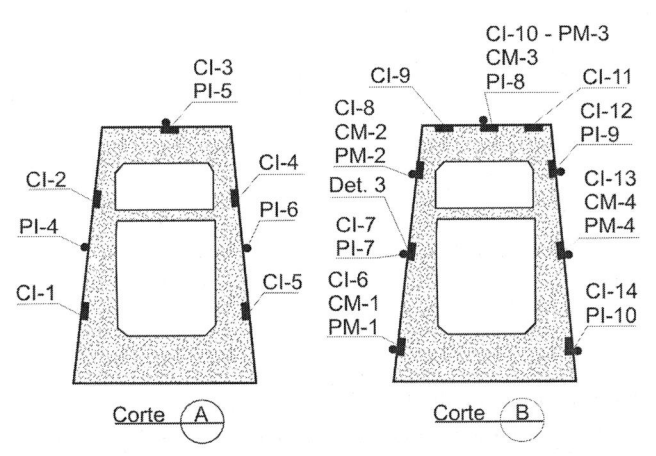

Fig. 5.14 *Locação das células de pressão total na galeria de Jacareí (Silveira et al., 1982)*

células Maihak e IPT (Fig. 5.15), tendo-se observado pressões da mesma ordem de grandeza, vindo confirmar o bom desempenho desses dois tipos de células.

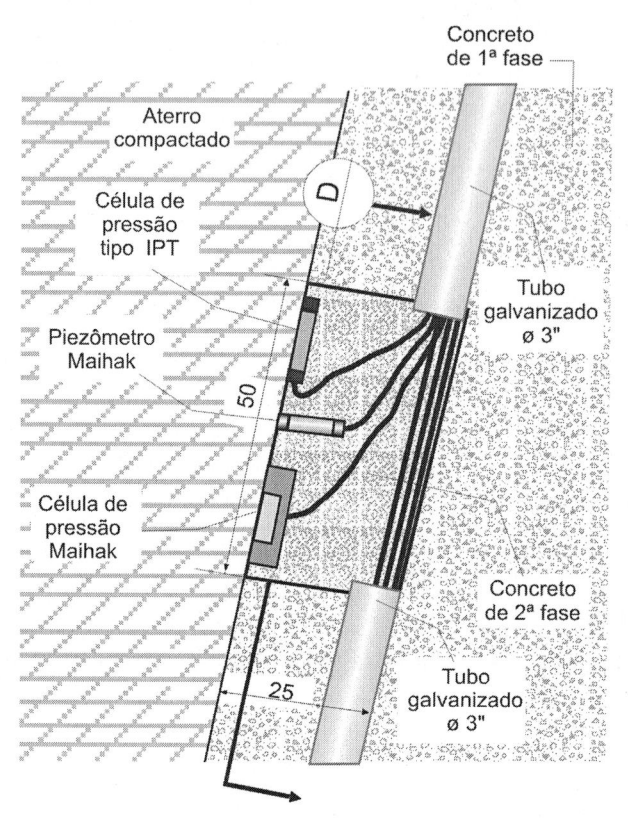

Fig. 5.15 *Detalhe de instalação das células na parede lateral da galeria*

5.5 Fatores que afetam a medição de pressão total

As pressões medidas pelas células de pressão total embutidas no aterro estão geralmente condicionadas à relação de forma e de rigidez da célula. Por relação de forma, designa-se o coeficiente entre a espessura da célula e seu diâmetro e, por relação de rigidez, entende-se o coeficiente entre a rigidez do solo e da célula, conforme ilustrado nas Figs. 5.16 (a) e (b). Os erros provenientes desses fatores podem ser reduzidos, empregando-se células de alta rigidez e com relação de forma superior a 1:10, ou seja, com e/D = 1/10.

Aufleger e Strobl (1997) realizaram uma das mais detalhadas pesquisas sobre o comportamento das células de pressão total que se conhece, envolvendo tanto estudos por meio de modelagem matemática, como por meio de ensaios reais em um aterro de argila, de areia e de cascalho natural e artificial. Pela modelagem matemática,

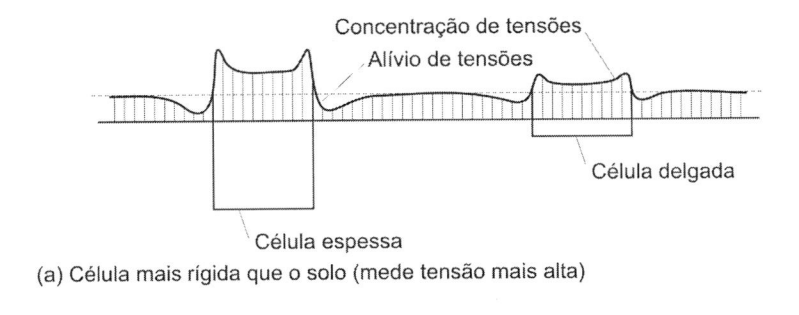

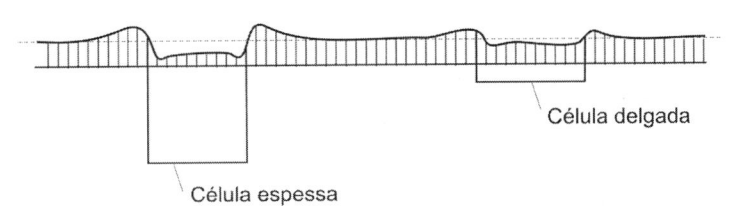

(a) Célula mais rígida que o solo (mede tensão mais alta)

(b) Célula menos rígida que o solo (mede tensão menor que a real)

Fig. 5.16 *Efeito da relação de forma e de rigidez das células de pressão total embutidas no solo (Dunnicliff, 1988)*

estudaram com um bom detalhamento a distribuição das tensões sobre as células de pressão, com formato cilíndrico e retangular, e verificaram que, particularmente nas bordas da célula, tende a ocorrer alguma concentração de tensões, conforme se pode observar na Fig. 5.17. Esses estudos vieram também revelar que, mesmo na parte mais central das células de pressão, tende a ocorrer tensões um pouco superiores às do solo adjacente, com acréscimo da ordem de 2% a 5% para as células hidráulicas do tipo Gloetzl.

Nas pesquisas de campo, nas quais foram estudados aterros confeccionados em argila, areia e cascalhos, empregando-se 15 células hidráulicas de pressão com dimensões de 10 x 20 cm, 20 x 30 cm e 40 x 40 cm, além de pequenas células cilíndricas com apenas 5 cm de diâmetro, constatou-se uma tendência significativa de registro mais alto das tensões verticais e uma significativa variação dos valores medidos, para células de projeto similar e instaladas sob as mesmas condições. Na Fig. 5.18, apresentam-se as tensões medidas com as pequenas células de 5 cm de diâmetro, nas proximidades de placas metálicas com dimensões de 50 x 50 cm e 20 x 36 cm, que confirmaram a ocorrência de uma significativa redistribuição das tensões verticais nas proximidades de um corpo rígido, inserido no interior do aterro. Por coeficiente de tensão normalizado (R_L), deve-se entender a relação entre a tensão medida (com a célula) pela tensão inicial reinante no solo. Medições correspondentes, obtidas empregando-se células de pressão total com 40 x 40 cm e 20 x 30 cm, confirmaram a existência dessa redistribuição de tensões.

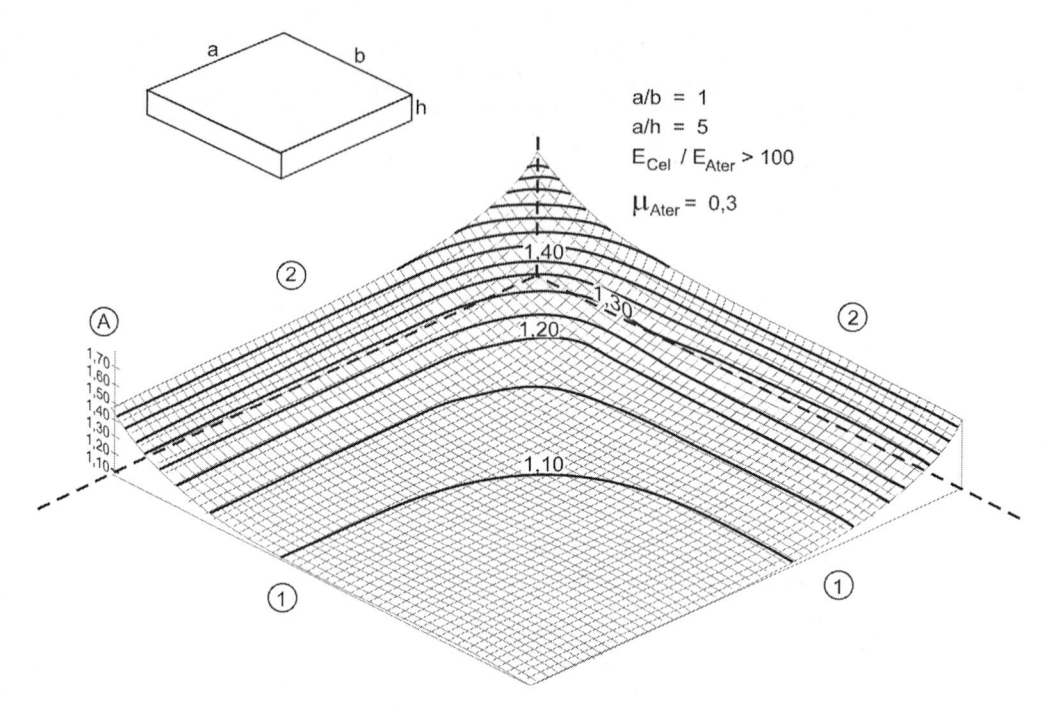

Fig. 5.17 *Distribuição das tensões teóricas sobre a superfície de uma célula retangular, cortada em seus eixos (Aufleger e Strobl, 1997)*

Placa metálica de 50x50x5

Placa metálica de 36x20x3,6

○ Posição da célula de pressão (ø 5cm)
1,07 Coeficiente de tensão normalizado (R_L)

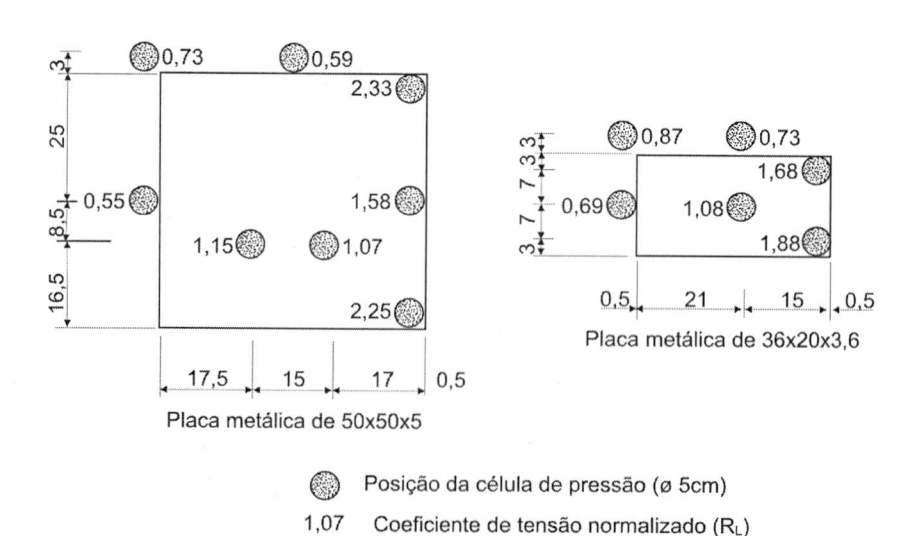

Fig. 5.18 *Coeficiente normalizado das tensões verticais nas proximidades de placas rígidas (Aufleger e Strobl, 1997)*

O Quadro 5.1, extraída do livro de Dunnicliff (1988), baseia-se em dados apresentados por Weiler & Kulhawy (1982), com alguns pequenos ajustes, que vem retratar, de modo detalhado e bastante abrangente, os vários fatores que interferem nas tensões medidas em aterros de barragem, com as células de pressão total.

Quadro 5.1 *Fatores que afetam as medições com células de pressão*

Fator	Descrição do erro	Método de correção
Relação de forma (espessura / diâmetro)	A espessura da célula altera o campo de tensões no entorno da célula	Usar células relativamente esbeltas (E/D < 1/20)
Relação entre rigidez do solo / célula	Pode causar a sub ou sobretensão na célula. Sofrerá alterações com a mudança de rigidez do solo	Escolher células de elevada rigidez e usar fator de correção
Tamanho da célula	Células pequenas estão sujeitas a erros de escala e instalação. Células grandes são difíceis de instalar e submetidas a acabamento desuniforme	Usar tamanhos intermediários de células, geralmente entre 230 – 300 mm de diâmetro
Comportamento tensão x deformação do solo	Medições influenciadas pelas condições de confinamento	Calibrar a célula nas condições de campo (de utilização)
Efeitos de instalação	Instalação e reaterro causam alterações nas propriedades dos materiais e no campo de tensões ao redor da célula	Utilizar técnica de instalação que cause a mínima alteração nas propriedades do material e no campo de tensões
Excentricidade, desuniformidade e pontualidade do carregamento	Granulometria acentuada do solo em relação ao tamanho da célula	Aumentar o diâmetro efetivo da célula. Usar células hidráulicas com ranhuras na face ativa. Tomar cuidado na uniformidade das camadas
Proximidade de estruturas e outros instrumentos embutidos	Interações de campos de tensão nas proximidades do instrumento ou de estruturas causam erros de leitura	Usar espaçamento adequado entre os instrumentos
Orientação da célula	Mudanças na orientação da célula durante a instalação podem causar erros de leitura	Utilizar método de instalação que minimize alterações na orientação. Instalar eletroníveis na célula
Concentração de tensões normais na extremidade da célula	Causa uma diminuição ou aumento na leitura, dependendo da relação da rigidez entre solo e célula	Para células diafragma, usar anel inativo de borda rígida, para reduzir a área sensível (d/D = 0.6). Para células hidráulicas, usar as que possuem ranhuras na superfície e uma delgada camada líquida
Deflexão na face ativa	Excessiva deflexão na face ativa da célula causa mudança no campo das tensões por arqueamento	Projetar células de baixa flexibilidade: para célula diafragma, a relação diâmetro/deflexão > 2000 – 5000; para células hidráulicas, utilizar delgada camada líquida
Tensões de instalação	Sobretensão durante a compactação do solo pode danificar permanentemente a célula	Verificar se a célula e o transdutor são adequados para as condições de campo
Corrosão e umidade	Podem causar falha nos componentes da célula	Utilizar materiais apropriados e alta resistência à prova d'água
Temperatura da célula	Mudanças de temperatura causam alterações na leitura	Escolher células com pouca sensibilidade à temperatura, caso seja necessário, utilizar um fator de correção determinado na calibração em laboratório
Medição dinâmica de tensões	Tempo de resposta, freqüência natural e erros causados pela inércia da célula	Utilizar células e transdutores de tipo apropriado com calibração dinâmica

Fonte: Dunnicliff, 1988.

Um outro fator que afeta as medições realizadas com as células de pressão resulta de mudanças que a orientação das células podem sofrer após a instalação no campo. DiBiagio (1987) constatou mudanças de orientação de células instaladas segundo um plano vertical, em um núcleo de material morâinico de uma barragem de enrocamento, em função das medições realizadas por um clinômetro (*tiltmeter*), montado com as células. Foram observados afastamentos de até 18° no posicionamento da célula em relação ao plano vertical, quando o aterro atingiu 3,4 m acima da célula, mostrando uma clara influência dos equipamentos de compactação. Evidentemente, no caso das barragens com núcleo de material mais heterogêneo e granulares, como as morainas glaciais, esse tipo de problema é maior. Nas barragens brasileiras construídas, geralmente, com solos mais uniformes e argilosos, como ocorre nas barragens da bacia do Alto Paraná, esse tipo de problema não aconteceria com essa intensidade.

Aufleger e Strobl (1997), após procederem à execução de um extenso programa de pesquisa envolvendo o comportamento das células hidráulicas de pressão total, inseridas no interior de aterros executados com diferentes materiais, comprovaram que as células de pressão para solo respondem não apenas às variações de carga externa, como também às grandes variações de temperatura. Procederam, então, à determinação do coeficiente de temperatura, $Cr = \Delta p/\Delta T$ [(kN/m^2)/°C], que correlaciona a variação de temperatura sobre as variações de carga em uma célula isenta de carregamento. Constataram, dessa forma, que, para as células hidráulicas tipo Gloetzl, o valor ~ 0,1 kN/°C.ΔT pode ser adotado, para a correção das eventuais variações térmicas sobre o instrumento. Para as células de pressão total instaladas no interior de uma barragem, geralmente afastadas mais de 10 m da superfície exterior, pode-se considerar esses instrumentos como isentos de variações térmicas ambientais. Porém, para as células de pressão nas proximidades da superfície exterior da barragem, deve-se optar pela seleção de instrumentos dotados também de termômetros internos, como as células de pressão com transdutores de corda vibrante, que são dotadas também de *thermistors*, que permitem a medição de temperaturas, possibilitando a correção de sua influência sobre as tensões medidas.

5.6 Procedimentos de instalação

Durante a instalação das células de pressão total em aterros, especial cuidado deve ser tomado para a atenuação dos erros decorrentes da inserção do instrumento e das influências causadas pelo processo de instalação. A relação entre o diâmetro e a espessura das células deve ser de pelo menos 20:1, sendo que muitas das células atuais, com $\Theta = 23$ cm e e = 0,6 cm, apresentam D/e = 38, atendendo com folga a essa recomendação.

Em termos da instalação no aterro de uma barragem, o procedimento-padrão para a instalação das células de pressão, individualmente ou através de uma roseta de 3 a 5 células, é por meio da escavação de uma trincheira, a qual é posteriormente preenchida com o mesmo solo do aterro, no mesmo teor de umidade. A Sociedade

Internacional de Mecânica das Rochas – ISRM (International Society for Rock Mechanics) publicou, em 1981, um boletim técnico, recomendando a instalação da roseta de células de pressão em uma grande trincheira, que permitiria acomodar até cinco células, conforme mostrado na Fig. 5.19, com 4,0 m x 4,0 m em sua base e 2,0 m de profundidade, com taludes laterais inclinados de 1:5 (V:H).

A escavação principal deveria ser preenchida com o mesmo material do aterro, no mesmo teor de umidade, removendo-se pedaços de rocha maiores que o tamanho da célula. No entanto, essa última recomendação não é muito correta, pois a instalação de células de tensão em barragens de con-creto revela que o tamanho máximo do agregado, nas proximidades da célula, deverá ser inferior a D/3 ou, preferencialmente, D/5. Destaca-se ainda a excessiva quantidade de solo a ser escavada do aterro, tendo depois que ser recompactado manualmente para o preenchimento da cavidade, o que viria não só implicar atrasos no cronograma da obra, como prejudicar a instalação das células de pressão.

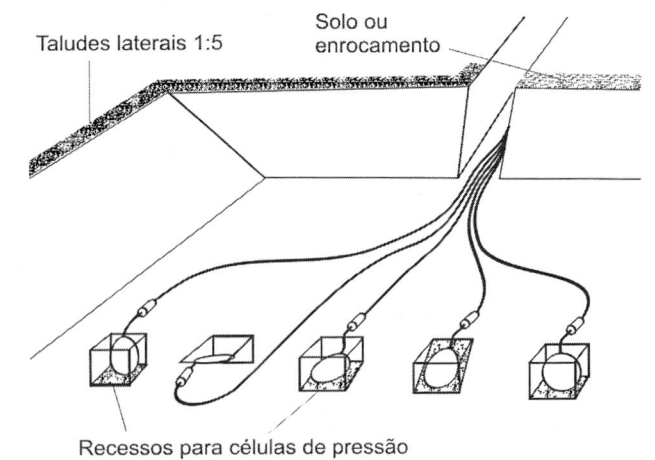

Fig. 5.19 *Trincheira recomendada pela ISRM, para a instalação das células de pressão total (ISRM, 1981)*

Na barragem de Três Irmãos, conforme reportado por Silveira & Pínfari (2003), procedeu-se à instalação de uma roseta com três células de pressão na base do aterro, empregando-se uma trincheira com cerca de 0,8 m de profundidade e taludes laterais com inclinação 1:1, com resultados muitos bons, que permitiram até mesmo, pela primeira vez em nosso País, o cálculo do coeficiente de Poisson *in situ*, em uma de nossas barragens.

Na barragem de Irapé, em Minas Gerais, a projetista optou pela instalação das células de pressão total em trincheiras com 1,0 m de profundidade e 1,5 m na base, com inclinação dos taludes laterais 1:2 (V:H), o que deve assegurar bons resultados da instrumentação devido à experiência prévia com a barragem de Três Irmãos, da Cesp. No entanto, o volume de aterro a ser compactado manualmente praticamente dobrou, conforme pode ser observado na Tabela 5.4, em que há uma comparação entre as dimensões dos vários tipos de trincheiras e de seus volumes.

Destaca-se dessa tabela o volume descomunal da trincheira, o qual, ao atingir 112 m^3, implicaria um elevado custo de instalação, que ultrapassaria em muito o próprio custo da instrumentação (projeto e aquisição), além de implicações com o cronograma construtivo e a baixa qualidade que a compactação de tal volume de

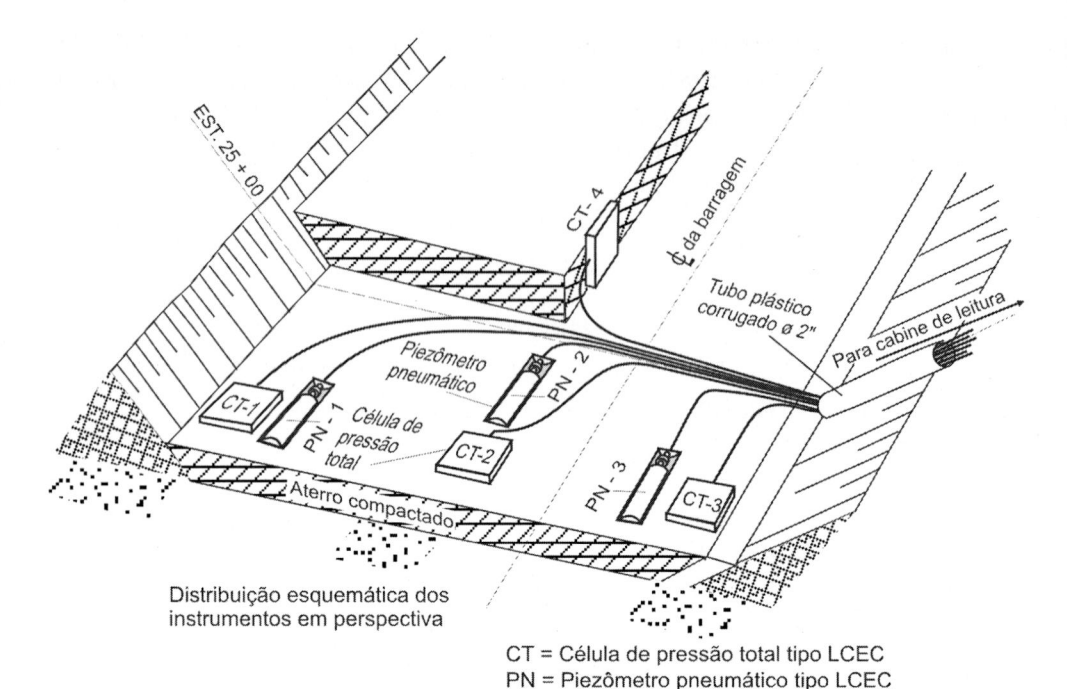

Fig. 5.20 *Trincheira para a instalação das células na barragem de Três Irmãos, da Cesp*

solo acabaria provocando. Na Tabela 5.3, inclui-se também a recomendação da SBB Engenharia, proposta em 2005: ao reduzir a profundidade da trincheira para apenas 0,6 m, tendo por base os resultados das pesquisas sobre a distribuição de tensões em profundidade, em decorrência dos atuais equipamentos de compactação, a instalação seria simplificada e melhores resultados em termos das tensões medidas seriam assegurados.

Na Fig. 5.21, ilustram-se os esquemas de instalação adotados na barragem de enrocamento austríaca de Gepatsch, com 153 m de altura máxima e construída

Tabela 5.3 *Dimensões das trincheiras para instalação de 3 a 5 células de pressão total*

Barragem / Entidade	Base inferior (m)	Profundidade (m)	Inclinação talude (V:H)	Volume (m³)
ISRM (*)	4,0 x 4,0	2,0	1:5	112,0
Barragem Três Irmãos	1,6 x 2,7	0,8	1:1	5,2
Barragem Irapé	1,5 x 2,6	1,0	1:2	9,1
SBB Engenharia	1,2 x 2,1	0,6	1:1	2,3

(*) Trincheira para a instalação de 5 células de pressão.
Fonte: ISRM (1983).

entre 1961 e 1965. Foi instrumentada com um total de 53 células de pressão total e 32 células piezométricas tipo Gloetzl. Schober (1965) apresenta os esquemas de transição executados para a medição das tensões em regiões de enrocamento fino e enrocamento normal, onde as células ficam alojadas sempre no interior de uma camada de areia com cerca de 34 cm de espessura, envolta por camadas de cascalho de 0-3 cm, depois cascalho de 0-20 cm e enrocamento fino (0-30 cm) até se atingir o enrocamento normal. A espessura total da camada de transição atinge 2,0 m, sendo 1,0 m de cada lado da célula.

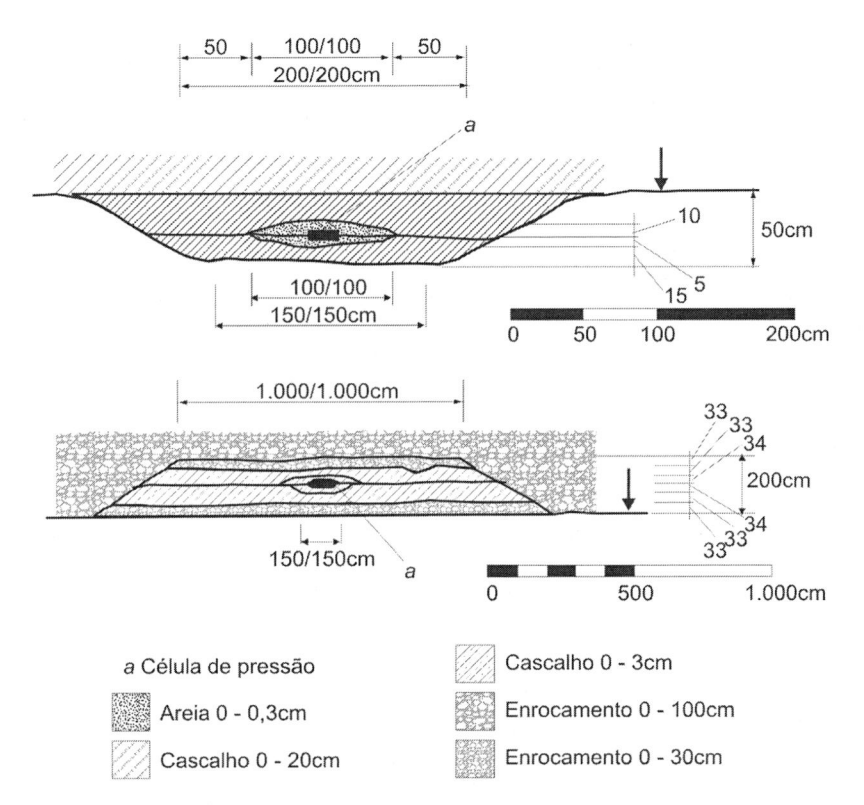

Fig. 5.21 *Zonas de transição para a instalação das células no interior do enrocamento (Schober, 1995)*

Verifica-se, portanto, que a instalação das células de pressão total no interior de enrocamento sempre exige uma transição apropriada, com materiais mais finos, em decorrência da impossibilidade de se colocar as células em contato direto com os blocos de rocha do enrocamento. Essas transições deverão ser adequadamente projetadas, para se evitar alterações no estado de tensões a ser medido.

5.7 Pressões aplicadas pelos equipamentos de compactação

Tendo por objetivo avaliar o nível das tensões verticais transmitidas pelos modernos equipamentos de compactação, sobre as células de pressão total instaladas no aterro de uma barragem, pesquisou-se inicialmente quais eram as tensões aplicadas na superfície do aterro, pelos rolos lisos e tipo pé-de-carneiro, por meio de uma consulta aos fabricantes desses equipamentos. Na tabela a seguir, apresentam-se quais foram os equipamentos estudados, assim como suas principais características.

Tabela 5.4 *Equipamentos utilizados para a determinação das tensões de acordo com os tipos de rolo*

Equipamento		Área de contato[1] (cm²)	Pressão de contato (kPa)
Rolo liso	Caterpillar – modelo CS-531D	5335	98,7
	Dynapac – modelo CA 262D	5334	103,0
	Dynapac – modelo CA 602D	5334	233,5
Rolo pneumático	Caterpillar – modelo PS-200B	196,3	1.007,0
	Caterpillar – modelo PS-360B	376,2	931,0
	Dynapac – modelo CP 271	346,9	848,1
	Dynapac – modelo CP 221	445,16	668,8
Rolo pé-de-carneiro	Caterpillar – modelo 815F	134,0	542,5
	Caterpillar – modelo 825G Series II	192,0	597,1
	Dynapac – modelo CA 152PD-PDB	83,87	947,2
	Dynapac – modelo CA 602PD	148,39	1.679,0
	Dynapac – modelo CT 262	200,0	376,0

(1) Para o rolo pé-de-carneiro, a área designada é a de cada pata, enquanto que, para o pneumático, a área designada é a correspondente a cada pneu.

Nas Figs. 5.22 e 5.23, apresentam-se os rolos tipo pé-de-carneiro, modelo 815F, da Caterpillar, e o rolo tipo pneumático, modelo CP271, da Dynapac, que foram dois dos 12 diferentes equipamentos aqui estudados.

Fig.5.22 *Rolo 815F da Catterpillar*

Fig. 5.23 *Rolo CP271 da Dynapac*

Investigações sobre a propagação das tensões em profundidade

Para o estudo da propagação das tensões em profundidade, optou-se inicialmente pela utilização dos programas contidos no conjunto Geo-Slope Office, em sua versão estudantil; porém, em decorrência de suas limitações, passou-se à utilização das expressões de Poulos & Davis (1974), conforme será visto a seguir.

No livro *Elastic Solutions for Soil and Rock Mechanics*, Poulos e Davis apresentam uma expressão para o cálculo das tensões sob o vértice de uma área retangular carregada, na superfície de um semi-espaço infinito, conforme apresentado a seguir. Optou-se, então, pela confecção de uma planilha de cálculo para a determinação das tensões que ocorriam no eixo vertical que passa pelo ponto central da área carregada por uma pressão p, em um meio elástico e isotrópico apresentado.

$$\sigma_z = \frac{p}{2 \cdot \pi} \cdot \left(a\tan\left(\frac{l \cdot b}{z \cdot R_3}\right) + \frac{l \cdot b \cdot z}{R_3} \cdot \left(\frac{1}{R_1^2} + \frac{1}{R_2^2}\right) \right)$$

onde,

$$R_1 = \sqrt{l^2 + z^2}$$
$$R_2 = \sqrt{b^2 + z^2}$$
$$R_3 = \sqrt{l^2 + b^2 + z^2}$$

Com essas equações e uma área selecionada, foram realizados cálculos considerando-se "*l*" e "*b*" como sendo metade das dimensões laterais da área carregada superficialmente. A tensão obtida no cálculo foi multiplicada por quatro, para representar a ocorrência das quatro áreas em que o retângulo foi dividido.

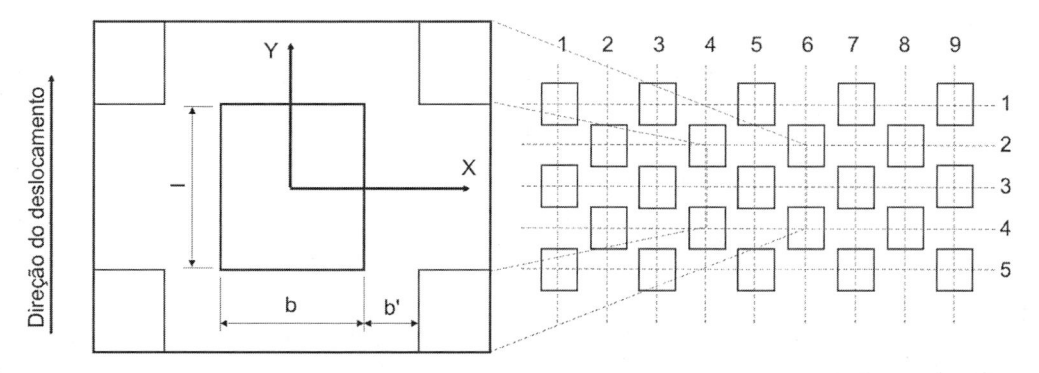

Fig. 5.24 *Modelo para simulação do carregamento imposto pelos rolos*

Carregamento Vertical Uniforme - Rolo Pé de Carneiro Caterpillar - 815F

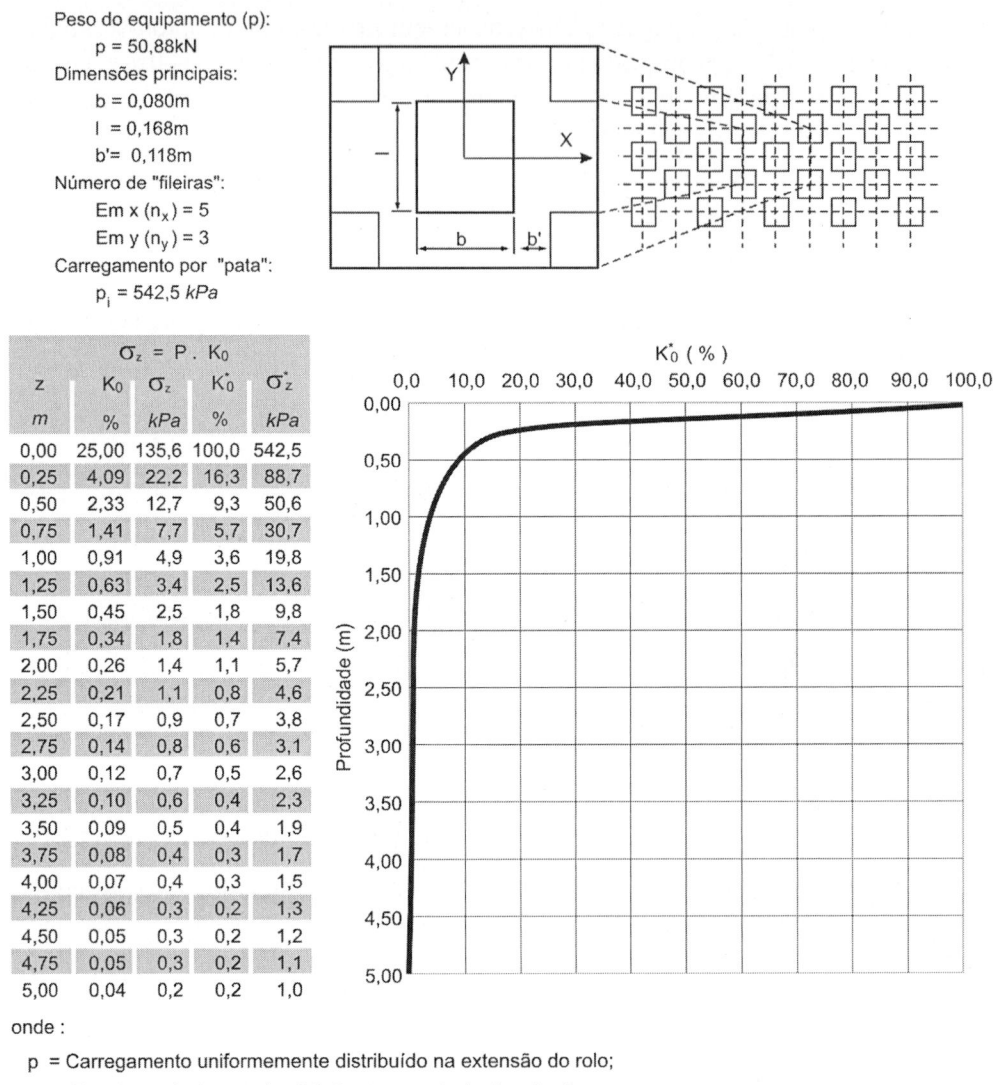

Peso do equipamento (p):
$p = 50,88 kN$

Dimensões principais:
$b = 0,080 m$
$l = 0,168 m$
$b' = 0,118 m$

Número de "fileiras":
Em x (n_x) = 5
Em y (n_y) = 3

Carregamento por "pata":
$p_i = 542,5 kPa$

$\sigma_z = P \cdot K_0$				
z	K_0	σ_z	K_0^*	σ_z^*
m	%	kPa	%	kPa
0,00	25,00	135,6	100,0	542,5
0,25	4,09	22,2	16,3	88,7
0,50	2,33	12,7	9,3	50,6
0,75	1,41	7,7	5,7	30,7
1,00	0,91	4,9	3,6	19,8
1,25	0,63	3,4	2,5	13,6
1,50	0,45	2,5	1,8	9,8
1,75	0,34	1,8	1,4	7,4
2,00	0,26	1,4	1,1	5,7
2,25	0,21	1,1	0,8	4,6
2,50	0,17	0,9	0,7	3,8
2,75	0,14	0,8	0,6	3,1
3,00	0,12	0,7	0,5	2,6
3,25	0,10	0,6	0,4	2,3
3,50	0,09	0,5	0,4	1,9
3,75	0,08	0,4	0,3	1,7
4,00	0,07	0,4	0,3	1,5
4,25	0,06	0,3	0,2	1,3
4,50	0,05	0,3	0,2	1,2
4,75	0,05	0,3	0,2	1,1
5,00	0,04	0,2	0,2	1,0

onde :

p = Carregamento uniformemente distribuído na extensão do rolo;

σ_z = Tensão vertical na profundidade z, no canto da área b x l;

K_0 = Coeficiente que relaciona a tensão vertical (σ_z) com o carregamento aplicado (p);

σ_z^* (4 $\cdot \sigma_z$) = Tensão vertical na profundidade z, no centro da área 2 . b x 2 . l, com carregamento uniforme p;

K_0^* (4 . K_0) = Coeficiente que relaciona a tensão vertical (4 . σ_z) com o carregamento aplicado (p);

Fig. 5.25 *Exemplo de planilha obtida para um dos equipamentos estudados*

Utilizando-se a formulação mostrada anteriormente, foi confeccionada uma planilha para determinar as tensões que ocorriam no eixo do carregamento aplicado. Considerar somente uma área retangular carregada não é compatível com a realidade dos rolos pé-de-carneiro e pneumáticos. Por isso, o modelo foi concebido considerando-se várias áreas carregadas, como mostrado na Fig. 5.24.

O modelo possibilitou a definição das medidas de cada área a ser considerada ($l \times b$), da distância entre as áreas (b') e da quantidade de áreas carregadas. Para cada um dos equipamentos de compactação estudados, o modelo permitiu a determinação das tensões a cada 0,25 m de profundidade, construindo-se com esses valores um gráfico da distribuição das tensões no aterro. Na Fig. 5.25, pode-se observar um gráfico típico obtido por meio da planilha.

Vale salientar ainda que, para o caso do rolo de compactação liso, foi considerada a ocorrência de somente uma área, com as dimensões desejadas. Para os rolos pneumáticos, considerou-se somente uma fileira na direção perpendicular à do deslocamento do equipamento. No caso do rolo pé-de-carneiro, foi considerada a ocorrência de uma ou três "fileiras" de áreas carregadas (patas), de acordo com a indicação do fabricante. Na Tabela 5.3, apresentam-se as tensões obtidas para cada equipamento, a 0,5 m; 1,0 m e 2,0 m de profundidade.

Tabela 5.5 *Tensões obtidas para cada equipamento a 0,5 m; 1,0 m e 2,0 m de profundidade*

Equipamento	Superfície	Tensão (kPa)		
		0,5 m	1,0 m	2,0 m
Rolo liso				
Caterpillar – modelo CS-531D	98,7	29,8	14,0	5,1
Dynapac – modelo CA 262D	103,0	31,1	14,6	5,3
Dynapac – modelo CA 602D	233,5	70,4	33,1	12,1
Rolo pneumático				
Caterpillar – modelo PS-200B	1.007,0	78,3	32,6	10,5
Caterpillar – modelo PS-360B	931,0	72,1	30,5	10,7
Dynapac – modelo CP 271	848,1	86,3	39,4	14,3
Dynapac – modelo CP 221	668,8	79,4	32,1	9,8
Rolo pé-de-carneiro				
Caterpillar – modelo 815F	542,5	50,6	19,8	5,7
Caterpillar – modelo 825G Series II	597,1	65,8	28,9	8,9
Dynapac – modelo CA 152PD-PDB	364,3	29,3	12,8	4,2
Dynapac – modelo CA 602PD	645,8	70,6	34,1	12,3
Dynapac – modelo CT 262	376,0	50,1	20,2	5,9

Na Fig. 5.26, são representadas graficamente as tensões em função da profundidade, entre a superfície e 1,0 m de profundidade.

Ressalta-se, portanto, que os rolos de compactação do tipo liso aplicam superficialmente tensões da ordem de 150 kPa, que correspondem a apenas 17% da tensão média aplicada pelos rolos pneumáticos (860 kPa). Entretanto, a 0,50 m de profundidade, as tensões transmitidas por esses dois tipos de equipamentos não são

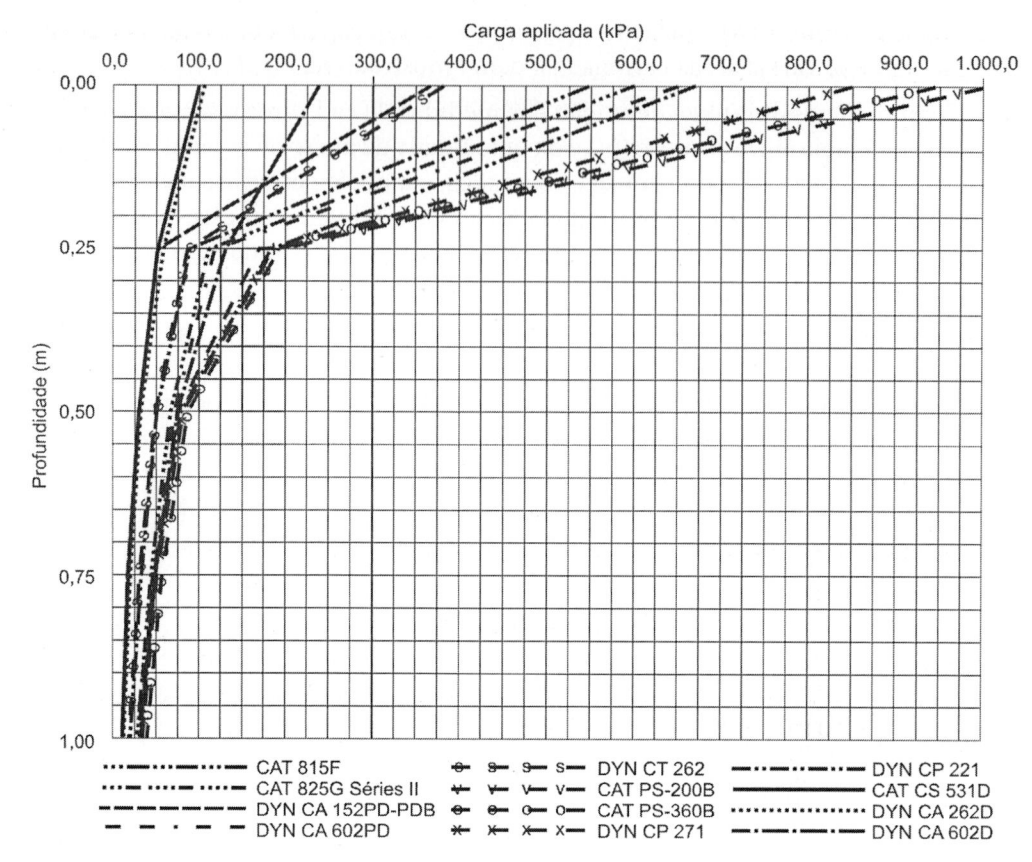

Fig. 5.26 *Gráfico das tensões obtidas a cada profundidade*

tão discrepantes entre si, visto que as tensões verticais transmitidas pelos rolos lisos e pneumáticos são, respectivamente, de 44 kPa e 78 kPa, como conseqüência de uma significativa atenuação de tensões a 0,50 m de profundidade. Enquanto que os rolos do tipo liso não aplicam na superfície do terreno tensões verticais muito altas; os rolos pneumáticos e do tipo pé-de-carneiro aplicam altas tensões, entretanto, sobre áreas reduzidas. Nestes casos em que ocorrem altas tensões concentradas, a atenuação das tensões ocorre de modo mais acentuado, atingindo-se valores de apenas 10% da tensão superficial a cerca de 0,50 m de profundidade.

5.8 Profundidade recomendada para a instalação das células em aterros

A investigação da propagação das tensões transmitidas pelos atuais equipamentos de compactação (2003/2005) veio revelar que, a cerca de 0,50 m de profundidade, a tensão vertical é da ordem de 30% da tensão superficial, para os rolos do tipo liso, e da ordem de apenas 10% da tensão superficial, para os do tipo pneumáticos ou pé-de-carneiro. Isso implica tensões verticais da ordem de 30 kPa a 70 kPa, a 0,50 m de profundidade, as quais seriam, a princípio, perfeitamente aceitáveis pelas células de pressão total, desde que não ocorra grande variação da tensão vertical, de uma extremidade da célula para a outra.

O único tipo de carga adicional imposto por alguns equipamentos de compactação, aqui não considerado, decorre das tensões de origem dinâmica, transmitidas por alguns equipamentos. Julga-se que a influência dessas tensões, sobre as células de pressão total instaladas em subsuperfície só poderia ser avaliada eficientemente por calibrações *in situ*, que são, entretanto, de elevado custo. Trata-se, todavia, de esforços aplicados durante lapsos de tempo muito curtos, que não submeteriam a célula de pressão, ou o sensor propriamente dito da célula, a solicitações que poderiam danificá-la. Os pontos mais suscetíveis a problemas seriam as conexões entre os diferentes componentes da célula. Essas conexões têm de ser muito bem confeccionadas e vedadas, para se evitar choque ou a entrada de umidade, de modo que suportem os esforços de origem dinâmica, aplicados durante as seis ou oito passadas dos equipamentos de compactação sobre o instrumento.

Tendo por base os resultados dessa pesquisa, na qual se procurou investigar a propagação das tensões aplicadas pelos modernos equipamentos de compactação, constata-se que a instalação das células de pressão total a cerca de 0,60 m de profundidade já seria adequada para a atenuação das altas tensões aplicadas em superfície. Desde que se trate de instrumentos de boa procedência, confeccionados adequadamente e devidamente calibrados e instalados, julga-se que seria remota qualquer possibilidade de dano, decorrente dos equipamentos de compactação.

Para que os resultados sejam satisfatórios – em termos das tensões medidas –, é de fundamental importância o bom assentamento das células e a boa compactação do reaterro no interior da trincheira aberta para a instalação das células de uma determinada roseta. Recomenda-se, para a instalação de um conjunto de três células de pressão total, para a medição das tensões vertical, longitudinal e transversal, a escavação de uma trincheira com 1,2 m x 2,1 m de base e 0,6 m de profundidade, o que implicaria um volume de escavação de apenas 2,3 m^3 (conforme esquema ilustrado na Fig. 5.22). Com a escavação desse volume e seu posterior reaterro, o tempo de instalação da roseta seria extremamente reduzido, evitando-se complicações com o cronograma de obras e facilitando a operação de recompactação do aterro, de modo que se assegure características de compactação similares às do aterro da praça adjacente (Silveira e Santos Jr., 2005).

6 Pressões Medidas em Barragens de Terra e os Procedimentos de Análise

> *The great progress made over the last two decades in the design and construction of embankment dams is due to better knowledge of their bearing and deformation behaviour, to improved construction technologies and in large degree also to the substantial improvement of the measuring equipment used for dam surveillance during construction and operation.*
>
> Schwab, H. e Pircher, W., 1982

Neste capítulo, apresentam-se alguns resultados típicos das medições de tensão realizadas em barragens de terra e enrocamento, durante os períodos construtivo, fase de enchimento do reservatório e operação, tendo por objetivo não apenas ressaltar a importância dessas observações na supervisão do comportamento da barragem, como também mostrar os vários tipos de análises que podem ser realizadas com os dados obtidos, as formas mais usuais de representação gráfica dos resultados, os modelos de análise matemática normalmente empregados, procurando-se ilustrar com alguns resultados interessantes sobre as tensões medidas no aterro de barragens e nas interfaces entre o núcleo e as estruturas de concreto. Procurou-se dar preferência aos exemplos de barragens instrumentadas no Brasil; porém, tratando-se de grandes barragens de enrocamento com núcleo impermeável, foram utilizados exemplos de algumas barragens de grande porte instrumentadas na Áustria, na Noruega e nos Estados Unidos, em função dos bons resultados obtidos, assim como da detalhada análise realizada sobre dados obtidos.

6.1 Processamento e apresentação dos dados

As células de pressão total são geralmente utilizadas para a medição das tensões aplicadas pelo aterro sobre os muros laterais de vertedouro, muros de transição, galerias de desvio etc., conforme foi analisado no capítulo precedente. No interior do aterro, as células são empregadas individualmente para a medição da concentração de tensões verticais em determinadas zonas da barragem, ou então são instaladas em grupo, constituindo uma roseta, para permitir o cálculo das tensões principais. A instalação das células de pressão total no interior de um aterro, aliada ao processo de instalação, acaba sempre interferindo no campo das tensões aplicadas, o que exige especiais cuidados ao se proceder à seleção, calibração e instalação desses instrumentos. Já as células instaladas embutidas nas estruturas de concreto, para a medição das tensões aplicadas na interface solo-concreto, não afetam usualmente de modo expressivo as tensões medidas, desde que sejam selecionados tipos apropriados de células e os instrumentos sejam adequadamente embutidos no concreto. Ao se proceder à escavação e reaterro dos recessos na superfície do aterro, deve-se tomar todo o cuidado necessário a fim de se evitar que o solo fique mais rígido ou mais deformável que o aterro adjacente, para não alterar o nível das tensões medidas.

As leituras das células de pressão devem inicialmente ser transformadas em unidades de tensão, por meio das curvas de calibração realizadas em laboratório. A seguir, devem ser representadas em gráficos que indiquem as tensões medidas em função do tempo, com o nível de subida do aterro sobre a célula e o nível de subida do reservatório, conforme ilustrado na Fig. 6.1.

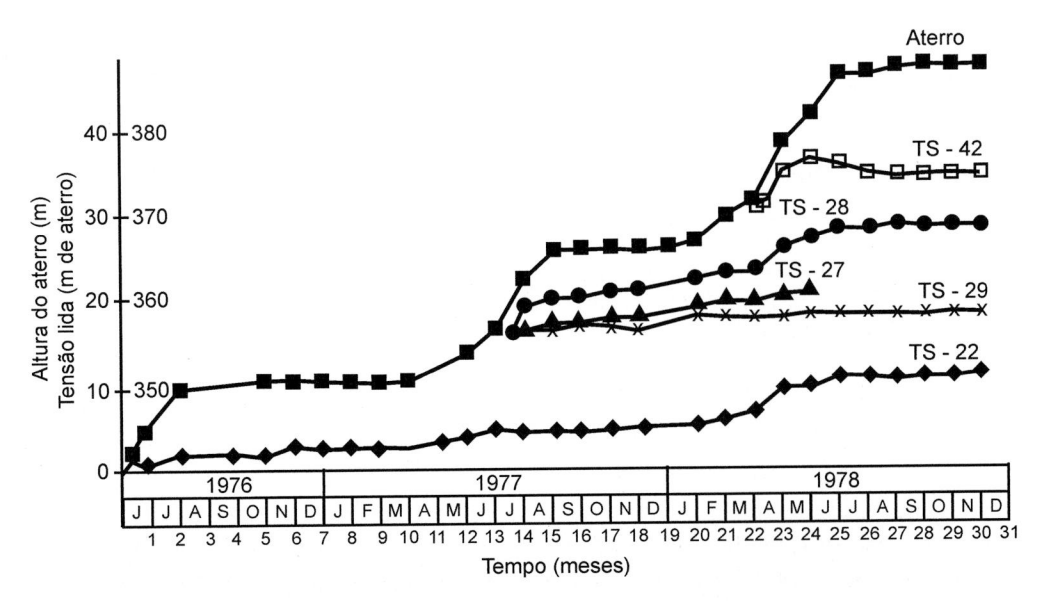

Fig. 6.1 *Pressão medida versus tempo, com a elevação do aterro no abraço esquerdo da barragem de Água Vermelha*

Tendo em vista o grande interesse em se medir as pressões efetivas, dispondo-se de piezômetros ao lado da célula de pressão total, deve-se também calcular essas tensões nos locais instrumentados, por meio da expressão a seguir. Dessa forma, seria possível o acompanhamento das pressões totais, efetivas e neutras em função do tempo, em um mesmo gráfico.

$$\sigma_{ef} = \sigma_t - u$$

Se os dados analisados forem fornecidos por uma roseta de células de pressão, a elipse de tensões pode então ser construída, conforme mostrado na Fig. 6.2, a partir da qual se pode obter a direção e intensidade das tensões principais maior e menor. Se as tensões principais forem calculadas para cada conjunto de células, então pode-se passar a representar as tensões principais *versus* tempo, com a subida do aterro e o enchimento do reservatório.

Na Fig. 6.3, apresentam-se as tensões principais medidas por uma roseta de células de pressão total, instalada junto à face de jusante do muro de ligação direito da barragem de Água Vermelha. A partir dos valores medidos ao final da construção, quando as tensões principais atingiram os valores: $\sigma_1 = 131$ kPa e $\sigma_3 = 28$ kPa, foi possível obter as relações entre tensões horizontal e vertical a seguir representadas, quando a altura de aterro sobre as células atingiu 10,5 m.

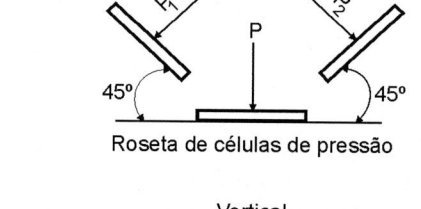

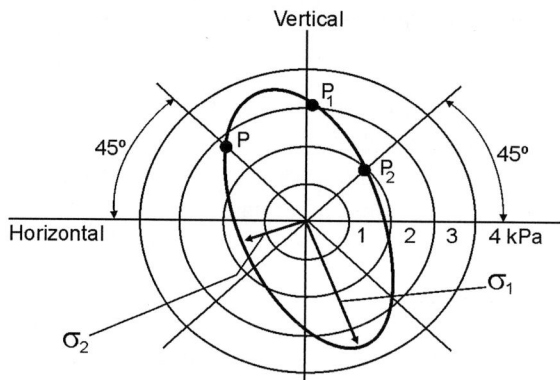

Fig. 6.2 *Representação das tensões medidas segundo uma roseta de 45°*

$$\sigma_3/\sigma_1 = 0,21 \quad e \quad \sigma_h/\sigma_v = 0,33$$

A medição das tensões na interface solo-concreto dos muros de ligação, de barragens tipo gravidade, em geral tem sido realizada por meio de instalação de células de pressão total, com células piezométricas, para a determinação das tensões totais e efetivas. Esse esquema de instrumentação é, entretanto, deficiente quando se parte para uma análise mais detalhada de tensões, uma vez que geralmente implica simplificações, como considerar $\sigma_h/\gamma H$, ou impor que as tensões principais atuem nos planos horizontal e vertical. Essas modificações conduzem geralmente a valores muito distantes da realidade, conforme discutido por Silveira et al (1980). Considera-se, pois, importante se proceder também à insta-lação de células para a obser-vação das tensões verticais, quando se tem em mente uma análise mais apurada dos resultados.

Tendo em vista a dis-ponibilidade de métodos precisos de cálculo, como o Método dos Elementos Finitos (MEF), particularmente quando empregados em conexão com a instrumen-tação, considera-se do maior interesse dispor de instru-mentos que possibilitem não apenas a medição das tensões normais à interface, mas também das tensões principais e da tensão cisalhante na interface. Tal objetivo poderá ser atingido com a instalação de uma roseta de células na interface, conforme ilustrado na Fig. 6.4.

As tensões efetivas medidas serão, portanto, fornecidas pelas expressões:

Célula 1: $\sigma_1 = \sigma_h$ (aproximadamente)

Célula 2: $\sigma_2 = \sigma_{45°}$

Célula 3: $\sigma_3 = \sigma_v$

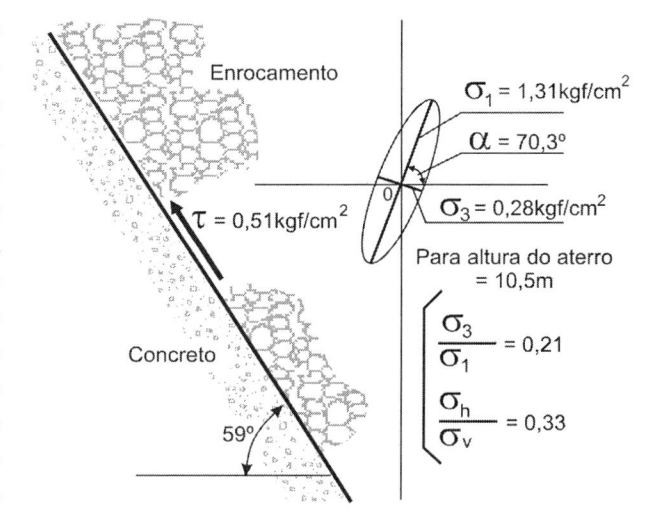

Fig. 6.3 *Elipse de tensões medidas na El. 355, na face de jusante do muro de ligação direito de Água Vermelha*

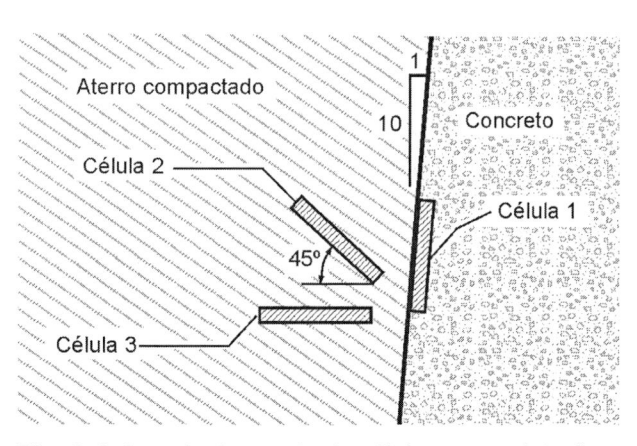

Fig. 6.4 *Arranjo da roseta de células para a interface de montante e lateral*

As tensões principais e suas direções serão fornecidas pelas expressões:

$$\begin{matrix}\sigma_I\\ \sigma_{II}\end{matrix} = \frac{1}{2}(\sigma_1+\sigma_3) \pm \frac{1}{2}\sqrt{(\sigma_3-\sigma_1)^2+(2\sigma_2-\sigma_1-\sigma_3)^2}$$

$$tg(2\alpha) = \frac{(2\sigma_2-\sigma_1-\sigma_3)}{(\sigma_3-\sigma_1)}$$

sendo α o ângulo que a tensão principal maior forma com a vertical, no sentido horário ($\sigma < 90°$).

Para o paramento de jusante, geralmente com inclinação 1V:0,6H, sugere-se o seguinte arranjo de células:

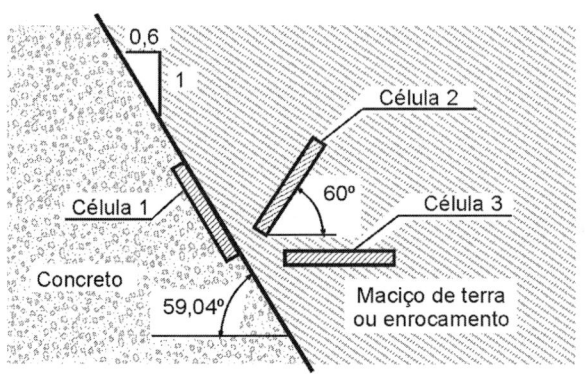

Fig 6.5 *Arranjo da roseta de células para a interface de jusante*

As tensões efetivas medidas serão:

Célula 1: $\sigma_1 = \sigma 120°$ (aproximadamente)

Célula 2: $\sigma_2 = \sigma 60°$

Célula 3: $\sigma_3 = \sigma v$

As tensões principais e as suas direções serão fornecidas pelas expressões:

$$\begin{matrix}\sigma_I\\ \sigma_{II}\end{matrix} = \frac{1}{3}(\sigma_1+\sigma_2+\sigma_3) \pm \frac{2}{3}\sqrt{(\sigma_1-\sigma_2)^2+(\sigma_2-\sigma_3)^2+(\sigma_3-\sigma_1)^2}$$

$$tg(2\alpha) = \frac{\sqrt{3}(\sigma_2-\sigma_3)}{(2\sigma_1-\sigma_2-\sigma_3)}$$

sendo α o ângulo que a tensão principal maior forma com a vertical, no sentido horário ($\sigma < 90°$).

6 Pressões Medidas em Barragens de Terra e os Procedimentos de Análise

Quando o paramento da estrutura de concreto possui uma inclinação diferente das anteriores, sugere-se a instalação de uma roseta de tal modo que as células fiquem orientadas nas direções horizontal, paralela ao paramento e intermediária (bissetriz do ângulo formado pelas duas outras). Para o cálculo das tensões principais e da tensão cisalhante na interface, sugere-se solução gráfica proposta por Timoshenko e Goodier (1970).

A construção do círculo de Mohr para a roseta de células de pressão deverá obedecer aos seguintes procedimentos, exemplificados na Fig. 6.6: um eixo provisório das tensões (σ) é traçado horizontalmente, de qualquer origem O', e as três tensões medidas, σ_1, σ_2 e σ_3, são marcadas em escala ao longo do eixo. Linhas verticais são traçadas através desses pontos. Escolhe-se um ponto D na vertical que passa pela tensão intermediária σ_2, traçando-se as linhas DA e DC, que formam ângulos α e β com a vertical pelo ponto D, respeitando a orientação que os planos, onde atuam as tensões σ_1 e σ_3, formam com o plano de σ_2. A e C são as intersecções dessas retas com as verticais por σ_1 e σ_3, respectivamente. O círculo traçado pelos pontos D, A e C é o círculo de Mohr procurado. Seu centro F é determinado pela intersecção das mediatrizes dos segmentos CD e DA. Os pontos que representam as três direções medidas são A, B e C. Admitindo ser σ_3 a tensão na célula instalada no plano da interface, tem-se que τ_3 será a tensão cisalhante na interface.

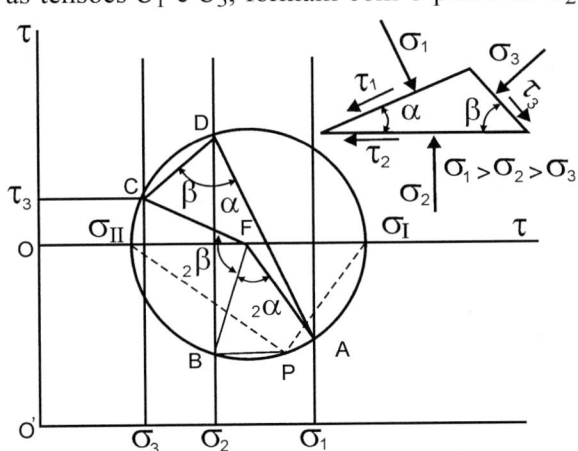

Fig. 6.6 *Construção gráfica para a determinação das tensões principais (σ_1 e σ_2) e a tensão cisalhante (τ_3) na interface, a partir das tensões efetivas fornecidas pela roseta de células*

Poulos e Davis (1974) procederam, por meio de uma das primeiras aplicações do MEF, ao estudo do comportamento das barragens de terra e à determinação das linhas de igual tensão vertical em um aterro, com taludes inclinados de 30° e com coeficiente de Poisson igual a 0,3, para cinco diferentes etapas construtivas de elevação do aterro (Fig. 6.7).

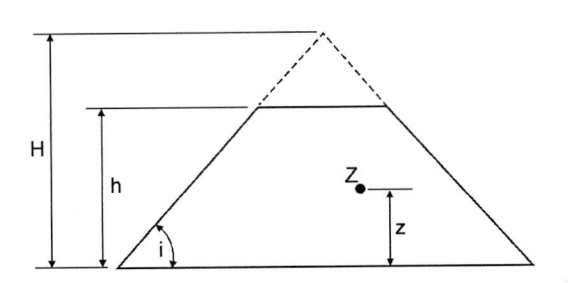

Fig. 6.7 *Representação esquemática da elevação do aterro (Poulos e Davis, 1974).*

Na Fig. 6.8, apresentam-se as linhas de igual relação $\sigma_v/\gamma H$, para cinco diferentes estágios de elevação do aterro, nas quais se pode observar que durante os primeiros estágios de construção da barragem a tensão vertical é muito próxima do valor fornecido pela expressão $\sigma_v = \gamma H$. Já para as etapas finais de construção, nas quais as barragens geralmente são dotadas de uma crista com 8 m a 10 m de largura, verifica-se que a tensão vertical máxima na base da barragem seria da ordem de $\sigma_v = 0{,}9\ (\gamma H)$. À medida que se aproxima da borda do talude, entretanto, o valor da tensão vertical afasta-se cada vez mais da relação $\sigma_v = \gamma H$, por se estar cada vez mais afastado da condição de semi-espaço infinito. Esta condição é válida para a região do eixo da barragem e para os estágios iniciais de construção, conforme se pode observar na Fig. 6.9.

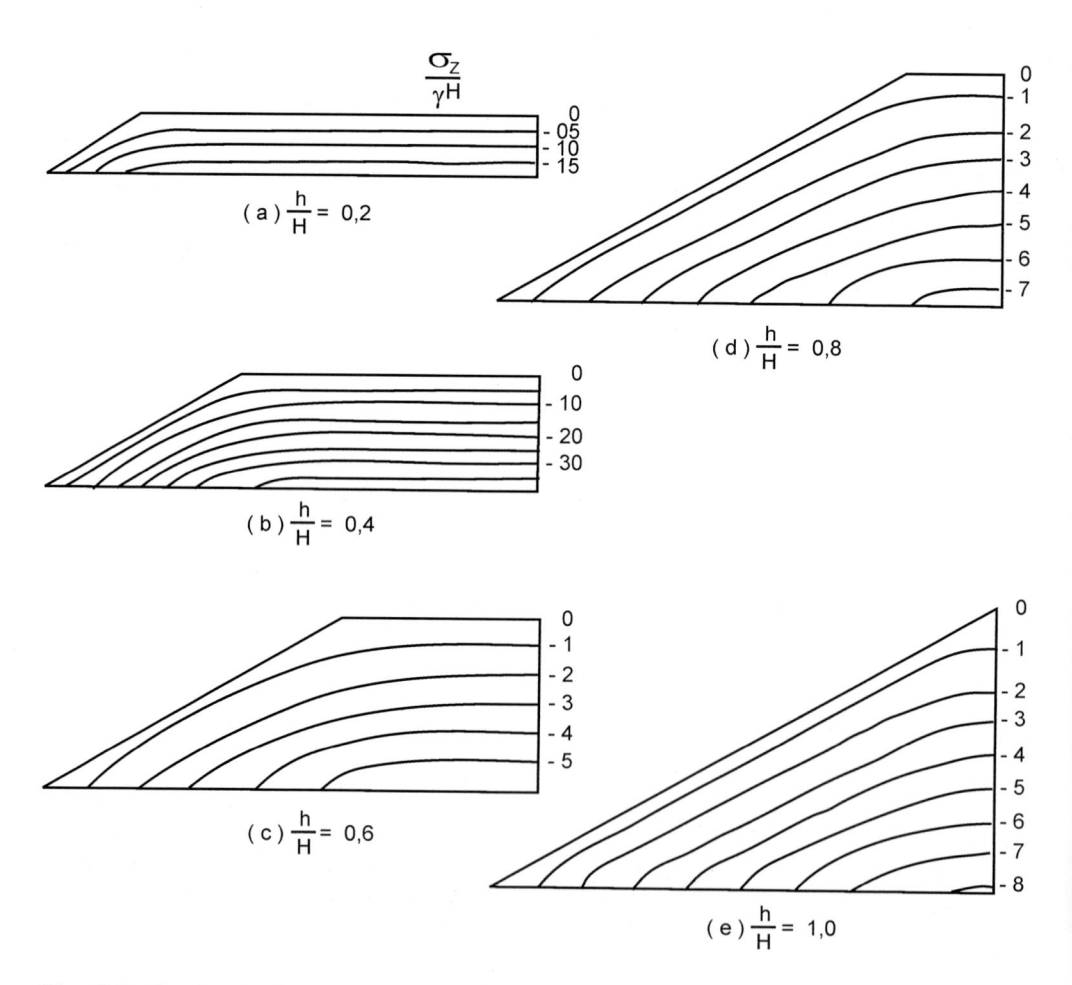

Fig. 6.8 *Contorno das pressões verticais ($\sigma_v/\gamma H$) para várias alturas da barragem (Poulos e Davis, 1974)*

Na Fig. 6.9, apresentam-se as linhas de igual relação $\sigma_H/\gamma H$, para cinco diferentes estágios de elevação do aterro, lembrando-se que esses valores são válidos para aterros simétricos, com ângulos de talude de 30° e coeficiente de Poisson $\nu = 0{,}3$. Tendo por base os valores apresentados nas Figs. 6.8 e 6.9, pode-se, a partir da locação da célula de pressão total na barragem, de sua orientação e da altura do aterro sobre a célula, utilizar as distribuições de tensão fornecidas por Poulos e Davis, para uma estimativa das tensões a serem medidas. Esses gráficos são de grande valia para fornecerem uma primeira estimativa das tensões medidas, devendo ser, posteriormente, em uma fase mais avançada do projeto, complementados por outros resultados teóricos, inferidos a partir de modelos matemáticos baseados no MEF e aplicados especificamente para a barragem em questão.

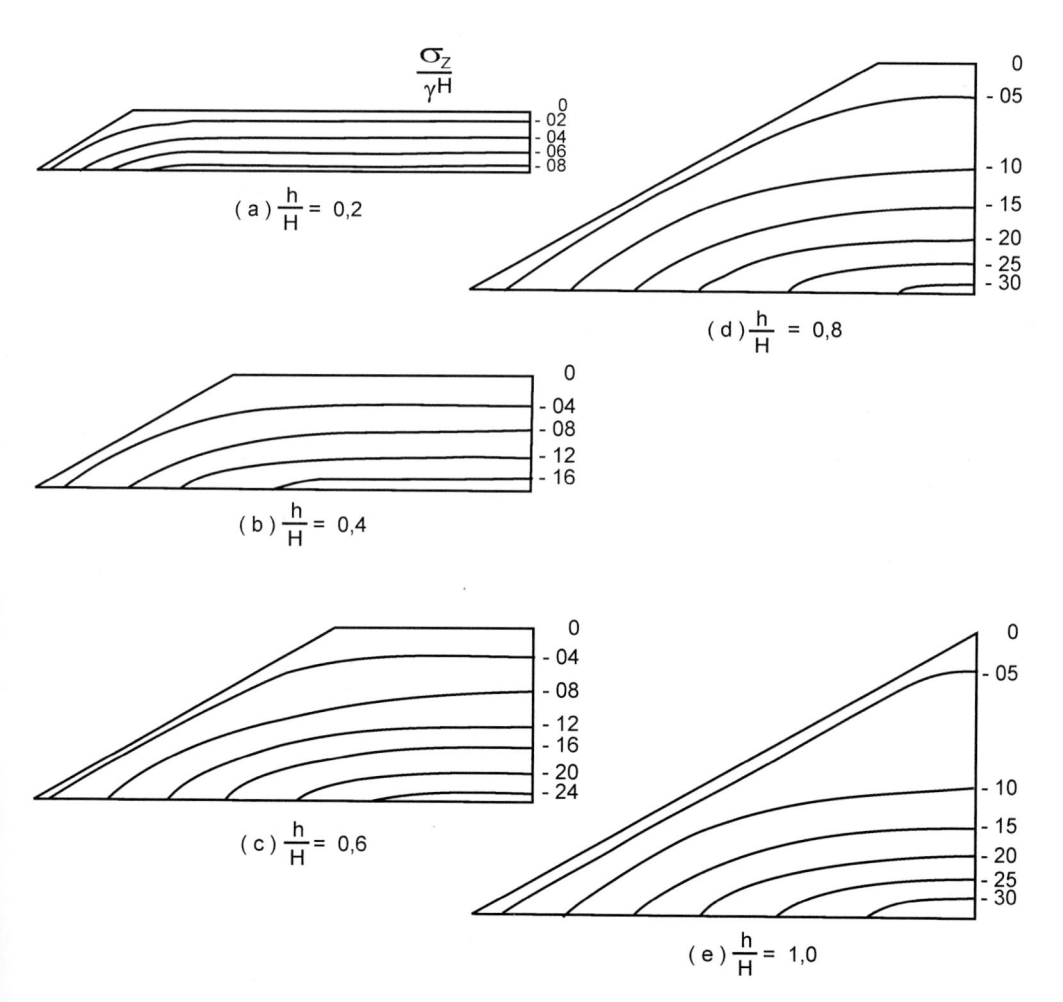

Fig. 6.9 *Contorno das pressões horizontais ($\sigma_H/\gamma H$) para várias alturas da barragem (Poulos e Davis, 1974)*

6.2 Tensões observadas na base do aterro

Em decorrência da ausência de resultados práticos consubstanciando a medição do coeficiente de Poisson nas barragens de terra, no início da década de 1980 decidiu-se proceder à medição deste coeficiente no aterro da barragem de Três Irmãos, da Cesp, localizada no rio Tietê, próximo de sua foz. Nessa usina hidrelétrica, as estruturas de concreto ficam posicionadas na região do leito do rio, interligando-se lateralmente a dois maciços de terra com 67 m de altura máxima, 3.640 m de extensão e 10,9 x 10^6 m^3 de volume.

Tendo por base que o coeficiente de Poisson é fornecido pela relação entre as deformações específicas do solo, ao longo das direções normal e axial a uma determinada orientação, decidiu-se realizar a medição do coeficiente de Poisson nas proximidades de um medidor de recalques tipo KM, instrumento que normalmente apresenta um bom desempenho e confiabilidade e já fornece a deformação vertical do aterro entre suas várias placas. Para a medição das deformações específicas na direção transversal da barragem, dois extensômetros horizontais de grande base foram instalados afastados 2,0 m do medidor KM, conforme se pode observar na Fig. 6.10.

Esses extensômetros de grande base, com 1,0 m de comprimento, consistiam em medidores de junta (com 6 mm de campo de leitura) associados a hastes de extensão, uma vez que na época não havia ainda experiência no Brasil com a utilização de extensômetros para solo. Por não se ter uma comprovação prévia do desempenho desse tipo de instrumento, decidiu-se instalar também, nas proximidades do medidor de recalque tipo KM, algumas células de pressão total, para possibilitar o cálculo do coeficiente de Poisson por meio da expressão a seguir, formulada a partir da hipótese de meio elástico, linear e condição de *plane strain*. Esta última condição pode ser considerada com boa validade, tendo em vista que as seções instrumentadas foram selecionadas em trechos onde a barragem se apresenta com a mesma altura ao longo de uma grande extensão.

Sendo: σ_v = tensão vertical

σ_t = tensão transversal

σ_ℓ = tensão longitudinal

Para a condição de *plane strain*, tem-se: $\varepsilon_\ell = 1/E\,(\sigma_\ell - n\,(\sigma_v + \sigma_t)) = 0$

Portanto: $\nu = \sigma_\ell / (\sigma_v + \sigma_t)$

Dessa forma, na mesma região instrumentada com extensômetros vertical e horizontal, para a medição das deformações específicas do aterro, foram instaladas

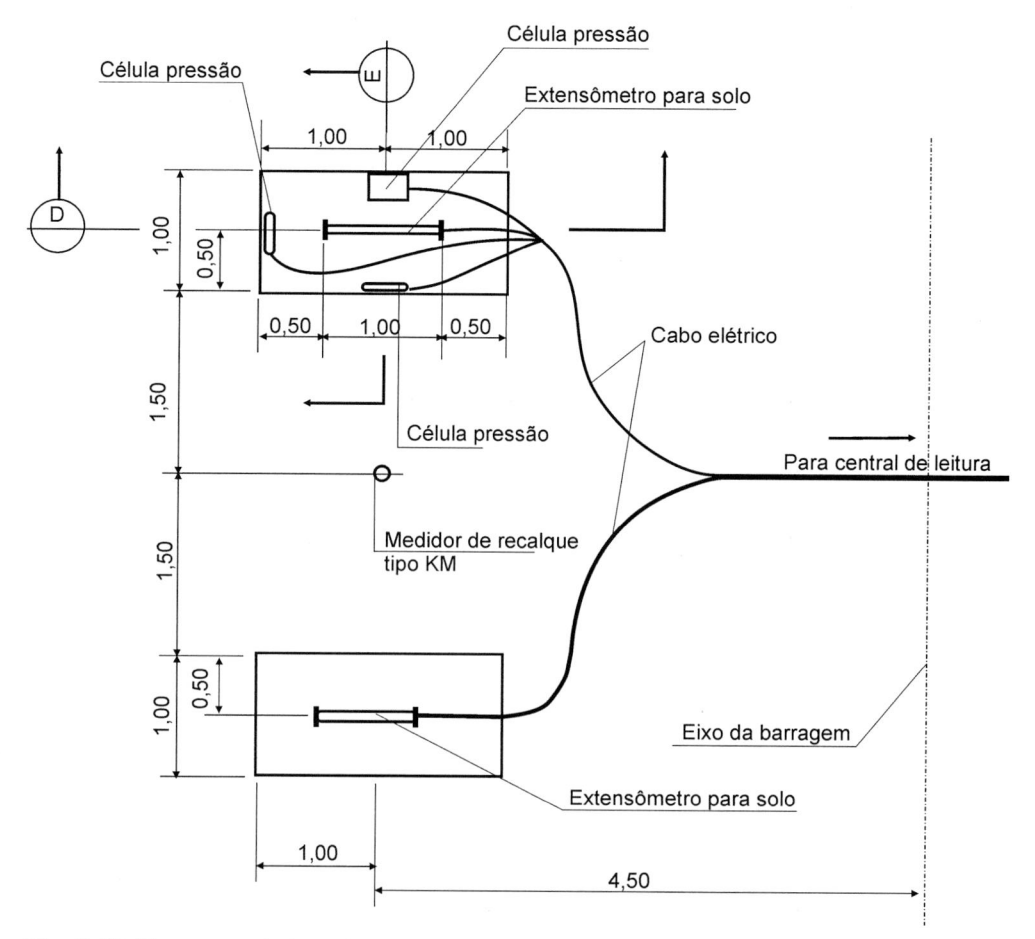

Fig. 6.10 *Esquema de instalação dos extensômetros horizontais e células de pressão total nas proximidades do medidor de recalque tipo KM*

também células de pressão total, com células piezométricas, para a medição das pressões efetivas, ao longo das direções vertical, transversal e longitudinal, para o cálculo do coeficiente de Poisson por meio desta última expressão.

Na Fig. 6.11, pode-se observar a seção transversal da Est. 25+00, onde se procedeu à medição das tensões totais e efetivas do aterro na base de um *cut-off*, com resultados que se mostraram bastante coerentes, conforme será visto a seguir. A tentativa de medição das deformações horizontais do aterro, empregando-se medidores elétricos de junta (*jointmeters*) acoplados a hastes de extensão, não apresentou resultados confiáveis. Porém, como também havia sido instalada uma roseta de células de pressão total nas proximidades, esta apresentou resultados confiáveis, permitindo o cálculo do coeficiente de Poisson, conforme dados a seguir.

Na Tabela 6.1, apresentam-se as tensões e pressões neutras medidas pelos instrumentos da Est. 25+00, onde a relação entre a tensão vertical medida e fornecida pela expressão (γ.H-u) se mostrou igual a 0,99, revelando um bom ajuste entre tensões medidas e teóricas. A tensão na base do *cut-off* foi da ordem da tensão vertical fornecida pela expressão γ.H, visto ter sido este dispositivo escavado em solo saprolítico, que se apresentou com deformabilidade similar à do aterro compactado.

Tabela 6.1 *Resultados da instrumentação na seção transversal Est. 25+00, durante período construtivo (28,7 m de aterro sobre os instrumentos)*

Data	Tensão / Pressão neutra (kPa)						
	TS-1 (σ_v)	TS-2 (σ_v)	TS-3 (σ_l)	TS-4 (σ_t)	PN-1 (u)	PN-2 (u)	PN-3 (u)
27/01/1983	0,547	0,610	0,357	0,240	0,070	0,067	0,067
25/01/1984	0,550	0,605	0,365	0,245	0,080	0,075	0,075
27/06/1985	0,563	0,615	0,350	0,230	0,060	0,055	0,055

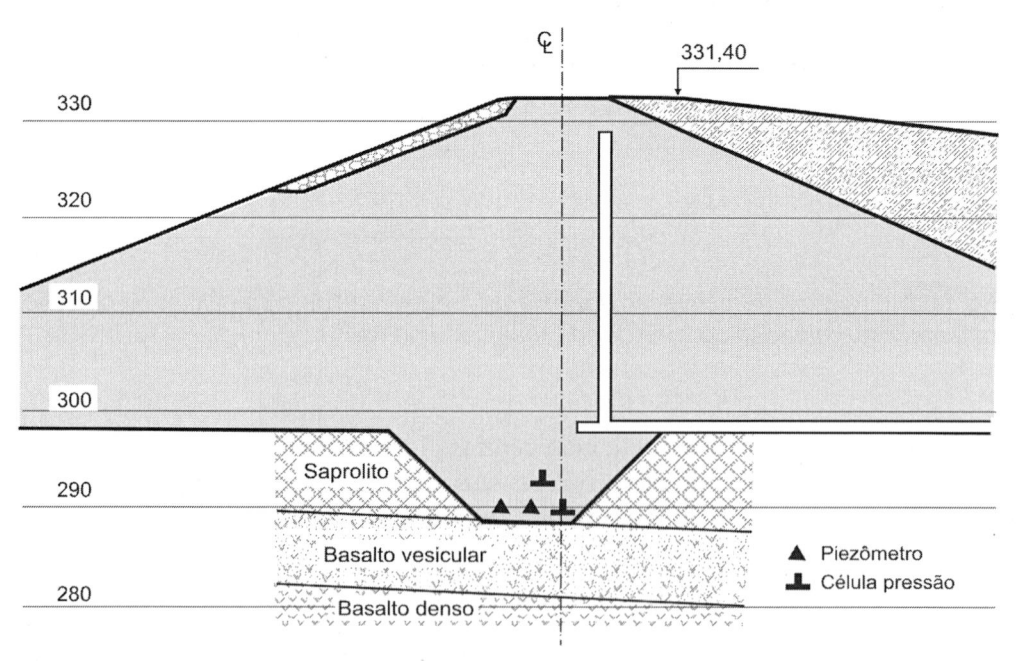

Fig. 6.11 *Seção transversal na Est. 25+00 da barragem de Três Irmãos*

Destaca-se, inicialmente, que as tensões vertical, longitudinal e transversal se mantiveram praticamente constantes durante os primeiros anos em que o aterro permaneceu paralisado. Apesar de a tensão vertical ter sido medida na base de um *cut-off*, este apresentava apenas 10 m de altura, com paredes bem abatidas, o que não implicou um arqueamento significativo do solo no local.

Os instrumentos instalados na base do *cut-off* (Est. 25+00) passaram, portanto, a indicar um bom comportamento da barragem, no que diz respeito à distribuição de tensões nesta região, onde um arqueamento seria altamente desfavorável. Deve-se salientar ainda que, aparentemente, não houve uma diferença significativa de deformabilidade entre o material do aterro e o solo residual de basalto nas laterais do *cut-off*. Os principais parâmetros observados foram os seguintes, empregando-se sempre as tensões efetivas, para o seu cálculo:

- Relação tensão vertical medida: $\gamma.H$: $\sigma_v / (\gamma.H-u) = 0,99$
- Coeficiente de Poisson: $\nu = \sigma_\ell / (\sigma_v + \sigma_t) = 0,43$
- Coeficiente empuxo em repouso longitudinal: $Ko = \sigma_\ell / \sigma_v = 0,58$
- Coeficiente empuxo em repouso transversal: $K'o = \sigma_t / \sigma_v = 0,34$

O coeficiente de Poisson obtido para o aterro compactado da barragem de Três Irmãos, constituído por um solo coluvionar areno-siltoso, apresentou-se igual a 0,43. Conforme seria de se esperar, o coeficiente de empuxo em repouso longitudinal apresentou-se superior ao coeficiente de empuxo em repouso transversal, em decorrência do maior confinamento do aterro ao longo da direção longitudinal da barragem.

6.3 Tensões nas proximidades do filtro vertical

No início do projeto das barragens de terra, dotadas de filtros verticais, não se tinha conhecimento do grande contraste de deformabilidade que normalmente existe entre o aterro compactado e a areia do filtro, que é tanto maior quanto mais se adensa a areia do filtro durante o processo executivo. Procurava-se sempre adensá-la o máximo possível, por meio de uma boa molhagem e de várias passadas do equipamento de compactação, sem se imaginar que desta forma se estava tornando o filtro muito mais rígido que o aterro adjacente, a ponto de provocar fissuras longitudinais ao longo da crista da barragem. Essas fissuras são decorrentes das tensões horizontais de tração que tendem a ocorrer no aterro compactado, logo acima do filtro vertical, conforme se pode observar no trabalho de Souto Silveira e Zagottis (1970), ilustrado na Fig. 6.12, que apresenta o campo de tensões no topo do filtro horizontal da barragem de Marimbondo, em seção com 47 m de altura, em fundação rígida, sob o efeito do peso próprio.

Silveira e Zagottis (1970), ao estudarem por meio do MEF a melhor geometria para o filtro "vertical" da barragem de Marimbondo, que na região do canal do Ferrador (leito do rio Grande) atingia altura máxima da ordem de 90 m, verificaram uma clara vantagem de construção do filtro parcialmente inclinado, no sentido de aliviar a transferência de carga do aterro para o filtro e evitar a possibilidade de fis-

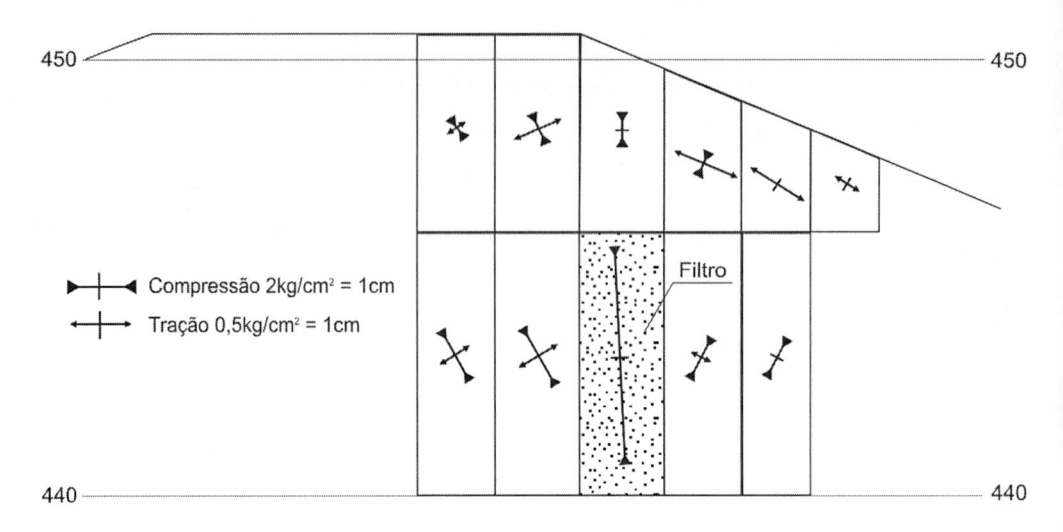

Fig. 6.12 *Campo de tensões e zona tracionada no topo do filtro horizontal da barragem de Marimbondo (Souto Silveira e Zagottis, 1970)*

suração longitudinal do aterro, nas proximidades da crista da barragem. Esta solução se mostrou adequada, pois não se observou na fase final de construção da barragem e enchimento do reservatório qualquer indício de fissuração na região da crista da barragem de Marimbondo.

Ao final do período construtivo e fase de início do enchimento do reservatório da barragem de Salinas, operada pela Cemig e localizada no ribeirão Salinas, afluente da margem esquerda do rio Jequitinhonha, Estado de Minas Gerais, foram observadas quatro fissuras longitudinais, todas elas ao longo da crista da barragem, conforme se pode observar na Fig. 6.13. A barragem de Salinas é constituída por um aterro compactado homogêneo com 280 m de comprimento e 33 m de altura máxima, talude de montante com inclinação 1,0(V):2,2(H) e talude de jusante com 1,0(V):2,0(H), com duas bermas de 3,0 m de largura na El. 488,00 m e na El. 476,00 m. A crista, com 7,0 m de largura, situa-se na El. 500,50 m, dotada de filtro vertical de areia com 0,60 m de largura, com topo na El. 495,00 m.

As trincas observadas na crista da barragem ao final da construção apresentavam abertura máxima da ordem de 5 cm, decidindo-se pela execução de uma trincheira longitudinal, escavada inicialmente com retroescavadeira, e depois de alguns poços escavados manualmente a partir da base da trincheira, conforme ilustrado na Fig. 6.14. Os poços escavados até a El. 495,00 m atingiram o filtro vertical da barragem, confirmando que a origem dessas fissuras estava associada a tensões de tração decorrentes do contraste de deformabilidade entre o material do filtro vertical e o aterro compactado da barragem.

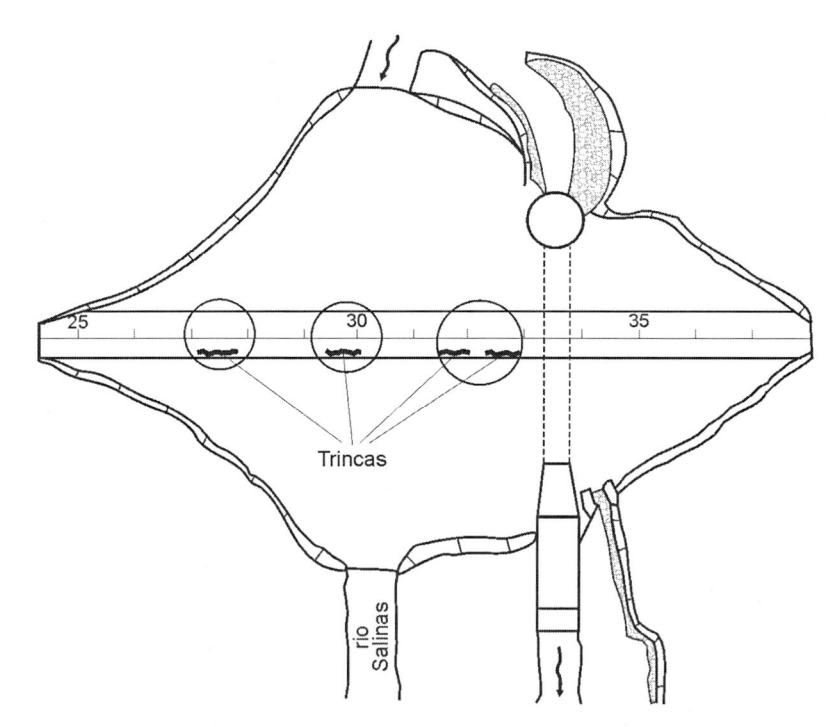

Fig. 6.13 *Planta da barragem de Salinas, com a locação de fissuras longitudinais ao longo da crista da barragem (Cemig, 1999)*

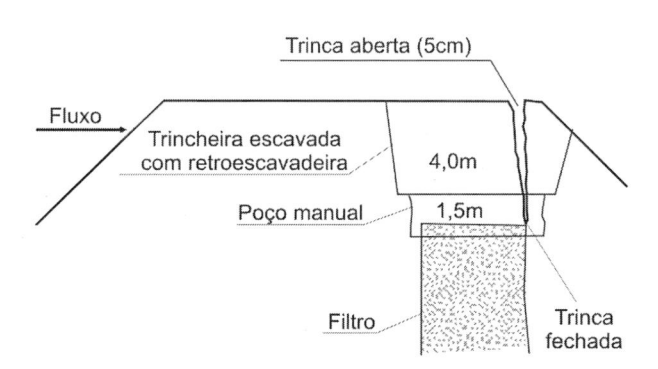

Fig. 6.14 *Trincheira e poço de investigação ao longo das fissuras na crista da barragem de Salinas (Cemig, 1999)*

Uma das primeiras e bem-sucedidas medições de tensões, diretamente no interior do filtro vertical de uma barragem de terra, foi realizada pela Cesp na barragem de Taquaruçu, atualmente pertencente à Duke Energy Paranapanema. Conforme reportado por Nakao e Abreu (1986), a barragem de Taquaruçu apresenta 30 m de altura máxima, na seção instrumentada, com crista na El. 287,50 m e taludes inclinados de 1,0(V):3,0(H), a montante, e 1,0(V):2,5(H), a jusante. O filtro vertical, com 1,5 m de largura, foi confeccionado com areia limpa e está localizado 5,0 m a jusante do eixo da barragem, estendendo-se até a El. 285,00 m, ou seja, 2,50 m abaixo da crista da barragem.

Como material do aterro foram utilizados os sedimentos neocenozóicos das margens do rio Paranapanema, constituídos por solos classificados como Grupo CL, com argilas de média a baixa plasticidade, com 35% a 55% passando na peneira nº 200. Nos ensaios triaxiais rápidos, com medida de pressão neutra, executados sobre corpos de prova moldados na umidade ótima e densidade seca máxima, os módulos de deformabilidade inicial variaram na faixa entre 40 MPa e 71 MPa. Já os módulos de deformabilidade inicial, determinados a partir dos ensaios de compressão triaxial rápida executados sobre corpos de prova moldados de blocos indeformados, extraídos do aterro compactado, mostraram variações médias entre 50 MPa e 80 MPa, para pressões confinantes entre 0,05 MPa e 0,60 MPa.

A barragem foi instrumentada com células de pressão total instaladas no filtro vertical e no aterro compactado, nas proximidades do filtro, nas seções da Est. 45+00 e da Est. 45+02. Conforme se pode observar na Fig. 6.15, a barragem foi instrumentada também com medidores de recalque tipo telescópico (IPT), instalados tanto no filtro vertical quanto no aterro compactado. As células de pressão total eram do tipo pneumática, tendo sido confeccionadas pela Cesp, no Laboratório Central de Ilha Solteira.

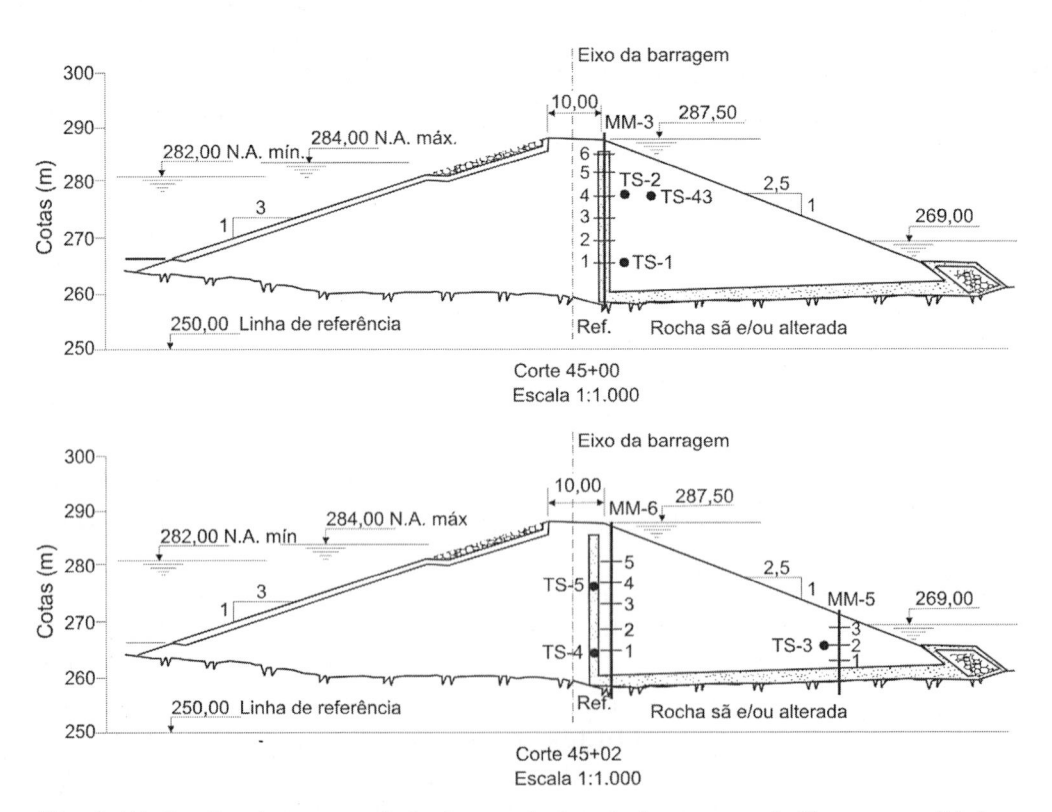

Fig. 6.15 *Seções transversais instrumentadas da barragem de Taquaruçu (Nakao e Abreu, 1986)*

Na Tabela 6.2, apresenta-se um resumo dos módulos de deformabilidade obtidos a partir dos ensaios do tipo UU, dos resultados da instrumentação e da bibliografia especializada, conforme reportado por Pires et al (1990).

Tabela 6.2 *Módulos de deformabilidade de aterros e areias compactadas*

Local	Tipo de solo	Ensaio/ Referência	Módulo de deformabilidade (MPa)	Estado de compactação GC/CR
MD	Solo arenoso	Ensaio UU	70 a 95	99 ± 1,5%
MD	Solo arenoso	In situ	70	99 ± 1,5%
ME	Solo argiloso	Ensaio UU	50 a 60	100 ± 1,6%
ME – El. 260,00	Solo argiloso	In situ	56	100 ± 1,6%
ME – El. 265,00	Solo argiloso	In situ	20	100 ± 1,6%
ME – El. 270,00	Solo argiloso	In situ	79	100 ± 1,6%
ME – El. 275,00	Solo argiloso	In situ	52	100 ± 1,6%
MD - Filtro	Areia	In situ	154	CR=75%
ME – El. 260,00	Areia	In situ	2000	CR=70%
ME – El. 265,00	Areia	In situ	250	CR=70%
ME – El. 270,00	Areia	In situ	94	CR=50%
ME – El. 275,00	Areia	In situ	40	CR=50%
	Areia	Lambe	125	Fofo
	Areia	Lambe	190	Denso
	Areia	Lambe	176	(1)
	Areia	Lambe	157	(2)

(1) Interpolado considerando CR=70%
(2) Interpolado considerando CR=50% (compactação somente com força de percolação)
Fonte: Pires et al, 1990.

Pode-se, então, destacar que o aterro compactado da barragem de Taquaruçu apresentou um módulo de deformabilidade médio da ordem de 70 MPa, na região do maciço direito, e da ordem de 50 MPa, no maciço esquerdo, enquanto que o filtro de areia, com compacidade relativa da ordem de 70%, apresentou um módulo de deformabilidade médio de 250 MPa, bem mais rígido, portanto, que o aterro adjacente.

A transferência de carga, ou seja, a relação σ_{med}/σ_v, na qual σ_{med} representa a pressão medida pela célula instalada no filtro e σ_v representa o peso de terra ($\sigma_v = \gamma H$), do maciço para o filtro parece ser um fenômeno complexo, porém proveniente basicamente do contraste de rigidez entre a areia do filtro e o solo compactado. Na Fig. 6.16, Pires et al (1990) apresentam ao longo da altura da barragem a relação entre as pressões medidas no filtro e no aterro compactado, na qual se pode observar que a transferência de carga do aterro para o filtro vertical foi mais pronunciada no maciço esquerdo da barragem, onde o contraste de deformabilidade era maior.

Desta figura destacam-se as seguintes observações:

• A concentração de tensões no filtro é muito pequena nas proximidades da crista da barragem, aumentando com a profundidade e atingindo seus valores máximos na base do aterro.

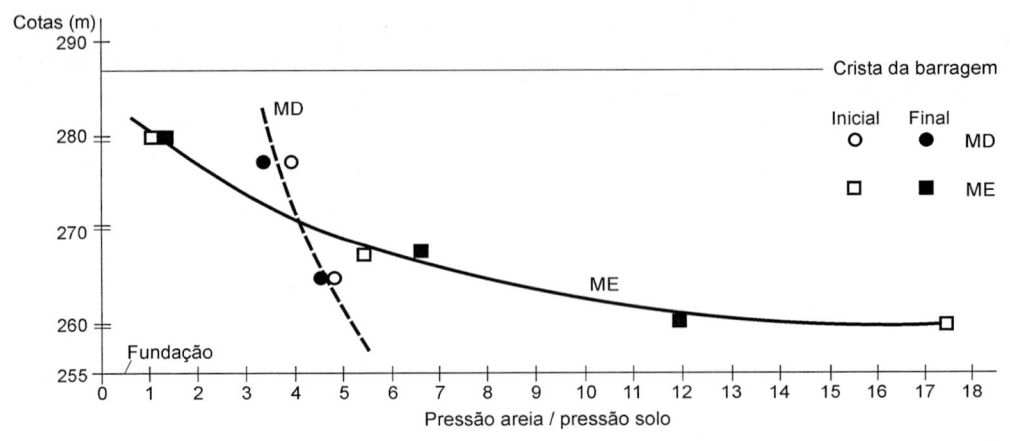

Fig. 6.16 Cota versus *relação de tensões nas células do filtro/aterro (Pires et al, 1990)*

• Para o solo argiloso da margem esquerda (linha contínua), muito menos rígido inicialmente que a areia do filtro (3,0 a 5,0 vezes), o fenômeno da transferência de tensões foi mais pronunciado do que para o solo mais arenoso da margem direita.

Na Fig. 6.17, pode-se observar a evolução das tensões medidas nas células de pressão instaladas na mesma elevação, uma no filtro e a outra no aterro, na qual se verifica que a transferência de carga do aterro para o filtro ocorreu durante o período de subida do aterro, aumentando com sua altura. Após o término da construção, houve pouca variação de carga, o que indica que os recalques do aterro se estabilizaram logo a seguir.

Na região em que o filtro foi compactado apenas com forças de percolação, observou-se que a transferência de carga foi menos acentuada e que a relação de tensões se apresentou em torno de 1, ou seja, $\sigma_{med} = \sigma_v = \gamma.H$.

Pela medição de pressões no filtro e no aterro compactado da

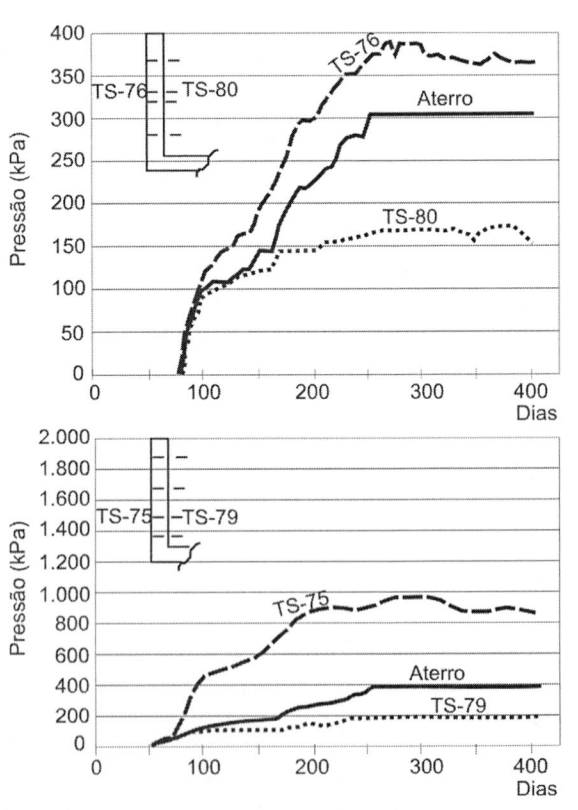

Fig. 6.17 *Cota versus relação de tensões nas células do filtro/aterro*

barragem de Taquaruçu, pôde-se concluir que a transferência de carga devido ao contraste de rigidez entre o filtro vertical e o aterro adjacente é bastante significativa, medindo-se no filtro níveis de tensão 1 a 5 vezes superiores ao peso do solo sobrejacente. Pode-se concluir, a partir dos dados do trabalho de Pires et al (1990), que a compactação dos filtros verticais de areia deveria ser reduzida, a fim de atenuar a transferência de carga do aterro para o filtro e evitando-se a possibilidade de fissuração do aterro no topo do filtro vertical. A ocorrência de fissuras verticais na região da crista da barragem, provocadas pela rigidez do filtro vertical, se de um lado não traz problemas em termos de estabilidade; de outro, pode provocar a lenta contaminação do filtro vertical e sua perda de eficiência com o tempo, devido às infiltrações de águas de chuva com argila e restos de matéria orgânica, provenientes da crista da barragem.

6.4 Tensões no núcleo das barragens de enrocamento

Uma das primeiras barragens de enrocamento de grande porte a serem bem instrumentadas com células de pressão total no núcleo e adjacências foi a barragem de Gepatsch, na Áustria, com 153 m de altura máxima, construída entre 1961 e 1964. A barragem de Oroville, nos Estados Unidos, com altura máxima de 235 m e construída na mesma época (entre 1963 e 1967), foi também bem instrumentada; porém, por ter empregado células de pressão tipo Carlson, de resistência elétrica, as tensões medidas não foram das mais confiáveis. De um total de 23 células instaladas, 14 delas estavam danificadas em 1973, apenas seis anos após o término da construção (O'Rourke, 1974, e Kulhawy e Duncan, 1972). O número de células de pressão total instaladas também foi relativamente baixo, quando comparada com outras barragens bem instrumentadas, como na Áustria, por exemplo (Gepatsch e Finstertal), e na Noruega (Svartevann), que, com alturas da ordem de 130 m a 150 m, foram monitoradas com 50 a 110 células de pressão, com resultados que se mostraram dos mais compensadores, permitindo um avanço considerável no projeto e na construção deste tipo de barragem, em decorrência da melhor compreensão de seu real comportamento, a partir dos resultados fornecidos pela instrumentação dessas barragens, construídas nas décadas de 1960 e 1970.

A grande altura e o emprego de métodos relativamente novos de construção foram os responsáveis pela instalação de um plano de instrumentação mais abrangente na barragem de Gepatsch, na Áustria. As medições foram realizadas tão cedo quanto possível, já durante o período construtivo, e prosseguiram durante os dois enchimentos parciais e três enchimentos completos do reservatório, e mesmo posteriormente. Esta barragem foi instrumentada com 51 células de pressão e 32 piezômetros de maciço, sendo empregados essencialmente instrumentos hidráulicos tipo Gloetzl, com resultados que podem ser considerados dos mais confiáveis e que permitiram pela primeira vez, em termos reais, comprovar a rigidez dos filtros e camadas de transição, nas adjacências do núcleo da barragem, comprovando a grande transferência de carga que ocorre entre esses materiais. As tensões medidas nos vários materiais constituintes da barragem de Gepatsch foram, em termos gerais, realizadas com bastante sucesso, conforme se pode observar na Fig. 6.18, que apresenta as alterações de tensões em uma seção central da barragem, a jusante do núcleo, sob o efeito do enchimento do reservatório. Após a atuação do empuxo hidrostático sobre o núcleo da barragem, pôde-se observar o giro das tensões principais no sentido anti-horário, conforme seria de se esperar.

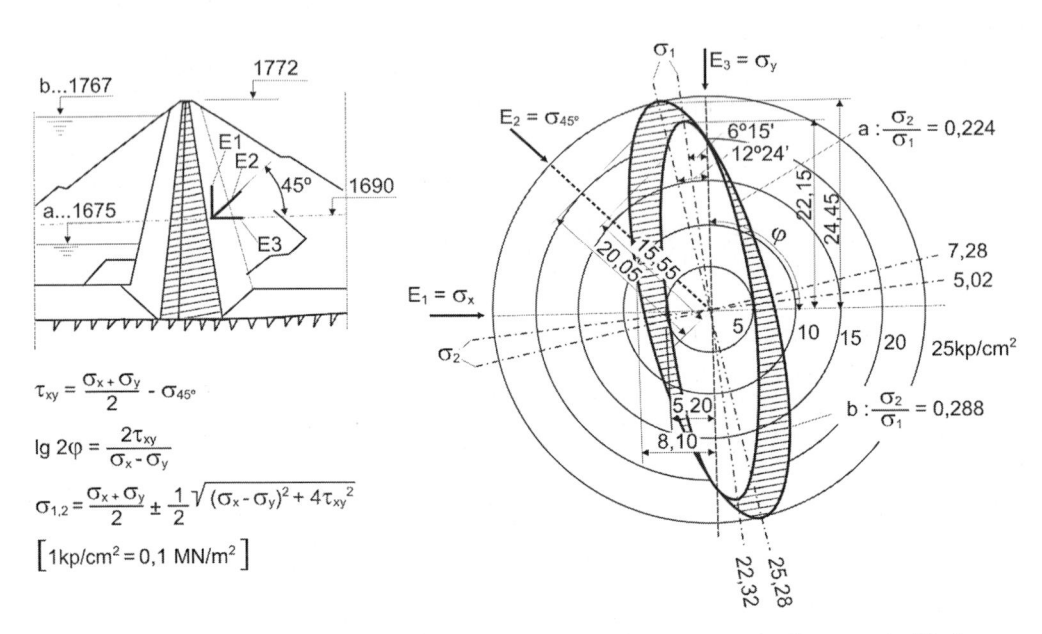

Fig. 6.18 *Elipse de tensões na seção central da barragem de Gepatsch (Kulhawy e Duncan, 1972)*

Schober (2003) destaca como principais resultados obtidos com as células de pressão na barragem de Gepatsch, na Áustria, os seguintes:

• Resultados importantes foram fornecidos pelas células que mediram as pressões horizontais em quatro níveis diferentes, a jusante do núcleo, e em um nível a montante (Fig. 6.19). Enquanto que, a jusante, as pressões medidas com o reservatório no nível máximo corresponderam aproximadamente à pressão hidrostática σ_w, a carga da célula de pressão no espaldar de montante deve ter sido transmitida através do núcleo para a fundação. Para períodos de níveis baixos no reservatório, as pressões horizontais medidas variaram entre $0,6\,\sigma_w$ e $0,8\,\sigma_w$, o que é indicativo de altas tensões cisalhantes na zona dos espaldares, exercidas pelo comportamento plástico do núcleo sob o peso próprio.

• Os dados obtidos em termos de pressões verticais no corpo da barragem (Fig. 6.20) possibilitaram demonstrar, pela primeira vez, uma característica pecu-

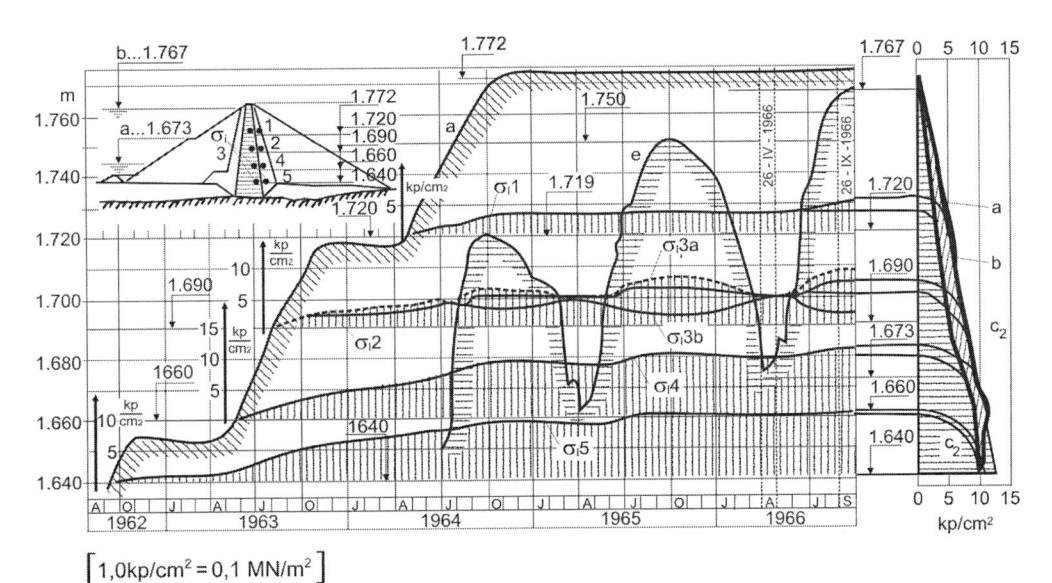

Fig. 6.19 *Tensões laterais no núcleo da barragem de Gepatsch, no período 1962-1966*

liar do núcleo central relativamente deformável de uma barragem de enrocamento, em função do efeito do arqueamento, conforme discutido primeiramente por D.M. Trollope (1957). Dos dados medidos apresentados na Fig. 6.20, pode-se observar que, em função dos recalques mais pronunciados no núcleo, ocorre uma transferência de carga deste para as zonas mais rígidas das transições adjacentes. Para o reservatório em seu nível máximo, as pressões verticais medidas no núcleo, nas El. 1.690 m e 1.650 m, foram aproximadamente de 900 kN/m² e 1.250 kN/m², superiores às colunas d'água respectivas, que eram de 770 kN/m² e 1.170 kN/m². Schober (2003) destacou também que o fraturamento hidráulico, devido aos esforços impostos pelo reservatório poderia, desta forma, ser descartado.

Mais detalhes sobre a instrumentação da barragem de enrocamento de Gepatsch e sobre os interessantes resultados alcançados em termos de tensões internas podem ser obtidos nos trabalhos de Schober (1967), Schober (1970), Schwab e Pircher (1985) e Schober (2003). Os grandes esforços realizados na instrumentação dessa barragem de enrocamento, há cerca de 40 anos, forneceram importantes informações e experiência, particularmente em relação a redução de tensões no núcleo. Conforme relato de Schwab e Pircher (1982), a maioria das células de pressão estava em funcionamento cerca de 20 anos após a construção, sendo que falhas da ordem de 20% a 80%, em algumas zonas da barragem, foram provocadas por problemas com os cabos dos instrumentos, devido aos recalques diferenciais entre as diferentes zonas da barragem.

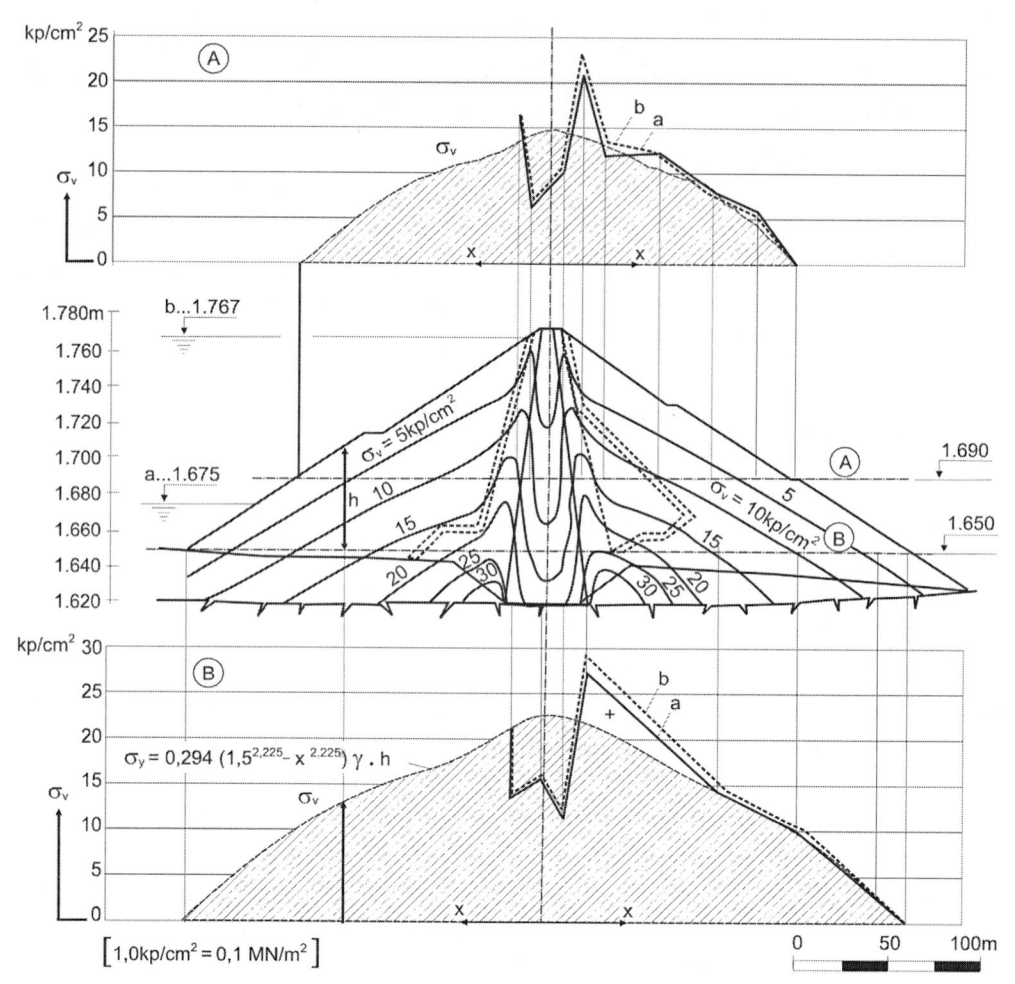

Fig. 6.20 *Tensões verticais na barragem de Gepatsch – curvas de isopressão*

a, b: Distribuição das pressões medidas para o reservatório nas El. 1.675m e 1.767m
m: Pressão vertical calculada

$\sigma_y = 0{,}294\,(1{,}5^{2,225} - x^{2,225})\,\gamma \cdot h$

$[1{,}0\,kp/cm^2 = 0{,}1\,MN/m^2]$

Destaca-se que os recalques medidos em Gepatsch atingiram valores máximos de 2,96 m no enrocamento e 4,55 m no núcleo da barragem (Schwab e Pircher, 1982), o que dá uma idéia dos recalques diferenciais pronunciados que ocorreram entre o núcleo e os espaldares da barragem.

À luz da experiência favorável obtida na barragem de Gepatsch, e tendo em vista o projeto relativamente simples e de baixo custo dos instrumentos, as células hidráulicas de pressão total do tipo Gloetzl foram também adotadas na instrumentação da barragem de Finstertal, na Áustria, com 150 m de altura máxima, que é a segunda barragem deste tipo em altura na Áustria. Em Finstertal, foram instaladas 83 células de pressão total, sendo 56 delas instaladas nas zonas de montante e jusante, na região inferior da barragem. As 27 células remanescentes foram distribuídas a jusante, nas vizinhanças do diafragma de concreto asfáltico, 9 delas integrando rosetas de 3 células de pressão cada. Na Fig. 6.21, pode-se observar o arranjo geral da instrumentação dessa barragem austríaca.

Construída entre 1977 e 1980, com 150 m de altura máxima, a barragem de enrocamento de Finstertal foi equipada com um sistema de monitoração particularmente detalhado e objetivo, com um total de 798 instrumentos e pontos de controle. Os resultados obtidos permitiram uma análise bastante abrangente das deformações, até o final da construção em 1980, fase do primeiro enchimento do reservatório em 1981, durante um rebaixamento parcial do reservatório em 1983 e o primeiro rebaixamento completo do reservatório ocorrido em 1984. Essas análises permitiram verificar variações do coeficiente de Poisson, no campo entre 0,15 e 0,50, em função das alterações das condições entre a construção e a operação, conforme reportado por Schwab e Pircher (1985). Tendo por base esses valores, as relações tensão-deformação

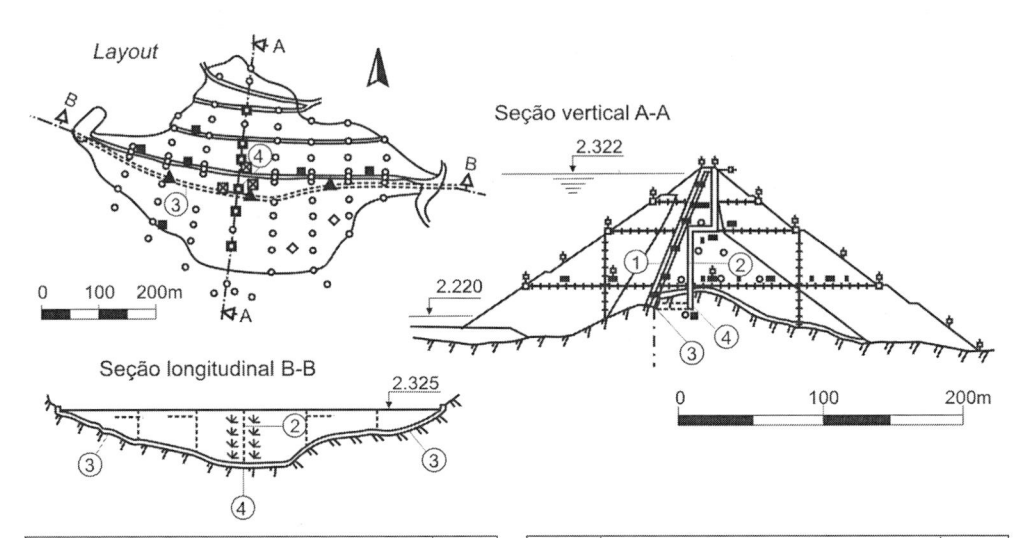

Símbolo	Instrumento	Quant.
↓↓	Grupo de células de pressão em duas dimensões	92
✳	Grupo de células de pressão em três dimensões	18
○	Células piezométricas	12
●	Termômetros	9
◇	Acelerógrafos de pico	3
◇	Acelerógrafos tridimensionais	2
▲	Piezômetros em furos de sondagem	13
⌒	Medidores de vazão	3

Símbolo	Instrumento	Quant.
↑ ○	Marcos superficiais	110
⌗ ▪	Extensômetros múltiplos horizontais	8
⌇ ▪	Medidores de recalque	7
—	Extensômetros simples	13
↓	Rosetas de 4 extensômetros	4
⌐ ⌐	Células de recalque	9
⊠	Pêndulos diretos	2
⚑	Medidores de espessura do *core-wall*	3

Fig. 6.21 *Arranjo geral da instrumentação da barragem de Finstertal (Schober, 2003)*

foram estabelecidas por meio de retroanálises a partir do MEF, levando-se também em consideração a consolidação e a fluência do material.

Na seqüência, apresentam-se algumas considerações sobre a instrumentação da barragem de enrocamento com núcleo de moraina de Svartevann, na Noruega, com 129 m de altura máxima e término de construção em 1976. Na Fig. 6.22, apresenta-se o arranjo geral da instrumentação dessa barragem.

A filosofia norueguesa na instrumentação de barragens concentrou-se na instrumentação de algumas barragens que apresentavam particularidades não usuais e naquelas que apresentavam algumas características específicas, afastando-se significativamente do padrão das barragens existentes. Essas barragens foram, então, extensivamente instrumentadas, particularmente tendo em vista que um grande número de barragens do mesmo tipo seria construído no futuro. Os objetivos deste programa mais intenso de instrumentação foram dois: primeiro, confirmar por meio das medições de rotina que o novo projeto era adequado, ou seja, verificar que nenhuma condição inesperada surgisse durante a construção e o enchimento do reservatório, e que o comportamento a longo prazo era favorável; em segundo lugar, permitir a

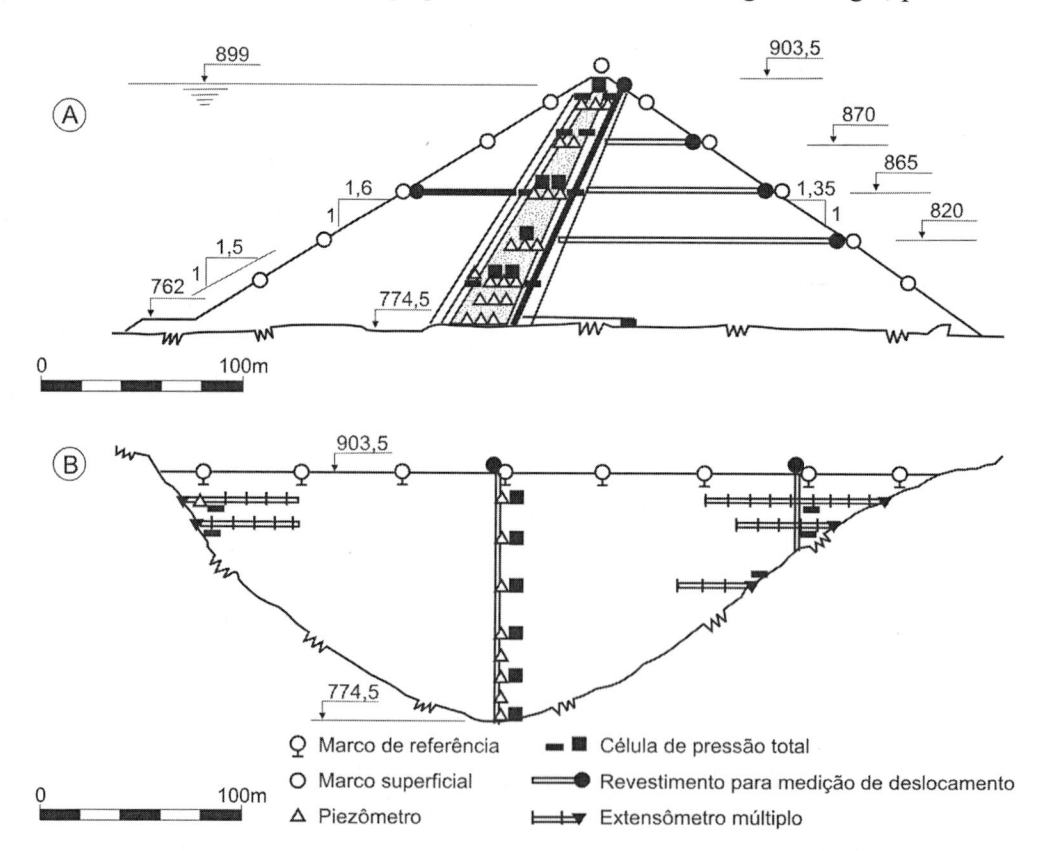

Fig. 6.22 *Plano geral de instrumentação da barragem de Svartevann (DiBiagio e Myrvoll, 1982)*

compilação de dados suficientes das medições, a fim de possibilitar uma comparação com os valores previstos a partir do estado atual dos métodos analíticos, de modo que avalie as virtudes e deficiências dos métodos de análise empregados em projeto.

O caso da barragem de Svartevann veio caracterizar a instrumentação de uma nova geração de barragens, devido ao fato de que, entre as décadas de 1970 e 1990, a Noruega construiu um total de 122 grandes barragens de enrocamento com núcleo de moraina, onde os ensinamentos obtidos em Svartevann foram de inestimável valor. Além disso, a barragem de Svartevann, com seus 129 m de altura máxima e construída na década de 1970, representou a construção da barragem mais alta deste tipo na Noruega, suplantando em 40% a altura máxima das barragens até então construídas.

Svartevann foi instrumentada com 60 células de pressão total, para a observação do nível de tensões no núcleo e nas transições. Nas proximidades das ombreiras direita e esquerda, onde tensões de tração eram previstas, e na região de transferência de tensões entre o núcleo e os espaldares, foram instaladas células de pressão em grupos para a determinação das tensões principais. Em decorrência das dificuldades na medição das tensões em solo, na época, decidiu-se proceder à instalação de três diferentes tipos de instrumentos: células de pequeno diâmetro, montadas no centro de uma placa delgada; células hidráulicas conectadas a um transdutor de pressão e células conectadas a um equipamento hidráulico, com óleo. Na Fig. 6.23, apresenta-se uma comparação entre as tensões efetivas medidas e calculadas para as

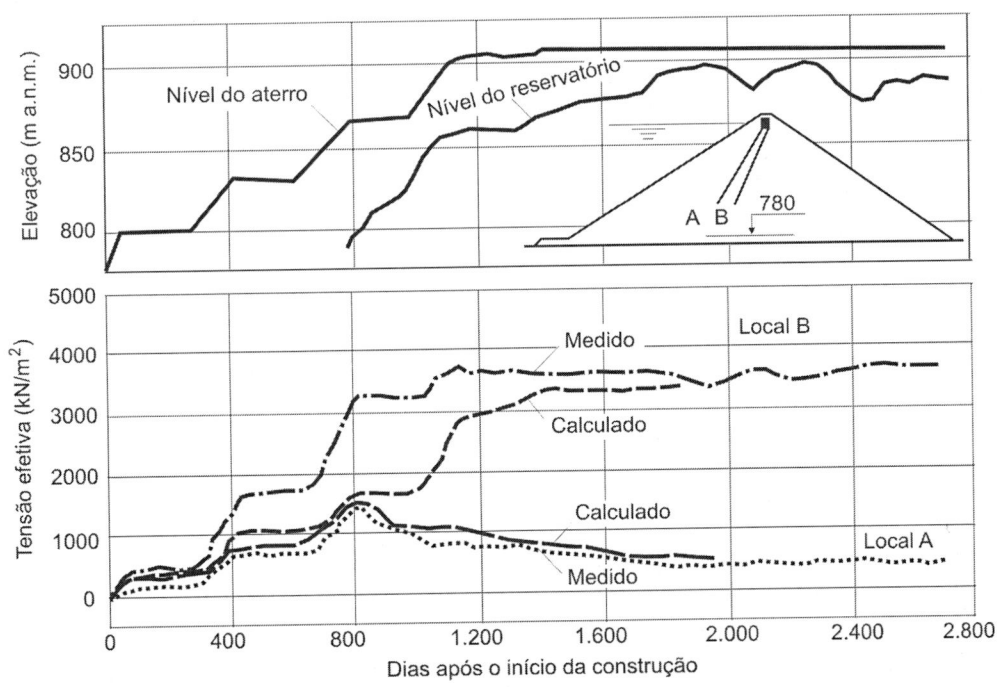

Fig. 6.23 *Tensões efetivas* versus *tempo na El. 780 da barragem de Svartevann (DiBiagio e Myrvoll, 1982)*

células instaladas na base do núcleo da barragem, ao longo de um período de 8 anos de observação. As tensões efetivas teóricas foram obtidas por meio de um modelo matemático baseado no MEF.

Em termos de experiência brasileira na área de barragens de enrocamento com núcleo impermeável, destaca-se a da Cemig na construção da barragem de Emborcação, que, com seus 158 m de altura máxima, integrava na época a maior barragem brasileira deste tipo. Foi construída no período entre 1977 e 1981, conforme trabalho de Viotti (1997). Parra (1985) relata sobre o comportamento desta barragem que os recalques diferenciais entre o núcleo e os materiais da transição e espaldares implicaram a ruptura das tubulações dos medidores de recalque pneumáticos e piezômetros. Esse tipo de problema pode geralmente ser evitado, desde que se proceda a uma previsão satisfatória dos recalques, sejam empregados cabos reforçados para os instrumentos instalados no núcleo e proteção adequada para os cabos na travessia das zonas de transição.

A partir dos módulos médios de deformabilidade obtidos das medições, foi elaborada uma análise elástica linear de tensão-deformação, baseada no MEF, cujos resultados em termos de tensões verticais podem ser observados na Fig. 6.24. Os resultados revelaram uma distribuição de tensões e valores de deformação semelhantes aos observados no campo e mais coerentes para os valores obtidos a partir de uma análise hiperbólica do campo tensão-deformação.

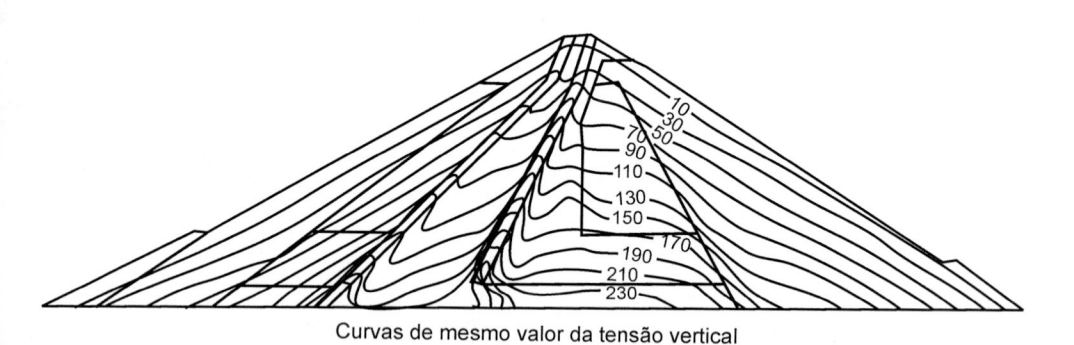

Curvas de mesmo valor da tensão vertical

Fig. 6.24 *Curvas de isopressão vertical obtidas teoricamente para a barragem de Emborcação (Parra, 1985)*

As células de pressão total instaladas na transição de jusante da barragem de Emborcação apresentaram um desenvolvimento de pressão vertical σ_z superior ao valor fornecido por γH, ao passo que as células instaladas no núcleo apresentaram valores de σ_z inferiores a γH, conforme se pode observar na Fig. 6.25. Esses valores mostram claramente a transferência de carga do núcleo para as transições, como conseqüência da maior deformabilidade do núcleo, conforme se pode depreender dos

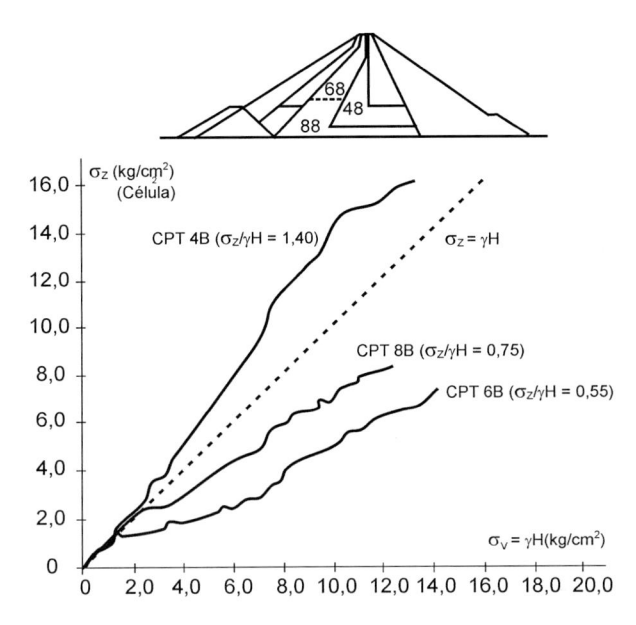

Fig. 6.25 Tensão vertical medida versus $\sigma_z = \gamma H$ (Parra, 1985)

módulos apresentados na Tabela 6.3, calculados a partir das deformações medidas com as células de recalque. Enquanto no núcleo a tensão vertical sofre certo alívio, correspondendo a apenas 55% de $\sigma_z = \gamma H$, na transição de jusante atingiu valores de até 140% de $\sigma_z = \gamma H$, o que está bem em sintonia com os resultados do modelo matemático (Fig 6.24).

Tabela 6.3 Módulos de deformabilidade dos materiais da barragem de Emborcação

Material	Módulo de deformabilidade (MPa)
Enrocamento em camadas de 0,6m	50
Enrocamento em camadas de 0,9m	40
Enrocamento em camadas de 1,2m	22
Núcleo	40
Transições e filtro	80-120

Fonte: Viotti, 1985.

6.5 Tensões junto às paredes de cânions profundos

Neste item, serão apresentados os resultados das tensões medidas na barragem mexicana de Chicoasén, a qual vem constituir, dentre os casos publicados, um dos mais relevantes, tendo em vista a configuração das paredes do cânion e as dimensões da barragem. A barragem de Chicoasén é constituída por uma estrutura de enrocamento com núcleo vertical de argila, com altura máxima de 207 m acima do leito do rio e 261 m acima da superfície da rocha, construída no período entre janeiro de 1977 e maio de 1980. O núcleo impermeável apresenta 98 m de largura em sua base e 15 m na crista, protegido com filtros com 7,5 m de largura e amplas transições a jusante e a montante, conforme se pode observar na Fig. 6.26.

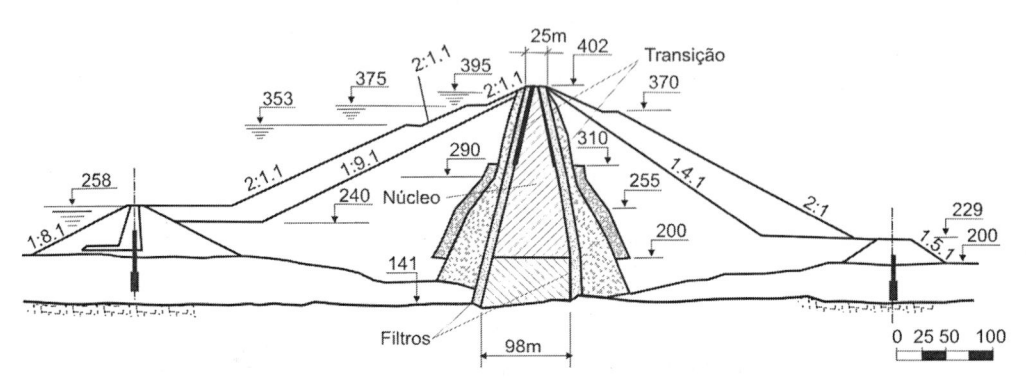

Fig. 6.26 *Seção transversal da barragem de Chicoasén, no México (Moreno e Alberro, 1982)*

A barragem foi construída em um cânion profundo formado pela erosão de rochas calcárias, com características topográficas complexas, conforme se pode observar na Fig. 6.27. O cânion profundo e estreito era preenchido de aluvião em sua base, o qual foi removido antes da construção, e dotado de paredes quase verticais até meia altura, e que sofria uma brusca mudança de inclinação na parte superior da ombreira esquerda.

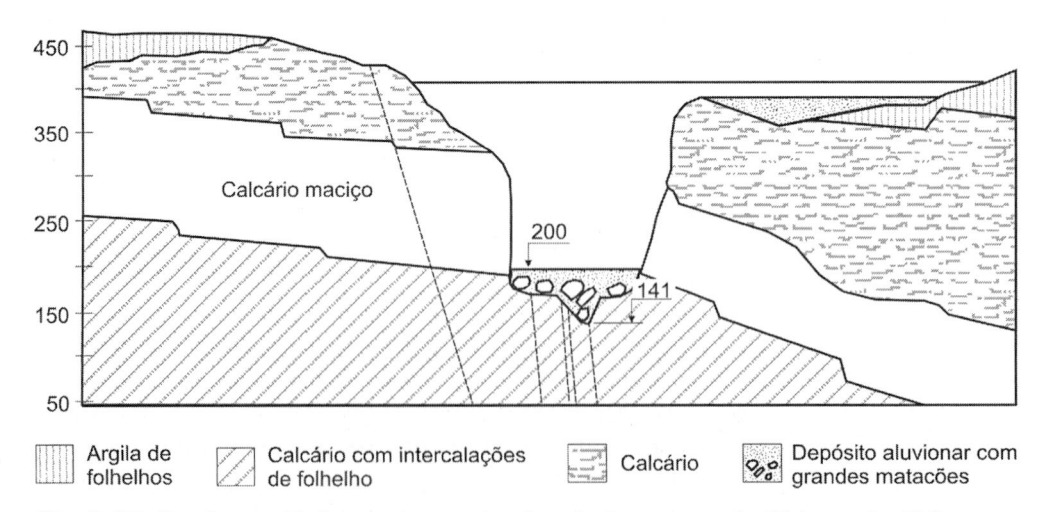

Fig. 6.27 *Seção geológica ao longo do eixo da barragem de Chicoasén (Alberro e Moreno, 1982)*

Os primeiros estudos realizados empregaram modelos matemáticos tridimensionais, nos quais se procurou estudar a influência da interação entre o maciço da barragem e a rocha das ombreiras, ao longo de uma seção longitudinal, assim como a interação do núcleo da barragem com os espaldares, ao longo de uma seção transversal da barragem. Esses estudos revelaram a existência de uma região nas proximidades da ombreira esquerda, entre El. 220 m e 300 m, de baixas tensões efetivas e com a possibilidade em potencial de ocorrência de fraturamento hidráulico, particularmente nas proximidades da El. 260 m. Isto levou ao estudo de novos modelos, nos quais foram introduzidas delgadas camadas de argila deformável ao longo da interface solo-rocha, em ambas as ombreiras, estendendo-se até a região da crista da barragem. Por meio de modelos matemáticos tridimensionais, foram estudadas seis alternativas distintas, adotando-se finalmente como melhor solução a apresentada na Fig. 6.28, que se revelou como a mais adequada.

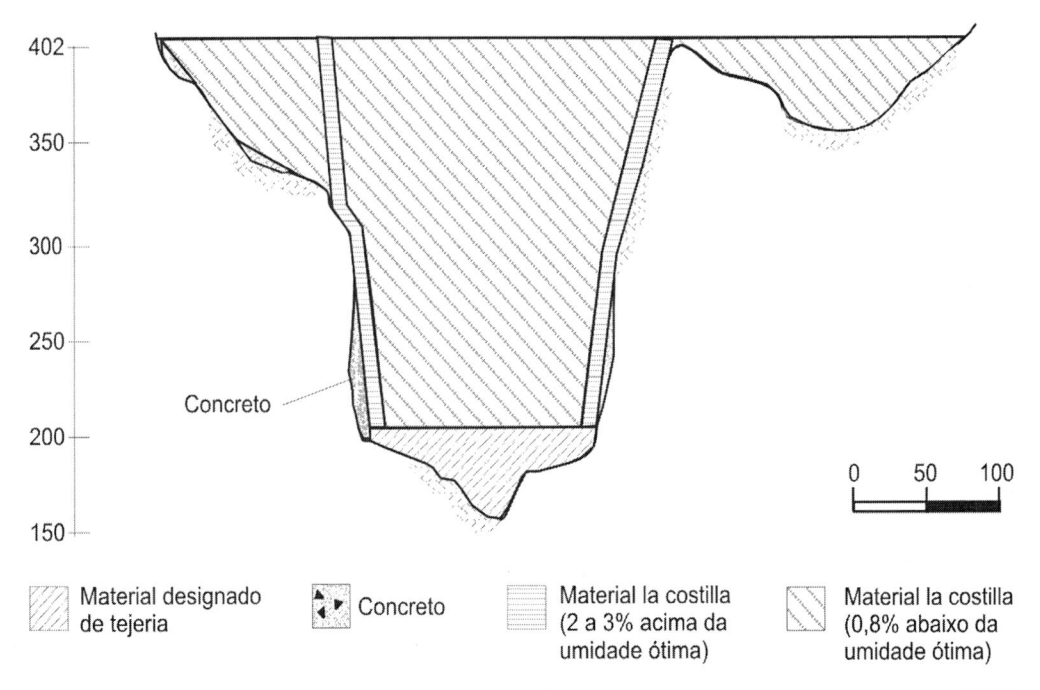

Fig. 6.28 *Seção longitudinal da barragem, como construída (Alberro e Moreno, 1982)*

Em termos de instrumentação, a barragem de Chicoasén foi muito bem auscultada, tendo em vista a importância em se conhecer bem seu comportamento e avaliar suas reais condições de segurança. A maior parte dos instrumentos foi instalada preferencialmente na seção transversal central e na seção longitudinal de maior altura, conforme se pode observar na Fig. 6.29, empregando-se dentre os instrumentos de auscultação os seguintes tipos de aparelhos: marcos superficiais, inclinômetros, células hidráulicas de recalque, extensômetros, piezômetros, células de pressão total, medi-

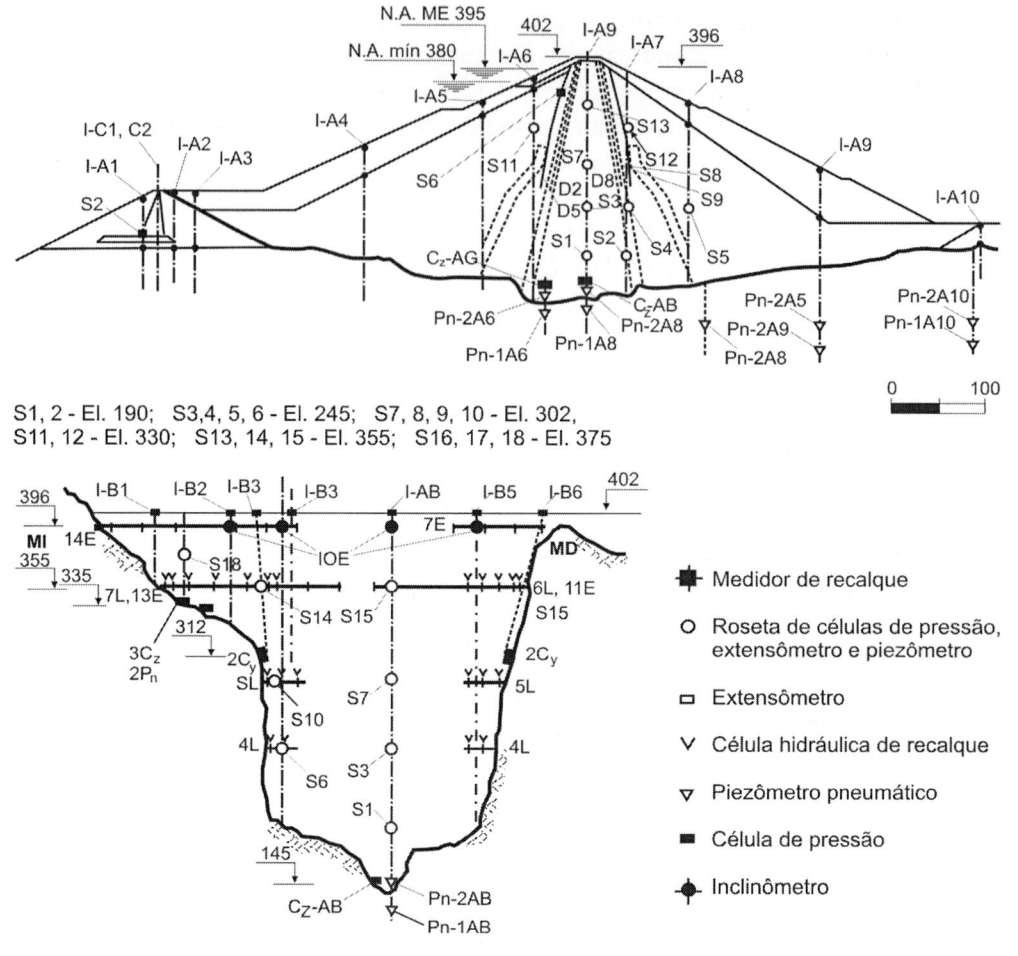

S1, 2 - El. 190; S3,4, 5, 6 - El. 245; S7, 8, 9, 10 - El. 302,
S11, 12 - El. 330; S13, 14, 15 - El. 355; S16, 17, 18 - El. 375

Fig. 6.29 *Locação dos instrumentos na barragem de Chicoasén (Alberro e Moreno, 1982)*

dores de recalque e medidores de vazão. Foram realizadas ainda medições sísmica e geodésica, tendo em vista ser o México um país afetado por sismos.

Na Fig. 6.30, apresentam-se as variações da tensão total medida σz, ao longo da vertical, interseção das seções transversal e longitudinal máxima, para quatro datas distintas. As primeiras três datas correspondem ao período construtivo (novembro de 1977, junho de 1979 e maio de 1980), enquanto que dezembro de 1980 corresponde ao final do enchimento do reservatório.

Com o objetivo de permitir uma comparação entre valores, as tensões foram representadas com os valores correspondentes a σz, fornecidos pela expressão:

$$\sigma z = 0{,}7.\gamma.H$$

Alberro e Moreno (1982) comentam que esta lei de variação corresponde ao caso ideal de uma barragem homogênea e triangular, submetida a um estado de deformação plana em sua seção transversal máxima, sem interação com as ombreiras. A redução marcante na pressão vertical total medida entre El. 190 e El. 150, em novembro de 1977 e junho de 1979, é notável. Infelizmente, conforme reportado por Alberro e Moreno, a célula de pressão CZ-AB, localizada na El. 152, deixou de funcionar em novembro de 1979, impossibilitando a indicação das tensões medidas em maio e dezembro de 1980. Entretanto, pode-se assumir que a redução de tensões σ_z continuou além desse período, uma vez que os resultados das análises numéricas apresentadas nesta mesma figura, para o final de construção, revelaram a mesma tendência.

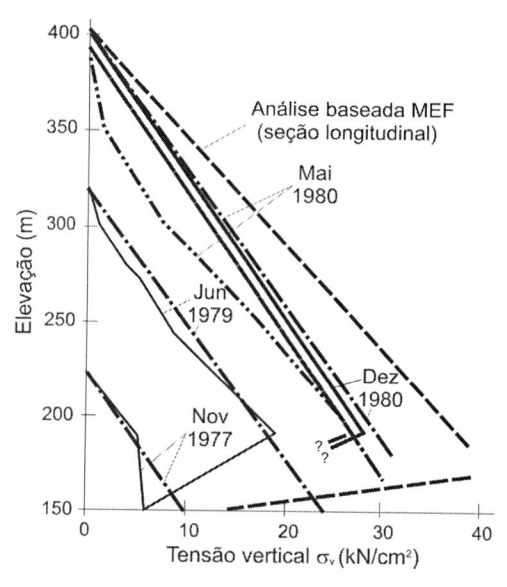

Fig. 6.30 *Tensões verticais totais na vertical comum às seções transversal e longitudinal da barragem de Chicoasén (Alberro e Moreno, 1982)*

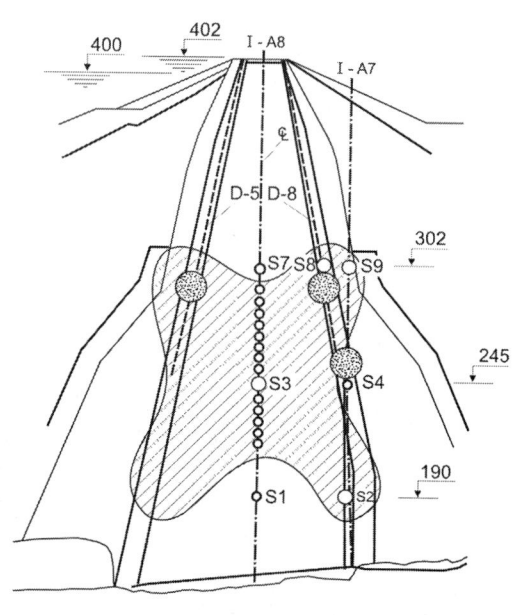

A análise dos dados fornecidos pelas rosetas de células de pressão, inclinômetros e medidores de recalque instalados no núcleo da barragem, ao final de construção, permitiu delimitar uma zona de plastificação, a qual, em outras barragens do México, foi causadora de alguns movimentos sérios durante o período de enchimento do reservatório. Chegou-se, então, à conclusão de que o aterro nas proximidades das rosetas 2, 3, 8 e 9 estava em um estado plástico e que as tensões nas rosetas 1 e 4 se aproximavam desta condição, ao final da construção. Os limites desta zona de plastificação são mostrados na Fig. 6.31, sendo que os dados dos inclinômetros e dos medidores de recalque confirmaram a presença desta zona na região central do núcleo e dos filtros e transições.

Fig. 6.31 *Zona de plastificação no final da construção da barragem de Chicoasén (Alberro e Moreno, 1982)*

6.6 Tensões sobre galerias enterradas

Neste item, apresenta-se a instrumentação da interface solo-concreto na galeria de desvio das barragens do Jacareí e do Jaguari, da Sabesp, assim como a análise das tensões medidas. Essas barragens integram o Sistema Produtor Cantareira da Grande São Paulo, o qual permite a adução de 22 m³/s de água tratada para o abastecimento da região metropolitana.

A barragem do Jacareí apresenta como principais estruturas o maciço de terra, a galeria de desvio, o vertedouro tulipa e o descarregador de fundo. A barragem de terra é do tipo homogêneo, com eixo em forma de "S" alongado, 63 m de altura máxima em relação ao terreno de fundação e dotada de um sistema de drenagem interna constituído de filtro vertical e tapetes drenantes horizontais. O volume total do aterro é da ordem de 7 milhões de metros cúbicos e o comprimento da crista é de 1.200 m.

A barragem do Jaguari apresenta como principais estruturas o maciço de terra, a galeria de desvio e o vertedor de superfície. A barragem de terra é do tipo homogêneo, com 64 m de altura máxima em relação ao terreno de fundação e 650 m de comprimento. É dotada de um sistema de drenagem interna constituído por filtros vertical e horizontal e enrocamento de pé. A barragem tem um eixo ligeiramente curvo e um volume de aterro compactado de aproximadamente 3,9 milhões de metros cúbicos.

6.6.1 Características básicas das galerias de desvio

A galeria de desvio do Jacareí apresenta seção externa trapezoidal, com 10,9 m de altura, 8,0 m de largura na base e 5,8 m de largura no teto. Apresenta 340 m de extensão, dividida em tramos com 20 m de comprimento, separados por juntas transversais "chavetadas", para uma melhor articulação entre tramos.

Na barragem do Jaguari, a galeria de desvio apresenta seção externa trape-zoidal, com 9,0 m de altura, 18,9 m de largura na base e 17,1 m de largura no teto. Longi-tudinalmente, apresenta-se com 355 m de extensão, também dividida em tra-mos com 20 m de comprimento, separados por meio de juntas transversais "chavetadas".

Considerando-se o porte da estrutura dessas galerias e as solicitações que lhe seriam impostas pela construção da barragem, com cerca de 55 m de aterro a partir de sua base, verificou-se que as condições ideais de fundação seriam um substrato de baixa compressibilidade. Esta condição foi satisfeita para o caso da galeria de Jaguari, que se apóia sobre rocha sã ou concreto de regularização na sua porção mais central. Na galeria do Jacareí, entretanto, a ocorrência do topo rochoso somente a grande profundidade, aliada aos condicionantes hidráulicos e construtivos impostos pelo projeto, afastou essa alternativa, implicando a construção da galeria sobre solos residuais de granito-gnaisse, com cerca de 10 m de profundidade.

Tendo em vista que os recalques calculados para a galeria de desvio do Jacareí correspondiam, na fase de projeto, a valores superiores a 50 cm, foi tomada em seu projeto uma série de medidas para atenuar os problemas de deformações excessivas e reduzir as tensões de compressão do aterro sobre as paredes da galeria. Mais detalhes sobre o projeto da galeria do Jacareí poderão ser obtidos no trabalho de Gaioto (1981).

6.6.2 Análises teóricas das tensões sobre as galerias

Para uma estimativa das deformações e tensões atuantes sobre a galeria de concreto, foram processadas análises detalhadas para o eixo selecionado, considerando-se a construção do aterro por etapas. As análises foram realizadas pelo método clássico de Spangler e pelo Método dos Elementos Finitos (MEF), considerando-se comportamento elástico-linear para os materiais envolvidos, exceto para o contato entre as paredes laterais das galerias e o aterro compactado, ao longo do qual foram considerados elementos de junta com comportamento elastoplástico, visando assim simular um eventual deslizamento do aterro em relação à galeria.

Na Fig. 6.32, são apresentadas as tensões principais no entorno da galeria do Jacareí, obtidas de análise com base no MEF, para uma seção situada no eixo da barragem. Os vetores proporcionais à intensidade das tensões principais mostram um decréscimo de tensão na superfície lateral, a aproximadamente um terço da altura da galeria, onde se verifica uma mudança na direção da tensão principal maior. Diagramas semelhantes a estes foram obtidos para as paredes laterais de uma galeria de concreto com seção em forma de ferradura, na barragem de Frenchman, na Califórnia, com 40 m de altura, conforme relato de O'Rourke (1978).

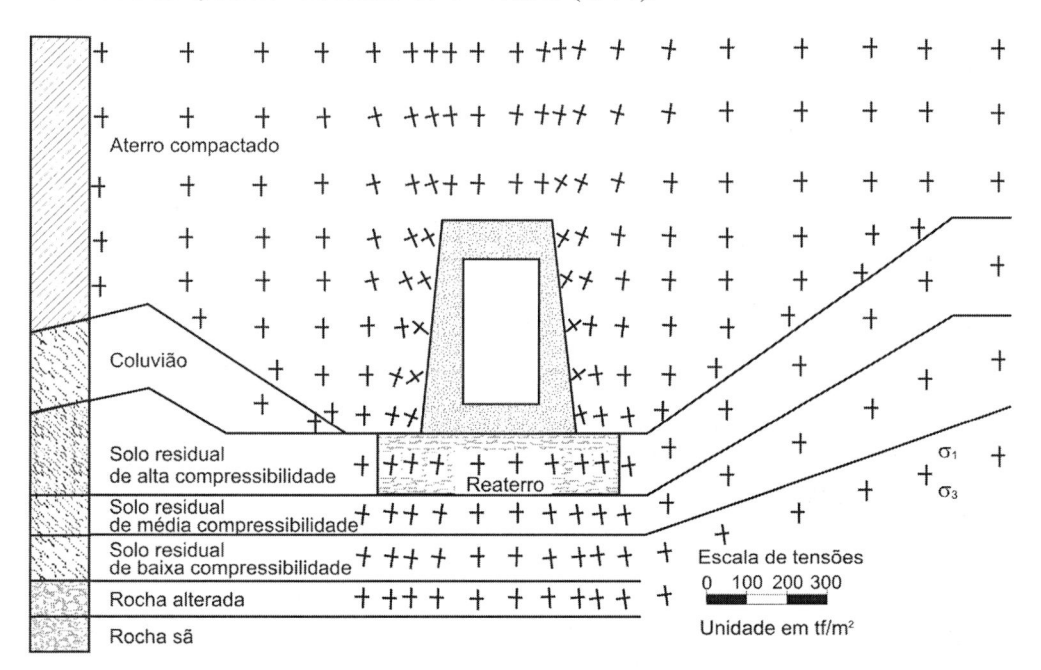

Fig. 6.32 *Galeria de desvio do Jacareí – Tensões principais calculadas pelo MEF*

Na galeria do Jacareí, como alternativas de projeto para atenuar o problema de redução das tensões laterais de compressão na lateral da galeria, optou-se pelas relacionadas a seguir:

• alargamento da vala de escavação da galeria, para minimizar o efeito de arqueamento sobre ela;

• inclinação das paredes laterais da galeria de 1H:10V, para melhorar as condições de contato entre o aterro e o concreto;

• eliminação de corta-águas (*cut-off collars*), objetivando evitar concentração de tensões no entorno da galeria, em vista dos níveis de deformações previstos e dos recalques estimados, como também para evitar problemas de compactação do aterro adjacente à galeria;

• construção de um filtro de areia com 1 m de largura, no trecho da galeria a jusante do filtro vertical da barragem, envolvendo toda a seção da galeria.

Na Fig. 6.33, são apresentadas vetorialmente as tensões principais no entorno da galeria do Jaguari, obtidas de análises com base no MEF, para uma seção situada no eixo da barragem. Conforme se pode observar, a tensão mínima de contato ocorre na parte inferior das paredes laterais, e não em uma posição intermediária, tendo em vista que a mesma está apoiada sobre uma fundação praticamente incompressível (rocha sã).

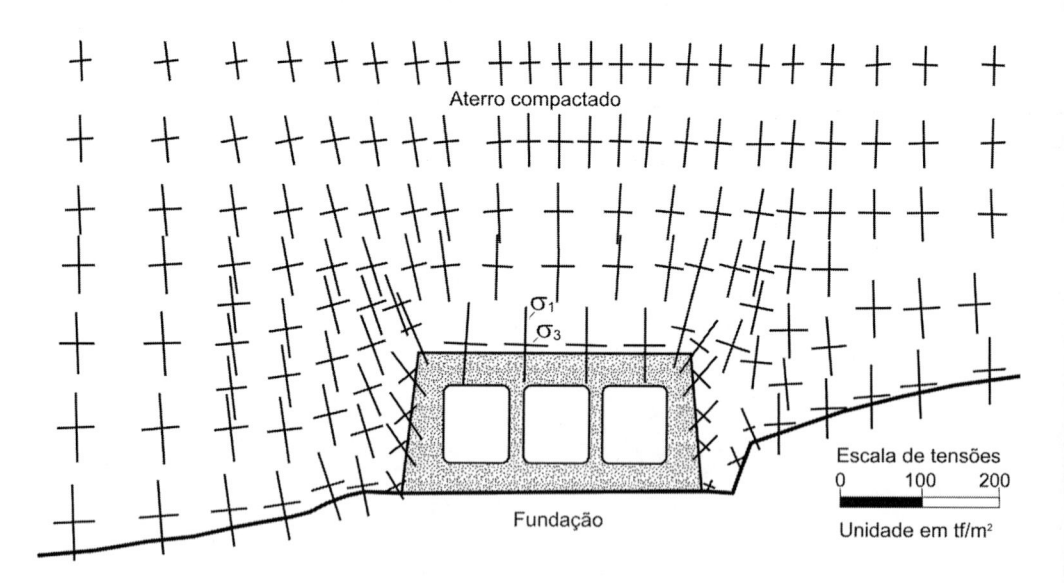

Fig. 6.33 *Galeria de desvio do Jaguari – Tensões principais calculadas pelo MEF*

6.6.3 Instrumentação das galerias do Jacareí e do Jaguari

Para a observação das tensões transmitidas pelo aterro compactado às estruturas de concreto das galerias do Jacareí e do Jaguari, foram instaladas células de pressão total, com células piezométricas, distribuídas em duas seções transversais das galerias, uma na seção central e outra 30 m a montante do eixo da barragem. Os detalhes de instalação dessas células são apresentados na Fig. 6.34, para a galeria do Jacareí. As células de pressão total e piezômetros utilizados são do tipo pneumático, fabricados pelo IPT, instalados com alguns instrumentos similares, de corda vibrante, do tipo Maihak, visando a uma verificação do comportamento entre esses dois tipos de instrumentos e uma avaliação de sua vida útil em condições reais de obra.

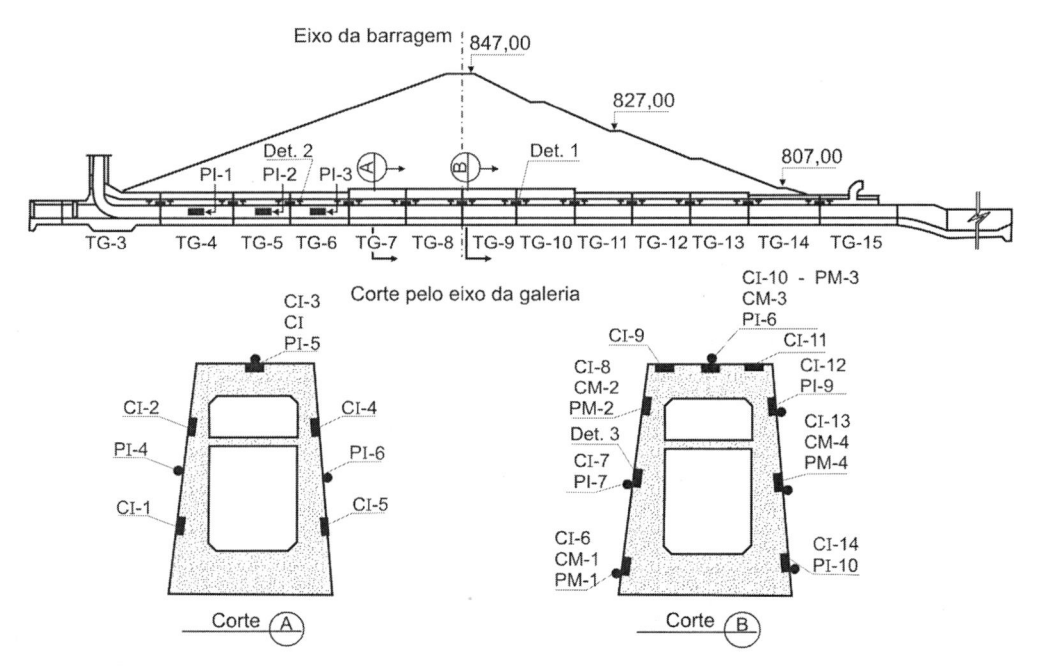

Fig. 6.34 *Barragem do Jacareí – Instrumentação da galeria de desvio*

Além das células piezométricas instaladas nessas duas seções, outras três foram instaladas mais a montante, na interface solo-concreto das galerias, para a observação da perda de carga ao longo desse contato.

6.6.4 Desempenho das células de pressão total

De um total de 38 células de pressão total instaladas na interface solo-concreto das galerias de desvio do Jacareí e do Jaguari, 30 eram pneumáticas, do tipo IPT, e 8 eram de corda vibrante, do tipo Maihak (modelo MDS-78). Cerca de dois anos após a instalação, três células do tipo IPT e uma célula do tipo Maihak apresentaram comportamento suspeito, provavelmente danificadas. As dúvidas quanto ao desempenho dos instrumentos se prendem ao fato de eles passarem a indicar uma redução das pressões medidas, enquanto que o aterro se encontrava ainda em fase construtiva.

Quanto às leituras das células IPT e Maihak instaladas lado a lado, estas apresentaram de um modo geral um bom desempenho, com diferenças de leitura da ordem de 5% a 30%, conforme pode ser observado na Tabela 6.4 a seguir.

Tabela 6.4 *Comparação entre as leituras das células de pressão total tipo IPT e Maihak instaladas em um mesmo local (28/12/1981)*

Posição	Galeria do Jacareí		Galeria do Jaguari	
	Célula IPT	Célula Maihak	Célula IPT	Célula Maihak
1	4,2	5,5	3,5	1,6 (*)
2	4,2	4,0	5,0	6,0
3	3,4 (*)	4,5	8,1	7,3
4	2,4	2,2	3,9	3,0

(*) Célula com comportamento suspeito

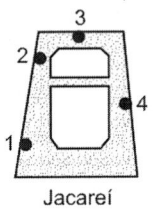

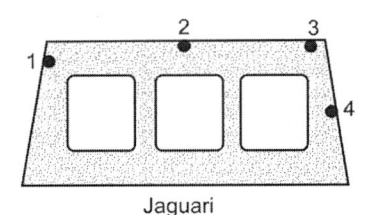

6.6.5 Comparação entre as tensões teóricas e medidas

Objetivando uma comparação entre a teoria clássica de Spangler e o Método dos Elementos Finitos (MEF), apresentam-se na Fig. 6.35 os gráficos de tensão vertical *versus* elevação do aterro, para as galerias do Jacareí e do Jaguari. Utilizou-se nesta comparação a célula de pressão instalada na posição central do teto da galeria, uma vez que a teoria de Spangler permite calcular apenas a tensão vertical, considerada uniformemente distribuída sobre a galeria. O coeficiente de recalque de Spangler (r_{sd}), que foi inicialmente adotado igual a 0,50, para a galeria do Jacareí, foi posteriormente calculado com base nos recalques fornecidos pelo MEF, chegando-se ao valor de 0,57.

Na Fig. 6.35, são apresentados ainda, em função da elevação do aterro, os gráficos das tensões verticais calculadas pela expressão $\sigma_v = \gamma \cdot h$ e das tensões efetivas medidas. Destacam-se como observações de maior interesse as seguintes:

• As tensões verticais medidas apresentaram um desenvolvimento praticamente linear com a elevação do aterro, atingindo para o final de construção cerca de 45%

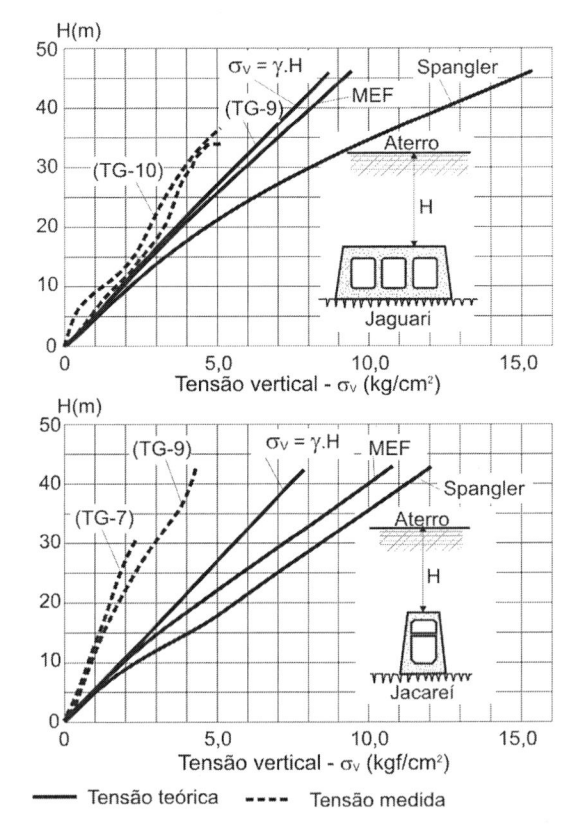

6 Pressões Medidas em Barragens de Terra e os Procedimentos de Análise

Fig 6.35 *Comparação entre tensões teóricas e medidas para a célula central do teto das galerias do Jaguari e do Jacareí*

a 70% dos valores correspondentes ao peso próprio ($\sigma_v = \gamma.h$), para as galerias do Jacareí e do Jaguari, respectivamente.

• Para a galeria do Jacareí, as tensões fornecidas pelo método de Spangler aproximaram-se bastante daquelas fornecidas pelo MEF, sendo sempre a favor da segurança, isto é, sendo superiores àquelas e implicando um dimensionamento mais seguro da estrutura da galeria. Para o final do período construtivo, a tensão vertical teórica pelo método de Spangler apresentou-se apenas 10% superior àquela calculada com base no MEF.

• Para a galeria do Jaguari, as tensões fornecidas pelo método de Spangler afastaram-se significati-vamente daquelas calculadas a partir do MEF, particularmente para o final do período construtivo, quando chegaram a ser 60% superiores.

Em comparação, apresentam-se na Tabela 6.5 as tensões verticais medidas no teto de diversas galerias enterradas, com os resultados obtidos para as galerias do Jacareí e do Jaguari, onde se destaca o fato de as tensões medidas não terem nunca ultrapassado o valor 1,8 $\gamma.h$, apesar da variedade de geometria das galerias e dos diversos materiais de fundação e maciços de barragens.

Na Fig 6.36, pode-se observar, para a seção central da galeria de desvio do Jaguari, o diagrama das tensões teóricas calculadas com base no MEF, com as pressões efetivas medidas. Destacam-se como principais observações da análise desses dados as seguintes:

• As tensões verticais for-necidas pelo MEF mostraram concentrações de tensão próximas das extremidades laterais do teto, que atingiram cerca de 10% acima da tensão vertical na parte central, para a galeria do Jacareí. Para a galeria do Jaguari, assente em rocha, essa concentração apresentou-se mais acentuada, atingindo valores da ordem de 100% acima daquela da parte central.

Tabela 6.5 *Resultados de medição de tensões verticais medidas no teto de galerias enterradas*

Local	Geometria da Galeria	Tensão vertical ($\sigma_{max}/\gamma.H$)	Referências Bibliográficas
University of North Caroline	Ø 30cm "Solid Plug"	1,3 $\gamma.H$ 1,7 $\gamma.H$	Trollope et al (1963)
American Railway Engeneering Association	Ø 60cm & 68cm (Concreto)	1,6 $\gamma.H$	Trollope et al (1963)
Wahnbach Storage Reservoir (H_{max}=53m)	6,2m Rocha	1,4 $\gamma.H$	Beier, Schade Lorenz (1979)
Barragem de Winscar (H=53m)	Rocha	1,8 $\gamma.H$	Penman, Charles, Nash e Humphrys (1975)
Barragem de Tularoop (H=21m)	Rocha	1,2 a 1,8 $\gamma.H$	Trollope, Speedie e Lee (1963)
Barragem de Rejeito (H_{max}=12m) Alemanha Ocidental	3,5m Rocha	1,4 a 1,7 $\gamma.H$	Blinde, Brauns e Zangl (1971)
Metrô de São Paulo	6,1m	1,3 a 1,6 $\gamma.H$	Dib e Martins (1974)
Barragem de Frenchman (H=40m)		1,4 $\gamma.H$	O'Rourke (1978)
Barragem do Jacareí (H=54m)	11,7m Solo	0,5 a 0,7 $\gamma.H$	Silveira et al (1982)
Barragem do Jaguari (H=56m)	9,0m Rocha	1,0 a 1,3 $\gamma.H$	Silveira et al (1982)

- As células de pressão confirmaram a ocorrência destas concentrações de tensão nas extremidades laterais do teto das galerias de desvio. Em termos médios, as tensões medidas na parte central do teto das galerias atingiram valores da ordem de 45% das tensões teóricas para a galeria do Jacareí e 70% para a galeria do Jaguari.

- As tensões medidas pelas células instaladas nas paredes das galerias de desvio atingiram, em termos médios, valores da ordem de 70% das tensões teóricas para a galeria do Jacareí e 80% para a galeria do Jaguari.

- O fato de as tensões medidas no teto e nas paredes laterais da galeria do Jaguari terem apresentado valores da ordem de 80% dos valores avaliados teoricamente revela, aparentemente, que o valor do coeficiente de Poisson (v = 0,35) adotado nas análises pelo MEF, se apresentou adequado.

A maior diferença entre as tensões medidas e calculadas para o teto da galeria do Jacareí foi de início atribuída à maior deformabilidade da camada de solo resi-

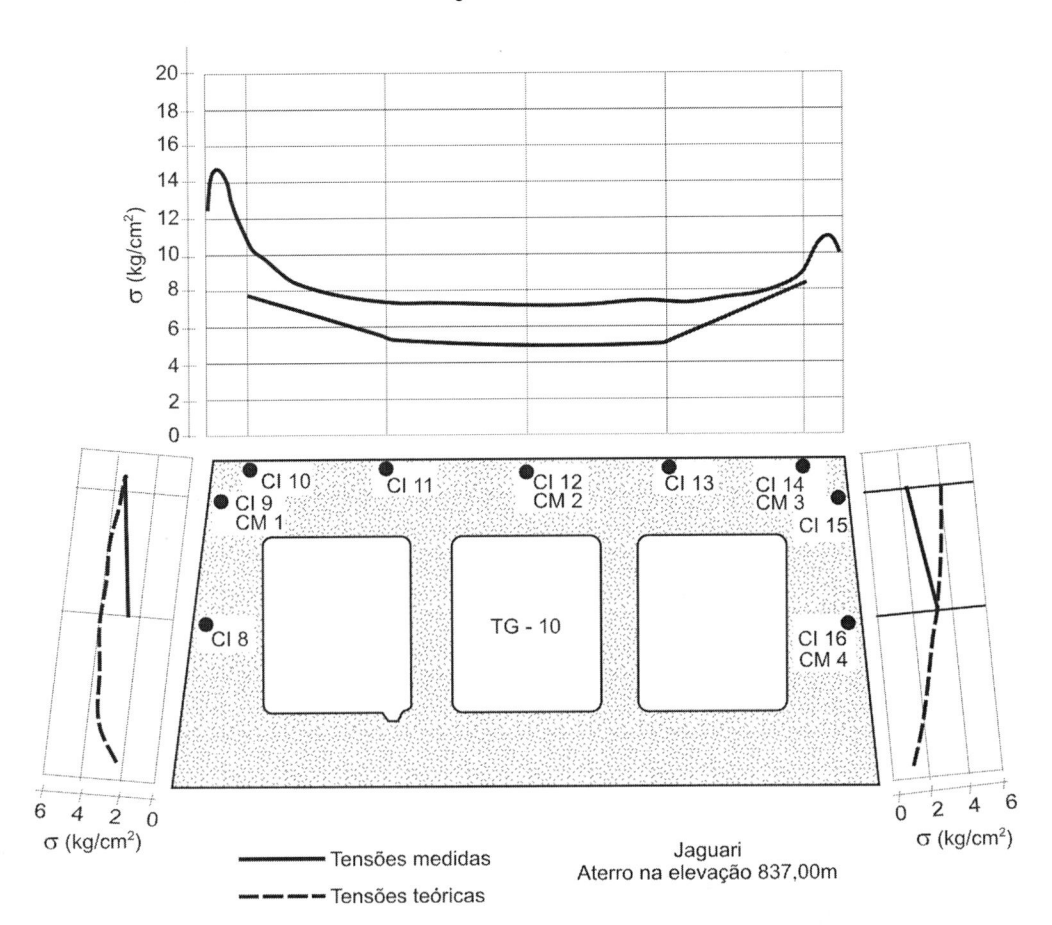

Fig 6.36 *Galeria de desvio do Jaguari – Comparação entre as tensões teóricas e medidas*

dual da fundação. Entretanto, os resultados de novas análises teóricas de tensões, reproduzindo os módulos de deformabilidade observados para a fundação e para o aterro compactado, revelaram uma redução pouco significativa de tensões no teto da galeria, em relação aos valores medidos.

6.6.6 Principais conclusões da instrumentação das galerias do Jacareí e do Jaguari

Destacam-se como principais conclusões das análises apresentadas sobre as galerias do Jacareí e do Jaguari as seguintes:

• Enquanto que na galeria do Jaguari, apoiada sobre fundação incompressível (rocha sã), a tensão normal nas paredes atingiu o seu ponto crítico (valor mínimo) em sua base, na galeria do Jacareí, apoiada sobre fundação compressível (solo residual), a tensão normal atingiu o seu ponto crítico a cerca de um terço da altura da galeria. Este decréscimo das tensões de contato na lateral é resultante da penetração da galeria na fundação, o que ocasiona uma mudança na direção da tensão principal maior ao longo da superfície lateral.

• Uma comparação entre as tensões verticais teóricas fornecidas pelo método de Spangler e pelo Método dos Elementos Finitos (MEF), mostrou que as primeiras se apresentam mais a favor da segurança, isto é, sendo maiores, implicam um dimensionamento mais seguro da estrutura da galeria. Foram observadas diferenças da ordem de 10% para a galeria do Jacareí e de 60% para a do Jaguari, para o final do período construtivo, entre esses dois métodos de cálculo.

• As células de pressão total confirmaram a indicação teórica de concentração de tensão nas extremidades laterais do teto das galerias de desvio. Em termos médios, entretanto, as tensões medidas no teto atingiram valores da ordem de 45% das tensões teóricas (MEF) na galeria do Jacareí e 70% na galeria do Jaguari.

• Apesar dos estudos teóricos com base no MEF terem revelado para a galeria do Jaguari, apoiada sobre rocha, concentrações de tensões no teto de até 2,0 $\gamma.h$, tais concentrações ocorreram muito localizadamente e sobre as paredes laterais da galeria. Desta forma, essas elevadas tensões influenciaram mais no dimensionamento das paredes laterais da galeria, visto que a laje do teto ficou submetida a uma distribuição de tensões mais baixa, com um valor médio da ordem de 1,2 $\gamma.h$.

• Um amplo levantamento bibliográfico sobre a medição das tensões verticais em galerias enterradas permitiu constatar que estas nunca ultrapassam o valor de 1,8 $\gamma.h$, apesar da grande variedade de geometria das galerias e de tipos de materiais da fundação e dos maciços compactados.

• As células de pressão total do tipo IPT e Maihak, instaladas nas galerias de desvio do Jacareí e do Jaguari, apresentaram de modo geral um bom desempenho entre si, com apenas 10% das células com comportamento anômalo, decorridos dois anos de sua instalação.

6.7 Tensões na interface solo-concreto dos muros de ligação

Neste item, apresentam-se os resultados provenientes da medição de tensões nos abraços direito e esquerdo da barragem de Água Vermelha, construída pela Companhia Energética de São Paulo (Cesp), no período entre 1973 e 1978. O projeto compreende as estruturas de concreto, com 600 m de comprimento e 90 m de altura máxima, e os maciços laterais de terra com cerca de 4.000 m de extensão e altura máxima de 67 m, totalizando um volume de 17×10^6 m³ de aterro. São também apresentados alguns resultados referentes à instrumentação da interface solo-concreto, no abraço esquerdo da barragem de Itaipu.

6.7.1 A instrumentação utilizada

Na barragem de Água Vermelha, optou-se pela utilização de células de pressão total hidráulicas tipo Gloetzl e de piezômetros de corda vibrante tipo Maihak, na instrumentação da interface entre os maciços de terra com as estruturas de concreto.

As células de pressão total tipo Gloetzl foram selecionadas em virtude do comportamento bem-sucedido apresentado em barragens no exterior (Schober, 1965, e Carlyle, 1973) e dos resultados fornecidos pela instrumentação da interface solo-concreto na barragem de Ilha Solteira, onde, apesar da constatação de alguns problemas com essas células, elas apresentaram um comportamento melhor em relação às do tipo Carlson-Kyowa (Mellios e Sverzut, 1975). As células Gloetzl utilizadas em Água Vermelha eram constituídas por uma almofada plana com dimensões 20 x 30 cm, com campo de leitura de 0 MPa a 1,5 MPa e sensibilidade de 0,002 MPa.

6.7.2 Localização dos instrumentos

As células de pressão total foram instaladas em três elevações espaçadas de 15 m entre si: a saber, El. 340 m, 355 m e 370 m, nos blocos extremos dos muros de ligação direito e esquerdo, conforme ilustrado nas Figs. 6.37 e 6.38. Nas faces montante e lateral desses blocos, as células de pressão foram instaladas com piezômetros de maciço, por ficarem em contato com o aterro compactado. Na face de jusante, em contato com o enrocamento, instalaram-se apenas as células de pressão total.

Na elevação intermediária (El. 355) do muro direito, procedeu-se à instalação de rosetas constituídas de três células, em cada uma das faces, com o objetivo de se medir não apenas a tensão normal à superfície do muro, mas também as tensões segundo duas outras direções, para permitir o cálculo das tensões principais (Fig. 6.38).

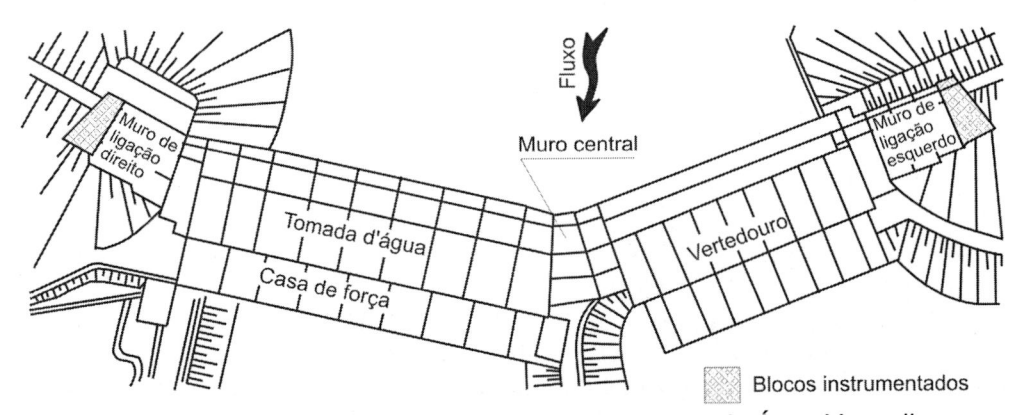

Fig. 6.37 *Planta das estruturas de concreto da barragem de Água Vermelha*

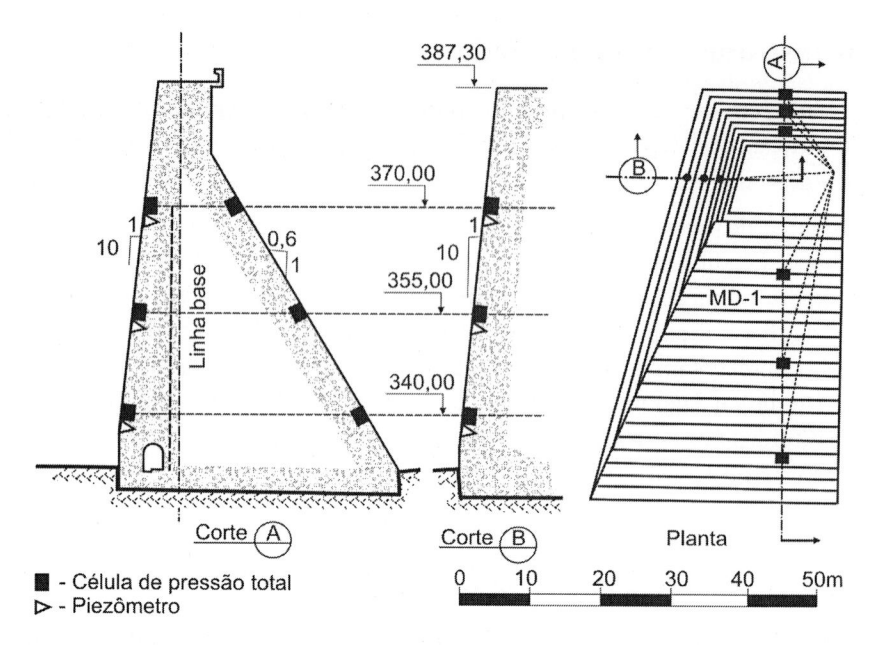

Fig. 6.38 *Locação dos instrumentos no muro de ligação direito de Água Vermelha*

Fig. 6.39 *Detalhe da instalação da roseta de células de pressão na elevação intermediária do Bloco MD-1, na barragem de Água Vermelha*

6.7.3 Análise dos resultados obtidos e comparação com os valores de projeto

Neste item, são apresentados e analisados os resultados fornecidos pelas células de pressão total instaladas na interface solo-concreto nos muros de ligação da barragem de Água Vermelha, analisando-se também as leituras das células Gloetzl durante o período em que elas funcionaram adequadamente.

- **Tensões normais à interface**

O empuxo transmitido pelo maciço de terra aos muros de ligação direito e esquerdo foi calculado segundo os critérios do Corps of Engineers EM1110-2-2502, DIN-19702, aplicando-se o método gráfico de Culmann, com o ponto de aplicação da resultante a 0,38 H (sendo H a altura do abraço na seção analisada). Para a comparação desses resultados com as tensões fornecidas pelas células de pressão total, considerou-se teoricamente uma distribuição linear de tensões ao longo das seções verticais instrumentadas, com a resultante igual àquela fornecida pelo método de Culmann. As tensões sobre o paramento de montante foram estudadas também pelo Método dos Elementos Finitos (MEF), apresentando-se na Fig. 6.40 uma comparação entre as tensões calculadas por meio destes dois métodos.

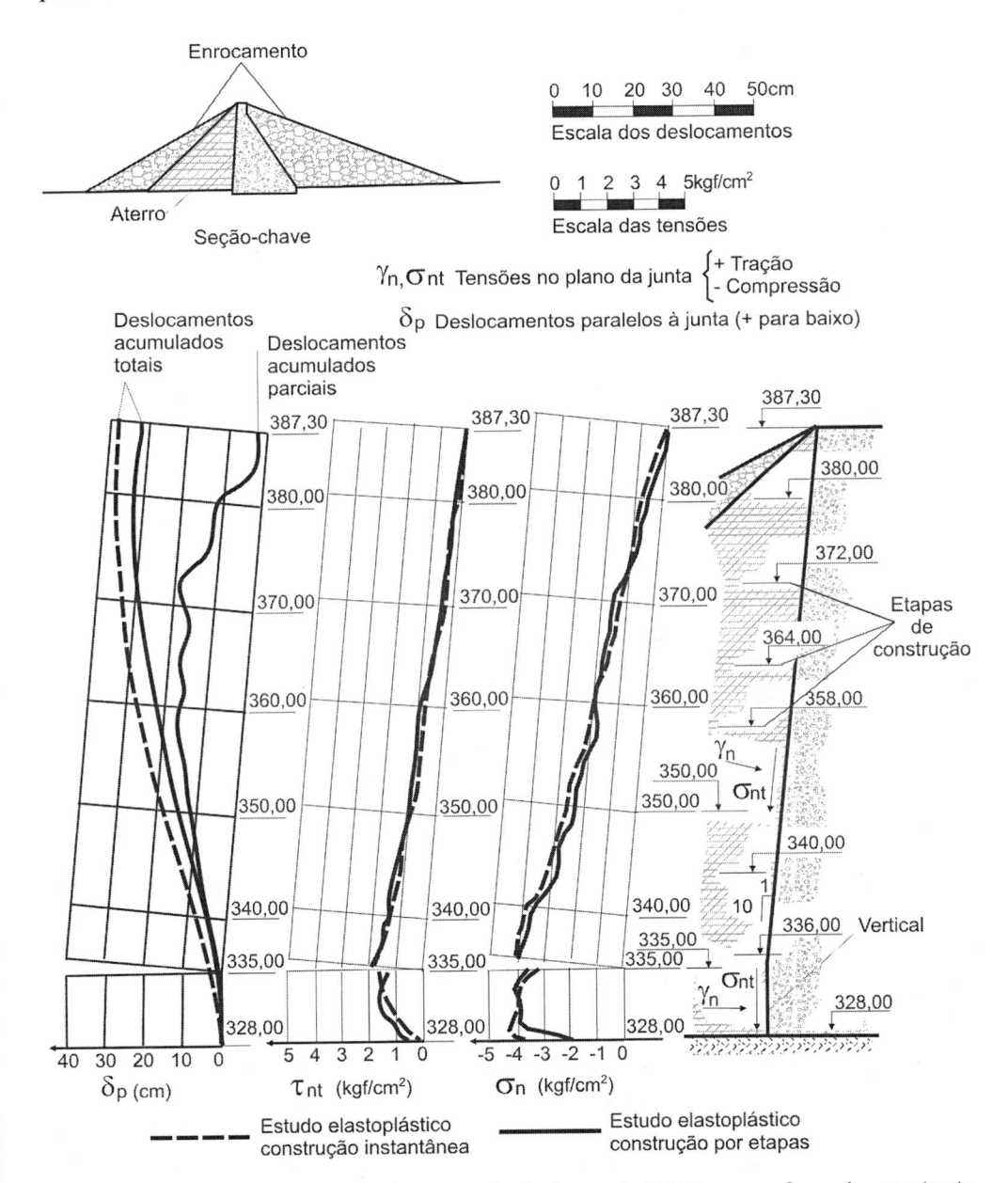

Fig. 6.40 *Tensões e deslocamentos calculados pelo MEF para a face de montante da transição direita da barragem de Água Vermelha*

Destacam-se como principais observações da análise da Tabela 6.6, as seguintes:

a) Constata-se uma boa coerência entre os resultados fornecidos pelas células de jusante, elevação 340 m, nos muros direito e esquerdo, apesar de esses valores serem superiores em cerca de 50% às tensões teóricas fornecidas pelo método de Culmann.

b) Observa-se de um modo geral uma boa concordância entre os valores obtidos pelo método de Culmann e do MEF.

Tabela 6.6 *Tensões teóricas devidas ao empuxo dos abraços, fornecidas pelo método de Culmann e MEF*

Bloco	Elevação (m)	Face	Tensão teórica (kgf/cm²) Culmann	Tensão teórica (kgf/cm²) MEF	Tensão medida (kgf/cm²)
	340	Mont.	3,24	3,24	-
		Lat.	3,60	-	-
		Jus.	3,23	-	4,68(*)
MD-1	355	Mont.	2,21	1,79	-
		Lat.	2,45	-	-
		Jus.	2,10	-	1,78(*)
	370	Mont.	1,18	1,30	-
		Lat.	1,32	-	-
		Jus.	0,98	-	1,25(**)
	340	Mont.	3,17	3,24	-
		Lat.	3,48	-	-
		Jus.	2,69	-	4,48(*)
ME-5	355	Mont.	2,16	1,79	1,57(*)
		Lat.	2,38	-	-
		Jus.	1,66	-	-
	370	Mont.	1,17	1,30	-
		Lat.	1,27	-	-
		Jus.	0,62	-	-

Notas: (*) Tensão medida quando o aterro se encontrava a 10 m abaixo da crista.
(**) Tensão medida quando o aterro se encontrava a 05 m abaixo da crista.

- **Tensões verticais na região da interface**

As tensões verticais medidas pelas células de pressão total instaladas na elevação 355 m do muro de ligação direito, em função da altura do aterro sobre a célula, são apresentadas na Fig. 6.41, para as células de montante, lateral e jusante. Conforme se pode observar nessa figura, as tensões são inferiores àquelas calculadas admitindo-se $\sigma_v = \gamma h$, sendo γ o peso específico do solo e h a altura de aterro sobre a célula.

A diferença entre as tensões medidas e fornecidas pela relação $\sigma_v = \gamma h$ acentuaram-se com a elevação do aterro, o que está em acordo com as tensões verticais teóricas, fornecidas por meio do MEF, para a face de montante (Fig. 6.32). O valor do coeficiente de empuxo em repouso k0, quando calculado conforme a expressão simplificada $\sigma_v = \gamma h$, pode se afastar significativamente da realidade, conforme pode ser observado na Fig. 6.42.

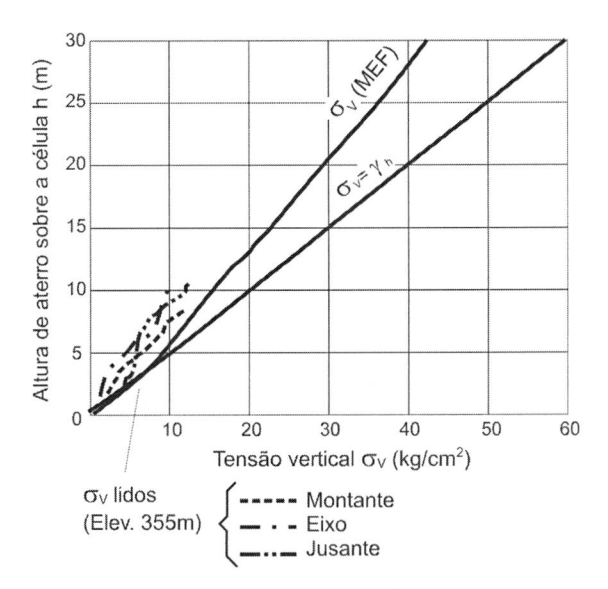

Fig. 6.41 *Gráfico de σ_V versus elevação do aterro para as células do bloco MD-1, cota intermediária (El. 355 m)*

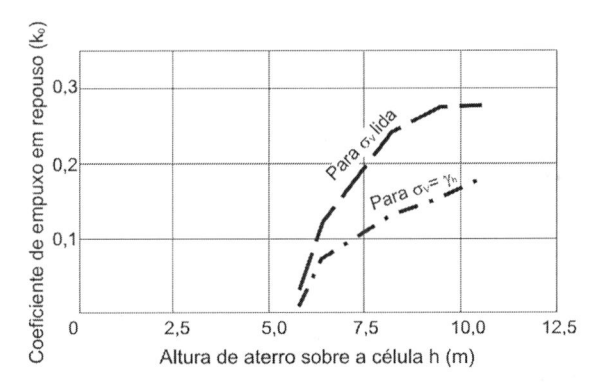

Fig. 6.42 *Gráfico de K_0 versus elevação do aterro para as células de jusante do bloco MD-1 (El. 355 m)*

Segue-se como importante conclusão o interesse em se medir não apenas as tensões normais ao paramento, nos muros de ligação de barragens, mas também as tensões verticais na região da interface, com uma célula instalada horizontalmente, ou instalando-se uma roseta de células, o que possibilitaria, além da observação das tensões verticais e horizontais, o cálculo das tensões principais e da tensão cisalhante na interface, conforme discutido por Silveira (1980).

Nas Figs. 6.43 e 6.44, apresentam-se os diagramas de pressão na interface solo-concreto, nos muros de ligação direito e esquerdo da barragem de Água Vermelha. São apresentadas as tensões medidas ao longo de seções transversais, orientadas ao longo das direções montante-jusante e direita-esquerda, e ao longo de seções horizontais. Destaca-se que o enchimento do reservatório teve início em 26 de junho de 1978, sendo que, decorridos 12 meses dessa data, as pressões neutras na interface ainda não se tinham estabilizado.

Na Fig 6.45, apresentam-se os deslocamentos medidos nos blocos extremos dos muros de ligação direito e esquerdo da barragem de Água Vermelha, na qual se pode observar o deslocamento da crista da barragem, para jusante, da ordem de 3 mm a 5 mm, durante a fase de primeiro enchimento do reservatório.

Observa-se, finalmente, que não houve na barragem de Água Vermelha qualquer evidência de descolamento entre o maciço de terra de montante e os blocos de concreto, o que foi corroborado pelas velocidades de elevação das subpressões na interface solo-concreto a montante, que foram praticamente idênticas àquelas observadas na interface lateral dos respectivos blocos dos muros de ligação.

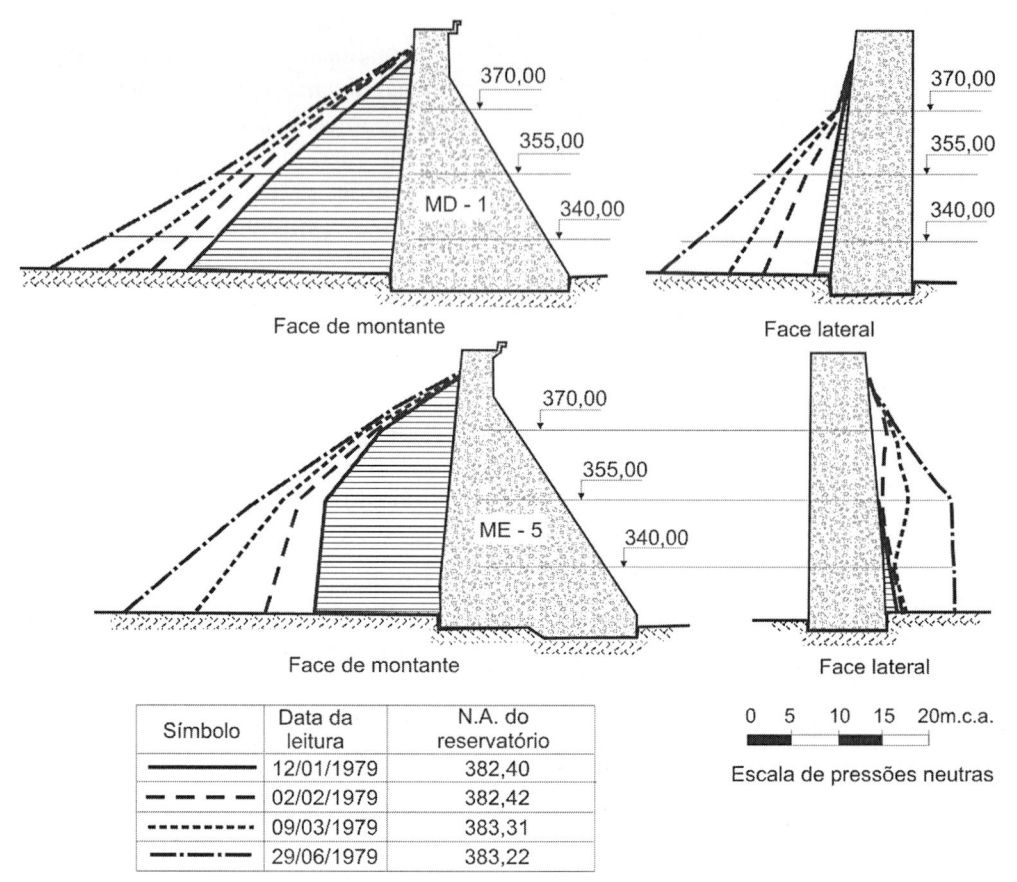

Fig. 6.43 *Diagrama de pressões neutras na interface solo-concreto*

Símbolo	Data da leitura	N.A. do reservatório
——	12/01/1979	382,40
– – –	02/02/1979	382,42
··········	09/03/1979	383,31
—·—·—	29/06/1979	383,22

Quanto às tensões medidas na interface solo-concreto, nos muros de ligação da barragem de São Simão, da Cemig, Viotti e Ávila (1979) comentaram que, ao final da construção, as tensões medidas nesta interface eram da ordem de 20% da tensão vertical, excetuando-se duas células, que indicaram tensões da ordem de 35% de $\sigma_v = \gamma H$. Em termos de tensões efetivas na região da interface, comentaram que a célula n° 1, instalada a montante na El. 354 m, revelou uma pressão efetiva próxima de zero, levando à conclusão da possibilidade de fraturamento hidráulico no local. De fato, um piezômetro instalado ao lado da célula mostrou uma carga hidráulica igual à coluna do reservatório, confirmando a ocorrência de pressão efetiva praticamente nula. Os autores destacaram, entretanto, que todas as outras células indicaram pressões efetivas positivas, com os piezômetros indicando certa perda de carga ao longo da interface e conduzindo à conclusão de que o contato estava se comportando satisfatoriamente.

Na instrumentação do abraço esquerdo da barragem de Itaipu, o bloco extremo I-23 foi dotado de células de pressão total e piezômetros de corda vibrante tipo

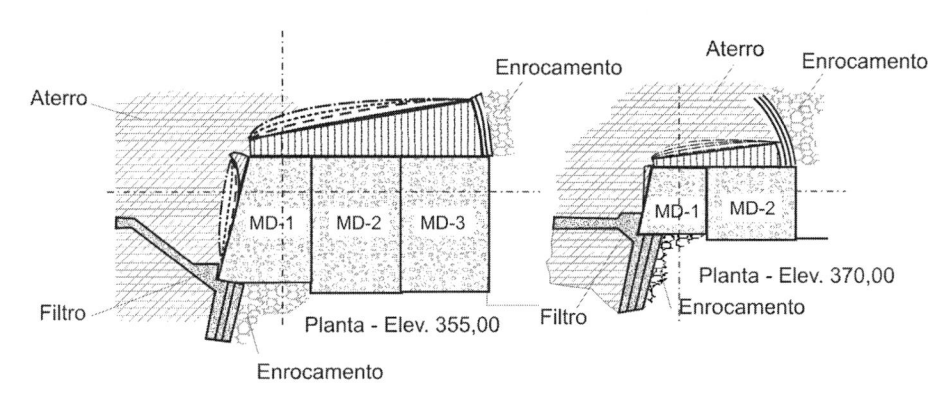

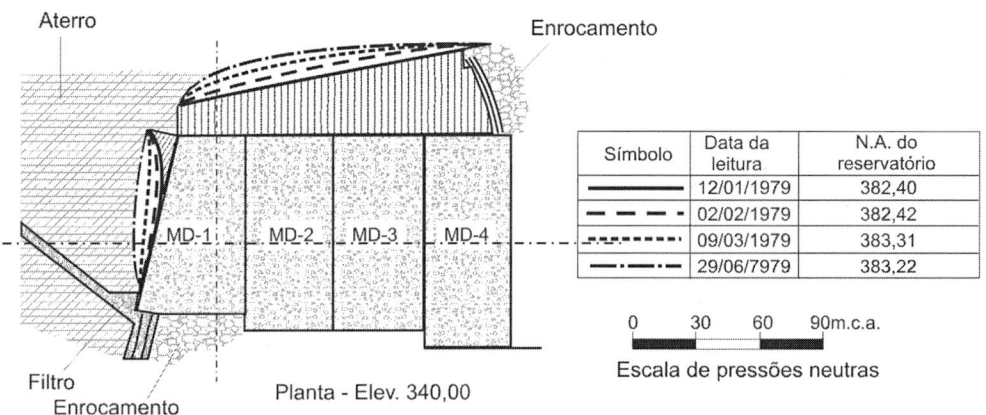

6 Pressões Medidas em Barragens de Terra e os Procedimentos de Análise 201

Símbolo	Data da leitura	N.A. do reservatório
————	12/01/1979	382,40
– – – –	02/02/1979	382,42
··········	09/03/1979	383,31
—·—·—	29/06/7979	383,22

0   30   60   90 m.c.a.

Escala de pressões neutras

Fig. 6.44 *Diagrama de pressão neutra na interface solo-concreto do muro direito*

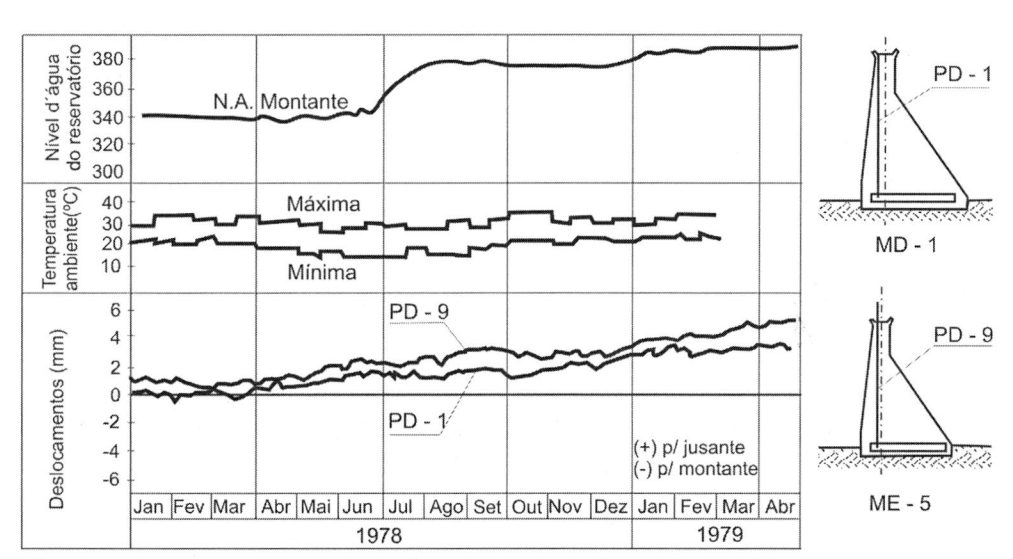

Fig. 6.45 *Deslocamentos na direção montante-jusante, medidos pelos pêndulos diretos*

Geonor, instalados junto às faces de montante e lateral, e apenas células de pressão total a jusante, em contato com o enrocamento. Esses instrumentos apresentaram um bom desempenho durante os primeiros anos de operação, permitindo acompanhar o nível das tensões totais e efetivas nas interfaces solo-concreto, durante o período construtivo e fase de enchimento do reservatório. Na Tabela 6.7, apresentam-se as tensões total, efetivas e neutras medidas ao final da construção e em março de 1985, cerca de um ano após o final do enchimento do reservatório.

Tabela 6.7 *Tensões nas interfaces solo-concreto do muro de ligação esquerdo da barragem de Itaipu em kPa*

Elevação (m)	Face	Célula	Final de construção (13/10/1982)			Final do enchimento do reservatório (junho/1984)		
			σ_{total}	u	σ_{ef}	σ_{total}	u	σ_{ef}
169	Montante	CL-I-1	388	46	342	(*)	366	-
	Lateral	CL-I-2	415	26	389	460	46	414
	Jusante	CL-I-3	408	0	408	400	0	400
189	Montante	CL-I-4	250	3	247	(*)	230	-
	Lateral	CL-I-5	144	1	143	160	3	157
	Jusante	CL-I-6	112	0	112	100	0	100

(*) Instrumento com comportamento suspeito.
Fonte: Itaipu Binacional, 1984.

A partir dos dados apresentados nesta tabela se pode observar que, a menos da face de montante, onde a célula de pressão total se apresentou danificada ao final do enchimento, as tensões efetivas junto à face lateral apresentaram valores adequados, com 414 kPa, na El. 169, e 157 kPa, na El. 189. Cerca de um ano após o enchimento do reservatório, quando então a rede de fluxo através do aterro compactado havia praticamente atingido uma condição estável, as pressões efetivas nestas elevações foram, respectivamente, de 420 kPa e 156 kPa. Ou seja, apesar do acréscimo observado nas pressões neutras, as pressões totais também se elevaram, não tendo havido uma variação significativa das tensões efetivas na lateral, o que constitui uma condição bastante favorável em termos de segurança.

7 A Medição de Recalques em Barragens de Terra ou Enrocamento

> *Certainly the fundamental rule today should be that no instrument should be installed that is not needed to answer a specific question pertinent to the safe performance of the dam.*
>
> Ralph B. Peck., 2001

7.1 Introdução

A construção de barragens de terra ou de enrocamento implica sempre a ocorrência de recalques da fundação, recalques do maciço e recalques diferenciais entre as diferentes seções transversais da barragem, que podem ocasionar problemas se não forem adequadamente analisados e atenuados na fase de projeto. Se a barragem se assentar sobre um maciço rochoso, por exemplo, os recalques finais ocorrerão quase que exclusivamente no corpo da barragem em si. Sua importância e seus efeitos no comportamento da barragem dependerão basicamente das características do aterro, do projeto e dos procedimentos construtivos. Os recalques da fundação e do aterro compactado terão seu reflexo na sobreelevação da crista da barragem, enquanto que os recalques diferenciais poderão implicar trincas pelo corpo da barragem. Barragens de terra sobre fundações colapsíveis poderão apresentar recalques bruscos e trincas na fase de enchimento do reservatório, os quais devem ser devidamente monitorados e supervisionados por meio de inspeções *in situ*. Em vales estreitos, trincas poderão se desenvolver devido à tendência do núcleo arquear entre as duas paredes do cânion, enquanto que, em ombreiras irregulares, fissuras poderão se desenvolver em região mais angulosa ou irregular da fundação.

As medições de recalque em barragens de terra ou enrocamento constituem um requisito importante do plano de instrumentação, com enfoque para a supervisão de suas condições de segurança durante o período construtivo, a fase de enchimento do reservatório e o período operacional. São medições importantes e podem ser realizadas com instrumentos de boa precisão, alta confiabilidade e custo relativamente baixo, alguns dos quais confeccionados na própria obra.

Dentre os principais objetivos das medições de recalque, destacam-se os seguintes:

- medir os recalques da fundação em trechos potencialmente críticos;
- medir os recalques durante a construção da barragem, para uma melhor avaliação da sobreelevação da crista ao final do período construtivo. Isso permite um cálculo mais preciso da sobreelevação da crista, em relação aos ensaios de laboratório;
- medir os recalques durante a fase de enchimento do reservatório e do período operacional, até que se apresentem praticamente estabilizados;
- medir os recalques da barragem durante a ocorrência de eventos sísmicos;
- medir os recalques diferenciais reais entre seções transversais mais críticas, para a avaliação do recalque diferencial máximo tolerável pelos vários tipos de barragens;
- medir os recalques diferenciais em regiões onde existem solos que podem sofrer colapso por ocasião da fase de enchimento do reservatório.

7.2 Medidores de recalque instalados verticalmente

Para a medição dos recalques em barragens de terra-enrocamento, empregam-se geralmente os medidores de recalque instalados durante a construção, constituídos por placas metálicas ou anéis magnéticos instalados na fundação e no interior do aterro, ao longo de uma mesma vertical. Os deslocamentos verticais dessas placas ou anéis são medidos na superfície do terreno, empregando-se medições topográficas ou um tubo fixado à rocha de fundação, para servir de referência aos recalques a serem medidos pelas várias placas.

7.2.1 Medidor de recalque tipo telescópico

Este tipo de medidor foi inicialmente desenvolvido pelo Instituto de Pesquisas Tecnológicas de São Paulo (IPT), sendo também conhecido como medidor de recalque tipo IPT. É constituído por uma série de placas acopladas a tubos telescópicos instalados verticalmente. A placa inferior, geralmente instalada na superfície da fundação, é acoplada a uma tubulação de 2" de diâmetro; a segunda placa, instalada no interior do aterro, é acoplada a uma tubulação de 3"; a terceira placa, a uma tubulação de 4", e assim sucessivamente, de tal modo que constitua um sistema telescópico de tubos, onde cada um deles pode se deslocar vertical e livremente em relação aos demais. Os recalques são medidos em relação ao tubo de referência interno, de 1" de diâmetro, solidário à rocha de fundação, onde ele é fixado com calda de cimento. São geralmente instalados com no máximo 3 a 4 placas, devido ao crescente aumento do diâmetro das tubulações e do conseqüente aumento de custo. Na Fig. 7.1, pode-se observar a instalação da segunda placa de um medidor deste tipo, no qual o tubo central de refe-rência se encontra fixado à rocha de fundação.

Para evitar problemas de corrosão, deve-se empregar tubos de aço galvanizado na instalação desses instrumentos, o que implica um aumento de custo, pois, à medida que se aumenta o número de placas, aumenta-se também o diâmetro das tubulações. Apesar da limitação do número de placas, este tipo de medidor já foi muito empregado no Brasil, quando da ins-trumentação de várias de nossas barragens construídas na década de 1970. Poste-riormente, foram substituídos pelos medidores magnéticos e medidores de recalque do tipo KM, que podem ser instalados com até 12 placas, ou mais, com um bom desempenho e baixo custo.

Fig. 7.1 *Detalhe de um medidor de recalque tipo telescópico, com a segunda placa em fase de instalação*

7.2.2 Medidor de recalque tipo USBR

Este medidor de recalque foi desenvolvido pelo Bureau of Reclamation, nos Estados Unidos, denominado em inglês *crossarm gage*. Conforme se pode observar na Fig. 7.2, instalam-se, nos pontos onde se pretende medir o recalque do aterro, vigas com perfil "U", solidárias às tubulações de menor diâmetro. As tubulações entre perfis "U" são dotadas de luvas tipo telescópico, para absorver as deformações verticais do aterro. A medição dos recalques é realizada por uma sonda dotada de aletas em sua parte mais central, que se abrem depois de destravadas, permitindo a determinação da cota das tubulações conectadas aos perfis tipo "U".

A grande vantagem deste tipo de medidor é que praticamente não há limitação para o número de vigas no interior do aterro, ou seja, de pontos para a medição de recalque. Para que se possa dispor de um bom referencial na parte inferior do instrumento, é fundamental a instalação desses instrumentos até a rocha de fundação, para que se tenha um referencial fixo em sua base. Outra vantagem deste medidor é poder utilizar os tubos guias dos inclinômetros para a medição de recalques nas luvas telescópicas, empregando-se um torpedo tipo USBR. Este tipo de medidor passou a ser comercializado por algumas empresas, como, por exemplo, a Slope Indicator Co, permitindo, dessa forma, a instalação de inclinômetros integrados a medidores de recalque, o que se constitui em uma grande vantagem em termos de redução de custo e otimização do plano de instrumentação de uma barragem.

Os medidores de recalque tipo USBR deixaram de ser utilizados no Brasil há cerca de duas décadas, aproximadamente, em decorrência do enorme tempo despendido na realização das leituras, além de exigir uma equipe de operação muito bem treinada. Apresentavam a grande vantagem de permitir a medição dos recalques da barragem, com a medição dos deslocamentos horizontais, quando de sua instalação com os inclinômetros. Entretanto, este tipo de medidor de recalque acabou sendo substituído por outros instrumentos, alguns desenvolvidos em nosso próprio país, como os medidores do tipo KM e do tipo magnético, que sobrepujaram os do tipo USBR pela simplicidade de operação, maior precisão e possibilidade, em alguns casos, de serem confeccionados na própria obra.

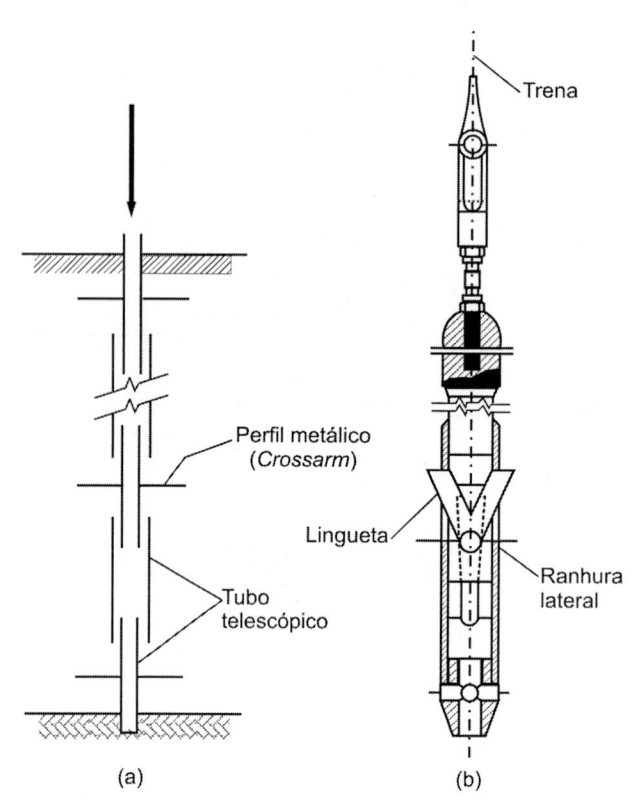

Fig. 7.2 *Medidor de recalque tipo USBR (Dunnicliff, 1988)*

7.2.3 Medidor de recalque tipo KM

O medidor de recalque tipo KM foi desenvolvido por dois técnicos da Cesp, cujos nomes, Komesu, P. e Matuoka, Y., deram origem à sua denominação. É um instrumento em tudo semelhante a um extensômetro múltiplo de hastes, no qual cada uma das hastes é fixada a uma placa, instalada verticalmente ao longo do aterro, conforme se pode observar nas Figs. 7.3 e 7.4. As placas são acopladas a hastes metálicas instaladas verticalmente no aterro compactado e protegidas externamente por uma tubulação metálica dotada de luvas telescópicas, para absorver as deformações do aterro.

Fig. 7.3 *Detalhe da instalação da placa de um medidor de recalque KM*

Fig. 7.4 *Medidor tipo KM instalado na crista da barragem de Canoas II, da Duke Energy*

Os recalques das várias placas são transmitidos até a superfície do terreno pelas hastes, que podem movimentar-se livremente dentro do tubo guia de proteção. Os recalques podem ser medidos em relação ao tubo central de referência, fixado à rocha de fundação, empregando-se, por exemplo, um paquímetro, que permite a medição dos recalques com precisão da ordem de ± 1,0 mm. Podem ser instalados com até 12 placas, sem maiores problemas, recomendando-se apenas que as hastes sejam pintadas uma de cada cor, para se evitar uma possível troca de identificação das hastes durante a instalação. Esse critério passou a ser empregado pela Cesp, que procurou estabelecer uma relação entre a cor das hastes e a seqüência de instalação das placas, da inferior para as superiores, facilitando a instalação deste tipo de medidor de recalque e evitando uma possível falha na identificação das hastes.

Conforme trabalho de Mellius e Macedo (1973), os primeiros medidores de recalque do tipo KM, instalados nas barragens de Promissão e Ilha Solteira, da Cesp, apresentaram sérios problemas em seu desempenho, pois na época procurava-se utilizar como referência o tubo externo, que não era dotado de luvas telescópicas. Dessa forma, os recalques do aterro arrastavam essa tubulação, provocando um provável esmagamento da composição e perda de referência dos recalques do aterro.

À medida que a tubulação externa foi dotada de luvas telescópicas, para absorver as deformações verticais do aterro, e a referência para os recalques medidos passou a ser uma tubulação interna (Ô1"), fixada na rocha de fundação em profundidade, este instrumento passou a apresentar um excelente desempenho, tornando-se um dos melhores medidores de recalque existentes para barragens de terra ou enrocamento.

7.2.4 Medidor de recalque tipo magnético

O medidor de recalque tipo magnético, também conhecido por medidor de recalque tipo Idel (nome do engenheiro que o idealizou), é constituído por uma série de anéis magnéticos instalados ao longo de uma mesma vertical, no interior do aterro compactado, e de uma tubulação de PVC rígido, que passa através dos vários anéis e serve de guia para uma sonda ou torpedo de leitura. Este, ao deslocar-se verticalmente ao longo da tubulação, de baixo para cima, permite a determinação da cota dos vários anéis e, assim, a determinação dos recalques da barragem (Fig. 7.5). Os anéis são confeccionados em aço imantado, de modo que gere campos magnéticos, cuja localização é determinada por meio da sonda. Destacam-se, dentre as vantagens deste tipo de medidor, sua simplicidade, confiabilidade e baixo custo.

A determinação da cota dos vários anéis magnéticos é reali-

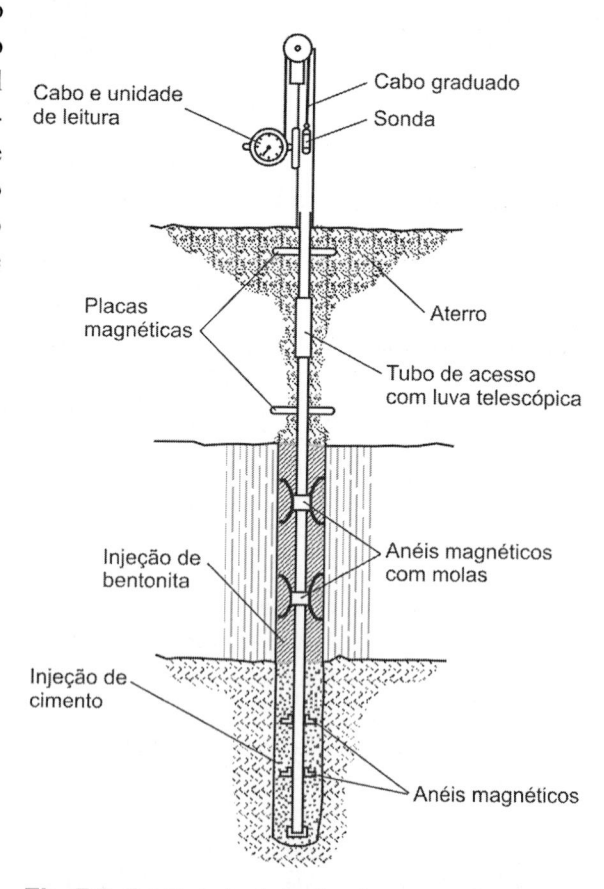

Fig. 7.5 *Perfil de instalação de um medidor magnético de recalque (Catálogo Roctest/Telemac)*

zada por intermédio de uma trena metálica presa à sonda de leitura ou empregando-se uma escala gravada sobre o cabo elétrico. O primeiro sistema é melhor porque o cabo pode apresentar significativas variações de comprimento durante sua vida (Robison, 1985). O recomendável é o emprego de uma composição de trena e cabo elétrico. Na Fig. 7.6, apresenta-se um medidor de N.A. da Geotechnical Instruments, no qual o sinal elétrico é transmitido pela própria trena.

Os medidores de recalque tipo magnético também são designados por extensômetro de sonda magnética, pois podem ser instalados ao longo de planos horizontais ou, eventualmente, em outra direção qualquer, ao longo de extensões de até 200 m, como, por exemplo, o medidor ilustrado na Fig 7.7, com sensibilidade de ± 1 mm, repetibilidade de ± 3 mm, operando entre temperaturas de -30ºC até +80ºC. Quando instalados em furos de sondagem, necessitam de diâmetros de 102 mm a 152 mm, geralmente.

Fig. 7.6 *Indicador de nível d'água com trena que permite a transmissão de sinais elétricos (Catálogo Geotechni-cal Instruments, Leamington Spa, Inglaterra)*

Os medidores magnéticos de recalque podem ser instalados com um número ilimitado de placas ou anéis de recalque, sendo recomendável a instalação da extremidade inferior da tubulação em rocha, a fim de se dispor de um referencial fixo em profundidade. Por ocasião da instalação, cada uma das placas ou anéis deverá ter sua cota determinada topograficamente, para se saber qual foi a elevação real de instalação. Quando a instalação dos anéis é na fundação da barragem, eles podem ser instalados no interior de furos de sondagem com 4" a 6" de diâmetro, empregando-se anéis acoplados a um sistema de molas que

Fig. 7.7 *Torpedo e trena para leitura do medidor magnético tipo Geokon*

são mantidas fechadas, sendo liberadas somente após seu posicionamento no interior das sondagens, nas cotas preestabelecidas em projeto (Fig. 7.8).

Durante a instalação dos medidores magnéticos de recalque na fase de construção da barragem, deve-se tomar todo o cuidado com a vedação de toda conexão entre tubos e luvas, empregando-se mantas de poliéster, se necessário, para evitar a entrada de solo ou outras partículas sólidas no interior da tubulação do instrumento. Caso isso ocorra, pode-se perder o referencial fixo deixado na fundação, em profundidade, e as leituras de recalque no trecho inferior da tubulação.

Um tipo melhorado de sensor foi desenvolvido no Brasil por Figueiredo e Negro Jr. (1981), e emprega um diferente método de transmissão de sinal, quando o sensor é ativado pelo campo magnético ao passar através do anel. O sensor é constituído por um torpedo com 200 mm de com-primento e 13 mm de diâmetro, empregado na instrumentação da barragem de terra de Tucuruí, da Eletronorte, ao longo de alturas de 54 m e 104 m. Quando o circuito se fechava, um oscilador duplo existente na sonda era ativado, gerando ondas "quadradas", conduzidas através de uma trena metálica até a superfície do terreno. O sinal do oscilador era recebido e amplificado na superfície, permitindo ao operador detectar o sinal pelos fones de ouvido. Essa sonda aperfeiçoada evitou o emprego de um cabo elétrico adicional, simplificando sobremaneira a operação de leitura. Por ter sido desenvolvido no Brasil, deveria ganhar maior difusão e emprego na instrumentação de nossas barragens. Figueiredo e Negro Jr. procederam a algumas comparações entre os recalques medidos com essa sonda magnética e com os medidores de recalque tipo USBR, obtendo, em termos gerais, uma boa concordância entre eles.

Fig. 7.8 *Anel tipo "aranha" para instalação em furos de sondagem (Cortesia Geokon)*

7.3 Medidores de recalque instalados horizontalmente

Neste item, procede-se à descrição de medidores de recalque instalados horizontalmente para a medição dos deslocamentos verticais de um ou mais pontos sob o aterro de uma barragem ou no interior do próprio aterro. Deve-se ter cuidado com a passagem dos cabos ou tubulações através dos filtros e transições, particularmente nas barragens de enrocamento com núcleo, visto que o recalque diferencial entre os materiais das diferentes zonas da barragem pode provocar danos irreversíveis aos instrumentos ou mesmo à ruptura das tubulações.

7.3.1 Célula hidráulica de recalque

Por célula hidráulica de recalque entende-se aquela que é instalada geralmente dentro do maciço das barragens de enrocamento, para a medição dos recalques em relação à cabine de leitura, localizada sobre o talude de jusante, conforme ilustrado na Fig. 7.9. Este tipo de célula emprega o princípio dos vasos comunicantes, sendo também conhecida no meio técnico nacional por "caixa sueca", por terem sido os suecos os primeiros a empregá-las na instrumentação de barragens. Quando a célula de recalque é instalada dentro do núcleo impermeável de uma barragem de enrocamento ou, eventualmente, em uma barragem de terra, ela dispõe normalmente de três tubulações, que passam a ter as seguintes funções:

- Tubulação n° 1: medir o recalque entre a célula e a cabine.
- Tubulação n° 2: permitir a drenagem do excesso d'água na célula.
- Tubulação n° 3: assegurar a pressão atmosférica no interior da célula.

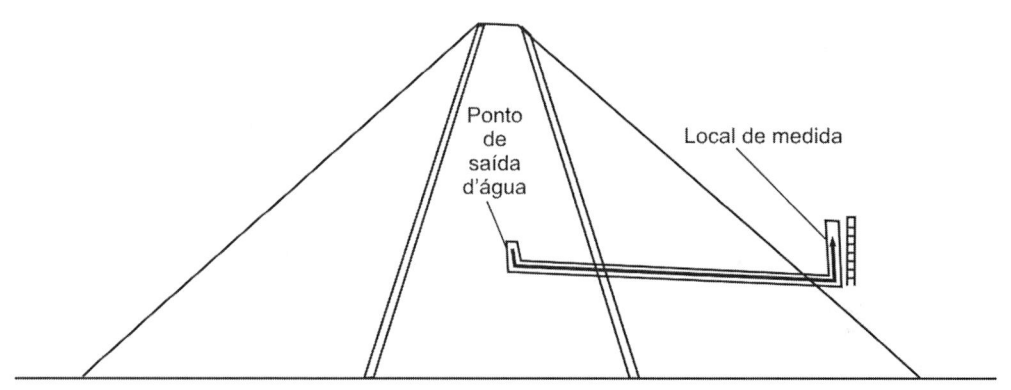

Fig. 7.9 *Esquema de funcionamento de uma célula hidráulica de recalque*

Um dos cuidados requeridos na instalação das células de recalque no interior de uma barragem de enrocamento é proceder a uma boa previsão dos recalques do aterro, para se assegurar de que os recalques a serem medidos poderão sê-lo em um painel instalado verticalmente no interior da cabine de leitura, instalada sobre uma berma ou sobre o talude da barragem a jusante. A diferença de recalque entre esses dois pontos é que permitirá o dimensionamento da altura da cabine de instrumentação, onde será instalado o painel de leitura, conforme ilustrado na Fig. 7.10. Deve-se deixar uma folga extra, pois, caso o recalque da célula ultrapasse o recalque estimado, não será mais possível continuar com as leituras dentro da cabine, sendo necessário proceder ao deslocamento do painel de leitura para a parte exterior da cabine, com todas as dificuldades e perda de precisão que isso acarretará.

Quando as células de recalque são instaladas no interior do enrocamento, o qual já está em contato com a pressão atmosférica a jusante do núcleo, e considerando-se que o mesmo permite a livre drenagem do excesso d'água que extravasa da célula durante a realização das leituras, não haverá necessidade de duas das tubulações que conectam o medidor à cabine a jusante. Um aperfeiçoamento introduzido pelos australianos da empresa Snowy Mountain que passou a ser assimilado no Brasil a partir do projeto da instrumentação da barragem de enrocamento com face de concreto (BEFC) de Xingó foi o emprego de tubulações duplas para a leitura dos recalques da barragem. Conforme se pode observar nas Figs. 7.11 e 7.12, que ilustram o tipo de célula de recalque empregado na instrumentação das BEFC de Xingó, Itá e Itapebi, as duas tubulações são instaladas com um desnível constante de 100 mm entre

Fig. 7.10 *Painel de leitura das células hidráulicas de recalque em uma cabine*

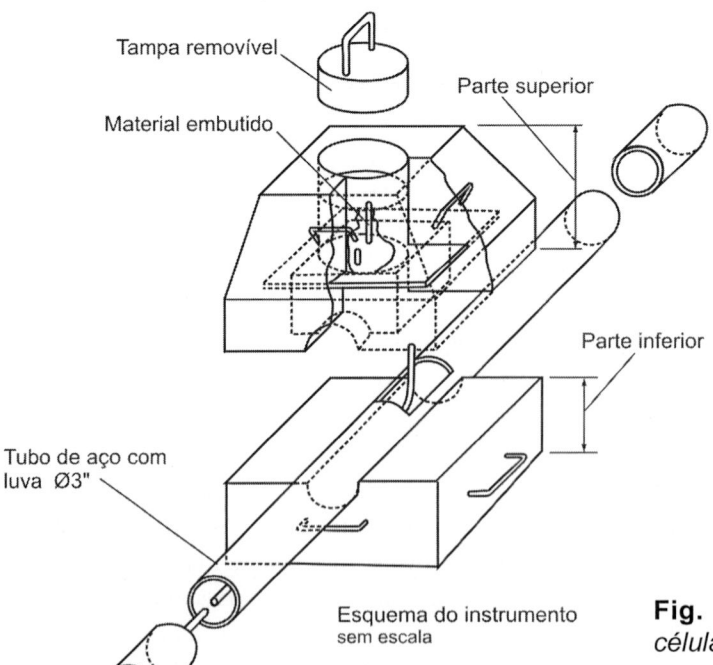

Fig. 7.11 *Perspectiva da célula hidráulica de recalque empregada nas BEFC de Xingó, Itá e Itapebi*

si, de modo que, ao se realizar as leituras em uma das tubulações e, posteriormente na outra, a diferença de recalque indicada deve permanecer constante e igual a esse valor. Caso isso não se verifique, é sinal de que há ar incorporado em uma das tubulações ou, eventualmente, nas duas, exigindo a recirculação delas com água deaerada, até que as leituras em ambas as linhas apresentem a diferença preestabelecida pelo instrumento, ou seja, 100 mm.

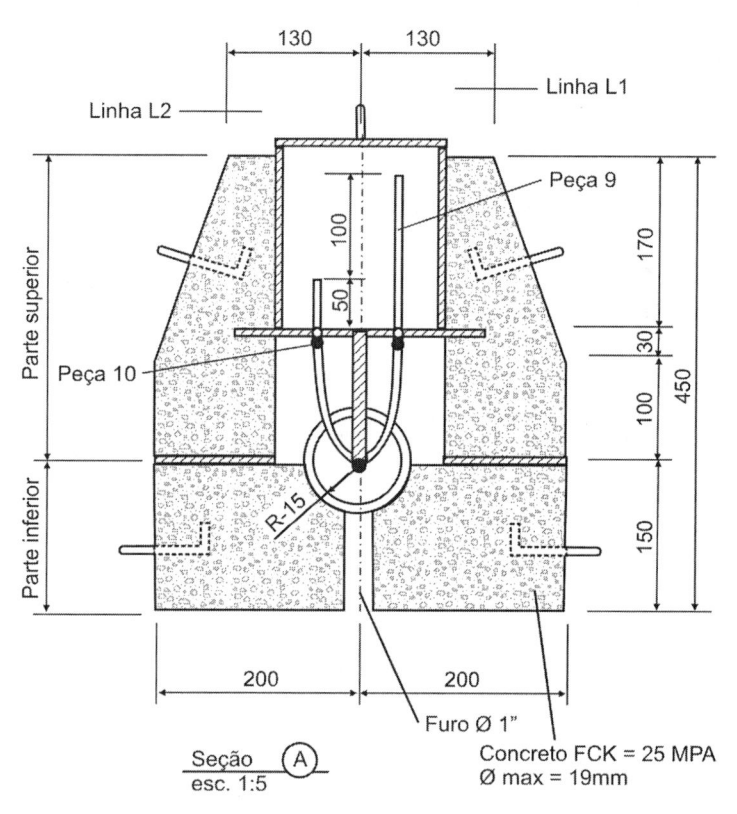

Fig. 7.12 *Seção através da célula hidráulica de recalque instalada na BEFC de Xingó, com sistema duplo de tubulação*

Este tipo de célula hidráulica tem se mostrado de alta precisão, pois os recalques podem ser determinados com uma sensibilidade de 1,0 mm e precisão da ordem de ± 0,5 mm, além de informar prontamente a existência de ar incorporado nas linhas de leitura, o que exige a recirculação das tubulações com água deaerada, para se evitar leituras imprecisas.

Na Fig. 7.13, apresenta-se a instalação de uma célula de recalque, ao lado da placa de um extensômetro horizontal tipo KM, na BEFC de Xingó, na qual este tipo de instrumento foi empregado pela primeira vez. Na Fig. 7.14, apresenta-se

Fig. 7.13 *Instalação de célula de recalque com extensômetro múltiplo horizontal tipo KM, na BEFC de Xingó*

Fig. 7.14 *Sistema de deaeração empregado nas BEFC de Xingó e de Itá*

o sistema de deaeração das células de recalque instaladas na BEFC de Xingó, da Chesf, no rio São Francisco, e da BEFC de Itá, da Itasa, no rio Uruguai, desenvolvido pelo engenheiro Alinor Figueiredo durante sua participação na instrumentação da barragem de Tucuruí, da Eletronorte. Por tratar-se de um sistema extremamente eficiente e preciso, foi adotado posteriormente, na instrumentação daquelas duas barragens, com resultados extremamente precisos.

Nas barragens de enrocamento onde as células de recalque foram instaladas sem o sistema duplo de tubulação ou onde a equipe de leitura não realizava freqüentes operações de deaeração, era comum a observação de freqüentes saltos nas leituras de recalque, motivados provavelmente por bolhas de ar incorporado, sem que as mesmas pudessem ser detectadas. Com a adoção desse sistema de tubulação dupla e de um sistema de deaeração eficiente, como o desenvolvido pelo engenheiro Alinor (Fig. 7.15), a sensi-bilidade dos medidores de recalque passou a ser da ordem de ± 1,0 mm, o que o tornou um dos instrumentos mais precisos para a medição de recalques em barragens de enrocamento.

A instalação deste tipo de célula em BEFC com mais de 120 m a 130 m de altura máxima passa a exigir cuidados especiais com a instalação das tubulações, que podem atingir na base da barragem comprimentos superiores a 250 m. Em barragens com cerca de 200 m de altura máxima, tais como Barra Grande e Campos Novos, o comprimento da tubulação na base da barragem pode atingir mais de 400 m, exigindo particular atenção com a perda de carga, que causa um grande lapso de tempo até a estabilização das leituras.

7.3.2 Medidor de recalque de corda vibrante

Existe uma ampla gama de medidores de recalque que utilizam a alta sensibilidade e precisão dos sensores de corda vibrante para a medição dos recalques na base de um aterro ou no interior de uma barragem. A Geokon, por exemplo, desenvolveu o medidor de recalque de corda vibrante da série 4600, para ser empregado quando da ocorrência de uma base de referência em rocha, de modo que constitui um referencial seguro abaixo do ponto de medição de recalque. Um sensor de pressão de corda vibrante, ancorado em uma tubulação cimentada na rocha, ou outro referencial estável no fundo de uma sondagem, é conectado através de uma coluna líquida até um reservatório fixado a uma placa de recalque na superfície do terreno. À medida que o aterro progride, o reservatório recalca e a coluna líquida sobre o sensor diminui, sendo medida por um cabo elétrico que conecta o sensor de corda vibrante à estação de leitura na superfície, conforme ilustrado na Fig. 7.15. Este tipo de medidor é concebido geralmente para operar com campos de leitura de 7 m a 35 m e com sensibilidade de ± 0,025% do campo total.

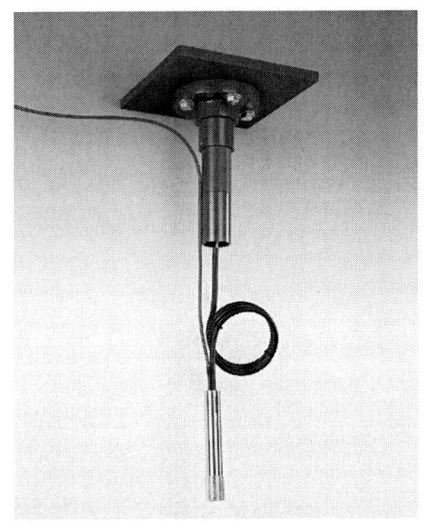

Fig. 7.15 *Medidor de recalque de corda vibrante modelo 4600 (Cortesia Geokon)*

Já no medidor de recalque modelo 4650 da Geokon (Fig. 7.16), o transdutor de pressão fica conectado a um prato localizado no aterro da barragem. O modelo 4650 foi concebido para a medição remota de recalque em um ponto sob o aterro. Neste instrumento, o sensor mede a pressão da coluna líquida que atua sobre ele, a partir de um reservatório man-tido na cabine de leitura, onde o nível é conhecido. O campo de leitura pode variar entre 7,0 m e 17,0 m, e medir os recalques com sensibilidade de ± 0,2 cm a ±0,4 cm, ou seja, ± 0,25% do campo de leitura. O sensor é conectado, via sistema de tubulação duplo, ao reservatório localizado em um referencial fixo ou em uma cabine sobre o talude de jusante, cujo recalque pode ser medido topo-graficamente. A pressão do fluido na tubulação é monitorada pelo transdutor de pressão, fornecendo dessa forma a diferença de

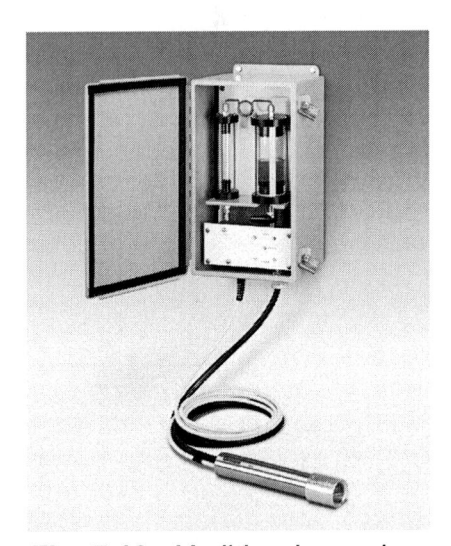

Fig. 7.16 *Medidor de recalque de corda vibrante modelo 4650 (Cortesia Geokon)*

elevação entre o sensor e o reservatório. Apresentam campo de leitura e sensibilidade similares ao modelo 4600, anteriormente apresentado.

O medidor de recalque modelo 4651 da Geokon (Fig. 7.17) permite a perfilagem contínua dos recalques ao longo de uma tubulação horizontal, empregando-se um torpedo conectado a um reservatório por meio de tubulações preenchidas por um fluido. O torpedo de leitura é empurrado ao longo de uma tubulação enterrada em um aterro, permitindo a medição contínua dos recalques ao longo da tubulação. O reservatório deve localizar-se sobre um local estável ou cujo recalque possa ser determinado continuamente por meio de medições topográficas. Na Fig.7.18,

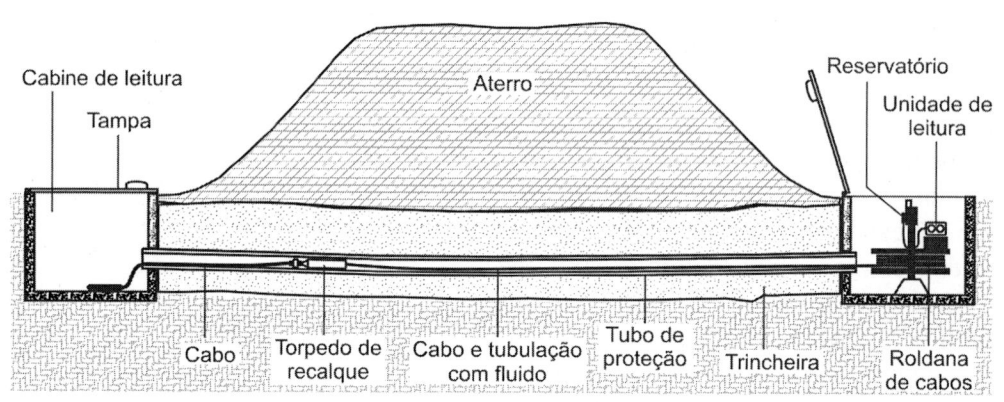

Fig. 7.17 *Esquema de instalação do medidor de recalque modelo 4651 da Geokon*

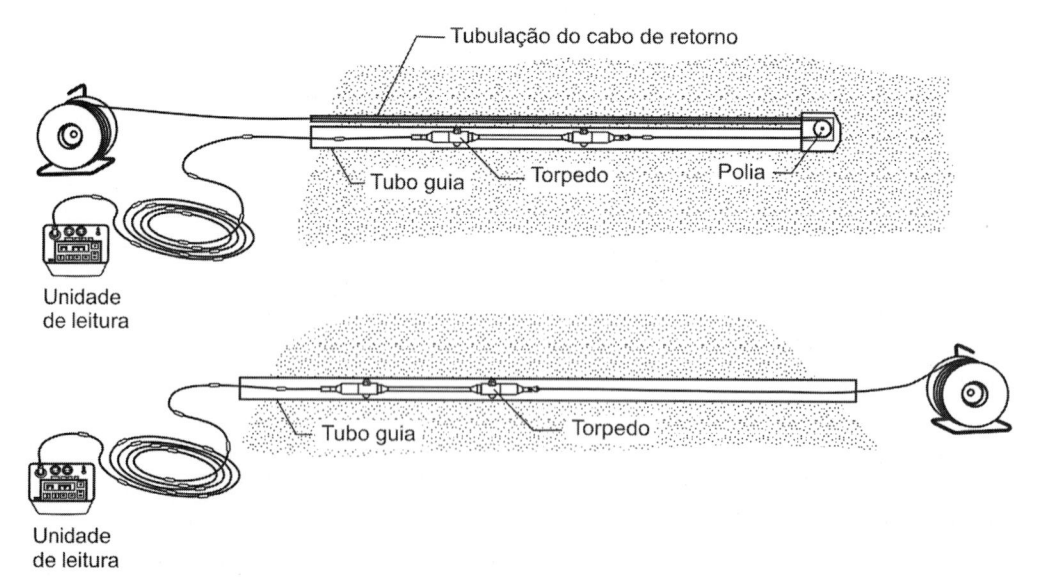

Fig. 7.18 *Inclinômetro horizontal dotado ou não de polia no fim do tubo guia (Catálogo Sinco)*

ilustra-se o inclinômetro horizontal da Sinco, que emprega uma polia na outra extremidade para o deslocamento do torpedo.

Nos inclinômetros concebidos para funcionar ao longo da horizontal, o torpedo de leitura desloca-se ao longo de uma tubulação instalada horizontalmente sob o aterro, sendo útil na instrumentação de aterros sobre solos moles ou de aterros que servirão de base para grandes tanques ou reservatórios de combustível. No caso de barragens, pode ser útil para a observação dos recalques ao longo de planos horizontais contínuos, o que permitiria a medição dos recalques por meio dos filtros e das transições em barragens de enrocamento, desde que a tubulação horizontal seja dimensionada para suportar os recalques diferenciais que ocorrerão nessa região da barragem.

7.3.3 Medidor contínuo de recalque

Em um simpósio sobre "Novas Técnicas e Conceitos em Ins-trumentação de Campo", realizado no Rio de Janeiro, em maio de 1988, comentou-se o desenvolvimento de um medidor contínuo de recalques, que era uma das novidades da época. Tratava-se de um sistema concebido pela Soil Instruments, da Inglaterra, que permitia a medição contínua de recalques em uma tubulação de náilon instalada horizontalmente. Este podia ser instalado ao longo de distâncias de até 200 m, com um sistema manual de leitura, e distância de até 1.050 m, com sistema automático de leitura. Em uma barragem, esta tubulação poderia ser instalada horizontalmente em determinados níveis do aterro, segundo os arranjos ilustrados na Fig. 7.19. A tubulação era preenchida inicialmente de água deaerada, que passava a ser preenchida com mercúrio durante a realização das leituras. A posição da interface água-mercúrio era monitorada de metro em metro com um transdutor sensível de pressão, que

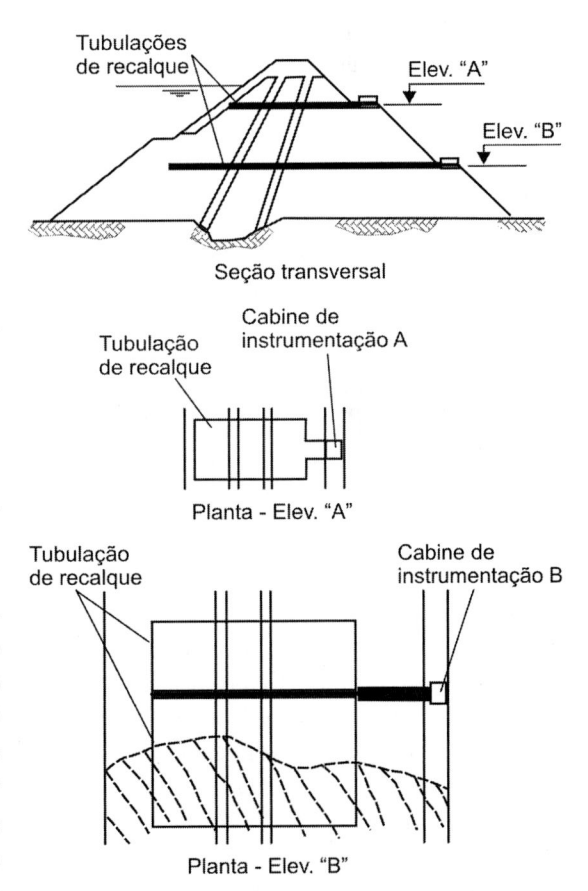

Fig. 7.19 *Medidor contínuo de recalques em uma barragem de enrocamento (Catálogo Soil Instruments)*

possibilitava a determinação de sua cota por meio da carga hidráulica aplicada. No sistema manual, empregavam-se tubulações com até 200 m de extensão, deixando-se entre as linhas de entrada e saída uma diferença de nível de 1,5 m, que caracterizava o campo de leitura do medidor. No sistema auto-mático, a alimentação de mercúrio na tubulação era realizada com velocidade de 2 m por minuto, deixando-se um desnível de 3,5 m entre as tubulações. Não há informações sobre o emprego deste medidor de recalques de barragens em nosso país.

7.4 Marcos de deslocamento superficial

Um dos métodos mais antigos e simples para a observação dos deslocamentos de uma barragem de terra-enrocamento consiste na instalação de marcos superficiais ao longo das bermas e da crista, para a observação dos recalques e deslocamentos horizontais da estrutura. Essas medições devem ser iniciadas durante o período construtivo e prosseguir durante os períodos de enchimento do reservatório e de operação. São importantes não apenas para o acompanhamento dos recalques da barragem, mas também para a constatação, eventualmente, de indícios de instabilidade do talude de jusante, de modo semelhante às medições superficiais realizadas nas minerações a céu aberto. Apresentam como desvantagem o fato de não permitirem a observação dos recalques do talude de montante, após a fase de enchimento do reservatório.

Para a medição dos deslocamentos dos marcos superficiais, faz-se necessária a instalação de estações topográficas, na região das ombreiras, de modo que se disponha de um referencial fixo. O marco de referência para a medição dos recalques é designado em inglês de *benchmark*, enquanto que aquele estabelecido para servir de referência para a medição dos deslocamentos horizontais é designado de *horizontal control station* ou de *reference monument*, conforme observações de Dunnicliff (1988). Em português, não há essa diferenciação, podendo-se designar o *benchmark* ou *reference monument* por estação topográfica de referência, onde os recalques são determinados por meio de nivelamentos de precisão, e os deslocamentos horizontais, por meio de triangulações ou colimações geodésicas.

A locação e a densidade das estações de referência, para o controle dos marcos superficiais, estão geralmente condicionadas à geometria e às dimensões da barragem, assim como às características de cada barragem em particular. Para as barragens dotadas de ombreiras em rocha, fica relativamente fácil se proceder à locação das estações de referência, as quais devem estar preferencialmente alinhadas com a crista e bermas da barragem, dotadas de marcos superficiais. Deve-se dar preferência à implantação dos marcos segundo um mesmo alinhamento, para a realização das colimações topográficas, pois consiste em um método bem mais preciso que as triangulações. Nas colimações, os deslocamentos horizontais são determinados diretamente sobre miras especiais, instaladas sobre os marcos superficiais, enquanto que nas triangulações topográficas o método envolve a medição de ângulos, a partir dos quais se calculam as distâncias e os deslocamentos dos marcos, sendo mais apropriado para barragens de pequeno porte.

A precisão das informações requeridas, assim como o tamanho e a forma da barragem, influenciam a seleção do sistema de monitoração a ser empregado. A precisão das medições deve ser consistente com a ordem de grandeza dos deslocamentos previstos. Em termos básicos, a precisão e a confiabilidade das medições de deslocamento empregando métodos de topografia dependem:

- do tipo de instrumentos empregados;
- da repetibilidade na centralização e no posicionamento dos instrumentos de medida nas estações de referência;
- da estabilidade (imobilidade) das estações de referência;
- da proteção dos pilares e outras referências contra acidentes e vandalismo;
- da experiência da equipe de topografia ou geodésia;
- da influência das condições meteorológicas;
- da extensão das distâncias de visada.

No Brasil, onde muitas de nossas grandes barragens possuem alguns quilômetros de extensão, é mais vantajoso partir para a implantação de colimações topográficas, com duas estações de referência na mesma ombreira para cada uma das linhas de visada, a fim de melhorar a precisão do método por meio de visadas avante e ré. Estações de referência estabelecidas sobre um afloramento rochoso, ou com sua base em rocha, constituem o referencial ideal, não contribuindo com erros na medição dos recalques da barragem. Uma verificação de rotina deve ser realizada para comprovar que a estação não está se movendo sob a influência das variações do lençol freático, de variações térmicas ambientais, ou de movimentos de fluência ou rastejo na região das ombreiras.

Uma estação de referência profunda consiste em uma tubulação ou haste, ancorada em profundidade e protegida por uma tubulação maior dotada de conexões flexíveis. Estas protegem a haste ou a tubulação interna de eventuais movimentos do solo. A ancoragem pode ser mecânica, hidráulica ou com injeção de calda de cimento, sendo esta última a mais usual, conforme se pode observar na Fig. 7.20. Nesta figura, ilustra-se uma estação para a medição de recalques, chumbada em rocha e com a tubulação central protegida por uma outra dotada de conexões com espaçadores de náilon. Dunnicliff (1988) comenta que o espaço entre a haste central e a tubulação de revestimento pode ser preenchido com óleo pesado ou lama bentonítica. Esta recomendação, entretanto, aplica-se a obras de curta duração, como a execução de uma linha de metrô, da ordem de cinco anos, geralmente. Para o plano de instrumentação de uma barragem, tal recomendação não se aplicaria, visto serem obras para durarem pelo menos cinco décadas. O autor salienta que, tendo por base a experiência com a instalação de extensômetros múltiplos verticais em barragens de concreto, ao longo de extensões de 30 m a 60 m, pôde-se verificar que o atrito entre as hastes e o tubo externo de proteção é mínimo, não exigindo a colocação de qualquer outro material para a atenuação do atrito. A colocação de lama bentonítica ou mesmo de óleo pe-sado – que tendem a sofrer res-secamento ao longo do tempo –, particularmente após algumas décadas, acabaria prejudicando o bom desempenho do instrumento em uma barragem, devendo ser, portanto, evitado.

Já as estações de referência para a medição dos deslocamentos horizontais requerem um pilarete de concreto dotado de uma placa de apoio especial em seu topo, para a centralização do teodolito ou do aparelho para a medição eletrônica de distância (estação total). O pedestal deve ser projetado de modo que se evite um possível deslocamento angular e deve ser protegido de eventuais movimentos de rastejo

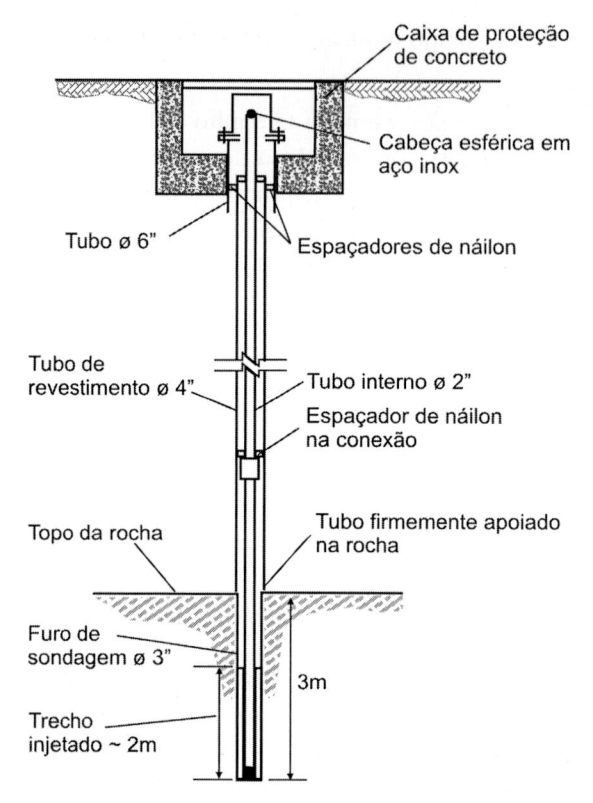

Fig. 7.20 *Instalação de estação topográfica de referência em rocha (Dunnicliff, 1988)*

superficial. Na Fig. 7.21, pode-se observar uma estação de referência com o prato de centralização para teodolito protegido superficialmente por um tubo de concreto pintado de branco, com o objetivo de funcionar não apenas como uma proteção mecânica, mas também térmica, atenuando a influência da insolação direta e das variações térmicas diárias. É importante lembrar que essas estações de referência são instaladas nas ombreiras, muitas vezes íngremes, onde os movimentos de rastejo superficial podem ser significativos, devendo, portanto, ser evitados.

Os movimentos de rastejo superficial podem afetar também os deslocamentos a serem medidos pelos marcos superficiais, instalados sobre a superfície dos taludes de uma barragem ou nas proximidades da crista, pois, desde que haja uma superfície inclinada, o solo superficial tende a se deslocar lentamente para baixo, devido principalmente às dilatações e contrações térmicas diárias, que afetam normalmente o solo até profundidades de 1,0 m. Por serem instrumentos simples, os marcos superficiais, em geral, são instalados diretamente sobre a superfície do talude, conforme se pode observar nas Figs. 7.22, 7.23 e 7.24, nas quais se apre-sentam os marcos superficiais empregados nas barragens de Salinas, da Cemig; Rosana, da Duke Energy; e Marimbondo, de

Furnas. Trata-se normalmente de um pilarete de concreto com cerca de 1,0 m a 1,2 m de comprimento, enterrado no maciço e dotado de um pino de aço inox no topo, para servir de apoio à régua de nivelamento. Na barragem de Ma-rimbondo, foram instalados mais superficialmente, sendo dotados de uma caixa de proteção com uma tampa metálica, conforme ilustrado na Fig. 7.24.

Nas barragens de Água Vermelha e Três Irmãos, da Cesp, finalizadas respectivamente em 1978 e 1990, teve-se o cuidado de se instalar os marcos superficiais protegidos por uma tubulação de concreto, com 0,40 cm de diâmetro interno, até cerca de 0,60 m de profundidade, para se evitar a influência dos movimentos de rastejo. Conforme se pode observar na Fig. 7.25, os movimentos de rastejo que ocorrem super-ficialmente afetariam apenas o deslocamento da tubulação de proteção externa, evitando-se que os deslocamentos dos marcos fossem atingidos. Desse modo, os deslocamentos horizontais a serem medidos pelos marcos superficiais refletiriam mais especificamente os deslocamentos do maciço da barragem, e não o movimento de rastejo superficial.

Os nivelamentos podem ser classificados em diretos e indiretos. Os primeiros são realizados com níveis ao longo de extensões aproximadamente horizontais, por exemplo, ao longo das bermas e da crista de uma barragem. Para os nivelamentos de precisão, utilizam-se os níveis de maior precisão e mira de aço Invar, o que permite leituras de recalque com sensibilidade da ordem de ± 1,0 mm, para distâncias da ordem de 1 km. Os

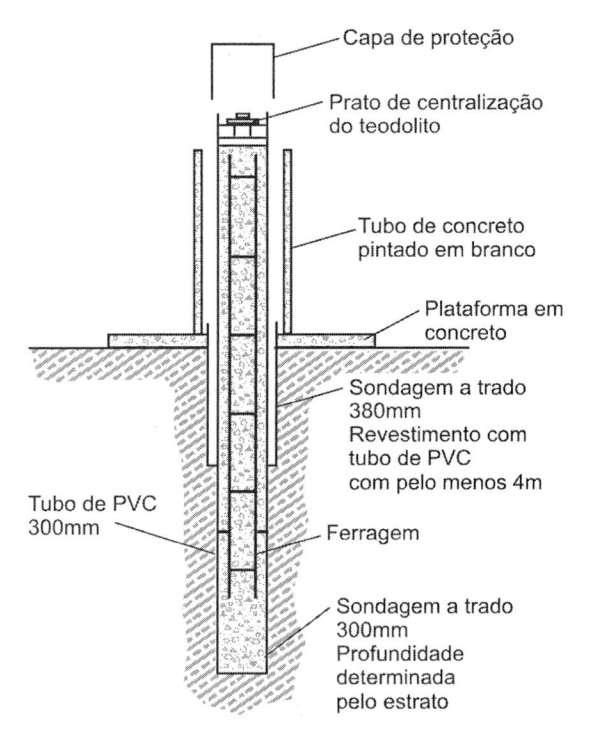

Fig. 7.21 *Estação topográfica de referência para a medição de deslocamentos horizontais (Dunnicliff, 1988)*

Fig. 7.22 *Marco superficial utilizado na barragem de Salinas, da Cemig*

Fig. 7.23 *Marco superficial utilizado na barragem de Rosana, da Duke Energy*

Fig. 7.24 *Marco superficial utilizado na barragem de Marimbondo, de Furnas*

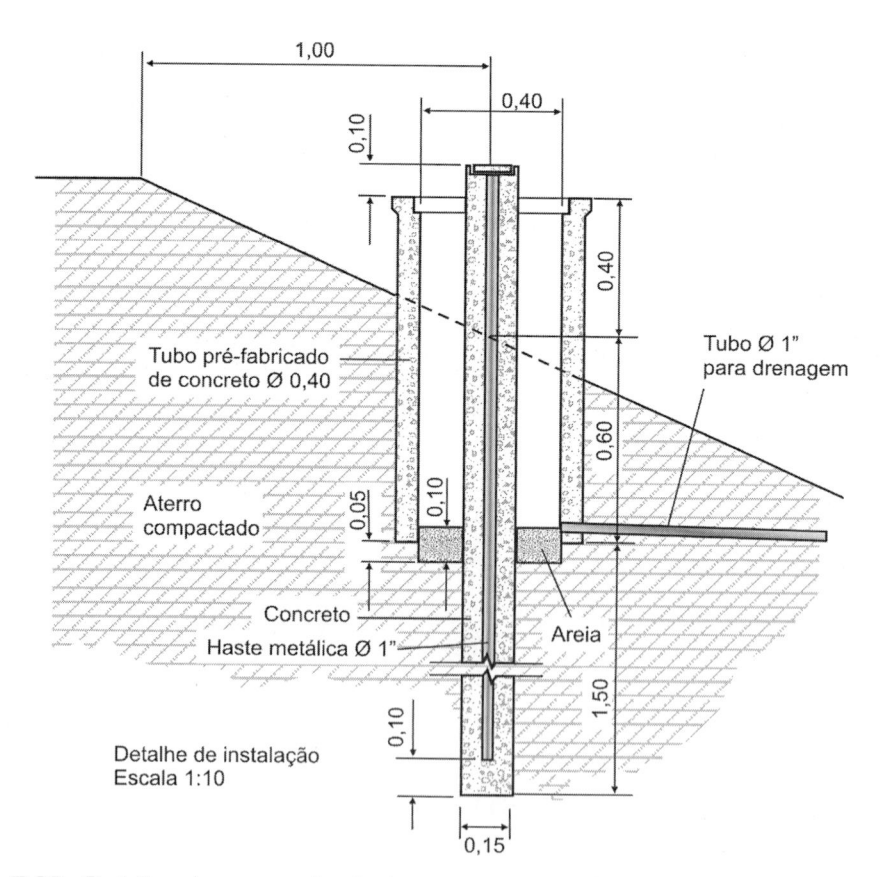

Fig. 7.25 *Detalhe do marco de deslocamento superficial instalado nas barragens de Água Vermelha e Três Irmãos, da Cesp*

nivelamentos indiretos são realizados empregando-se o teodolito (pivotado em relação ao eixo horizontal), sendo menos precisos que os nivelamentos diretos, principalmente porque os ângulos verticais medidos pelo teodolito apresentam a metade da precisão dos ângulos medidos horizontalmente.

Tratando-se de barragens de enrocamento, os marcos superficiais devem ser de maior dimensão e mais robustos, e estar intimamente solidários ao talude, conforme se pode observar nas Figs. 7.26 e 7.27, que ilustram dois tipos de marcos superficiais utilizados no Brasil em barragens de enrocamento com face de concreto (BEFC), com ótimos resultados.

A instalação de marcos superficiais em barragens de enrocamento deve assegurar que o marco fique devidamente imbricado no enrocamento, e não apenas colocado sobre um bloco superficial, onde os deslocamentos medidos refletiriam o deslocamento isolado desse bloco de rocha, e não do enrocamento propriamente dito.

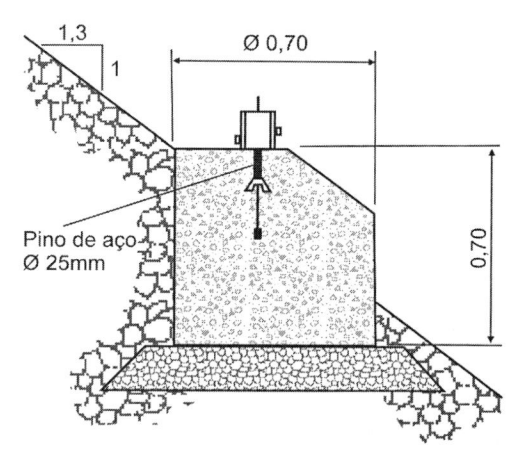

Fig. 7.26 *Detalhe de marco superficial para barragem de enrocamento*

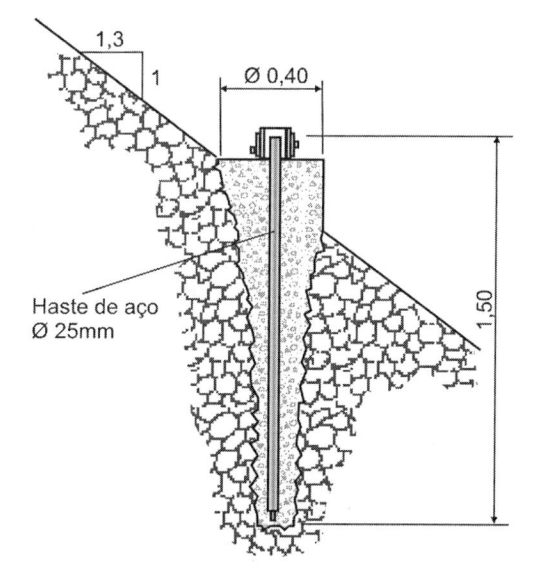

Fig. 7.27 *Detalhe de marco superficial para barragem de enrocamento*

8 Observação e Análise de Recalques em Barragens

The importance given to safety must reflect the size of the dam and the loss of life and damage that would result from its failure.
ICOLD, Bulletin 109, 1997

Neste capítulo, são apresentados resultados típicos das medições de recalque em barragens de terra e enrocamento durante o período construtivo, fase de enchimento do reservatório e operação, tendo por objetivo não apenas ressaltar a importância dessas observações na supervisão do comportamento de barragens, como também mostrar os vários tipos de análises que podem ser realizadas com os recalques medidos, as diversas formas de representação gráfica dos resultados obtidos, comparações entre recalques medidos e previstos em projeto etc. Apresenta-se um método prático formulado pelo autor, para o dimensionamento da sobreelevação da crista a partir dos recalques medidos durante o período construtivo, que é bem mais prático e realista que o método baseado em ensaios de laboratório, podendo trazer economias significativas para barragens de grande extensão. Dedica-se um item aos recalques diferenciais observados em barragens de terra ou enrocamento, analisando-se quais os valores-limite e a possibilidade de fissuração dos núcleos impermeáveis em função dos mesmos.

8.1 Recalques da fundação

Clough e Woodward (1967) analisaram o caso particular de um aterro sobre uma camada de fundação compressível, conforme Fig. 8.1. Ambos os solos apresentavam coeficiente de Poisson $\nu = 0,45$ e módulos de deformabilidade representados por E_1 e E_2, para o aterro e a fundação. Enquanto apenas uma determinada geometria de barragem foi analisada, a influência da variação do módulo de deformabilidade da fundação sobre as tensões e os deslocamentos da barragem foi adequadamente investigada.

A distribuição dos deslocamentos verticais na base do aterro é apresentada na Fig. 8.2, de modo adimensional, em função da relação E_2/E_1. Pode-se, então, obter o valor de I_ρ, a partir do qual o recalque pode ser estimado pela seguinte expressão:

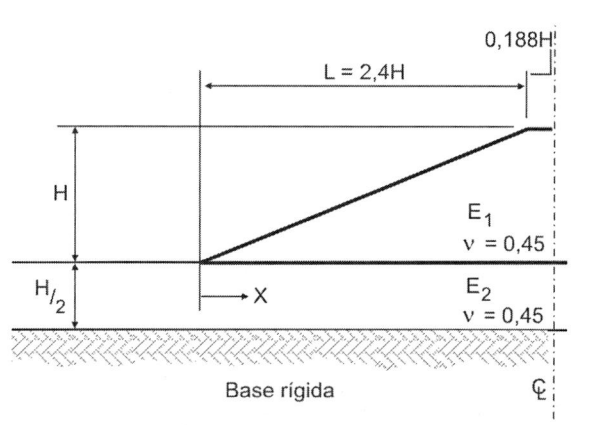

Fig. 8.1 *Aterro sobre uma fundação deformável, segundo Clough e Woodward (1967)*

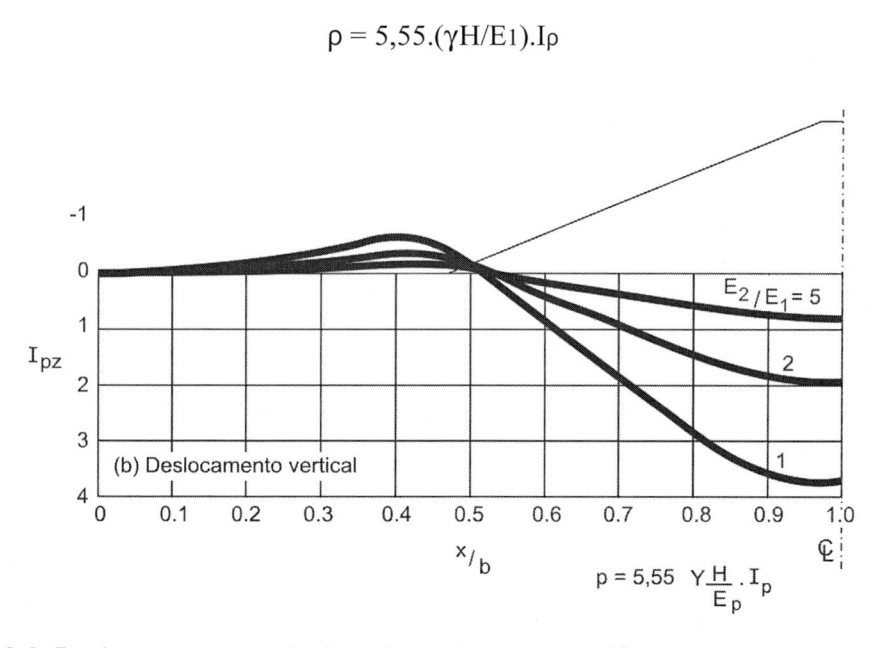

$$\rho = 5,55.(\gamma H/E_1).I_\rho$$

Fig. 8.2 *Deslocamentos verticais na base de um aterro (Clough e Woodward, 1967)*

Desse modo, pode-se verificar que os maiores recalques ocorrem no eixo da barragem, onde as tensões verticais atingem seu máximo, sendo que nas proximidades do pé da barragem tende a ocorrer certo levantamento do solo, o que estaria em sintonia com o aumento do coeficiente de permeabilidade observado na fundação da barragem de terra de Água Vermelha, durante o período construtivo.

Na Tabela 8.1, são apresentados os recalques observados na fundação de sete barragens brasileiras, envolvendo, entretanto, os resultados de 35 diferentes medidores de recalque. São indicados também o tipo de solo da fundação e sua origem geológica, suas principais características físicas e sua granulometria. São apresentados os recalques medidos pelos vários medidores de recalque instalados em cada uma delas, com uma comparação entre recalques medidos e previstos. As previsões de projeto são normalmente realizadas tendo por base os resultados dos ensaios de adensamento edométrico em laboratório, os quais conduzem a recalques bem superiores aos valores medidos. Apresentam-se também nesta tabela os recalques medidos em termos de valor específico, em função da tensão vertical aplicada pelo aterro, assim como a parcela do recalque percentual medido durante o período construtivo. Esses valores indicaram que cerca de 70% a 90% dos recalques da fundação geralmente ocorreram durante o período construtivo. Deve-se sempre ter em mente que para essas barragens, construídas nas décadas de 1970 e 1980, o tempo de construção era de cinco anos. Atualmente, as barragens estão sendo construídas dentro de cronogramas bem mais apertados, reduzidos para dois a três anos no máximo, o que indica que os dados da Tabela 8.2 precisam ser utilizados com certa reserva.

8.2 Recalques durante o período construtivo

A medição de recalques em barragens de terra ou enrocamento já se tornou prática corrente, tendo em vista que possibilita uma apreciação das características de deformabilidade da fundação e dos aterros compactados, permitindo supervisionar as eventuais conseqüências dos recalques diferenciais que podem ocorrer ao longo da barragem, supervisionar a transferência de tensões entre os diferentes materiais integrantes da barragem, assim como proceder a uma avaliação mais realista da sobreelevação da crista da barragem, ao final do período construtivo.

Considerando-se que na maioria dos casos os recalques ocorrem quase que exclusivamente durante o período construtivo, conforme dados da instrumentação de barragens de terra e enrocamento no Brasil (Tabela 8.1), onde 70% a 90% dos recalques do aterro mais fundação ocorreram durante esse período, verifica-se que a forma gráfica mais apropriada para o acompanhamento dos recalques medidos em uma barragem é a ilustrada na Fig. 8.3. Representa-se o tempo em escala normal *versus* os recalques medidos. Dessa forma, as velocidades de evolução dos recalques, ou seja, suas variações com o tempo podem ser acompanhadas graficamente, com a elevação do aterro e a subida do nível d'água do reservatório. Qualquer variação nas velocidades de recalque que não esteja associada à subida do aterro ou ao nível d'água do reservatório poderá ser prontamente detectada e analisada.

Tabela 8.1 Recalques observados na fundação de algumas barragens da bacia do Alto Paraná, no Brasil

Barragem	Tipo de solo (Origem geológica)	Índices Físicos		Granulometria (%)		Recalque (cm)		Recalque específico (cm/m/kgf/cm²)	Porcentagem de recalque durante a construção
		LL	IP	Argila	Areia	Obs.	Previsto		
Ilha Solteira	Solo residual e alteração de rocha (basalto)	64	22	38	37	2,6	37	0,065	88
						2,3	24	0,087	93
						4,2	13	0,467	71
						4,6	6	0,411	78
						6,1	15	0,792	75
						6,6	16	0,667	65
						6,6	21	0,600	76
						3,0	11	0,455	70
Água Vermelha	Solo residual e alteração de rocha (basalto)	69	22	-	-	10,8	-	0,257	85
						12,9		0,230	98
						29,8		0,473	100
Três Irmãos	Alteração de rocha (basalto)	77	39	51	13	3,4	-	0,115	-
						12		0,139	
						27		0,367	
						12		0,139	
	Solo coluvionar de basalto	80	34	40	45	12	-	0,234	
						10		0,184	
						15		0,122	
						30		0,439	
						16		0,167	
Itumbiara	Solo residual de gnaisse	38 – 80	17 – 28	10 – 23	45	11	-	0,119	-
						28		0,370	
						45		0,284	
						70		0,543	
						75		0,579	
						15		0,615	
						11		0,176	
						56		0,424	
						55		0,294	
						60		0,208	
						44		0,232	
Euclides da Cunha	Tálus com blocos de gnaisse	-	-	-	-	100	550	-	80
Jacareí	Solo residual e rocha alterada (gnaisse)	-	-	-	-	95	50	0,614	85
Jaguari (Cesp)	Solo residual de biotita-gnaisse	-	-	-	-	24,5	-	0,295	89
						8		0,144	100

Fonte: Silveira, 1983.

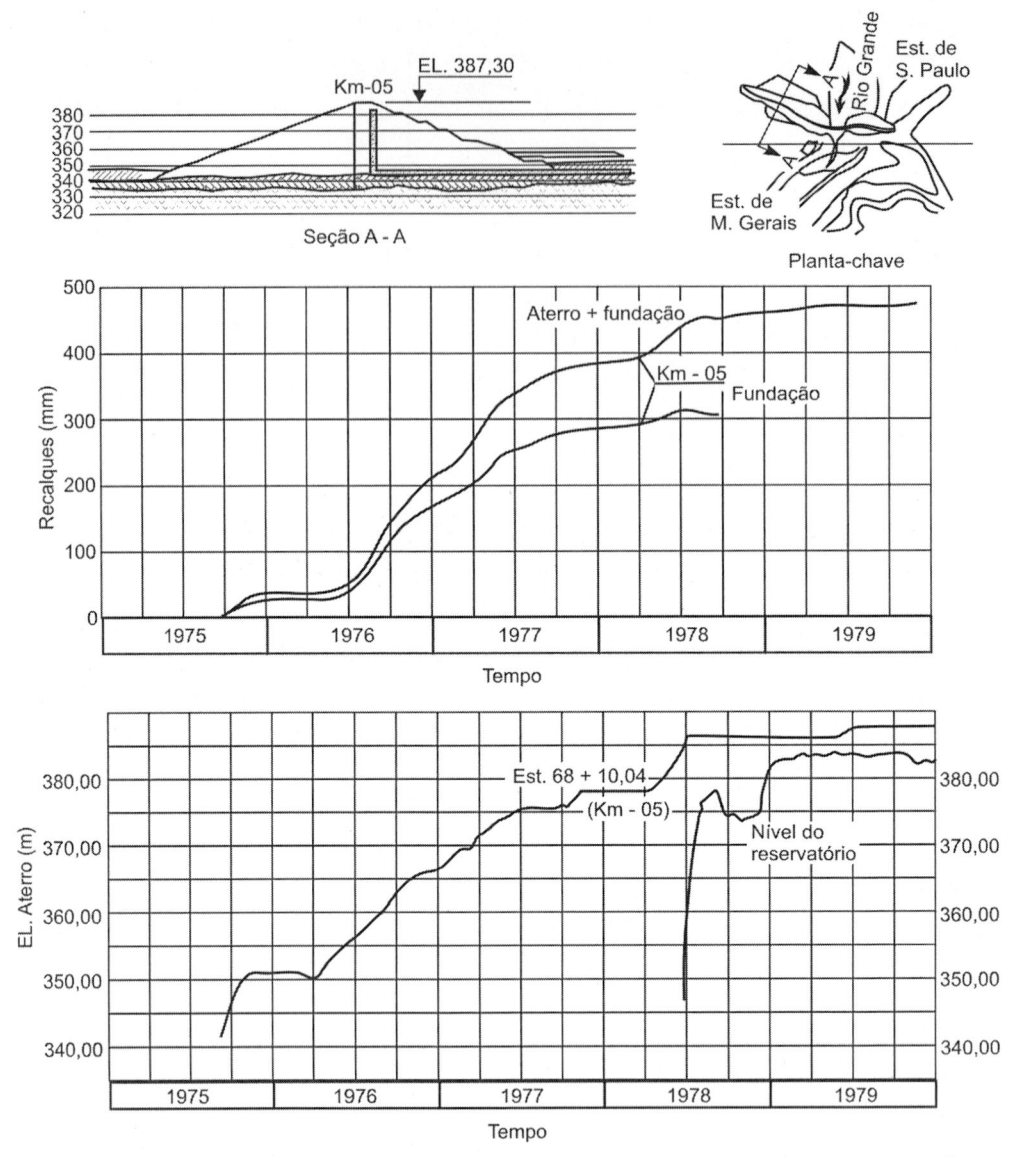

Fig. 8.3 *Representação dos recalques medidos na Est. 68+10 da barragem de Água Vermelha, da Cesp (Silveira, 1982)*

Na Tabela 8.2, são apresentados os resultados da pressão de pré-adensamento (σ_c) e do índice médio de compressão (C_c), obtidos a partir de ensaios de laboratório executados sobre corpos de prova talhados a partir de blocos indeformados, retirados do aterro de algumas barragens brasileiras, nas proximidades dos medidores de recalque (Silveira, 1983). Constata-se nessa tabela que, para barragens localizadas na bacia do Alto Paraná, a pressão de pré-adensamento dos aterros compactados variou geralmente no intervalo de 0,3 a 0,6 MPa, o que faz prever recalques de pequeno valor para barragens com até 20 m a 30 m de altura máxima.

Tabela 8.2 *Parâmetros de compressibilidade média obtidos a partir de ensaios de laboratório executados sobre C.P. talhados de blocos indeformados*

Barragem	γd máx	P.C. (%)	Adensamento edométrico		Triaxial tipo k₀ drenado	
			σ_c (dN/cm²)	C_c	σ_c (dN/cm²)	C_c
Jacareí (Sabesp)	1,43 – 1,51	98,3 ± 2,4	4,4 ± 1,4	0,27 ± 0,05	6,1 ± 2,2	0,18 ± 0,04
Jaguari (Sabesp)	1,43 – 1,59	97,9 ± 2,2	4,7 ± 1,5	0,26 ± 0,06	4,1 ± 1,3	0,20 ± 0,04
Água Vermelha (*)	1,72 0,05	99,9 ± 2,4	7,9 ± 2,5	0,20 ± 0,06	3,3 ± 1,3	0,19 ± 0,06
Três Irmãos	1,98	99,3 ± 1,9	7,2 ± 2,8	0,11 ± 0,04	3,9 ± 1,8	0,07 ±0,02
Capivara (**)	1,55 – 1,67	102,5 ± 1,2	5,5	0,16	-	-

(*) A pressão de pré-dimensionamento indicada pelos medidores de recalque foi de 3,5 dN/cm², próxima, portanto, da média dos resultados dos ensaios tipo k₀.
(**) Média dos resultados de apenas dois ensaios de adensamento.

A respeito dos dados apresentados na Tabela 8.2, observa-se que a elevada pressão de pré-adensamento revelada pelos ensaios edométricos, na barragem de Água Vermelha (7,9 dN/cm²) e Três Irmãos (7,2 dN/cm²), foi atribuída ao atrito do solo com as paredes do anel de adensamento, apesar de se ter utilizado anel flutuante. Isso decorre do fato de se ter constatado uma boa concordância entre pressões de pré-adensamento indicadas pelos ensaios triaxiais tipo K0 com os medidores de recalque, que indicaram, respectivamente, 3,2 e 3,5 dN/cm², para a barragem de Água Vermelha.

Em termos de módulos de deformabilidade, na barragem de Água Vermelha, os medidores de recalque tipo KM forneceram, durante o período construtivo, módulos para o aterro compactado de 120 MPa e valores entre 20 e 50 MPa para a camada de solo residual de fundação.

Na Tabela 8.3, conseguiu-se sintetizar os recalques medidos em 12 diferentes barragens de terras brasileiras, nas quais foi instalado um total de 26 medidores de recalque. Seis dessas barragens foram construídas com solos residuais de basalto e arenitos e as outras com solos residuais de rochas gnáissicas. São apresentados também os índices físicos desses solos, assim como suas características de compactação.

Tabela 8.3 Recalques totais observados em maciços compactados em barragens brasileiras

Barragem	Tipo de solo (origem geológica)	Índices físicos LL	Índices físicos IP	Proctor γv máx (g/cm³)	Proctor Wót (%)	Compactação GC (%)	Compactação Δh (%) (Wót−h)	Recalque (cm) Observado	Recalque (cm) Previsto ML	Recalque (cm) Previsto BI	Recalque percentual (δ/Hx100) (%)	Porcentagem de recalque durante a construção
Ilha Solteira	Solo coluvionar (basaltos e arenitos)	44	17	1,68	21	99,0 / 95,3 / 102,0 / 100,9	1,2 / 1,5 / 0,5 / 1,4	61 / 50 / 33 / 28	95 / 77 / 58 / 33	105 / 165 / 71 / 51	1,2 / 1,1 / 0,9 / 1,0	95 / 95 / 100 / 98
Água Vermelha	Solo coluvionar (basaltos)	42	13	1,76	18	99,9	2,4	5,5 / 6,6 / 19,0 / 12,7			0,2 / 0,2 / 0,4 / 0,3	73 / 73 / 83 / 67
Três Irmãos	Solo coluvionar (basaltos)	22	10	2,00	9,7	99,3 ± 1,9	−0,8 ± 0,6	5,3	5,9	14,5	0,2	-
Volta Grande	Solos coluvionares e residuais (basaltos)	33 a 68	13 a 28			98		26	16 a 96		1,2	85
Itumbiara	Solo coluvionar (basalto)	55	28	1,63	24	101,8	−1 a +1,5	190			1,9	81
	Solo coluvionar (basalto)	58	28	1,59	27	101,3		127			1,6	93
Chavantes	Solo coluvionar (basalto)	53	26	1,61	24		−1 a 0	42	344		1,4	71
	Solo coluvionar (arenito)	25	13	1,89	13			143	155 a 177		1,7	-
Euclides da Cunha	Solos residuais (gnaisse)	39	8	1,47 a 1,91	11 a 28	101 ± 2,2	−2 a 0	93			1,5	92
Jacareí	Solo coluvionar (gnaisse)	58 a 77	24 a 40	1,43 a 1,51	26,3 a 29,0	98,3 ± 2,4	−0,7 ± 1,9	40		86	0,8	96
Jaguari (Sabesp)	Solo coluvionar (gnaisse)	58 a 77	24 a 40	1,43 a 1,51	26,3 a 9,0	97,9 ± 2,2	−0,4 ± 1,8	99,5		150	1,6	86
	Solo residual (gnaisse)	52 a 64	21 a 29	1,52 a 1,59	22,5 a 24,5							
Paraibuna	Solos coluvionares e residuais (biotita-gnaisse)	44 a 51	NP a 23	1,60 a 1,70	16 a 19	99	−1 a +0,5	80 / 55	98 / 60		1,2 / 1,4	93
Dique de Paraitinga	Solos coluvionares e residuais (biotita-gnaisse)	53 a 87	23 a 42	1,42 a 1,63	26 a 29	99		87 / 29	120 / 68		1,3 / 0,7	-
	Solos coluvionares e residuais (biotita-gnaisse)	34 a 48	NP a 19	1,62 a 1,80	14 a 20		−1 a +1,5	7	83		0,4	
Paraitinga	Solos coluvionares e residuais (biotita-gnaisse)	53 a 87	23 a 42	1,42 a 1,63	26 a 29	99	−1 a +1,5	35 / 100 / 132 / 100	105 / 128 / 75 / 63		0,6 / 1,1 / 1,4 / 1,6	94

Fonte: Silveira, 1983.

Destacam-se como principais observações da análise dos dados apresentados na Tabela 8.3:

a) Os solos coluvionares de basalto, apesar de exibirem globalmente uma grande gama de variação de recalques porcentuais (0,2 a 1,9%), apresentaram, ao considerar-se uma única barragem, uma excepcional uniformidade. Assim é que, para as barragens de Ilha Solteira e de Água Vermelha, onde se contou com os dados de quatro medidores de recalque cada uma, as faixas de variação de recalque porcentual foram:

- Ilha Solteira: $0,9\% < \delta/H < 1,2\%$
- Água Vermelha: $0,2\% < \delta/H < 0,4\%$

b) Os solos residuais de gnaisse apresentaram uma dispersão global inferior aos solos coluvionares de basalto, em termos de recalques porcentuais (0,4 a 1,6%); porém, uma elevada variação para uma obra em particular, por exemplo:

- Dique de Paraitinga (Cesp): $0,4\% < \delta/H < 1,3\%$
- Barragem de Paraitinga (Cesp): $0,6\% < \delta/H < 1,6\%$

Verifica-se, dessa forma, que esses solos apresentam uma grande hetero-geneidade em suas características de deformabilidade.

c) Os recalques calculados a partir de resultados de ensaios sobre amostras moldadas em laboratório e amostras talhadas a partir de blocos indeformados apresentaram-se geralmente superiores aos recalques observados *in situ*, com valores geralmente 1,2 a 3,0 superiores. Para se ter uma idéia dos módulos de deformabilidade (secantes) em jogo, são apresentados a seguir os valores médios obtidos para as barragens de Água Vermelha e Jaguari, alcançados a partir das deformações medidas para as várias camadas entre placas dos medidores de recalque.

Tensão Vertical Máxima (Mpa)	Barragem de Água Vermelha E (Mpa)	Barragem de Jaguari E (Mpa)
0 a 0,2	170	50
0 a 0,4	80	40
0 a 0,6	60	35

Tavares e Viotti (1975) apresentaram uma síntese do comportamento da barragem de terra de Volta Grande, da Cemig, localizada no rio Grande, fronteira entre os Estados de São Paulo e Minas Gerais, comentando que a barragem foi instrumentada com cinco medidores de recalque tipo USBR. Na Fig. 8.4, apresentam-se os recalques medidos ao longo de uma seção longitudinal da barragem, com os recalques previstos em projeto. Os recalques máximos foram estimados admitindo-se os valores mínimos da pseudopressão de pré-adensamento, com valores máximos do índice de compressão. Os recalques mínimos foram estimados invertendo-se o processo. Os autores comentam que, em decorrência de não haver ensaios de adensamento com amostras que cobrissem toda a fundação, procurou-se estabelecer correlações entre o número de golpes de SPT e os valores da pressão de pré-adensamento e do índice de vazios, as quais foram utilizadas na previsão de recalques dessa barragem.

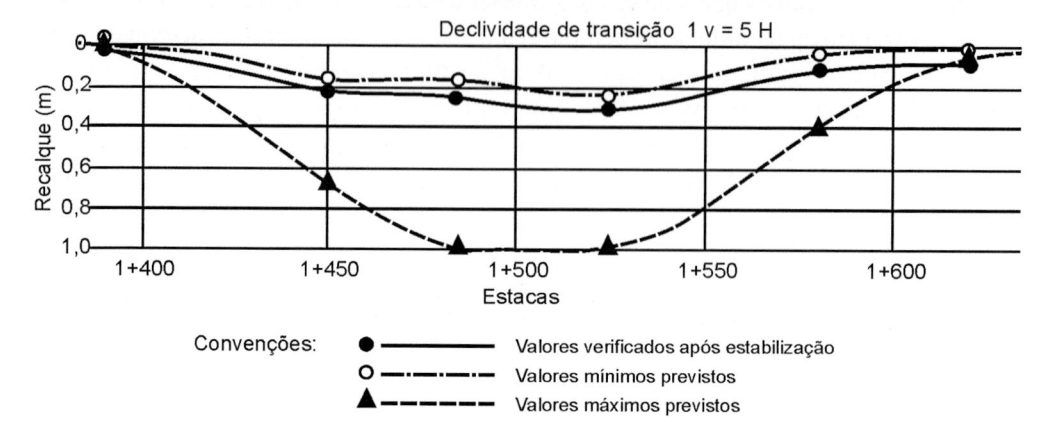

Fig. 8.4 *Comparação entre recalques medidos e teóricos para a barragem de Volta Grande, da Cemig (Tavares e Viotti, 1975)*

Os recalques medidos apresentaram-se próximos dos valores mínimos. Em termos médios, foram da ordem de 1,5 vez os mínimos previstos e cerca de 3 vezes inferiores aos recalques máximos antecipados. Esses resultados se assemelharam aos observados na barragem de Ilha Solteira (Signer, 1973). Outro aspecto interessante ressaltado por Tavares e Viotti quanto aos recalques dos solos residuais foi o tempo relativamente curto em que ocorreram, tendo em vista os altos valores do limite de liquidez (LL) e a baixa permeabilidade calculada a partir dos ensaios de adensamento edométrico (10^{-8} a 10^{-6} cm/s) (Fig. 8.5). Tal constatação viria indicar que os solos residuais apresentam-se um tanto insaturados, além de significativamente permeáveis para a condição de tensões reinantes.

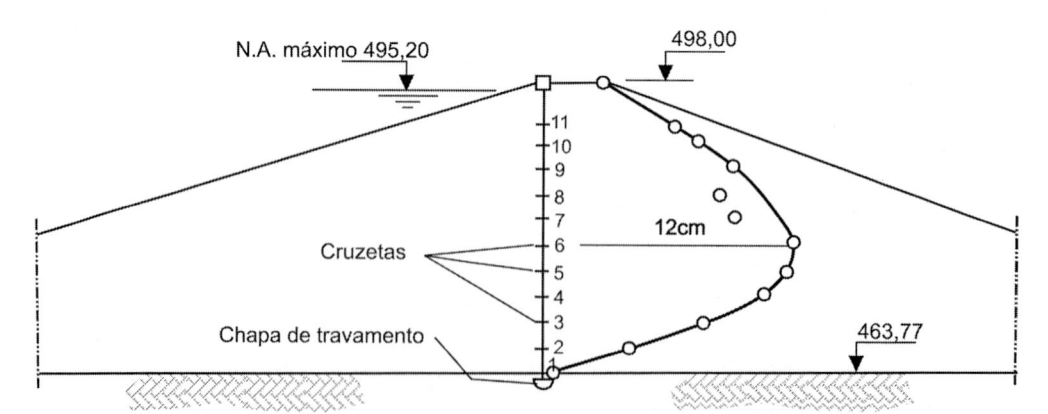

Fig. 8.5 *Distribuição de recalques ao longo de uma das seções instrumentadas, em seção transversal da barragem de Volta Grande (Tavares e Viotti, 1975)*

Um dos efeitos básicos da compactação dos aterros das barragens de terra, em delgadas camadas e com sucessivas passadas do rolo compactador, é o de conferir ao solo compactado uma pressão de pré-adensamento. Isso decorre do efeito acumulativo de compressão em ciclos sucessivos de carga e descarga e do efeito das tensões aplicadas pelos equipamentos de compactação aumentarem à medida que a camada em compactação torna-se mais rígida.

Celestino e Marechal (1975) apresentaram uma comparação dos resultados de dois modelos de análise, baseados em leis tensão-deformação distintas, com os recalques observados na barragem de Ilha Solteira. As análises realizadas foram baseadas em modelo elástico não-linear, uma baseada nos dados de um ensaio triaxial não adensado e não drenado (U.U.) e outra nos de um ensaio triaxial tipo PN, conforme proposto por Casagrande e Hirschfield (1960). A Fig. 8.6 apresenta uma comparação entre os recalques previstos e medidos na barragem de Ilha Solteira, onde se observa uma boa concordância entre os resultados do modelo baseado nos ensaios tipo PN e os recalques medidos, enquanto que o modelo baseado nos ensaios do tipo UU previram recalques substancialmente maiores.

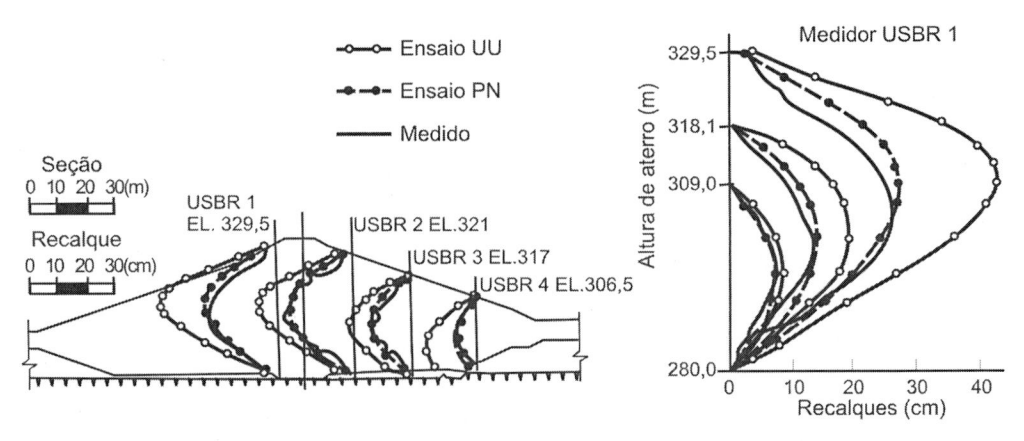

Fig. 8.6 *Recalques calculados e medidos na barragem de Ilha Solteira (Celestino e Marechal, 1975)*

Eisenstein e Law (1979) apresentaram para a barragem de Mica, no Canadá, uma comparação entre os deslocamentos horizontais e verticais medidos e aqueles previstos por meio de três diferentes modelos de análise (elásticos não-lineares), dois deles baseados em dados de ensaios triaxiais usuais (modelo com relação tensão-deformação hiperbólica e modelo com relação tensão-deformação "invariante") e um terceiro baseado em dados de ensaios especialmente planejados.

Este último modelo foi o que apresentou a melhor concordância com os deslocamentos medidos, tanto na vertical quanto na horizontal, o que pode ser observado na Fig. 8.7. Os parâmetros utilizados nesse modelo de análise foram fornecidos por ensaios de adensamento edométrico e de compressão isotrópica, realizados com equipamentos de laboratório especialmente projetados e construídos para simular as elevadas tensões reinantes no interior da barragem de Mica, que apresenta 200 m de altura máxima.

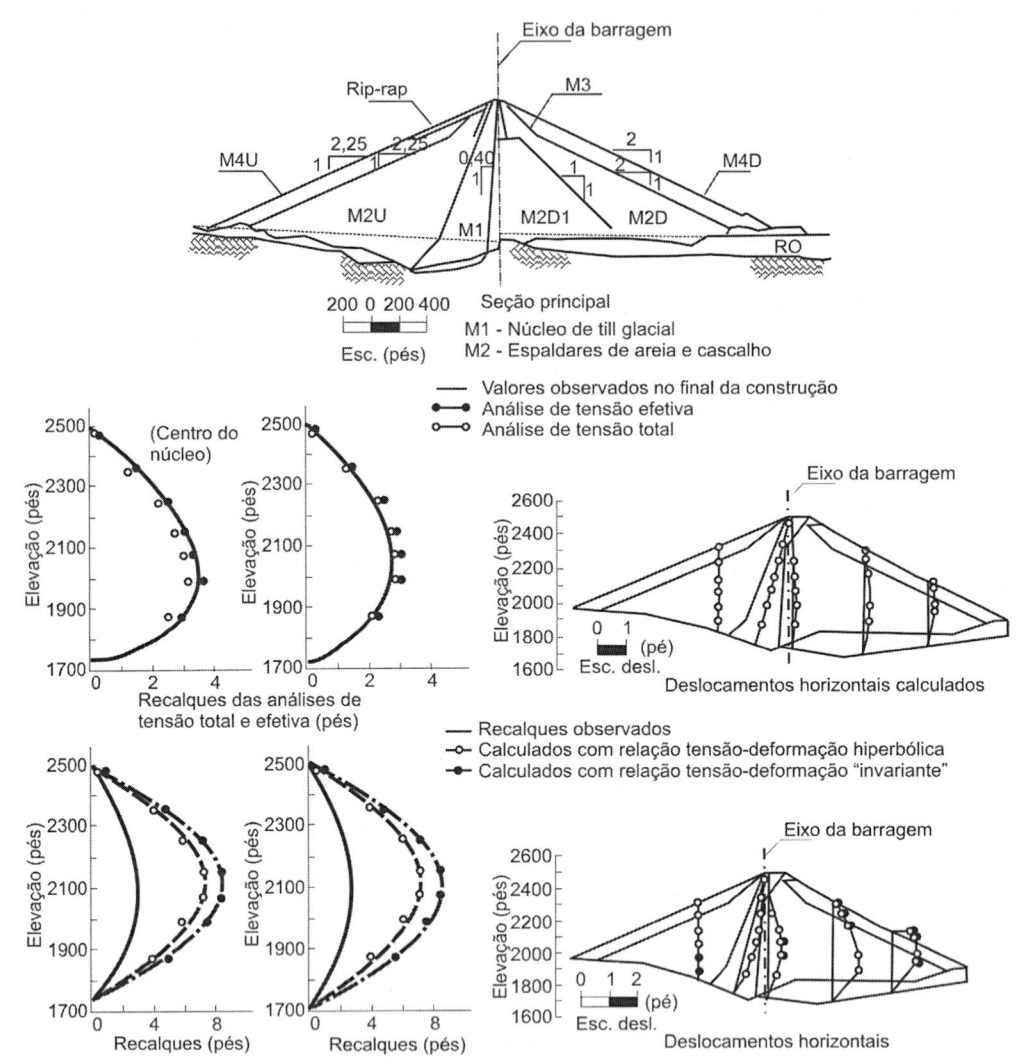

Fig. 8.7 *Recalques calculados e medidos na barragem de Mica (Eisenstein e Law, 1979)*

8.3 Recalques pós-construção e a sobreelevação da crista

O grande interesse na avaliação dos recalques pós-construção está justamente no dimensionamento da sobreelevação da crista da barragem. Um dos critérios mais práticos que se conhece foi proposto em 1983, tendo por base os recalques observados ao final do período construtivo. Esse critério recomenda ao dimensionamento da sobreelevação da crista da barragem, para absorver os recalques pós-construção, o valor do recalque observado ao final da construção multiplicado por 3/7, uma vez que os recalques pós-construção observados em um grande número de barragens construídas na bacia do Alto Paraná (Tabelas 8.1 e 8.3) variaram entre 5% e 30% do recalque total ao final da construção.

Portanto, quando se dispuser da medição dos recalques *in situ*, recomenda-se para o cálculo da sobreelevação da crista a seguinte expressão, a qual deverá ser aplicada ao final do período construtivo:

$$\Delta H = \frac{3}{7} \cdot \delta_{fc}$$

onde: H = sobreelevação da crista

δ_{fc} = recalque observado ao final da construção (aterro mais fundação)

Esse critério é bem mais realista para o dimensionamento da sobreelevação da crista que o dimensionamento a partir de ensaios de adensamento em laboratório. Para a barragem de Água Vermelha, por exemplo, onde foi primeiramente aplicado o cálculo da sobreelevação, realizado a partir de ensaios de adensamento edométrico, conduziu a valores que atingiram 70 cm, enquanto que, pelo critério acima exposto, no qual a sobreelevação foi calculada a partir dos recalques medidos ao final da construção, o valor máximo da sobreelevação foi de 20 cm, ou seja, apenas 30% do valor baseado nos ensaios de laboratório. Os recalques medidos *in situ* após a construção da barragem, o enchimento do reservatório e o início de operação não atingiram 10 cm, como se confirmou posteriormente, por meio dos medidores de recalque. Destaca-se o importante aspecto econômico proporcionado por esse critério, pois em uma barragem com 3.600 m de extensão, como a barragem de Água Vermelha, ele proporcionou uma redução de 14.000 m³ no volume de aterro necessário à sobreelevação da crista. O grande mérito desse critério é sua praticidade, uma vez que utiliza os próprios dados da instrumentação do protótipo para o dimensionamento da sobreelevação da crista, de modo mais racional que o critério tradicional (baseado em ensaios de laboratório) e sem qualquer risco para o empreendimento.

8.4 Recalques diferenciais e a fissuração de barragens

Sherard et al (1963), ao analisarem os mecanismos de fissuração em barragens de terra, comentaram que as fissuras mais críticas e perigosas são aquelas que ocorrem transversalmente ao eixo, criando uma concentração de fluxo através do núcleo e podendo causar a ruptura da barragem por erosão interna. São particularmente perigosas quando ocorrem internamente, não apresentando reflexos na superfície. Elas são causadas por recalque diferencial entre trechos adjacentes do maciço, geralmente entre a região das ombreiras e a calha central do rio. Na Fig. 8.8, podem ser observados os vários tipos de fissuras provocadas por recalque diferencial em barragens de terra ou enrocamento.

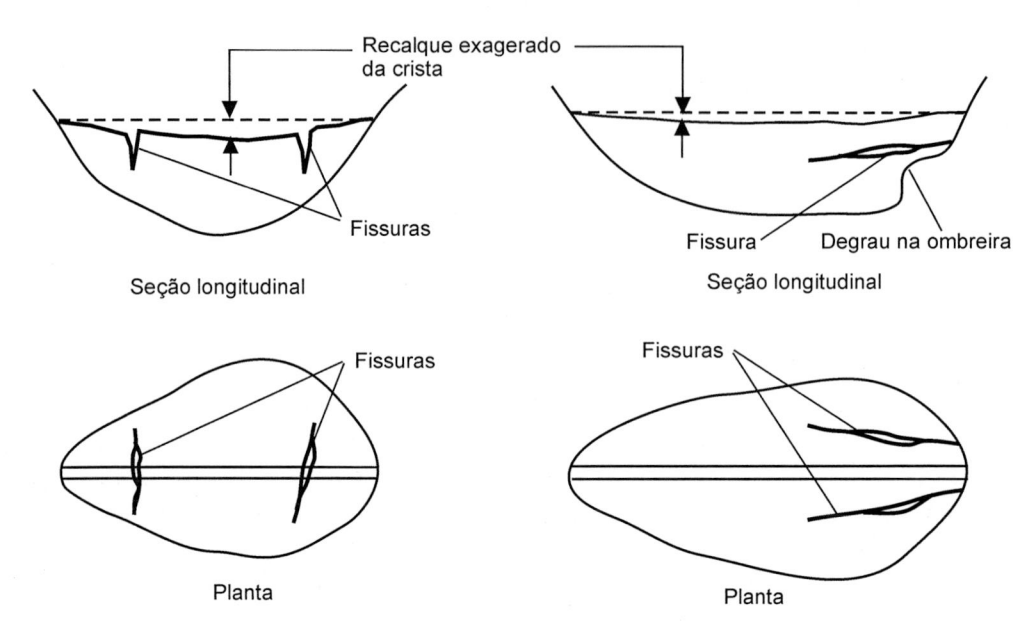

Fig. 8.8 *Fissuração típica devida a recalque diferencial em barragens (Sherard et al, 1963)*

Em vales estreitos e com ombreiras em rocha, o arqueamento da porção superior da barragem pode evitar que a crista recalque tanto quanto a fundação e, em alguns casos, fissuras horizontais podem surgir na base da zona de arqueamento. Sherard at al (1963) comentam que fissuras desse tipo foram responsáveis pela ruptura da barragem de Apishapa, no Colorado, em 1923. A Fig. 8.9 ilustra outra possibilidade de ocorrência de fissuras transversais em uma barragem de terra, provocadas por recalques diferenciais entre os trechos laterais da barragem, com uma fundação compressível, e a região central, onde o aterro sobre a tubulação ou galeria de desvio se apresentou bem mais rígido.

Sherard (1988) descreve a ocorrência de uma fissura transversal no dique de Vigário, no Brasil, cuja construção terminou em 1951 e contou com a participação de Carl Terzaghi. Trata-se de uma barragem de terra homogênea, com enrocamento de pé e com 45 m de altura máxima. Com o enchimento do reservatório, uma fissura transversal, com cerca de 1,0 cm de abertura, foi observada na crista da barragem, a cerca de 60 m da extremidade da ombreira direita. Um poço de inspeção execu-tado sobre a revelou que sua abertura se reduzia rapidamente para apenas alguns milímetros,

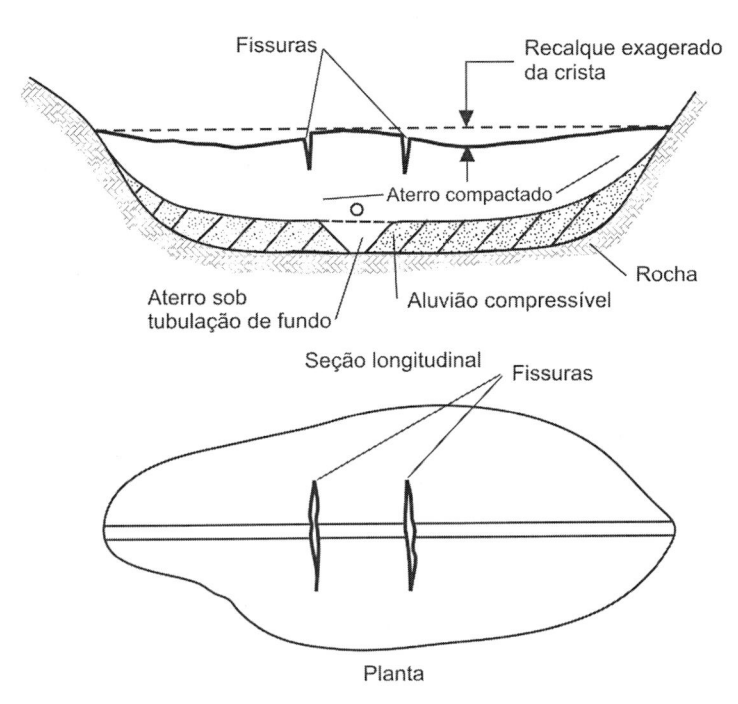

Fig. 8.9 *Fissuras devidas a recalque diferencial ao longo da crista (Sherard et al, 1963)*

desaparecendo a cerca de 6,0 m de profundidade. Sua causa foi atribuída à ocorrência de recalques diferenciais ao longo da ombreira, onde a barragem se apoiava em rocha.

Vargas e Hsu (1970) descrevem o caso do dique de Vigário e de outras cinco barragens brasileiras construídas nas décadas de 1950 e 1960, nas quais foram detectadas fissuras transversais semelhantes àquelas observadas no dique de Vigário. A maioria das quais, entretanto, era suficientemente pequena, não provocando grandes problemas. Na barragem de Euclides da Cunha, descrevem a ocorrência de uma fissura no aterro a jusante e inclinada de 45° com a vertical, cuja causa foi atribuída a recalque diferencial na região da ombreira esquerda, que era muito íngreme. Essa fissura deu origem a uma infiltração d'água, a qual foi captada a jusante, por meio de um sistema de filtro e drenagem apropriada.

As observações realizadas por Sherard (1988), particularmente em barragens como Stockton e Wister, indicaram que o aparecimento de fissuras transversais em barragens de terra está mais diretamente ligado à existência de descontinuidades abruptas no perfil da ombreira que à sua declividade em si. A experiência com as barragens brasileiras mais recentes não traz qualquer menção à ocorrência de fissuras transversais, revelando que a engenharia geotécnica nacional tem sabido evitá-la por meio de projetos adequados ou do emprego de filtros com bom material e espessura apropriados, para o controle das águas de infiltração.

O autor teve a oportunidade de participar do projeto da barragem de Marimbondo, de Furnas, localizada no rio Grande, divisa entre os Estados de São Paulo e Minas Gerais, na qual o aterro compactado sofre uma brusca mudança de altura, passando de uma altura média de 45 m, na região da ombreira esquerda, para uma altura máxima de 95 m no canal do Ferrador, por onde escoava o rio Grande. Nas Figs. 8.10 e 8.11, pode-se ter uma idéia melhor da região do canal do Ferrador.

Uma das primeiras aplicações do Método dos Elementos Finitos (MEF) para o estudo do comportamento de uma barragem de terra foi realizada no Brasil para o estudo do campo de tensões e deslocamentos nas proximidades do Canal do Ferrador, durante o projeto da barragem de Marimbondo. Na Fig. 8.12, pode-se observar que, em decorrência dos recalques diferenciais que o aterro da

Fig.8.10 *Vista do canal do Ferrador após o do rio Grande*

Fig.8.11 *Compactação do aterro no canal desvio do Ferrador – Barragem de Marimbondo*

barragem apresentava, conseqüentes da súbita variação de altura na região do canal do Ferrador, originavam zonas de tração nas proximidades da crista da barragem, indicadas nos Detalhes A e B da figura.

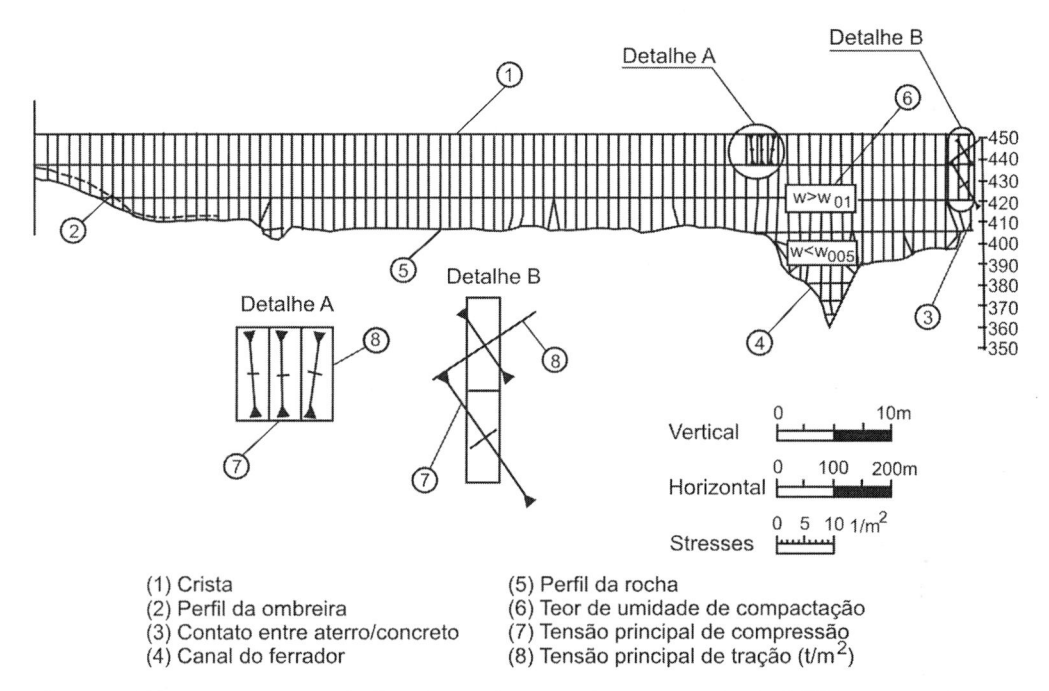

8 Observação e Análise de Recalques em Barragens 239

Fig. 8.12 *Zonas de tração indicadas pelos estudos por meio do MEF nas proximidades do canal do Ferrador, na barragem de Marimbondo, de Furnas (Souto Silveira et al, 1976)*

(1) Crista
(2) Perfil da ombreira
(3) Contato entre aterro/concreto
(4) Canal do ferrador
(5) Perfil da rocha
(6) Teor de umidade de compactação
(7) Tensão principal de compressão
(8) Tensão principal de tração (t/m^2)

Infelizmente, na barragem de Marimbondo não se contou com a instalação de medidores de recalques nas proximidades do canal do Ferrador, para a comprovação dos recalques diferenciais realmente observados *in situ*; porém, sabe-se, por meio das inspeções visuais de campo, realizadas durante os primeiros anos de operação, que não teria sido detectado qualquer indício de fissuras transversais na região da crista da barragem, nas proximidades do canal do Ferrador. Se tivesse sido possível medir e quantificar os recalques diferenciais máximos observados entre o centro e as bordas desse canal, seria possível saber qual o recalque diferencial máximo observado no aterro da barragem de Marimbondo, sem que houvesse problemas associados à fissuração do aterro.

Queiroz (1959) comenta que, na ombreira esquerda, a barragem de Três Marias apoiou-se sobre uma camada de solo compressível (poroso) com cerca de 10,0 m de espessura. Uma análise dos recalques diferenciais no sentido transversal revelou valores da ordem de 1:50, nas proximidades do pé da barragem, e de 1:215, adjacente ao eixo da seção transversal, valores estes que foram considerados aceitáveis. Não há informações referentes aos recalques diferenciais realmente observados nessa barragem, para se poder comparar com os recalques previstos.

Na barragem de Jacareí, da Sabesp, foram medidos recalques diferenciais ao longo da galeria transversal de concreto que atingiram valores de até 1:94, com a barragem apresentando um comportamento plenamente satisfatório, sem nenhum problema aparente em termos de fissuração. Pôde-se descartar a ocorrência de trincas no sentido longitudinal da barragem, visto que, se as mesmas tivessem ocorrido, provavelmente haveria um aumento significativo de vazão no filtro da galeria e das subpressões na interface solo-concreto devido à comunicação da galeria com o talude altamente permeável da ombreira. Isso, porém, não foi indicado pela instrumentação.

Na barragem de Água Vermelha, previa-se um recalque diferencial entre as Estacas 66+10 e 68+10 de 1:54, visto que, na primeira estaca, a barragem se apoiava em rocha sã, enquanto que, na segunda, apoiava-se sobre uma camada de solo residual com cerca de 10 m de espessura. O recalque diferencial observado foi de 1:130, tendo a barragem apresentado um comportamento plenamente satisfatório.

Verifica-se, portanto, que recalques diferenciais da ordem de 1:100 já foram observados tanto no sentido transversal quanto ao longo do eixo longitudinal de barragens de terra, sem que se evidenciasse qualquer tipo de fissuração. Falta, entretanto, um maior número de obras instrumentadas em nosso país, para se poder estabelecer um critério mais abrangente em termos de recalques diferenciais máximos permissíveis. Fica, então, aqui, a recomendação para que seja dedicada mais atenção à instrumentação e à divulgação de dados referentes à medição de recalques diferenciais em barragem de terra ou enrocamento.

8.5 Solos colapsíveis de fundação

Os solos porosos, com estrutura colapsível, originam-se geralmente da evolução pedogenética dos solos superficiais, quer sejam residuais, quer sejam transportados, resultantes da lixiviação dos óxidos e frações finas do solo, pela ação das águas de chuva e conseqüente precipitação desses materiais nas camadas subjacentes. Segundo Vargas (1977), esses solos apresentam grande porosidade (n>50%), baixo grau de saturação (S~40%), alta compressibilidade e estrutura instável, que colapsa quando saturado. Inúmeras barragens na região Centro-Sul do Brasil foram construídas sobre solos porosos, existentes normalmente em suas ombreiras, sendo três delas notoriamente conhecidas: barragens de Promissão, Três Marias e Ilha Solteira. O solo de fundação da ombreira esquerda da barragem de Três Marias, por exemplo, apresentou colapso máximo para pressão da ordem de 50 kPa, sendo decrescente para pressões maiores até se tornar desprezível para pressão de 550 kPa, conforme relato de Queiroz (1960).

Na região do Vale do Jequitinhonha, no noroeste do Estado de Minas Gerais, os solos coluvionares apresentam geralmente alta colapsibilidade, conforme comprovado pelos ensaios de adensamento realizados por Carvalho (1994). Na Fig. 8.13, apresentam-se resultados de ensaios edométricos de laboratório, com amostras de solo da fundação da barragem de Samambaia, da Cemig, onde podem ser observados três exemplos claros de colapso do solo, quando da saturação da amostra. Trata-se de solos, em geral, constituídos por argila arenosa de baixa plasticidade, com elevada porosidade, com valor médio em torno de 45% e baixo grau de saturação. Os solos residuais, apesar de resultados diversos, mostraram algumas vezes deformações consideráveis, confirmando tratar-se também de solos colapsíveis. Já os solos saprolíticos de quartzo-micaxisto revelaram deformações desprezíveis na fundação dessa mesma barragem.

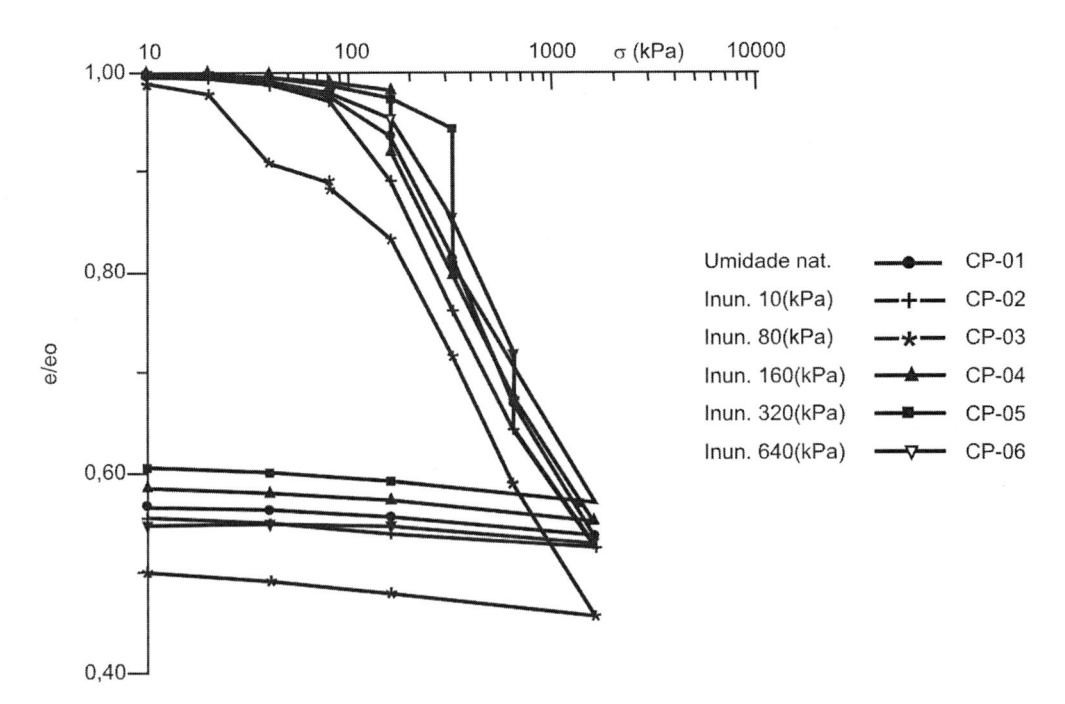

Fig. 8.13 *Curvas de compressão e efeito de inundação do solo – Barragem de Samambaia (Cemig, 1999)*

A colapsibilidade de um solo pode ser expressa por meio da relação $CP = \Delta e_c / (1+e_i)$, em que Δe_c corresponde à variação do índice de vazios, quando do colapso durante a saturação, e e_i corresponde ao índice de vazios inicial do solo. Nos ensaios edométricos, realizados com amostras da fundação da barragem de Samambaia (Fig.8.13), as deformações específicas por colapso atingiram valores de até 6,65%, em amostra de solo residual extraída da ombreira direita. Em termos médios, portanto, poderíamos classificar a colapsibilidade dos solos residuais dessa barragem como moderada.

Na Tabela 8.4, são apresentados os recalques pós-construção, medidos pelos marcos superficiais instalados ao longo da crista, para várias barragens atualmente operadas pela Cemig e localizadas no vale do rio Jequitinhonha.

Tabela 8.4 *Recalques pós-construção observados em várias barragens da Cemig*

Barragem	Altura máxima (m)	Recalque máximo δv (cm)	Relação percentual (δv/H)
Calhauzinho	36	9,5	0,26 %
Samambaia	25	8,0	0,32 %
Salinas	33	14,3	0,43 %
Bananal	24	9,2	0,38 %
Mosquito	30	2,2	0,07 %

Tendo por base os recalques pós-construção medidos nessas cinco barragens, verifica-se que os maiores recalques pós-construção foram observados nas barragens de Samambaia, Salinas e Bananal, justamente onde se constatou a presença de solos colapsíveis na fundação. Esses solos foram parcialmente removidos da fundação, quando da construção da barragem, a qual apresentou um bom desempenho posteriormente, sem qualquer indício de fissuras transversais. Os recalques pós-construção máximos atingiram valores de até 0,43%, para a barragem de Salinas, sendo dos mais altos já observados em barragens brasileiras.

8.6 Recalques das barragens de enrocamento

Neste item, são apresentados alguns resultados referentes à medição de deslocamentos verticais em barragens de enrocamento de grande porte, onde os dados foram exaustivamente analisados e permitiram obter importantes informações sobre o seu desempenho.

A barragem de Svartevann, na Noruega, é uma barragem de enrocamento com núcleo de material morâinico, completada em 1976. Por ter sido, na época de sua construção, a maior barragem desse tipo na Noruega, país onde as barragens de enrocamento estavam sendo largamente construídas, mereceu a instalação de um plano intensivo de instrumentação, com o objetivo de conhecer em detalhes seu comportamento real. As medições de deslocamentos superficiais, realizadas sobre um total de 141 marcos, permitiu o traçado do contorno das linhas de isodeslocamentos da barragem em setembro de 1976, data correspondente ao final da construção, e setembro de 1980, ou seja, quatro anos após, conforme se pode observar na Fig. 8.14. A simetria dos deslocamentos medidos indicou que o aterro apresentava propriedades uniformes e que a simetria revelada pelos deslocamentos entre ambas as ombreiras refletia a regularidade do vale.

O material do enrocamento de Svartevann foi testado em câmaras triaxiais de laboratório com 62,5 cm de diâmetro e 125 cm de altura, enquanto o material do filtro foi testado em câmaras de 25 cm por 50 cm, sendo que o material de moraina do núcleo não foi testado, empregando-se resultados do cascalho do filtro.

A)

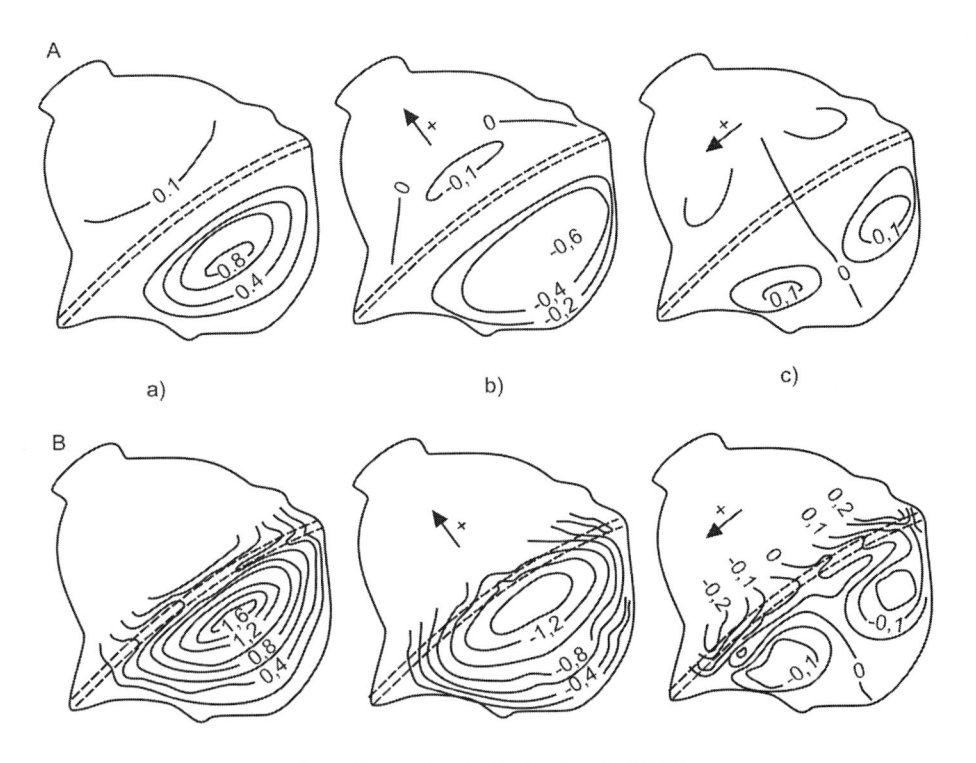

a) b) c)

B)

A) Deslocamentos no final de construção (setembro de 1976)
B) Deslocamentos em setembro de 1980

a) Recalques
b) Deslocamentos radiais (⊥ ao eixo)
c) Deslocamentos tangenciais (∥ ao eixo)

Fig. 8.14 *Deslocamentos verticais medidos em metros na superfície do aterro de Svartevann (DiBiagio et al, 1982)*

Na Fig. 8.15, apresentam-se os deslocamentos verticais e horizontais medidos ao final da construção. Para os deslocamentos verticais, os valores medidos excederam os valores calculados de um fator de 1,5 a 2,0, à exceção dos pontos da face de jusante do núcleo, onde a correlação foi boa. Para os deslocamentos horizontais, na parte mais interior do espaldar de jusante, o quadro inverteu-se, ou seja, os deslocamentos medidos foram substancialmente inferiores aos previstos, tendo por base os dados dos ensaios de laboratório. Esses resultados mostraram as dificuldades na previsão dos deslocamentos de uma barragem, particularmente em meados da década de 1970, época em que estavam sendo empregadas pela primeira vez as análises a partir de modelos matemáticos baseadas no MEF, para a estimativa dos deslocamentos das barragens de terra-enrocamento.

Na Áustria, a barragem de enrocamento de Gepatsch, com 153 m de altura máxima, foi muito bem instrumentada. Seu comportamento foi minuciosamente

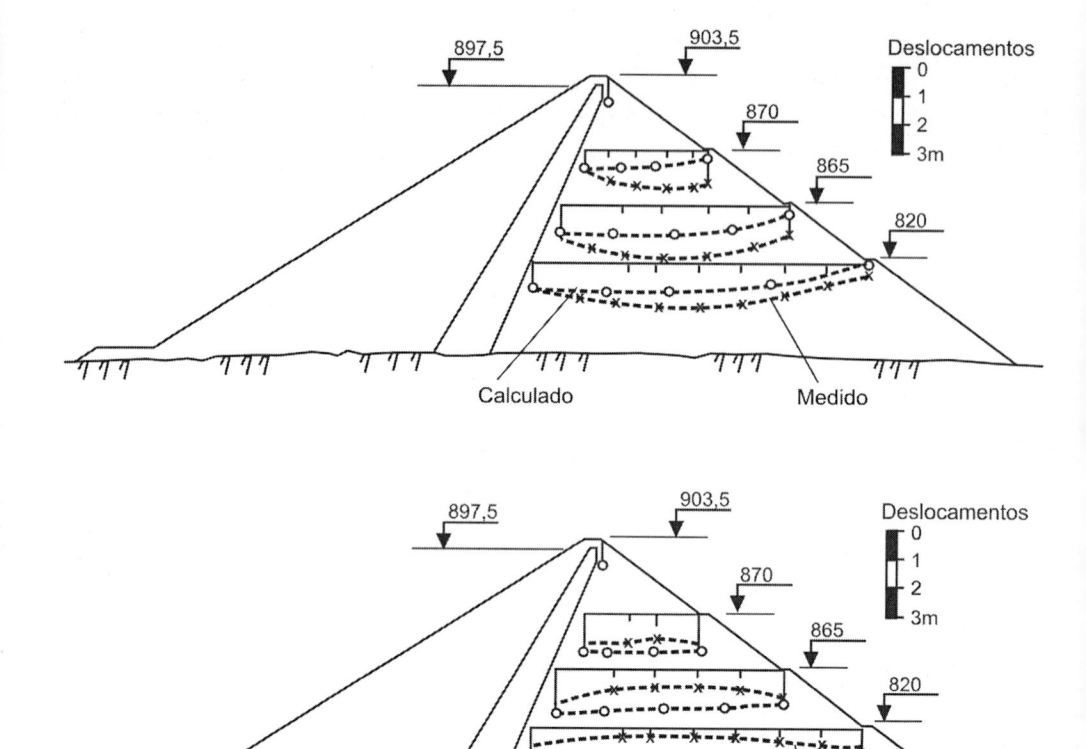

Fig. 8.15 *Deslocamentos verticais e horizontais em 12 de janeiro de 1979, na barragem de Gepatsch (DiBiagio et al, 1982)*

analisado durante os primeiros anos de construção e operação, em decorrência de algumas características do enrocamento, como o emprego de blocos de rocha com até 1,0 m³, camadas de compactação com 2 m de espessura e o emprego, pela primeira vez, de rolos vibratórios com 8 t na compactação. Schober (2003) comenta que essa barragem, com algumas outras barragens de enrocamento em construção no México, na mesma época, levou ao estabelecimento de um novo padrão sobre o comportamento das barragens de enrocamento.

Na Fig. 8.16, apresentam-se os movimentos internos medidos em Gepatsch, os quais refletem o formato triangular da barragem, com os deslocamentos direcionados do interior para o exterior. No trecho de montante, em torno da El. 1715 m, a execução do espaldar de montante, mais avançado que o núcleo, pôde ser claramente identificada como causadora de movimentos em direção ao interior. Já nas zonas de transição, bem mais rígidas e executadas com cascalho natural, as deformações foram significativamente menos pronunciadas. A extensão da zona de transição de jusante conduziu a uma redução dos recalques em torno de 30%. Os resultados apresentados sobre os deslocamentos no interior do aterro de Gepatsch vêm salientar a precisão e o detalhamento da instrumentação de auscultação dessa barragem, tornando possível o conhecimento da trajetória precisa dos deslocamentos verticais e horizontais,

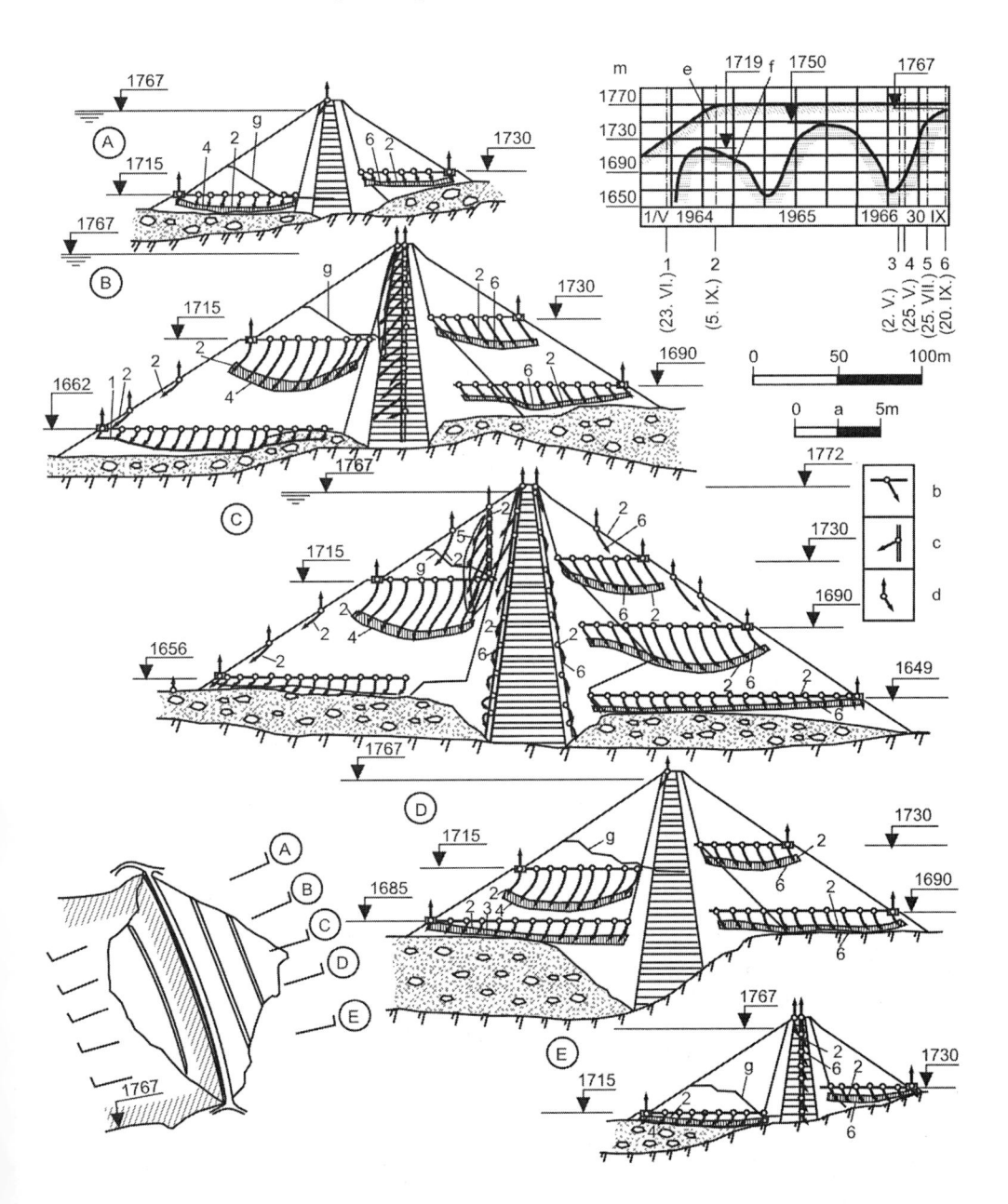

Fig. 8.16 *Deslocamentos medidos no interior da barragem de Gepatsch (Schober, 1967/2003)*

em vários níveis do aterro, de modo que tornou possível o traçado da resultante dos deslocamentos de vários pontos no interior do aterro, durante os períodos construtivo, de enchimento do reservatório e operação.

A segunda barragem de enrocamento mais alta da Áustria é a de Finstertal, com 150 m de altura máxima e término de construção em 1980. Trata-se de uma barragem peculiar, com um núcleo de concreto asfáltico com 96 m de altura, que a torna a barragem mais alta com um núcleo impermeável desse material. O projeto da barragem foi inovador, assim como a espessura da membrana asfáltica, que, com 70 cm de espessura na base e 50 cm de espessura na crista, foi executada com uma inclinação de 1(V):0,4(H) em camadas sucessivas de 25 cm.

Após o reservatório ter atingido sua elevação máxima em 1981 (El. 2320), ele passou a apresentar variações anuais de 40 m.c.a., conforme pode ser observado na Fig. 8.17, exceto em 1984, quando o deplecionamento foi completo. Os recalques do enrocamento da barragem de Finstertal podem ser observados nessa mesma figura para o final de construção e três épocas distintas, após o enchimento do reservatório.

a) Final de construção - 1980
b) Primeiro enchimento completo - 1981
c) Rebaixamento parcial - 1983
d) Rebaixamento completo - 1984

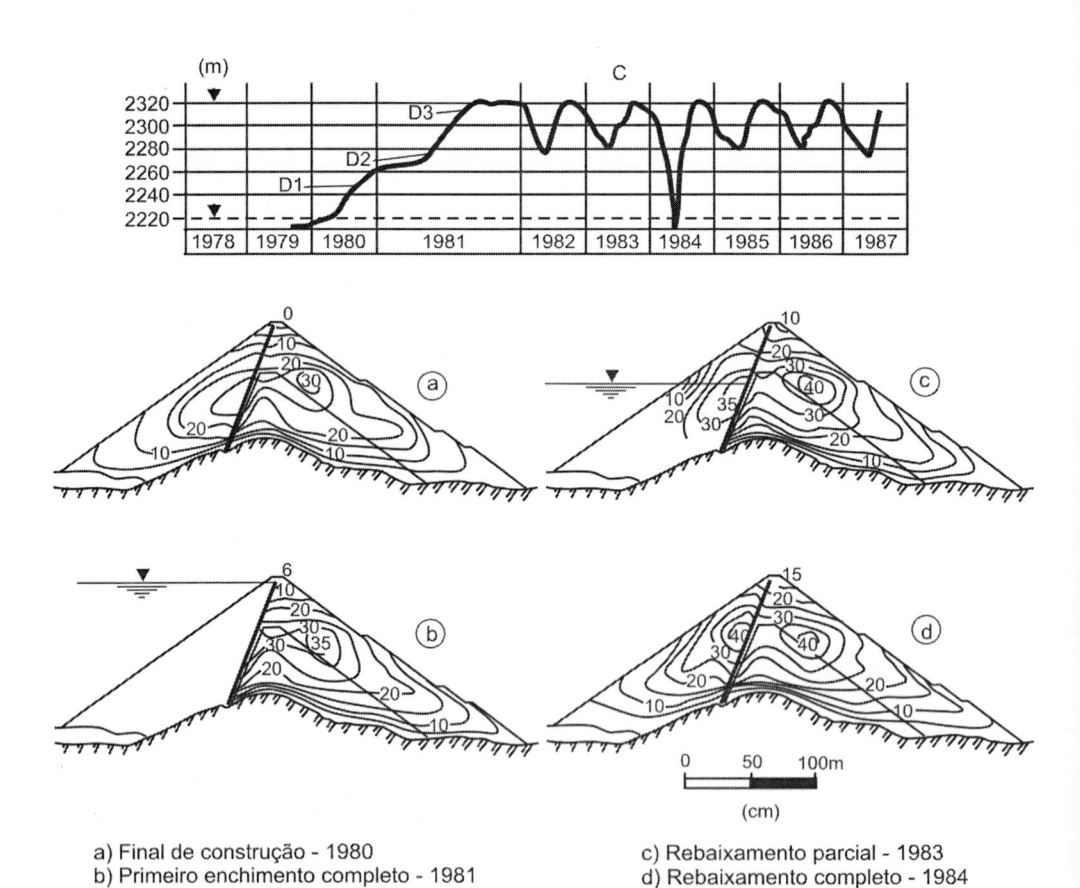

Fig. 8.17 *Recalques ao longo da seção longitudinal de Finstertal (Schober, 2003)*

Devido à geometria em sela da rocha de fundação, os recalques máximos ocorreram fora da zona central da barragem. Para uma barragem dessa altura, as deformações observadas foram extremamente reduzidas. Pode-se observar que o primeiro rebaixamento completo, ocorrido em 1984, conduziu a um aumento de 60% nos recalques da zona de montante, elevando de 25 para 40 cm, resultado da saturação e do deslocamento para jusante da membrana do núcleo.

As linhas de isorrecalques ao longo da seção longitudinal da barragem de Finstertal são apresentadas na Fig. 8.18, para os períodos de final de construção, enchimento do reservatório e 1984, quando ocorreu o primeiro rebaixamento completo. A influência da forma do maciço rochoso de fundação reflete-se nos recalques do aterro, mas de modo mais significativo nos movimentos horizontais da barragem, como será visto no Capítulo 10.

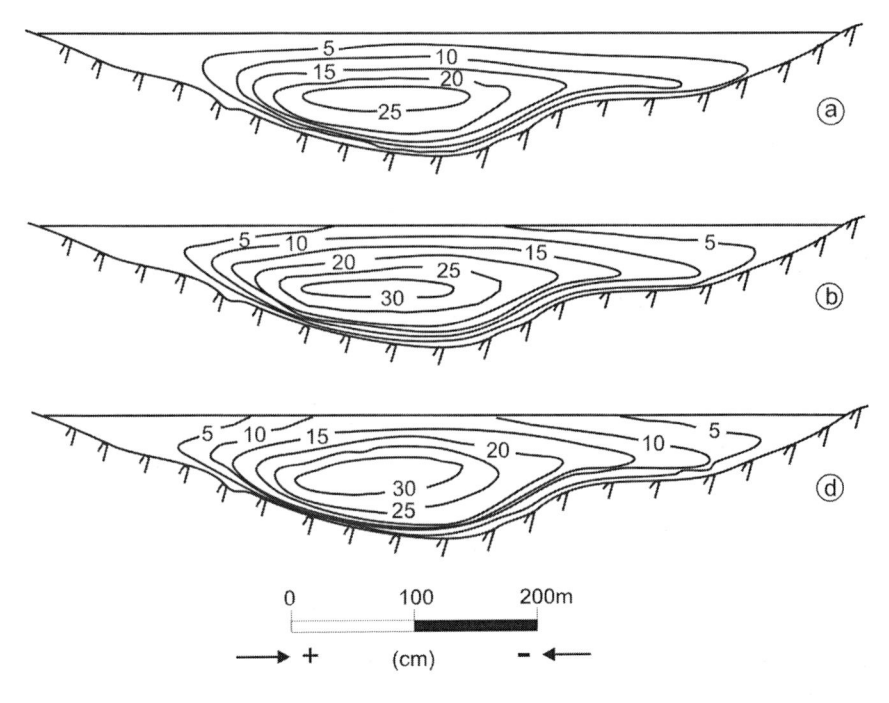

a) Final de construção - 1980
b) Primeiro enchimento completo - 1981
d) Primeiro rebaixamento completo - 1984

Fig. 8.18 *Recalques na seção central da barragem de Finstertal (Schober, 2003)*

Em termos dos recalques de longo prazo para as barragens de enrocamento, observa-se que até cerca de duas décadas atrás se tinha a impressão de que os recalques das barragens de enrocamento, particularmente das Barragens de Enrocamento com Face de Concreto (BEFC), se estabilizavam alguns anos após o período de enchimento do reservatório. Com os resultados da medição de recalques nas BEFC a longo prazo, conforme resultados de Foz do Areia, por exemplo, com o término de construção em 1980, passou-se a verificar que os recalques dessas barragens evoluíam ao longo de várias décadas, sem se estabilizar. Orlowski e Levis (1999) apresentam na Fig. 8.19 os recalques máximos da crista das BEFC de Foz do Areia, com 160 m de altura máxima, e Segredo, com 145 m de altura máxima, após 20 anos e 7 anos do final de construção respectivamente. Nesta figura, é nítido o acréscimo dos recalques da crista após o final da construção. Na barragem de Foz do Areia, onde o período de observação é de duas décadas, pode-se constatar que o recalque atual é de 220 mm, enquanto que, após o enchimento do reservatório, era de 120 mm, praticamente dobrando de valor nas duas décadas que se seguiram.

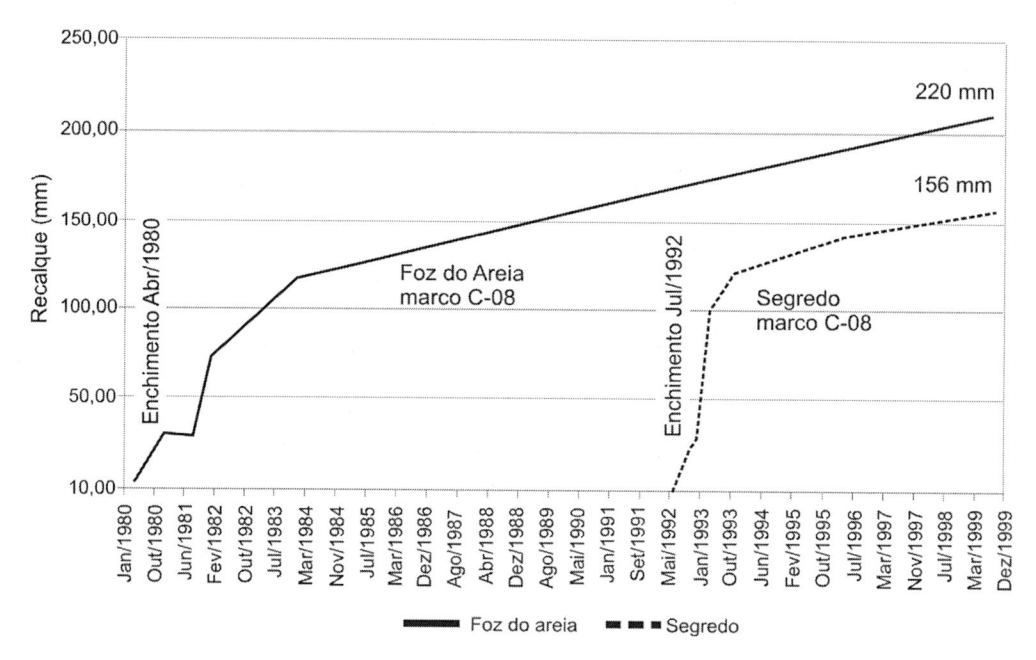

Fig. 8.19 *Recalque máximo da crista das BEFC de Foz do Areia e Segredo (Orlowski e Levis, 1999)*

O mecanismo que parece ocorrer e que explicaria esses recalques de longo prazo nas BEFC estaria associado à influência de um lento processo de molhagem do enrocamento de jusante, durante os períodos de precipitação pluviométrica. O fato de o enrocamento da zona de jusante ser compactado a seco e o importante papel que tem a molhagem do enrocamento no adensamento do material, como conseqüência do efeito de quebra das pontas, explicariam o lento recalque do enrocamento de jusante nas BEFC com o tempo, com reflexos em toda a estrutura. O efeito de quebra das bordas é tanto maior quanto mais alterada ou porosa é a rocha, sendo resultante da queda de resistência que toda rocha apresenta após sua saturação ou molhagem. Nas rochas sãs e compactas, esse efeito é de pequena monta; porém, nas BEFC mais recentes, como em Xingó, Itá, Itapebi, Quebra-Queijo etc., onde na zona de jusante têm sido empregados enrocamentos com rochas relativamente alteradas, é de se esperar que os recalques de longo prazo sejam mais pronunciados.

9 A Medição de Deslocamentos Horizontais

> *Surveillance serves a valuable risk reduction function, allowing dam operators and owners to identify dangerous conditions as they develop and correct the situation before loss of life or economic damage occurs.*
>
> Popovici, HRW/Dec 2004

9.1 Introdução

A medição dos movimentos horizontais na supervisão do comportamento das barragens de terra ou enrocamento é geralmente de grande importância. Os movimentos horizontais são decorrentes da compressibilidade dos materiais do aterro, assim como influenciados pela forma do vale ao longo das ombreiras. No sentido longitudinal da barragem, em vales simétricos, por exemplo, os deslocamentos verticais atingem geralmente seus maiores valores na seção central da barragem, enquanto os deslocamentos horizontais são praticamente nulos. Entretanto, à medida que se desloca em direção às ombreiras, aumentam os deslocamentos horizontais, como esquematizado na Fig. 9.1.

Em decorrência desses deslocamentos horizontais, na região central da barragem haverá um aumento das tensões horizontais de compressão, sendo que, à medida que se desloca em direção às ombreiras, as tensões de compressão vão diminuindo até se anularem, passando para tensões de tração (Fig. 9.1). Nesta região, os deslocamentos

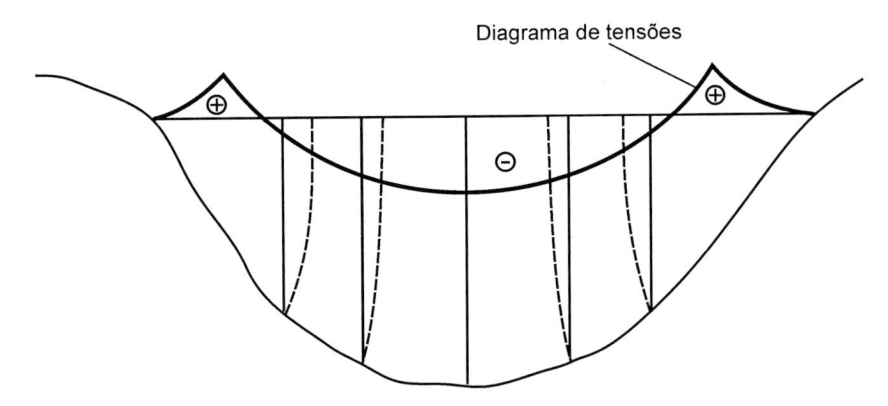

Fig. 9.1 *Ilustração esquemática dos deslocamentos horizontais ao longo da seção longitudinal de uma barragem (Wilson, 1974)*

horizontais atingem seus maiores valores e podem desenvolver fissuras transversais ao aterro, favorecendo a ocorrência de erosão interna, particularmente na região das ombreiras. Trata-se de fissuras preocupantes, críticas para as condições de segurança da barragem, cujas causas devem ser investigadas por meio de modelos matemáticos apropriados, assim como supervisionadas por um plano de instrumentação adequado e complementado por inspeções periódicas de campo. Tendo em vista este enfoque, a medição dos deslocamentos horizontais é muito importante, principalmente em vales muito confinados, no caso de cânions profundos, e em ombreiras com protuberâncias ou descontinuidades bruscas ao longo do perfil longitudinal. A probabilidade de desenvolvimento dessas fissuras na região das ombreiras não é em função somente das tensões de tração ou do tipo de material, mas também de quão rapidamente as deformações se manifestam. Quanto mais rápido é construída a barragem, ou realizado o enchimento do reservatório, mais rapidamente poderão se desenvolver essas fissuras.

No sentido transversal, conforme se pode observar na Fig. 9.2, ocorre certo espalhamento do aterro durante a construção, o que tende a diminuir as tensões na interface do núcleo com os espaldares. Poderão inclusive ocorrer fissuras na região das transições de montante e de jusante, ao longo da direção longitudinal da barragem, que não trazem, normalmente, muita preocupação, desde que não favoreçam o carreamento de partículas finas de uma região para outra da barragem, em decorrência dos vazios criados.

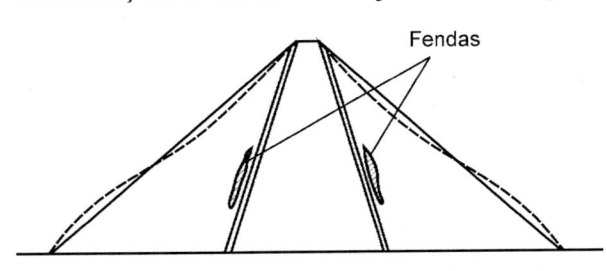

Fig. 9.2 *Ilustração esquemática de uma seção transversal na qual poderão aparecer fissuras (Wilson, 1974)*

Analisando-se o elemento de solo da Fig. 9.3, localizado no núcleo de uma barragem, destaca-se que em condições normais o valor de ky = 0,5 a 0,6 pode atingir valores maiores na região mais central do vale, em decorrência da transferência de esforços horizontais provenientes das ombreiras. Já o valor de kx pode atingir o valor de k ativo = 0,33, quando o ângulo de atrito interno = 30°, devido ao menor confinamento ao longo da direção transversal. Neste caso, se for realizado um furo de sondagem no núcleo, até uma profundidade crítica, geralmente de 25 m ou 30 m, ou superior, poderá ocorrer um fraturamento hidráulico aproximadamente longitudinal, devido ao desequilíbrio de forças no sentido transversal. Em tais casos, durante a execução de sondagens com emprego de água de perfuração ou lamas estabilizadoras, poderá ocorrer a perda total do fluido de circulação.

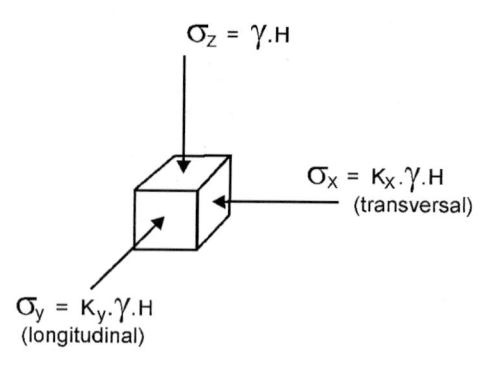

$\sigma_z = \gamma.H$
$\sigma_x = K_x.\gamma.H$ (transversal)
$\sigma_y = K_y.\gamma.H$ (longitudinal)

Fig. 9.3 *Tensões sobre um elemento de solo no núcleo de uma barragem de terra*

Excepcionalmente, a fratura poderá se desenvolver transversalmente, como aconteceu em uma barragem na Argentina (Wilson, 1974), na qual, devido à existência de uma ombreira abrupta, quando da execução de furos de injeção através dela, com o aterro já alto, houve perda total da água durante a perfuração. Após se pesquisar as causas, chegou-se à conclusão de que havia ocorrido ruptura hidráulica junto à ombreira, no sentido montante-jusante. Esta situação não é nada satisfatória, devendo ser evitada com o emprego de furos sem água de circulação ou lama. Atualmente, há técnicas de perfuração que não exigem a utilização de água, como, por exemplo, as sondagens do tipo sônica (*sonic drilling*), que têm sido empregadas nos Estados Unidos e no Canadá, para a execução de sondagens em barragens já em operação. Tal situação é muito comum na reinstrumentação de barragens antigas, nas quais normalmente se faz necessária a instalação de novos piezômetros do tipo *standpipe* ou de outros instrumentos em furos de sondagem a serem executados através do aterro compactado.

A observação de deslocamentos horizontais tem também grande interesse na supervisão dos deslocamentos cisalhantes concentrados, tanto no próprio aterro da barragem quanto na fundação, tendo por objetivo supervisionar superfícies de ruptura em potencial, conforme ilustrado na Fig. 9.4. Na fundação das barragens, a existência de uma camada de solo de baixa resistência pode favorecer a indução de superfícies potenciais de ruptura, cuja ocorrência real pode ser supervisionada por meio de instrumentos que permitam a medição dos deslocamentos horizontais ao longo de toda a extensão de furos verticais de sondagem, conforme será analisado mais adiante.

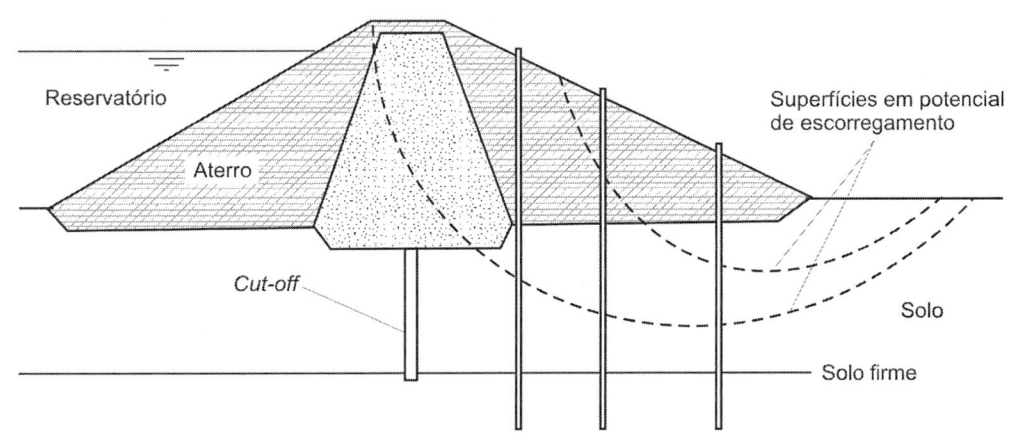

Fig. 9.4 *Inclinômetros instalados para a observação de superfícies em potencial de escorregamento*

9.2 Extensômetros múltiplos horizontais

Quando se defrontou pela primeira vez com o interesse na medição dos deslocamentos horizontais de pontos no interior de uma barragem de terra ou enrocamento, pensou-se em empregar-se instrumentos similares àqueles que vinham sendo utilizados com sucesso para a medição de recalques. Para tal, entretanto, houve necessidade de se proceder a algumas modificações, com o objetivo de atenuar os esforços de atrito que se manifestam com muito mais intensidade nos instrumentos instalados horizontalmente, em relação àqueles instalados na vertical.

Vários tipos de extensômetros múltiplos de hastes foram, então, desenvolvidos, conforme será analisado a seguir, alguns dos quais têm apresentado desempenho satisfatório.

9.2.1 Extensômetro múltiplo de fio

Todos os extensômetros para a medição dos deslocamentos horizontais requerem geralmente a instalação de tubulações plásticas ou metálicas no interior do aterro, com placas espaçadas ao longo de distâncias prefixadas, cujos deslocamentos são transmitidos até o interior de uma cabine sobre o talude de jusante, onde os deslocamentos horizontais são medidos.

Na instrumentação da barragem de enrocamento com núcleo de argila de Oroville, nos Estados Unidos, com 240 m de altura máxima, foram instalados extensômetros múltiplos, nos quais o deslocamento das várias placas era transmitido por um sistema de cabo de aço com ϕ 3,0 mm, utilizado na indústria aeronáutica. Na cabine de leitura, esses cabos passavam através de uma polia e eram tensionados por um peso de 57 kg, conforme pode ser observado na Fig. 9.5. Um guincho, não mostrado nesta figura, facilitava o levantamento do peso e sua conexão a cada um dos cabos, permitindo, desta forma, a medição dos deslocamentos por meio da aplicação de uma tensão constante nos cabos. Os deslocamentos da cabine eram lidos periodicamente, por meio de levantamentos topográficos de marcos superficiais solidários à mesma.

Há informações que revelam que esses instrumentos não apresentaram um bom desempenho, provavelmente em decorrência dos grandes recalques diferenciais que ocorrem na região da transição entre o núcleo e o enrocamento de jusante, que implicam atritos significativos entre os cabos e a tubulação de aço. Uma prova em potencial do desempenho não satisfatório deste tipo de extensômetro é que não se conhecem outras aplicações similares em barragens de grande porte, após a construção de Oroville. Na barragem de enrocamento de Angostura, no México, por exemplo, Wilson (1974) constatou que a diferença de recalques entre o núcleo e a transição de jusante atingiu 60 cm, o que ressalta os cuidados que precisam ser tomados na instalação dos cabos e tubulações horizontais, através de barragens de enrocamento com núcleo de argila.

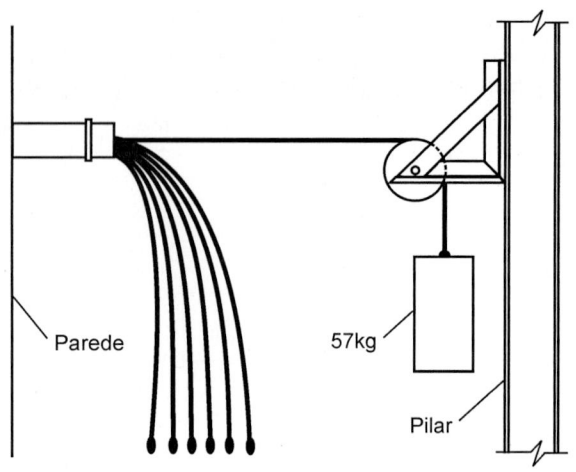

Fig. 9.5 *Extensômetro horizontal instalado na barragem de Oroville (Wilson, 1967)*

9.2.2 Extensômetro múltiplo de haste

Tendo em vista o excelente desempenho revelado pelos medidores de recalque do tipo KM em várias barragens brasileiras, nas quais este medidor de recalque foi concebido e aperfeiçoado na década de 1970, decidiu-se empregá-lo na instrumentação da Barragem de Enrocamento com Face de Concreto (BEFC) de Xingó, para a medição dos deslocamentos horizontais da barragem. Teve-se o cuidado de avaliar inicialmente os esforços decorrentes do atrito que se desenvolvia entre as hastes e os anéis espaçadores, ao longo da tubulação de proteção, procedendo-se a uma calibração prévia do instrumento.

Essa calibração foi executada em uma seção transversal ao longo da ombreira direita da barragem, construída com a rocha proveniente da escavação dos túneis de desvio. Após instaladas, as hastes do extensômetro foram submetidas a vários testes, ao longo de uma extensão de 140 m, sendo empurradas e posteriormente puxadas e medindo-se os deslocamentos na outra extremidade. Foram observadas diferenças máximas de deslocamento horizontal, entre as duas extremidades das hastes, da ordem de 5 mm, devidas ao atrito ao longo da composição, o que foi considerado aceitável para uma BEFC com 150 m de altura máxima. Na barragem de Xingó, os extensômetros múltiplos de haste foram instalados ao longo de três seções transversais, com um total de oito extensômetros, dos quais o mais extenso atingiu 250 m de extensão. Nas Figs. 9.6 a 9.8, são apresentados detalhes da instalação desses extensômetros, nas BEFC de Xingó e Itá.

Fig. 9.6 *Extensômetro horizontal tipo KM sendo instalado na BEFC de Xingó*

Os extensômetros múltiplos tipo KM instalados na BEFC de Xingó apresentaram um bom desempenho durante o período construtivo; porém, não na fase de enchimento do reservatório, quando, então, passou-se a observar que nos extensômetros mais longos não estava havendo uma medição adequada dos deslocamentos da laje de concreto a montante. Nesta fase, as hastes passam a ser empurradas para jusante, através de sua extremidade de montante, pelos esforços resultantes do empuxo atuante sobre a laje de concreto. Após uma análise minuciosa do problema, chegou-se à conclusão de que sua provável causa estaria no giro das hastes dentro da tubulação de proteção, causado pelo fato de os anéis espaçadores estarem soltos dentro da tubulação, assim como pelos esforços de atrito das hastes ao longo de seu comprimento, impedindo seu livre deslocamento para jusante.

Fig. 9.7 *Detalhe da placa de um extensômetro horizontal tipo KM sendo instalado junto a uma célula de recalque, na BEFC de Xingó*

Fig. 9.8 *Instalação de extensômetro horizontal tipo KM junto à célula hidráulica de recalque na BEFC de Itá*

Na instrumentação da BEFC de Itá, executada na seqüência, tomou-se o cuidado de fixar os anéis espaçadores dentro do tubo-guia por meio de solda, além de se instalar anéis de teflon, com o objetivo de reduzir o atrito entre as hastes e os anéis espaçadores. Com essas modificações, pôde-se observar que os extensômetros horizontais tipo KM apresentaram um bom desempenho para comprimentos de até 150 m. Para extensões maiores, entretanto, houve a necessidade de se puxar as hastes através de sua extremidade de jusante, para restaurar os deslocamentos impedidos pelo atrito ao longo da composição, durante a fase de enchimento do reservatório.

9.2.3 Extensômetro múltiplo magnético

Também os medidores de recalque do tipo magnético passaram a ser utilizados para a medição de deslocamentos horizontais em barragens de enrocamento. A barragem de Gepatsch, na Áustria, com 153 m de altura máxima e construída entre 1961 e 1964, foi uma das primeiras a empregar medidores horizontais de deslocamento do tipo magnético, conforme relato de Lauffer e Schober (1964). Para a determinação da posição das placas de aço instaladas no interior do aterro, providenciou-se um sistema de polia na extremidade mais a montante da tubulação, para o deslocamento do torpedo através de um sistema de cabos, conforme se pode observar na Fig. 9.9. Na barragem de Gepatsch, a sonda era utilizada também para a leitura dos recalques

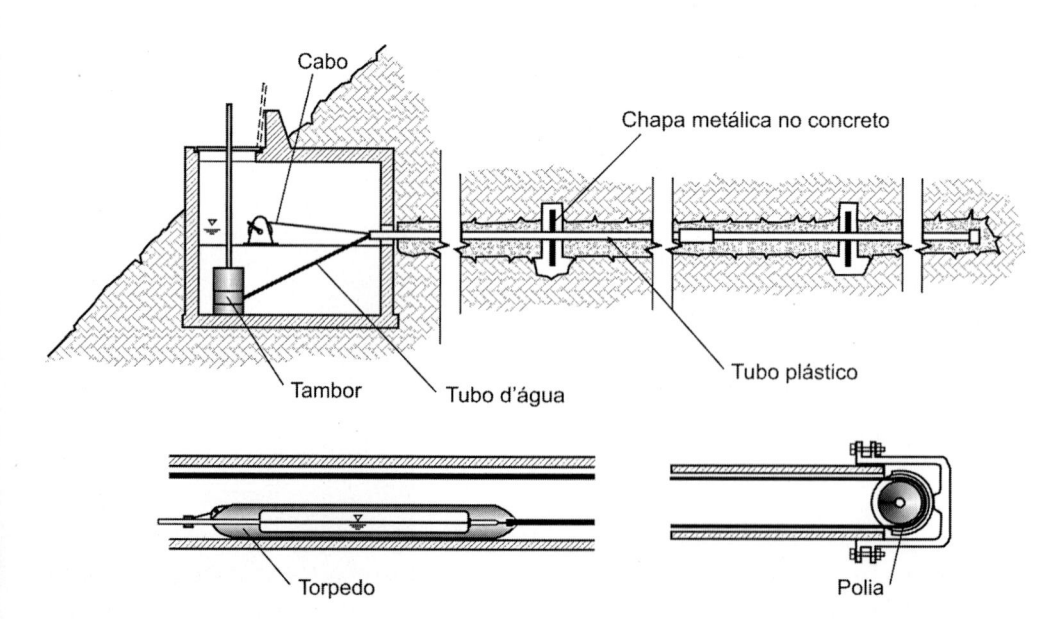

Fig. 9.9 *Extensômetro horizontal tipo magnético utilizado na barragem de Gepatsch (Wilson, 1967)*

do aterro, por meio de um sistema de nivelamento de fluidos, de modo similar aos medidores de recalque do tipo hidráulico, já comentado no capítulo referente à medição de recalques.

Atualmente, este tipo de extensômetro deixou de ser utilizado na instrumentação de barragens de enrocamento, em decorrência dos problemas observados na instrumentação das primeiras barragens, nas quais algum tempo depois da instalação observava-se dificuldade com o deslocamento do torpedo dentro do tubo-guia. Essa dificuldade acabava por provocar a ruptura do cabo e a conseqüente perda do instrumento, após todo o trabalho para sua instalação e as implicações com o cronograma de obra. Esses problemas eram provocados, provavelmente, pelos recalques diferenciais entre o núcleo e o enrocamento de jusante e pelo atrito entre o cabo e a tubulação de proteção, resultando no desgaste e, finalmente, na ruptura do cabo de aço e perda irrecuperável do torpedo de leitura.

Rocha Filho et al (1990) descrevem o sistema que foi empregado na BEFC de Segredo, para a medição dos deslocamentos horizontais de placas instaladas no interior do maciço, empregando-se uma composição de hastes para o deslocamento do sensor magnético, acoplado a um equipamento especial instalado na cabine de leitura, a jusante. Na barragem de Segredo, a linha de medição atingiu um comprimento máximo de 285 m, considerada excessivamente longa quando comparada ao seu emprego em barragens de enrocamento com núcleo de argila, tais como Gepatsch, Scammonden e Llyn Briane, nas quais a extensão máxima atingiu 127 m. Além da dificuldade para a movimentação da tubulação ao longo de extensões tão grandes, havia a necessidade de se construir uma cabine de grandes dimensões a jusante, para a operação do dispositivo de deslocamento das hastes, com um acréscimo significativo em termos de custo.

9.3 Inclinômetros

Os inclinômetros são empregados extensivamente para a avaliação da estabilidade de taludes em barragens, obras rodoviárias, escavações a céu aberto, obras de mineração etc. Consistem basicamente de um torpedo à prova d'água, dotado de um pêndulo interno, o qual é abaixado dentro de um tubo-guia aproximadamente vertical, medindo os deslocamentos angulares a intervalos igualmente espaçados e segundo direções preestabelecidas. O tubo-guia deve ser instalado tendo por base um referencial fixo na fundação, preferencialmente o topo rochoso, subindo verticalmente até a superfície do aterro, onde as leituras são realizadas.

Wilson (1974), criador do inclinômetro e fundador da empresa americana Slope Indicator Co., comentou que uma das barragens em que se utilizou pela primeira vez o inclinômetro, para a medição dos deslocamentos horizontais, foi a barragem de Mammoth Pool, nos Estados Unidos, em 1958. A partir daí, o emprego dos inclinômetros foi se difundindo cada vez mais; o instrumento foi sendo aperfeiçoado e permitindo leituras cada vez mais precisas. O inclinômetro da série 200B, da Slope Indicator, empregado durante a década de 1970, apresentava um pêndulo cujo deslocamento era medido pela variação de uma resistência elétrica. Apresentava uma sensibilidade da ordem de 1:1.000, ou seja, permitia medir um deslocamento angular de 1 mm/m, tendo sido empregado na instrumentação das barragens brasileiras de Ilha Solteira e Água Vermelha, por exemplo. No início da década de 1980, passou-se a utilizar os inclinômetros dotados de servo-acelerômetro para a medição dos deslocamentos angulares, os quais permitiam uma sensibilidade 10 vezes maior, ou seja, de 1:10.000, o que correspondia a um deslocamento angular de 0,1 mm/m. Cárdia (1990) apresenta uma relação de 13 obras da Cesp, construídas entre 1965 e 1985, onde é possível constatar que os inclinômetros empregando sensores tipo servo-acelerômetros começaram a ser utilizados no canal de Pereira Barreto, em 1980, e na instrumentação da barragem de Três Irmãos, a partir de 1981. Além desta vantagem, o torpedo dos inclinômetros dotados de servo-acelerômetros passaram a ter um diâmetro muito menor que os da série 200B, o que favorecia sua aplicação em trechos de ocorrência de deslocamentos cisalhantes concentrados, sem que o torpedo ficasse aprisionado no interior do tubo-guia. Na Fig. 9.10, pode-se observar o inclinômetro portátil da série 6000, da Geokon, que apresenta sensibilidade de ±10 segundos de arco (±0,05 mm/m) e repetibilidade correspondente a 0,02% do campo de leitura, que é de ±53°.

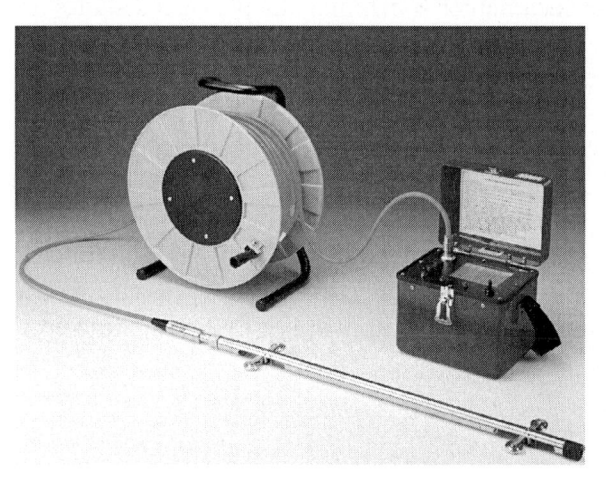

Fig. 9.10 *Inclinômetro modelo 6000 com unidade de leitura e bobina com o cabo elétrico (Cortesia Geokon)*

A instalação de um inclinômetro deve ser protegida, na superfície do aterro, por uma tampa no tubo-guia e uma caixa de proteção adequada, de modo similar às caixas de proteção empregadas para os piezômetros de fundação, medidores de recalque etc. Deve-se providenciar uma boa drenagem, para se evitar o acúmulo de águas de chuva e de lama no local.

Durante sua operação, o torpedo é abaixado até a base da tubulação e erguido lentamente, realizando-se leituras do deslocamento angular a cada meio metro ou 60 cm, para o caso de se empregar o sistema inglês (dois pés). A inclinação do torpedo é determinada empregando-se dois servo-acelerômetros. Um deles mede o deslocamento angular ao longo da direção montante-jusante, enquanto o outro o mede ao longo da direção margem direita-margem esquerda, para o que se faz necessário que o torpedo desça orientado desde o topo até a base do tubo-guia, utilizando as quatro ranhuras existentes longitudinalmente no interior dos tubos-guia, conforme pode ser observado na Fig. 9.11.

Fig. 9.11 *Tubo-guia para inclinômetros dotado de quatro ranhuras orientadas axialmente, para a orientação do inclinômetro (Cortesia Geokon)*

A inclinação do torpedo, e, conseqüentemente, do tubo-guia, é convertida em desvio horizontal de deslocamento, conforme a Fig. 9.12. Comparando-se com a primeira leitura realizada, imediatamente após a instalação, pode-se determinar qual a variação dos deslocamentos horizontais no período, os quais, acumulados desde a base até o topo, permitem a determinação das deformações elásticas da estrutura, ao longo do perfil monitorado. Na Fig. 9.13, observam-se leituras em um inclinômetro de barragem de Água Vermelha, durante o período construtivo.

Com relação à instalação dos tubos-guia do inclinômetro, deve-se procurar ancorar sua extremidade inferior em rocha, com o objetivo de garantir um referencial fixo. Após a instalação de cada novo tubo e compactação do aterro em seu entorno, efetua-se uma medida que servirá de referência para os cálculos posteriores. Os tubos-guia são geralmente confeccionados com diâmetros de 70 mm (2,75") e de 85 mm (3,34"). Os tubos de maior diâmetro oferecem vida útil mais longa e são recomendados para a

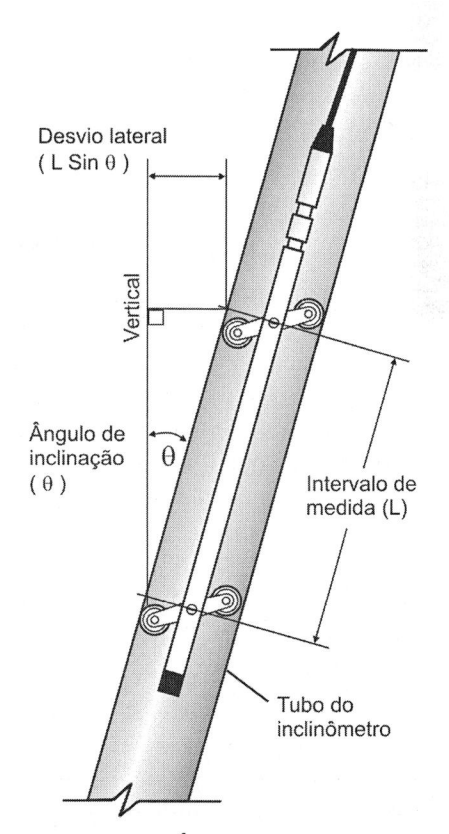

Fig. 9.12 *Ângulo de inclinação e desvio lateral (Catálogo Sinco)*

Fig. 9.13 *Leitura de um inclinômetro na barragem de terra de Água Vermelha, da Cesp*

maior parte das aplicações. Destacam-se os seguintes aspectos com relação à seleção do diâmetro mais apropriado de tubo-guia:

Diâmetro de 85 mm: tubo-guia mais apropriado para planos de instrumentação de longo prazo e para regiões com zonas cisalhantes concentradas (delgadas) ou múltiplas. É também recomendado para instalação ao longo da horizontal.

Diâmetro de 70 mm: tubo-guia mais apropriado para empreendimentos em que são antecipados deslocamentos de intensidade moderada.

Deve-se cuidar para que os tubos sejam instalados o mais verticalmente possível, para reduzir a possibilidade de erros. Quando os tubos-guia são instalados concomitantemente com a construção da barragem, não há problema com o desalinhamento da composição; porém, quando a instalação é realizada a partir de furos de sondagem, e particularmente quando estes são relativamente profundos, precisa-se tomar cuidado com a confecção dos tubos-guia e com a orientação das ranhuras internas. Se os tubos-guia apresentarem 3,0 m de comprimento e as ranhuras, desvios da ordem de 3° entre uma extremidade e a outra, o que já foi constatado na prática, o desvio acumulado ao longo de uma composição com 40 m de profundidade poderá atingir cerca de 40°. Tal fato pode ocasionar, eventualmente, um sério problema, a ponto de alterar completamente a direção na qual estão ocorrendo os deslocamentos principais, que passariam, por exemplo, da direção montante-jusante para a direção margem direita-margem esquerda. Para a seleção dos tubos-guia dos inclinômetros, portanto, deve-se procurar adquiri-los do próprio fabricante, tomando-se o cuidado para assegurar que não haja desvio ao longo das ranhuras, assim como desvios entre um tubo-guia e o adjacente, devido a eventuais folgas entre eles e a luva de conexão. Particular atenção também se deve dedicar à vedação das conexões entre a luva e o tubo-guia, para se evitar a entrada de água com argila ou outros materiais no interior da composição.

O desvio de alinhamento ao longo dos tubos-guia de um inclinômetro constitui geralmente um problema tão sério que muitos dos fabricantes passaram a confeccionar aparelhos que, inseridos ao longo da tubulação após a instalação, permitem a medição dos desalinhamentos entre tubos-guia consecutivos. É o caso do Spiral Sensor, da Slope Indicator Co., ou o Model 6005 Spiral Indicator, da Geokon (Fig. 9.14), que permitem medir os desvios de alinhamento ao longo das ranhuras dos tubos-guia. De posse desses valores, existem fabricantes que desenvolveram programas que permitem a correção dos desloca-mentos horizontais acumulados medidos, conforme pode ser observado na Fig. 9.15. Apesar de não ser necessário para a maioria dos inclinômetros, o sensor de espiral é recomendado para os seguintes casos:

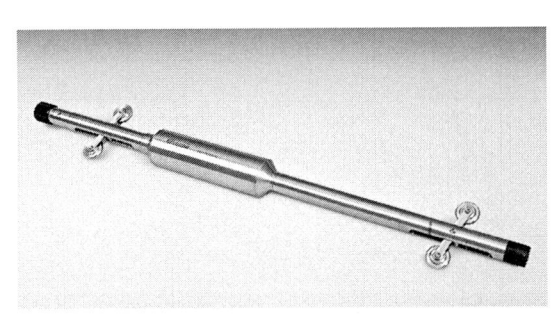

Fig. 9.14 *Aparelho projetado para a medição do desalinhamento entre tubos-guia, ao longo da composição de um inclinômetro (Cortesia Geokon)*

- quando o inclinômetro é muito profundo;
- quando o inclinômetro passa a indicar movimentos em uma direção pouco provável;
- quando se exigir extrema precisão na medição dos deslocamentos;
- quando houver dificuldades na instalação dos tubos-guia.

Recentemente, alguns fabricantes desenvolveram tubos especiais para os inclinômetros, empregando-se novos materiais e novas tecnologias, procurando-se eliminar o problema de desalinhamento dos tubos-guia nas conexões com as luvas. Na Fig. 9.16, apresenta-se o tubo-guia desenvolvido pela Geokon, dos Estados Unidos, que pode ser utilizado com os inclinômetros usualmente disponíveis no mercado e que permite a montagem da composição de tubos de forma rápida e precisa, para observações de longo ou de curto prazo. Este sistema é dotado de encaixes espaçados de 90° entre si, que asseguram a orientação dos tubos o mais alinhado possível, ao longo de todo o comprimento da composição. O sistema ABS, da Geokon, emprega tecnologia CNC com resina virgem ABS não reciclável. Apesar de mais cara que a resina de PVC usual, a resina ABS apresenta estabilidade superior, maior resistência à corrosão e baixa resistência de impacto em baixas temperaturas.

É importante que em cada série de medidas com o inclinômetro sejam realizadas as leituras diretas e inversas, o que exige a repetição das leituras girando-se o torpedo de 180° e repetindo-se toda a série de medidas, desde o fundo até a superfície, procurando-se posicionar o torpedo sempre nas mesmas profundidades. Com a realização dessas duas séries de medidas, é possível se proceder ao cálculo dos deslocamentos horizontais com muito mais precisão. Os deslocamentos no topo

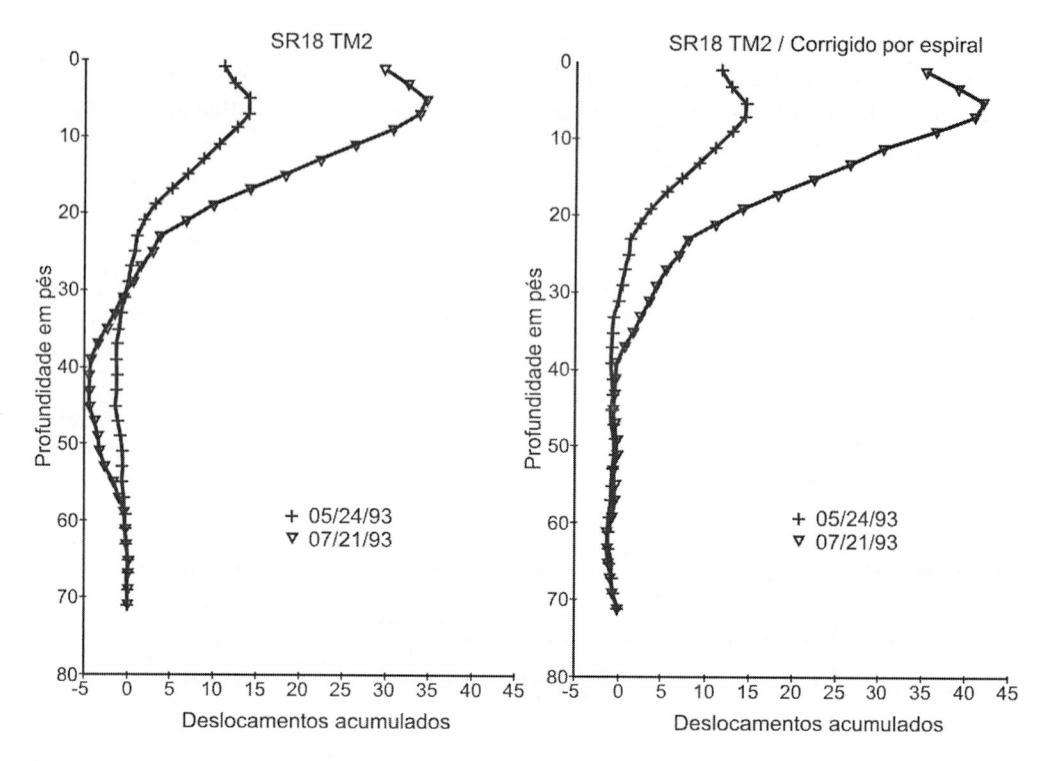

Fig. 9.15 *Deslocamentos horizontais gerados pelo programa DigiPro, da Sinco, com correção aplicada após a medição com o sensor espiral*

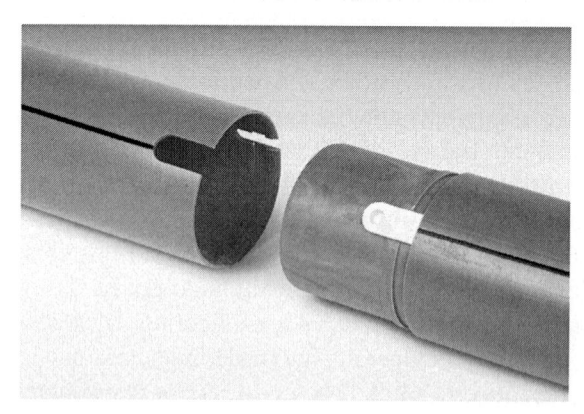

Fig. 9.16 *Tubo-guia modelo 6400 Glue-Snap ABS com um novo sistema de encaixe (Cortesia Geokon)*

dos tubos-guia, na superfície do terreno, devem ser monitorados por meio de medições topográficas independentes, para uma melhor avaliação da precisão dos deslocamentos medidos.

Deve-se destacar que os inclinômetros modernos são dotados de dois transdutores, que permitem a determinação dos deslocamentos angulares do tubo-guia segundo dois planos verticais afastados 90° entre si. Isso permite que, com apenas duas séries de leitura, seja possível se proceder à determinação dos deslocamentos horizontais, ao longo das direções montante-jusante e margem direita-margem esquerda, empregando-se as leituras direta e inversa. Antigamente, quando os inclinômetros eram dotados de apenas um transdutor, havia necessidade de se repetir as leituras quatro vezes em cada profundidade, exigindo praticamente o dobro de tempo para a realização de uma série completa de leituras.

A maioria dos inclinômetros utiliza servo-acelerômetros como transdutores de deslocamentos, mas há também aqueles que utilizam transdutores de corda vibrante, nos quais o deslocamento angular de um peso é determinado através do transdutor de corda vibrante, conforme pode ser observado na Fig. 9.17. Trata-se de um inclinômetro, entretanto, do tipo fixo, que é concebido para ser instalado solidário a uma estrutura de concreto, por exemplo, medindo os deslocamentos provocados por escavações subterrâneas executadas em suas proximidades.

Nas Tabelas 9.1 e 9.2, são apresentadas características dos principais modelos de inclinômetros, assim como das cadeias de inclinômetros fixos, tipo In Place Inclinometer.

Em barragens altas, com tubulações maiores que 50 m e com nível d'água alto, nem sempre é fácil sentir a passagem das rodas do torpedo nas luvas inferiores. Desta forma, verifica-se a impor-

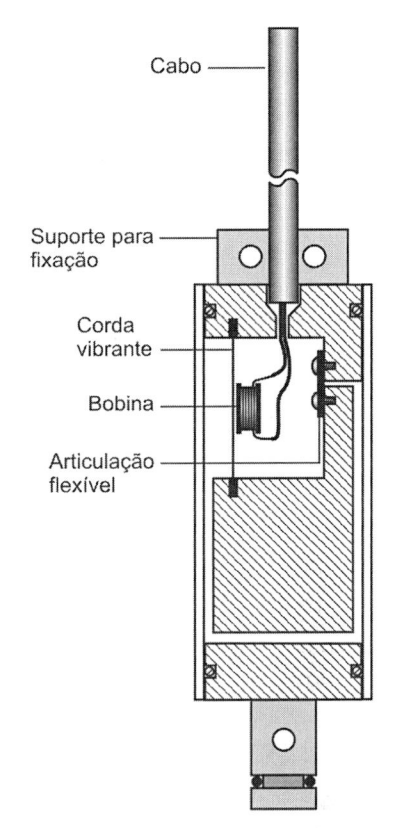

Fig. 9.17 *Inclinômetro fixo com transdutor de corda vibrante modelo 6300 (Cortesia Geokon)*

Tabela 9.1 *Características principais dos inclinômetros*

Fabricante	Modelo	Sensor	Dimensões da tubulação			Campo de leitura	Sensibilidade	
			φ ext (mm)	φ int (mm)	φ luva (mm)	(grau)	(seg)	(mm/m)
Geokon	6000	Servo-acelerômetro	70	58	-	± 53°	± 10'	± 0,05
			75	61	-			
SisGeo	OS241SH1500	Servo-acelerômetro	64	54	-	± 15°	± 5'	± 0,02
			85	75	89			
			-	70	-			
Soil Instrument	C10	Servo-acelerômetro	70	60	-	± 30°	± 10'	± 0,05
Slope Indicator	Digitilt	Servo-acelerômetro	85	75	89	± 53°	± 36'	± 0,17
			70	60	73			
Roctest	Accutilt RT-20	Servo-acelerômetro	85	73	90	± 90°	± 20'	± 0,2
			70	59	73			
RST Instruments	Probe Inclinometer	Servo-acelerômetro	70	59	73	± 30°	± 20'	± 0,09
			85	73	90			

Tabela 9.2 *Características principais das cadeias de inclinômetros (In Place Inclinometer)*

Fabricante	Modelo	Sensor	Dimensões da tubulação (ϕ) e comprimento do sensor (L)			Campo de leitura (grau)	Sensibilidade (mm/m)
			ϕ ext (mm)	ϕ int (mm)	L comp. (mm)		
Geokon	6300	Corda vibrante	75	61	1, 2 e 3	± 10°	0,05
			70	58	1, 2 e 3		
	6150	Eletro-mecânico	75	61	1, 2 e 3	± 15°	0,05
			70	58	1, 2 e 3		
SisGeo	S520SV	Servo-acelerômetro	-	-	1	± 14,5°	0,009
	S520PV	Magnético	-	-	1	± 10°	0,14
Soil Instrument	C12	-	-	-	1, 2 e 3	± 10°	0,05
Slope Indicator	Vertical In-place	Eletrolítico	85	75	1	± 10°	0,009
			70	60	2 e 3		
Roctest	906 Little Dipper	Eletrolítico	-	70	1,5 e 3	± 10°	0,009
RST Instruments	EIS	Eletrônico	70	60	1	± 10°	0,009
			85	75	2 e 3	± 5°	0,009

tância de se proceder à determinação das emendas empregando-se os medidores de recalque do tipo USBR, cujo torpedo opera dentro da tubulação do próprio inclinômetro, para registrar o perfil e identificar a profundidade exata das posições de leitura com o inclinômetro.

Existem inclinômetros projetados para operar ao longo da horizontal, permitindo a medição dos deslocamentos na fundação de um aterro construído sobre uma fundação deformável ou abaixo de um grande tanque para líquido. Na Fig. 9.18, ilustra-se o modelo 6015 da Geokon, com diâmetro de 45 mm e comprimento de 671 mm, que opera no interior de tubulações com 61 mm a 89 mm de diâmetro interno.

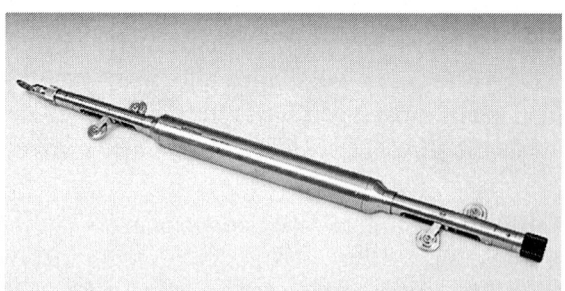

Fig. 9.18 *Inclinômetro modelo 6015 projetado para operar ao longo da horizontal (Cortesia Geokon)*

9.4 Cadeia de inclinômetros fixos (In Place Inclinometer)

Por cadeia de inclinômetros, em inglês denominada In Place Inclinometer, entende-se um conjunto de inclinômetros instalados em série ao longo de um furo de sondagem, de tal modo que os instrumentos permaneçam fixos no local de interesse, normalmente objetivando a medição dos deslocamentos cisalhantes ao longo de juntas-falhas, contatos geológicos, planos de fraqueza estrutural etc. Esses instrumentos podem, eventualmente, ser instalados com extensômetros múltiplos, de tal modo que permitam o cálculo do módulo de rigidez transversal (k_t) e do módulo de rigidez normal (k_n) da junta, por meio da composição dos resultados dos dois instrumentos.

As cadeias de inclinômetros constituem instrumentos recomendados especialmente para fundações dotadas de camadas horizontais de baixa resistência, como, por exemplo, um maciço de arenito com intercalações de argilito ou folhelho, onde poderão ocorrer deslocamentos cisalhantes significativos. Apresentam a vantagem de não necessitar de um operador no local do instrumento, permitindo a sua leitura remotamente, o que facilita sua integração ao sistema de automação da instrumentação. O sistema é ideal para o registro contínuo dos deslocamentos e a su-pervisão dos deslocamentos em tempo real, particularmente nos períodos mais críticos da obra, como o período construtivo, a fase de enchimento do reservatório etc.

Na Fig. 9.19, apresenta-se o In Place Inclinometer, da Slope Indicator, destacando-se que ele pode ser instalado empregando-se base de leitura de 1 m, 2 m e 3 m, utilizando uma tubulação de aço inox com 19 mm de diâmetro, acoplada ao sensor de medição dos deslocamentos angulares. Pode ser instalado no interior de tubulações com 70 mm e 85 mm de diâmetro e ao longo da horizontal.

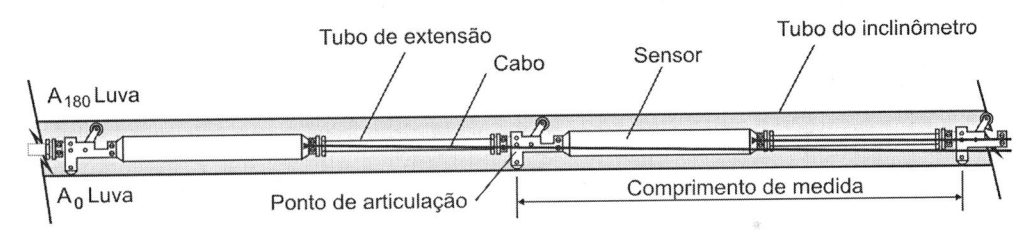

Fig. 9.19 *Cadeia de inclinômetros da Slope Indicator*

Na Fig. 9.20, ilustra-se a apresentação de uma cadeia clinométrica, na base de um aterro, empregando-se o modelo 6150 da Geokon. Este possui um campo de leitura ±15° com sensibilidade de ±10 segundos de arco (±0,05 mm/m).

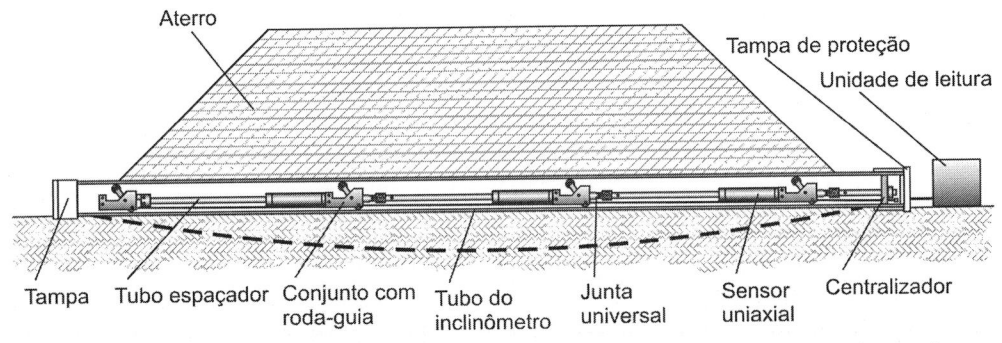

Fig. 9.20 *Esquema típico de instalação de cadeia de inclinômetro na base de um aterro (Cortesia Geokon)*

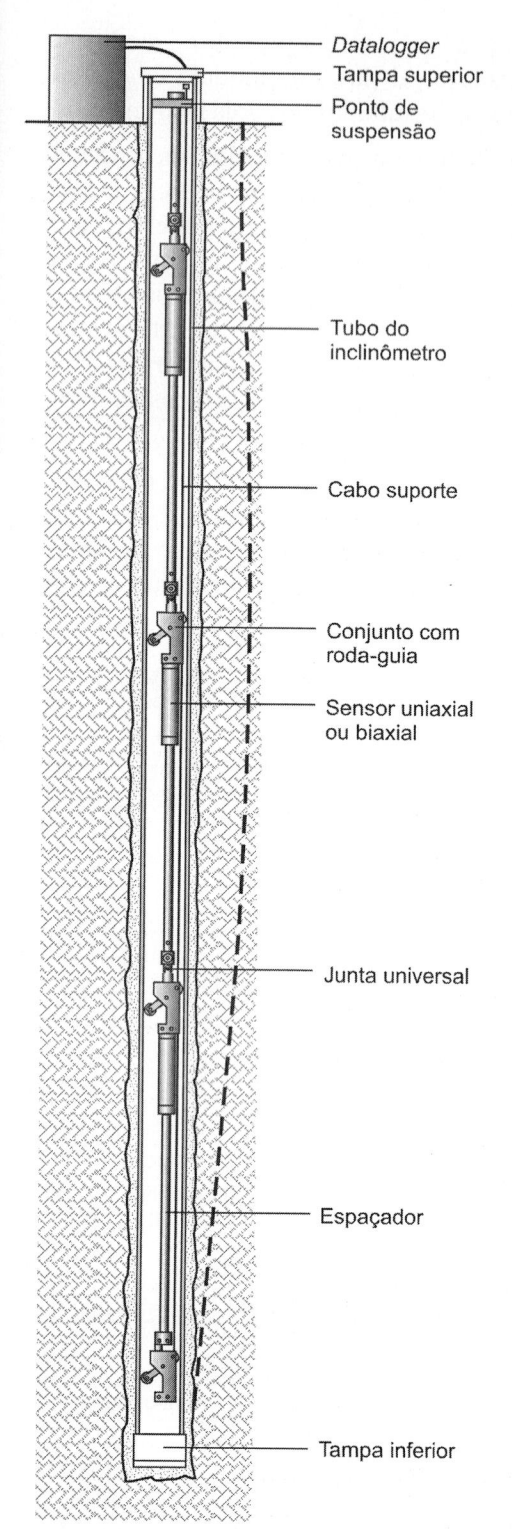

Na Fig. 9.21, é apresentado o In Place Inclinometer, da Geokon, que emprega sensores de corda vibrante, o que permite a leitura remota dos deslocamentos e, portanto, possibilita a sua automação. Pode ser dotado de sensores uniaxiais ou biaxiais, dependendo da aplicação a que se destina. Pode ser instalado no interior de tubulações com 61 mm e 75 mm de diâmetro. São geralmente confeccionados com campo de leitura de 10°, possuindo uma sensibilidade de ±10 segundos de arco (±0,05 mm/m), e com um campo de operação em termos térmicos entre -20°C e +80°C.

9.5 Eletroníveis

O eletronível é constituído por um sensor eletrolítico de gravidade que gera uma corrente elétrica proporcional ao ângulo de inclinação do aparelho, permitindo, desta forma, a medição de deslocamentos angulares. O transdutor funciona baseado no princípio de que uma bolha de ar suspensa em uma cápsula, contendo um líquido eletrolítico, é bisseccionada pela direção vertical. Quando o transdutor sofre um giro, é alterada linearmente a resistência elétrica medida pelo líquido eletrolítico, por meio de um circuito que transforma esta variação de resistência em leituras de deslocamento angular, com alta precisão. Esses transdutores são protegidos por uma blindagem metálica estanque e ligados por cabos elétricos a uma central de leitura.

Fig. 9.21 *Esquema típico da instalação de uma cadeia de inclinômetros fixos da Geokon*

O instrumento pode ser instalado permanentemente em diferentes profundidades ao longo de um furo de sondagem. O sistema permite um meio de se medir os deslocamentos angulares com um alto grau de precisão, havendo apenas certa preocupação com sua estabilidade a longo prazo. Na BEFC de Xingó, por exemplo, na qual em uma seção transversal na região da ombreira esquerda foram instalados 10 eletroníveis ao longo da laje de concreto a montante (Fig. 9.22), pouco antes do enchimento do reservatório (1994), em 2005, ou seja, 11 anos após a instalação, contava-se com nove desses medidores funcionando regularmente, o que permite concluir que eletroníveis desse tipo apresentam vida útil superior a dez anos. Mais detalhes poderão ser obtidos no trabalho de Cavalcanti et al (1994).

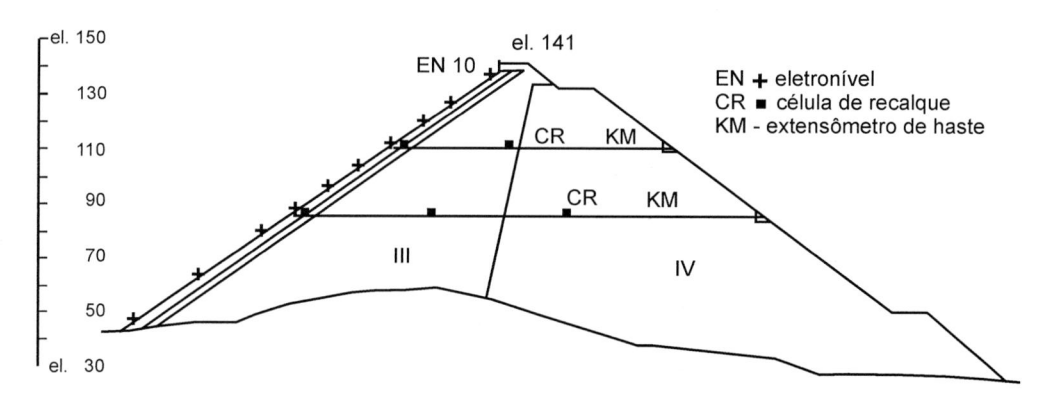

Fig. 9.22 *Locação dos eletroníveis na laje da BEFC de Xingó (Cavalcanti et al, 1994)*

A laje da BEFC de Xingó foi monitorada também com medidores elétricos de junta localizados no encontro da laje com o plinto, além de extensômetros horizontais tipo KM e células hidráulicas de recalque, instalados junto à laje, do lado de jusante, fornecerem também seus deslocamentos. Trata-se, entretanto, de instrumentos de difícil instalação, em decorrência da necessidade de tubulações e mangueiras que se estendem até a cabine de leitura a jusante, exigindo a execução de transições dentro do enrocamento e sua condução ao longo de distâncias de algumas centenas de metros.

A grande vantagem dos eletroníveis, portanto, é que eles podem ser instalados diretamente sobre a laje da barragem, nos dias que antecedem o enchimento do reservatório, não envolvendo grandes dificuldades e alto custo. Na Fig. 9.22, pode ser observada a locação na seção da ombreira esquerda da BEFC de Xingó.

No caso desta barragem, os eletroníveis foram inicialmente montados, testados e calibrados em laboratório, antes de sua instalação no campo. Foram fixados à laje da barragem com parafusos e buchas apropriadas duas semanas antes do início do enchimento do reservatório. Os cabos dos eletroníveis foram protegidos por tubos de PVC rígido, fixados à laje, recomendando-se, entretanto, o emprego de tubulações de aço galvanizado, para evitar que troncos flutuantes pudessem danificar os cabos na fase de enchimento do reservatório e período inicial de operação. Em Xingó, a instalação de 10 eletroníveis foi realizada em dois dias de trabalho, ao custo final, incluindo-se dois aparelhos de leitura, de US$ 13.000,00 (valor de 1994).

As leituras passaram a ser realizadas em uma central localizada na crista da barragem, junto ao muro do coroamento. Os deslocamentos angulares passaram a ser medidos com precisão de um segundo de grau, sendo posteriormente interpolados empregando-se as equações de Lagrange, para um polinômio de terceira ordem, obtendo-se, assim, uma curva contínua ao longo da laje, na seção instrumentada. A deformada da laje era obtida integrando-se numericamente as rotações ao longo da mesma. A Fig. 9.23 apresenta a deflexão da laje da BEFC de Xingó sobre a seção da barragem, para o reservatório na El. 134 m.

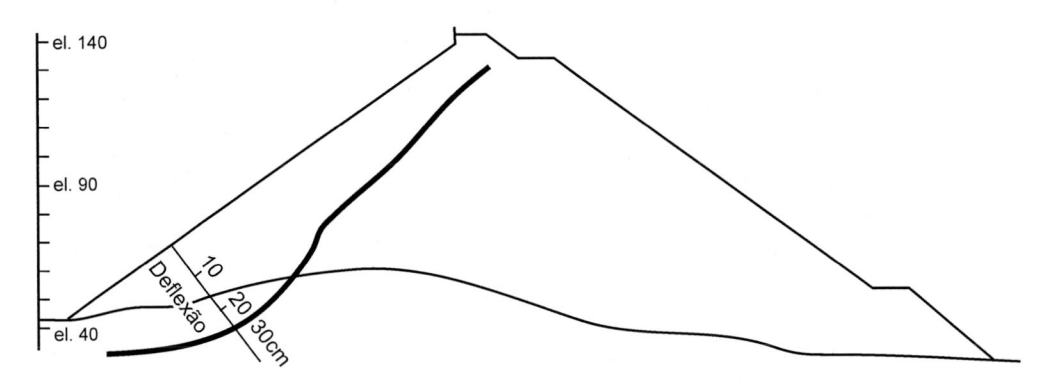

Fig. 9.23 *Deflexão da laje da BEFC de Xingó, com N.A. 134 m (Cavalcanti et al, 1994)*

9.6 Fita de cisalhamento

O sistema de observação de movimentos cisalhantes com as fitas de cisalhamento consiste basicamente na instalação delas no interior de furos de sondagem, de tal modo que a ocorrência de um deslocamento cisalhante concentrado, ao longo de um plano de escorregamento, provoque o seccionamento de uma ou mais fitas, conforme a Fig. 9.24. As fitas de cisalhamento são constituídas por um circuito elétrico, dotado de uma série de resistências espaçadas de 30 cm entre si. A extremidade dos cabos de leitura é conectada a uma ponte de *Wheatstone*, de tal modo que a fita de cisalhamento atue em um dos lados da ponte e o potenciômetro balanceador atue do outro. Quando ocorre a ruptura de uma fita, o circuito é interrompido de forma que constitui dois circuitos de resistência separados, permitindo determinar a profundidade em que ocorreu a ruptura, indicando desta forma a localização da superfície de cisalhamento no interior da barragem ou em um talude natural. Podem ser instaladas até nove fitas em um furo de sondagem NX (ϕ 76 mm), ao longo de extensões de até 60 m. A instalação pode ser realizada no interior de tubos de PVC com ϕ 5 cm, preenchendo-se o vazio com calda de cimento, areia ou mantendo o espaço vazio, o que assegura a sensibilidade das fitas entre 3 mm e 50 mm, em termos de deslocamentos cisalhantes.

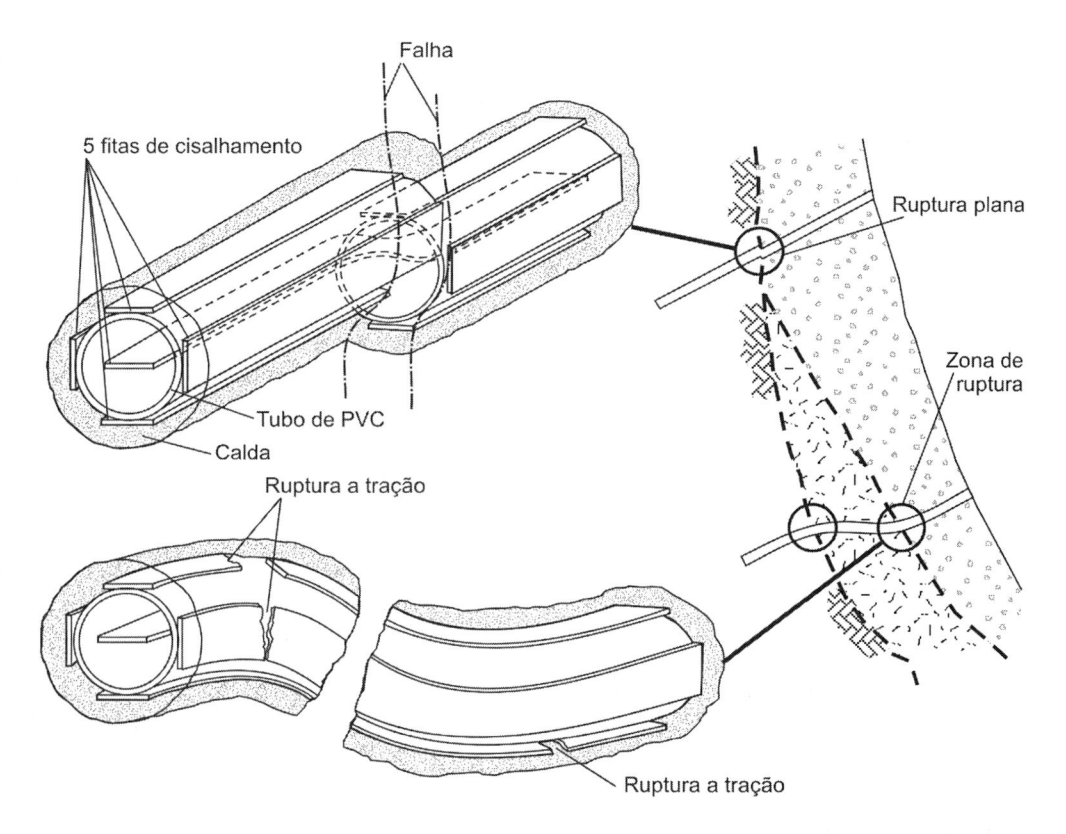

Fig. 9.24 *Esquema de instalação das fitas de cisalhamento (Silveira, 1976)*

A instalação das fitas de cisalhamento é importante em locais perigosos e de difícil acesso, constituindo um alerta eficiente contra a iminência de rupturas em minerações a céu aberto, por exemplo. No caso de barragens, sua aplicação seria indicada para monitoração de taludes instáveis na área do reservatório. Outra aplicação seria para o caso de Pequenas Centrais Hidrelétricas (PCH's), nas quais é comum a existência de longos canais adutores, cuja supervisão das condições de estabilidade dos taludes exigiria uma instrumentação de baixo custo e fácil operação.

Como desvantagem deste método menciona-se a dificuldade em se estimar a ordem de grandeza dos deslocamentos cisalhantes, no instante da ruptura, para a seleção do esquema mais apropriado de instalação.

9.7 Marcos superficiais

Os marcos superficiais são geralmente instalados ao longo da crista da barragem e das bermas de jusante, para a observação dos deslocamentos horizontais pós-construção, fase de enchimento do reservatório e período operacional. Nas Barragens de Enrocamento com Face de Concreto (BEFC), recomenda-se que os marcos sejam instalados ao longo da crista, tanto a montante quanto a jusante, visto que apresentam as mesmas diferenças significativas. Nas grandes barragens, recomenda-se que os marcos superficiais sejam instalados a cada 100 m, e, nas menores, a cada 50 m.

As estações topográficas são constituídas, essencialmente, por pilares de concreto armado localizados sobre afloramentos rochosos ou suficientemente profundos para serem considerados fixos. Deve-se tomar cuidado para não aprofundar demais os pilares, no caso de a rocha se encontrar muito profunda, visto que pilares com mais de 5,0 m de comprimento começam a perder sua rigidez e se tornam muito flexíveis, apesar da armadura interna. Nesses casos, recomenda-se cravar uma estaca e instalar as estações topográficas com pilares máximos de 5,0 m de comprimento e 30 cm de diâmetro. Na Fig. 9.25, é apresentado um esquema para a instalação dessas estações,

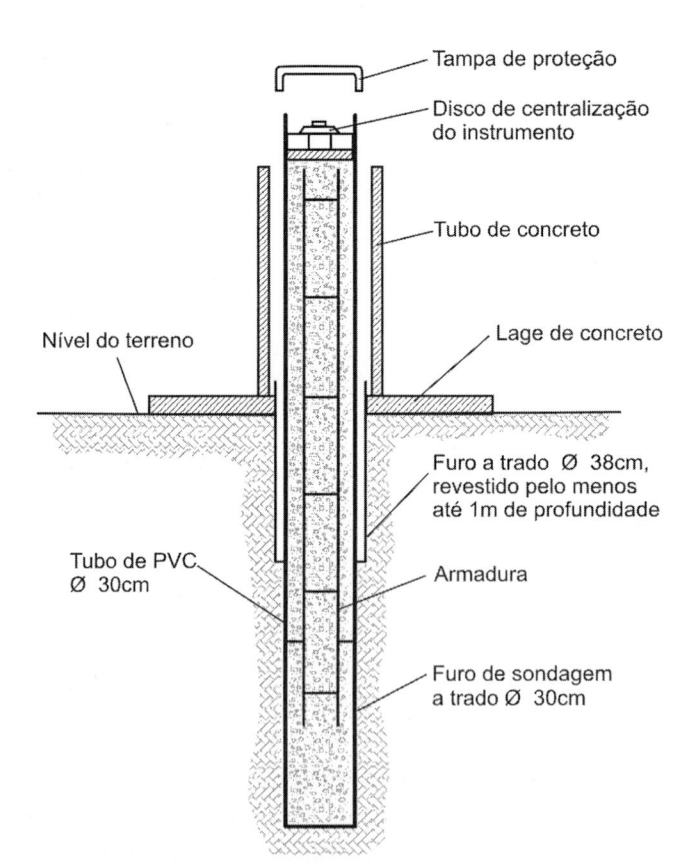

Fig. 9.25 *Esquema de instalação de uma estação topográfica*

que devem permitir a livre movimentação do operador em sua volta, sobre um piso devidamente regularizado com concreto e dotado de um gradil externo de proteção. É recomendável pintar essas estações de branco, para reduzir o aquecimento assimétrico da base pelos raios solares, assim como manter o pilar protegido dos raios solares por um tubo externo de concreto. Sobre o pilar é fixado um prato de aço inox ou o próprio prato de fixação do aparelho de leitura, no sentido de assegurar o mesmo posicionamento do aparelho. Esses pratos são geralmente fornecidos pelo próprio fabricante, sendo que alguns permitem a autocentralização do aparelho, com precisão de 0,03 mm.

Nas barragens de eixo reto, recomenda-se que os marcos sejam lidos a partir de estações topográficas localizadas nas ombreiras, preferencialmente sobre rocha, empregando-se o processo topográfico de colimação. Neste processo, procura-se estabelecer um alinhamento fixo entre as estações topográficas alinhadas uma de cada lado da crista da barragem, ou das bermas de jusante, medindo-se os deslocamentos horizontais dos marcos por meio de miras especiais ou de réguas estabelecidas sobre eles. Trata-se de um processo altamente preciso, que pode assegurar a medição dos deslocamentos horizontais com precisão de ± 2,0 mm, para distâncias de até 500 m, com leituras realizadas pela manhã. Faz-se importante, em um país de temperaturas elevadas no verão como o Brasil, realizar as medições topográficas sempre nas primeiras horas da manhã, quando a temperatura ambiente é mais amena, para se evitar problemas com a reverberação do ar e assegurar leituras mais precisas.

Nas barragens de eixo curvo, a medição dos deslocamentos horizontais dos marcos superficiais deve ser realizada por meio de triangulações geodésicas, nas quais antigamente se empregavam teodolitos de precisão ou estações totais. Pela medição dos ângulos, determinam-se as coordenadas dos marcos superficiais em relação a um sistema fixo de coordenadas. Os deslocamentos relativos ΔX e ΔY, entre duas campanhas de medição, são determinados por extensos e laboriosos cálculos, exigindo o emprego de programas de cálculo especialmente elaborados para esse fim.

No processo de triangulação, não se consegue precisão tão boa quanto no processo de colimação topográfica, devendo-se sempre estimar previamente a precisão a ser conseguida, com a equipe de topografia, para se avaliar a conveniência da instalação de um sistema de marcos superficiais e qual a precisão estimada para os deslocamentos a serem medidos. Isto é particularmente válido para as barragens muito extensas, onde as distâncias de visada envolvem distâncias da ordem de 1,0 km. Deve-se também orientar a equipe de topografia para fornecer os deslocamentos dos marcos instalados sobre a barragem ao longo das direções montante-jusante e ombreira direita-ombreira esquerda, e não ao longo das direções Norte-Sul e Leste-Oeste, conforme estão acostumados a fazer nas planilhas de topografia.

Em termos da precisão das leituras de deslocamento horizontal empregando-se marcos superficiais, destaca-se que, em condições normais para as barragens de terra e enrocamento, precisões da ordem de ± 5,0 mm seriam adequadas. Entretanto, a obtenção de precisão desta ordem para uma barragem com 2,0 km a 3,0 km de comprimento exigirá o emprego de instrumentos de medição altamente precisos e de uma equipe de topografia de alto nível técnico. Para as BEFC, onde os deslocamentos horizontais das cabines de leitura serão utilizados para a obtenção dos deslocamentos horizontais de pontos internos à barragem, medidos por meio de extensômetros de hastes, por exemplo, com precisão de ± 1,0 mm, faz-se necessária a obtenção dos deslocamentos horizontais dos marcos solidários às cabines com precisão similar, o que exigirá a medição dos deslocamentos horizontais das cabines de leitura com técnicas geodésicas apuradas.

Quanto aos marcos de visada propriamente ditos, a serem instalados sobre a crista da barragem ou talude de jusante, os mesmos são em tudo similares àqueles utilizados para a medição dos deslocamentos verticais (recalques), para o que se recomenda consultar o Capítulo 7, item 7.4.

9.8 Sistema de posicionamento global (GPS)

O uso do sistema de posicionamento global (GPS) por satélites para a auscultação de barragens tem merecido algumas aplicações em fase ainda experimental. Satélites têm sido empregados há mais de 25 anos para tarefas de posicionamento geodésico, de tal modo que existem atualmente sistemas de satélite disponíveis para aplicações de rotina, envolvendo medições geodésicas. Tem havido muitas melhorias no projeto dos receptores de GPS e precisões mais adequadas para a auscultação de barragens de terra-enrocamento. O GPS oferece a possibilidade de monitoração automática dos deslocamentos de uma barragem por meio de redes geodésicas. São, entretanto, fundamentais a centralização e o nivelamento cuidadoso para assegurar boa precisão nas medições.

Na barragem de Gigerwald, na Suíça, Johnston et al (1999) compararam o GPS com o método geodésico convencional, concluindo que, para a auscultação de barragens em áreas dos Alpes, o emprego do GPS era difícil e nem sempre obtinha alta precisão. Extensas investigações no emprego do GPS têm sido realizadas na Itália na monitoração de barragens, conforme relato de Johnston et al (1999), de modo que se verifica que o emprego desta tecnologia está ainda em fase incipiente. Pode-se adiantar, entretanto, tendo em vista a ordem de grandeza dos deslocamentos superficiais de uma barragem, que esta técnica seria, a princípio, de aplicação viável para as barragens de terra ou enrocamento, onde os deslocamentos podem ser medidos com precisão de ± 1,0 cm. Porém, para as barragens de concreto, onde os deslocamentos necessitam, normalmente, ser medidos com precisão de ± 0,5 mm a ± 1,0 mm, os métodos baseados em GPS não apresentam precisão adequada.

Coutinho e Ortigão (1990) procederam a uma comparação entre as características de três tipos de instrumentos, para a medição dos deslocamentos horizontais na instrumentação de um aterro sobre solo mole, obtendo os resultados apresentados na Tabela 9.3, empregando-se marcos superficiais, inclinômetros e extensômetro magnético horizontal.

Tabela 9.3 *Características de medidores de deslocamento horizontal*

Marcos superficiais	1mm	± 3mm	Excelente
Inclinômetro tipo *Digitilt*	1:10000rad	± 2mm (topo do tubo com 15m comprimento)	Muito boa
Extensômetro magnético horizontal	1mm	± 2mm	Boa

Fonte: Coutinho e Ortigão, 1990.

10 Observação e Análise de Deslocamentos Horizontais

> *O acidente na UHE Pinhal serviu de alerta para a CPFL, para demonstrar a importância da instrumentação em obras hidrelétricas, mesmo no caso de uma PCH. A experiência de se operar uma usina instrumentada é muito reconfortante para a equipe técnica envolvida, pois as análises são feitas com base em dados reais, podendo-se identificar com precisão e antecipação as tendências de comportamento dos parâmetros analisados.*
>
> Alex Germer, 1998

10.1 Introdução

Os métodos para análise dos deslocamentos horizontais observados pela instrumentação normalmente têm objetivos e aplicações diferentes na supervisão das condições de segurança das barragens de terra-enrocamento, dependendo basicamente do tipo de barragem, características da fundação, dimensões da estrutura etc.

A análise dos deslocamentos horizontais de pontos internos ao maciço de terra-enrocamento de uma barragem possibilita, entre outras coisas:

• avaliar a diferente compressibilidade dos materiais do aterro;

• comparar os deslocamentos horizontais medidos com os valores previstos em modelos matemáticos, permitindo a determinação dos reais módulos de deformabilidade dos materiais;

• conhecer as deformações horizontais ao longo da base do aterro, permitindo estimar os deslocamentos diferenciais que deverão ocorrer entre os vários blocos de uma galeria de desvio, construída em concreto, transversal ao eixo da barragem;

• acompanhar a influência da aplicação do empuxo hidrostático sobre os deslocamentos horizontais da barragem e sua evolução ao longo do tempo;

• determinar zonas no interior do aterro, eventualmente submetidas a tensões de tração (distensão) ou plastificação.

Já a envoltória dos deslocamentos horizontais, medidos por um inclinômetro ao longo de toda a sua extensão vertical geralmente permite a detecção de superfícies potenciais de ruptura, pela ocorrência de picos no valor de Δ *dial*, onde se concentram os deslocamentos cisalhantes horizontais. Por Δ *dial* entende-se o sinal de saída do inclinômetro, proporcional ao deslocamento angular no ponto de medida. Trata-se de uma técnica de alta confiabilidade e precisão – desde que os instrumentos sejam bem instalados e os dados analisados *pari passu* com a realização das leituras – que normalmente permite a detecção de zonas de ruptura em potencial, como a observada durante a construção da barragem de Água Vermelha, da Cesp, na região da ombreira direita, que será apresentada mais adiante.

A detecção de deslocamentos cisalhantes concentrados em determinados trechos da fundação ou do aterro pode sinalizar uma condição de instabilidade em potencial, devendo merecer mais atenção. Geralmente, um único método não é suficiente para indicar um eventual problema de estabilidade, devendo-se sempre analisar os dados da instrumentação com base em mais de um método.

A seguir, são apresentados os métodos normalmente utilizados na análise dos deslocamentos horizontais de uma barragem, procurando-se ilustrar com resultados práticos e gráficos.

10.2 Controle das velocidades dos deslocamentos horizontais

As velocidades dos deslocamentos horizontais devem ser examinadas em detalhe durante a avaliação das condições de estabilidade dos taludes de uma barragem. Aumentos súbitos nessas velocidades que não estejam associados à subida do aterro ou às variações do nível d'água do reservatório podem ser indícios de uma condição de instabilidade em potencial. Um dos critérios para a avaliação da intensidade dessas velocidades de deformação é a comparação das velocidades observadas em outras seções da barragem e/ou em obras similares.

Observações realizadas em taludes que apresentaram grandes deslocamentos horizontais concentrados em determinado trecho da fundação, constituídos por solos residuais de basalto ou granito, indicaram que velocidades da ordem de 0,20 mm/dia tendem a ocorrer quando o talude já apresenta sérios indícios de instabilidade, exigindo medidas corretivas, que devem ser implementadas o mais rápido possível.

A Fig. 10.1 mostra as velocidades dos deslocamentos horizontais medidos por dois inclinômetros instalados em uma mesma seção transversal da barragem de Água Vermelha (Silveira et al, 1978). O súbito aumento de velocidade, observado em abril/maio de 1977, associado ao fato de que, nesse trecho, a barragem se apoiava sobre uma camada de solo residual de baixa resistência, onde os deslocamentos horizontais estavam concentrados em dois trechos bem definidos da fundação, levou à paralisação da construção do aterro, em um trecho com 200 m de extensão, até que a berma prevista para o pé do talude de jusante da barragem estivesse concluída. Nesse trecho, a barragem havia sido construída até a El. 377 m, faltando cerca de 10 m para atingir a crista. Após a conclusão dessa berma, os deslocamentos horizontais medidos durante a fase final de construção e período de enchimento do reservatório foram pouco expressivos, indicando o bom desempenho da berma de jusante na melhoria das condições de estabilidade do talude de jusante da barragem.

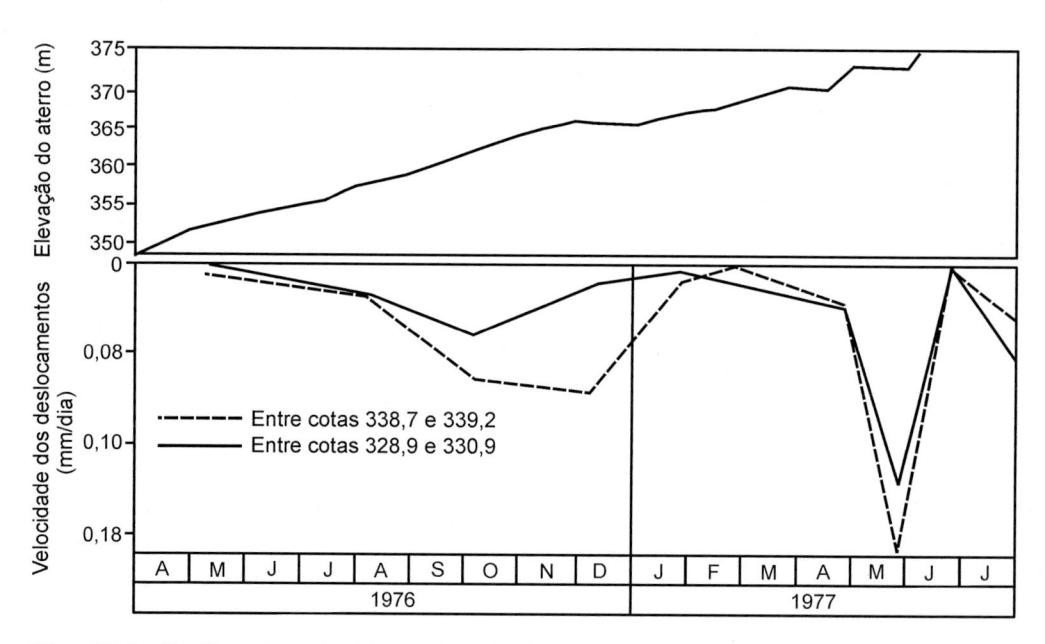

Fig. 10.1 *Gráfico de velocidade dos deslocamentos para o inclinômetro IW-3, na barragem de Água Vermelha*

Esse exemplo ilustra a importância de se dispor de instrumentos que permitam medir os deslocamentos horizontais da barragem desde o início do período construtivo e a importância da análise dos dados obtidos desde o início do período construtivo. O caso da barragem de Waco (Icold, 1974), nos Estados Unidos, cuja ruptura ocorreu durante o período construtivo, trata-se de uma ocorrência muito similar à da barragem de Água Vermelha. Julga-se, com relação ao caso da barragem de Waco, que sua ruptura durante o período construtivo teria sido evitada desde que se dispusesse de inclinômetros e piezômetros instalados na região mais crítica em termos de estabilidade, devido à existência de solos argilosos de baixa resistência na fundação. Essa camada implicou o desenvolvimento de altas subpressões durante o período construtivo, levando à ruptura do talude de jusante ao final desse período.

Desta forma, verifica-se que o controle das velocidades dos deslocamentos ao longo do tempo, isto é, da variação que sofrem, constitui uma das maneiras mais eficientes para se detectar uma eventual ruptura em potencial. A princípio, é praticamente impossível se estabelecer de antemão quais as velocidades aceitáveis, mas, por meio do controle de sua variação ao longo do tempo, podem-se estabelecer três situações básicas, admitindo-se que as condições de carregamento estão evoluindo de modo aproximadamente uniforme com o tempo:

- velocidade decrescente: caracteriza uma situação perfeitamente normal, que antecede a obtenção do equilíbrio final e geralmente ocorre ao final da aplicação de um carregamento;
- velocidade constante: caracteriza o cenário normal de evolução dos deslocamentos, durante ou imediatamente após a aplicação de um determinado carregamento. Cessado o carregamento, entretanto, deve-se observar a imediata redução de sua velocidade de variação com o tempo;
- velocidade crescente: caracteriza a iminência de um cenário de ruptura, devendo-se concentrar todos os esforços em uma análise rápida dos dados da instrumentação e na implementação de medidas corretivas, para atenuar rapidamente essas velocidades.

10.3 Comparação com os deslocamentos previstos

Antes do Método dos Elementos Finitos (MEF), a previsão dos movimentos horizontais na base de uma barragem, assente sobre fundação compressível, era realizada basicamente a partir de uma correlação entre as deformações vertical e horizontal máximas. A previsão desses deslocamentos era importante particularmente para o projeto de galerias enterradas, localizadas na base de aterros de barragens. Estudos realizados pelo Soil Conservation Service, U.S. Department of Agriculture, em 1960, concluíram que, apesar de não ser prática corrente determinar as propriedades quase-elásticas dos solos de fundação, a partir de ensaios de laboratório, seria razoável esperar que uma análise precisa de recalques conduzisse a valores confiáveis das deformações específicas verticais médias sob a barragem.

Procurou-se, assim, a partir de uma correlação entre as deformações específicas horizontal e vertical, proceder à previsão da deformação horizontal máxima a partir dos resultados de uma análise convencional de recalques. Rutledge e Gould (1973) apresentam na Fig. 10.2 uma família de curvas que fornecem a relação entre as deformações horizontais e verticais máximas, em função das relações b/h e b/d,

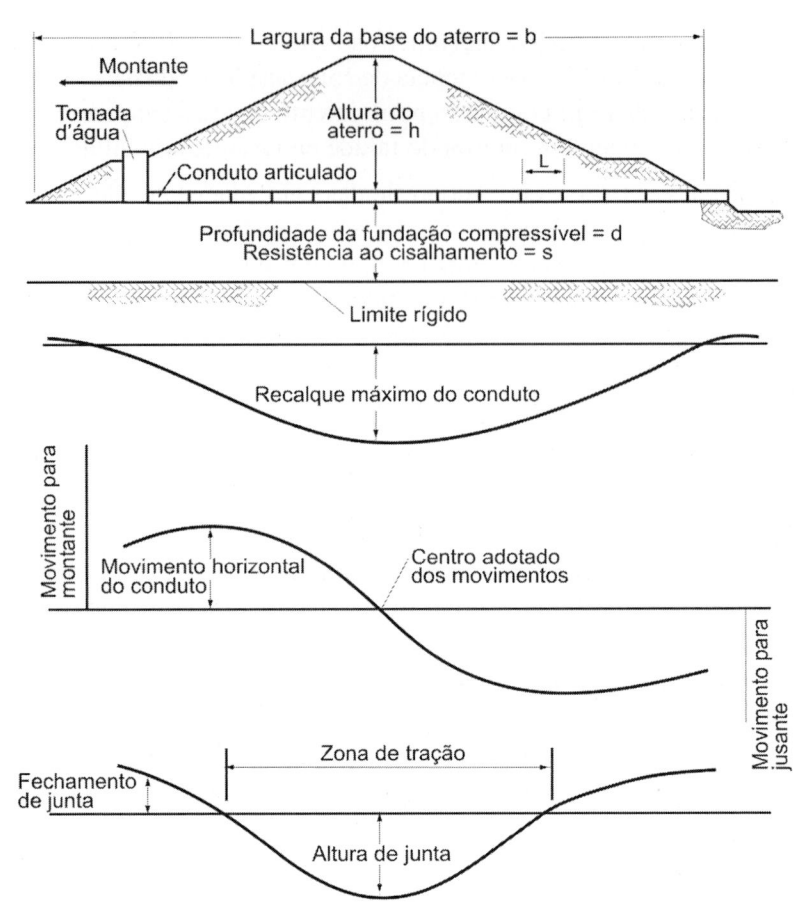

Fig. 10.2 *Notações usadas para expressar os movimentos da galeria sob a barragem*

para o coeficiente de Poisson igual a 0,25. Rutledge e Gould comentam que várias famílias de curvas foram levantadas para valores do coeficiente de Poisson entre 0,2 e 0,4, destacando que a melhor correlação obtida com as deformações observadas em nove barragens de Soil Conservation Service foi para o coeficiente de Poisson igual a 0,25 (Fig. 10.3). Observe-se que essa correlação foi obtida a partir dos dados de pequenas barragens, geralmente com 10 m a 12 m de altura máxima. Na galeria de desvio da barragem de Jacareí, com cerca de 60 m de altura máxima, as deformações horizontais observadas foram bem inferiores àquelas previstas com base nas curvas de Rutledge e Gould, apresentadas na Fig. 10.3 (Gaioto et al, 1981, Massad et al, 1982).

Werneck (1975) desenvolveu um método aproximado para a previsão de deformações e deslocamentos horizontais, na base de barragens assentes sobre fundações compressíveis. A aplicação do método, após a introdução de certa modificação, conduziu a uma certa aproximação com os deslocamentos horizontais observados na fundação da barragem de Empingham, na Inglaterra. Destacou, porém, que o

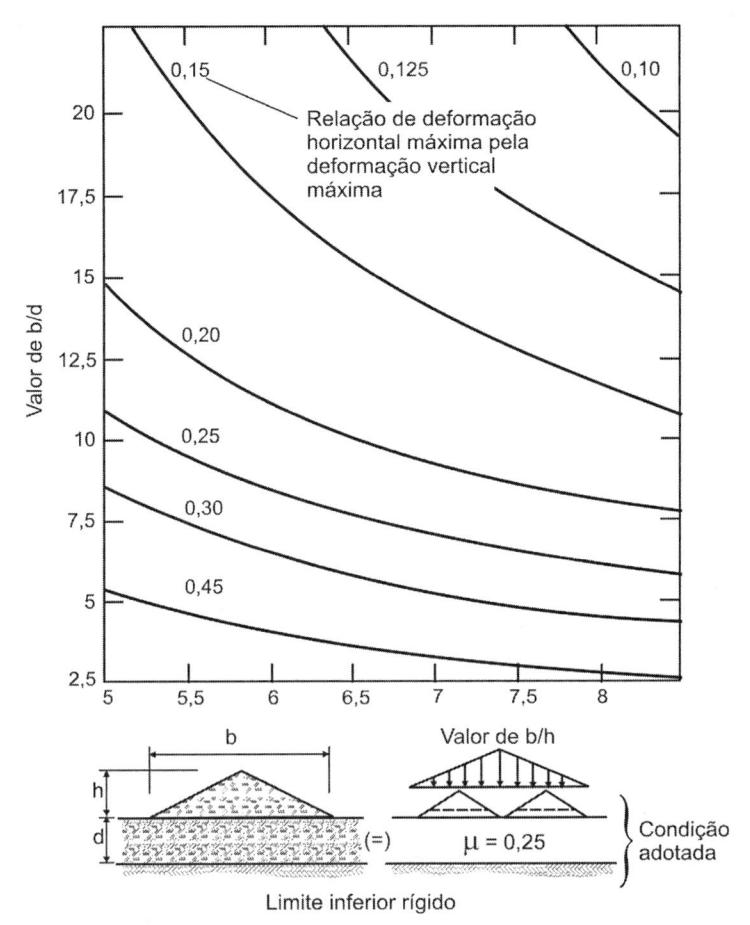

Fig. 10.3 *Gráficos de correlação dos deslocamentos horizontais* versus *altura do aterro (Rutledge e Gould, 1973)*

método proposto foi concebido para fundações de baixa ou média resistência, sob condições não drenadas e com baixos fatores de segurança, devendo-se encarar com muita reserva a sua aplicação a outros tipos de materiais.

Clough e Woodward (1967), estudando a evolução das tensões cisalhantes na base de uma barragem assente sobre fundação incompressível, em função da subida do aterro, chegaram aos resultados apresentados na Fig. 10.4, na qual se observa claramente que, enquanto na fase inicial de construção a velocidade das tensões cisalhantes é maior na região do pé do talude, com a subida do aterro ela tende a uma estabilização nesta região, passando a apresentar maiores velocidades de variação na região mais central do talude.

A máxima tensão cisalhante ocorre aproximadamente a meia distância entre o eixo da barragem e o pé do talude. Em virtude de essas tensões serem as responsáveis diretas pelos deslocamentos horizontais em fundações compressíveis, esses resultados

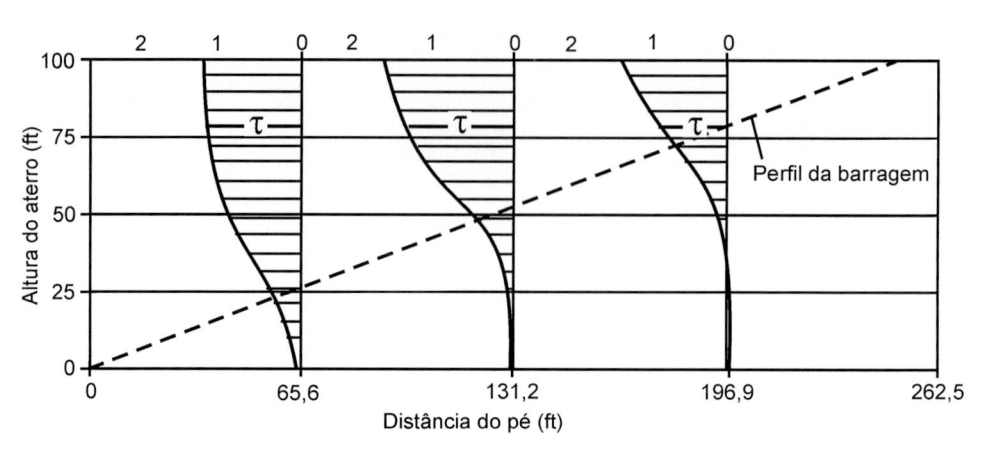

Fig. 10.4 *Variação das tensões cisalhantes na base de uma barragem com a evolução da construção (Clough e Woodward, 1967)*

são importantes para a compreensão dos deslocamentos medidos, particularmente durante o período construtivo.

Outro caso estudado por Clough e Woodward (1967) é apresentado na Fig. 10.5. Nesse estudo, foram calculados os deslocamentos verticais e horizontais na base de uma barragem com 40 m de altura, assente sobre uma fundação compressível com 20 m de espessura. Neste exemplo, observa-se que o deslocamento horizontal máximo ocorreu a uma distância aproximadamente igual a 2/3 L do eixo, onde L é a distância do eixo ao pé da barragem, posição esta ideal para a instalação de um inclinômetro.

Note-se também, na Fig. 10.5, que os deslocamentos horizontais máximos se apresentaram na mesma ordem de grandeza, ou mesmo um pouco superiores, dos recalques máximos observados.

Na Fig. 10.6, são apresentadas as curvas de igual deslocamento horizontal, para vários estágios construtivos, para um aterro com talude de 30° e v = 0,3 (Poulos et al, 1972), onde se observa que os deslocamentos horizontais máximos não ocorrem nem na base da barragem (fundação incompressível) nem na superfície do talude. Daí se conclui que, para casos semelhantes a este, a altura ideal para a instalação de um extensômetro múltiplo, para a observação dos deslocamentos horizontais, seria horizontalmente a cerca de 2/3 de altura da barragem.

Lambe (1973), em sua *Rankine Lecture: Predictions in Soil Mechanics*, apresenta os resultados comparativos entre os deslocamentos horizontais calculados e medidos na fundação do aterro teste do MIT. Conforme a Fig. 10.7, os deslocamentos calculados pelo MEF apresentaram-se superiores aos observados na região mais profunda da fundação e pouco inferiores na região mais superficial; porém, os deslocamentos máximos previstos e observados foram de mesma ordem de grandeza. O MEF utilizado

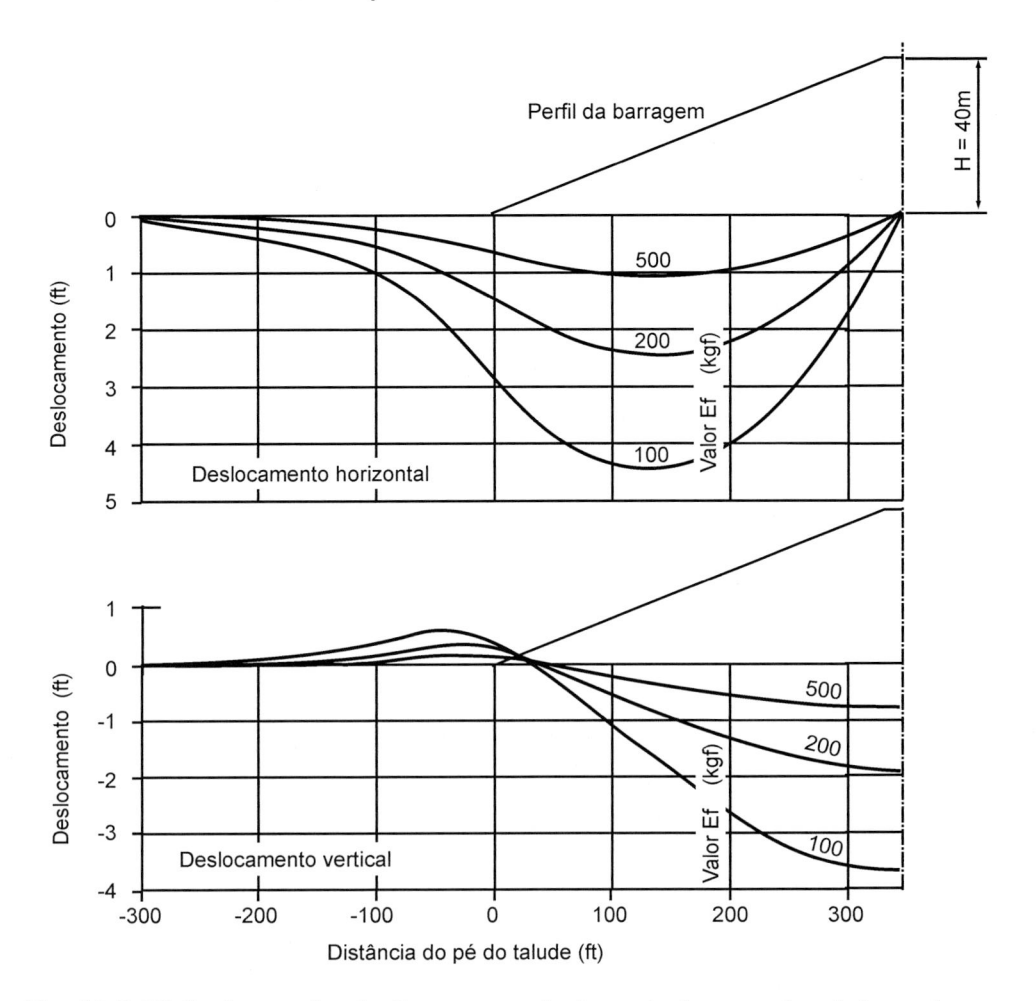

Fig. 10.5 *Efeito de uma fundação compressível nos deslocamentos da base de uma barragem (Clough e Woodward, 1967)*

foi o FEAST-3, que permitiu considerar um estado inicial anisotrópico de tensões e a fundação com um comportamento elastoplástico.

A observação dos deslocamentos horizontais da crista de barragens de enrocamento com núcleo de argila, no primeiro enchimento do reservatório, tem revelado que essas barragens apresentam um deslocamento para montante durante a fase inicial do enchimento (Wilson e Marano,1968; Wilson, 1963). Na barragem de El Infiernillo, no México, esse fenômeno foi excepcionalmente pronunciado, em virtude de o enrocamento ter sido lançado seco e de o reservatório ter se elevado muito rapidamente (Marsal e Ramirez de Arellano, 1967). Conforme a Fig. 10.8, o deslocamento da crista para montante atingiu 14 cm, permanecendo praticamente imóvel a terça parte inferior do núcleo. Com o prosseguimento da subida do nível

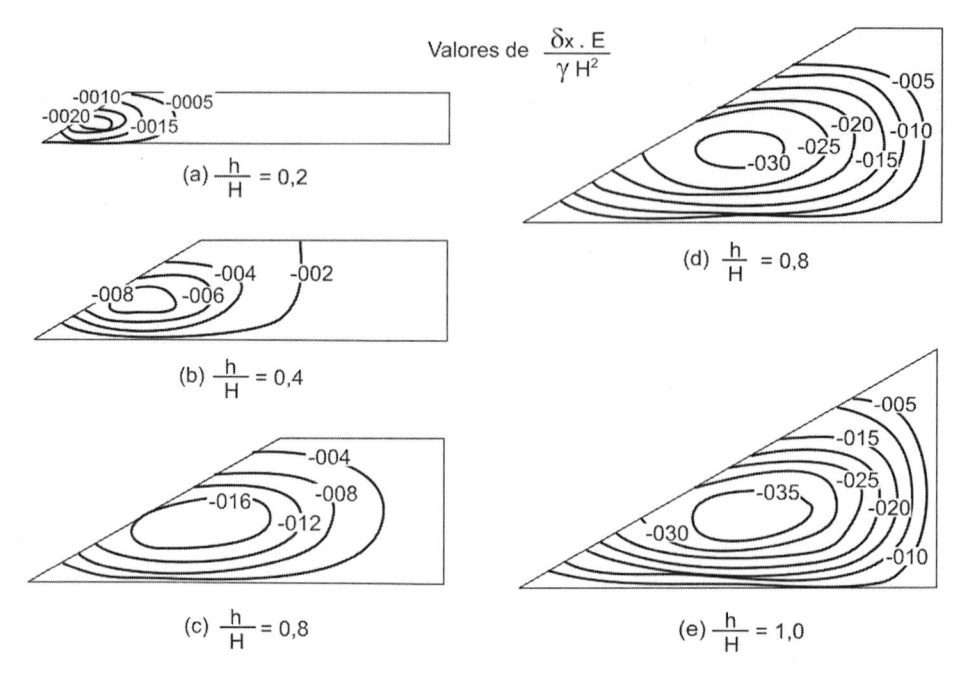

Fig. 10.6 Configuração das linhas de igual deslocamento horizontal para várias alturas de aterro; talude 30° e v = 0,3 (Poulos e Davies, 1972)

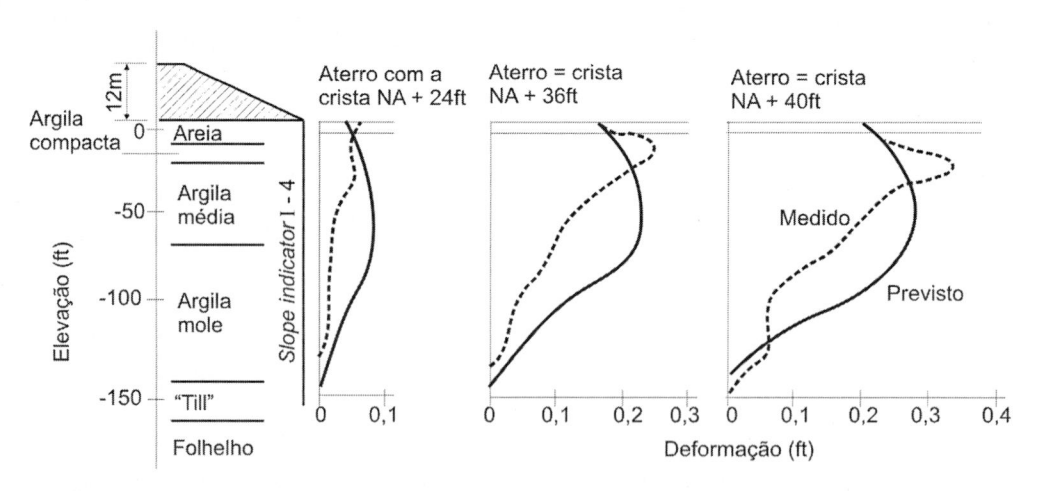

Fig. 10.7 Deslocamentos horizontais medidos e calculados no pé do aterro teste do MIT (Lambe, 1973)

do reservatório, o núcleo deslocou-se para jusante, atingindo um máximo de 46 cm a meia altura e 23 cm na crista.

Movimentos inicialmente para montante e posteriormente para jusante, no primeiro enchimento do reservatório podem ser explicados pela ação simultânea do

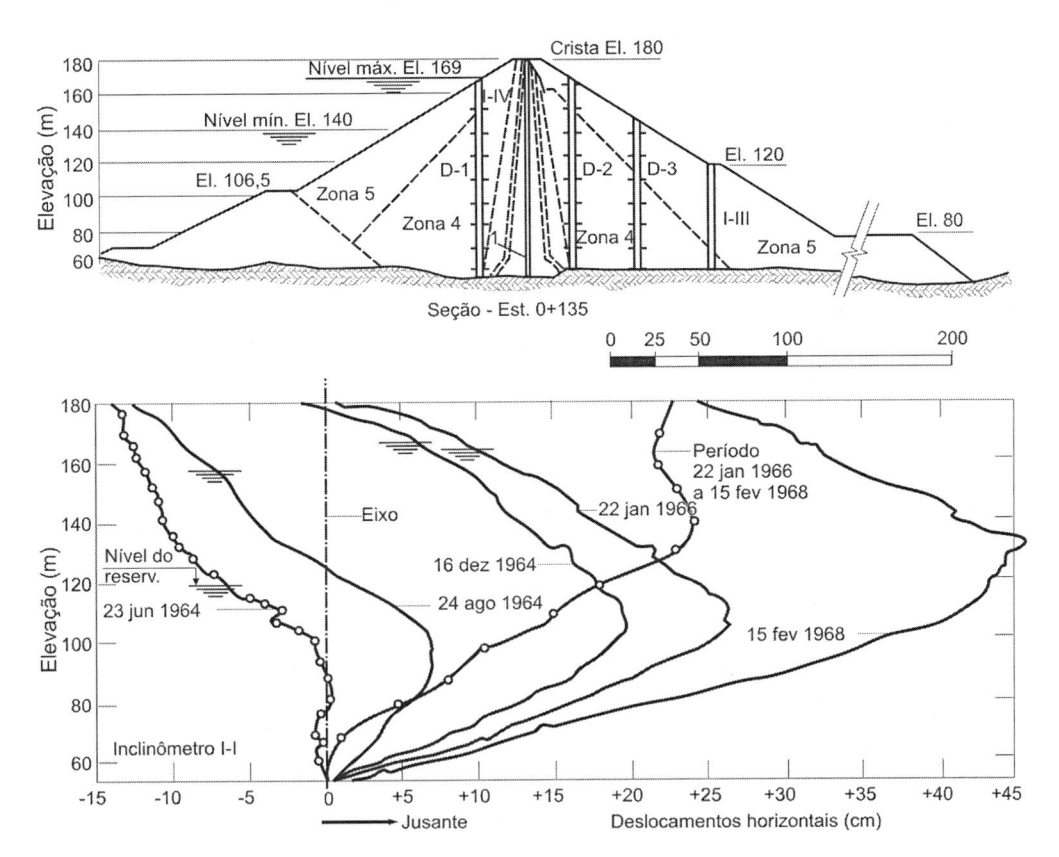

Fig. 10.8 *Seção transversal máxima da barragem de El Infiernillo e deslocamentos horizontais do núcleo após a construção (Marsal e Ramirez de Arellano, 1967)*

enfraquecimento do material do enrocamento de montante e da carga d'água sobre o núcleo argiloso. Os movimentos para montante causados pelo enfraquecimento do enrocamento são maiores durante os estágios iniciais do enchimento porque a compressibilidade do mesmo, motivada pela saturação, é mais intensa quando a pressão, devido ao material sobrejacente, é maior, afetando, portanto, de modo mais expressivo as camadas inferiores do enrocamento. Já os movimentos para jusante, causados pela carga d'água sobre o maciço argiloso, por outro lado, são maiores durante a fase final do enchimento, uma vez que o empuxo é proporcional ao quadrado da altura do nível d'água.

A Fig. 10.9 ilustra os efeitos do enchimento do reservatório sobre os maciços de terra-enrocamento das estruturas de transição de uma barragem. Pode-se verificar, portanto, que a carga do reservatório sobre a fundação e a compressão do enrocamento de montante como conseqüência de sua saturação tendem a provocar deslocamentos do maciço argiloso para montante, com o conseqüente alívio de tensões na interface solo-concreto. As atenções devem se concentrar sobre os efeitos dos recalques do

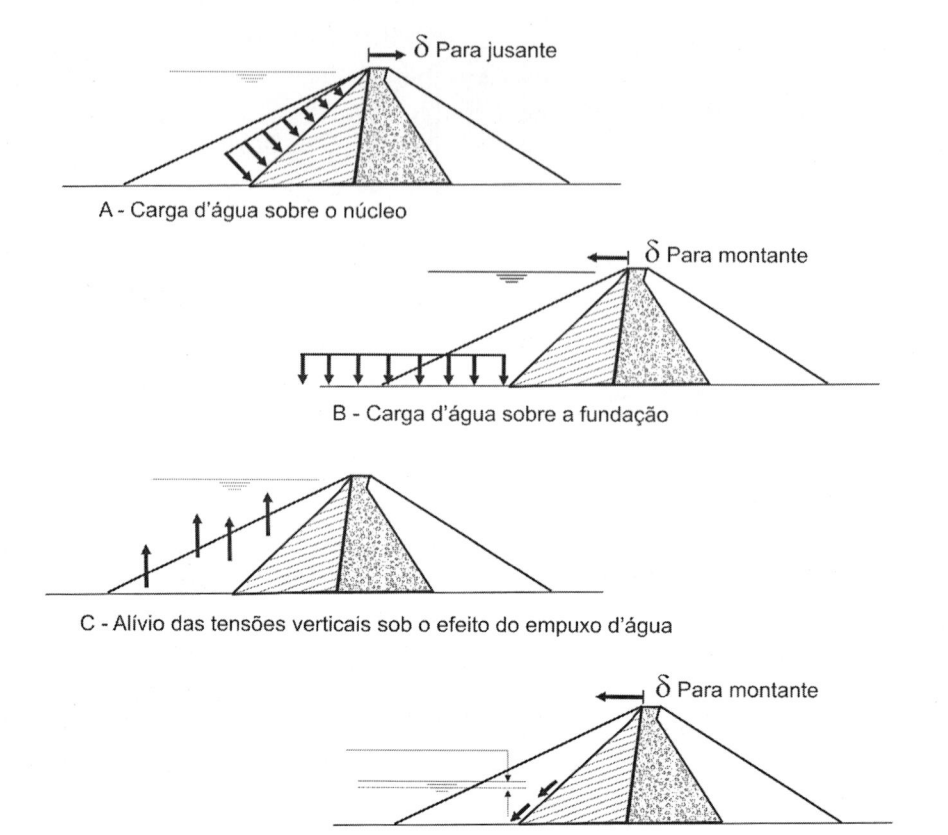

Fig. 10.9 *Efeitos do enchimento do reservatório sobre os deslocamentos dos maciços de terra-enrocamento das estruturas de transição de uma barragem*

enrocamento de montante, uma vez que o efeito da carga d'água sobre a fundação geralmente é pouco sensível e afetaria, em termos de deslocamento, igualmente o maciço argiloso e a estrutura de concreto.

Os movimentos provocados exclusivamente pela carga d'água podem ser estudados utilizando-se uma análise convencional, pelo Método dos Elementos Finitos, enquanto os movimentos devidos ao enfraquecimento do enrocamento podem também ser analisados com base no Método dos Elementos Finitos, utilizando-se uma análise iterativa de transferência de tensão, conforme proposto por Nobari e Duncan, em 1972. Esses autores aplicaram esse método para a barragem de Oroville, com 235 m de altura, obtendo uma boa concordância entre os deslocamentos calculados e aqueles medidos durante o período de enchimento do reservatório.

Schober (1967) apresenta uma análise do comportamento da barragem de Gepatsch, com 153 m de altura, dotada de um núcleo vertical de argila bastante delgado, onde foi observado um deslocamento horizontal da crista de 60 cm para montante, durante a fase do enchimento do reservatório. Observou-se também que, apesar dos deslocamentos para montante terem atingido tal magnitude, os deslocamentos observados ao longo da interface núcleo-enrocamento de jusante foram para jusante, conforme a Fig. 10.10.

Os deslocamentos para montante da crista das barragens aqui consideradas (El Infiernillo, Oroville e Gepatsch) foram particularmente acentuados por serem elas dotadas de núcleos relativamente delgados, com a interface enrocamento-núcleo de argila, a montante, bastante íngreme. Com o abatimento do talude dessa interface, tende-se à redução dos deslocamentos do núcleo para montante.

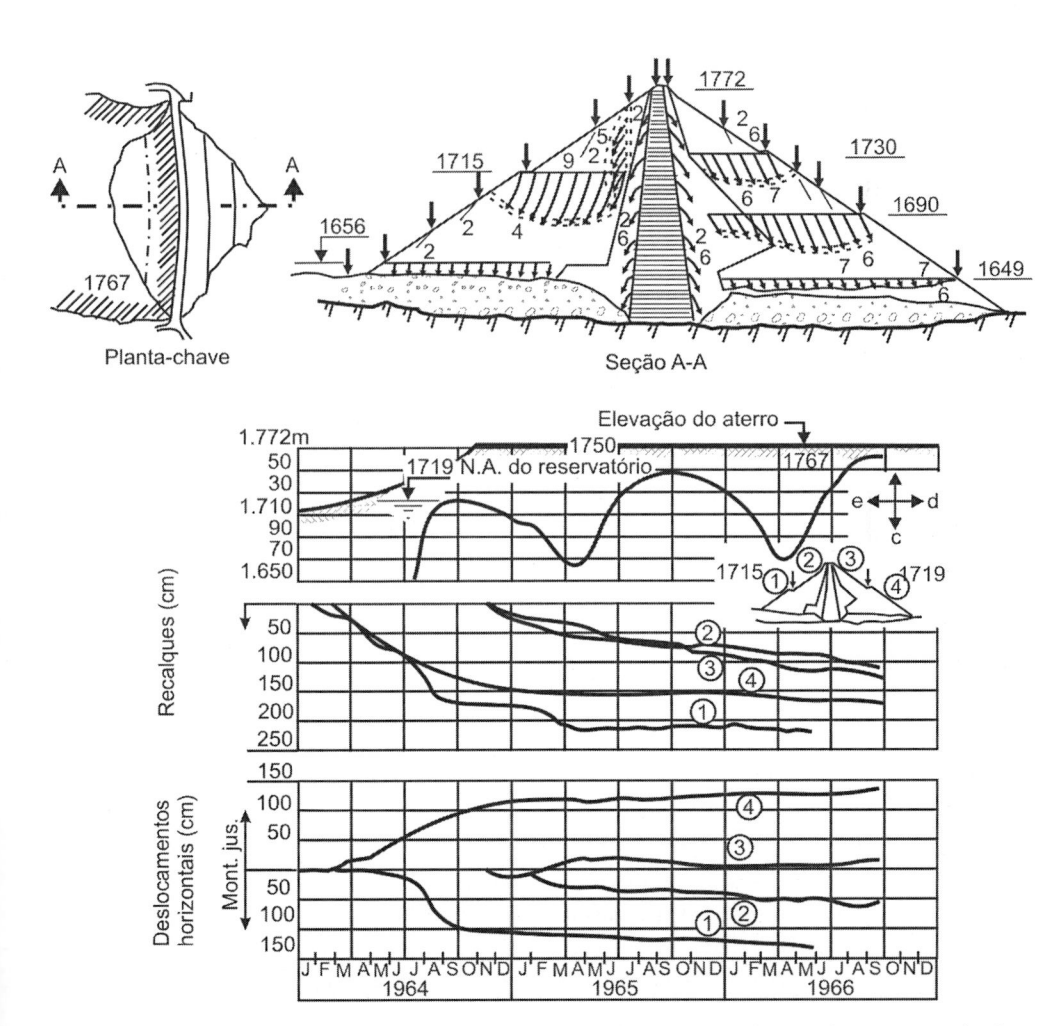

Fig. 10.10 *Deslocamentos verticais e horizontais observados na barragem de Gepatsch (Schober, 1967)*

Corroborando essa observação, citam-se aqui os resultados da instrumentação das interfaces dos muros de transição das barragens de Água Vermelha (Silveira, Miya e Martins, 1979) e de São Simão (Viotti e Ávila, 1979): a primeira, com a interface inclinada 1V:1,15H, não revelou qualquer evidência de deslocamento entre o núcleo argiloso e o paramento de concreto a montante, enquanto a segunda, com interface 1V:0,4H, evidenciou a abertura de junta na interface aterro-concreto, a montante.

10.4 Comparação com os deslocamentos observados em obras similares

A comparação dos deslocamentos horizontais observados nas fundações de barragens precisa ser analisada com muito critério, avaliando-se a influência dos vários fatores intervenientes, conforme será verificado a seguir.

Na Fig. 10.11, são apresentados os deslocamentos horizontais máximos medidos junto ao pé de três aterros *versus* a elevação do aterro, representados de uma forma adimensional (Vaughan, 1976).

A) H = 6,6m   Fundação em argila mole sensível
B) H = 5,5m   Fundação em argila orgânica siltosa
C) H = 20m   Argila plástica sobreconsolidada e cisalhada

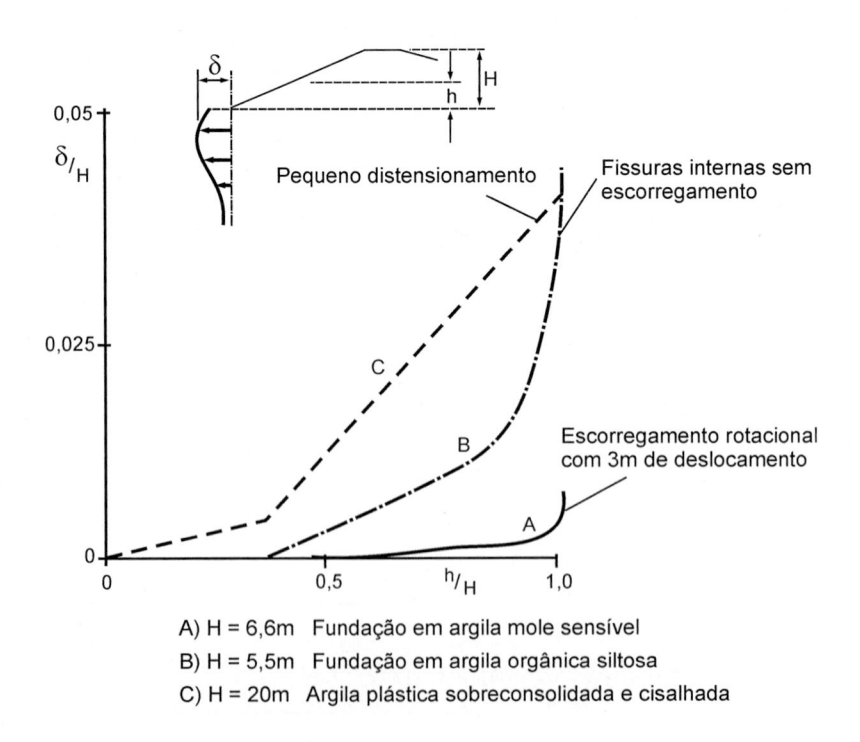

Fig. 10.11 *Relações h/H e δ/H para três aterros testes instrumentados (Vaughan, 1975)*

O aterro sobre argila mole sensível mostrou indícios de colapso. O aterro em argila orgânica siltosa não rompeu, apesar das grandes deformações, tendo as medições alertado sobre a aproximação de condições de instabilidade, devido ao aparecimento de fissuras internas. O aterro maior, sobre argila plástica sobreconsolidada, não forneceu sinais inerentes de ruptura, apesar de ter atingido grandes deslocamentos. Conforme observou Vaughan, esta comparação permitiu concluir que a representação dos deslocamentos medidos de uma forma simplista, como a acima descrita, não fornece uma maneira consistente para a avaliação das condições de estabilidade e que outros modos de interpretação são necessários. Na Tabela 10.1, é apresentada uma síntese dos deslocamentos horizontais medidos em várias barragens, com os recalques máximos observados em suas fundações.

Tabela 10.1 *Relação dos deslocamentos horizontais observados no pé de jusante de algumas barragens instrumentadas*

Barragem	Altura (m)	Deslocamentos horizontais (cm)		Recalque máximo (cm)		Características da fundação
		Medido	Calculado	Medido	Calculado	
Água Vermelha	44	6	-	30	-	10 m solo residual de basalto
Rio Verde	16	6	-	27	-	6 m argila orgânica e solo residual de gnaisse
Aterro Barragem Billings	30	9	-	70	-	5,5 m de argila orgânica
Empingham (Inglaterra)	22	85	60	30	-	30 m de argila mole
Fors 3	22	10	15	20	52	50 m de areia e argila com areia
Aterro teste do M.I.T.	12	10	8,5	-	-	45 m de argila média a mole

Apesar de os deslocamentos horizontais registrados pelos inclinômetros na fundação da barragem de Água Vermelha (~6,0 cm) não apresentarem um valor excessivo quando comparados com os valores observados em outras barragens, o fato de terem ocorrido em trechos bem concentrados da fundação levou à necessidade de estudos mais aprofundados, envolvendo os parâmetros adotados e a estabilidade a longo prazo da barragem.

Tendo em vista que os ensaios de cisalhamento direto, tipo *ring shear*, realizados no Laboratório Central da Cesp, em Ilha Solteira, indicaram que a resistência de pico do solo residual de Água Vermelha (Est. 73+10) era atingida após deslocamentos cisalhantes de 3 mm a 5 mm, considerou-se que os deslocamentos medidos pelos inclinômetros IW-2 e IW-3 já poderiam ter ultrapassado a resistência de pico do solo ($\phi = 18°$), caindo para a resistência residual, com valores do ângulo de atrito da ordem de $\phi = 10°$.

10.5 Detecção de trechos com movimentos cisalhantes pronunciados

É muito importante verificar como se distribuem os deslocamentos horizontais com a profundidade na fundação de uma barragem. Se os deslocamentos observados na base de uma barragem, apesar de significativos, estiverem distribuídos uniformemente ao longo de toda a fundação, nada de anormal deverá ocorrer; porém, se estiverem concentrados em um determinado trecho, com apenas alguns centímetros ou poucos decímetros de espessura, poderão ocasionar uma plastificação do solo de fundação no local.

Vaughan (1976) apresenta um caso de concentração dos deslocamentos horizontais em determinados trechos da fundação da barragem de Empingham, conforme a Fig. 10.12. Esses deslocamentos foram calculados pelo MEF para a seção A.A. Na previsão (1), a resistência não drenada do solo de fundação aumentava linearmente com a profundidade, tendo como conseqüência o aumento uniforme dos deslocamentos horizontais até a superfície da fundação. Na previsão (2), foram incluídas duas camadas de argila de baixa resistência (resistência não drenada igual a 2/3 daquela da argila adjacente) na fundação. Com a aproximação do final simulado da construção,

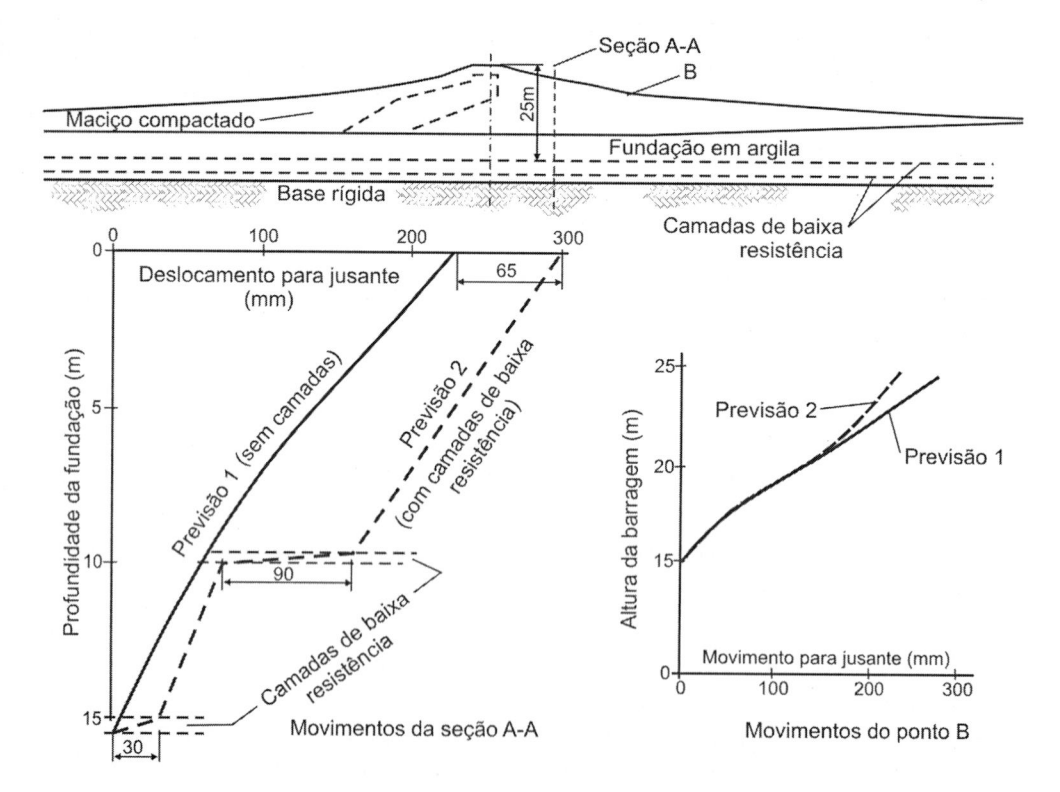

Fig. 10.12 *Deslocamentos horizontais calculados pelo MEF para a fundação da barragem de Empingham (Vaughan, 1975)*

ambas as camadas romperam-se localizadamente, apresentando grandes deslocamentos. Entretanto, o deslocamento na superfície da fundação foi sempre 30% maior que o deslocamento fornecido pela previsão (1). A Fig. 10.12 mostra também o deslocamento horizontal do ponto B, localizado na superfície do aterro, local considerado adequado para o controle topográfico de deslocamentos. O fato de as previsões (1) e (2) terem apresentado uma diferença praticamente desprezível para os deslocamentos do ponto B indica que a única maneira confiável de se detectar indícios de ruptura, em trechos localizados na fundação de uma barragem, é por meio de técnicas que permitem a perfilagem contínua dos deslocamentos horizontais, tais como aquelas realizadas pelos inclinômetros ou cadeias de inclinômetros (*In Place Inclinometer*).

Um dos problemas práticos na observação de deslocamentos concentrados em determinados trechos na fundação de uma barragem está na impossibilidade de se conhecer com precisão a espessura da camada horizontal de solo que se está plastificando. Essa dificuldade decorre da rigidez do tubo-guia do inclinômetro em relação ao solo, o que faz com que o mesmo, posicionado geralmente segundo uma direção normal ao plano da camada cisalhante, apresente uma deformação em "S", que permite caracterizar a profundidade, mas não a espessura exata da camada cisalhada.

Com o objetivo de facilitar a detecção de trechos de ocorrência de movimentos cisalhantes, as leituras dos inclinômetros devem ser acompanhadas em gráficos de deslocamentos horizontais acumulados *versus* profundidade, com gráficos de leitura da inclinação (Δ *dial*) *versus* profundidade, conforme a Fig. 10.13.

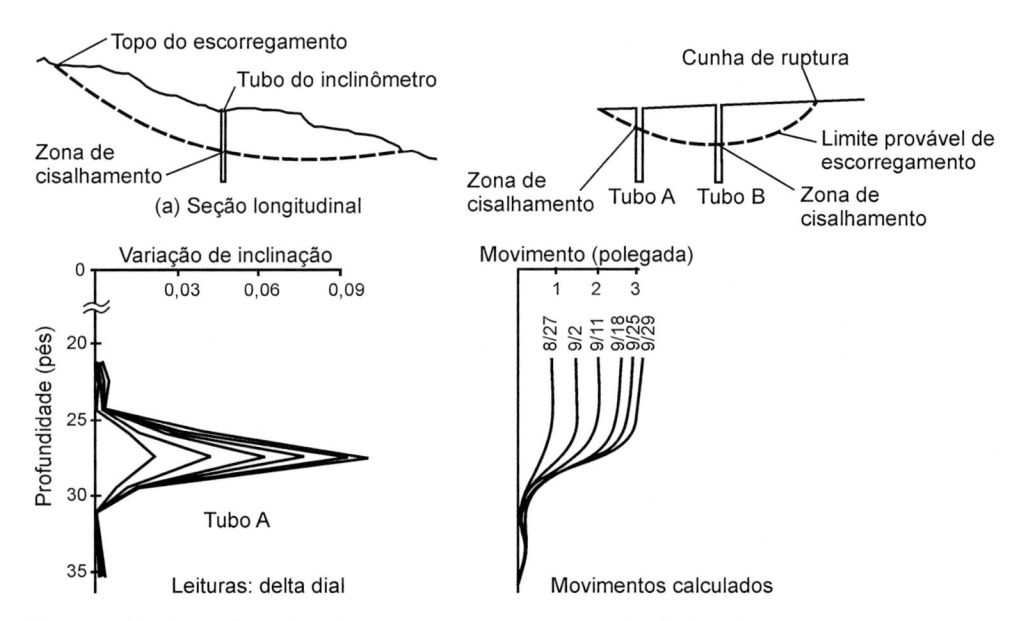

Fig. 10.13 *Investigação de escorregamento com inclinômetro*

No item a seguir, são apresentados resultados da medição de deslocamentos horizontais na fundação da barragem de Água Vermelha, da Cesp, onde foi possível a detecção de uma superfície em potencial de ruptura, envolvendo uma camada de solo residual de basalto de baixa resistência.

10.6 Detecção de trechos com movimentos cisalhantes concentrados na fundação da barragem de Água Vermelha

Na elaboração do projeto de instrumentação da barragem de terra de Água Vermelha, procurou-se instalar os inclinômetros nas seções mais críticas em termos de estabilidade, com o objetivo de alertar prontamente sobre a ocorrência de superfícies de ruptura em potencial. Mereceu destaque a região do Trecho II, localizado na ombreira esquerda da barragem e com 450 m de extensão, no qual a barragem apresentava sua maior altura e se apoiava sobre uma camada de solo residual de basalto de baixa resistência (ângulo de atrito residual de 10º). A não escavação dessa camada de solo se deveu principalmente ao grande volume de material que teria que ser escavado, envolvendo profundidades de até 10 m, e localizado abaixo do nível d'água do terreno.

Para assegurar, entretanto, condições mínimas de estabilidade, decidiu-se pela construção de bermas estabilizadoras a montante e a jusante, dedicando especial atenção ao projeto de instrumentação e à observação do comportamento desse trecho durante o período construtivo. Informações adicionais sobre as características dos solos residuais da fundação, bem como os detalhes do projeto da barragem nesse trecho poderão ser obtidos no trabalho de Pimenta et al, 1976.

Os deslocamentos observados no período construtivo, quando a berma de jusante ainda não estava pronta, revelaram deslocamentos cisalhantes concentrados em determinados trechos da camada de solo da fundação, com o Δ *dial* indicando nitidamente a existência de picos, associados a superfícies potenciais de escorregamento.

A freqüência das leituras, inicialmente mensal, foi intensificada para quinzenal, tão logo foi constatada a ocorrência desses trechos de deslocamento cisalhante pronunciado. Em maio de 1977, com o súbito aumento nas velocidades dos deslocamentos cisalhantes na camada de solo residual de fundação, a freqüência das leituras foi intensificada para semanal. Isso revela que a freqüência de leitura de qualquer instrumento não pode ser fixa e imutável, devendo ser intensificada quando fatos novos ou preocupantes o exigirem.

Como principal inconveniente da utilização do antigo inclinômetro Série 200B, da Slope Indicator, destaca-se o fato de seu torpedo apresentar uma folga muito reduzida em relação ao tubo-guia, visto que deslocamentos angulares localizados de apenas 3º impediram a passagem do torpedo. Na barragem de Água Vermelha, ocorreu esse problema com os inclinômetros IW-2 e IW-3, localizados na Est. 73+10 m, sendo, então, necessário instalar dois novos inclinômetros em substituição aos anteriores, para não interromper a observação dos deslocamentos cisalhantes na fundação da barragem.

10.6.1 Acompanhamento e análise dos deslocamentos horizontais durante o período construtivo

A partir das leituras fornecidas pelos inclinômetros IW-1, IW-2 e IW-3, conforme locação apresentada na Fig. 10.14, foram preparados inicialmente dois tipos de gráficos de acompanhamento dos deslocamentos horizontais: deslocamentos acumulados na direção montante-jusante e gráfico do Δ *dial*. O primeiro dos gráficos encontra-se na Fig. 10.14 e o segundo, na Fig. 10.15, nos quais as curvas dos deslocamentos acumulados e Δ *dial* se encontram representadas sobre a seção transversal da barragem.

Este último gráfico se mostrou útil para a indicação de trechos de contração dos deslocamentos horizontais, uma vez que o Δ *dial* traduz diretamente o deslocamento angular (inclinação) do tubo do inclinômetro, no trecho em análise. O pico do Δ *dial* coincide exatamente com o centro do trecho ou camada onde está ocorrendo o cisalhamento. Conforme pode ser observado no gráfico da Fig. 10.15, foram detectados dois trechos de concentração dos deslocamentos horizontais pelos inclinômetros IW-2 e IW-3; o inferior, nas proximidades do contato solo-rocha, e o superior, próximo à base do filtro horizontal.

Foram preparados também gráficos para o acompanhamento das velocidades de variação dos deslocamentos horizontais para os referidos inclinômetros, conforme as Figs. 10.1 e 10.16.

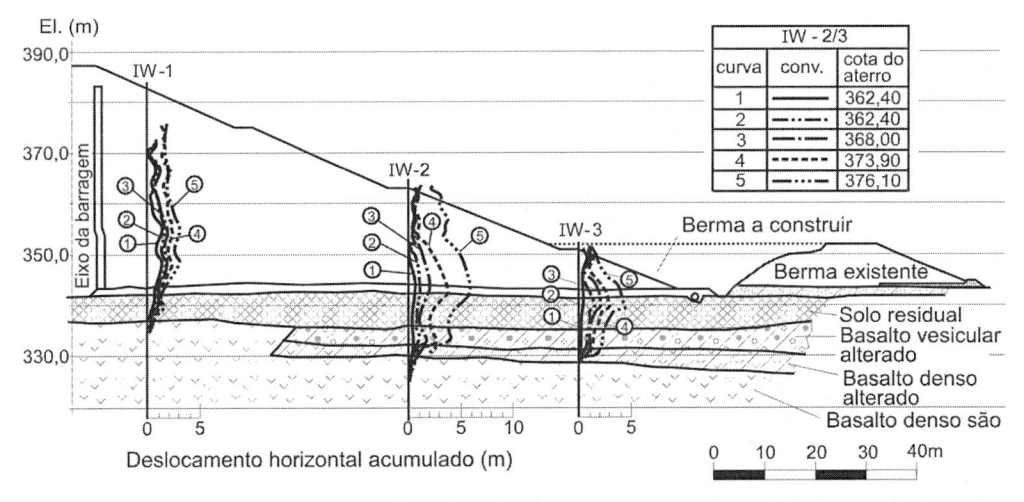

Fig. 10.14 *Representação gráfica dos deslocamentos horizontais acumulados dos inclinômetros da Est. 73+10 m*

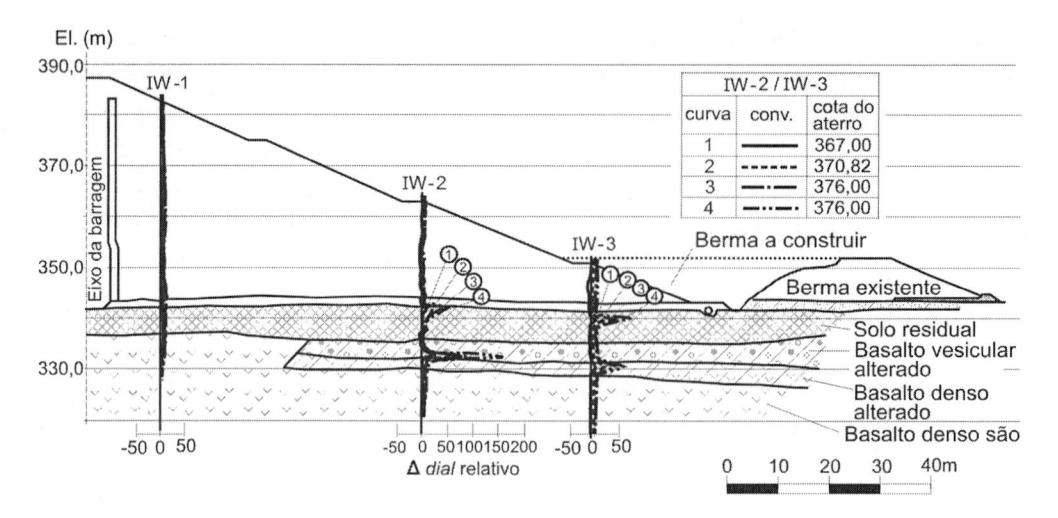

Fig. 10.15 *Representação gráfica dos* Δ dial *relativos dos inclinômetros da Est. 73+10 m*

Esses gráficos traduzem as variações dos deslocamentos com o tempo. O aumento súbito das velocidades observado durante o mês de maio de 1977 levantou sérias preocupações e motivou a paralisação da construção do aterro, ao longo de uma extensão de 200 m, na região da estaca 73+10 m, até que a berma de jusante estivesse concluída. Após o término da construção da berma, a construção do aterro

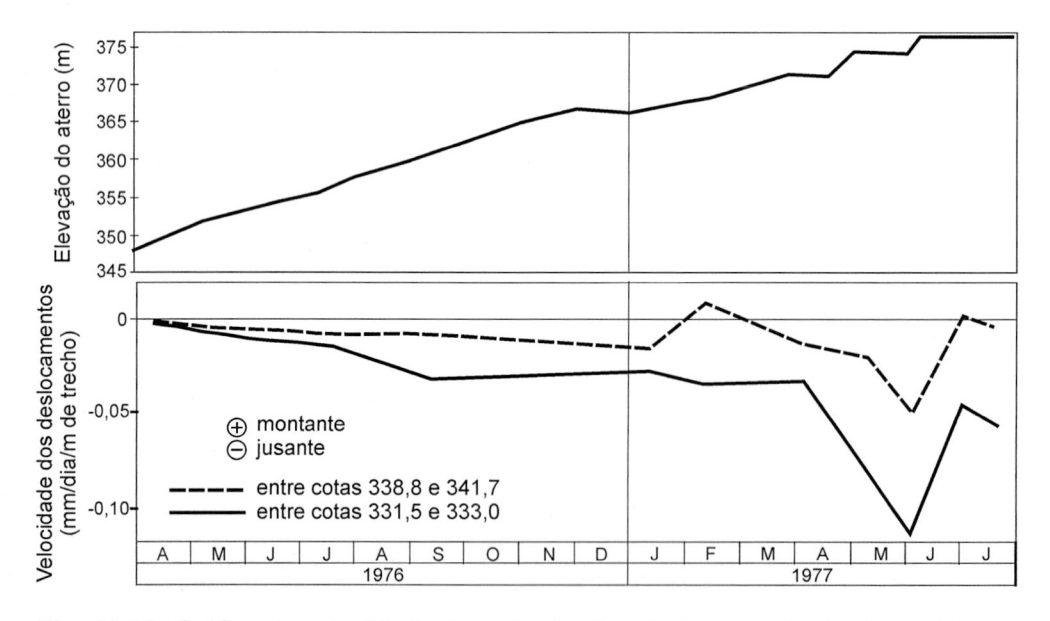

Fig. 10.16 *Gráfico da velocidade de variação dos deslocamentos horizontais para o inclinômetro IW-2, da barragem de Água Vermelha*

foi retomada sem maiores problemas, não se observando mais deslocamentos cisalhantes significativos, tanto ao final da construção como durante a fase de enchimento do reservatório.

Trata-se de uma das primeiras vezes, no Brasil, em que a instrumentação de uma barragem foi empregada de modo premeditado para a indicação de uma região potencialmente instável já durante o período construtivo. A instrumentação empregada na barragem de Água Vermelha foi de extrema utilidade e confiabilidade, fornecendo subsídios valiosos para a análise das condições de estabilidade do talude de jusante e justificando a adoção de soluções menos conservadoras e, conseqüentemente, mais econômicas. No caso específico desta barragem, tomou-se a decisão de não se escavar uma camada de solo residual de baixa resistência, com 10 m de espessura na fundação e com nível d'água na superfície do terreno, construindo-se junto ao pé de montante e jusante da barragem bermas estabilizadoras, para assegurar as condições de estabilidade exigidas pelos critérios de projeto.

11 Medição de Zonas de Distensão – Extensômetros para Solo

> *An instrument too often overlooked in our technical world is a human eye connected to the brain of an intelligent human being.*
>
> Peck, 1972

11.1 Introdução

Neste item, analisa-se a medição das deformações ao longo da direção horizontal nas barragens de terra e núcleos das barragens de enrocamento, visto que ao longo da vertical as mesmas já foram analisadas no Capítulo 7. Essas medições geralmente são realizadas nos trechos onde são previstas trações no aterro, que podem originar fissuras transversais, posicionados na direção montante-jusante e por isso mesmo de relevante importância na supervisão das condições de segurança da barragem.

Enquanto nos capítulos anteriores se apresentou separadamente uma abordagem dos instrumentos de medida, e também dos métodos de análise com exemplos práticos de resultados obtidos, neste capítulo os tipos de extensômetros para solo e exemplos de resultados da medição e dos métodos de apresentação e análise dos resultados serão abordados conjuntamente. Isso decorre, em parte, do fato de não ser um tipo de medição muito freqüente no meio técnico nacional, no qual não se encontraram resultados da medição de zonas de distensão em nenhuma barragem brasileira.

11.2 A medição das deformações internas com extensômetros

11.2.1 Considerações gerais

Os extensômetros para solo são empregados para a medição das deformações específicas internas do aterro, em locais onde são esperadas tensões de tração e onde é impraticável realizar tais medidas com medições topográficas, inclinômetros ou cadeias de inclinômetros (*in place inclinometer*). Os extensômetros têm sido utilizados, por exemplo, para medir as variações de espessura em membranas impermeáveis de barragens e para a medição das deformações específicas ao longo da direção longitudinal da barragem em regiões de tensões de tração em potencial.

Os tipos mais freqüentes de extensômetros para solo empregam transdutores elétricos de deslocamento linear (LVDT, DCDT), potenciômetros lineares, transdutores de corda vibrante, ou transdutores de núcleo indutivo com freqüência de saída, que permitem a leitura remota do instrumento, conforme se pode observar na Fig. 11.1.

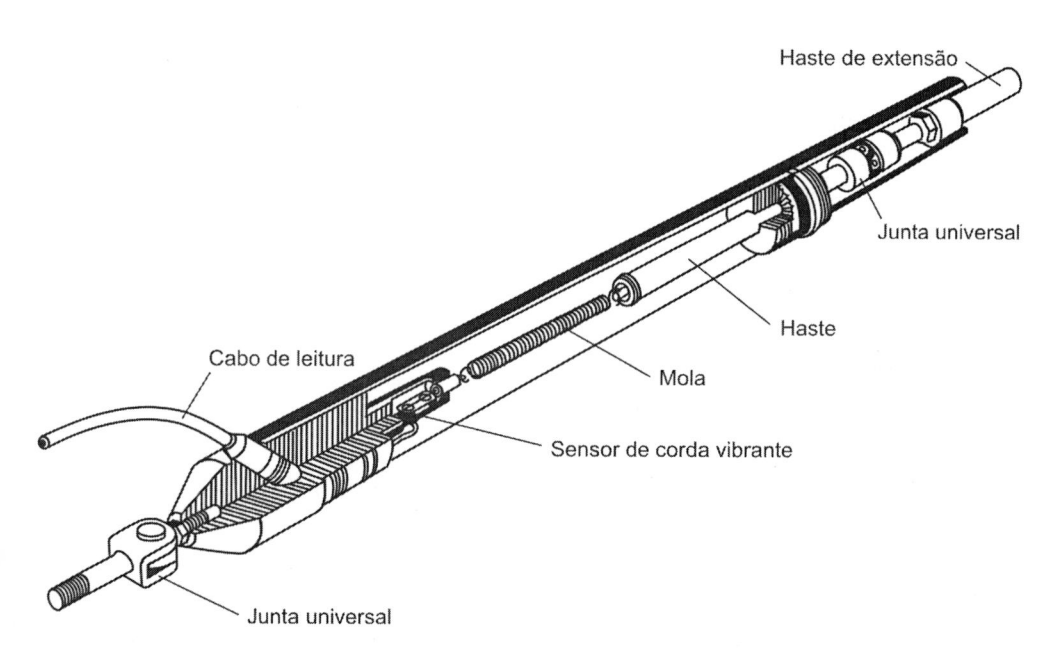

Fig. 11.1 *Extensômetro de corda vibrante para a medição das deformações internas em aterros de barragem (DiBiagio et al, 1982)*

Basicamente, o extensômetro consiste em um sensor de corda vibrante (Fig. 11.1), uma mola e uma haste de extensão. O instrumento é geralmente instalado em série entre duas placas de ancoragem embutidas no aterro. O comprimento do extensômetro é regulado pela adição de hastes de extensão entre as placas de ancoragem, instalando-se em série 3 a 6 extensômetros, ao longo da extensão total do trecho onde são previstas distensões no aterro. Uma alteração na distância entre as ancoragens aplica uma força sobre a mola e a correspondente alteração no sinal de saída do transdutor. Na Fig. 11.2, ilustra-se uma cadeia de extensômetros em série, dispondo-se de sensores duplos instalados junto a uma das ancoragens, de modo que minimize o comprimento total de cabos, que fica desta forma reduzido à metade.

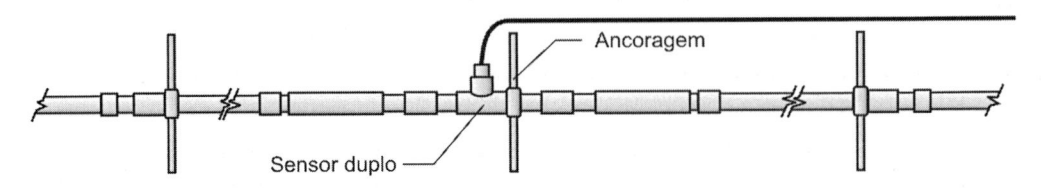

Fig. 11.2 *Cadeia de extensômetros para solo com sistema de sensor duplo (Catálogo Slope Indicator)*

O campo de medida e a resolução (sensibilidade) do instrumento estão condicionados à rigidez da mola instalada no instrumento. Campos típicos de medida variam entre 0 mm e 20 mm para extensômetros utilizados para a medição da variação de espessura em núcleos de concreto asfáltico delgado e de 0 mm a 200 mm para extensômetros com comprimento de 10 m empregados na medição das deformações de núcleos de barragens de enrocamento (DiBiagio et al, 1982).

A precisão típica dos extensômetros para solo é de ± 0,3 mm, correspondendo a uma deformação específica de ± 0,005%, com as ancoragens espaçadas 5 m entre si. Na Tabela 11.1, são apresentadas as principais características dos extensômetros para solo confeccionados pelos principais fabricantes.

11.2.2 Procedimentos de instalação e de medição

Os extensômetros para a medição das deformações ao longo da direção longitudinal da barragem são normalmente posicionados nas proximidades da interface do núcleo com o filtro ou na região central do núcleo. Quando projetados para tal fim, eles são geralmente instalados com extensão entre 3 m e 8 m, conectados por meio de juntas tipo universal, tubos de extensão e placas de ancoragem. Os tubos de extensão são protegidos do atrito com o aterro por meio de mangueiras flexíveis ou tubulações plásticas. Cadeias de extensômetros estendendo-se ao longo de comprimentos de até 120 m já foram instaladas com a finalidade de monitorar as zonas de distensão no núcleo de barragens de enrocamento. Se a cadeia de extensômetros se estende até a ombreira, a extremidade da cadeia de extensômetros pode ser ancorada

Tabela 11.1 *Características dos principais extensômetros para solo*

Fabricante	Modelo	Sensor	Campo de leitura (mm)	Acurária (% Campo leitura)
Geokon	4.430	Corda vibrante	25, 50 e 100	± 0,1%
	1.600	Trena metálica	50, 75 e 100	± 0,1%
SisGeo	DEX-35S	Resistência magnética	100	± 0,127 (*)
Slope Indicator	Soil strainmeter	Potenciômetro	150	± 0,1%
	Potentiometer	Potenciômetro	50 a 100	-
ACE Instruments	1.360	Potenciômetro linear	150	± 0,5% FSR
	4.360	Potenciômetro linear	150 a 300	± 0,5% FSR
Soil Instruments	E7	Corda vibrante	Até 300	± 2%
Roctest	ERI 200	LVDT, potenciômetro linear ou corda vibrante	50, 100 e 150	± 0,5%
	Tape extensometer	Trena (mecânico)	20 a 30 m	± 0,1mm (*)
	Convergence meter	Fio de Invar	-	± 0,1mm
RST Instruments	EX-2	Corda vibrante	150	± 0,05
	Tape extensometer	Trena metálica	15, 20 e 30 m	± 0,01mm (*)

(*) Repetibilidade

na rocha por meio de tirantes ou chumbadores apropriados. Na Fig. 11.3, pode-se observar a instalação de uma cadeia de extensômetros ao longo do aterro de uma barragem.

Os extensômetros são lidos regularmente enquanto a barragem está sendo construída e durante os dois primeiros ciclos de enchimento e deplecionamento do reservatório. Posteriormente, a freqüência das medições irá depender parcialmente da magnitude e das taxas de variação das deformações medidas.

Fig. 11.3 *Instalação de uma cadeia de extensômetros para solo em uma barragem de terra (Dunnicliff, 1993)*

11.2.3 Desempenho dos instrumentos

Na Noruega, tendo em vista o grande número de barragens de enrocamento construídas, 186 extensômetros de corda vibrante para solo já foram instalados. O desempenho desses instrumentos tem sido satisfatório, com alguns exemplos práticos citados a seguir.

Os primeiros instrumentos desse tipo foram instalados na barragem de Grasjo Trial em 1969. Ao final do programa de monitoramento, em 1972, um instrumento havia falhado. De um total de 28 extensômetros instalados na barragem de Svartevann entre 1975-1976, 20 deles (71%) estavam ainda funcionando adequadamente em 1984, ou seja, cerca de 10 anos após a instalação (DiBiagio et al, 1982). A grande maioria dos extensômetros que deixaram de operar em Svartevann o fez porque as deformações foram tão grandes, que ultrapassaram o campo de leitura do instrumento, danificando-os. Nas duas barragens de Vatnedalsvatn, 51 extensômetros foram instalados entre 1982-1983, havendo apenas um danificado em 1985. Na barragem de Oddatjorn, que estava em construção em 1983-1984, foram instalados 15 extensômetros, havendo 14 em operação em 1985. De um total de 6 extensômetros especiais instalados na barragem de Storvatn durante sua construção em 1983, para a observação do comportamento da membrana asfáltica, todos estavam ainda em operação em 1985 e fornecendo dados confiáveis.

DiBiagio et al (1982) apresentaram acima a descrição de um total de 6 (seis) barragens na Noruega, nas quais foram instalados 103 extensômetros para solo e cujo número de instrumentos danificados foi relativamente baixo. Na barragem de Svartevann, o total de instrumentos danificados após 10 anos de operação atingiu cerca de 30% dos instrumentos instalados, cuja causa da danificação foram as grandes deformações medidas, que ultrapassaram desta forma o campo de leitura desses instrumentos. Esta constatação caracteriza mais uma falha de projeto que dos instrumentos propriamente ditos.

No Brasil, apesar da existência de barragens de enrocamento com núcleo impermeável, atingindo até 200 m de altura, não se conhece nenhuma aplicação de extensômetros para solo em seus planos de instrumentação. Algumas dessas barragens são instrumentadas com células de pressão total. Observa-se assim certa incoerência, uma vez que se consegue medir deslocamentos e deformações com maior confiabilidade e precisão que as tensões (pressões).

11.3 A medição das deformações longitudinais na crista da barragem

Enquanto os extensômetros até aqui abordados permitiam a medição das deformações do núcleo no interior do aterro, a instrumentação a seguir abordada permite a medição dessas deformações também na direção longitudinal da barragem, mas superficialmente. São, em geral, constituídos por uma trena ou um fio de aço Invar, mantidos tencionados por um sistema de peso ou mola, durante a realização das leituras.

Na Fig. 11.4, apresenta-se um dos tipos de extensômetro superficial desenvolvido pela Interfels, no qual o tensionamento do fio ou da trena era realizado por meio de um dispositivo com um peso e uma roldana fixados na lateral de um pilarete de concreto, encravado ao longo da crista da barragem (Silveira, 1976). Esses instrumentos podem ser instalados ao longo de extensões de até 100 m, mas exigem neste caso pesos muito altos para atenuar a catenária do fio. É importante ter em mente que o fio deve ficar protegido no interior de uma tubulação de PVC rígido ou de tubo de cimento amianto, devido à ação do vento ou mesmo para a proteção mecânica do instrumento. Portanto, o comprimento máximo em termos práticos é de 20 m a 30 m, para facilitar a instalação e assegurar leituras mais confiáveis e precisas.

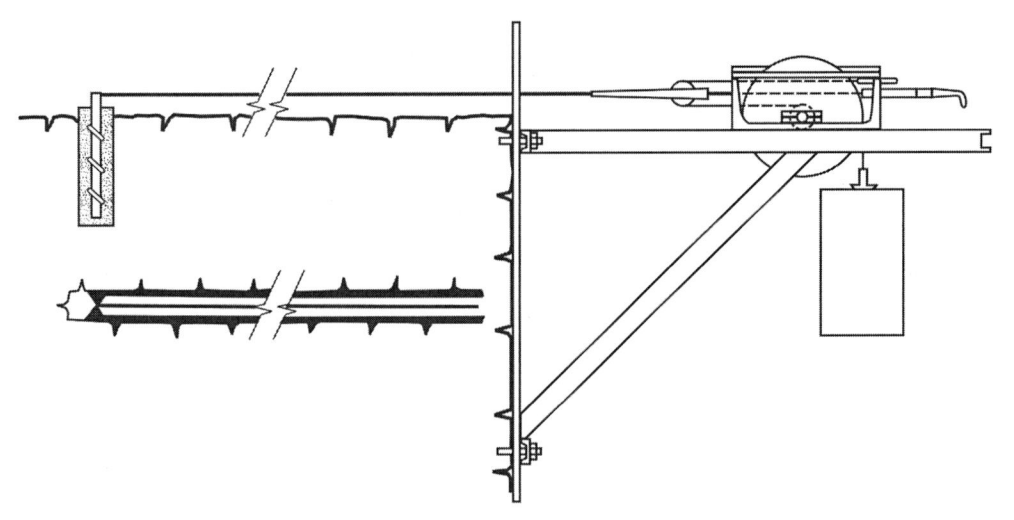

Fig. 11.4 *Esquema de funcionamento de um extensômetro de superfície de fio*

Outro tipo de extensômetro superficial é ilustrado na Fig. 11.5. Trata-se do emprego de um medidor de convergência tipo trena, instrumento que é usualmente utilizado na instrumentação de túneis e escavações subterrâneas, para a medição dos deslocamentos entre marcos estabelecidos ao longo da crista da barragem. Esses marcos podem ser materializados por meio de pequenos pilares de concreto, por exemplo, com 30 cm de diâmetro e 1,20 m de altura acima da superfície da crista, devidamente armados para assegurar uma boa rigidez. Os pinos metálicos de convergência são fixados no topo desses pilares e protegidos da ação de vandalismo por tampas de aço dotadas de cadeado.

Durante as operações de leitura, que devem ser realizadas nas primeiras horas da manhã, para se evitar a influência de grandes variações de temperatura, a trena é fixada entre os pinos de convergência de dois pilares consecutivos e mantida sob uma tensão constante por um dispositivo interno do próprio medidor de convergên-

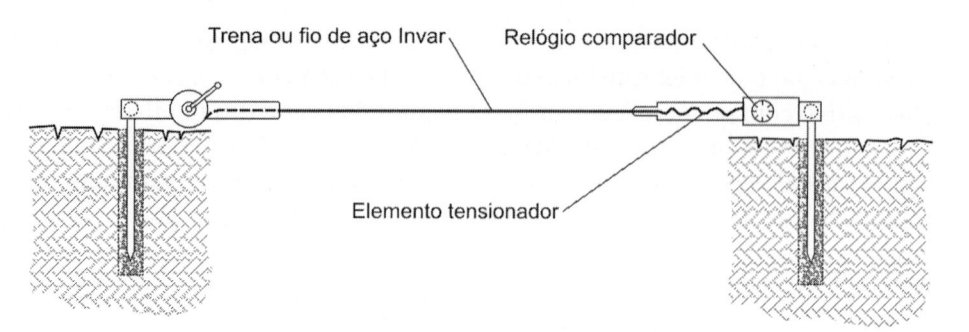

Fig. 11.5 *Medidor de convergência tipo trena, que pode ser instalado entre pilares de concreto ao longo da crista da barragem*

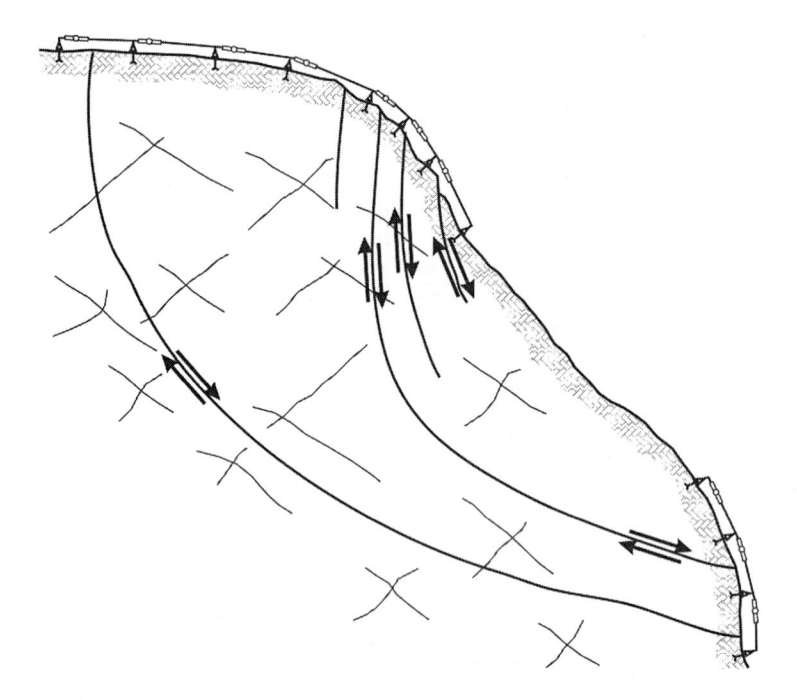

Fig. 11.6 *Esquema de instalação de medidores de convergência em série na superfície de um talude (Silveira, 1976)*

cia. A distância entre bases não deve em condições normais ultrapassar 20 m, para assegurar leituras com uma maior precisão. A sensibilidade e a precisão das leituras estão condicionadas ao comprimento da base de medida, apresentando os medidores geralmente sensibilidade de 10^{-5} deste comprimento, ou seja, 0,1 mm para uma base com 10 metros. Na Fig. 11.7, é apresentado o medidor de convergência da Geokon, modelo 1610, que pode ser fornecido em comprimentos de 15 m, 23 m e 30 m, com repetibilidade de ± 0,13 mm e peso de 4,5 kg.

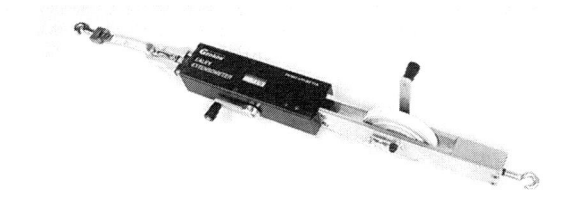

Fig. 11.7 *Medidor de convergência modelo 1610, da Geokon*

Apesar de não se tratar de um extensômetro, mas, sim, de um dispositivo de alarme, ilustra-se na Fig. 11.8 o sistema utilizado pelo Departamento de Geofísica da Anaconda Co., na mina de Chuquicamata, no Chile, para alertar sobre a ocorrência de grandes deslocamentos. O dispositivo poderia ser também utilizado na crista de uma barragem, sendo constituído por dois fios em paralelo, tencionados por um sistema de molas e dotados de um sensor elétrico, que alerta prontamente quando da ultrapassagem de um valor-limite preestabelecido. Neste caso, fecha-se o circuito

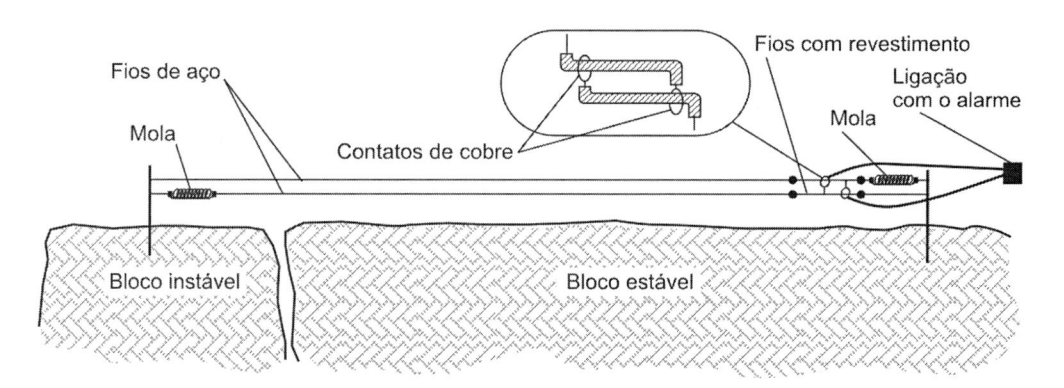

Fig. 11.8 *Sistema de fios deslizantes utilizado na mina de Chuquicamata para gerar um alarme*

elétrico, acionando um sistema de alarme (Silveira, 1976).

Para a observação de deslocamentos superficiais através de fissuras no aterro ou de fissuras na rocha das ombreiras, existem ainda os extensômetros tipo fissurômetro, concebidos para serem instalados na superfície da crista ou das bermas, para acompanhar a movimentação de eventuais fissuras (Fig. 11.9). Esse instrumento é confeccionado com campos de leitura de 25 mm, 50

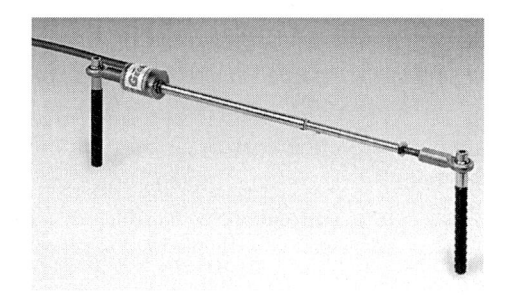

Fig. 11.9 *Extensômetro de corda vibrante para ser instalado em fissuras existentes na superfície de uma barragem (Cortesia Geokon)*

mm e 100 mm, com resolução de ± 0,02% do campo e acurácia de ± 0,1% do campo de leitura, podendo operar com temperaturas ambientes entre -20°C e +150°C.

11.4 Exemplos práticos da instalação de extensômetros para solo em barragens de enrocamento

Neste item, são apresentados alguns casos da aplicação de extensômetros para solo em aterros de barragens, para a observação geralmente de suas zonas de distensão, ao longo da direção longitudinal da barragem. Procura-se ilustrar com casos de maior interesse, em que a instrumentação serviu para revelar importantes informações sobre o desempenho do núcleo da barragem nas fases de enchimento do reservatório e operação.

A barragem de Manicouagan 3, no Canadá, é uma barragem de enrocamento com núcleo vertical de argila, com 107 m de altura máxima, com término de construção em 1975, localizada sobre uma camada aluvionar com 126 m de espessura. Para a vedação da fundação foi construído um diafragma de parede dupla ao longo dos 126 m de profundidade, dotados de uma galeria de concreto na base da barragem, cujo desempenho teve de ser muito bem monitorado. Desta forma, a barragem de Manicouagan 3 foi dotada de um plano de instrumentação abrangente, incluindo a instalação de extensômetros ao longo da direção longitudinal da barragem, nas proximidades da crista, conforme pode ser observado na Fig. 11.10. Esses instrumentos eram constituídos por cadeia de extensômetros com cerca de 34 m de comprimento cada uma e posicionadas nas proximidades das ombreiras.

Os resultados registrados por essas duas cadeias de extensômetros para solo são apresentados na Fig. 11.10, desde o enchimento do reservatório (1° de agosto a 15 de dezembro de 1979) até 1982. A análise dessas leituras indica que durante o período de enchimento do reservatório o núcleo sofreu deformações de compressão importantes, seguidas de uma ligeira descompressão, para se estabilizar a seguir, mantendo-se o núcleo em estado de compressão. Esta foi resultante do eixo curvo da barragem, que teve sua contribuição na compressão do núcleo, em região onde normalmente se observam zonas de distensão, conforme será mostrado em outros exemplos. Depois de 1976 até 1979, não se observaram variações de deformação no núcleo, indicando um comportamento estável. Entretanto, após essa data, os elementos dinamométricos das cadeias de extensômetros começaram a apresentar defeitos, passando a explicar as discordâncias observadas após 1978.

Nesse mesmo trabalho, Dascal e Superina (1985) analisaram o desempenho dos instrumentos de corda vibrante na barragem de Manicouagan 3, entre sua instalação em 1973 e 1984, mostrando que, enquanto dos 96 piezômetros instalados no diafragma, na galeria e no núcleo da barragem 95% deles estavam em operação normal após 11 anos, apenas 54% dos extensômetros estavam ainda em operação, o que revela a

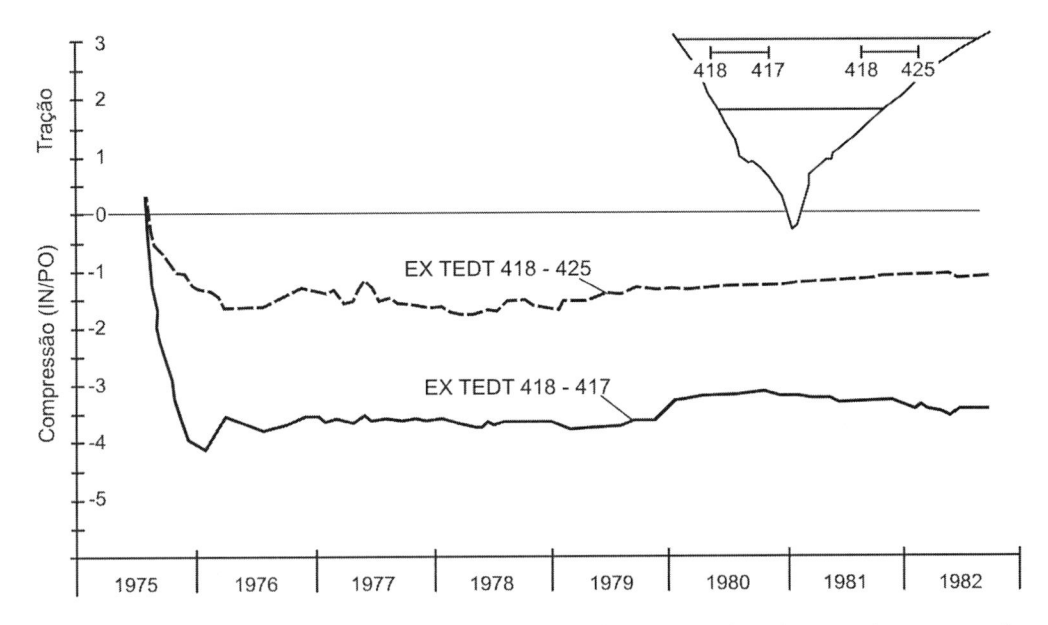

Fig. 11.10 *Compressão do núcleo medido pelos extensômetros na barragem de Manicouagan 3 (Dascal e Superina, 1985)*

menor durabilidade e robustez desses instrumentos. Deve-se ressaltar que a barragem de Manicouagan 3 teve esses extensômetros para solo instalados em 1973, época na qual esse tipo de instrumento estava ainda em fase inicial de desenvolvimento, quando, então, todo instrumento é mais suscetível a falhas.

DiBiagio e Kjaernsli (1985), ao procederem a uma síntese da experiência com a instrumentação das barragens norueguesas até 1985, apresentam na Tabela 11.2 uma relação dos instrumentos instalados nas barragens mais extensivamente monitoradas, da qual ressaltam duas conclusões principais:

• A partir de 1959 todas as barragens norueguesas passaram a ser dotadas de medidores de vazão, para a supervisão das vazões de drenagem.

• Um total de 7 (sete) barragens foi instrumentado com 186 extensômetros para solo, a saber, Grasjo Trial, Svartevann, Nyhellern, Vatnedalsvatn S, Vatnedalsvatn M, Oddatjorn e Storvassdamen.

A primeira barragem na Noruega a ser instrumentada com extensômetros para solo foi Grasjo Trial, em 1969, passando-se a empregar esse tipo de instrumento na auscultação das demais barragens de enrocamento a partir de Svartevann, em 1976, de modo praticamente rotineiro. Esta constatação ressalta a importância e o bom desempenho desse tipo de instrumento, que passou a ser empregado na Noruega para a instrumentação das barragens de enrocamento de maior porte.

Tabela 11.2 Barragens de enrocamento instrumentadas na Noruega

Barragem	Ano de término	Altura máxima (m)	Volume x 10³ (m³)	Medidor de vazão	Marco superficial	Inclinômetro	Extensômetro p/ solo	Piezômetro no aterro	Piezômetro na fundação	Célula de pressão total	Termômetro
Essand	1952	?	?					22			
Mosvatn	1953	26	115					7			
Strandevatn	1956	40	380					18			
Bordal	1959	42	300	3	41			33	11		16
Lille Manika	1964	15	125	1					11		
Hyttejuvet	1965	93	1.435	1	30			28		1	
Sonstevann	1966	45	502	1	30			6	19		
Vaslivatn	1967	25	70	1					8		
Kalvatn	1967	49	405	1	11			10		10	
Akersvann	1967	54	1.085	1				7		5	
Mandola	1969	27	114	3	17				8		
Muravatn	1968	77	100	1	54				9		6
Follsjo	1969	74	940	4	17			8			
Grasjo Trial	1969	12	-	1	9		6	7			
Lopet	1970	17	212	1					10		
Svartevann	1976	129	4.715	1	160	8	28	30	8	60	8
Nyhellern	1979	85	2.616	1	277	2	30	16			6
Innerdalen	1981	54,5	702	1	82			9			
Nerskogen	1981	55	1.470	6	138				27		
Vatnedalsvatn S	1983	60	900	2	76	13	13	12	3	27	4
Vatnedalsvatn M	1983	125	4.200	1	186	38	38	29		40	5
Oddatjorn	1986/1987	145	5.380	1	247	41	41	32	8		6
Storvassdamen	1987	90	9.000	3	184	30	30			10	

Fonte: DiBiagio e Kjaernsli, 1985

11 Medição de Zonas de Distensão – Extensômetros para Solo

A barragem de Svartevann, concluída em 1976, na Noruega, com seus 129 m de altura máxima, suplantou em 40% a altura da barragem de Hyttejuvet (93 m), que era a maior barragem de enrocamento com núcleo de moraina, construída até essa época. A barragem de Svartevann constitui, portanto, um marco na instrumentação de barragens na Noruega, em função de se tratar de uma nova geração de barragens, de grande altura e com um núcleo relativamente delgado e inclinado para montante. Ao longo da seção longitudinal central da barragem foram instaladas cinco cadeias de extensômetros, duas em uma ombreira e três em outra, conforme indicado na Fig. 11.11.

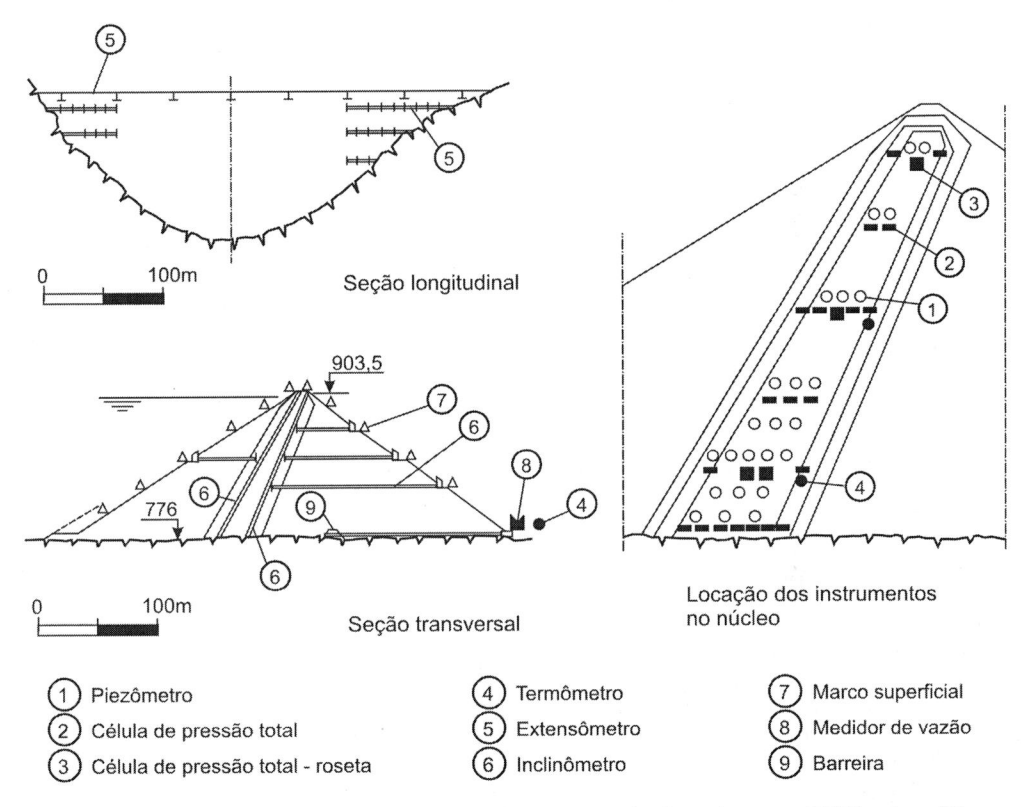

Fig. 11.11 *Plano de instrumentação da barragem de Svartevann (DiBiagio e Kjaernsli, 1985)*

Myrvoll et al (1985), ao analisarem o plano de instrumentação e o desempenho das barragens norueguesas de Vatnedalsvatn (principal e secundária), construídas entre 1978 e 1983, e com alturas máximas de 125 m e 65 m, destacaram que as duas estruturas foram instrumentadas com extensômetros instalados longitudinalmente, para a observação das zonas de distensão nas proximidades das ombreiras. Nas Figs. 11.12 e 11.13, apresenta-se a locação da instrumentação instalada na seção

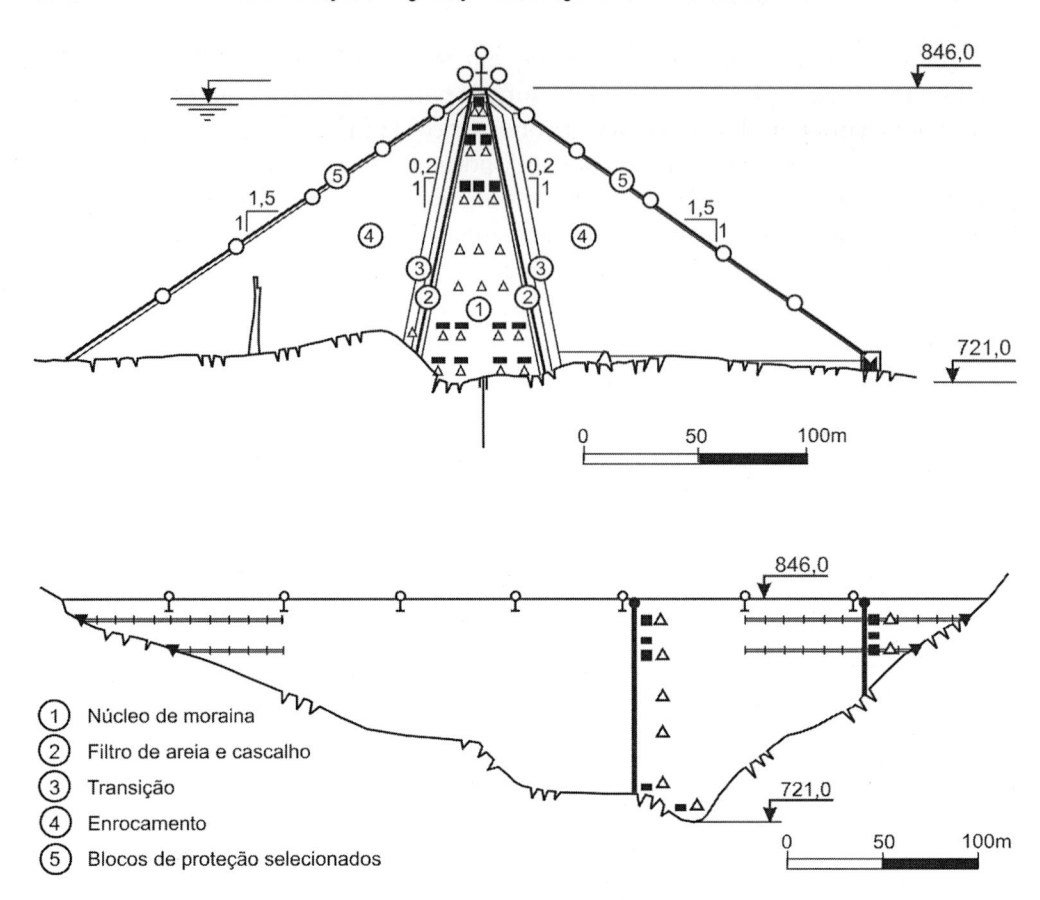

Fig. 11.12 *Plano de instrumentação da barragem principal de Vatnedalsvatn (Myrvoll et al, 1985)*

transversal principal, assim como na seção longitudinal das barragens principal e secundária de Vatnedalsvatn. Nessas barragens, os extensômetros tinham individualmente 10 m de comprimento, sendo conectados empregando-se juntas universais, tubos de extensão e placas de ancoragem no solo, de modo que constituíssem cadeias com comprimento total entre 61 m e 122 m. Estas foram instaladas horizontalmente e alinhadas com a crista da barragem, objetivando a medição das deformações ao longo do eixo da barragem. Na extremidade, cada cadeia de extensômetros era chumbada na rocha da ombreira por meio de tirantes para rocha. Cada um dos transdutores de corda vibrante dos extensômetros era ajustado para fornecer campos de leitura entre 130 mm, para distensão, e 70 mm, para compressão. Um total de 38 extensômetros foi instalado na barragem principal e 18 na barragem secundária de Vatnedalsvatn.

Na Fig. 11.14, Myrvoll et al (1985) apresentam as deformações específicas medidas pelos vários extensômetros ao longo das cadeias de extensômetros instaladas na barragem principal de Vatnedalsvatn, nas proximidades das ombreiras. As medições

11 Medição de Zonas de Distensão – Extensômetros para Solo

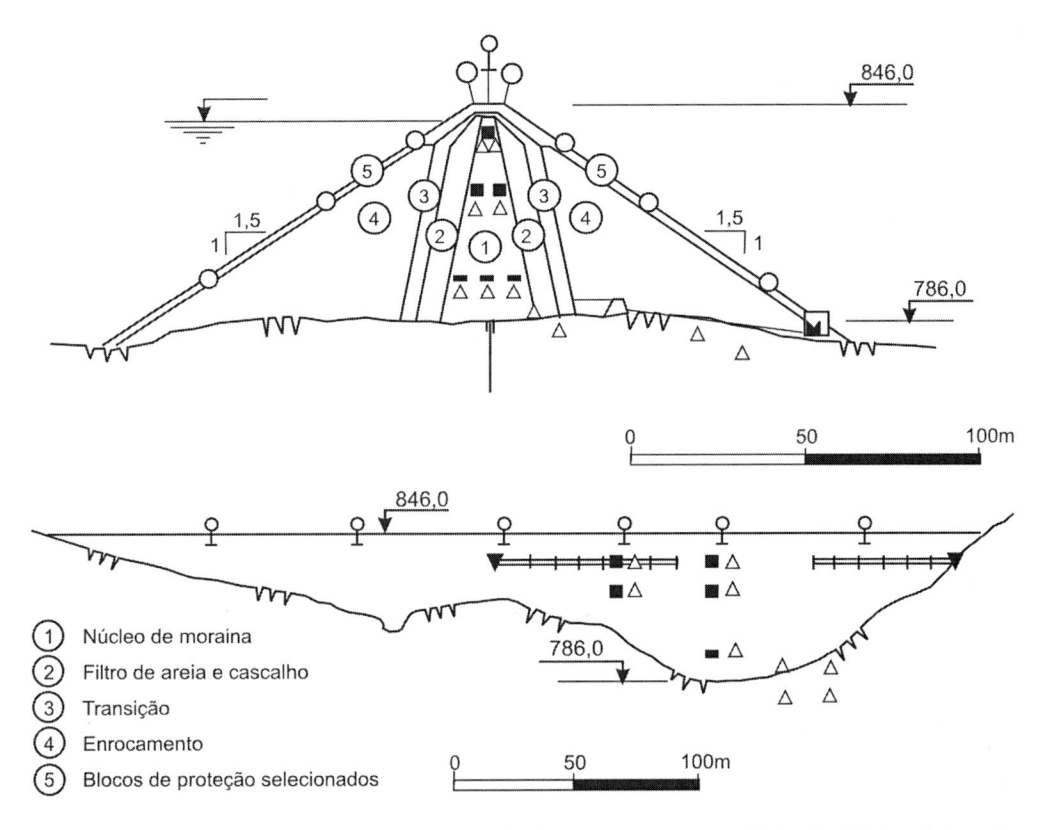

① Núcleo de moraina
② Filtro de areia e cascalho
③ Transição
④ Enrocamento
⑤ Blocos de proteção selecionados

Fig. 11.13 *Plano de instrumentação da barragem secundária de Vatnedalsvatn (Myrvoll et al, 1985)*

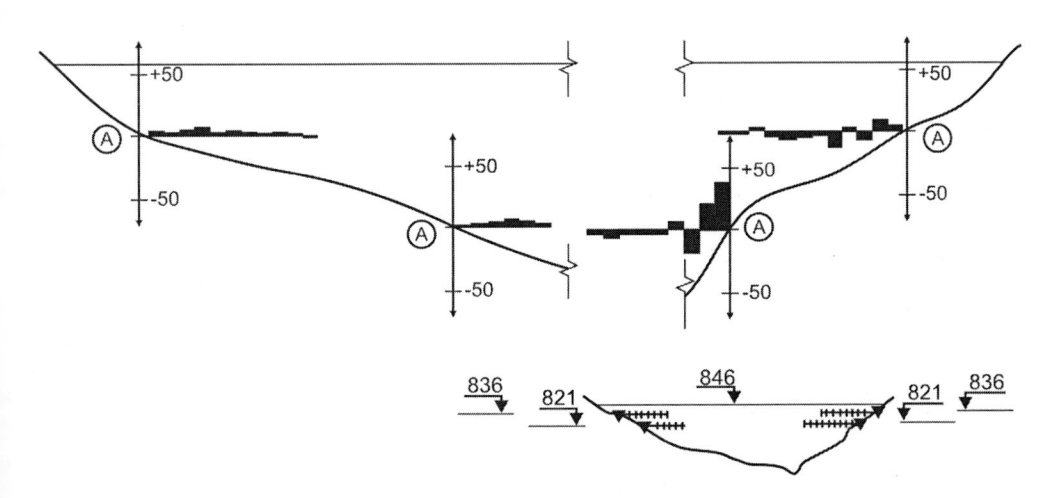

Fig. 11.14 *Deformações específicas medidas ao longo da seção longitudinal de Vatnedalsvatn – Barragem principal (Myrvoll et al, 1985)*

indicaram que as distensões ocorreram ao longo de uma distância horizontal da ordem de 20 m da ombreira mais íngreme, do lado direito da barragem. A distensão atingiu 40 mm, o que corresponde a uma deformação específica máxima de aproximadamente 4%. Na outra ombreira, as distensões desenvolveram-se ao longo de 60 m a 100 m a partir da ombreira. A evolução dos deslocamentos medidos com o tempo é apresentada na Fig. 11.15, na qual se observa que as deformações específicas internas foram bem mais pronunciadas na barragem principal, com 125 m de altura máxima, que na barragem secundária, com apenas 65 m de altura. As medições realizadas pelos extensômetros, assim como as inspeções visuais realizadas *in situ*, confirmaram que não ocorreram fissuras no núcleo em decorrência das tensões de tração observadas.

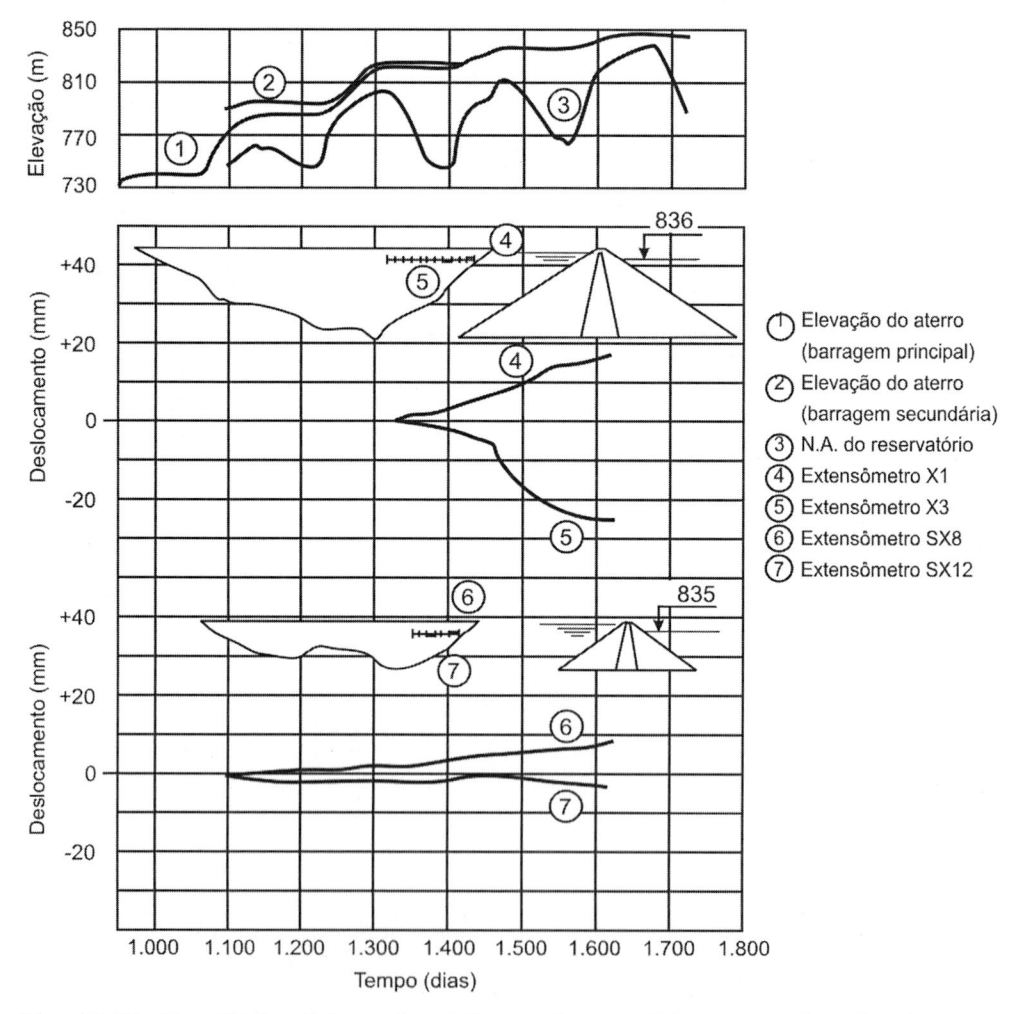

Fig. 11.15 *Resultados típicos das deformações medidas com extensômetros nas duas barragens de Vatnedalsvatn (Myrvoll et al, 1985)*

11.5 As deformações observadas na crista das barragens de enrocamento

A barragem de Gepatsch, na Áustria, é uma barragem de enrocamento com núcleo central de argila, com 153 m de altura máxima, construída em meados da década de 1960. Em decorrência de sua altura e da época em que foi construída, esta barragem foi muito bem instrumentada. Na Fig. 11.16, são apresentados os deslocamentos dos pontos A, B, C e D localizados na crista da barragem e suas proximidades, no período de 1966 a 1972, no qual é possível perceber nitidamente a influência de cinco ciclos anuais de enchimento e esvaziamento do reservatório. O recalque mais pronunciado atingiu 106,8 cm e ocorreu a jusante da crista, no local correspondente ao ponto B.

Na Fig. 11.16, é possível observar também a ocorrência de fissuras longitudinais na crista da barragem de Gepatsch, em decorrência das distensões que ocorreram entre os pontos A e B. Na Fig. 11.17, apresentam-se as distensões medidas entre os pontos I e II, respectivamente a montante e a jusante da crista, durante o período de

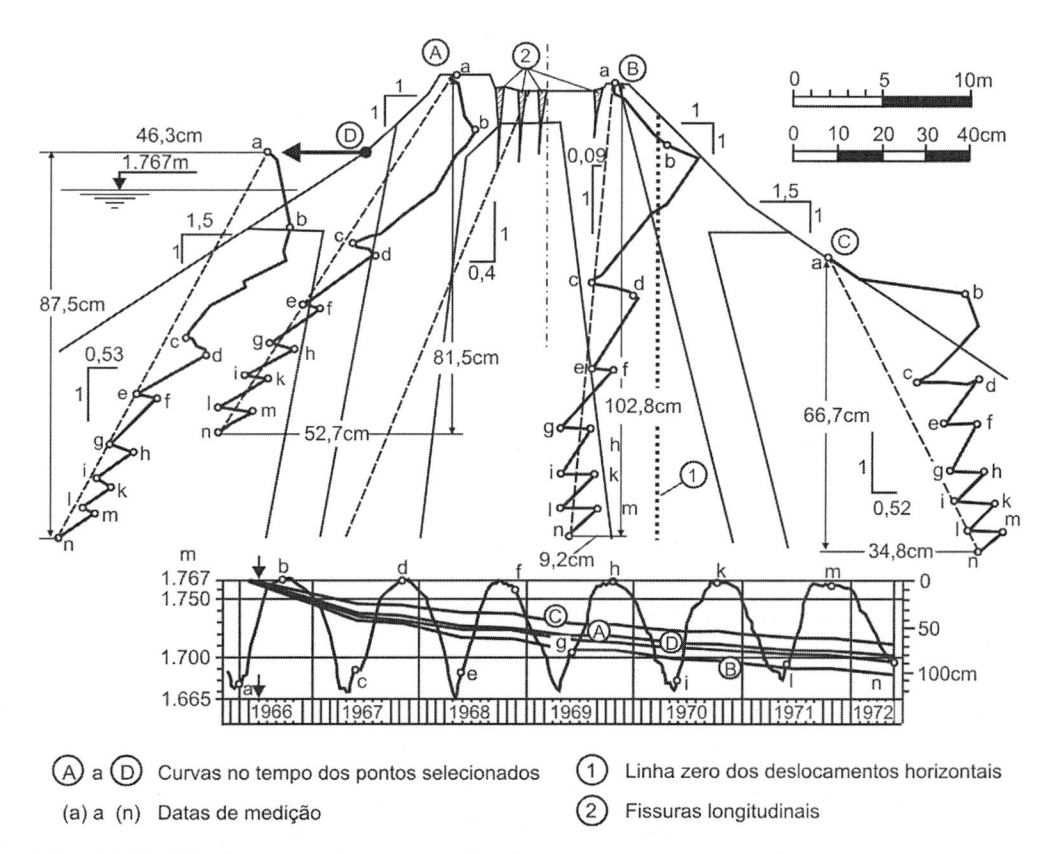

Fig. 11.16 *Movimentos dos pontos A a D na seção transversal principal entre 1966 e 1972 (Schober, 2003)*

1966 a 1972. Após esse período de 6 anos, a distensão da crista atingiu 40 cm, com o aparecimento de fissuras longitudinais e de algumas irregularidades no nível da crista. Conforme se pode observar graficamente, os incrementos anuais de distensão somente foram registrados quando da ocorrência de nível d'água máximo. As fissuras tinham aproximadamente 3 m de profundidade, o que significa que se estendiam até o núcleo, mas permaneciam cerca de 2 m acima do nível d'água do reservatório.

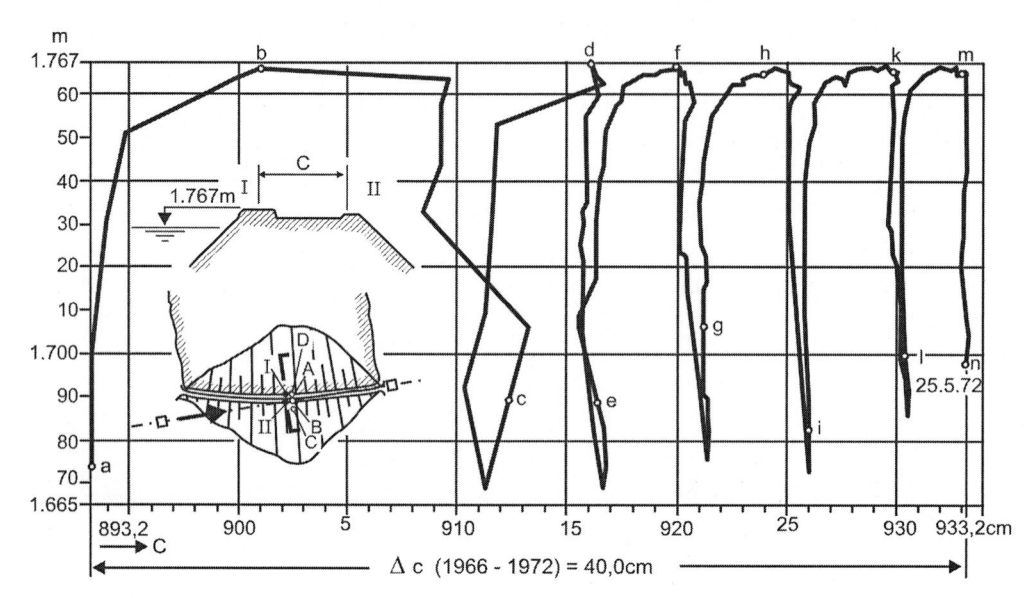

Fig. 11.17 *Distensões da crista da barragem de Gepatsch, observadas entre 1966 e 1972 (Schober, 2003)*

Após 36 anos de operação, as deformações plásticas da barragem já se tinham estabilizado. A distensão da crista entre montante e jusante atingiu 78 cm, seu recalque atingiu 194 cm e o deslocamento elástico horizontal atingiu 4,5 cm, em função das oscilações de nível d'água do reservatório.

Ao longo da crista da barragem, duas zonas de distensão foram observadas em suas extremidades, nas proximidades das ombreiras, conforme ilustrado na Fig. 11.18. Na região mais central, a ocorrência de compressão provocou certa redução dos recalques, o que é indicativo de um efeito de arqueamento transversal ao vale.

As observações da instrumentação de Barragens de Enrocamento com Face de Concreto (BEFC) no Brasil revelam que os deslocamentos de marcos superficiais posicionados a montante e a jusante da crista da barragem apresentam diferenças significativas, apresentando um cenário similar ao da barragem de Gepatsch. Esse comportamento das BEFC parece atribuir-se à significativa diferença de deformabilidade entre os enrocamentos de montante e de jusante, cujo plano de interface passa pela crista da barragem. Enquanto o enrocamento de montante é compactado

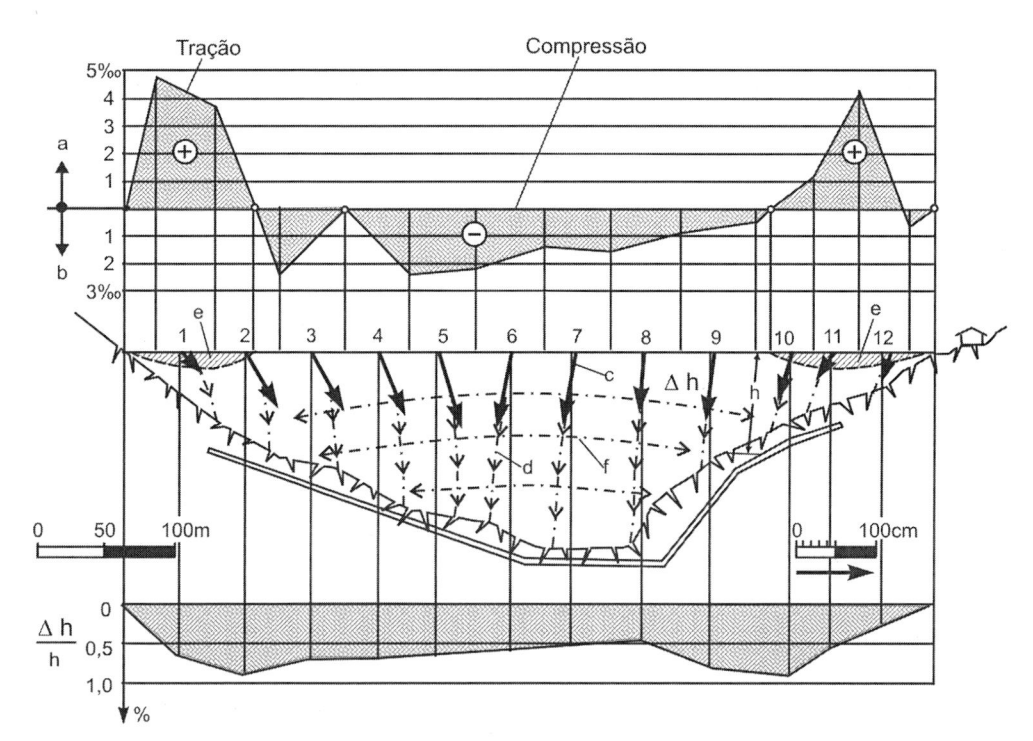

Fig. 11.18 *Movimentos longitudinais da crista entre 1966 e 1972 (Schober, 2003)*

em camadas com 0,8 m a 1,0 m de espessura e com intensa molhagem, a jusante o enrocamento é compactado em camadas com 1,6 m a 2,0 m, sem qualquer molhagem.

As distensões observadas na crista das barragens de enrocamento, dando origem às fissuras longitudinais que se desenvolvem ao longo da crista, são essencialmente decorrentes dos recalques do enrocamento de montante, durante a fase de enchimento do reservatório. Este fato foi claramente testemunhado nos 4 (quatro) diques da barragem de Xingó, que ajudam a fechar o reservatório na região da ombreira direita. Trata-se de barragens de enrocamento com núcleo de argila, com alturas entre 30 m e 35 m e com comprimentos variando entre 200 m e 1.050 m. Enquanto os diques 2 e 3 foram construídos com enrocamento com blocos de rocha não muito grandes e compactado em camadas com espessura máxima de 0,8 m, nos diques 1 e 4 a obtenção de enrocamento com blocos de dimensões limitadas a 0,8 m foi de obtenção mais difícil, liberando-se o emprego de blocos maiores, o que levou à necessidade de se compactar o enrocamento com camadas bem mais espessas. Isso teve como conseqüência um enrocamento não tão bem compactado a montante dos diques 1 e 4, em cujas cristas foram observadas fissuras longitudinais, durante a fase final do primeiro enchimento do reservatório. Já nos diques 2 e 3, confeccionados de dimensões similares e praticamente com os mesmos tipos de materiais, não se observou qualquer tipo de fissuras na crista, durante o primeiro enchimento do reservatório.

12 A Medição de Vazões e o Controle de Materiais Sólidos Carreados

> *Systematic measurement of the clarity of the seeping water, moreover, provides vital information that piezometers cannot supply. Walkover inspections by trained staff, on a systematic basis, often furnish the first and most significant indication of deterioration.*
>
> Ralph B. Peck, 2001

12.1 Introdução

Neste capítulo, são apresentadas as técnicas normalmente utilizadas para a medição das vazões de drenagem através dos maciços de terra-enrocamento, descrevendo-se quais os tipos de instrumentos empregados, como os mesmos funcionam, como se deve proceder ao cálculo das vazões medidas, quais os fatores que afetam no campo o dispositivo de medição, quais os procedimentos normalmente recomendados para se obter leituras precisas e isentas de falhas etc.

12.2 A importância das medições de vazão

A medição das vazões de drenagem constitui, com a medição dos deslocamentos superficiais por meio de métodos topográficos, uma das primeiras observações realizadas com o objetivo de supervisionar as condições de segurança de uma barragem. Embora as barragens sejam barreiras artificiais construídas pelo homem, com o objetivo de barrar o fluxo natural e realizar o armazenamento de grandes volumes d'água, as mesmas não constituem dispositivos estanques, de modo que toda barragem apresenta infiltrações através do próprio aterro compactado ou através das fundações, cujas medições são de relevante importância no controle de seu desempenho.

É interessante notar que em livros de autores renomados na área de Mecânica dos Solos, ou mesmo abordando especificamente o projeto e a instrumentação de barragens, não se observa uma abordagem detalhada da medição das vazões de drenagem a jusante das barragens de terra ou enrocamento. Nesses livros, faz-se uma abordagem da medição de deslocamentos, das pressões de terra e das pressões neutras no aterro, deixando-se de mencionar a medição das vazões de drenagem, que constitui um dos parâmetros mais importantes a serem supervisionados no controle das condições de segurança das barragens.

A análise dos dados estatísticos sobre a ruptura de barragens, que podem ser obtidos no Boletim nº 99 do Icold/1995, por exemplo, apresenta dados relativamente recentes sobre as causas de ruptura dos vários tipos de barragens. No Boletim nº 109 do Icold, publicado em 1997 e intitulado "Barragens com menos de 30 m de altura", analisam-se as causas e as conseqüências da ruptura de barragens de terra e enrocamento, destacando-se que 90% das rupturas são causadas por erosão interna (*piping*) e por cheias excepcionais, as quais são condicionadas às características da barragem, ao período e ao local de construção. Desse total, a ruptura por galgamento e a ruptura por erosão interna responderiam cada qual por metade desse percentual, o que significa dizer que as rupturas por erosão interna são responsáveis por cerca de 45% dos casos registrados.

A probabilidade dessas rupturas antes de 1930, especialmente para grandes reservatórios, foi reduzida após 1930, quando foi possível combinar projetos mais elaborados com equipamentos de construção mais pesados, assegurando melhores propriedades mecânicas e reduzindo as acomodações por recalque dos aterros e suas fundações. Após 1930, cerca de metade das rupturas por *piping* ocorreu durante o primeiro enchimento do reservatório. Aproximadamente 25% das rupturas foram devidas a tubulações ou túneis que passavam através da barragem, ou da interface aterro-concreto com o vertedouro. De um total de 12 rupturas (excluída a China) reportadas depois do primeiro enchimento do reservatório, seis foram em barragens com mais de 1.000 m de extensão. A formação da brecha estava condicionada às características da seção transversal e do material do aterro, podendo ser limitada em suas dimensões em aterros bem compactados de argila, ou podendo evoluir mais rapidamente, atingindo maiores proporções em materiais pouco coesivos ou em barragens com grandes reservatórios.

A grande incidência de barragens de terra ou enrocamento rompidas por erosão interna enfatiza a importância da medição das vazões de drenagem nessas barragens durante a fase do primeiro enchimento do reservatório e durante todo o período operacional. Desde que seja possível detectar este mecanismo de ruptura em uma fase ainda inicial, é geralmente possível se proceder ao rebaixamento parcial do reservatório, assim como realizar as investigações e implementar as medidas corretivas necessárias.

12.3 A medição de vazão por meio de técnicas expeditas

Em barragens de pequeno porte ou mesmo nas barragens de grande porte em locais onde ocorrem pequenas infiltrações, não há necessidade de se instalar medidores de vazão mais elaborados, bastando a execução de uma pequena mureta de retenção e de uma tubulação, conforme pode ser observado na Fig. 12.1. Dispositivos semelhantes a estes poderão ser instalados prefe-rencialmente em locais onde ocorrem surgências d'água, na fase de enchimento do reservatório, nos quais as vazões são medidas empregando-se um recipiente graduado para a coleta d'água, durante um intervalo de tempo medido com o auxílio de um cronômetro.

Fig. 12.1 *Dispositivo para a medição das vazões junto ao pé da barragem de enrocamento da margem esquerda de Canoas II, da Duke Energy*

Pode-se, desta forma, proceder ao cálculo da vazão por meio da expressão:

$$Q = V / T$$

Onde: V = volume coletado (litros)

T = intervalo de tempo (minutos)

Deve-se sempre ter em mente que 1 ℓ equivale a 1.000 mℓ ou a 1.000 cm^3 e que 1 min corresponde a 60 s. Para exemplificar, suponha-se que o tempo medido fosse de 15 s e o volume coletado de 150 cm^3. O volume de 150 cm^3, ou 150 mℓ, corresponde a 0,15 ℓ e o tempo de 15 s corresponde a 0,25 min. Desta forma, a vazão medida corresponde a:

$$Q = 0,15/0,25 = 0,6 \ \ell/\text{min}$$

Para vazões pequenas, recomenda-se o emprego de um recipiente com volume de 200 ml, e para vazões normais, um recipiente com volume de 1,0 ℓ. Esse recipiente deverá ser transparente e graduado na lateral, para permitir a medição do volume d'água, de vidro, que apresenta a vantagem de sua transparência, ou de plástico transparente. O plástico apresenta a vantagem de não ser tão frágil, sendo mais prático para sua utilização no campo; porém, tende a perder sua transparência com o tempo tornando-se mais opaco. O cronômetro deve permitir a medição de segundos e ser de fácil manuseio e flexibilidade, em termos de acionamento e desligamento, para a determinação precisa do tempo de início e final da coleta da amostra d'água.

Se ocorrer o aumento das vazões medidas com o tempo, em função da elevação do nível do reservatório, por exemplo, o recipiente de 1,0 ℓ ficará pequeno para a coleta da amostra d'água. Quando isso ocorrer, recomenda-se a substituição do medidor de vazão por outro do tipo triangular, visto que o emprego da técnica de recipiente e cronômetro deixará de ser a mais apropriada.

12.4 O emprego dos medidores triangulares de vazão

Existem praticamente três tipos de medidores de vazão de face plana largamente empregados, a saber, o medidor triangular ou com passagem em V, o medidor retangular e o medidor Cipolletti (trapezoidal). Esses três tipos de medidores variam apenas no modelo da abertura do vertedouro. Uma placa metálica, com a geometria escolhida, é instalada no final de um canal, em posição normal ao fluxo. O líquido deve se aproximar do medidor com uma velocidade inferior a 15 cm/s e o comprimento do canal deve ser de pelo menos 10 vezes a largura do líquido no medidor. O medidor deve ter acabamento liso do lado da entrada do líquido, devendo o canal de aproximação estar sempre livre de sólidos e sedimentos. Recomenda-se também que a espessura da parede da placa do medidor não seja superior a 3,0 mm. A base de abertura do medidor deve estar acima da superfície líquida máxima possível, do lado de jusante, para evitar que o medidor fique submerso ou trabalhe afogado.

A altura do líquido no canal antes do medidor deve ser duas vezes a máxima altura a medir; também a distância entre a parede do canal e um lado do medidor deve ser duas vezes a máxima altura a medir. Essas são as recomendações ideais feitas pelos hidráulicos para a realização de medições precisas; porém, nem sempre é possível atendê-las plenamente. Uma alternativa seria proceder-se a uma calibração dos medidores triangulares após sua instalação, para uma aferição do coeficiente da fórmula a ser empregada no cálculo das vazões. Esta aferição deve ser feita empregando-se recipiente e cronômetro. Os medidores de tipo triangular são recomendados para faixa de 0 ℓ/min a 600 ℓ/min, podendo atingir o máximo de 8.000 ℓ/min (130 ℓ/s). Os medidores do tipo retangular ou Cipolletti podem operar com campo de leitura de até 0 ℓ/min a 40.000 ℓ/min (670 ℓ/s).

Neste item, aborda-se inicialmente o do tipo triangular, conforme pode ser observado nas Figs. 12.2 a 12.4.

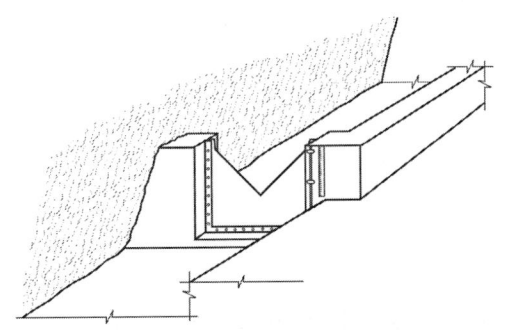

Fig. 12.2 *Ilustração esquemática do medidor triangular em um canal aberto*

Melo Porto (2001) observa que os vertedores triangulares são particularmente recomendados para a medição de vazões abaixo de 30 ℓ/s (1.800 ℓ/min), com cargas entre 0,06 m e 0,50 m, podendo ser aceitos até 130 ℓ/s em condições-limite. É um vertedor tão preciso quanto os retangulares, na faixa de 30 ℓ/s a 300 ℓ/s.

Para medidores triangulares com ângulo a vertente qualquer, a expressão para o cálculo das vazões é fornecida pela expressão (Fig. 12.5):

Fig. 12.3 *Valeta de drenagem com medidor triangular em surgência d'água na ombreira esquerda da barragem de Boa Esperança, da Chesf*

$$Q = \frac{8}{15} C_d \sqrt{2g} tg(\alpha/2) h^{5/2}$$

Fig 12.4 *Medidor triangular em surgência d'água a jusante da barragem de Boa Esperança, da Chesf*

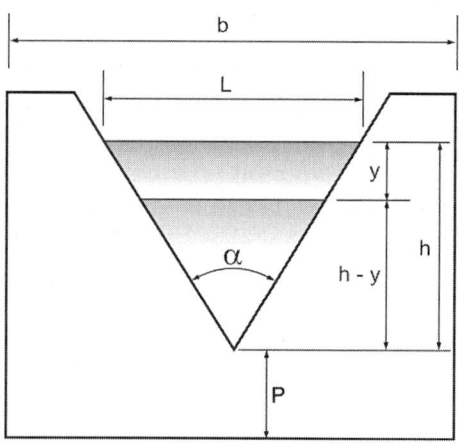

Fig. 12.5 *Medidor tipo triangular*

em que:

C_d é o coeficiente de vazão, que pode ser calculado com as expressões de Bazin, Rehbock, Francis ou Kindsvater & Carter, conforme formulação apresentada por Melo Porto (2001):

g = aceleração da gravidade;

a = ângulo de abertura do medidor;

h = altura da lâmina vertente em relação ao vértice do medidor.

A altura da lâmina vertente deve ser medida aproximadamente 1 m a montante do medidor, devido ao deplecionamento dessa lâmina nas proximidades do medidor. Se o regime hidráulico não for uniforme a montante do medidor, deve-se providenciar a instalação de um tranqüilizador de fluxo, através de uma caixa de brita ou outro dispositivo apropriado. A jusante, deve-se tomar o cuidado de evitar o afogamento do medidor, de modo que o nível d'água esteja sempre abaixo de seu vértice.

Dentre os medidores do tipo triangular, o de ângulo de abertura a = 90° é o mais usado nas medições práticas, cujas vazões podem ser calculadas por meio da expres-são de:

- Thomson: Q = 1,40.h $^{5/2}$, sujeito a: 0,05 < h < 0,38 m, P>3h e b>6h
- Gouley e Crimp: Q = 1,32.h 2,48, sujeito a: 0,05 < h < 0,38 m, P>3h e b>6h

Na Fig. 12.6, pode-se observar os medidores de vazão instalados no dique 2 da barragem de Cana Brava, onde o ângulo adotado foi de 30°. Esses dois medidores estão instalados na seção central do dique, um cole-tando as águas de drenagem da BTMD e outro da BTME. Na Fig. 12.7, são apre-sentados gráficos do medidor triangular obtidos pelas expressões de Thomson e Gouley e Crimp.

Fig. 12.6 *Medidores triangulares com vértice de 30° instalados no dique 2 da barragem de Cana Brava*

As vazões podem também ser expressas graficamente, conforme se observa na Fig. 12.8, em que se correlacionam para o medidor triangular com vértice de 90°, e empregando-se a fórmula de Thompson, as vazões (ℓ/s) em função da altura da lâmina d'água (ΔH), expressa em centímetros.

O acúmulo de sedimentos nas pequenas represas que se formam a montante desses medidores pode se tornar um problema, pois afeta a precisão das medições. A instalação desses medidores a jusante das barragens de terra ou enrocamento exige

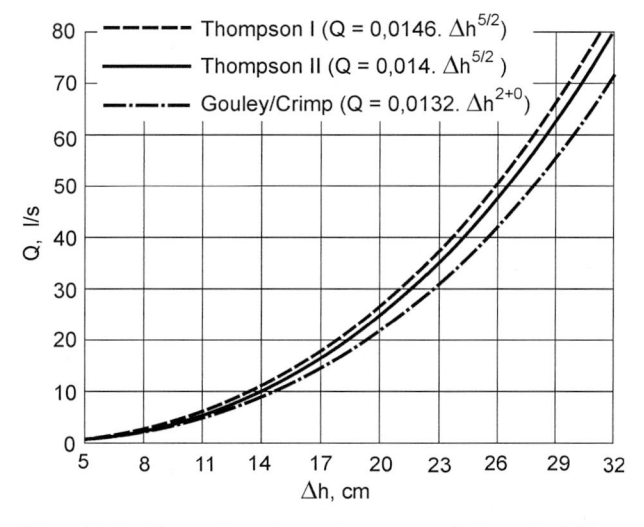

Fig. 12.7 *Vertedor triangular com vértice de 90° – Vazões em função da altura (ΔH)*

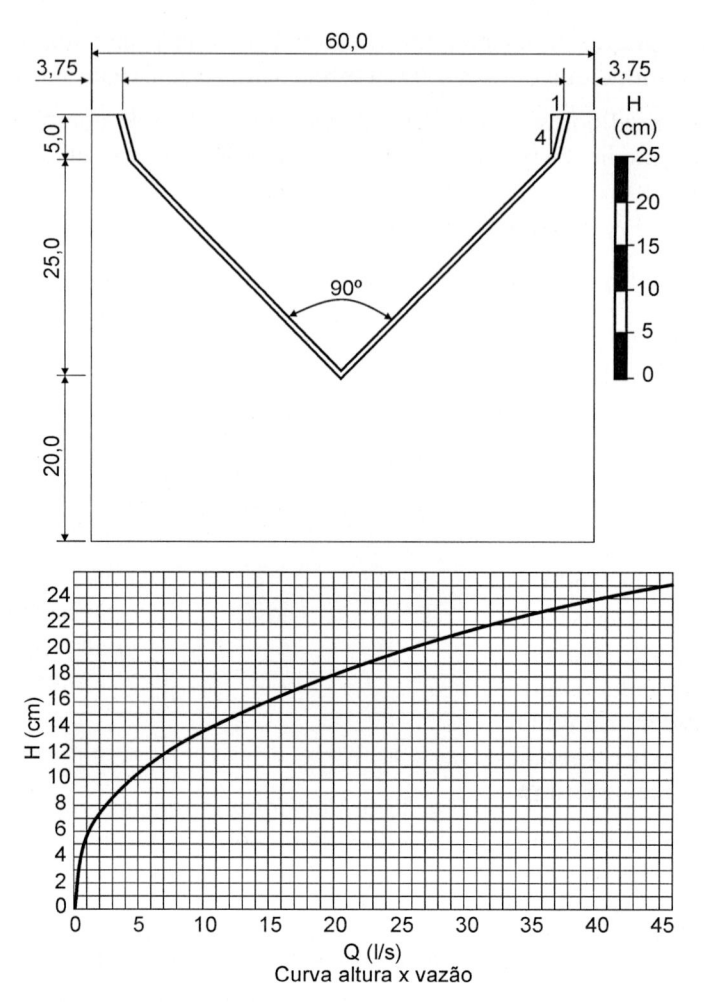

Fig. 12.8 *Gráfico para medidor triangular com vértice de 90° (Q=0,0146.$H^{5/2}$)*

freqüentes operações de limpeza, as quais devem ser realizadas semanalmente, em especial nos períodos de chuva, quando o arraste de sólidos é mais intenso. Outro freqüente problema que se observa nos períodos de verão ou épocas mais quentes do ano é a proliferação de plantas aquáticas nos locais de represamento, as quais acabam sendo retiradas pelo próprio medidor, requerendo freqüentes operações de limpeza para não interferir nas leituras.

Outro problema relaciona-se com a oxidação das placas dos medidores, particularmente em locais onde as águas são mais agressivas, ou após alguns anos de operação (Fig 12.9). Recomenda-se, desta forma, que as lâminas dos medidores sejam confeccionadas em aço inox, para se evitar este problema. O aço inox, entretanto, dependendo do local onde estão instalados os medidores, pode ser roubado, o que torna aconselhável o emprego de lâminas de fibra (de vidro ou de carbono).

Fig. 12.9 *Medidor triangular com chapa bastante oxidada junto ao vértice do medidor*

Fig. 12.10 *Local a jusante da barragem de Itaparica, no qual se observa a saída das águas de drenagem para jusante*

Os locais ou canais onde são ou devem ser instalados os medidores de vazão, a jusante das barragens de terra ou enrocamento, pelo fato de serem locais com água ou bastante umidade, tendem a estar sempre com muita vegetação, mesmo em locais de clima árido. Isso exige freqüentes operações de limpeza, para assegurar condições satisfatórias de acesso e operação adequada do medidor. Outro problema que costuma surgir com relação à instalação dos medidores de vazão a jusante de extensas barragens de terra ou enrocamento é o de se prever onde ocorrerá a saída d'água de drenagem para jusante. Muitas vezes, a seleção dos locais para a instalação dos medidores de vazão pode ser realizada apenas parcialmente na fase de projeto, devendo-se, mais tarde, ser complementada com a instalação de novos medidores, conforme indicado na Fig. 12.10, que ilustra um local a jusante da barragem da margem direita de Itaparica, onde está ocorrendo a saída d'água de drenagem interna para jusante e não se previa a instalação de um medidor de vazão.

Junto ao pé das barragens de enrocamento, os locais para instalação dos medidores de vazão devem ser o mais próximos possível do pé da barragem, para se evitar a perda das águas de drenagem por infiltração ou por evaporação.

12.5 O emprego dos medidores retangulares de vazão

Conforme assinalado por Melo Porto (2001), o medidor retangular de vazão tem sido, ao longo do tempo, exaustivamente estudado. Trata-se de uma placa delgada, com soleira horizontal e biselada, instalada perpendicularmente ao escoamento, ocupando toda a largura do canal, portanto, sem contrações laterais e com o espaço sob a lâmina vertente ocupado com ar à pressão atmosférica.

Dentre os detalhes de construção e instalação que são necessários para assegurar um dispositivo adequado para a medição de vazão, destacam-se:

• A seção de instalação deve ser precedida por um trecho retilíneo e uniforme do canal, de modo que garanta uma distribuição de velocidade na chegada a mais uniforme possível. Eventualmente, pode-se usar elementos tranqüilizadores de fluxo, a montante do medidor, como cortinas perfuradas e telas.

• Deve-se garantir a presença da pressão atmosférica por baixo da lâmina, promovendo o arejamento da região pela instalação de um tubo perfurado que conecte aquele espaço com o exterior.

• A medida da carga hidráulica deve ser feita a montante do medidor a uma distância de seis vezes a máxima carga esperada. A cota do nível d'água para a medida da carga pode ser realizada em um poço de medição externo ao canal, para suavizar as flutuações de corrente, em casos especiais.

• Com o objetivo de evitar que a lâmina vertente cole na parede, a carga mínima deve ser de 2 cm.

• A largura da soleira deve ser, em geral, superior a três vezes a carga.

• Não são recomendadas cargas altas, superiores a 50 cm.

A Fig. 12.11 apresenta uma seção longitudinal do escoamento sobre um medidor retangular, de parede fina e sem contração lateral. Assumindo algumas hipóteses simplificadoras, uma análise elementar pode ser feita para a determinação da vazão em relação aos outros elementos hidráulicos e geométricos. Supondo que a distribuição de velocidades a montante do vertedor seja uniforme, que a pressão em torno da seção AB da lâmina vertente seja atmosférica e que os efeitos oriundos da viscosidade, tensão superficial, turbulência e escoamentos secundários possam ser desprezados, Melo Porto (2001) pondera que a equação de Bernoulli pode ser aplicada à linha de corrente DC. O escoamento pode ser tratado como essencialmente bidimensional.

Tomando como plano horizontal de referência um plano passando em B, a equação de Bernoulli pode ser expressa como:

$$h + \frac{V_o^2}{2g} = (h - y) + \frac{V_1^2}{2g}$$

portanto:

$$V_1 = \sqrt{2g(y + \frac{V_o^2}{2g})}$$

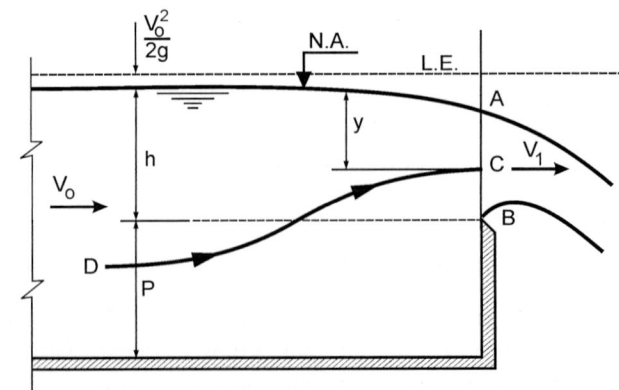

Fig. 12.11 *Escoamento sobre um medidor retangular de vazão (Melo Porto, 2001)*

Sendo $dq = V_1 \cdot dy$ a vazão unitária elementar em uma faixa de altura dy, a integral sobre toda a vertical permite calcular a vazão unitária q, conforme segue:

$$q = \int_0^h V_1 dy = \sqrt{2g} \int_0^h \sqrt{(y + \frac{V_0^2}{2g})} dy$$

a partir da qual se pode obter a vazão por meio da expressão:

$$q = \frac{2}{3}\sqrt{2g}\left[(h+\frac{V_0^2}{2g})^{3/2} - (\frac{V_0^2}{2g})^{3/2}\right]$$

A vazão unitária pode ser expressa de modo mais conveniente, para escoamento real sobre o vertedor, pela introdução do coeficiente de descarga Cd, como:

$$q = \frac{2}{3} C_d \sqrt{2g} h^{3/2}$$

na qual

$$C_d = C_c \left[(1+\frac{V_0^2}{2g})^{3/2} - (\frac{V_0^2}{2gh})^{3/2}\right]$$

Onde Cc corresponde ao coeficiente de contração da lâmina.

Sendo L a largura da soleira, igual à largura do canal, a vazão total descarregada vale:

$$Q = \frac{2}{3} C_d \sqrt{2g} L h^{3/2}$$

Essa equação, portanto, permite a obtenção das vazões por meio de medidores retangulares, com largura do medidor igual à largura do canal. Os valores do coeficiente de vazão Cd podem ser obtidos a partir das fórmulas de Bazin (1889), Rehbock (1929), Francis (1905) ou Kindsvater e Carter (1957), as quais podem ser obtidas no livro de Melo Porto (2001) ou em outros livros de hidráulica que tratam do assunto.

O controle das infiltrações ao longo da barragem de terra de Porto Primavera, da Cesp, que possui cerca de 10.000 m de extensão, é realizado no trecho principal da barragem por meio de medidores retangulares de vazão instalados a cada ~200 m. Na Fig. 12.12, pode-se observar um desses medidores, destacando-se a importância em instalá-los bem nivelados e da realização da medição da altura da lâmina vertente (ΔH) com precisão de ± 0,5 mm, para se poder determinar com uma adequada sensibilidade as variações de vazão ao longo do tempo.

Fig. 12.12 *Medidor retangular de vazão instalado na saída do sistema de drenagem interna da barragem de terra de Porto Primavera, da Cesp*

12.6 O emprego dos medidores trapezoidais de vazão

O medidores trapezoidais são normalmente conhecidos por vertedores Cipoletti, com faces laterais inclinadas de 1:4 (H:V), são de uso relativamente freqüente na instrumentação de barragens. Determina-se experimentalmente o coeficiente de vazão de um medidor tipo Cipoletti: $C_d = 0,63$, sendo a vazão determinada pela expressão:

$$Q = 1,861 \cdot L \cdot h^{3/2}$$

sujeita a: $0,08 < H < 0,60$ m, $a > 2H$, $L > 3H$, $p > 3H$ e b (largura do canal) entre 30H e 60H, conforme Fig. 12.13. Na prática, as medições feitas no interior das galerias de drenagem das barragens de concreto, assim como nos canais de drenagem a jusante das barragens de terra dificilmente conseguem atender a todas essas recomendações, o que leva a se propor a calibração desses medidores após a instalação, empregando-se um recipiente adequado e um cronômetro.

Os vertedores trapezoidais podem ser instalados em substituição aos triangulares, quando há necessidade de se medir vazões de maior intensidade, que ultrapassam o limite dos triangulares. Geralmente, opta-se pela instalação de medidores triangulares na fase

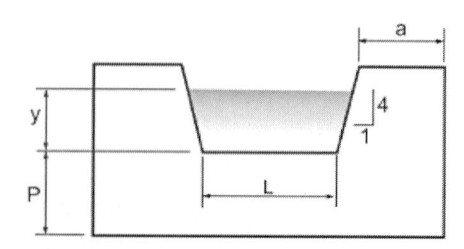

Fig. 12.13 *Medidor trapezoidal tipo Cipoletti*

inicial de enchimento do reservatório, quando as vazões são de pequena intensidade, trocando-se a lâmina no medidor por outra do tipo trapezoidal, quando a capacidade do triangular estiver no limite. Para tanto, faz-se necessário instalar as lâminas desses medidores parafusadas a uma cantoneira fixada às paredes do canal adutor, conforme pode ser observado na Fig. 12.14. Emprega-se normalmente uma junta de borracha entre a lâmina vertente e o perfil metálico, para assegurar uma boa vedação e evitar a possibilidade de perda d'água.

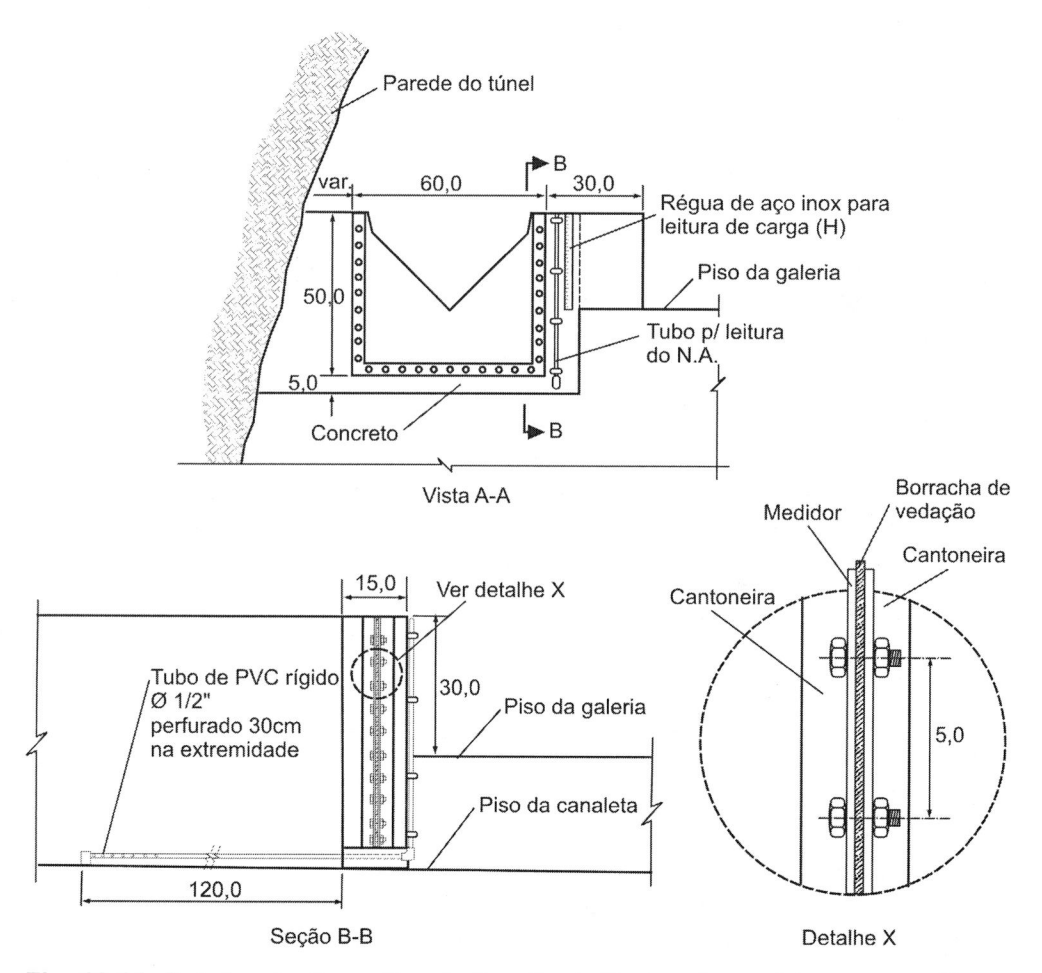

Fig. 12.14 *Detalhe do dispositivo de fixação da lâmina do medidor a um perfil metálico, que é solidário à estrutura por meio de parafusos*

As vazões podem também ser expressas graficamente, conforme Fig. 12.15, em que se correlaciona para o medidor trapezoidal tipo Cipoletti as vazões (ℓ/s) em função da altura da lâmina d'água (ΔH) no medidor, em centímetros. A expressão utilizada foi a seguinte:

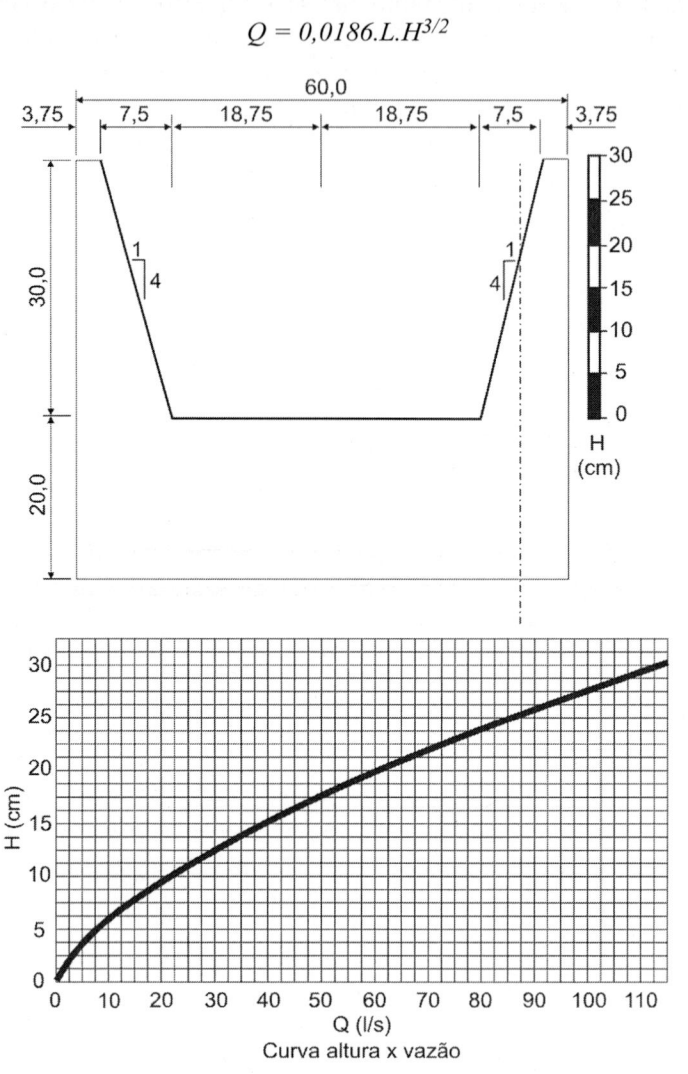

$$Q = 0{,}0186 \cdot L \cdot H^{3/2}$$

Fig. 12.15 *Gráfico para medidores trapezoidais tipo Cipoletti*

12.7 O emprego de calha tipo Parshall

Quando as vazões de infiltração a serem medidas são de grande intensidade, como em alguns casos de túneis de drenagem na fundação de barragens de concreto ou a jusante de Barragens de Enrocamento com Face de Concreto (BEFC), as vazões vertidas são geralmente da ordem de várias centenas de litros por segundo, devendo-se empregar as calhas do tipo Parshall (Fig. 12.16).

Fig. 12.16 *Medidor de vazão tipo Parshall instalado no túnel de drenagem da barragem de Água Vermelha*

A calha Parshall possui uma seção de entrada convergente, um estrangulamento e uma seção de descarga divergente, obedecendo a critérios de projeto bem determinados. Todas as seções possuem paredes laterais verticais, sendo que na seção de estrangulamento o fundo é inclinado no sentido da descarga. A passagem do fluido pelo canal é considerada livre quando o nível do líquido pelo canal, após o estrangulamento, for suficientemente baixo para prevenir um retardamento no escoamento, pelo retorno da água. Quando o nível do líquido for elevado, a ponto de afetar a taxa de escoamento, o sistema atingirá o ponto crítico, existindo a condição de escoamento submerso. Com o escoamento livre, a vazão real é uma função apenas da altura H de entrada.

Essas calhas podem ser adquiridas prontas ou confeccionadas em concreto na própria obra. A vantagem das calhas em fibra de vidro, como aquela instalada no túnel de prospecção e drenagem da barragem de Água Vermelha, está na precisão do medidor, que foi confeccionado previamente nas exatas dimensões de projeto. No túnel de drenagem de Água Vermelha, a existência de uma "estrutura geológica circular" implicou altas infiltrações, com valores que atingiram cerca de 10 ℓ/min/m em termos de vazão específica.

12.8 A locação dos medidores de vazão – aspectos de projeto

Ao se proceder à elaboração do projeto de instrumentação de uma barragem de terra ou enrocamento, é fundamental programar a locação dos medidores de vazão, pois muitas vezes há a necessidade de se incorporar dispositivos especiais no interior do aterro ou alterações no sistema de drenagem interno, para a medição das vazões em trechos bem definidos da barragem. A importância da incorporação desses dispositivos geralmente enriquece sobremaneira a eficiência do plano de instrumentação da barragem e a supervisão de suas condições de segurança; porém, são poucos os projetos de barragens no Brasil que incorporam detalhes desse tipo, objetivando um bom controle das vazões de drenagem interna.

Nas barragens de pequeno porte, basta a instalação de um único medidor de vazão junto ao pé de jusante do aterro, visto que a saída do sistema de drenagem interna se concentra em um único local, conforme Fig. 12.17.

Em barragens de médio porte, a saber, com comprimento de 200 m a 500 m, mesmo que a saída d'água do sistema de drenagem interna ocorra por um único local, recomenda-se a execução de um septo impermeável na seção de maior altura, de tal modo que possibilite a instalação de dois medidores de vazão no local, conforme Fig. 12.18. Com essa alternativa, é possível detectar se uma eventual falha na fundação ou no aterro da barragem provém da região da margem esquerda ou da margem direita, o que facilita as investigações e o correto diagnóstico do problema, assim como a implementação de eventuais medidas corretivas.

Na Fig. 12.19, ilustra-se o caso da existência de áreas alagadas junto ao pé da barragem, em decorrência do nível d'água no canal do rio, geralmente condicionadas ao remanso de um reservatório imediatamente a jusante, em um conjunto de barragens em cascata. Neste caso, reco-menda-se na fase de projeto a incorporação de septos imper-meáveis no sentido

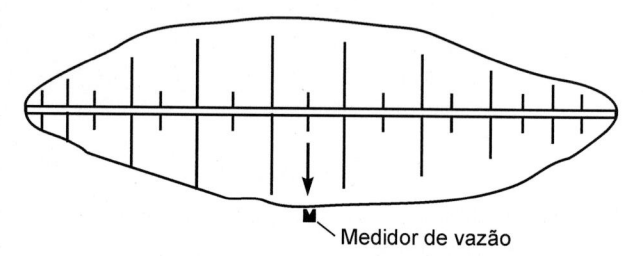

Fig. 12.17 *Barragem de pequeno porte com saída do sistema de drenagem em um único ponto*

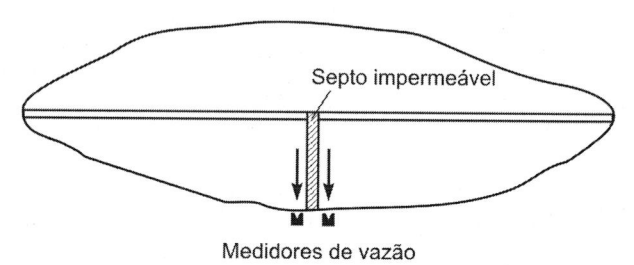

Fig. 12.18 *Barragem de médio porte com septo impermeável central e dois medidores de vazão*

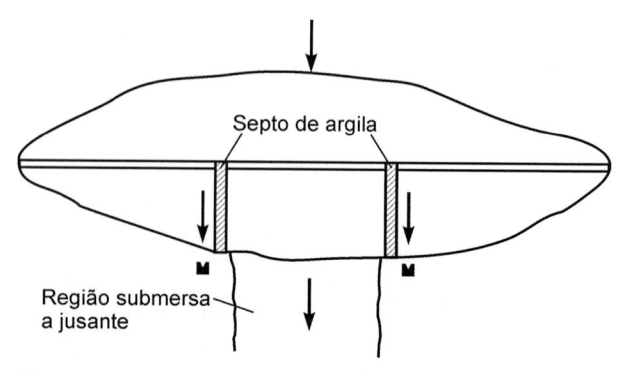

Fig. 12.19 *Barragem com área alagada a jusante, na região da calha do rio*

transversal da barragem, para assegurar que as águas de infiltração provenientes das ombreiras escoem diretamente para o canal do rio, através do filtro horizontal da barragem. Por meio da incorporação desses dois septos, um ao pé de cada ombreira, há a possibilidade de medição das vazões de drenagem interna na região das ombreiras direita e esquerda. Dependendo da conformação das ombreiras e dos materiais de fundação, é possível que a construção de uma valeta de drenagem venha substituir o septo impermeável, assegurando do mesmo modo o escoamento para jusante das vazões provenientes das ombreiras.

O controle das vazões de drenagem interna de suas barragens é realizado com tanto esmero pelos europeus, que na barragem de Svartevann, na Suécia, com 129 m de altura máxima e término de construção em 1976, decidiu-se pela construção de uma barreira interna com o mesmo material do núcleo, conforme pode ser observado na Fig. 12.20. Com esta barreira, que consistiu em um pequeno aterro impermeável, foi possível se dispor de uma bacia de acumulação interna que permitisse a medição das vazões de drenagem. Para atenuar as infiltrações causadas por água de chuva e derretimento de neve sobre a bacia de acumulação, a barreira foi posicionada dentro do aterro imediatamente a jusante da crista.

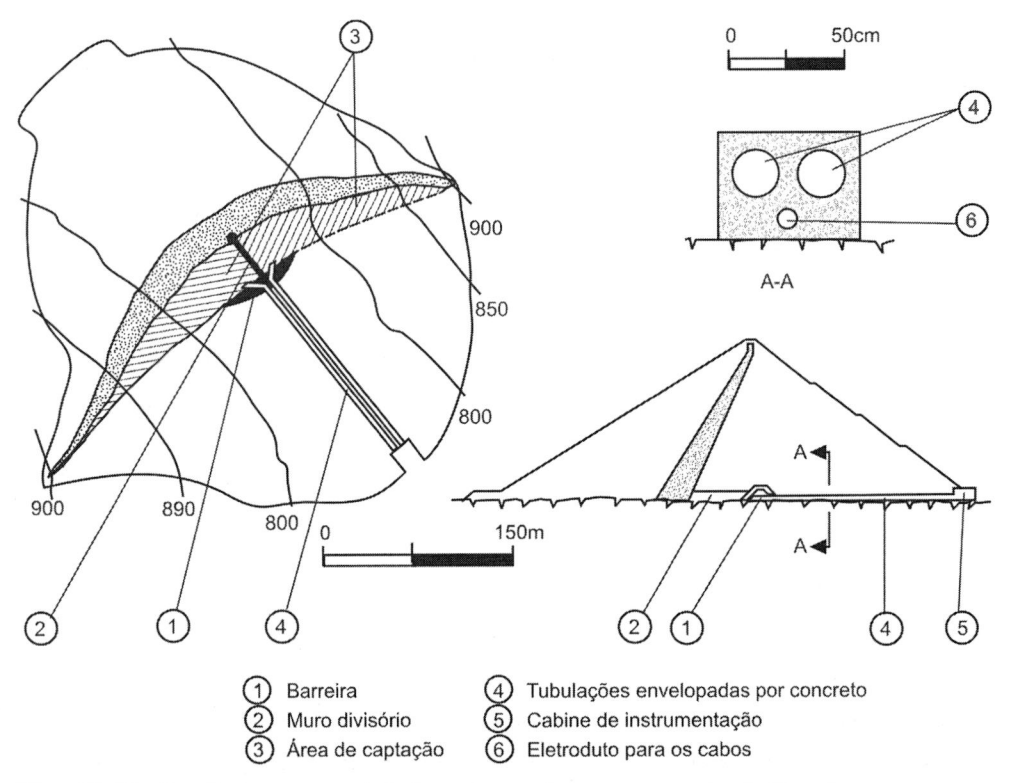

Fig. 12.20 *Seção transversal da barragem de enrocamento de Svartevann, com a locação da instrumentação (DiBiagio et al, 1982)*

Nesta posição, a bacia de coleta ficou protegida das águas de chuva e de degelo pelo núcleo inclinado para montante da barragem. A bacia de coleta foi ainda dividida em duas partes por um muro transversal de concreto, de tal modo que as infiltrações provenientes das ombreiras direita e esquerda passaram a ser medidas separadamente. Da crista da barreira interna, um sistema de tubulação dupla, revestido por concreto, corria sob a base do enrocamento até um medidor de vazão instalado na cabine de instrumentação, junto ao pé de jusante da barragem. Os medidores de vazão eram do tipo triangular com vértice de 90°. Em condições normais, media-se a descarga total, mas as tubulações de cada metade da bacia de acumulação podiam ser medidas separadamente, empregando-se um sistema de registros.

DiBiagio et al (1982) comentam que medições erráticas de vazão ocorreram em outras barragens na Suécia, devido à formação de gelo na área da bacia de dissipação em períodos de temperaturas extremamente baixas. Para auxiliar na detecção de dados errôneos desse tipo (quando as vazões são medidas remotamente), passou-se a medir as temperaturas da água da bacia de dissipação e do ar, na barragem de Svartevann.

12.9 A automação dos medidores de vazão

Tendo por base a importância da medição das vazões de drenagem a jusante das barragens de terra ou enrocamento e a possibilidade de que um eventual aumento de vazão esteja associado a um fenômeno de erosão interna (*piping*), tem-se lançado mão da automação dos medidores de vazão, para a pronta detecção de qualquer aumento súbito de vazão. Por meio da implementação de uma automação bem projetada e com um plano bem concebido, é possível realizar leituras mais freqüentes das vazões, a cada 6 horas, por exemplo, permitindo a pronta detecção de qualquer aumento súbito de vazão, cujas causas devem ser de pronto analisadas, para permitir a eventual implementação das medidas corretivas que se façam necessárias.

A automação dos medidores de vazão do tipo triangular, por exemplo, onde se deseja medir a altura da lâmina d'água em relação ao vértice do medidor é realizada por meio de flutuadores instalados a montante do medidor, conectados a um sistema de sensores de corda vibrante e a uma unidade remota instalada nas proximidades, conforme se pode observar na Fig. 12.21. A leitura do nível d'água na canaleta é realizada, portanto, por um sistema de flutuador, como o modelo 4675LV da Geokon, apresentado na Fig. 12.22, que permite a medição da coluna d'água com uma precisão de 0,1 mm. O transdutor de pressão é imune a alterações do zero e tem baixa sensibilidade às variações de temperatura.

Na Fig. 12.23, pode-se observar o medidor triangular de vazão instalado no túnel de drenagem da El. 60 m, na fundação da ombreira direita da barragem principal de Itaipu, conectado a um sistema de automação que permite a sua leitura remota, integrada ao sistema de automação parcial da instrumentação desta barragem.

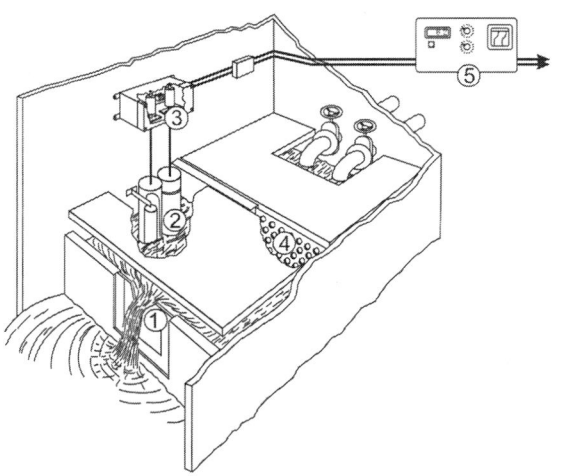

① - Medidor triangular
② - Flutuadores
③ - Transdutor de corda vibrante
④ - Tranqüilizador
⑤ - Unidade remota

Fig. 12.21 *Medidor triangular de vazão acoplado a um sistema de automação (DiBiagio e Myrvoll, 1986)*

Fig. 12.22 *Flutuador para a automação de medidores de vazão com sensor de corda vibrante (modelo 4675LV – Cortesia Geokon)*

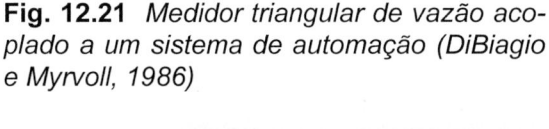

Fig. 12.23 *Medidor triangular de vazão com sistema de automação, na fundação das estruturas de concreto da barragem principal de Itaipu*

12.10 O controle de materiais sólidos carreados

O grande interesse em se proceder ao controle de materiais sólidos carreados pelas águas de drenagem em uma barragem prende-se à possibilidade de ocorrência do fenômeno de erosão interna (*piping*). A determinação do teor de sólidos em suspensão nas águas de drenagem, particularmente nos locais onde ocorrem solos suscetíveis ao carreamento de partícula ou nos locais com altas infiltrações, tem por objetivo a avaliação do arraste de partículas sólidas do aterro pelas águas de drenagem e como o fenômeno evolui ao longo do tempo.

Durante a fase do primeiro enchimento do reservatório, as taxas de arraste de partículas sólidas são normalmente mais intensas, pois ocorre como que uma limpeza inicial dos caminhos de percolação e do sistema de drenagem interna da barragem. Desta forma, as camadas de areia, pedrisco e brita do sistema de drenagem interna tendem a apresentar uma série de partículas mais finas que são "lavadas" nesta fase inicial da operação e que vão depositar-se a jusante, nas caixas de saída do sistema de drenagem. Após alguns meses, entretanto, observa-se uma significativa redução do teor de sólidos em suspensão, revelando que esta operação de "lavagem" do sistema de drenagem interna já teria ocorrido. Observa-se, então, teores bem menores dos sólidos em suspensão (<50 ppm), com pequenas oscilações condicionadas ao reservatório, e da eventual influência das percolações através das camadas de solo ou rocha da fundação. Deve-se também avaliar a possível influência dos períodos de precipitação pluviométrica, quando, então, as águas do reservatório se tornam mais turvas, assim como a eventual influência das águas de escoamento superficial.

As amostras de água para a determinação do teor de sólidos em suspensão devem ser coletadas diretamente no campo, nos poços e caixas de coleta do sistema de drenagem interna da barragem, utilizando-se recipientes especiais devidamente limpos. Após a coleta, as amostras devem ser encaminhadas ao laboratório de análise o mais rapidamente possível, para se evitar evaporação ou eventuais alterações das partículas. É conveniente registrar a temperatura da água no instante da coleta. É aconselhável coletar, na mesma seção transversal da barragem, amostras d'água do reservatório, para a determinação conjunta do teor de partículas sólidas em suspensão e em dissolução no reservatório e nos drenos. Os procedimentos recomendados para a amostragem, assim como para a realização dos ensaios de determinação do teor de sólidos devem ser aqueles estabelecidos pela norma técnica ASTM-D 1888-67.

Deve-se ter em mente que existem dois ensaios para a determinação do teor de sólidos nas águas de drenagem, conforme relacionados a seguir. Por teor de sólidos totais entende-se a somatória dos teores de sólidos em suspensão e em dissolução.

- teor de sólidos em suspensão;
- teor de sólidos em dissolução.

Em termos da unidade de medida do teor de sólidos em uma amostra d'água, pode ser expressa em ppm, ou seja, parte por milhão. Esta unidade tem o mesmo significado de mg/ℓ (miligrama por litro), visto que 1 ℓ equivale a 1.000 cm^3, e 1 cm^3 equivale a 1.000 mg (1,0 g).

Normalmente, em laboratório, ao se proceder à determinação do teor de sólidos em suspensão, determina-se também o teor de sólidos em dissolução, que, ao contrário dos sólidos em suspensão, geralmente aumentam, conforme a água do reservatório percola para jusante. Isto decorre do fato de as águas de percolação, ao se infiltrarem através das camadas de solos residuais ou coluvionares ou através da própria rocha de fundação, acabarem dissolvendo em seu caminho substâncias presentes nessas camadas, enriquecendo o teor de sólidos em dissolução. Por exemplo, as águas de percolação através dos maciços basálticos, onde são freqüentes vesículas e fraturas preenchidas com carbonato de cálcio, são águas com elevados teores de carbonato e bicarbonato de cálcio.

Em termos de instrumentação do processo de carreamento de partículas sólidas pelas águas de percolação, dispõe-se atualmente do turbidímetro, um dispositivo que pode ser instalado junto aos medidores de vazão para a detecção de aumentos bruscos de turbidez nas águas de drenagem. Trata-se de um instrumento dotado de uma fonte de luz infravermelha e de dois receptores apropriados, que permitem a determinação da turbidez da água através da intensidade do feixe de luz captado, após atravessar uma determinada extensão do fluido. Os sensores rejeitam toda a luz natural do ambiente, de modo que não afeta as leituras de turbidez. Na Fig. 12.24, apresenta-se o turbidímetro modelo Analite NEP9000, da Geneg Instruments, canadense, com campos de leitura de 100, 400, 1.000, até 3.000 NTU, para a medição de turbidez e com sensibilidade de ± 1% do campo de leitura.

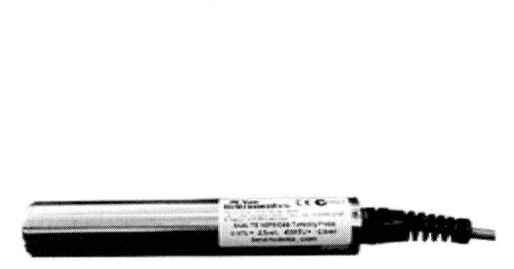

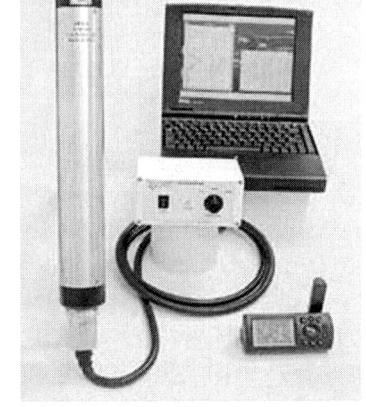

Fig. 12.24 *Sonda para medição de turbidez da série Analite NEP9000 (Geneg Instruments)*

O emprego do turbidímetro é recomendado para barragens nas quais é alta a probabilidade de ocorrência de um fenômeno de erosão interna (*piping*), como foi o caso da barragem de Bennett, no Canadá, após o aparecimento de dois *sinkholes* na crista; da barragem de Unmum, na Coréia, após o aparecimento de um *sinkhole* nas proximidades da interface entre o núcleo da barragem com o muro lateral do vertedouro e em algumas barragens de enrocamento com núcleo de moraina construídas na Suécia e na Noruega, onde já foram observados aumentos súbitos de vazão associados à ocorrência de erosão interna, nos primeiros anos após o enchimento do reservatório, podendo o fenômeno voltar a ocorrer.

13 Resultados Práticos e Métodos de Análise das Vazões de Drenagem

> *The Norwegian regulations recommended that leakages be monitored for all large dams.*
>
> Hopen e Holmen, 1982

13.1 A medição das vazões em superfície

Na maioria das barragens, a medição das vazões de drenagem é realizada na superfície do terreno, nas proximidades do pé de jusante, junto ao ponto de saída d'água do sistema de drenagem interna da barragem. Nas Figs. 13.1 e 13.2, observa-se como ocorre a saída d'água junto ao enrocamento de jusante dos diques 1 e 4 da BEFC de Xingó, da Chesf. O dique 4 constitui uma barragem de enrocamento com núcleo de argila, com 35 m de altura máxima e 1.050 m de comprimento, dotado de quatro medidores de vazão junto ao pé do enrocamento, sendo um deles ilustrado na Fig. 13.3. Esses medidores foram instalados na fase de enchimento do reservatório, à medida que se observava a saída d'água de junto ao pé do enrocamento, a jusante, com o estabelecimento da rede de fluxo através da barragem.

Três problemas costumam afetar a medição de vazões, quando o sistema de medição é instalado na superfície do terreno:

• proliferação de plantas aquáticas ou algas na região represada, a montante do medidor, o que geralmente exige uma limpeza semanal do local;

• acúmulo de sedimentos a montante, particularmente após períodos de chuvas, o que exige uma limpeza da área represada quando a quantidade de material for excessiva;

• danificação do medidor de vazão por atos de vandalismo.

Fig. 13.1 Caixa de coleta das vazões de drenagem junto ao pé do dique 1, da BEFC de Xingó, da Chesf

Fig. 13.2 Local onde se observa franca saída d'água junto ao pé do enrocamento, no dique 4 da barragem de Xingó, da Chesf

Fig. 13.3 Medidor triangular de vazão instalado a jusante do dique 4, na barragem de Xingó, da Chesf

Os atos de vandalismo tendem a ocorrer em locais próximos de centros urbanos e, quando não há vigilância, também em locais afastados de centros urbanos. Quando os medidores de vazão são confeccionados com chapas de aço inox, é comum o furto da placa de aço, pelo valor que representa no mercado. Nesse caso, recomenda-se o emprego de lâminas de latão ou de fibra.

13.2 A medição das vazões em subsuperfície

A medição das vazões de drenagem em subsuperfície faz-se necessária quando a saída do sistema de drenagem interna, em geral junto ao nível de base do filtro horizontal da barragem, ocorre a alguns metros de profundidade em relação ao nível do terreno. Isso ocorre em trechos da barragem onde foi necessário escavar as camadas superficiais, em função de seus parâmetros de resistência, deformabilidade ou permeabilidade, inadequados para a fundação de uma barragem. Nesses casos, os medidores de vazão têm que ser instalados no interior dos poços de saída do sistema de drenagem interna, geralmente a cerca de 3 m a 10 m de profundidade.

A barragem de Três Irmãos, da Cesp, última barragem do rio Tietê, dispõe de um sistema de poços de coleta do sistema de drenagem interna, junto ao pé do maciço esquerdo, com cerca de 5,0 m a 8,0 m de profundidade, nas proximidades da calha do rio. Decidiu-se, então, pela instalação de medidores de vazão em alguns poços estrategicamente posicionados, para o controle das vazões de drenagem, conforme Fig. 13.4. Para tal, foi necessário deixar em projeto um desnível entre as duas tubulações que chegavam ao poço, geralmente com 60 cm a 80 cm de diâmetro, para possibilitar a instalação do medidor de vazão nas proximidades da tubulação de saída de tal modo que não viesse a trabalhar afogado, conforme pode ser visto na Fig. 13.4. Tratava-se de um medidor com vértice de 90º, confeccionado em latão ou aço inox, com altura máxima da lâmina vertente de 40 cm, podendo medir vazões de até cerca de 150 ℓ/s (9.000 ℓ/min).

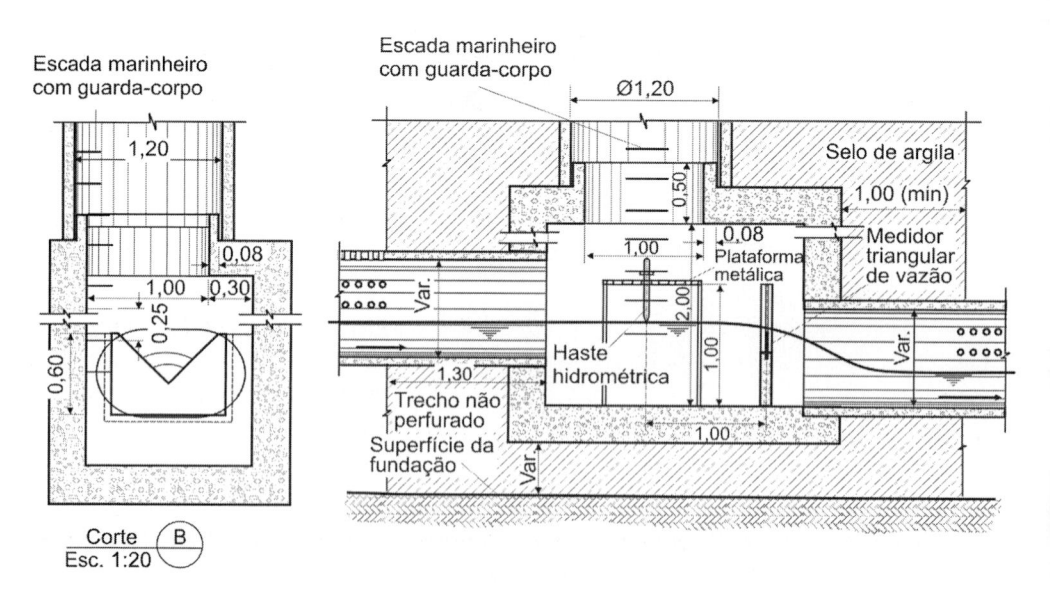

Fig. 13.4 *Instalação de medidor triangular de vazão nos poços de coleta do sistema de drenagem da barragem de Três Irmãos, da Cesp*

As medições em subsuperfície envolvem também as medições a partir dos túneis de drenagem da fundação, mas que são mais característicos das barragens de concreto, ficando fora do escopo deste livro.

13.3 O controle das surgências d'água

As surgências d'água a jusante das barragens de terra ou enrocamento, localizadas em geral na região das ombreiras, ocorrem normalmente em todas as barragens de grande porte após o primeiro enchimento do reservatório. São explicadas pela elevação do nível do lençol freático na região das ombreiras e pela presença, eventual, de antigas minas d'água na região, por ocasião de períodos de chuva.

Durante o primeiro enchimento da barragem de Água Vermelha, em 1978, foram constatados três locais de surgência d'água, sendo um na ombreira direita e dois na região da ombreira esquerda. Na ombreira direita, ocorreu em um local de área de empréstimo, nas proximidades da Est. 10+00, na El. 372,00 m, afastado cerca de 350 m a jusante do eixo da barragem. A vazão no local atingiu um máximo de 200 ℓ/min após o reservatório atingir seu nível máximo, estabilizando-se logo a seguir. Na ombreira esquerda, as vazões foram observadas a partir de meados de agosto de 1978 e localizavam-se na Est. 196+00 e na Est. 208+13, respectivamente nas El. 366 m e El. 359 m. Caracterizavam-se de início por pequenos veios de água posicionados ao longo de um mesmo horizonte e aflorando nos cortes realizados para a construção do sistema viário local, conforme pode ser observado nas Figs. 13.5 e 13.6.

Decidiu-se, então, pela construção de valetas superficiais de drenagem, com profundidade de 1,0 m e dotadas de camadas de filtro, tubulação de drenagem e medidor de vazão, na surgência da El. 366 m. Na surgência da El. 359 m, realizou-se um sistema de valetas superficiais e um canal a céu aberto protegido por enrocamento, para conduzir as águas para um único local, onde se instalou um medidor triangular de vazão. As vazões máximas medidas, após a fase de enchimento do reservatório e excluída a influência de chuvas, foi de 368 ℓ/min e 640 ℓ/min, nas surgências das El. 366 m e El. 359 m, respectivamente.

Oliveira et al (1976) descrevem a ocorrência de surgência d'água durante o primeiro enchimento do reservatório da barragem de Atibainha, da Sabesp, quando o reservatório atingiu a El. 780 m. Esta surgência ocorreu na ombreira esquerda, no encontro do bota-fora, colocado no pé de jusante da barragem, com o material da ombreira. Visando à melhoria do ponto de vista estético, bem como drenar totalmente toda a área úmida do bota-fora, foram executadas pequenas trincheiras preenchidas com materiais drenantes até uma profundidade de cerca de 2 m, que provocaram a redução das subpressões de aproximadamente 0,50 mca.

Massad et al (1978), ao analisarem o comportamento da barragem do Rio Verde, localizada em Araucária, nas proximidades de Curitiba, comentam que na região da

Fig. 13.5 *Surgência d'água na ombreira esquerda da barragem de Água Vermelha, da Cesp, após o primeiro enchimento*

Fig. 13.6 *Outro detalhe da mesma surgência na ombreira esquerda da barragem de Água Vermelha, da Cesp*

ombreira esquerda foram observadas surgências d'água, com regiões úmidas na superfície das bermas de jusante. Decidiu-se, então, pela construção de um sistema de drenagem da Est. 3+22 até a ombreira esquerda, constituído de drenos verticais de areia com 10 m de profundidade, penetrando parcialmente no solo de alteração e ligados entre si por um sistema de dreno francês. Esse sistema eliminou as regiões úmidas que foram observadas na superfície das bermas de jusante, mencionadas anteriormente.

Na Fig. 13.7, ilustra-se a área observada na ombreira direita da barragem de Paranoá, em Brasília, onde foram notadas surgências d'água após o primeiro enchimento, particularmente junto à saia do aterro, e de áreas úmidas e com solo saturado no talude da barragem e a jusante. Tratava-se de infiltrações através de camadas de quartzito e de filito, que formavam um sistema de dobras em anticlinais e sinclinais, com deslizamento flexural entre camadas e com o quartzito bastante fraturado e cisalhado, apresentando geralmente alta permeabilidade, conforme reportado por Gaioto (1981). As vazões medidas individualmente em alguns drenos, perfurados a partir do pé de jusante, chegaram a atingir 70 ℓ/min. Além da execução de um sistema de furos de drenagem através dessas camadas, foi executado um sistema de drenagem superficial em forma de "espinha de peixe", objetivando a eliminação da área saturada. Logo após a implementação desses serviços, tanto o aterro da barragem, quanto a surgência na região da ombreira apresentaram-se secos e devidamente drenados.

Toda surgência d'água a jusante do pé de uma barragem, mesmo que afastada algumas centenas de metros de seu eixo, deve ser monitorada semanalmente, para o

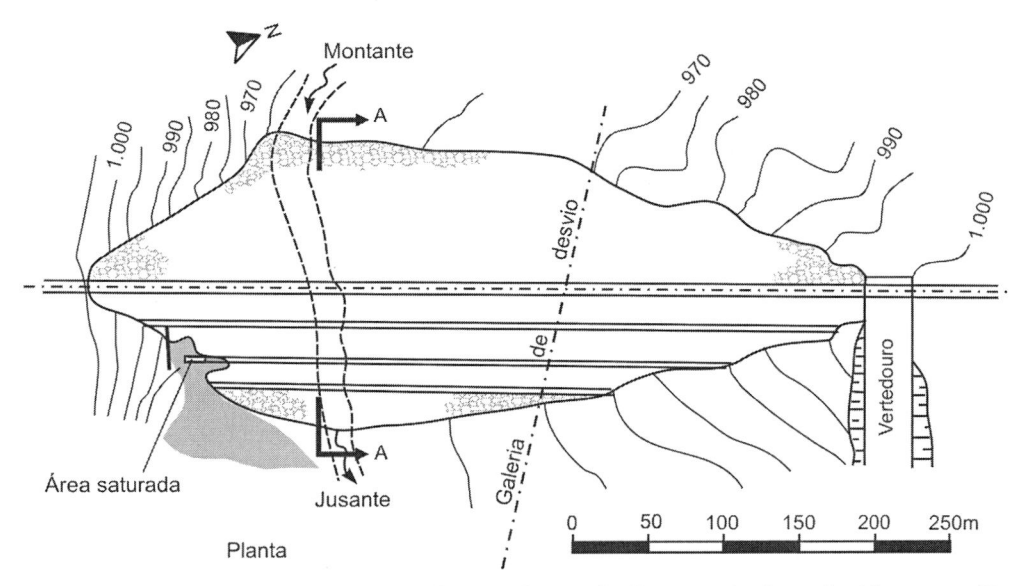

Fig. 13.7 *Planta da barragem de Paranoá com indicação de área úmida na região da ombreira direita (Gaioto, 1981)*

acompanhamento de sua evolução. Tão logo seja detectada uma surgência com saída d'água, ou uma área úmida nas proximidades do pé de jusante de uma barragem, recomenda-se a implementação dos seguintes procedimentos:

• proceder a um levantamento topográfico do local, procurando-se registrar os limites da área úmida e os locais com saída d'água;

• desviar, por valetas superficiais no entorno da surgência, o fluxo das águas de chuva;

• se houver preocupação com aspectos estéticos da área, providenciar a escavação de valetas (tipo "espinha de peixe"), com um sistema de tubos de drenagem e filtro apropriado, para eliminar a presença d'água na superfície do terreno;

• procurar juntar as várias fontes d'água em um único ponto e providenciar a instalação de um medidor de vazão no local;

• acompanhar a evolução das variações de vazão com o tempo e em função das oscilações de N.A. do reservatório e do índice de precipitação pluviométrico.

13.4 Métodos de análise das vazões e resultados práticos

13.4.1 Vazão *versus* tempo

O gráfico usual de acompanhamento das vazões de drenagem é aquele em que se relaciona vazão *versus* tempo, a partir do primeiro enchimento do reservatório.

Tendo em vista que as vazões são mais afetadas pela subida d'água no reservatório e por suas posteriores variações, é de grande importância que no mesmo gráfico sejam representadas as variações de N.A. do reservatório. Os medidores de vazão sofrem ainda o reflexo das variações do lençol freático, que são diretamente afetadas pelas precipitações pluviométricas, as quais devem ser representadas em um gráfico em paralelo, para possibilitar uma análise mais abrangente das vazões medidas.

A Fig. 13.8 apresenta a evolução das vazões de drenagem da barragem do Atibainha, no primeiro enchimento do reservatório. É interessante destacar nesse gráfico que a subida dos primeiros 20 m do nível d'água refletiu-se em um aumento de vazão de apenas 150 ℓ/min, enquanto a subida dos 7 m finais se refletiu em um aumento de 450 ℓ/min, revelando uma intensificação das vazões de drenagem na fase final de enchimento do reservatório. Ao se estudar o trabalho de Oliveira et al (1976) sobre a barragem de Atibainha, constata-se que a explicação para tal comportamento estaria na existência de um dreno natural na fundação da barragem, constituído de solos saprolíticos e rochas alteradas (rochas cristalinas metamorfizadas, com predominância de biotita-gnaisse), criadas pela decomposição e alteração diferenciada do manto rochoso, que se caracterizavam por uma elevada permeabilidade.

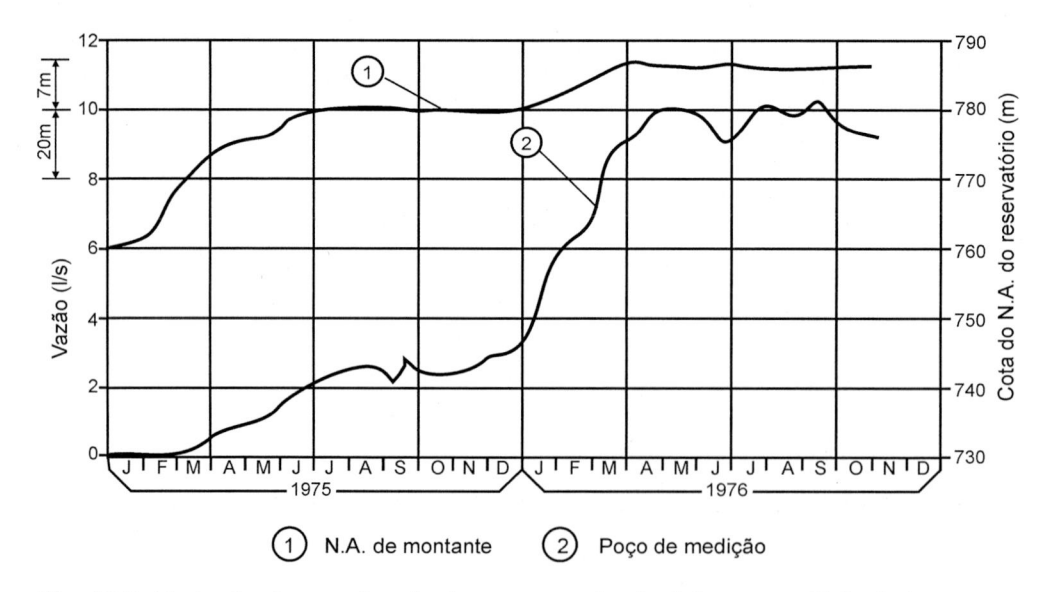

Fig. 13.8 *Variação das vazões de drenagem e do nível do reservatório da barragem de Atibainha em função do tempo (Oliveira et al, 1976)*

A vazão total de drenagem de Atibainha, após o término do enchimento do reservatório, atingiu um máximo de 1.050 ℓ/min, que, dividido pelos 430 m de extensão da barragem, resultou em uma vazão específica de 2,4 ℓ/min/m, que representa um valor alto, mas perfeitamente aceitável, conforme será analisado mais adiante.

O gráfico de evolução das vazões de drenagem na ombreira esquerda da barragem de Água Vermelha, por ocasião do primeiro enchimento do reservatório, no ano de 1978 e início de 1979, é apresentado na Fig. 13.9, onde são mostradas as vazões de drenagem na Caixa I, que coleta as águas do sistema de drenagem interna da barragem, assim como as vazões nas duas surgências d'água observadas nessa ombreira, nas Est. 196+00 e Est. 208+13, comentadas anteriormente.

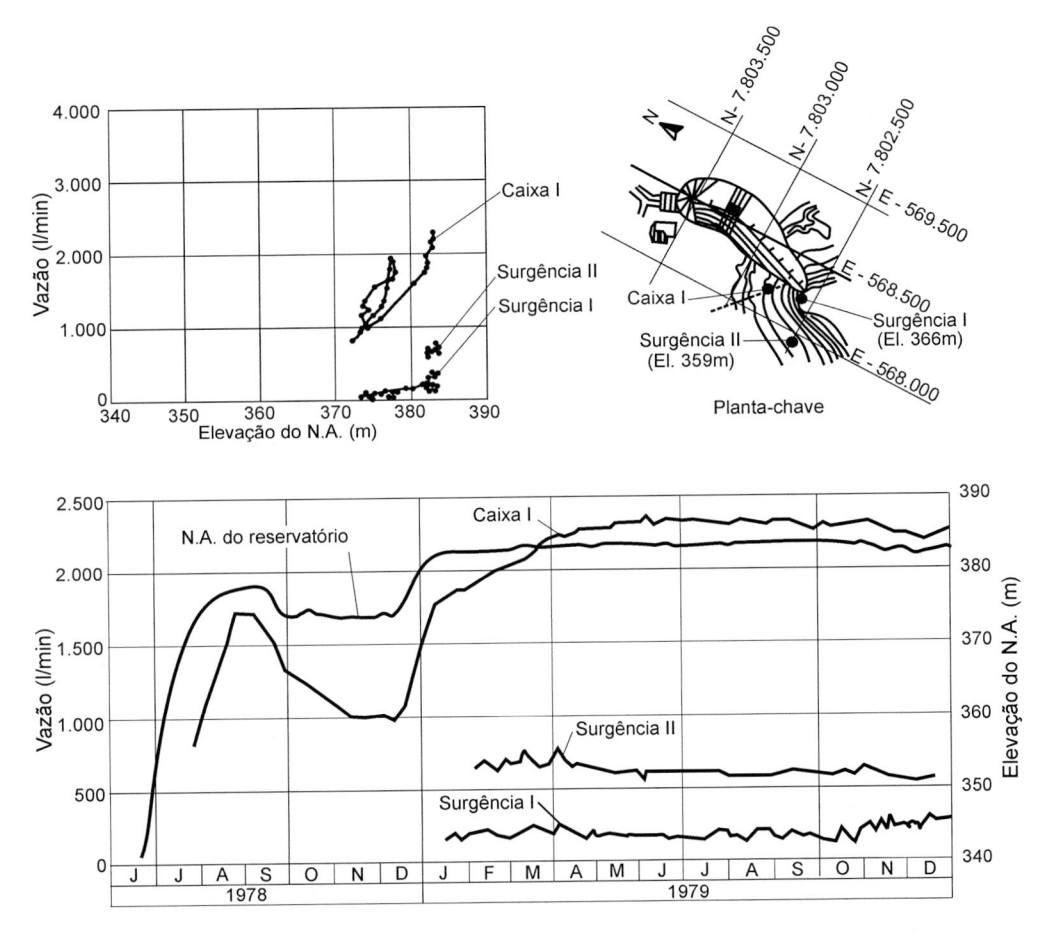

Fig. 13.9 *Variação das vazões de drenagem e do nível do reservatório da barragem com o tempo para a barragem de Água Vermelha*

Destaca-se que a vazão através do sistema de drenagem interna da BTME chegou a atingir 2.300 ℓ/min, dois meses após o final do enchimento do reservatório, quase ultrapassando o limite de projeto do dreno da Est. 191+10 m. Conforme reportado no trabalho de Alves Filho et al (1980), estudos por meio de modelos matemáticos tridimensionais revelaram que a permeabilidade da camada de lava aglomerática existente na ombreira esquerda da barragem de Água Vemelha, nas proximidades da El. 360 m, era de 10^{-1} cm/s. A alta permeabilidade dessa camada permitiu uma significativa percolação através da ombreira esquerda, apesar da existência de uma cortina tripla de injeção que dava prosseguimento ao *cut-off* existente na fundação da barragem, atraindo para o dreno da Est. 191+10 uma boa parte da vazão que passava pela cortina de injeção e originando mais a jusante as duas surgências anteriormente reportadas.

A Fig. 13.10 apresenta a evolução das vazões de drenagem na barragem de enrocamento de Vatnedalsvatn, na Noruega, durante um período de quatro anos, em que o reservatório sofre variações da ordem de 60 m.c.a. a 70 m.c.a. Até o reservatório atingir a El. 810 m, as vazões medidas foram inferiores a 1,0 ℓ/s, mas, tão logo atingiram a El. 840 m, as vazões intensificaram-se notadamente, atingindo valores da ordem de 7,0 ℓ/s.

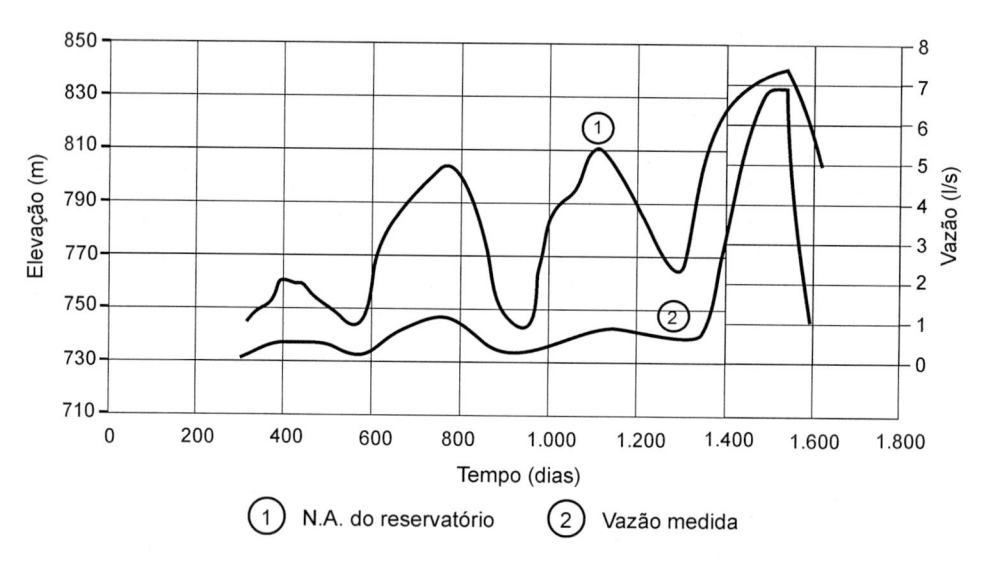

Fig. 13.10 *Vazão de drenagem na barragem de Vatnedalsvatn (Myrvoll et al, 1985)*

13.4.2 Vazão *versus* N.A. do reservatório

Outra forma de se acompanhar as vazões de drenagem através de uma barragem é utilizando-se gráficos de vazão *versus* nível d'água no reservatório, conforme Figs. 13.11 e 13.12, que apresentam a evolução das vazões de drenagem *versus* N.A. do reservatório das barragens de Atibainha e Cachoeira, da Sabesp, nas quais se observa que as vazões não seguiram uma evolução linear, mas, sim, intensificaram-se exponencialmente em função da subida do reservatório, o que constitui um comportamento típico das barragens construídas na região de rochas cristalinas e metamorfizadas, de Idade Pré-Cambriana, com predominância de rochas do tipo biotita-gnaisse existentes nos municípios de Nazaré Paulista e Piracaia, no Estado de São Paulo.

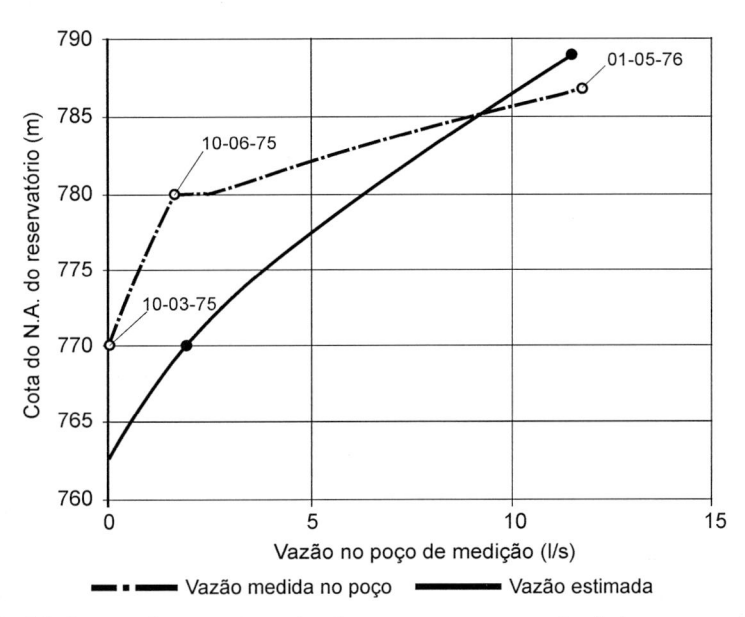

Fig. 13.11 *Variação das vazões de drenagem* versus *nível do reservatório para a barragem de Atibainha (Oliveira et al, 1976)*

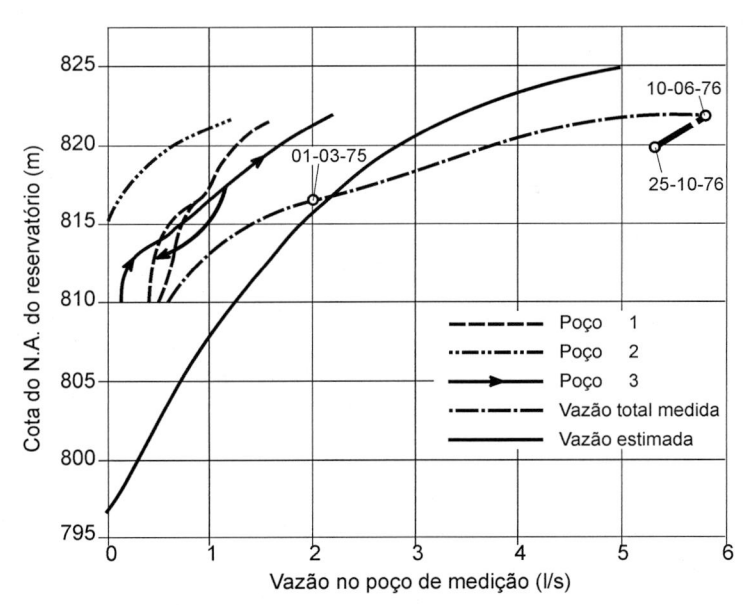

Fig. 13.12 *Variação das vazões de drenagem* versus *nível do reservatório para a barragem de Cachoeira (Oliveira et al, 1976)*

Nesses gráficos, é apresentada uma comparação das vazões medidas com as vazões teóricas de projeto, em que se observa que na fase final do enchimento as vazões medidas ultrapassaram os valores de projeto.

Uma das vantagens desse tipo de gráfico é permitir a pronta detecção de qualquer eventual anomalia nas infiltrações através de uma barragem, que se refletiria em uma variação brusca de leitura quando o nível do reservatório atingir determinada elevação e que não apareceria tão claramente nos gráficos de vazão *versus* nível do reservatório em função do tempo.

13.4.3 Comparação entre vazões medidas e teóricas

Tendo em vista que o coeficiente de permeabilidade do aterro de uma barragem, assim como das várias camadas de solo e rocha da fundação podem ser estimados ou determinados por ensaios *in situ* com uma aproximação de 10 vezes, a saber, pode ser 10^{-3} cm/s ou 10^{-4} cm/s, tendo em vista a dispersão de resultados e as dificuldades práticas e limitações inerentes aos ensaios de campo. Pode-se assim dizer que afastamentos entre as vazões teóricas e medidas, de até 10 vezes, são normalmente admissíveis.

A Tabela 13.1 apresenta os valores reportados por Massad e Gehring (1981) para quatro barragens da Sabesp, uma da Copel e outra da Petrobras, na qual se observa que na barragem de Juqueri a vazão medida ultrapassou o valor de projeto em 21 vezes, revelando dessa forma as reais incertezas associadas à estimativa dos coeficientes de permeabilidade ou à existência de determinadas particularidades geológicas, eventualmente não detectadas durante as prospecções realizadas na fundação.

Tabela 13.1 *Comparação entre vazões de projeto e medidas em algumas barragens brasileiras de terra*

Barragem (Proprietário)	Características			Vazões máximas (l/min)		
	Construção	Altura máx (m)	Comprim. (m)	Projeto (A)	Medidas in situ (B)	Relação B/A
Juqueri (Sabesp)	1968-1972	22	210	25	510	21,3
Águas Claras (Sabesp)	1969-1971	24	120	?	480	-
Capivari-Cachoeira (Copel)	1968-1970	60	320	220	624	2,9
Atibainha (Sabesp)	1969-1973	39	430	600	1.050	1,8
Cachoeira (Sabesp)	1969-1972	33	310	230	450	1,9
Rio Verde (Petrobras)	1974-1976	16	540	-	-	-

Fonte: Massad e Gehring, 1981.

O fato de as vazões de drenagem medidas geralmente ultrapassarem os valores de projeto é fruto das incertezas geológicas de campo ou da própria complexidade da geometria e da heterogeneidade das camadas de rocha e solo da fundação, particularmente na zona de intemperismo existente na interface solo-rocha. A região dessa interface em geral é responsável por altas permeabilidades, funcionando como um verdadeiro sistema de drenagem natural preexistente na região das ombreiras. Tendo em vista tais incertezas, ao se fixar os valores de controle para os medidores de vazão de uma barragem, é mais aconselhável a utilização dos valores observados em barragens similares, por exemplo, empregando-se as vazões de drenagem e multiplicando-se pelo comprimento da nova barragem, que se confiar em valores teóricos baseados em modelos matemáticos bidimensionais de percolação.

A Fig. 13.13 apresenta uma comparação entre as vazões previstas e medidas na barragem principal de Vatnedalsvatn, na Noruega, com 125 m de altura máxima, em função do N.A. do reservatório, durante o primeiro enchimento. Pode-se observar que as vazões medidas foram bem inferiores à previsão teórica, revelando que o coeficiente de permeabilidade do núcleo da barragem se apresenta bem inferior ao valor $k = 5 \times 10^{-5}$ cm/s, adotado nos estudos teóricos.

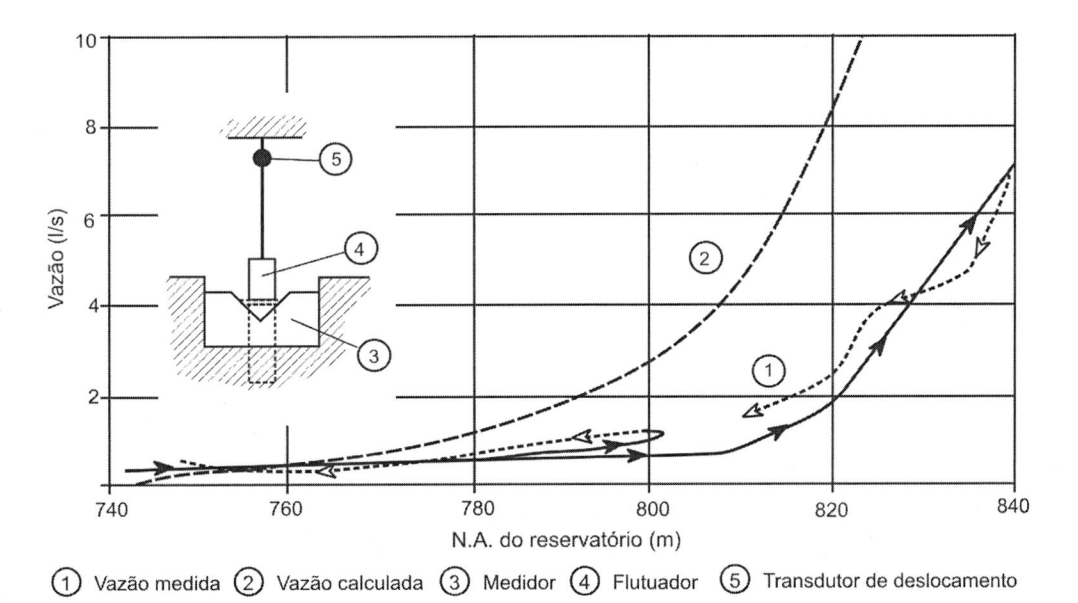

① Vazão medida ② Vazão calculada ③ Medidor ④ Flutuador ⑤ Transdutor de deslocamento

Fig. 13.13 *Vazão total versus N.A. do reservatório na barragem principal de Vatnedalsvatn (Myrvoll et al, 1985)*

13.4.4 Vazões específicas de drenagem

Por vazão específica entende-se a vazão de drenagem em um determinado trecho da barragem dividida pelo comprimento do trecho. Trata-se de uma forma mais racional de comparação entre as vazões de drenagem de diferentes barragens. Por exemplo, duas barragens com 30 m de altura e 230 m de comprimento podem ter as suas vazões de drenagem diretamente comparadas entre si, mas, se se tratar de duas barragens com 30 m de altura máxima, uma com 230 m e outra com 1.050 m de comprimento, é de se esperar que a mais extensa apresente uma maior vazão em função de sua maior extensão. Ao se dividir a vazão medida pelo comprimento da barragem, pode-se proceder, portanto, à comparação entre suas vazões em igualdade de condições.

Uma segunda forma de se expressar a vazão específica de uma barragem seria dividir a vazão medida pelo comprimento e pela altura da barragem, o que permitiria a comparação entre os diversos tipos de barragens em igualdade de condições. Dessa forma, uma barragem com uma vazão máxima de 430 ℓ/min, com 320 m de comprimento e 60 m de altura máxima apresentaria uma vazão específica de 1,3 ℓ/min/m, considerando apenas seu comprimento, ou de 0,022 ℓ/min/m/m considerando-se seu comprimento e sua altura máxima. Este último valor, entretanto, apesar de apresentar uma maior significância física, geralmente não é muito empregado, por implicar um valor muito baixo. Recomenda-se, portanto, que as vazões específicas de drenagem sejam representadas normalmente, dividindo as vazões medidas apenas pelo comprimento da barragem, conforme será analisado a seguir. A Tabela 13.2 apresenta as vazões específicas de drenagem em um total de 34 casos de barragens brasileiras de terra ou enrocamento.

A Fig. 13.14 apresenta esses valores em forma gráfica, da qual se ressaltam as seguintes observações de interesse:

• do total de casos analisados, 58% deles revelaram valores de vazão específica superiores a 1,0 ℓ/min/m, de onde se destaca que valores acima da unidade abrangeram a maioria dos casos analisados;

• valores até 5,0 ℓ/min/m devem ser considerados normais, por isso aceitáveis, dispensando a realização de tratamentos de imediato, desde que acompanhados pormenorizadamente ao longo do tempo;

• valores de vazão específica de 12,8 ℓ/min/m, observados na ombreira esquerda da barragem de Água Vermelha, e 10,3 ℓ/min/m, observados na ombreira esquerda da barragem de Três Irmãos, são bastante elevados em função da alta permeabilidade de camada de lava aglomerática e da camada de brecha basáltica, respectivamente, existentes na fundação dessas barragens. Por se tratar de infiltrações elevadas devido a camadas de rocha muito permeáveis na fundação, não foi necessário nenhum tratamento especial nesses casos;

• vazões específicas da ordem de 8,3 ℓ/min/m observadas na fundação da barragem de Saracuruna levantaram sérias preocupações na fase do enchimento do reservatório, pois estavam associadas a altas subpressões indicadas pela piezometria e ocorriam em camadas de solo, levando à necessidade de um tratamento especial por meio da construção de um diafragma plástico ao longo do eixo da barragem.

13 Resultados Práticos e Métodos de Análise das Vazões de Drenagem   345

As lições tiradas desses vários casos, assim como de outros presenciados e analisados pelo autor, permitem estabelecer o seguinte critério para a fundação das barragens de terra ou enrocamento (convencional), em termos de vazão específica de drenagem: Valores de vazão específica até 5,0 ℓ/min/m podem ser considerados normais, podendo geralmente ser aceitos sem a realização de tratamentos especiais, enquanto que valores acima de 5,0 ℓ/min/m se apresentam bastante elevados, exigindo a realização de tratamentos para a redução das infiltrações.

Vazão específica x altura máxima

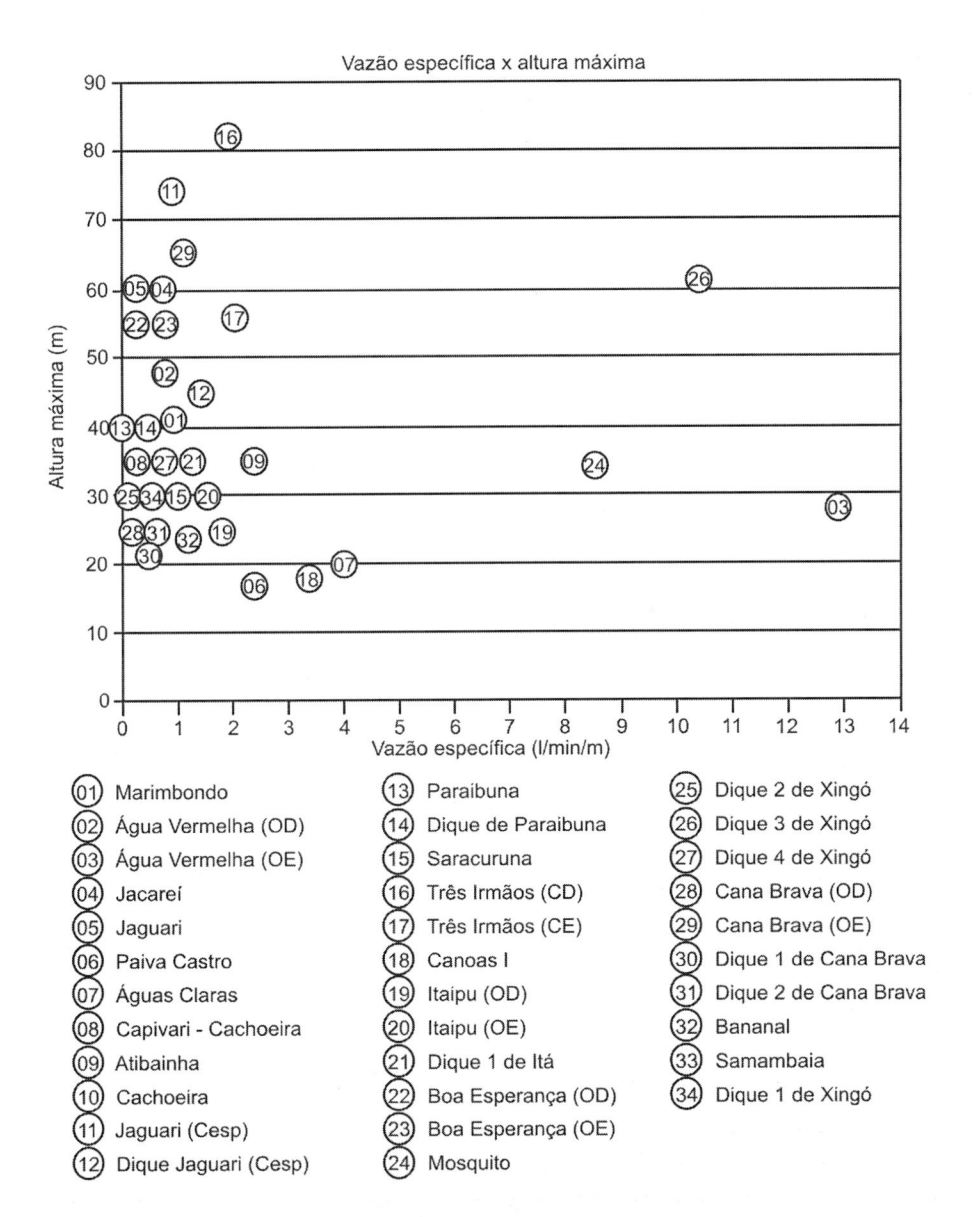

ID	Nome	ID	Nome	ID	Nome
01	Marimbondo	13	Paraibuna	25	Dique 2 de Xingó
02	Água Vermelha (OD)	14	Dique de Paraibuna	26	Dique 3 de Xingó
03	Água Vermelha (OE)	15	Saracuruna	27	Dique 4 de Xingó
04	Jacareí	16	Três Irmãos (CD)	28	Cana Brava (OD)
05	Jaguari	17	Três Irmãos (CE)	29	Cana Brava (OE)
06	Paiva Castro	18	Canoas I	30	Dique 1 de Cana Brava
07	Águas Claras	19	Itaipu (OD)	31	Dique 2 de Cana Brava
08	Capivari - Cachoeira	20	Itaipu (OE)	32	Bananal
09	Atibainha	21	Dique 1 de Itá	33	Samambaia
10	Cachoeira	22	Boa Esperança (OD)	34	Dique 1 de Xingó
11	Jaguari (Cesp)	23	Boa Esperança (OE)		
12	Dique Jaguari (Cesp)	24	Mosquito		

Fig. 13.14 *Gráfico vazão específica* versus *altura da barragem*

Já as Barragens de Enrocamento com Face de Concreto (BEFC) apresentam vazões de infiltração muito superiores àquelas das barragens de terra ou enrocamento com núcleo, em decorrência do dispositivo de estanqueidade ser constituído por uma delgada laje de concreto, que atinge espessuras máximas de 70 cm, mesmo submetidas a colunas d'água de 150 m. Enquanto as vazões das barragens de terra normalmente são expressas em ℓ/min, para as BEFC as vazões são expressas em ℓ/s, em função dos altos valores medidos. A Tabela 13.3 apresenta, para um total de 15 BEFC construídas no Brasil e no exterior, as vazões específicas em termos de ℓ/min/m a fim de facilitar a comparação com as barragens de terra e enrocamento, apresentadas na Tabela 13.2.

A Fig. 13.15 apresenta esses valores em forma gráfica, da qual se ressaltam as seguintes observações de interesse:

• as vazões específicas das BEFC, em ℓ/min/m, são muito superiores àquelas observadas nas barragens de terra, o que esclarece por que as vazões de infiltração nas BEFC são expressas normalmente em ℓ/s e as das barragens de terra o são em ℓ/min;

• vazões específicas até 20 ℓ/min/m podem ser consideradas normais para BEFC, enquanto que valores muito superiores a estes exigem geralmente tratamentos na laje da barragem ou na fundação, para a redução das infiltrações;

• em casos mais problemáticos, como nas BEFC de Itá, no Brasil; Alto Anchicaya, na Colômbia; Turimiquire, na Venezuela; Shiroro, na Nigéria; e Zhushuqiao, na China, onde foi significativo o número de fissuras na laje de concreto, as vazões específicas atingiram valores entre 116 ℓ/min/m e 1.414 ℓ/min/m. Em todos esses casos foram necessários tratamentos a montante, geralmente envolvendo o lançamento de areia fina com silte (*dirt sand*), para a colmatação das fissuras na laje de montante.

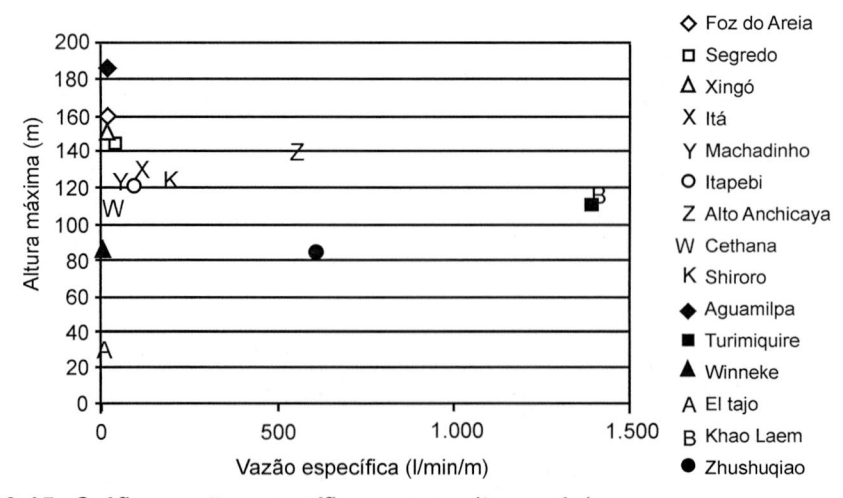

Fig. 13.15 *Gráfico vazão específica versus altura máxima*

Tabela 13.2 Vazões de drenagem através de 34 barragens brasileiras de terra-enrocamento

Barragem	Altura máxima (m)	Comprimento (m)	Solo de fundação	Vazão total (l/min)	Vazão específica (l/min/m)
Marimbondo	25	620	Solos coluvionares e residuais de basalto	120	0,2
Água Vermelha (OD)	48	1.880	Solos coluvionares e residuais de basalto	1.500	0,8
Água Vermelha (OE)	28	150	Lava aglomerática (k = 10cm/s)	2.300	12,8
Jacareí (Sabesp)	60	1.200	Solos residuais de gnaisse	480	0,4
Jaguari (Sabesp)	60	680	Solos residuais de gnaisse	134	0,2
Paiva Castro (Juqueri)	17	210	Argilas e areais aluvionares e residuais	510	2,4
Águas Claras	20	120	Solos residuais de granitos e xistos	480	4,0
Capivari/Cachoeira	56	620	Solos residuais de granitos e gnaisses	630	2,0
Atibainha	35	440	Solos residuais de biotita-gnaisse	1.050	2,4
Cachoeira	28	310	Solos residuais de biotita-gnaisse	450	1,5
Jaguari (CESP)	74	400	Solos residuais de gnaisse	360	0,9
Dique Jaguari (CESP)	45	195	Solos residuais de gnaisse	270	1,4
Paraibuna	40	600	Solos residuais de biotita-gnaisse	18	0,03
Dique de Paraibuna	40	600	Solos residuais de biotita-gnaisse	90	0,15
Saracuruna	34	140	Solos residuais de migmatito	1 180 – 460 (*)	8,4 – 3,3
Três Irmãos (OD)	82	1.130	Solos coluvionares e residuais de basalto	2112	1,9
Três Irmãos (OE)	60	1.460	Solos coluvionares e residuais de basalto	15.000 (**)	10,3
Canoas I	18	160	Solos residuais e basalto muito alterado	546	3,4
Itaipu (OD)	25	870	Solos coluvionares e residuais de basalto	1.560	1,79
Itaipu (OE)	30	2.050	Solos coluvionares e residuais de basalto	2.890	1,41
Dique 1 de Itá	35	560	Solos coluvionares e residuais de basalto	710	1,3
Boa Esperança (OD)	55	1.160	Solos coluvionares e residuais diabásio	290	0,2
Boa Esperança (OE)	55	1.360	Solos coluvionares e residuais diabásio	1.062	0,8
Mosquito	30	760	Solos residuais de gnaisse e anfibolito	250	0,3
Dique 1 de Xingó	30	250	Solos residuais de granito-gnaisse	36	0,14
Dique 2 de Xingó	30	550	Solos residuais de granito-gnaisse	57	0,10
Dique 3 de Xingó	35	200	Solos residuais de granito-gnaisse	42	0,21
Dique 4 de Xingó	35	050	Solos residuais de granito-gnaisse	790	0,75
Cana Brava (OD)	41	400	Quartzo-micaxistos e gnaisses facoidais	149,82	0,42
Cana Brava (OE)	65	303	Quartzo-micaxistos e gnaisses facoidais	166,80	1,13
Dique 1 de Cana Brava	22	290	Quartzo-micaxistos e gnaisses facoidais	146,40	0,51
Dique 2 de Cana Brava	25	820	Quartzo-micaxistos e gnaisses facoidais	436,20	0,53
Bananal	24	350	Solos residuais de quartzo-micaxisto	430	1,2
Samambaia	26,5	300	Solos residuais de granitos e gnaisses	72	0,2

(*) Após tratamento da fundação para reduzir as infiltrações.
(**) Altas vazões através da BTME de Três Irmãos ocorrem por meio de sistema de poços de alívio junto ao pé de jusante, que atingem camada de brecha basáltica muito permeável.

Tabela 13.3 *Vazões de infiltração através de Barragens de Enrocamento com Face de Concreto (BEFC)*

Barragem	País	Altura máx (m)	Comprimento (m)	Vazão total (l/s)	Vazão específica (l/min/m)
Foz do Areia	Brasil	160	830	236	17,1
Segredo	Brasil	145	720	390	32,5
Xingó	Brasil	150	850	160	11,3
Itá	Brasil	130	890	1.720	116,0
Machadinho	Brasil	125	670	580	51,7
Itapebi	Brasil	121	583	870	89,5
Alto Anchicaya	Colômbia	140	284	2.600	549,0
Cethana	Austrália	110	222	49	13,2
Shiroro	Nigéria	125	560	1.800	193,0
Aguamilpa	México	187	670	257	23,0
Turimiquire	Venezuela	115	280	6.600	1.414,0
Winneke	Austrália	85	1.050	58	3,3
El Tajo	Espanha	31	385	100	15,6
Khao Laem	Tailândia	130	1.250	250	12,0
Zhushuqiao	China	84	245	2.500	612,0

A Tabela 13.4 apresenta uma comparação entre as vazões de infiltração através das BEFC de Cethana, Alto Anchicaya, Foz do Areia e Xingó, onde as vazões específicas foram calculadas em relação à extensão da junta perimetral e em relação à extensão total de juntas, ou seja, junta perimetral mais as juntas entre lajes de concreto. Esses resultados destacam as altas infiltrações observadas na barragem de

Tabela 13.4 *Vazões específicas de infiltração através de BEFC*

Característica	Barragem de Enrocamento com Face de Concreto (BEFC)				
	Cethana	Alto Anchicaya	Foz do Areia	Xingó Out/1994	Xingó Out/1997
Altura máxima (m)	110	140	160	150	150
Área da face de concreto (m²)	25.050	30.400	136.800	126.440	126.440
Extensão da junta perimetral (m)	450	1.070	1.060	1.034	1.034
Extensão total das juntas (m)	2.700	2.704	9.775	8.980	8.980
Vazão de infiltração (l/s)	50	2.600	194	115	190
Vazão esp./junta perimetral (l/s/m)	0,111	2,430	0,183	0,110	0,182
Vazão esp./total de juntas (l/s/m)	0,018	0,962	0,020	0,012	0,021

Alto Anchicaya, na Colômbia, onde foram necessários tratamentos para a redução das infiltrações e das barragens de Cethana, Foz do Areia e Xingó, que constituem valores de baixa magnitude.

13.5 Materiais sólidos carreados

Neste item, são apresentados resultados práticos e analisados os teores de materiais sólidos nas águas do sistema de drenagem de uma barragem. Em termos de instrumentação, destaca-se que atualmente já há instrumentos, conhecidos como turbidímetros, que permitem a determinação do teor de sólidos em suspensão nas águas de drenagem de uma barragem. Esses equipamentos são dotados de sensores elétricos, que permitem a sua leitura remota e, conseqüentemente, possibilitam sua integração ao sistema de automação da instrumentação.

13.5.1 Sólidos em suspensão e dissolução

Para a avaliação da possibilidade de estar ocorrendo um fenômeno de erosão interna através do aterro ou da fundação da barragem, deve-se determinar o teor de sólidos em suspensão, ou seja, de partículas sólidas de argila, silte ou areia fina que poderiam estar sendo carreadas pelas águas de drenagem. Ao se realizar ensaios com amostras d'água do reservatório e do sistema de drenagem interna, observa-se geralmente uma redução do teor de partículas sólidas em suspensão do reservatório para os drenos, pois as águas, ao percolarem através do aterro e da fundação, sofrem como que uma filtragem, perdendo parte das partículas em suspensão.

Ao se proceder à determinação do teor de sólidos em suspensão nas águas de drenagem de uma barragem, com amostras coletadas no reservatório e nas caixas de saída do sistema de drenagem interna, e se constatar que no sistema de drenagem interna os teores de sólidos em suspensão são maiores ou da mesma ordem de grandeza do reservatório, isso constitui um fato de extrema relevância, indicando que estaria ocorrendo um eventual mecanismo de erosão interna (*piping*) através do aterro ou da fundação. Essa constatação deveria desencadear um plano de investigação mais aprofundado, para esclarecer a possibilidade de este mecanismo estar ocorrendo e como estaria evoluindo com o tempo, a ponto de necessitar de eventuais medidas corretivas.

Na ombreira esquerda da barragem de terra de Água Vermelha, tendo em vista as altas vazões que ocorriam através de uma camada de lava aglomerática, na qual o coeficiente de permeabilidade indicado por modelos matemáticos tridimensionais (Alves Filho et al, 1980) atingiu valores de 10^{-1} cm/s, procedeu-se à realização de ensaios do teor de sólidos em suspensão e em dissolução, cujos resultados são apresentados na Fig. 13.16.

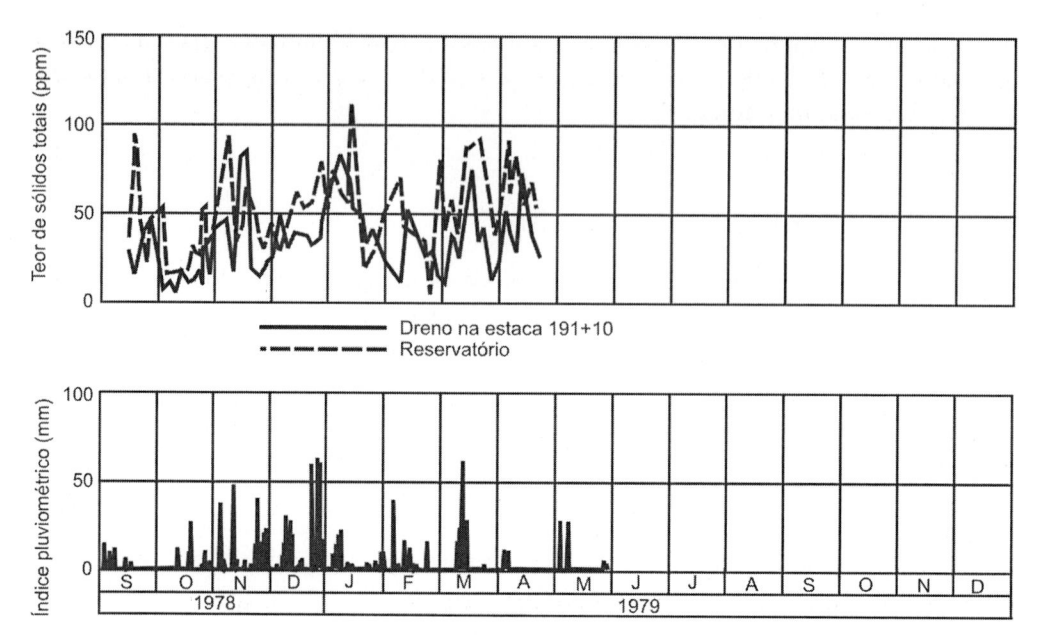

Fig. 13.16 *Controle de materiais carreados no dreno da Est. 191+10, da barragem de Água Vermelha (Alves Filho et al, 1980)*

Esses ensaios revelaram valores do teor de sólidos (em suspensão) na faixa de 20 ppm a 80 ppm, conforme pode ser observado no gráfico, com a água do dreno apresentando teores cerca de 20 ppm inferiores às amostras do reservatório. Nessa figura, apresenta-se também o índice pluviométrico no mesmo período, em que se pode observar a subida do teor de sólidos nas amostras do reservatório, por ocasião de chuvas mais intensas. No dreno Est. 191+10, constatou-se que este acréscimo ocorria com defasagem da ordem de 10 dias.

Na barragem de Saracuruna, localizada em região de rochas granito-gnáissicas, a análise do teor de sólidos em amostras d'água do reservatório e dos poços coletores do sistema de drenagem interna revelou valores de 50 ppm a 55 ppm, para o reservatório, e 40 ppm a 45 ppm, para os poços coletores, com uma redução da ordem de 10 ppm, que parece indicar uma provável colmatação dos interstícios do aterro e da fundação da barragem com o tempo (Ruiz et al, 1976). Essa hipótese foi posteriormente corroborada por Massad et al (1978), em função da lenta queda dos níveis piezométricos com o tempo. Esse fenômeno explica também a lenta queda das vazões de drenagem que se observa nas barragens de terra em geral durante os primeiros anos de operação.

Nos túneis de drenagem das barragens de Água Vermelha, da Cesp, e de Itaipu, da Itaipu Binacional, os ensaios de determinação do teor de sólidos em suspensão atingiu, nos primeiros meses do enchimento, valores da ordem de 200 ppm a 500 ppm, mas que sofreram uma rápida redução para valores inferiores a 50 ppm, após cerca de seis meses. No túnel de drenagem da El. 20 m em Itaipu, sob uma carga hidráulica equivalente a 200 m.c.a. (metros de coluna d'água), os atuais teores de sólidos totais atingem valores entre 100 ppm e 600 ppm, mas em termos de sólidos em suspensão, que é o que realmente interessa, os teores são de 10 ppm a 30 ppm, bastante baixos, portanto.

Lindquist e Bonsegno (1981), analisando os sistemas de drenagem de oito barragens de terra da Cesp, apresentaram os teores de sólidos nas amostras da água do reservatório e do sistema de drenagem interno, empregando a determinação do teor de resíduos em suspensão e total. Na Tabela 13.5, apresentam-se os resultados obtidos.

Tabela 13.5 *Teores de sólidos em amostras d'água do reservatório e do sistema de drenagem de barragens de terra*

Barragem	Resíduo total a 110°C (ppm)		Resíduo em Suspensão (ppm)	
	Reservatório	Dreno	Reservatório	Dreno
Armando Laydner	52	66	-	6
Armando Salles Oliveira	56	216	12	5
Caconde	48	40	11	5
Euclides da Cunha	75	117	27	12
Ibitinga	129	54	15	5
Jaguari	23	31	2	2
Paraibuna	53	71	14	16
Xavantes	61	197	0	1

Fonte: Lindquist e Bonsegno, 1981.

Destacam-se como principais conclusões desta investigação:

• os teores de resíduo a 110°C apresentam-se geralmente superiores aos resíduos em suspensão, por incluírem tanto os sólidos em suspensão quanto em dissolução;

• as águas do sistema de drenagem geralmente apresentaram teores de sólidos dissolvidos superiores às amostras do reservatório, o que se atribui à dissolução de materiais dos solos e rochas pelas águas de drenagem ao percolarem através dos mesmos;

• as águas do sistema de drenagem geralmente apresentaram teores de materiais sólidos em suspensão menores que o reservatório, o que se atribui ao fenômeno de colmatação dos materiais da fundação, na região mais a montante.

13.5.2 A presença de material orgânico nas águas de drenagem

A experiência com a observação dos sistemas de drenagem das barragens de terra ou enrocamento tem revelado que em alguns casos a turbidez das águas de drenagem é causada pela ação de bactérias. Dependendo do tipo de bactéria presente, a água adquire uma tonalidade amarronzada, aparentando o mesmo tipo de turbidez causada por partículas de argila em suspensão. Relata-se a seguir a ocorrência registrada na ombreira esquerda da barragem de São Simão, da Cemig, onde a turbidez da água de drenagem era causada pela ação de bactérias.

Em uma inspeção de campo realizada em 1995, no sistema de drenagem da barragem de terra-enrocamento da ombreira esquerda de São Simão, constatou-se que a caixa do medidor de vazão VV-007 apresentava água turva, mas que essa turbidez aparentava ser de algum material coloidal em suspensão. Recomendou-se, então, a coleta de amostras d'água e sua análise em laboratório bacteriológico para se identificar a eventual presença de bactérias ou outros microrganismos na água. Providenciou-se dessa forma a coleta de amostras com todo o cuidado e em frascos apropriados, sendo enviadas para o Laboratório da Seção de Biologia da Fundação Centro Tecnológico de Minas Gerais, em Belo Horizonte.

O ensaio foi realizado em uma amostra d'água com 1,0 ml, revelando uma quantidade superior a 300 colônias de bactérias por placa de Petri, o que já caracteriza um número elevado. Uma amostra d'água para ser considerada potável, por exemplo, deve apresentar no máximo 10 colônias de bactérias por placa de Petri, sendo 300 colônias o limite que se consegue contar. Essas colônias eram do grupo ferro-bactérias, que se desenvolvem em ambientes com baixo teor de oxigênio, entre 0,5% e 1,0%. Águas com essas características geralmente são encontradas no fundo dos reservatórios, em profundidade, ou em locais com alto teor de matéria orgânica em estado de alteração, que retiram o oxigênio do meio durante sua putrefação. Nas proximidades do medidor VV-007 de São Simão, existia uma região com água estagnada e crescimento de plantas do tipo taboa, que poderia caracterizar esse tipo de ambiente.

Constatou-se que a turbidez das águas de drenagem na caixa do medidor VV-007 era provocada pela ação de bactérias, e não pelo transporte de partículas sólidas carreadas pelas águas de drenagem. Isso foi corroborado *in situ* pela ausência de sedimentos no fundo da caixa de drenagem, que constituiriam indício do transporte de partículas sólidas pelas águas de drenagem.

A ação de microrganismos pode também provocar a colmatação dos filtros em barragens de terra, conforme observado inicialmente na barragem do Rio Grande, em São Paulo, pela ação de bactérias que dissolviam o ferro e provocavam sua precipitação na região de oscilação do nível d'água a jusante, conforme pode ser observado na Fig. 13.17. Mais detalhes sobre este caso podem ser obtidos nos trabalhos de Guerra (1980) e Infanti e Kanji (1974).

Outro interessante caso de colmatação do sistema de drenagem interna de uma barragem pela ação de bactérias ferruginosas ocorreu na barragem de Piau, da Cemig, indicado pela instrumentação instalada na barragem. Trata-se de um caso recente e de grande interesse técnico, podendo-se obter mais detalhes no trabalho de Carim et al (2004), apresentado em Seul na 72ª reunião anual do ICOLD, no Workshop "Dam Safety Problems and Solutions – Sharing Experiences".

Outras informações sobre a colmatação química de filtros por compostos de ferro poderão ser obtidos nos trabalhos de Nogueira Jr. (1986) e Maciel Filho (1988).

Fig. 13.17 *Colmatação de camadas de areia, pedrisco e brita na região do dreno de pé da barragem do Rio Grande*

13.6 A importância da automação na detecção de aumentos súbitos de vazão

Quando estavam sendo estudadas as freqüências para os vários tipos de instrumentos das barragens de terra-enrocamento, apresentados pela Comissão Técnica "Auscultação e Instrumentação de Barragens no Brasil", do CBDB, e publicado como volume 1 do "II Simpósio sobre Instrumentação de Barragens", realizado em 1996, discutiu-se com relação aos medidores de vazão se os mesmos deveriam ser lidos semanalmente ou quinzenalmente, durante a fase de operação. Recomendou-se, finalmente, que os medidores de vazão deveriam ser lidos com as seguintes freqüências:

- Fase de enchimento do reservatório .... diária
- Período inicial de operação .... 3 semanais
- Período operacional .... semanal

Em algumas barragens, entretanto, é usual se constatar que as vazões de drenagem são lidas com freqüência quinzenal, em função da redução das equipes de leitura e da falta de pessoal. Trata-se de uma freqüência muito espaçada, de modo que, se houver um aumento súbito de vazão, o que já ocorreu em outras barragens, isso não seria detectado, como foi o caso da barragem de Pampulha, no Brasil, e da barragem de Teton, nos Estados Unidos, que romperam em decorrência de mecanismos de erosão interna. Essas barragens não eram dotadas de medidores de vazão, mas, se o fossem, de pouco valor teriam sido esses instrumentos se as vazões de drenagem estivessem sendo lidas apenas a cada 15 dias. Deve-se destacar com relação à barragem de Teton que a ruptura ocorreu na fase de enchimento do reservatório, quando as vazões deveriam estar sendo lidas diariamente, conforme recomendações do CBDB.

Uma das vantagens da automação da instrumentação civil de uma barragem é justamente o fato de possibilitar a realização de leituras mais freqüentes, por exemplo, de hora em hora, o que permite a pronta detecção de anomalias bruscas, conforme será mostrado a seguir com o exemplo da barragem de Songa, na Noruega.

Essa barragem é de enrocamento com núcleo de material morâinico, como é o caso usual das barragens de enrocamento construídas na Suécia, Noruega e Finlândia, possuindo 41,5 m de altura máxima e 1.020 m de comprimento, construída entre 1959 e 1962 (Fig. 13.18).

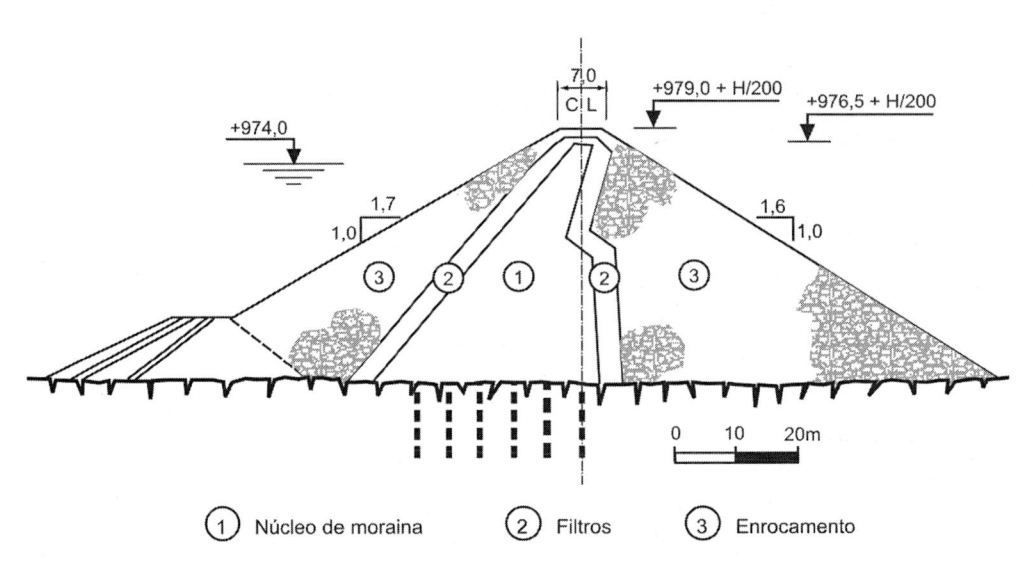

Fig. 13.18 *Seção transversal da barragem de Songa, na Noruega (Torblaa e Rikartsen, 1997)*

O núcleo da barragem apóia-se em rocha sólida constituída por granito-gnaisse, onde as fissuras superficiais foram seladas com concreto e os blocos de rocha soltos devidamente removidos. O material do núcleo é constituído por uma moraina de material relativamente grosseiro, com coeficiente de permeabilidade entre 1×10^{-6} e 6×10^{-5} cm/s. Blocos de rocha maiores que 150-200 mm foram removidos na área de empréstimo, sendo utilizados nas proximidades da transição de jusante. Em ambos os lados do núcleo, zonas de filtro relativamente espessas foram executadas com 3,5 m de largura, consistindo em areia com cascalho. Comparando-se com os critérios de filtro atuais, verifica-se que os materiais empregados nos filtros e transições dessa barragem não o satisfazem plenamente, conforme salientado por Torblaa e Rikartsen (1997).

De 1976 a 1991, três aumentos súbitos de vazão (*water outbursts*) foram detectados. Os recalques da crista nunca ultrapassaram 0,6% da altura da barragem na seção. No período de 1964 a 1991, as vazões de drenagem médias variaram entre os valores a seguir apresentados, que em termos de vazão específica correspondiam a 0,3 ℓ/min/m, valor este relativamente baixo.

- Ombreira direita .... 30 a 60 ℓ/min
- Parte central .... 180 a 240 ℓ/min
- Ombreira esquerda .... 42 a 60 ℓ/min

As investigações realizadas após a detecção desses aumentos súbitos de vazão revelaram a existência de uma área em forma de semicírculo, localizada no talude de montante da barragem, onde o enrocamento se encontrava cerca de 0,5 m a 1,0 m abaixo da cota original, conforme pode ser observado na Fig. 13.19. O local onde ocorreu o deprecio-namento está praticamente na mesma seção transversal de onde ocorreu o jorro d'água (posição 9).

Cinco furos de sondagem foram executados na região do núcleo da barragem de Songa, empregando-se a técnica da sondagem sônica. Constatou-se a existência de uma região fofa entre 19,5 m e 23,0 m de profundidade e observou-se perda d'água total entre 9,8 m e 19,3 m de profundidade. Ensaios de permeabilidade *in situ* na zona de baixa compacidade revelaram coefi-cientes de permeabilidade entre 2×10^{-1} cm/s e 2 cm/s, que cor-respondem praticamente ao de um cascalho fino. Ensaios *in situ* nas outras regiões do núcleo revelaram valores de permeabilidade entre 3×10^{-2} cm/s e 5×10^{-5} cm/s.

No dia 11 de agosto de 1994, com o reservatório na El. 971,6 m, a vazão de drenagem sofreu um aumento brusco de 1,25 ℓ/s (75 ℓ/min) para 107 ℓ/s (6.420 ℓ/min) e voltou

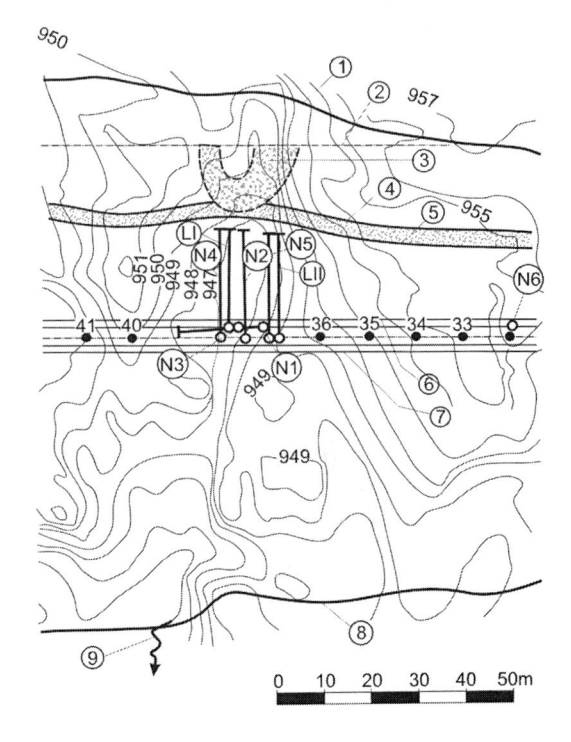

① Pé de montante
② Nível d'água
③ Área de recalque
④ Limite do filtro
⑤ Limite do filtro
⑥ Crista
⑦ Limite do núcleo
⑧ Pé de jusante
⑨ Local do jorro

Fig. 13.19 *Planta da barragem e da rocha de fundação na região das altas infiltrações (Torblaa e Rikartsen, 1997)*

para valores normais após 6,3 horas, conforme pode ser observado no gráfico da Fig. 13.20.

O registro desse jorro (*water outburst*) só foi possível graças ao sistema de automação instalado no outono de 1992, que permitiu o registro contínuo das vazões de drenagem nos três medidores de vazão instalados em Songa. Esse problema foi causado provavelmente por um vazio no aterro resultante de um processo de fraturamento hidráulico, combinado com um filtro inadequado a jusante. A redução de vazão foi causada pelo colapso do teto e pelo bloqueio temporário das partículas carreadas para o filtro de jusante. O processo repete-se após algum tempo, causado pelo filtro de transição, que não retém as partículas por muito tempo.

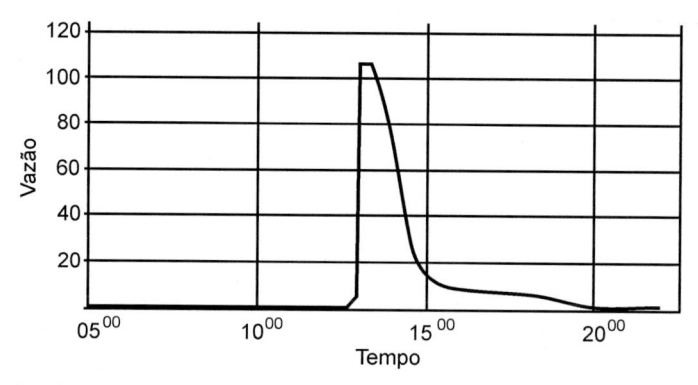

Fig. 13.20 *Gráfico do aumento brusco de vazão observado na ombreira direita em 11 de agosto de 1994, com reservatório El. 971,6 m (Torblaa e Rikartsen, 1997)*

O exemplo apresentado sobre a barragem de Songa, na Noruega, ressalta a importância de se ter leituras praticamente contínuas das vazões de drenagem nas barragens passíveis de sofrerem erosão interna. O exemplo de Songa revela que em alguns casos o aumento de vazão ocorre de modo extremamente brusco e em poucas horas, de modo que pode escapar da detecção de instrumentos convencionais, mesmo com leituras realizadas a cada 24 horas. A não detecção de um mecanismo desse tipo no devido tempo poderá dar a falsa indicação de que a barragem apresenta um comportamento normal e satisfatório, quando, na realidade, estará se aproximando de uma condição de ruptura, por um mecanismo de erosão interna, semelhante ao que provocou a ruptura das barragens de Pampulha, no Brasil, e Teton, nos Estados Unidos.

14 Proteção dos Instrumentos Elétricos de Corda Vibrante contra Sobretensão

> *Instrumentation and measurement systems, installed as the dam is constructed, allow the owner and engineer to track the response of the dam during its initial loading and provide the opportunity to stop the filling if there are indications of an impeding problem. Dams that do not perform as expected may require remediation.*
>
> ASCE, 2000.

14.1 Introdução

A experiência com a instrumentação de barragens de terra-enrocamento no Brasil – particularmente nas últimas quatro décadas, quando passaram a ser empregados os instrumentos dotados de transdutores de corda vibrante – tem enfatizado a importância de proteção dos instrumentos elétricos contra sobretensões decorrentes principalmente de descargas atmosféricas, para se evitar sua danificação. Atualmente já existem estudos sobre a atuação das descargas atmosféricas nos instrumentos que são instalados no aterro de uma barragem de terra-enrocamento.

Deve-se sempre ter em mente que os instrumentos elétricos de auscultação de uma barragem, por ficarem inseridos no interior do maciço compactado ou de sua fundação, não têm como serem reparados, quando danificados. Devido à impossibilidade de substituição e aos freqüentes danos causados por descargas atmosféricas nos instrumentos de sensores de corda vibrante, recomenda-se o máximo cuidado no projeto e na proteção do sistema de auscultação da barragem, para que todo o empenho na aquisição, calibração, instalação e operação inicial dos instrumentos não seja em vão.

São conhecidos casos de barragens em que a falta de um sistema de proteção adequado danificou quase 50% dos instrumentos instalados, o que em qualquer barragem instrumentada poderia prejudicar seriamente o acompanhamento de seu desempenho futuro e impedir uma boa supervisão das condições de segurança durante a vida útil da obra. Portanto, o empenho na preparação de um projeto de instrumenta-ção bem elaborado e com um sistema de proteção adequado será gratificante no futuro, ao permitir dados relevantes durante as várias décadas de operação de uma barragem.

14.2 Histórico de casos

A barragem de Ilha Solteira da Cesp, na divisa entre os Estados de São Paulo e Mato Grosso do Sul, construída no período entre 1969 e 1973, consistiu em um marco histórico sobre a instrumentação de auscultação de barragens de terra-enrocamento no Brasil, em decorrência de seu porte e da época em que foi construída. Considerando-se que, na época, eram utilizados, praticamente pela primeira vez no País, determinados tipos de instrumentos ou de sensores, decidiu-se, nessa barragem, instalar dois ou mais tipos de instrumentos em conjunto, com princípios de funcionamento diferentes, para se conhecer os de melhor performance. Os instrumentos do tipo corda vibrante, alguns dos quais já eram empregados em laboratório – com excelentes resultados e precisão –, revelaram na barragem de Ilha Solteira uma experiência frustrante, visto que a grande maioria dos instrumentos foi danificada nos primeiros anos de operação devido a descargas atmosféricas nas proximidades da barragem. Tratou-se de uma experiência tão negativa, que o fabricante – a Maihak da Ale-manha – enviou, nos anos seguintes, um representante ao Brasil, para estudar com os técnicos da Cesp e o Consórcio Projetista da barragem de Água Vermelha, em fase de projeto construtivo no período de 1974 a 1978, uma solução para o problema.

Dos estudos e investigações que se seguiram, nos quais foram envolvidos também engenheiros da área elétrica, verificou-se que os danos haviam sido causados por altas voltagens induzidas por tormentas com descargas atmosféricas, o que foi contornado pelos seguintes dispositivos:

• Utilização de cabos elétricos blindados, ou seja, os fios que se conectavam aos sensores de corda vibrante ficavam na parte mais central do cabo, que era protegido externamente por uma malha de cobre. Esse tipo de proteção evitou a indução de altas correntes nos fios do instrumento durante descargas atmosféricas.

• Instalação de um dispositivo nos sensores para, no caso de uma sobretensão, provocar um curto-circuito, evitando danificar os frágeis sensores de corda vibrante.

• Aterramento da blindagem dos cabos de todos os instrumentos de corda vibrante.

• Aterramento das caixas seletoras, nas centrais de leitura, de forma independente.

• Execução do sistema de aterramento com hastes de *copperweld* profundas, de modo que atinja o nível freático, em pelo menos dois metros de profundidade.

Esse sistema de proteção foi bastante eficiente, pois, no período entre 1976 e 1981, em que se teve a oportunidade de acompanhar os resultados da instrumentação da barragem de Água Vermelha, não houve instrumentos de corda vibrante danificados.

Shoup (1992) apresenta o relato de três casos históricos: o primeiro deles descreve a experiência com uma grande barragem, onde os instrumentos foram instalados em uma área de 300 m x 600 m de extensão. Os cabos foram conduzidos até uma estação central de leitura, sem um sistema de aterramento apropriado. Ocorreram danos sérios, durante a primeira tormenta com descargas atmosféricas na área, causando a perda de aproximadamente 50% dos instrumentos instalados.

Nos outros dois exemplos apresentados por esse autor, cerca de 20% dos instrumentos foram danificados quando ocorreu as primeiras descargas atmosféricas, nas proximidades da obra instrumentada. Entre as lições aprendidas com a análise desses casos, Shoup destaca que os instrumentos mais afetados por descargas atmosféricas foram aqueles instalados à maior profundidade, dotados normalmente de cabos mais longos. Ele ainda recomenda que o sistema de aterramento deveria se prolongar até abaixo dos sensores mais profundos.

14.3 Tipos de danos provocados por sobretensão

Dispositivos eletrônicos com uma voltagem de colapso dielétrico baixa são extremamente suscetíveis a danos, a menos que técnicas efetivas sejam empregadas para reduzir as fontes de voltagem a níveis aceitáveis, antes que elas atinjam componentes internos mais sensíveis. A maioria dos dispositivos semicondutores e os circuitos eletrônicos altamente integrados são vulneráveis a danos por voltagens, geralmente inferiores a 100 volts. Verifica-se, então, que o transiente induz, nos cabos dos instrumentos eletrônicos, voltagens que podem exceder a alguns milhares de volts, momentaneamente, implicando milhares de amperes, em termos de corrente. Conforme reportado pela Asce (2000), a situação é análoga a um ônibus parado sobre um trilho ferroviário, com um trem se aproximando a 150 km/h. A catástrofe poderia ser evitada, somente se o operador desviar o trem para uma linha paralela antes do ponto de impacto. A proteção transiente deve operar efetivamente deste modo. O transiente não pode ser interrompido e o frágil instrumento não pode ser desconectado de seu cabo, para que a alta energia transiente seja desviada para um local apropriado.

Transientes oriundos de distúrbios externos, tal como de uma descarga atmosférica, são freqüentemente induzidos pelos cabos dos instrumentos, de modo semelhante aos sinais de voltagem induzidos por uma antena de rádio e, subseqüentemente, detectados pelo rádio receptor. Infelizmente, a resistência de campo elétrico nas proximidades de uma descarga elétrica é de algumas ordens de magnitude superior ao sinal de rádio de maior intensidade. Além disso, o cabo do instrumento pode constituir uma antena muito eficiente para a conjugação de energia com certa freqüência de "bandas" resultantes da descarga atmosférica. Essa conjugação de transientes críticos, nos cabos condutores dos instrumentos, ocorre de modo freqüente, quando técnicas apropriadas de instalação da cabagem da instrumentação não são observadas. Esses transientes destrutivos aparecem normalmente nos instrumentos de auscultação das barragens de terra-enrocamento, por ficarem mais expostos às descargas atmosféricas nos períodos de tormenta.

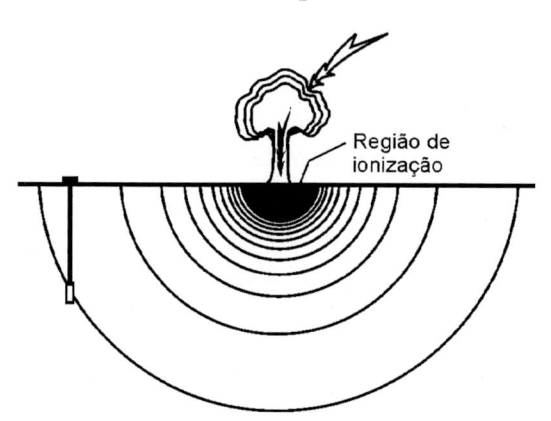

Fig. 14.1 *Mecanismo de indução de altas voltagens, por ocasião de descargas atmosféricas nas proximidades do instrumento*

Nesse tipo de barragem, em que os instrumentos dotados de sensores de corda vibrante são enterrados na fundação ou no aterro da barragem, tais como os piezômetros, células de pressão total e células de recalque, os danos são normalmente provocados por correntes elétricas induzidas ao longo dos cabos elétricos dos instrumentos, conforme Fig. 14.1. Nessa figura, ilustra-se um instrumento instalado em pro-fundidade e localizado nas proximidades de uma árvore que é atingida por um raio. As linhas concêntricas são de isovoltagem no instante da descarga atmosférica. Cada linha representa uma diferença de voltagem de 50 kV (50.000 V). Assim, conclui-se que a diferença de voltagem entre o instrumento em profundidade e o terminal de leitura na superfície do terreno pode, facilmente, ultrapassar 10 kV (10.000 V), mesmo no caso de sensores não muito profundos. Os sensores, os cabos elétricos e os terminais de leitura não podem, evidentemente, suportar essas altas tensões, tendo como resultado a ocorrência de arco voltaico ou centelhas que "queimam" os sensores e provocam furos e danos na proteção dos cabos. Mesmo quando os sensores não são destruídos, os furos causados nos cabos acabam provocando infiltrações d'água, que lentamente aumentam a ocorrência de ruídos, interferências, resultando leituras espúrias. A experiência tem revelado que os sensores mais profundos são geralmente os mais danificados.

Altas tensões nos cabos dos instrumentos elétricos podem ser induzidas também por outras fontes ou equipamentos, como a ilustrada na Fig. 14.2 – uma linha de transmissão cujas altas voltagens provocam campos eletromagnéticos nas proximidades, induzindo correntes elétricas ao longo do cabo dos instrumentos instalados nas proximidades, pode causar leituras anômalas, decorrentes do excesso de ruído e de outras interferências no sistema de medição.

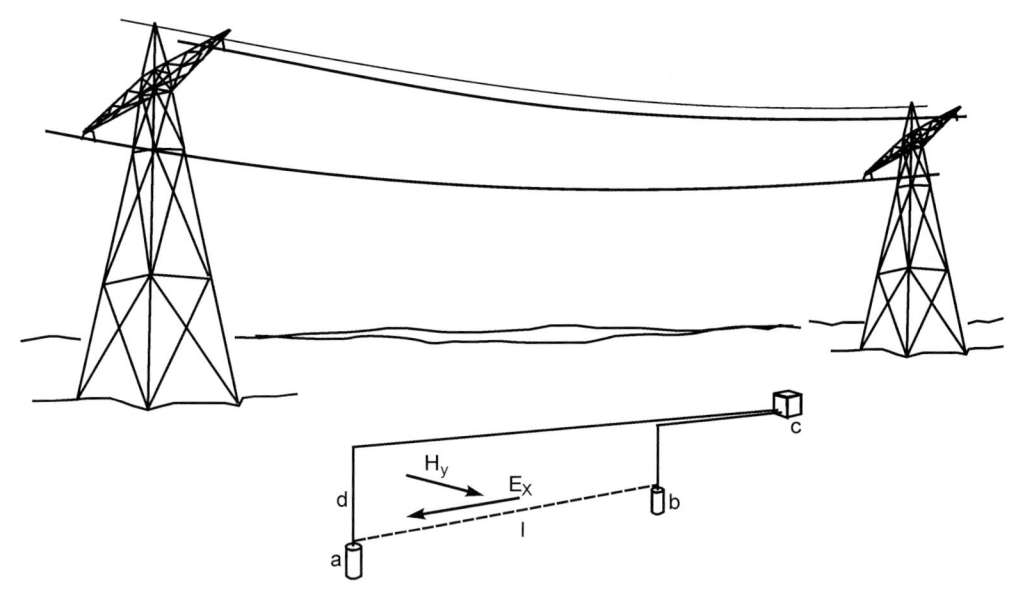

Fig. 14.2 *Indução de corrente elétrica nas proximidades de uma linha de transmissão*

A ocorrência de descarga atmosférica, a cerca de 250 m de um cabo elétrico com 1.000 m de comprimento, pode expor o cabo a uma voltagem de 10 kV (10.000 V). Como exemplo, cita-se que, no projeto de instrumentação da barragem de Irapé, no rio Jequitinhonha, ao se fazer uma proporcionalidade com os cabos elétricos dos instrumentos que seriam instalados nas El. 350 m e El. 380 m, empregando cabos com comprimentos de 200 m, constatou-se que eventuais descargas induzidas pela linha de transmissão poderiam induzir voltagens de até 2.000 V nos cabos elétricos, o que certamente causaria danos irreparáveis nos instrumentos ou nos cabos. Dessa forma, verifica-se que, na seleção das "seções-chave" a serem instrumentadas em uma barragem, deve-se fazer uma reunião prévia com os engenheiros da área elétrica, para saber qual a localização das linhas de transmissão, a fim de que exista um bom afastamento entre as seções instrumentas e essas linhas de transmissão.

14.4 Sistemas de proteção recomendados

A seguir destacam-se os sistemas de proteção mais adequados para a instrumentação de proteção de barragens de terra-enrocamento, tendo por base essencialmente a boa experiência com a instrumentação da barragem de Água Vermelha e as recomendações de Shoup (1992) para a proteção dos sensores de corda vibrante e cabos elétricos em instrumentação geotécnica.

14.4.1 Aterramento da área

Shoup (1992) recomenda um sistema de aterramento com pelo menos dois pára-raios, instalados nas proximidades da barragem, nos pontos mais elevados do terreno, com dispositivos de aterramento adequados, visto que a eficiência dos pára-raios está diretamente ligada à qualidade do aterramento. O propósito desse sistema é atrair as descargas atmosféricas para fora da área da barragem, que, de outra forma, pode induzir correntes elétricas de até 216.000 A (amperes) nos cabos dos instrumentos elétricos. Os pára-raios devem ser instalados a uma distância de 100 m, porém, não mais afastados que 1.000 m do sensor mais próximo, cabo ou central de leitura. Os cabos de aterramento desses pára-raios deverão ser conduzidos diretamente para baixo e para fora da área da barragem, devendo se aprofundar, preferencialmente, até abaixo da cota do sensor mais profundo.

14.4.2 Importância de cabos elétricos blindados

Todos os instrumentos de corda vibrante (compreendendo os piezômetros, células de pressão total e células de recalque) deverão ser dotados de cabos blindados, para melhor proteção contra altas sobretensões, por ocasião de descargas atmosféricas. Atualmente, nas instalações elétricas realizadas normalmente em uma barragem, são utilizados somente cabos elétricos blindados, para melhor proteção dos equipamentos e dispositivos elétricos a eles conectados.

Tendo em vista que os equipamentos elétricos que protegidos em uma subestação ou casa de força de uma barragem podem, normalmente, ser substituídos, se danificados, verifica-se que os cabos elétricos dos instrumentos embutidos em uma barragem deverão ser necessariamente blindados; esses instrumentos serão perdidos em definitivo, se danificados por descargas atmosféricas. Deve-se ter em mente que, na atual otimização dos projetos de instrumentação de uma barragem, não se instalam mais instrumentos em duplicata ou redundância, de modo que se devem concentrar esforços na proteção dos instrumentos de auscultação, na fase de projeto e instalação, para assegurar a boa supervisão das condições de segurança da barragem durante toda a sua vida útil, normalmente ao longo de 50 anos.

14.4.3 Aterramento e proteção dos instrumentos de corda vibrante

O emprego de cabos blindados com malha de cobre não asseguraram uma proteção perfeita dos instrumentos de auscultação de uma barragem, tendo em vista as elevadas voltagens induzidas durante descargas atmosféricas, nas cercanias da barragem. Dessa forma, de modo semelhante à proteção adotada na barragem de Água Vermelha, recomenda-se a instalação dos seguintes tipos de proteção ou aterramento adicional:

• Todos os transdutores de corda vibrante devem ser dotados de um dispositivo de proteção do circuito eletrônico contra sobretensão, de modo que provoque um curto-circuito nas correntes elétricas que ultrapassarem àquela admissível pelo transdutor.

• Cada um dos instrumentos deve ser dotado de uma proteção multiestágio (*multistage protection*), por meio do emprego do pára-raios de tubo com gás e diodos (*gas tubes arrestors and transorbs diodes*), conforme proposição da Rocktest, ou algo similar. Deve-se atentar para o fato de que os pára-raios a gás devem ser devidamente aterrados nas centrais de leitura, conforme já comentado. A boa eficiência dos pára-raios está diretamente condicionada à boa eficiência do sistema de aterramento, para que as sobretensões sejam devidamente descarregadas no terreno.

• Tendo em vista a recomendação de Shoup (1992) de que o aterramento deve se estender até abaixo dos sensores mais profundos, recomenda-se, para o caso das seções instrumentadas em uma barragem, que a execução do aterramento em cada seção seja aprofundada até cerca de 3,0 m abaixo dos instrumentos mais profundos.

Se um instrumento puder ser inteiramente contido dentro de um recipiente blindado eletromagneticamente, nenhuma descarga, mesmo que severa, poderia danificá-lo. Manter o instrumento dentro dessa gaiola de Faraday representa o limite do que pode ser postulado para minimizar a exposição. Isso não é prático, dado ao fato de o instrumento ter de ser conectado a um cabo para a medição. Um exemplo de maximização à exposição, em um aterro de barragem, seria a distensão do cabo elétrico do piezômetro desde uma ombreira da barragem, mantendo-se o caminhamento do mesmo ao longo da crista, até um ponto de medição na outra ombreira. Um instrumento elétrico, instalado e conectado dessa maneira, seria improvável de sobreviver por muito tempo em um local onde descargas atmosféricas poderiam ocorrer, mesmo que dispositivos de proteção efetivos contra transientes tivessem sido utilizados. Entretanto, há procedimentos práticos para a instalação da instrumentação de auscultação de barragens que se situam entre esses dois extremos, que consistem na minimização dos comprimentos dos cabos enterrados e no arranjo da cabagem dos instrumentos ao longo de uma seção transversal da barragem, conforme Fig. 14.3. O resultado dessa estratégia na execução da cabagem é o de reduzir a eficiência do efeito antena, conforme descrito anteriormente.

Na Fig. 14.4, apresenta-se o diagrama esquemático de um deflagrador prático de multiestágio, utilizado para sinais de instrumentação no campo geotécnico. Para evitar sobrecarga nos dispositivos de derivação de segundo estágio, um equipamento adequado deve ser colocado em série entre os dos estágios que apresentam alta impedância do primeiro sinal do transiente, basicamente enviando-o de volta para o tubo de descarga a gás, para queimar. Resistores são freqüentemente usados para esse propósito, uma vez que são relativamente de baixo custo, mas isso introduz erros de resistência no circuito se o mesmo for utilizado para medição de dois terminais de resistência. Um indutor pode também servir para a função desejada, enquanto se minimiza o erro de inserção da resistência, mas os indutores são mais caros e limitam a largura da banda do sinal que passa através do protetor.

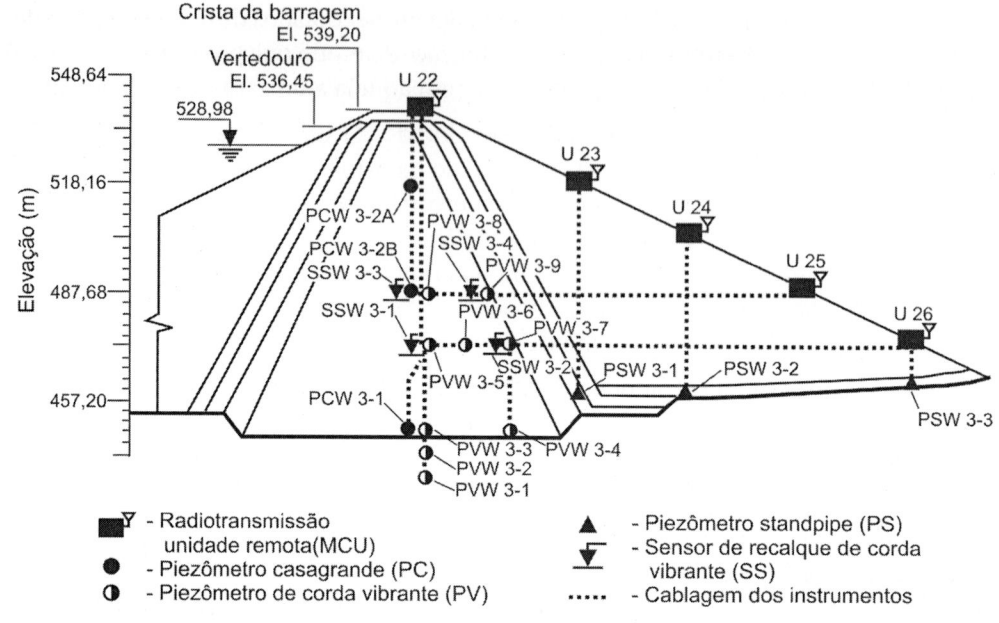

Fig. 14.3 *Instrumentos conectados aos componentes do Adas no empreendimento de Diamond Lake (EUA)*

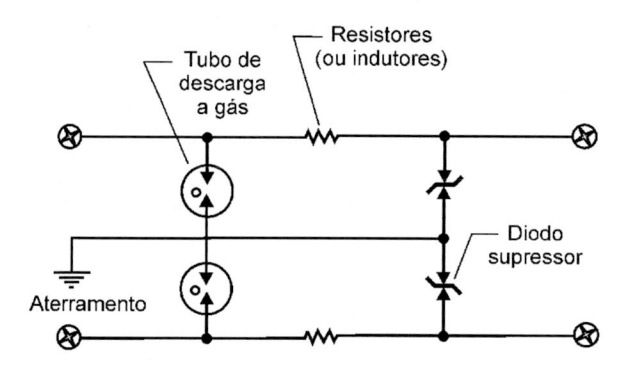

Fig. 14.4 *Diagrama esquemático de um circuito deflagrador de transientes em multiestágio*

O dispositivo de ação mais rápido deve desviar a parte inicial do transiente que o atinge antes que o tubo de gás queime e deve limitar a voltagem que aparece no instrumento sensível em um nível que não cause dano. Esses dispositivos, chamados de diodos supressores, pertencem a uma classe referida como dispositivos para manter um certo nível de potencial (*clamping*). Em adição, para providenciar uma defesa final contra danos devidos à voltagem, o *clamping* na voltagem desses dispositivos deve ser alto o suficiente, para não estreitar o sinal da medida, resultando em erros severos.

14.5 Conclusões

A experiência com a instrumentação geotécnica de barragens de terra-enrocamento possibilitou, nos últimos anos, o emprego prioritário de instrumentos de corda vibrante, em função de sua resolução, precisão, possibilidade de leitura remota e baixo custo relativo. Para que esses instrumentos apresentem uma vida útil compatível com a da obra, ou seja, que assegurem dados confiáveis ao longo de algumas décadas (três, geralmente, é a vida útil atual dos sensores de corda vibrante), faz-se necessário prever, na fase de projeto, uma proteção adequada dos instrumentos e dos cabos de leitura, para se evitar que uma alta porcentagem dos instrumentos seja rapidamente danificada por descargas atmosféricas, conforme observado em outras barragens. Dessa forma, considera-se como dispositivos essenciais para a proteção dos instrumentos de corda vibrante o emprego de cabos blindados e proteção contra sobretensão nos sensores de cada instrumento, uso de pára-raios a gás no terminal de leitura dos instrumentos (devidamente aterrados) e aterramento adequado da blindagem de proteção dos cabos, de preferência na parte inferior da fundação.

Tendo em vista que os instrumentos elétricos a serem embutidos no aterro de uma barragem, tais como os piezômetros, células de pressão total e células de recalque de corda vibrante, serão perdidos em definitivo, se danificados por descargas atmosféricas, recomenda-se o máximo empenho no projeto e na instalação dos dispositivos de proteção dos instrumentos e cabos. Deve-se ter sempre em mente que, na atual otimização dos projetos de instrumentação de uma barragem, na qual não se instalam mais instrumentos em duplicata ou redundância, é importante concentrar esforços na proteção de todos os instrumentos de auscultação, para assegurar uma boa supervisão das condições de segurança da barragem durante sua vida útil.

Na atualidade, não há instrumentos mais precisos e confiáveis que os instrumentos de corda vibrante prevendo-se que, apenas daqui a alguns anos, é que poderão ser substituídos pelos instrumentos dotados de cabos e transdutores de fibra ótica, que apresentam a vantagem de não serem afetados por descargas atmosféricas. Isso demandará mais alguns anos, até que se tenham informações adequadas sobre o desempenho dos mesmos, sobre condições reais de obra, para saber qual é a vida útil desses instrumentos.

15 Cabines de Instrumentação: Tipos, Objetivos e Recomendações

Aqueles que se recusam a aprender com os erros do passado são condenados a repeti-los para sempre.

Santayana

Os instrumentos de auscultação, normalmente embutidos no maciço das barragens de terra ou de enrocamento, têm, em geral, seus cabos ou suas tubulações encaminhadas até o talude de jusante ou proximidades da crista da barragem, para serem lidos periodicamente, segundo as freqüências de leitura recomendadas em projeto. Constrói-se no local uma cabine de instrumentação, que consiste em uma pequena construção, preferencialmente localizada em uma berma ou no pé de jusante da barragem, em local de fácil acesso. Internamente, as cabines de instrumentação devem ser bem ventiladas e protegidas das altas temperaturas do exterior, por meio de um projeto apropriado, para não submeter os aparelhos e painéis de leitura a altas temperaturas ou umidade. Deve-se sempre ter em mente que, no interior dessas cabines, serão instalados instrumentos e aparelhos de alta precisão, que precisarão ser mantidos em boas condições ambientais para que possam operar a contento durante várias décadas.

No interior das cabines de leitura, são instalados, nas paredes, os painéis de leitura dos instrumentos hidráulicos e pneumáticos, os aparelhos de leitura dos instrumentos de corda vibrante, as caixas seletoras dos instrumentos elétricos de resistência etc., além de bancadas para o apoio dos equipamentos e armários para o armazenamento das ferramentas usuais de manutenção e outras peças destinadas à manutenção e proteção dos instrumentos. Os instrumentos hidráulicos e pneumáticos são geralmente lidos em um painel dotado de manômetros, conforme ilustrado na Fig. 15.1, na qual pode ser observado o painel dos piezômetros hidráulicos do tipo inglês (BRS), utilizados na medição das pressões neutras na barragem de terra de Chavantes, que entrou em operação em 1970.

Fig. 15.1 *Painel de leitura dos piezômetros hidráulicos, na barragem de Chavantes, da Duke Energy*

Na Fig. 15.2, pode-se observar o equipamento de leitura dos piezômetros de corda vibrante da Maihak, conectado ao painel de leitura na cabine de instrumentação da barragem de Chavantes, da Duke Energy.

Nas cabines de instrumentação, estão também os equipamentos para a leitura das células de pressão total e piezômetros hidráulicos tipo Gloetzl, os terminais de leitura das células de recalque do tipo caixa sueca, os terminais de leitura dos extensômetros simples ou múltiplos horizontais, geralmente instalados em barragens de enrocamento etc. Quando as cabines de leitura se localizam sobre o talude de jusante das barragens de enrocamento e são empregadas para a medição das células de recalque, deve-se atentar para o fato de que esses instrumentos fornecerão o recalque de um ponto no interior do maciço em relação à cabine de leitura, devendo o recalque destas ser determinado a partir de estações topográficas localizadas nas ombreiras, preferencialmente sobre afloramentos rochosos. As leituras das células de recalque e os nivelamentos das cabines de instrumentação deverão ser realizados sempre nos mesmos dias, para permitir a determinação mais precisa dos recalques "absolutos" da barragem.

Um dos grandes cuidados que se deve tomar durante a instalação das cabines de instrumentação é com a identificação dos cabos dos instrumentos, sejam eles elétricos, pneumáticos, sejam hidráulicos. A quantidade de cabos em algumas barragens pode atingir várias dezenas de instrumentos, a ponto de lhes exigir uma boa identificação, até que os mesmos estejam devidamente conectados ao painel de leitura. Existem cabos especiais fornecidos pelos fabricantes, que permitem sua identificação de metro em metro, por exemplo, entre o local de instalação e a cabine de leitura. Sabe-se

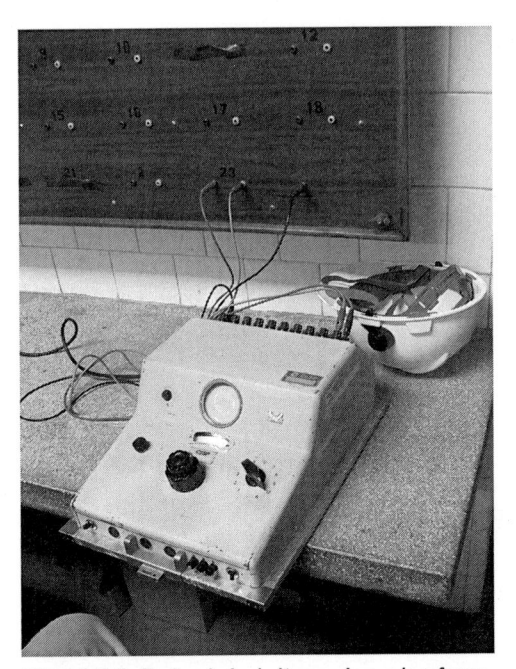

Fig. 15.2 *Painel de leitura dos piezômetros de corda vibrante, na barragem de Chavantes, da Duke Energy*

do caso de uma barragem brasileira em que os instrumentos foram adequadamente instalados e seus cabos conduzidos até a cabine, onde ficaram adequadamente protegidos para sua posterior ligação aos painéis de leitura. Ao se providenciar esta ligação, constatou-se a ausência de identificação nos cabos do instrumento, o que ocasionou a total perda da instrumentação embutida no maciço da barragem, por não se saber qual cabo correspondia a determinado instrumento.

A barragem de Água Vermelha, da Cesp, localizada no rio Grande, divisa entre os Estados de São Paulo e Minas Gerais, e construída no período entre 1974 e 1978, foi dotada de duas cabines de instrumentação, uma localizada sobre o maciço direito e outra sobre o esquerdo, conforme Fig. 15.3. Nessas cabines eram lidos os piezômetros de maciço e algumas células de pressão total, instaladas nas seções transversais correspondentes às respectivas cabines.

Dentre os instrumentos empregados na auscultação da barragem de Água Vermelha, incluíam-se os piezômetros de corda vibrante tipo Maihak, que empregaram pela primeira vez no Brasil cabos elétricos blindados para fazer a conexão dos instrumentos à cabine de leitura a jusante. Esses cabos eram dotados de uma malha de cobre, que protegia superficialmente os fios instalados no interior do cabo elétrico, o que, com a instalação de um cabo terra na cabine de instrumentação, evitou a perda

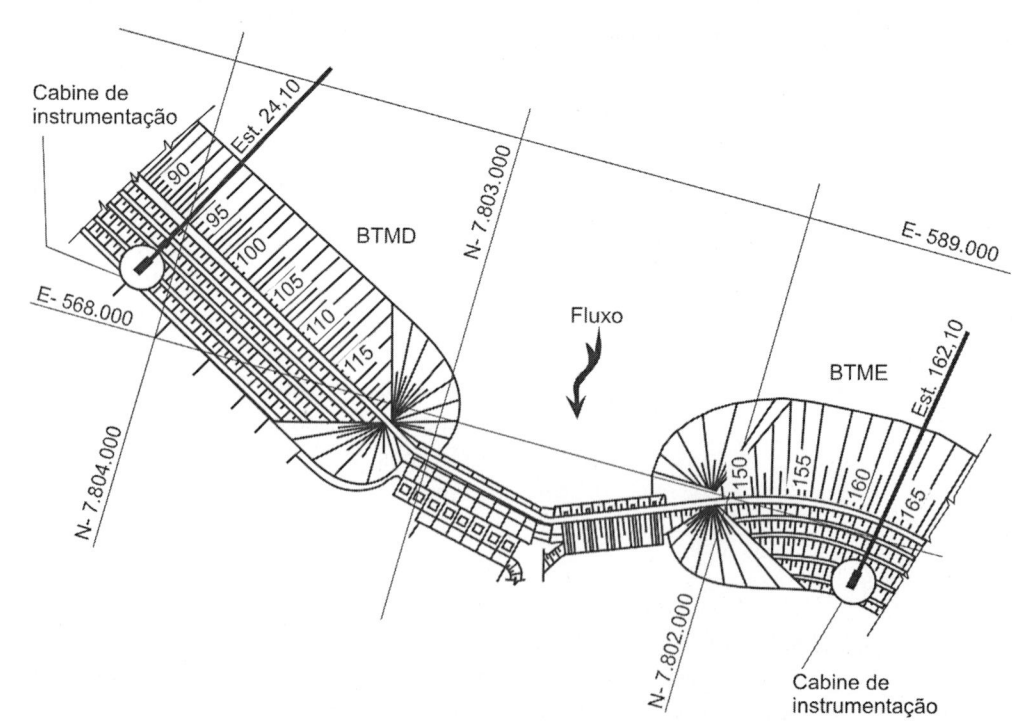

Fig. 15.3 *Locação das cabines de instrumentação da barragem de terra de Água Vermelha*

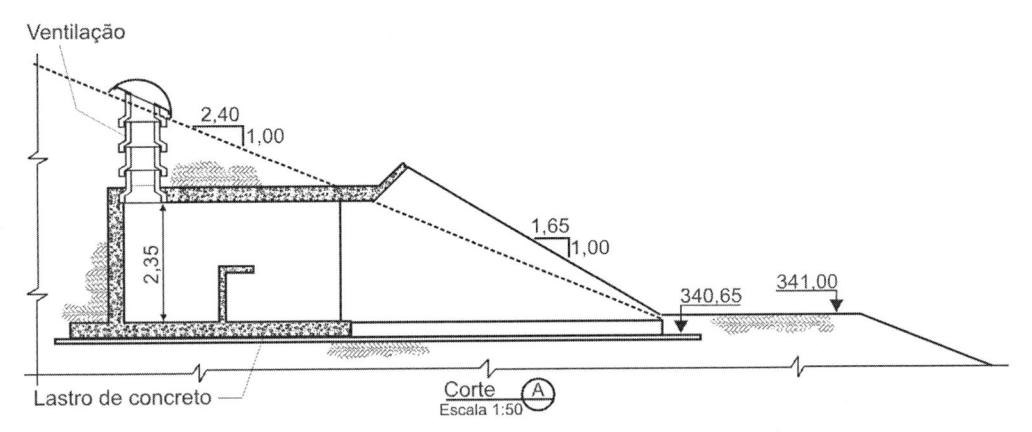

Fig. 15.4 *Seção longitudinal da cabine de instrumentação de Água Vermelha, embutida no maciço da barragem*

desses instrumentos durante descargas atmosféricas, conforme ocorrido anteriormente na barragem de Ilha Solteira, da Cesp. Além do aterramento da blindagem dos cabos elétricos dos piezômetros Maihak, providenciou-se o aterramento em separado das caixas seletoras, instaladas junto às cabines de leitura, o que permitiu uma boa proteção desse tipo de sensor, não ocorrendo a perda de nenhum instrumento de corda vibrante desde o período construtivo até 1981, ou seja, três anos após o enchimento do reservatório.

Tendo em vista que, durante o período construtivo, as cabines definitivas de instrumentação ainda não estão instaladas, deve-se providenciar nessa fase a instalação de uma cabine provisória, geralmente em madeira, até que a definitiva esteja pronta e em condições normais de utilização. Desde que se possa dispor de cabines de menor porte – que possam ser confeccionadas em concreto pré-moldado, por exemplo –, pode-se agilizar a instalação das mesmas em definitivo, não havendo nesses casos necessidade da cabine provisória.

Para as barragens executadas nas décadas de 1960 e 1970, era comum o emprego de cabines de grandes dimensões, com áreas geralmente da ordem de 20 m², conforme se pode observar na barragem de Água Vermelha, com dimensões de 4,0 x 4,4 m, que resultou em uma cabine com 17,6 m² de área interna. Na época, essa dimensão de cabine era para concentrar a instrumentação de auscultação em uma seção transversal bem instrumentada da barragem, por exemplo, a seção de maior altura, onde poderia ser lido um grande número de instrumentos. As cabines não podiam ser pequenas porque os instrumentos da época, geralmente do tipo pneumático ou hidráulico, exigiam a instalação de painéis com um grande número de manômetros. Além desses painéis de leitura dos instrumentos de auscultação, deixavam-se no interior das cabines uma bancada horizontal e armários onde pudessem ser guardados os equipamentos reservas, os aparelhos de leitura de outros instrumentos, ferramentas usuais de campo etc.

Nas Figs. 15.5 a 15.8, são apresentadas as cabines de instrumentação das barragens de Três Marias (1961), Chavantes (1970) e Marimbondo (1975), to-das elas de grande porte, com áreas internas da ordem de 16 m² a 20 m².

A cabine de instrumentação da barragem de Chavantes, construída em 1970, foi instalada imediatamente a jusante do pé da barragem (Fig. 15.8), ficando abaixo do nível do terreno, o que veio apresentar a grande vantagem de atenuar as altas temperaturas durante o período de verão e evitar grandes variações térmicas internamente. A parte mais alta dessa cabine corresponde à entrada da escada de acesso ao interior, cuja dimensão em planta pode ser vista pela construção mais baixa que aparece ao fundo.

Nos anos seguintes, particularmente a partir do início da década de 1980, muitas das barragens brasileiras de terra pos-suíam comprimentos da ordem de 3 km a 7 km, entre as quais se des-tacam Ilha Solteira (4.630 m), Jupiá (4.450 m), Três Irmãos (3.230 m), São Simão (2.880 m), Itaparica (4.700 m), Sobradinho (8.200 m), Tucuruí (6.700 m), Itaipu (5.150 m) etc. Passou-se, então, a empregar cabines de instrumentação de dimensões pequenas, uma vez que em barragens dessas dimensões geralmente era necessário ins-trumentar várias seções trans-versais ao longo da barragem, em função de sua altura máxima, das pecu-

Fig. 15.5 *Cabine de instrumentação da barragem de Três Marias, da Cemig*

Fig. 15.6 *Cabine de instrumentação da barragem de Marimbondo, de Furnas*

Fig. 15.7 *Painel de leitura na barragem de Marimbondo, de Furnas*

Fig. 15.8 *Cabine de instrumentação da barragem de Chavantes, da Duke Energy*

liaridades geológicas da fundação, da existência de juntas transversais de construção, da existência de trechos com sistema diferente de drenagem interna etc. O emprego de cabines com pequenas dimensões e executadas em concreto pré-moldado veio satisfazer essas novas exigências, conforme será ilustrado a seguir.

Na barragem de Jaguari, da Sabesp, próxima da cidade de Bragança Paulista, em São Paulo, com término de construção em 1981, procurou-se embutir a cabine de leitura da instrumentação da barragem de terra no aterro da barragem. Com o objetivo principal de reduzir custos, a cabine possuía dimensões pequenas, conforme Fig. 15.9. Essa cabine tinha dimensões mínimas para abrigar o painel de leitura dos piezômetros pneumáticos e de corda vibrante, instalados na seção transversal central. O leiturista não precisava entrar na cabine, mas permanecia na parte exterior para a realização das leituras, utilizando uma pequena bancada de concreto para o apoio dos equipamentos de leitura.

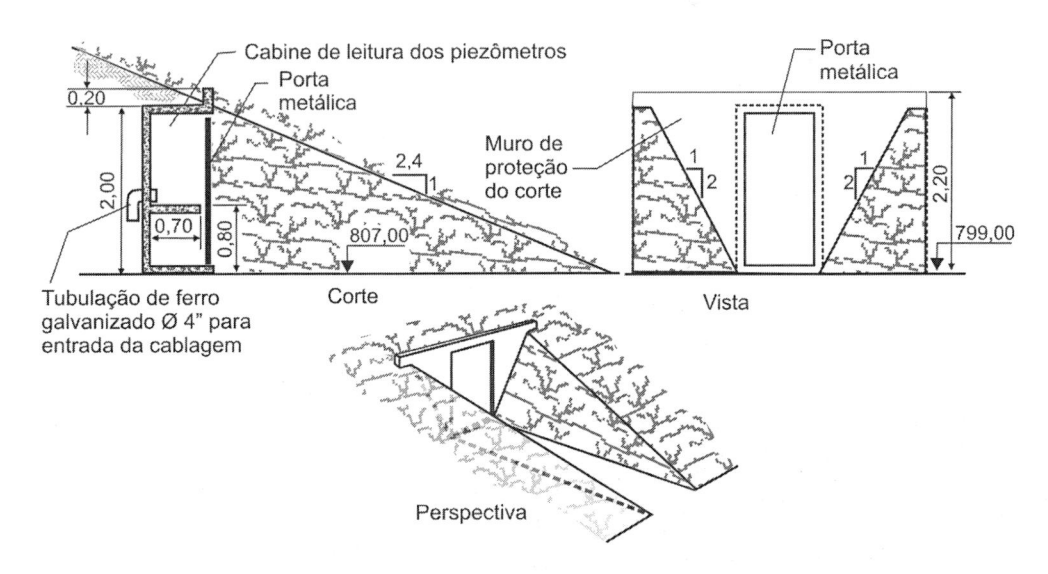

Fig. 15.9 *Cabine de leitura empregada na barragem de Jaguari, da Sabesp*

Na barragem de Três Irmãos, da Cesp, que entrou em operação em 1990, empregou-se, pelas primeiras vezes em nossas barragens, cabines de concreto pré-moldado, confeccionadas na obra e com dimensões reduzidas, para facilitar a instalação, reduzir custo e permitir a instalação de um maior número de seções instrumentadas. Nessa barragem foram instaladas três cabines ao longo do maciço direito e duas cabines ao longo do maciço esquerdo, com o intuito de dotá-la de um maior número de instrumentos, instalados ao longo das seções de maior interesse. Nas Figs. 15.10 e 15.11, pode-se observar detalhes da cabine de leitura empregada na barragem de Três Irmãos, da Cesp, que apresenta formato cilíndrico, com 1,60 m de diâmetro interno e altura variável entre 2,0 e 2,3 m. Essas cabines foram confeccionadas em concreto pré-moldado,

Fig. 15.10 *Cabine de instrumentação pré-moldada na barragem de Três Irmãos, da Cesp*

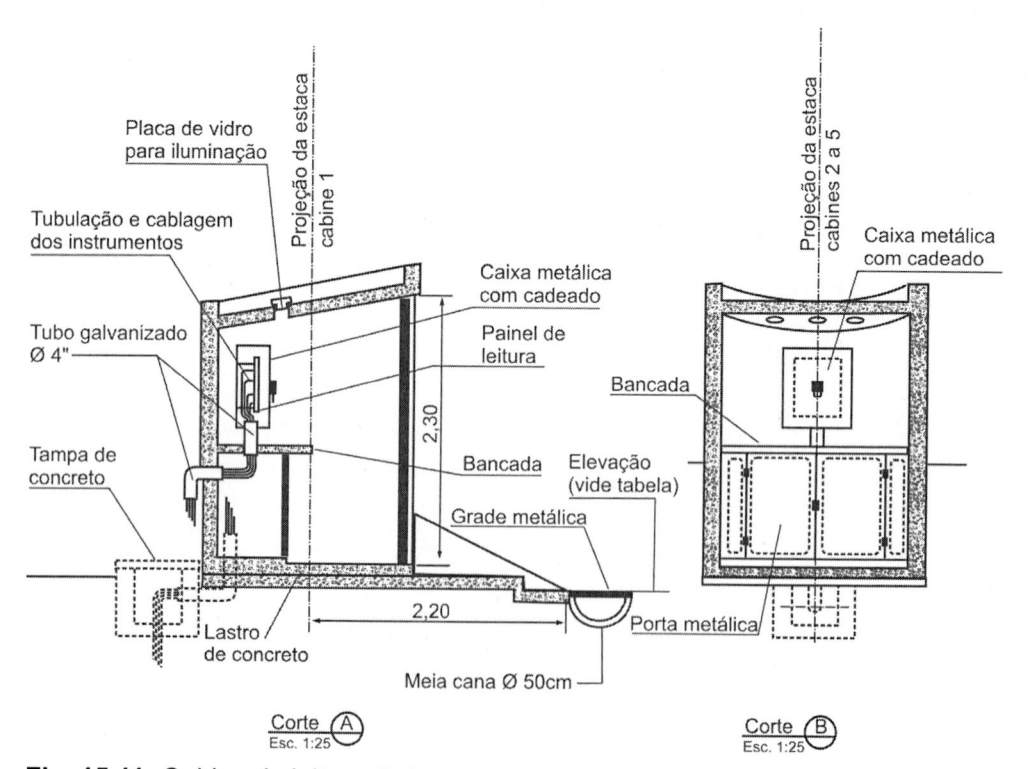

Fig. 15.11 *Cabine de leitura da barragem de Três Irmãos (1990), da Cesp*

para serem içadas por um guindaste, transportadas e assentadas no local definitivo de instalação, sem maiores dificuldades.

Nas Figs. 15.12 e 15.13, observa-se que as cabines de leitura empregadas na barragem de Porto Primavera, da Cesp, apresentam o mesmo tipo daquelas adotadas na barragem de Três Irmãos, e que, por serem também pré-moldadas e de pequenas dimensões, permitem a sua instalação em várias seções ao longo da barragem. São, portanto, particularmente recomendadas para barragens de grande extensão, como Porto Primavera, que, com cerca de 10 km de extensão, exigiu a instalação dos instrumentos de auscultação em várias seções transversais ao longo da barragem, o que implica a instalação de várias cabines de instrumentação no pé de jusante da barragem.

Na barragem de Rosana, construída pela Cesp e atualmente pertencente à Duke Energy International, localizada no rio Paranapanema, nas proximidades de Porto Primavera, as cabines empregadas para a leitura da instrumentação do maciço de terra, com 36 m de altura máxima e 2.400 m de comprimento, são também de pequenas dimensões, conforme se pode observar na Fig. 15.14. Essa barragem teve sua construção finalizada em 1987.

Fig. 15.12 Cabine de instrumentação da barragem de Porto Primavera (2000)

Na barragem de Itaúba, da CEEE – Companhia Estadual de Energia Elétrica do Rio Grande do Sul, de enrocamento com 90 m de altura máxima e término de

Fig. 15.13 Detalhe da cabine de instrumentação de Porto Primavera, em que se observa o painel de leitura no interior

Fig. 15.14 Cabine de instrumentação da barragem de Rosana, da Duke Energy

construção em 1978, foi instalada uma cabine principal no pé da barragem e cabines menores nas bermas intermediárias, conforme Fig. 15.15. Na cabine principal eram lidos todos os piezômetros pneumáticos da Geosistemas, de procedência mexicana, instalados no núcleo da barragem.

Já na barragem de Passo Real, também da CEEE-RS (Fig. 15.16), com o término de construção em 1973, 58 m de altura máxima e comprimento de 3.850 m, os piezômetros hidráulicos do tipo USBR, instalados por ocasião do período construtivo, eram lidos em cabines de leitura de pequenas dimensões, a jusante do pé da barragem, onde o leiturista tinha que passar abaixado pela porta frontal, para se acomodar sentado em seu interior e proceder à leitura dos instrumentos. Apesar das pequenas dimensões dessa cabine, internamente o leiturista podia realizar as leituras sentado, de modo confortável e abrigado do sol e da chuva.

Fig. 15.15 *Vista geral da barragem de Itaúba, da CEEE-RS, com a cabine principal de instrumentação no pé da barragem (seta)*

Na barragem de Itaipu, que entrou em operação comercial em 1984, dotada de maciços de terra-enrocamento de grande extensão, com 85 m de altura máxima e 5.150 m de comprimento, os instrumentos de auscultação do aterro eram lidos em cabines de pequenas dimensões, com cerca de 5 m^2 de área interna, conforme Fig. 15.17, que mostra uma das cabines instalada no maciço de terra da margem esquerda.

Fig. 15.16 *Cabine de instrumentação da barragem de Passo Real, da CEEE-RS*

Mais recentemente, em algumas barragens de menor porte, nas quais a contenção de custos foi significativa e a quantidade de instrumentos instalados teve que ser bastante reduzida, foram empre-

Fig. 15.17 *Cabine de instrumentação da barragem de Itaipu, da Itaipu Binacional*

Fig. 15.18 Cabine de instrumentação da barragem de Paraitinga, da Sabesp

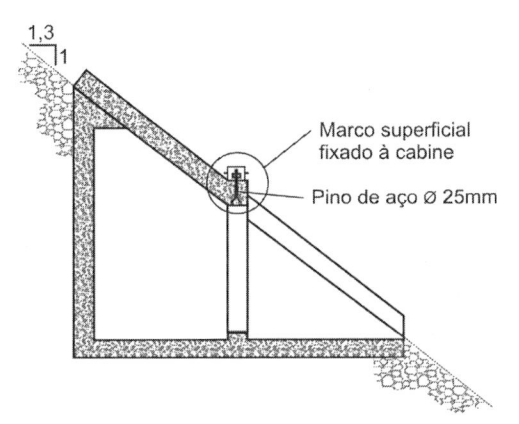

Fig. 15.19 Seção transversal da cabine de instrumentação empregada na BEFC de Xingó, da Chesf

Fig. 15.20 Vista de cabine de instru-mentação da BEFC de Xingó, da Chesf

gadas cabines de leitura de dimensões ainda menores, consistindo praticamente em caixas de concreto, dotadas de uma tampa metálica com cadeado, diretamente assentadas sobre o talude de jusante ou sobre as bermas. Passaram a servir de proteção aos cabos dos instrumentos elétricos ou pneumáticos, instalados no interior do maciço. Na Fig. 15.18, observa-se uma das cabines de leitura dos piezômetros pneumáticos instalados no aterro da barragem de Paraitinga, do DAEE/ Sabesp, com 30 m de altura máxima e 405 m de comprimento, localizada na cabeceira do rio Tietê, em São Paulo, e que teve sua construção finalizada em 2003/2004.

Nas barragens de enrocamento, as cabines de instrumentação podem também ser embutidas no aterro, conforme Fig. 15.19, que ilustra a cabine de instrumentação empregada na BEFC de Xingó, na leitura das células de recalque e extensômetros horizontais de hastes.

A Fig. 15.20 ilustra a escada de acesso a uma das cabines de instrumentação da BEFC de Xingó, confeccionada com blocos de rocha argamassados, de modo que apro-veitasse os grandes degraus que existiam a jusante, uma vez que o talude ficou protegido superficialmente por grandes blocos de rocha, devidamente arranjados ao longo de um mesmo nível. Houve a necessidade de se construir uma cabine provisória a jusante da principal, em decorrência das células de recalque terem ultrapassado a previsão de projeto, na seção de maior altura da barragem.

Na Fig. 15.21, observa-se a escada de acesso até as cabines de instrumentação, ao longo do talude de jusante da BEFC de Itá, que foi confeccionada em concreto e diretamente apoiada sobre a superfície do talude, nesse caso, constituído por blocos irregulares de rocha.

Já na barragem de enrocamento de São Simão, da Cemig o acesso às cabines de instrumentação foi realizado pela instalação de uma escada metálica, dotada de guarda-corpo, diretamente apoiada sobre a superfície do talude, conforme Figs. 15.22 e 15.23.

Fig. 15.21 *Escada de acesso à cabine de instrumentação da BEFC de Itá, da Itasa, apoiada sobre o talude de jusante*

Fig. 15.22 *Cabine de instrumentação e escada de acesso, na barragem de São Simão, da Cemig*

Fig. 15.23 *Escada de acesso às cabines de instrumentação da barragem de São Simão, da Cemig*

APÊNDICE A

Freqüências de Leitura dos Instrumentos de Auscultação

As freqüências de leitura da instrumentação de auscultação das barragens de terra ou enrocamento devem ser adequadas aos desempenhos previstos no projeto, para o período de construção da barragem, do primeiro enchimento do reservatório e da operação, e ainda para possibilitar o acompanhamento das velocidades de variação das grandezas medidas, levando-se em consideração a precisão dos instrumentos e a importância dessas grandezas na avaliação do desempenho real da barragem e de suas fundações.

As freqüências recomendadas na Tabela a seguir devem ser entendidas como freqüências mínimas de leitura e ser intensificadas ou ajustadas quando da ocorrência de fatores como:

- enchente superando o nível máximo normal do reservatório;
- rebaixamento rápido do reservatório, com velocidade superior ou igual a 2,0 m/dia;
- sismo sensível na área do reservatório;
- outros eventos que impliquem carregamento ou descarregamento anormal das estruturas de barramento.

Deve-se assegurar que os leituristas atuem também como inspetores visuais, percorrendo os diversos trechos, crista e bermas da barragem, no mínimo uma vez por semana. Essa recomendação é especialmente válida para o período operacional.

Após a fase de instalação, é recomendável que cada instrumento de auscultação instalado na barragem seja lido, preferencialmente, na mesma hora do dia: os instrumentos devem, então, ser agrupados de modo que sejam lidos em um mesmo dia, e suas leituras programadas em uma determinada seqüência e com itinerário fixo. Outra recomendação é que se evitem mudanças freqüentes nas equipes de leitura de um determinado tipo de instrumento, a fim de assegurar ao máximo a precisão dos dados adquiridos. Em caso de substituições programadas para os leituristas, recomenda-se que o substituto acompanhe os leituristas experientes por um período mínimo de duas campanhas de leituras.

Instrumentos cujos dados são analisados de forma integrada, tais como inclinômetros *versus* marcos superficiais, células de recalque versus topografia das cabines de leitura (barragem de enrocamento), devem ter freqüência de leitura iguais, sendo realizadas preferencialmente nos mesmos dias e horários.

A flexibilidade na freqüência das leituras de piezômetros, medidores de deslocamentos e recalques é particularmente importante durante o período construtivo das barragens sobre solos moles saturados. Nesse caso, o projetista deve estabelecer que as leituras sejam imediatamente processadas, os valores resultantes representados graficamente e interpretados de forma expedita, de acordo com os critérios preestabelecidos. A interpretação poderá exigir aumento da freqüência das leituras e das inspeções de campo, para se acompanhar melhor a evolução do desempenho da estrutura e a adoção de eventuais medidas que mantenham sua segurança.

Nas barragens de enrocamento com face de concreto (BEFC), é importante que as leituras dos marcos superficiais, alguns dos quais estão geralmente instalados sobre as cabines de leitura, onde serão lidas as células de recalque (tipo caixas suecas), sejam feitas no mesmo dia. Portanto, quando se tratar de barragens desse tipo, onde os recalques absolutos das células de recalque serão fornecidos pela composição entre os recalques da célula em relação à cabine de leitura, e o recalque absoluto da cabine, fornecido pelas medições topográficas, é fundamental ter as leituras topográficas dos marcos superficiais e das células de recalque realizadas no mesmo dia e, de preferência, no mesmo horário.

Se após quatro ou cinco anos de operação a barragem e suas fundações atingem uma situação geral de aparente estabilidade, procede-se, então, a partir desse período, a uma ampliação dos intervalos entre leituras, independentemente da aparente estabilidade de cada um dos instrumentos em si, mas desde que as inspeções visuais continuem a ser executadas periodicamente. Por outro lado, se houver qualquer indicação de tendências que poderiam conduzir a condições perigosas, as freqüências de medidas relevantes, observações e inspeções devem ser intensificadas. Tendo por base a experiência com a análise da instrumentação das barragens de São Simão, da Cemig, e de Itaipu, da Itaipu Binacional, pode-se dizer que alguns tipos de deslocamentos, como os deslocamentos diferenciais entre blocos, particularmente quando se tratar de juntas entre estruturas diferentes da barragem, não se estabilizam completamente, nem mesmo após duas décadas do término do enchimento do reservatório. Trata-se, entretanto, de casos isolados, de grandezas que só se estabilizam após várias décadas de operação da barragem, não se justificando a manutenção de freqüências mais intensas de leitura por períodos tão prolongados.

Na Tabela a seguir, são apresentadas as freqüências recomendadas para o período de enchimento do reservatório, baseadas em condições normais, ou seja, que demandam cerca de dois a seis meses para se completar. No caso de enchimentos muito rápidos ou muito lentos, essas freqüências deverão ser ajustadas a cada caso particular.

Tabela *Freqüências mínimas recomendadas para a leitura da instrumentação de barragens de terra-enrocamento.*

Tipo de instrumento	Período construtivo	Enchimento do reservatório	Período inicial de operação (*)	Período de operação
Marco superficial	semanal	semanal	mensal	semestral
Medidor de recalque	2 semanais	2 semanais	semanal	mensal
Inclinômetro	2 semanais	2 semanais	semanal	mensal
Extensômetro para solo	2 semanais	2 semanais	semanal	mensal
Célula de pressão total	2 semanais	2 semanais	semanal	mensal
Piezômetro de fundação	semanal	3 semanais	2 semanais	semanal
Célula piezométrica no aterro	2 semanais	3 semanais	2 semanais	semanal
Medidor de N.A. no filtro	--	3 semanais	2 semanais	semanal
Medidor de vazão	--	diária	3 semanais	semanal
Medidor de turbidez	--	diária	3 semanais	semanal

Obs.: 1) Durante o período de instalação, são recomendadas leituras antes e durante as várias fases de instalação, para acompanhar o desempenho dos instrumentos e detectar eventuais problemas.
2) Dependendo das freqüências de leitura, a passagem de um período para outro deve ser realizada de modo gradativo.
(*) Estas freqüências poderão estender-se por 1 a 5 anos, dependendo do comportamento e aparente estabilização das leituras.

APÊNDICE

B Relação de Fornecedores de Instrumentação

No Brasil

BUREAU
Bureau de Projetos e Consultoria
Rua Girassol, 1.003 – Vila Madalena
CEP 05433-002 – São Paulo – SP
Tel.: (11) 3819-0099
E-mail: bureau@bureauprojetos.com.br
Web: www.bureauprojetos.com.br

CESP
CESP – Companhia Energética de São Paulo
Av. Nossa Senhora do Sabará, 5.312 – Escritório 34 – Vila Emir
CEP 04447-011 – São Paulo – SP
Tels.: (11) 5613-3779 / (11) 5613-3780

FURNAS
Furnas Centrais Elétricas S.A.
Laboratório de Solos – Instrumentação e Segurança de Barragens
Caixa Postal 457 – Centro
CEP 74001-970 – Goiânia – GO
Tel.: (62) 239-6488

MSI
MSI Micro Sensores Industrial Ltda.
Rua Mariana Borges, 57 – Balneário Mar Paulista
CEP 04463-050 – São Paulo – SP
Tel.: (11) 5612-6534
E-mail: microsensores@uol.com.br

ALPHAGEOS
ALPHAGEOS – Geologia, Geotécnica e Comércio Ltda.
Rua João Ferreira de Camargo, 703 – Tamboré
CEP 06460-060 – Barueri – SP
Tel.: (11) 4196-5400
Web: www.alphageos.com.br

IPT
IPT – Instituto de Pesquisas Tecnológicas de São Paulo
Cidade Universitária – Prédio 54
CEP 05508-901 – São Paulo – SP
E-mail: rrocha@ipt.com.br

INSTRUMENTEC ENG$^{\underline{A}}$.
Rua Comendador Elias Assi, 337 – Caxingui
CEP 05516-000 – São Paulo – SP
Tels.: (11) 3722-0244 / 3721-7294
Web: www.instrumentecengenharia.com.br

LUMANS
Lumans Engenharia e Representações Ltda.
Viaduto Nove de Julho, 160 – Cj. 18 – Sala A – Centro
CEP 01050-060 – São Paulo – SP
Tel.: (11) 3257-2346
E-mail: lumans@lumans.com.br

No Exterior

GLÖETZL MBTL
Forlenweg 11 * 76287 Rheinstten – Germany
Tel.: 49-0-721-5166-0
Fax: 49-0-721-5166-30
E-mail: info@gloetzl.com
Web: www.gloetzl.com

HUGGENBERGER AG
Tödistrasse 68 * CH-8810 Horgen – Switzerland
Tel.: + 41 (0) 44 727 77 02
E-mail: info@huggenberger.com
Web: www.huggenberger.com

KYOWA Eletronic Instruments CO. LTD.
Chofu-Higashiguchi Building 2F, 45-6, Fuda 1-chome
Chofu, Tokyo 182, Japan
Tel.: 0424-81-3537
Fax: 0424-89-1149
E-mail: overseas@kyowa-ei.co.jp
Web: www.kyowa-ei.co.jp

SLOPE INDICATOR CO.
3450 Monte Villa Parkway, PO Box 3015
Bothell, WA 98041-3015
Tel.: 425-806-2200
Fax: 425-806-2250
E-mail: solutions@slope.com
Web: www.slopeindicator.com

DURHAM DEO SLOPE INDICATOR
190-6260 Graybar Road – Richmond, BC V6W 1H6 Canada
Tels.: 604-276-2545 / 1-800-663-2374
E-mail:scornwallace@slope.com
Web: www.slopeindicator.com

SISGEO S.R.L.
Via F Serpero 4/F1 20060 Masate (MI) – Italy
Tel.: +39-02-95-76-4130
Fax: 39-02-95-76-2011
E-mail: info@sisgeo.com
Web: www.sisgeo.com

GEOKON INC.
48 Spencer Street, Lebanon, NH 03766 – USA
Tel.: 1-603-448-1562
Fax: 1-603-448-3216
E-mail: info@geokon.com
Web: www.geokon.com

ROCTEST LTD.
665 Pine Avenue, Saint-Lambert, QC J4P 2P4, Canada
Tel.: 450-465-1114 (227)
Fax: 450-465-1938
E-mail: jboily@roctest.com
Web: www.roctest.com

RST INSTRUMENTS
200-2050 Hartley Ave., Coquitlam, BC V3K 6W5 – Canada
Tel.: 1-604-540-1100
Fax: 1-604-947-4662
E-mail: info@rstinstruments.com
Web: www.rstinstruments.com

ENCARDIO RITE
A-7 Industrial Estate, Talkatora Road, Lucknow – 226011 U.P. – India
Tel.: 91-522-2661044
Fax: 91-522-2661043
E-mail: sales@encardio.com
Web: www.encardio.com

RITTMEYER INSTRUMENTATION
P.O. Box 2558, Grienbachstrasse 39, CH – 6302 Zug – Switzerland
Tel.: (++4141) 767 10 00
Fax: (++4141) 767 10 75
E-mail: instrumentation@rittmeyer.com
Web: www.rittmeyer.com

SAKATA DENKI CO.
2-17-20, Yagisawa, Nishitokyo-shi, Tokyo 202-0022 – Japan
Tel.: 81-0-422-20-5522
Fax: 81-0-422-20-9444
E-mail: eigyou@sakatadenki.co.jp
Web: www.sakatadenki.co.jp

SOIL INSTRUMENTS LTD.
Bell Lane Uckfield, East Sussex, TN22 1QL – England
Tel.: +44 (0) 1825 765044
Fax:+44 (0) 1825 744398
E-mail: kim@soil.co.uk
Web: www.soil.co.uk

GEONOR INC.
P.O. Box 903, Milford, PA,18337-0903 – USA
Tel.: 1-570-296-4884
Fax: 1-570-296-4886
E-mail: geonor@geonor.com
Web: www.geonor.com

GEOMATION, INC.
14828 West 6th Avenue, Suite 1B – Golden, CO 80401 – USA
Tel.: 720-746-0100
Fax: 720-746-1100
E-mail: info@geomation.com
Web: www.geomation.com

APPLIED GEOMECHANICS
1336 Brommer Street, Santa Cruz, CA 95062 – USA
Tel.: 1-831-462-2801
Fax: 1-831-462-4418
E-mail: applied@geomechanics.com
Web: www.geomechanics.com

VIBROSYSTM
2727 Jacques-Cartier East Blvd., Longueuil (Quebec) J4N 1L7 – Canada
Tel.: 1-450-646-2157
Fax: 1-450-646-2164
E-mail: Sales@vibrosystm.com
Web: www.vibrosystm.com

Referências Bibliográficas

Trabalhos gerais sobre instrumentação de barragens

ABMS – Associação Brasileira de Mecânica dos Solos/ABGE – Associação Brasileira de Geologia de Engenharia. José Ermírio de Moraes (Água Vermelha). In: SIMPÓSIO SOBRE A GEOTECNIA DA BACIA DO ALTO PARANÁ, Cadastro Geotécnico, São Paulo, 1983.

ÁGUAS, M. F. F.; GUEDES, Q. M.; BASTOS, J. T. Processos e resultados da auscultação de barragens do sistema Furnas. In: SEMINÁRIO NACIONAL DE GRANDES BARRAGENS, 23., Belo Horizonte, 1999.

AMORIM, J. L. R. Comportamento da barragem de Pedra do Cavalo durante os dez primeiros anos de operação. In: SEMINÁRIO NACIONAL DE GRANDES BARRAGENS, 23., Belo Horizonte, 1999.

ARAÚJO, M. A.; BELLO JUNIOR, N.; SAMARA, R. M. Sistema CESP de segurança de barragens (SICESP) módulo de instrumentação e análise. In: SEMINÁRIO NACIONAL DE GRANDES BARRAGENS, 23., Belo Horizonte, 1999.

ASCE. **Guidelines for instrumentation and measurements for monitoring dam performance**. Virginia, USA: ASCE – American Society of Civil Engineers, 2000.

BALBI, D. A. F.; FUSARO, T. C.; MAGALHÃES, R. A. Inspetor – sistema inteligente de controle e segurança de barragens. In: SEMINÁRIO NACIONAL DE GRANDES BARRAGENS, 25., Salvador, 2003.

BARBI, A. L. e PORTO, E. C. Aproveitamento hidrelétrico de Itaipu, instrumentação das ensecadeiras principais. In: SEMINÁRIO NACIONAL DE GRANDES BARRAGENS, 13, Rio de Janeiro, 1980. v. I.

BORGES, A. L.; PAIVA, P. R.; GAIOTO, N.; SILVEIRA, J. F. A. (1996) O comportamento da barragem do Morro do Ouro nas várias etapas de alteamento. In: SIMPÓSIO SOBRE INSTRUMENTAÇÃO DE BARRAGENS, 2., Belo Horizonte, 1996. v II.

BUREAU. **Earth manual – a water resources technical publication**. U. S. Bureau of the Interior, Bureau of Reclamation, 1974.

CARVALHO, L. H.; VASCONCELLOS, A. H. B. Instrumentação de interface fundação heterogênea e aterro da barragem do Brumado. In: SEMINÁRIO NACIONAL DE GRANDES BARRAGENS, 13., Rio de Janeiro, 1980. v. II.

CAVALCANTI, M. C. R.; PIRES FILHO, C. J.; CAVALCANTI, A. V.; MARTINS, M. A. Proposta de procedimento para crítica automatizada dos dados de monitoramento de barragens – protótipo Serra da Mesa. In: SEMINÁRIO NACIONAL DE GRANDES BARRAGENS, 25., Salvador, 2003.

COMPANHIA ENERGÉTICA DE SÃO PAULO. Notas do Simpósio de instrumentação de barragens de terra e enrocamento – Ilha Solteira. Ilha Solteira, 1974.

COMPANHIA ENERGÉTICA DE MINAS GERAIS. **Parecer técnico sobre o desempenho das estruturas civis do aproveitamento hídrico de Bananal**. Inspeção formal realizada em março de 1999.

_____. **Parecer técnico sobre o desempenho das estruturas civis do aproveitamento hídrico de Salinas**. Inspeção formal realizada em março de 1999.

_____. **Parecer técnico sobre o desempenho das estruturas civis do aproveitamento hídrico de Calhauzinho**. Inspeção formal realizada em maio de 1999.

_____. **Parecer técnico sobre o desempenho das estruturas civis do aproveitamento hídrico de Caraíbas**. Inspeção formal realizada em março de 1999.

_____. **Parecer técnico sobre o desempenho das estruturas civis do aproveitamento hídrico de Machado Mineiro**. Inspeção formal realizada em maio de 1999.

_____. **Parecer técnico sobre o desempenho das estruturas civis do aproveitamento hídrico de Mosquito**. Inspeção formal realizada em março de 1999.

_____. **Parecer técnico sobre o desempenho das estruturas civis do aproveitamento hídrico de Samambaia**. Inspeção formal realizada em maio de 1999.

DUNNICLIFF, J. **Geotechnical instrumentation for monitoring field performance**. New York: John Wiley & Sons, Inc., 1993.

DUÓ, A.; ABRAÃO, R. A.; SILVEIRA, J. F. A. José Ermírio de Moraes (Água Vermelha). In: SIMPÓSIO SOBRE A GEOTECNIA DA BACIA DO ALTO PARANÁ, São Paulo, 1983.

FRANKLIN, J. A. Some practical considerations in the plannung of field instrumentation. In: **Anais International Symposium on Field Measurements in Rock Mechanics**. New Orleans, LA, M. Karmis (Ed.), Society of Mining Engineering, New York, 1977.

KUPERMAN, S. C.; MORETTI, M. R.; CIFU, S.; CELESTINO, T. B.; RE, G.; ZOELLNER, K.; PÍNFARI, J. C.; CARNEIRO, E. F.; ROSSETTO, S. L. G. e REIGADA, R. P. Reavaliação da instrumentação instalada em barragens da CESP. In: SEMINÁRIO NACIONAL DE GRANDES BARRAGENS, 25., Salvador, 2003.

_____. Reavaliação da segurança e dos valores de controle da instrumentação das estruturas civis da UHE Jurumirim. In: SEMINÁRIO NACIONAL DE GRANDES BARRAGENS, 25., Salvador, 2003.

LEPS, T. M. Instrumentation and the Judgment Factor. **Anais XV ICOLD Congress**, Q.56 – R.31, Lausanne, Suiça, 1985.

LINDQUIST, L. N. Instrumentação geotécnica: tipos, desempenho, confiabilidade, eficiência da qualidade e quantidade. In: SIMPÓSIO SOBRE A GEOTÉCNICA DA BACIA DO ALTO PARANÁ, ABMS/ABGE/CBGB. v. IB, São Paulo, 1983.

MENESCAL, R. A.; FONTENELLE, A. S.; OLIVEIRA, S. K. F.; VIEIRA, V. P. P. B. Avaliação do desempenho de barragens no estado do Ceará. In: SEMINÁRIO NACIONAL DE GRANDES BARRAGENS, 24., Fortaleza, 2001.

MUNARSKI, C. J. Instalação de aparelhagem nas barragens de terra para verificação do seu comportamento. In: CONGRESSO BRASILEIRO DE MECÂNICA DOS SOLOS, 1., Porto Alegre, 1954. v. III.

PECK, R. B. Influence of nontechnical factors on the quality of embankment dams. Embankment Dam Engineering - Casagrande Volume, John Wiley & Sons, New York, 1973, p. 201-208.

_____. Observations and instrumentation, some elementary considerations, 1983 postscript. Judgment in Geotechnical Engineering: The Professional Legacy of Ralph Peck, J. Dunnicliff and D. U. Deere (Eds), Wiley, New York, 1984.

POULOS, H. G.; DAVIS E. H. **Elastic solutions for soil and rock mechanics**. New York: John Wiley & Sons, Inc., 1974.

PROMON e THEMAG. Instrumentação – análise do comportamento dos maciços de terra durante os períodos construtivo e de enchimento do reservatório. In: **Relatório de Instrumentação da Barragem de Água Vermelha**, 1979.

_____. Relatório de instrumentação – análise do comportamento da barragem de terra de Água Vermelha até dezembro de 1980. In: **Relatório de Instrumentação**, 1981.

SILVEIRA, J. F. A. Comportamento de barragens de terra e suas fundações. Tentativa de síntese da experiência brasileira na bacia do Alto Paraná. In: SIMPÓSIO SOBRE A GEOTECNIA DA BACIA DO ALTO PARANÁ, São Paulo, 1983.

_____. Desenvolvimentos mais recentes na instrumentação de barragens de terra -enrocamento. In: SIMPÓSIO SOBRE NOVAS TÉCNICAS E CONCEITOS EM INSTRUMENTAÇÃO DE CAMPO, Rio de Janeiro, 1988.

_____. Diretrizes para a instrumentação de pequenas e médias centrais hidrelétricas. In: SIMPÓSIO BRASILEIRO DE PEQUENAS E MÉDIAS CENTRAIS HIDRELÉTRICAS, 1., Poços de Caldas, 1998.

SOUZA, R. B.; CAVALCANTI, A. J.; SILVEIRA, J. F. A. Comportamento da BEFC de Xingó durante o período construtivo e fase de enchimento do reservatório. In: SIMPÓSIO SOBRE INSTRUMENTAÇÃO DE BARRAGENS, 2., Belo Horizonte, 1996. v. II.

TAVARES, A.; VIOTTI, C. B. O comportamento das barragens de terra de Volta Grande. In: SIMPÓSIO SOBRE INSTRUMENTAÇÃO DE CAMPO EM ENGENHARIA DE SOLOS E FUNDAÇÕES, Rio de Janeiro, 1975. v. I.

VARGAS, M. Design and performance of Xavantes dam. In: SIMPÓSIO SOBRE A GEOTECNIA DA BACIA DO ALTO PARANÁ. Associações ABMS/ABGE, São Paulo, 1983.

WILSON, S. D. Deformation of earth and Rockfill dams. In: Embankment Dam Engineering – Casagrande Volume, John Wiley & Sons, New York, 1973.
_____. Investigation of embankment performance. **Journal of the Soil Mechanics and Foundations Division**, ASCE. jul. 1967.
Medições piezométricas

ABMS/ABGE. Barragem José Ermírio de Moraes – Água Vermelha. In: SIMPÓSIO SOBRE A GEOTECNIA DA BACIA DO ALTO PARANÁ. Cadastro Geotécnico das Barragens, São Paulo, 1983.

ABRAHÃO, R. A. Barragem de Xavantes – Análise de percolação pelo método da eletroanalogia integrada a medidas piezométricas. **Anais X SNGB**, Curitiba, 1975.

ALVES FILHO, A.; SILVEIRA, J. F. A.; GAIOTO, N.; PINCA, R. L. Controle de subpressões e de vazões na ombreira esquerda da barragem de Água Vermelha – Análise tridimensional de percolação pelo MEF. In: SEMINÁRIO NACIONAL DE GRANDES BARRAGENS, 13., Rio de Janeiro, 1980. v II.

AMARAL, E.; MIYAJI, Y.; MASSONI, F. O comportamento das células Warlan e Geonor instaladas na fundação da barragem de terra da usina Capivara. In: SEMINÁRIO NACIONAL DE GRANDES BARRAGENS, 11., Tema IV, Fortaleza, 1976.

ARÊAS, O. M. Piezômetros em Três Marias. In: PANAMERICAN CONFERENCE OF SOIL MECHANICS AND FOUNDATION ENGINEERING. São Paulo, 1983. ABMS v. 1, p. 413-40.

BAKER, D. G. Installation of multi-level piezometers in an existing embankment dam. **Anais Field Measurements in Geomechanics**. Singapore, Balkema, Rotterdam, 1999.

BEZERRA, D. M.; MOURA, O. Controle e análise das pressões neutras numa seção da barragem de terra da usina Jupiá. **Anais IV COBRAMSEF**. Rio de Janeiro, 1970. v. I.

BEZERRA, R. L.; DANZIGER, F. A. B.; ALMEIDA, M. S. S. Desenvolvimento do piezocone de terceira geração na COPPE/UFRJ. **Anais X Congresso Brasileiro de Mecânica dos Solos e Engenharia de Fundações**. Foz do Iguaçu, 1994. v. II.

BILLSTEIN, M.; SVENSSON, U. Air bubbles – a potencial explanation of the unusual pressure behavior of the core at WAC Bennett dam. In: ICOLD CONGRESS, Q.78 – R.26, 20. Beijing. 2000. v. III.

BONCOMPAIN, B.; PARE, J. J.; LEVAY, J. Crest sinkholes related to the collapse of loose material upon wetting. **Anais 12th International Conference on Soil Mechanics and Foundation Engineering**, Rio de Janeiro, 1989.

BORGES, A. L.; PAIVA, P. R.; GAIOTO, N.; SILVEIRA, J. F. A. O comportamento da barragem do Morro do Ouro nas várias etapas de alteamento. In: II SIMPÓSIO SOBRE INSTRUMENTAÇÃO DE BARRAGENS, 2., Belo Horizonte, 1996. v. II.

BOURDEAUX, G. H. R. M.; MORI, R. T.; FREITAS, M. S.; COSTA, H. A. Instrumentação e análise das subpressões na barragem de Porto Colômbia. **Anais X SNGB**, Tema III, Curitiba, 1975.

CARIM, A. L. C.; DIAS G. G.; CRUZ, J. F.; FUSARO, T. C. Piau dam – biological clogging of the drainage of the downstream toe. Workshop on Dam safety problem and solutions-sharing experience. In: ICOLD MEETING, 72., Seul, Coreia, 2004.

CASAGRANDE, A. Control of seepage through foundation and abutments of dams. Geotechnique, v. II, n. 3, 1961.

COMPANHIA ENERGÉTICA DE MINAS GERAIS. Relatório da instrumentação de auscultação das estruturas da UHE de Jaguará. **Relatório de análise**, mai. 2002.

CHOQUET, P.; JUNEAU, F.; BESSETTE, J. New generation of fabry-perot fiber optic sensors for monitoring of structures. **Anais 7th Annual International Symposium on Smart Structures and Materials**, Newport Beach, California, 2000.

CHOQUET, P.; JUNEAU, F.; QUIRION, M. Advances in fabry-perot fiber optic sensors and instruments for geotechnical monitoring. **Geotechinical News**, Newport Beach, Québec, Canadá 2000.

CRUZ, P. T.; ORGLER, B.; COSTA FILHO, L. M. Algumas considerações sobre a previsão de pressões neutras no final de construção de barragens por ensaios de laboratório. In: CONGRESSO BRASILEIRO DE MECÂNICA DOS SOLOS E ENGENHARIA DE FUNDAÇÕES, 7., Recife, 1982.

CRUZ, P. T.; MASSAD, F. O parâmetro B em solos compactados. **Anais III COBRAMSEF**, Tema I, Belo Horizonte, 1966. v. I.

CRUZ, P. T.; SIGNER, S. Pressões neutras de campo e laboratório em barragens de terra. **Anais IX SNGB**, Tema 2, Rio de Janeiro, 1973.

DE MELLO, V. F. B. Comportamento de materiais compactados à luz de experiência em grandes barragens. **Revista Geotécnica**, Lisboa, Portugal, mar. 1982.
_____. Reflections on design of practical significance to embankments dams. **Geótechnique**, v. 27, n. 3, 1977, p. 279-355.

DIBIAGIO, E.; MYRVOLL, F.; VALSTAD, T.; HANSTEEN, H. Field instrumentation, observations and performance evaluation for the Svartevann dam. **Norwegian Geotechnical Institute Publication**, Oslo, n. 142, 1982.

GAIOTO, N. Infiltrações na ombreira direita e na galeria de desvio da barragem de Paranoá – interpretação e tratamentos. In: SEMINÁRIO NACIONAL DE GRANDES BARRAGENS, 14., Recife, 1981.

GALLETTI, A. A. B.; CAPRONI JR, N.; ARAÚJO, L. A. P. Piezômetros elétricos Geonor M-600 instalados na barragem de terra de Itumbiara. **Anais VII COBRAM-SEF**, Tema IV, Recife, 1982.

GUERRA, M. O. Ação química e biológica na colmatação de filtros e drenos – implicações no comportamento da barragem do Rio Grande. **Anais XIII SNGB**. Rio de Janeiro, 1980. v. II.

GUIDICINI, G.; USSAMI, A. Controle de subpressão nas fundações da barragem de Jupiá – rio Paraná. In: SIMPÓSIO SOBRE A GEOTECNIA DA BACIA DO ALTO PARANÁ. São Paulo, 1983.

GUIDICINI, G.; ANDRADE, R. M.; CRUZ, P. T. Controle de subpressão no maciço de fundação da hidrelétrica de Itaúba - RS. In: SEMINÁRIO NACIONAL DE GRANDES BARRAGENS, 14., Recife, 1981.

HERKENHOFF, C. S.; DIB, P. S. Pressões da água intersticial nas barragens de terra e a segurança no período construtivo. In: SEMINÁRIO NACIONAL DE GRANDES BARRAGENS, 16., Belo Horizonte, 1985.

HOEK, E.; BRAY, J. W. Groundwater flow, permeability and pressure. In: **Rock slope engineering**, Londres: The Institution of Mining and Metallurgy, 1974.

HSU, S.J.C. Aspects of piping resistence to seepage in clay soil. **Anais X Congresso Internacional de Mecânica dos Solos e Engenharia de Fundações**, Estocolmo, Suécia, 1981.

HVORSLEV, M. J. Time lag and soil permeability in ground – water observations. Bulletin nº 36, Waterways Experiment Station, Corps of Engineers, U.S. Army, 1951.

JOHNSTON, T. A.; CHARLES, J. A.; MILLMORE, J. P.; TEDD, P. An engineering guide to the safety of embankment dams in the united Kingdom. BRE – Building Research Establishment Ltd., UK Guide, 2nd edition, 1999.

KIM, Y. I. Dam behaviour measured by embedded instruments", **Anais XIII ICOLD International Congress**, Q.49, R.28, New Delhi, India, 1979.

KOMADA, H.; KANAZAWA, K. A consideration on fill dams stability analysis taking into account a seepage force under rapid drawdawn of the water surface level of reservoir. **Anais XII ICOLD International Congress**, Q.45, R.36, Mexico, 1976.

KRAHN, J. Seepage modeling with SEEP/W – an engineering methodology. **Manual da Geo-Slope International Ltd. sobre o programa SEEP/W**, Alberta, Canadá, 2004.

LEME, C. R. M. Pressões neutras em período construtivo. A análise de um caso. In: SEMINÁRIO NACIONAL DE GRANDES BARRAGENS, 11., Fortaleza, 1976.

LIGOCKI, L. P.; SARÉ, A. R.; SAYÃO, A. S. F. J.; GERSCOVICH, D. M. Avaliação de segurança da barragem de Curuá-Uma com base na piezometria. In: SEMINÁRIO NACIONAL DE GRANDES BARRAGENS, 25., Salvador, 2003.

LIM, H. D.; PARK, U. G. Crest sinkholes and remedial works of Unmun dam. ICOLD 69TH ANNUAL MEETING, Dresden, Alemanha, 2001.

LINDQUIST, L. N. Instrumentação geotécnica: tipos, desempenho, confiabilidade, eficiência da qualidade e quantidade. **Anais Simpósio Sobre a Geotécnica da Bacia do Alto Paraná**. São Paulo, 1983. v. IB.

LINDQUIST, L. N.; BONZEGNO, M. C. Análise de sistemas drenantes de nove barragens de terra da CESP, através da instrumentação instalada. **Anais XIV SNGB**, Tema II, Recife, 1981. v. I.

MAC RAE, J. B.; SIMMONDS, T. Long-term stability of vibrating wire instruments: one manufacture's perspective. In: FIELD MEASUREMENTS IN GEOTECHNICS, Balkema, Rotterdam, 1991.

MAIA, R. A. A.; SOUZA, R. J. B.; MONTEIRO, J. M. A.; BELLINI, J. F. UHE Sobradinho monitoramento remoto dos piezômetros de tubo aberto e medidores de vazão dos diques 'A' e 'B'. In: SEMINÁRIO NACIONAL DE GRANDES BARRAGENS, 25., Salvador, 2003.

MASSAD, E.; MASSAD, F.; TEIXEIRA, H. R. Comportamento da barragem do Saracuruna decorridos cinco anos após as correções de vazamento pelas ombreiras. **Anais VI COBRAMSEF**, São Paulo, 1978.

MASSAD, F.; GEHRING, J. G. Observação das vazões de percolação e desempenho de sistemas de drenagem interna de algumas barragens brasileiras. **Anais XIV SNGB**, Tema II, Recife, 1981. v. I.

MASSAD, F.; MASSAD, E.; YASSUDA, A. J. Análise do comportamento da barragem do Rio Verde através de instrumentos de auscultação. **Anais XII Seminário Nacional de Grandes Barragens**, Tema II, São Paulo, 1978.

McRAE, J. B.; SIMMONDS, T. Long-term stability of vibrating instruments: one manufacture's perspecttive. **Anais Simpósio Field Measurement in Geotechnics**, Sorum, Balbema, Rotterdam, 1991.

MEDEIROS, C. H. A. C.; AMORIM, J. L. Acompanhamento do comportamento da nova barragem de Santa Helena – análise e interpretação da instrumentação de auscultação instalada: um estudo de caso. In: SEMINÁRIO NACIONAL DE GRANDES BARRAGENS, 25., Salvador, 2003.

MYRVOLL, F.; LARSEN, S.; SANDE, A.; ROMSLO, N. B. Field instrumentation and performance observations for the Vatnedalsvatn dams. **Anais ICOLD Congress**, Q.56 – R.56, Lausanne, Suiça, 1985.

OLIVEIRA, H. G.; BOURDEAUX, G. H. R. M.; MORI, R. T.; FREITAS, M. S.; MOREIRA, M. O. Analysis of percolation through the embankment and foundation of Porto Colombia dam. **Anais X Congresso Internacional ICOLD**, R.45, Q.64, México, 1976.

OLIVEIRA, H. G.; MORI, R. T.; IMAIZUMI, H.; M. S.; LEITE DE SÁ, M. B. Percolação pelas fundações das barragens dos rios Atibainha e Cachoeira. **Anais XI Seminário Nacional de Grandes Barragens**. Fortaleza, 1976.

OLIVEIRA, H. G.; MORI, R. T.; FREITAS JR., M. S.; FRANÇA, P. C. T. Desempenho das fundações e maciços da barragem de terra e enrocamento de Itumbiara. **Anais VII COMBRAMSEF**, Tema IV, Recife, 1982.

OLIVEIRA, R.; VAZQUEZ, J.; PIMENTA, L. Análise de segurança e projeto da barragem de Jaburu I. In: SEMINÁRIO NACIONAL DE GRANDES BARRAGENS, 24., Fortaleza, 2001.

PECK, R. B. Embankment dams instrumentation *versus* monitoring. **Geotechnical Instrumentation News**, USA, sept. 2001.

PROMON ENGENHARIA. Aproveitamento hidroelétrico de Marimbondo – instrumentação da barragem de Marimbondo. In: **Análise dos resultados até dezembro/76**. São Paulo, 1976.

_____. Aproveitamento hidroelétrico de Marimbondo – instrumentação da barragem de Marimbondo. In: **Análise dos resultados até dezembro/77**, São Paulo, 1977.

QUEIROZ, L. A.; OLIVEIRA, H. G.; MORI, R. T.; NAZÁRIO, F. A. S. Seepage control in the rio Jaguari – dam and dike. **Anais IV COPAMSEF**, Tema V, Porto Rico, 1971. v. II.

QUEIROZ, P. I. B.; NAMBA, M.; PRADO, C. M. A.; HATORI, A. C. A.; NEGRO JR., A. Paraitinga: previsão de comportamento da barragem de terra através de análises numéricas. **Anais XXV Seminário Nacional de Grandes Barragens**, T92-A30, Salvador, 2003.

RATTUE, D. A.; HAMMAMJI, Y.; TOURNIER, J. P. Performance of the Sainte Marguerite-3 dam during construction and reservoir filling. **Anais XX ICOLD Congress**, Q.78 – R.58, Beijing, 2000.

ROCHA FILHO, P.; SALES, M. M. O uso do piezocone em ensaios *offshore* em águas profundas. **Anais X Congresso Brasileiro de Mecânica dos Solos e Engenharia de Fundaçõe**s. Foz do Iguaçu, 1994. v. II.

ROCHA, C. F. S.; DOMINGUES, N. R. Estudos e projetos de recuperação da barragem de Santa Branca. In: SEMINÁRIO NACIONAL DE GRANDES BARRAGENS, 19., Aracaju, 1991.

RUIZ, M. D.; CAMARGO, F. P.; SOARES, L.; ABREU, A. C. S.; PINTO, C. S.; MASSAD, F.; TEIXEIRA, H. R. Estudos e correção dos vazamentos e infiltrações pelas ombreiras e fundações da barragem de Saracuruna. **Anais XI SNGB**, Tema III, Fortaleza, 1976.

_____. Studies and correction of seepage through the abutments and foundations of Saracuruna dam. In: INTERNATIONAL CONGRESS ICOLD, 12., México, 1976.

SANDRONI, S. S. Estimativa de poropressões positivas em maciços de terra compactada durante a fase de construção. In: SEMINÁRIO NACIONAL DE GRANDES BARRAGENS, 16., Belo Horizonte, 1985.

SANTOS, C. F. R.; DOMINGUES, N. R. Estudos e projetos de recuperação da barragem de Santa Branca. SEMINÁRIO NACIONAL DE GRANDES BARRAGENS, 19., Tema II, Aracaju, 1991.

SHERARD, J. L. Piezometers in Earth dam impervious sections. In: SYMPOSIUM ON INSTRUMENTATION RELIABILITY AND LONG-TERM PERFORMANCE MONITORING OF EMBANKMENT DAMS, New York, 1981.

SHERARD, J. L. Sinkholes in dams coarse broadly graded soils. James L. Sherard Contributions, **ASCE Geotechnical Special Publication**, n. 32, Embankment Dams, USA, 1979.

SHERARD, J. L. Piezometers in Earth Dam impervious sections. **Anais Symposium on Instrumentatiton Reliability and Long-Term Performance Monitoring of Embankment Dams**, ASCE Annual Meeting, New York, 1981.

SIGNER, S. Pressões neutras na barragem de Itaúba – RS. In: SEMINÁRIO NACIONAL DE GRANDES BARRAGENS, 14., Recife, 1981.

SILVA, F. P. Célula elétrica de medida de pressões neutras. In: CONGRESSO BRASILEIRO DE MECÂNICA DOS SOLOS, 2., Recife, 1958. v. I.

SILVEIRA, J. F. A. Influência da compressibilidade do solo de fundação da barragem de Água Vermelha nas variações de permeabilidade da fundação. In: SEMINÁRIO NACIONAL DE GRANDES BARRAGENS, 12., São Paulo, 1978. v. I.

SILVEIRA, J. F. A.; ÁVILA, J. P.; MIYA, S.; MACEDO, S. S. Influência da compressibilidade do solo da barragem de Água Vermelha nas variações de permeabilidade da fundação. **Anais XII SNGB**, Tema II, São Paulo, 1978. v. I.

SILVEIRA, J. F. A.; MARTINS, C. R. S. M.; CARDIA, R. J. R. Desempenho dos dispositivos de impermeabilização e drenagem da fundação da barragem de terra de Água Vermelha. **Anais XIV SNGB**, Tema II, Recife, 1981. v. I.

SORUM, G. Field measurements in geomechanics. In: INTERNATIONAL SYMPOSIUM ON FIELD MEASUREMENTS IN GEOMECHANICS, 3., Oslo, 1991.

SOUZA PINTO, N. L. Evolução das pressões intersticiais na barragem do aproveitamento Capivari-Cachoeira. **Anais VIII SNGB**, Tema III, São Paulo, 1972.

SOUZA, R. J. B.; MAIA, R. A. A. Tratamento de subpressões elevadas no dique 'A' UHE Sobradinho. In: SEMINÁRIO NACIONAL DE GRANDES BARRAGENS, 23., Belo Horizonte, 1999.

STROMAN, W. R.; KARBS, H. E. Monitoring and analyses of pore pressures clay shale foundation, Waco dam, Texas, USA. In: XV ICOLD, Lausanne, 1985.

STEWART, R. A.; IMRIE, A. S. A new perspective based on the 25 year performance of WAC Bennett dam. **Anais International Workshop on Dam Safety Evaluation**, 1993.

TAVARES, A.; VIOTTI, C. B. O comportamento das barragens de terra de Volta Grande. In: SIMPÓSIO SOBRE INSTRUMENTAÇÃO DE CAMPO EM ENGENHARIA DE SOLOS E FUNDAÇÕES, Rio de Janeiro, 1975.

VARGAS, M. Effectiveness of cut-offs under three Earth dams. **Anais 4th Panamerican Conference on Soil Mechanics and Foundation Engineering**, Sessão V, Porto Rico, 1971. v. II.

_____. Projeto e comportamento da barragem Euclides da Cunha. **Anais II COPAMSEF**, Tema III, São Paulo, 1963. v. II.

_____. Fundações de barragens de terra sobre solos porosos. **Anais VIII SNGB**, Tema I, São Paulo, 1972.

VARGAS, M.; HSU, S. J. C. Design and performance of Ilha Solteira embankments. **Anais V COPAMSEF**, Tema II, Sessão V, Buenos Aires, 1975.

WATER POWER & DAM CONSTRUCTION. Instrumentation WAC Bennett – Mind Over Matter", aug. 1997.

WILSON, S. D. Investigation of embankment performance. **Journal of the Soil Mechanics and Foundation Division**, ASCE, Jul. 1967.

Medição de tensões (pressões totais)

ALBERRO, J.; MORENO, E. Interaction phenomena in the Chicoasén dam: construction and first filling. **Anais ICOLD Congress**, Q.52, R.10, Rio de Janeiro, 1982.

AUFLEGER, M.; STROBL, T. The use of earth pressure cells in embankment dams. **Anais XIX ICOLD Congress**, Q.73 – R.6, Florença, Itália, 1997.

CARLYLE, W. The design and performance of the core of Brianne dam. **Anais XI ICOLD Congress**, Q.42, R.26, Madri, 1973.

COMPANHIA ENERGÉTICA DE MINAS GERAIS. Parecer técnico sobre o desempenho das estruturas civis do aproveitamento hídrico de Salinas. **Relatório elaborado pela SBB Engenharia**, mar. 1999.

CLOUGH, R. W.; WOODDWARD, R. J. Analysis of Embankment Stresses and Deformations. **Journal of the Soil Mechanics and Foundation Division**, ASCE, Jul. 1967.

DASCAL, O.; SUPÉRINA, Z. Fiabilité des instruments a corde vibrante pour l'auscultation des barrages. **Anais XV ICOLD**, Q. 56 – R.6, Lausanne, 1985.

DIBIAGIO, E. Field instrumentation – a geotechnical tool. **Norwegian Geotechnical Institute,** Oslo, n. 115, 1977. p. 29-40.

_____. Field instrumentation, observations and performance evaluations for the Svartevann dam. **Norwegian Geotechnical Institute**, Oslo, n. 142, 1982.

DIBIAGIO, E.; KJAERNSLI, B. Instrumemtation of Norwegian embankment dams. **Anais XV ICOLD**, Q.56 – R.57, Lausanne, 1985.

DIBIAGIO, E.; MYRVOLL, F. Instrumentation techniques and equipment used to monitor the performance of Norwegian embankment dams. **Norwegian Geothecnical Institute**, Oslo, n. 165, 1986.

DIBIAGIO, E.; MYRVOLL, F.; VALSTAD, T.; HANSTENN, H. Field Instrumentation, Observations, and Performance Evaluations for the Svartevann Dam. **Norwegian Geothecnical Institute**, Oslo, n. 142, 1982.

DUNNICLIFF, J. Geotechnical instrumentation for monitoring field performance. In: **Measurement of total stress in soil**, New York: Wiley-Interscience, 1988.

ISRM – INTERNATIONAL SOCIETY ON ROCK MECHANICS. Suggested methods for pressure monitoring using hydraulic cells. **ISRM Suggested Methods**. Oxford: Pergamon Press, 1981. p. 201-211.

ITAIPU BINACIONAL Análise do comportamento da barragem principal durante o período de enchimento do reservatório até junho de 1984. **Relatório elaborado pela Promon-GCAP**, n. 4106-50-6017-P-R0B, 1984.

KNIGHT, D. J.; NAYLOR, D. J.; DAVIS, P. D. Stress-strain behavior of the Monasavu soft core Rockfill dam: prediction, performance and analysis. **Anais XV Congresso Internacional ICOLD**, Q.56 – R.68, Lausanne, 1985.

KULHAWY, F. H.; DUNCAN, J. M. Stresses and Movements in Oroville Dam. **Journal of the Soil Mechanics and Foundations Division**, Proceedings of the ASCE, 1972.

MELLIOS, G. A.; LINDQUIST, L. N. Análise de medições de tensão total em barragens de terra. **Anais Simpósio Sobre Instrumentação Geotécnica de Campo**, Rio de Janeiro, 1990.

MELLIUS, G. A.; SVERZUT, H. Observações de empuxos de terra sobre os muros de ligação – considerações sobre o parâmetro Ko em Ilha Solteira. **Anais X Seminário Nacional de Grandes Barragens**, Curitiba, 1975.

MICHALAROS, M. Barragem de terra-enrocamento de Jaguará – alguns aspectos do projeto e da construção. **Anais VII Seminário Nacional de Grandes Barragens**, Tema III, Rio de Janeiro, 1971.

MIYA, S.; SILVEIRA, J. F. A.; MARTINS, C. R. S. Análise das tensões medidas da interface solo-concreto dos muros de ligação da barragem de Água Vermelha. In: SEMINÁRIO NACIONAL DE GRANDES BARRAGENS, 13., Rio de Janeiro, 1980. v II.

MORENO, E.; ALBERRO, J. Behaviour of the Chicoasén dam: construction and first filling. **Anais ICOLD Congress**, Q.52, R.9, Rio de Janeiro, 1982.

MYRVOLL, F.; LARSEN, S.; SANDE, A.; ROMSLO, N. B. Field instrumentation and performance observations for the Vatnedalsvatn dams. **Anais XV ICOLD**, Q.56 – R.56, Lausanne, 1985.

NAKAO, H.; ABREU, F. L. R. Tensões e deformações do maciço compactado junto ao filtro vertical na barragem de Taquaruçu. **Anais VIII Congresso Brasileiro de Mecânica dos Solos e Engenharia de Fundações**, Porto Alegre, 1986.

NAKAO, H. Pressões de terra na superfície de muros de concreto em contacto com barragens de terra. In: SEMINÁRIO NACIONAL DE GRANDES BARRAGENS, 14., Recife, 1981.

O'ROURKE, J. E. Performance instrumentation installed in Oroville dam. **Journal of the Geothecnical Engineering Division**, 1974.

PABLO, L. M.; CRUZ, A. Performance of colbun main dam during construction. **Anais XV ICOLD**, Q.56 – R.60, Lausanne, 1985.

PARRA, P. C. Previsão e análise do comportamento tensão-deformação da barragem de Emborcação. **Anais XVI Seminário Nacional de Grandes Barragens**, Belo Horizonte, 1985.

PIRES, J. V.; LEITE, W. L.; MONTEIRO, L. B. Análise das tensões e deformações dos maciços da barragem de Taquaruçu. **Anais Simpósio Sobre Instrumentação Geotécnica de Campo – SINGEO'90**, Rio de Janeiro, 1990.

SCHOBER, W. Behavior of the Gepatsch Rockfill Dam. **Anais IX ICOLD**, Q.34 – R.39, Istambul, 1967.

_____. Embankmen dams – resarch and development, construction and operation. Large Dams in Austria, v. 34, Innsbruck, 2003.

_____. Large scale application of gloetzl type hydraulic stress cells at the Gepatsch Rockfill Dam Austria. Baumesstechnick: Editor Franz Gloetzl, 1965.

_____. The interior stress distribution of the Gepatsch Rockfill Dam. **Anais X ICOLD**, Q.36 – R.10, Montreal, 1970.

SCHWAB, H.; PIRCHER, W. Monitoring and alarm equipment at the Finstertal and Gepatsch Rockfill Dams. **Anais XIV ICOLD**, Q.52 – R.64, Rio de Janeiro, 1982.

_____. Structural Behavior of a High Rockfill Dam comprehensive interpretation of measurements, and conclusions on stress-strain relationships. **Anais XV ICOLD**, Q.56 – R.67, Lausanne, 1985.

SILVEIRA, J. F. A. Algumas considerações sobre o comportamento de interfaces entre barragens de terra e de concreto. **Anais XIII Seminário Nacional de Grandes Barragens**, Tema IV, Rio de Janeiro, 1980.

SILVEIRA, J. F. A.; MACEDO, S. S. e MIYA, S. Observação de deslocamentos e deformações na fundação da barragem de terra de Água Vermelha. In: SEMINÁRIO NACIONAL DE GRANDES BARRAGENS, 12., São Paulo, 1978.

SILVEIRA, J. F. A.; MARTINS, C. R. S.; PINCA, R. L.; MARTINS, A.; CIPPARRONE, M. Galerias de desvio das barragens do Jacareí e Jaguari: análise de tensões da interface solo-concreto. In: CONGRESSO BRASILEIRO DE MECÂNICA DOS SOLOS E ENGENHARIA DE FUNDAÇÕES, 7., Olinda, 1982.

SILVEIRA, J. F. A.; MIYA, S.; MARTINS, C. R. S. Análise das tensões medidas na interface solo-concreto dos muros de ligação da barragem de Água Vermelha. In: SEMINÁRIO NACIONAL DE GRANDES BARRAGENS, 13., Rio de Janeiro, 1980.

SILVEIRA, J. F. A.; PÍNFARI, J. A medição *in situ* do coeficiente de Poisson em uma de nossas barragens. **Anais XXV Seminário Nacional de Grandes Barragens**, Salvador, 2003.

SILVEIRA, J. F. A.; SANTOS JR., O. J. Pesquisa sobre os procedimentos de instalação das células de pressão total em barragens de terra. **Anais XXVI Seminário Nacional de Grandes Barragens**, Goiânia, 2005.

SOUTO SILVEIRA, E. B.; ZAGOTTIS, D. L. Elementos finitos em barragens de terra: influência da posição do filtro na fissuração. **Anais VI Seminário Nacional de Grandes Barragens**, Tema II, Rio de Janeiro, 1970.

TAYLOR, H.; PILLAI, V. S.; KUMAR, A. Embankment and foundation monitoring and evaluation of performance of a High Earthfill Dam. **Anais XV ICOLD**, Q.56 – R.8, Lausanne, 1985.

TROLLOPE, D. M. The systematic arching theory applied to the stability analysis of embankments. **Anais IV Int. Conference on Soil Mechanics and Foundation Engineering**, 1957.

VIOTTI, C. B.; ÁVILA, J. P. Some conceptual aspects of interfaces between embankment and concrete dams and experimental data from São Simão Dam. **Anais XIII ICOLD Congress**, Q.48 – R.43, Nova Delhi, 1979.

VIOTTI, C. B. Estudos das interfaces barragem de terra – estrutura de concreto: Jaguará, Volta Grande e São Simão. In: SEMINÁRIO NACIONAL DE GRANDES BARRAGENS, 13., Rio de Janeiro, 1980. v II.

WEILER, W. A.; KULHAWY, F. H. Factors affecting stress cell measurements in soil. **Journal Geotech**. Eng. Div. ASCE, v. 108, n. GT12, Dec., 1982. p. 1529-1548.

WILSON, S. Deformation of earth and Rockfill dams. **Embankment Dam Engineering** - Casagrande Volume, John Wiley & Sons, New York, 1973.

Medidores de deslocamentos verticais e horizontais

BURLAND, J. B., MOORE, J. F. A. The measurement of ground displacement around deep excavations. **Anais Symposium on Field Instrumentation in Geotechnical Engineering**, British Geotechnical Society, Butterworths, London, 1974.

CARDIA, R. J. R. Deficiências de inclinômetros e metodologia de instalação. **Anais Simpósio Sobre Instrumentação Geotécnica de Campo – SINGEO'90**, Rio de Janeiro, 1990.

_____. Desempenho de medidor magnético de recalques. **Anais Simpósio Sobre Instrumentação Geotécnica de Campo – SINGEO'90**, Rio de Janeiro, 1990.

CARVALHO, M. F. Estudo de solos colapsíveis no nordeste do estado de Minas Gerais. 1994. Dissertação (Mestrado em Geotecnia) - Escola de Engenharia de São Carlos, USP, 1994.

CASAGRANDE, A.; HISCHFELD, R. C. Stress-deformation and strength characteristics of a clay compacted to a constant dry unit weight. **Anais Res. Conf. On Shear Strength of Cohesive Soils**, ASCE, Univ. of Colorado, Boulder, 1960.

CAVALCANTI, A. J. C. T.; SOUZA, R. J. B.; ROCHA FILHO, P.; ALBUQUERQUE, F. S. Utilização de eletroníveis na monitoração da barragem de Xingó. **Anais XXI Seminário Nacional de Grandes Barragens**, Tema I, Rio de Janeiro, 1994. v. I.

CELESTINO, T. B.; MARECHAL, L. A. Stresses and strains in the Ilha Solteira earth-dam. In: PANAMERICAN CONFERENCE ON SOIL MECHANICS AND FOUNDATION ENGINEERING, 5., Buenos Aires, 1975.

COMPANHIA ENERGÉTICA DE MINAS GERAIS. Pareceres técnicos sobre o desempenho das estruturas civis do aproveitamento hídrico de Salinas. **Relatório elaborado pela SBB Engenharia**, 1999.

_____. Pareceres técnicos sobre o desempenho das estruturas civis do aproveitamento hídrico de Samambaia. **Relatório elaborado pela SBB Engenharia**, 1999.

COUTINHO, R. Q.; ORTIGÃO, J. A. R. O desempenho da instrumentação de um aterro sobre solo mole. **Anais Simpósio Sobre Instrumentação Geotécnica de Campo – SINGEO'90**, Rio de Janeiro, 1990.

CRUZ, P. T.; BEZERRA, D. M.; MORUZZI, C.; FREITAS, J. R. Uma nota sobre o comportamento de aparelhos de auscultação em barragens da CESP. In: SEMINÁRIO NACIONAL DE GRANDES BARRAGENS, 9., Rio de Janeiro, 1973.

DASCAL, O.; SUPÉRINA, Z. Fiabilité des inntruments a corde vibrante pour l'auscultation des barragens. **Anais XV ICOLD Congresso**, Q. 56, R.6, Lausanne, Suiça, 1985.

DÉCOURT, L. Comparação entre recalques previstos e observados do terreno de fundação da barragem de Promissão. **Anais VII Seminário Nacional de Grandes Barragens**, Rio de Janeiro, 1971.

DIBIAGIO, E.; KJAERNSLI, B. Instrumentation of Norrwegian embankment dams. **Anais XV Congresso Internacional ICOLD**, Q. 56, R. 57, Lausanne, Suiça, 1985.

DIBIAGIO, E.; MYRVOLL, F. Instrumentation techniques and equipment used to monitor the performance of Norwegian Dams. **Instituto Geotécnico Norueguês**, n. 165, Oslo, 1986.

DIBIAGIO, E.; MYRVOLL, F.; VALSTAD, T.; HANSTEEN, H. Field instrumentation, observations and performance evaluations for the Svartvann Dam. **Instituto Geotécnico Norueguês**, n. 142, Oslo, 1982.

EISENSTEIN, Z.; LAW, S. T. C. The role of constitutive laws in analysis of embankments. In: INTERNATIONAL CONF. ON NUMERICAL METHODS IN GEOMECHANICS, 3., Aachen, Alemanha Ocidental, 1979.

FIGUEIREDO, A. F.; NEGRO JR., A. New sensing system for borehole extensometers. **Géotechnique**, v. 31, n. 3, 1981. p. 427-430.

GAIOTO, N.; PINÇA, R. L.; MARTINS, A.; PACHECO, J. G.; CIPPARRONE, M. Galeria de desvio da barragem do Jacareí: um projeto concebido para admitir grandes deformações. In: SEMINÁRIO NACIONAL DE GRANDES BARRAGENS, 14., Recife, 1981.

GALLETTI, A. A. B.; CAPRONI JR., N.; ARAUJO, L. A. P. Medidores de recalques de fundação combinados com piezômetros *standpipe* – barragem de terra de Itumbiara. In: SEMINÁRIO NACIONAL DE GRANDES BARRAGENS, 14., Recife, 1981.

GONÇALVES, E. S.; CARVALHO, C. J.; CARIN, A. L. C. Desempenho dos medidores de recalques internos instalados nas barragens mais recentes da CEMIG. In: SIMPÓSIO SOBRE INSTRUMENTAÇÃO DE BARRAGENS, 2., Belo Horizonte, 1996. v. II.

GONÇALVES, E. S.; CARVALHO, C. J.; SILVEIRA, J. F. A. Análise do comportamento das estruturas de concreto da barragem de São Simão durante os períodos de enchimento do reservatório e operação. In: SIMPÓSIO SOBRE INSTRUMENTAÇÃO DE BARRAGENS, 2., Belo Horizonte, 1996. v. II.

HUMES, C. Mira deslizante: um aparelho para medidas de deslocamentos horizontais através de colimação. **Anais Simpósio Sobre Instrumentação Geotécnica de Campo – SINGEO'90**, Rio de Janeiro, 1990.

KELLY, M. Embankment foundation monitoring using in-place automated inclinometers. **Anais Association of State Dam Safety Officials (ASDSO)**, Snow Bird, Utah, 2001.

LAUFFER, H.; SCHOBER, W. The Gepatsch Rockfill Dam in the Kauner Valley. **Anais VIII ICOLD Congress**, v. 3, p. 655-680, Edinburgh, 1964.

JOHNSTON, T. A.; CHARLES, J. A., MILLMORE, J. P.; TEDD, P. An engineering guide to the safety of embankment dams in the United Kingdom. Excerpts BRE – Building Research Establishment Ltd., 1999.

MARQUES FILHO, P. L.; MAURER E.; TONIATTI, N. B. Algumas considerações sobre o comportamento da barragem de Foz do Areia no enchimento do reservatório. In: SEMINÁRIO NACIONAL DE GRANDES BARRAGENS, 16., Belo Horizonte, 1985.

MELLIOS, G. A.; MACEDO, S. S. Instrumentação da barragem de terra de Ilha Solteira: observações sobre o comportamento, recomendações. In: SEMINÁRIO NACIONAL DE GRANDES BARRAGENS, 9., Rio de Janeiro, 1973.

MYRVOLL, F.; LARSEN, S.; SANDE, A.; ROMSLO, N. B. Field instrumentation and performance observations for the Vatnedalsvatn Dams. In: CONGRESSO INTERNACIONAL ICOLD, 15, Q.56, R.56, Lausanne, Suiça, 1985.

NOBARI, E. S.; DUNCAN, J. M. Movements in dams due to reservoir fillings. ASCE Specialty Conf. on Performance of Earth and Earth-Supported Structures, Indiana, 1972.

ORLOWSKI, E.; LEVIS, P. Deformações do enrocamento das barragens de Foz do Areia e Segredo. **Anais II Simpósio sobre Barragens de Enrocamento com Face de Concreto**, CBDB, Florianópolis, 1999.

PABLO, L. M.; CRUZ, A. Performance of Colbun Main Dam during construction. In: CONGRESSO INTERNACIONAL ICOLD, 15., Q.56, R.60, Lausanne, Suiça, 1985.

PARRA, P. C. Previsões e análise do comportamento tensão-deformação da barragem de emborcação. In: SEMINÁRIO NACIONAL DE GRANDES BARRAGENS, 16., Belo Horizonte, 1985.

PEREIRA, E. D.; VASCONCELOS, A. A. Observações do comportamento das barragens de Paulo Afonso IV antes, durante e após enchimento do reservatório. In: SEMINÁRIO NACIONAL DE GRANDES BARRAGENS, 14., Recife, 1981.

QUEIROZ, L. A. Compressible foundation at Três Marias Earth Dam. **Anais Pan American Conference on Soil Mechanics and Foundation Engineering**, Mexico, 1960. v. I.

ROBINSON, Comunicação pessoal a John Dunnicliff. In: **Geotechincal Instrumentation for Monitoring Field Performance**, A Wiley-Interscience Publicattion, 1985. p. 223.

ROCHA FILHO, P.; TONIATTI, N. B.; PENMAN, A. D. M. Desenvolvimento de um sistema de medição de deslocamentos horizontais em barragens de terra e enrocamento. **Anais Simpósio Sobre Instrumentação Geotécnica de Campo – SINGEO'90**, Rio de Janeiro, 1990.

SCHWAB, H.; PIRCHER, W. Structural Behaviour of a High Rockfill Dam comprehensive interpretation of measurements and conclusion on stress-strain relationships. CONGRESSO INTERNACIONAL ICOLD, 15., Q.56, R.67, Lausanne, Suiça, 1985.

SHERARD, J. L. Embankment dam cracking – Brazilian experience. In: Embankment Dam Engineering – Casagrande Volume, John Wiley & Sons, New York, 1973.

_____. Influence of soil properties and construction methods on the performance of homogeneous Earth Dams. U.S. Bureau Reclamation, Technical. Memorando 645, 1953.

SIGNER, S. Compressibilidades observadas na barragem de terra e enrocamento de Itaúba. In: CONGRESSO BRASILEIRO DE MECÂNICA DOS SOLOS E ENGENHARIA DE FUNDAÇÕES, 7., Recife, 1982.

SILVEIRA, E. B. S.; ÁVILA, L. P.; EIGENHEER, L. P. Q. T.; FRANCO, J. O. J. Filters and drains of Marimbondo Dam. **Anais Congresso ICOLD**, Q.45, R.48, México, 1976.

SILVEIRA, J. F. A. **A instrumentação de auscultação de maciços rochosos em minas a céu aberto**, 1976. Dissertação (Mestrado em Engenharia) - Escola Politécnica da USP, 1976.

_____. Algumas considerações sobre o comportamento de interfaces entre barragens de terra e de concreto. In: SEMINÁRIO NACIONAL DE GRANDES BARRAGENS, 13., Rio de Janeiro, 1980.

_____. Deformações e deslocamentos em maciços de barragem. In: CONGRESSO BRASILEIRO DE MECÂNICA DOS SOLOS E ENGENHARIA DE FUNDAÇÕES, 7., Recife, 1982.

_____. Desenvolvimentos mais recentes na instrumentação de barragens de terra-enrocamento. **Anais Simpósio Sobre Novas Técnicas e Conceitos em Instrumentação de Campo**, Rio de Janeiro, Mai. 1988.

SILVEIRA, J. F. A.; MACEDO, S. S.; MIYA, S. Observação de deslocamentos e deformações na fundação da barragem de terra de Água Vermelha. In: SEMINÁRIO NACIONAL DE GRANDES BARRAGENS, 12., São Paulo, 1978.

SOUTO, E. B. Condicionantes quanto à deformabilidade. In: SIMPÓSIO SOBRE A GEOTECNIA DA BACIA DO ALTO PARANÁ, São Paulo, 1983.

TAVARES, A.; VIOTTI, C. B. O comportamento das barragens de terra de Volta Grande. **Anais Simpósio Sobre Instrumentação de Campo em Engenharia de Solos de Fundações**, COPPE-UFRJ, Rio de Janeiro, 1975.

TERZAGUI, K.; PECK, R. B. Dams and dam foundations. In: **Soil mechanics and engineering practice**, A Wiley International Edition, USA, 1967.

VARGAS, M.; HSU, S. J. C. Design and performance of Ilha Solteira embankments. In: PANAMERICAN CONFERENCE ON SOIL MECHANICS AND FOUNDATION ENGINEERING, 5., Buenos Aires, 1975.

_____. The use of vertical core drains in Brazilian dams. **Anais X Congresso Internacional ICOLD**, Montreal, Canadá, 1970.

VAUGHAN, P. R. Field instrumentation and the Behaviour of Embankment Dams. **Anais 1º Simpósio Sobre Instrumentação de Campo em Engenharia de Solos e Fundações**, Sessão I, COPPE-UFRJ, 1975.

VIOTTI, C. B.; CARIM, A. L. C. Deformações excessivas na barragem de emborcação e seu reflexo no projeto da barragem de Nova Ponte. In: SEMINÁRIO NACIONAL DE GRANDES BARRAGENS, 22., São Paulo, 1997.

WILSON, S. Deformation of Earth and Rockfill Dams. In: **Embankment Dam Engineering** – Casagrande Volume, New York: John Wiley & Sons, 1973.

_____. Investigation of embankment performance. **Journal of the Soil Mechanics and Foundation Division**, ASCE, jul. 1967.

_____. Notas do simpósio de instrumentação de barragens de terra e enrocamento. SIMPÓSIO REALIZADO PELA CESP EM ILHA SOLTEIRA, out. 1974.

Vazões de drenagem e materiais sólidos carreados

ALVES FILHO, A.; SILVEIRA, J. F. A.; GAIOTO, N.; PINCA, R. L. Controle de subpressões e de vazões na ombreira esquerda da barragem de Água Vermelha – análise tridimensional de percolação pelo MEF. In: SEMINÁRIO NACIONAL DE GRANDES BARRAGENS, 13., Rio de Janeiro, 1980. v II.

CARIM, A. L. C.; GONÇALVES DIAS, G.; CRUZ, J. F.; FUSARO, T. C. Piau dam - biological clogging of the drainage of the downstream toe - Dam safety problems and solutions – sharing experiences. **Anais Workshop on ICOLD 72nd Annual Meeting**, Seul, Coreia, 2004.

CARVALHO, L. H. Incidente na fundação de uma barragem de terra, assente sobre arenito. In: SEMINÁRIO NACIONAL DE GRANDES BARRAGENS, 19., Aracaju, 1991.

DUKE ENERGY INTERNATIONAL Análise do comportamento dos maciços de terra compactados - UHE Canoas II. **Relatório elaborado pela Engevix Engenharia**, 6 jul. 2001.

GAIOTO, N. Infiltrações na ombreira direita e na galeria de desvio da barragem de Paranoá – interpretação e tratamentos. In: SEMINÁRIO NACIONAL DE GRANDES BARRAGENS, 14., Tema II, Recife, 1981.

GUERRA, M. O. Ação química e biológica na colmatação de filtros e drenos - implicações no comportamento da barragem do Rio Grande. In: SEMINÁRIO NACIONAL DE GRANDES BARRAGENS, 13., Rio de Janeiro: 1980. v. II.

INFANTI, N.; KANJI, M. A. Considerações preliminares sobre fatores geoquímicos que afetam a segurança de barragens de terra. **Revista Construção Pesada**, 2º Congresso Internacional de Geologia de Engenharia, São Paulo, 1974.

MACIAL FILHO, C. L. Condições geoquímicas em algumas barragens de terra e as possibilidades de cimentação do filtro. **Revista Solos e Rochas**, AMBS/ABGE, 1988.

MASSAD, F.; GEHRING, J. G. Observação de vazões de sistemas de drenagem interna de algumas barragens brasileiras. In: SEMINÁRIO NACIONAL DE GRANDES BARRAGENS, 14., Recife, 1981.

_____. Observações de vazões de percolação e desempenho de sistemas de drenagem interna de algumas barragens brasileiras. In: SEMINÁRIO NACIONAL DE GRANDES BARRAGENS, 14., Tema II, Recife, 1981.

MASSAD, F.; MASSAD, E.; YASSUDA, A. Análise do comportamento da barragem do Rio Verde através de instrumentação de auscultação. In: SEMINÁRIO NACIONAL DE GRANDES BARRAGENS, 12., Tema II, São Paulo, 1978.

MELO PORTO, R. **Hidráulica básica – vertedores**. Departamento de Hidráulica e Saneamento da Escola de Engenharia de São Carlos. São Carlos: USP, 2001.

NOGUEIRA JR., J. Colmatação química dos drenos de barragens por compostos de ferro. Artigo Técnico n. 10, ABGE, São Paulo, 1986.

OLIVEIRA, H. G.; MORI, R. T.; IMAIZUMI, H.; LEITE DE SÁ. Percolação pelas fundações das barragens dos rios Atibainha e Cachoeira. In: SEMINÁRIO NACIONAL DE GRANDES BARRAGENS, 11., Fortaleza, 1976.

PACHECO, I. B.; MORITA, L.; MEISMITH, C. J.; SILVA, S. A. Utilização de dreno tipo francês no sistema de drenagem interna de barragens de terra. In: SEMINÁRIO NACIONAL DE GRANDES BARRAGENS, 14., Recife, 1981.

PORTO, E. C.; BALVEDI, J. A.; MISAEL, S. A. J. Manutenção dos sistemas de drenagem e inspeções de fundação. **Anais II Simpósio Sobre Instrumentação de Barragens**, CBDB, Belo Horizonte, 1996.

RUIZ, M. D.; CAMARGO, F. P.; SOARES, L.; ABREU, A. S.; PINTO, C. S.; MASSAD, F.; TEIXEIRA, H. R. Estudos e correção dos vazamentos e infiltrações pelas ombreiras e fundações da barragem de Saracuna (RJ). In: SEMINÁRIO NACIONAL DE GRANDES BARRAGENS, 11., Fortaleza. 1976.

TORBLAA, I.; RIKARTSEN, C. Songa, Sudden variations of the Leakage in a 35 years old Rockfill Dam. In: CONGRESSO INTERNACIONAL ICOLD, 19., Q.73, R.17, Florence, Itália, 1997.

Barragem de enrocamento com face de concreto

ACRES INTERNATIONAL LIMITED. Alto Anchicaya cancrete faced dam – sound leak investigation. In: SOUND LEAK INVESTIGATION, Cali, 1976.

APHAIPHUMINART, S.; CHANPAYOM, O.; MAHASANDANA, T.; BHUCHAROEN, V.; PINRODE, J. Desing, construction and performance – Khao Laem Dam. In: SIEZIÈME CONGRÈS DÊS GRANDS BARRAGES, San Francisco, 1988.

CASINADER, R.; ROME, G. Cracking of upstream concrete membranes on Rockfill Dams with reference to Winneke Dam, Australia. In: CONGRESSO INTERNACIONAL ICOLD, 15, Lausanne, 1985.

CASINADER, R.; ROME, G. Estimation of leakage through upstream concrete facing of Rockfill Dams. In: SIEZIÈME CONGRÈS DÊS GRANDS BARRAGES, San Francisco, 1988.

CAVALCANTI, A. J. C. T.; SOUZA, R. J. B.; ROCHA FILHO, P.; ALBUQUERQUE JR., F. S. Utilização de eletroníveis na monitoração da barragem de Xingó. In: SEMINÁRIO NACIONAL DE GRANDES BARRAGENS, 21., Rio de Janeiro, 1994.

COOKE, J. B. Shiroro Dam – first filling concrete face leakage. In: Memo n. 80, Shiroro Leakage, San Rafael, 1985.

COPEL. Barragem de Foz do Areia projeto e desempenho, 1981.

FITZPATRICK, M. D.; LIGGINS, T. B.; LACK, L. J.; KNOOPTANIGUCHI, E.; BATISTA, C. OTA, J.; CASSIAS, M. Instrumentation and performance of Cethana Dam. In: ONZIÈME CONGRÈS DÊS GRANDS BARRAGES, Madrid, 1973.

FREITAS JR., M. S.; BORGATTI, L.; ARAYA, J. M. China – barragem de Tianshengqiao I, monitoramento com eletroníveis da face de concreto. In: SEMINÁRIO NACIONAL DE GRANDES BARRAGENS, 23., Belo Horizonte, 1999.

GÓMEZ, G. M. Comportamiento de la cara de concreto de Aguamilpa. In: SIMPÓSIO SOBRE DE ENROCAMENTO COM FACE DE CONCRETO, 2., Florianópolis, 1999.

GOULART, M. L. S.; ALVES, A. J.; ANDRÉ, J. C.; COSTA, A. Retroanálise dos dados dos eletroníveis instalados na barragem principal da UHE Machadinho. In: SEMINÁRIO NACIONAL DE GRANDES BARRAGENS, 25., Salvador, 2003.

KNOOP, B. P.; LACK, L. J. Instrumentation and performance of concrete faced Rockfill Dams in pieman river power development. In: QUINZIÈME CONGRÈS DÊS GRANDS BARRAGES, Lausanne, 1985.

MARQUES FILHO, P. L. Monitoramento e análise de comportamento de barragens de enrocamento com face de concreto. In: **Relatório de Consultoria da COPEL**, 1989.

MARQUES FILHO, P. L.; MAURER, E.; TONIATTI, N. B. Deformation characteristics of Foz do Areia concrete face Rockfill Dam, as revealed by a simple instrumentation system. In: QUINZIÈME CONGRÈS DÊS GRANDS BARRAGES, Lausanne, 1985.

MAURER, E. Deformações e deslocamentos em barragens de enrocamento. In: SIMPÓSIO SOBRE A GEOTECNIA DA BACIA DO ALTO PARANÁ, São Paulo, 1983.

MORI, R. T.; PINTO, N. L. S. Analysis of deformations in concrete face Rockfill Dams to improve face movement prediction. In: CONGRESS – ICOLD, 16., San Francisco, 1988.

NARVAEZ, B. M.; MAURER, E. Comportamento de barragens de enrocamento compactado com face de concreto. In: SEMINÁRIO NACIONAL DE GRANDES BARRAGENS, 11., Fortaleza, 1976.

ORLOWSKI, E.; LEVIS, P. Deformações do enrocamento das barragens de Foz do Areia e Segredo. In: SIMPÓSIO SOBRE BARRAGENS DE ENROCAMENTO COM FACE DE CONCRETO, 2., Florianópolis, 1999.

PINTO, N. L. S.; MARQUES FILHO, P. L. Estimating the maximum face deflection in CFRDs. In: HYDROPOWER & DAMS, Issue Six, 1998.

PRICE, G.; TEDD, P.; WILSON, A. C.; EVANS, J. D. Use of the BRE electro-level system to measure deflections of the upstream asphaltic membrane of Roadford Dam. In: FIELD MEASUREMENTS IN GEOTECHNICS, Rotterdam, 1991.

SOUZA, R. B.; CAVALCANTI, A. J.; SILVEIRA, J. F. A. Comportamento da BEFC de Xingó durante o período construtivo e fase de enchimento do reservatório. In: SIMPÓSIO SOBRE INSTRUMENTAÇÃO DE BARRAGENS, 2., Belo Horizonte, 1996. v. II.

TANIGUCHI, E.; BATISTA, C. OTA, J.; CASSIAS, M. Equipamento para detecção de vazamentos em barragens de enrocamento com face de concreto. In: SEMINÁRIO NACIONAL DE GRANDES BARRAGENS, 21., Rio de Janeiro, 1994.

XAVIER, L. V.; TAJIMA, R.; ALBERTONI, S.; PEREIRA, R. F.; PAMPLONA, J. P. Projeto e desempenho da BEFC do UHE Quebra-Queixo. In: SEMINÁRIO NACIONAL DE GRANDES BARRAGENS, 25., Salvador, 2003.

Automação da instrumentação de barragens

AMORIM, J. L. R. Automação da instrumentação da barragem de Água Fria II. In: SEMINÁRIO NACIONAL DE GRANDES BARRAGENS, 24., Fortaleza, 2001.

BALBI, D. A. F.; FUSARO, T. C.; MAGALHÃES, R. A. INSPETOR – Sistema inteligente de controle e segurança de barragens. In: SEMINÁRIO NACIONAL DE GRANDES BARRAGENS, 25., Salvador, 2003.

CAVALCANTI, M. C. R.; PIRES FILHO, C. J.; CAVALCANTI, A. V.; MARTINS, M. A. Proposta de procedimento para crítica automatizada dos dados de monitoramento de barragens – protótipo Serra da Mesa. In: SEMINÁRIO NACIONAL DE GRANDES BARRAGENS, 25., Salvador, 2003.

HOPEN, N.; HOLMEN, H. K. Public and warning procedures in Norway. **Anais XIV Congresso Internacional do ICOLD**, Q.52, R.79, Rio de Janeiro, 1982. v. I.

SILVEIRA, J. F. A.; OLIVEIRA, T. C. Aplicação da informática na transmissão e análise dos dados da instrumentação da UHE de Xingó. In: SEMINÁRIO NACIONAL DE GRANDES BARRAGENS, 20., Curitiba, 1992.

SILVEIRA, J. F. A.; SOUZA, R. J. B.; OLIVEIRA, T. C.; LOPES, A. M. A automação da instrumentação da UHE de Xingó e os custos envolvidos. In: SEMINÁRIO NACIONAL DE GRANDES BARRAGENS, 21., Rio de Janeiro, 1994.

Galerias enterradas

BEIER, H.; SCHADE, D.; LORENZ, W. Penetration of impervious earth cores by structures. In: ICOLD, 13., Q.48, R.13, Nova Delhi, 1979.

BLINDE, A.; BRAUNS, J.; ZANGL, L. W. Earth and water pressures on rectangular conduit embedded in Settling Pond Dam. In: I International Tailing Symposium, Tailing Disposal Today, 1971.

BROWN, C. B. Forces on rigid culverts under high fills. **Journal of the Structural Division**, ASCE, out. 1967.

DIB, P. S.; MARTINS, M. C. R. Pressões de terra em caixas de concreto. In: **Anais do V Congresso Brasileiro de Mecânica dos Solos**, 1974. v. I.

GAIOTO, N.; PINCA, R. L.; MARTINS, A.; PACHECO, J. G.; CIPARRONE, M. Galeria de desvio da barragem do Jacareí: um projeto concebido para admitir grandes deformações. In: SEMINÁRIO NACIONAL DE GRANDES BARRAGENS, 14., Tema I, Recife, 1981. v. I.

MASSAD, E.; YASSUMA, A.J.; AZEVEDO JR., N. Observação do comportamento das galerias de desvio das barragens do Jacareí e do Jaguari durante os períodos construtivo e de enchimento parcial do reservatório. In: CONGRESSO BRASILEIRO DE MECÂNICA DOS SOLOS E ENGENHARIA DE FUNDAÇÕES, 7., Tema IV, Recife, 1982.

O'ROURKE, J. E. Soil stress measurements experiences. **Journal of the Geotechnical Engineering Division**, GT 12, 1978.

PAWSEY, S.; BROWN, C. B. The modification of the pressures on rigid culverts with fill procedures. **Highway Research Record**, n. 249, National Academy of Engineering, 1969.

PENMAM, A. D. M.; CHARLES, J. A.; NASH, J. K. T. L.; HUMPHREYS, J. D. Performance of culvert under Winscar Dam. **Geotechnique 25**, n. 4, 1975.

RUTLEDGE, P. C.; GOULD, J. P. Movements of articulated conduits under Earth Dams on compressible foundations. **Embankment Dam Engineering** – Casagrande Volume, John Wiley & Sons, Mc Graw Hill Book Co. Inc, 1973.

SILVEIRA, J. F. A.; MARTINS, C. R. S.; PINCA, R. L.; MARTINS, A.; CIPARRONE, M. Galerias de desvio das barragens do Jacareí e Jaguari: análise de tensões na interface solo-concreto. In: CONGRESSO BRASILEIRO DE MECÂNICA DOS SOLOS E ENGENHARIA DE FUNDAÇÕES, 7., Olinda/Recife, 1982.

SOUTO SILVEIRA, E. B.; SOUZA LIMA, V. M.; GAIOTO, N.; PINCA, R. L. Discontinuity in Dam – foundation systems. Where, how and which detrimental consequences have been avoided., In: ICOLD CONGRESS, 13., Q.48, R.58, Nova Delhi, 1979.

SPANGLER, M. G. Culverts and conduits, foundation engineering Leonards. In: **Mc Graw-Hill Book Co**. Inc., 1962.

TROLLOPE, D. H.; SPEEDIE, M. G.; LEE, I. K. Pressure measurements on Tularoop Dam Culvert. In: AUSTRALIA – NEW ZEALAND CONFERENCE, 4., 1963.

Proteção de instrumentos elétricos contra descarga atmosférica

SHOUP, D. Sensors in the real world – protecting geotechnical sensors and cable from lightning damage. Slope Indicator Co., 1992.

UNGAR, S. G. Effects of lightning punctures on the core-shield voltage of buried cable. **The Bell System Technical Journal**, n. 3, mar. 1980.

ROCTEST CO. Instrumentation for Irapé Dam, 2003.

ASCE Lightning and transient protection. In: **Guidelines for instrumentation and measurements for monitoring dam performance**, USA, 2000.

Medição de temperatura

DUVALL, W. I.; HOOKER, V. E. *In situ* rock temperature, stress investigations in rock quarries. In: BUREAU OF MINES REPORT OF INVESTIGATIONS, 1971.

Desempenho dos instrumentos de auscultação

CRUZ, P. T.; BEZERRA, D. M.; MORUZZI, C.; FREITAS, J. R. Uma nota sobre o comportamento de aparelhos de auscultação em barragens da CESP. In: SEMINÁRIO NACIONAL DE GRANDES BARRAGENS, 9., Rio de Janeiro, 1973.

ROSSO, J. A.; SILVEIRA, J.F.A.; ALVAREZ, R. R. A. O desempenho dos deformímetros e tensômetros para concreto nas barragens de Itaipu e Bhakra. In: SIMPÓSIO SOBRE INSTRUMENTAÇÃO DE BARRAGENS, 2., Belo Horizonte, 1996. v. II.

SHIMABUKURO, M.; CAVALCANTI, A. V.; PIRES FILHO, C. J.; MARTINS, M. A.. Desempenho da barragem da UHE Serra da Mesa nas fases construtivas e de enchimento do reservatório. In: SEMINÁRIO NACIONAL DE GRANDES BARRAGENS, 23., Belo Horizonte, 1999.

SILVEIRA, J. F. A.; MARTINS, C. R. S.; CARDIA, R. J. R. Desempenho dos dispositivos de impermeabilização e drenagem da fundação de terra de Água Vermelha. In: SEMINÁRIO NACIONAL DE GRANDES BARRAGENS, 14., Recife, 1981.

Diversos

COSTA FILHO, L. M.; ORGLER, B. L. Comparação entre deslocamentos verticais previstos e observados ao final da construção na barragem de Itaúba. In: SIMPÓSIO SOBRE A GEOTECNIA DO ALTO PARANÁ, São Paulo, 1983.

CRUZ, P. T. 100 barragens brasileiras – casos históricos, materiais de construção e projeto. São Paulo: Oficina de Texto, 1996.

DÉCOUNT, L. Comparação entre recalques previstos e observados do terreno de fundação da barragem de Promissão. In: SEMINÁRIO NACIONAL DE GRANDES BARRAGENS, 7., Rio de Janeiro, 1971.

GUTIÉRREZ, J. L. C.; ROMANEL, C. Aplicação de redes neurais na previsão de vazão através da fundação da ombreira esquerda da barragem Corumbá I. In: SEMINÁRIO NACIONAL DE GRANDES BARRAGENS, 25., Salvador, 2003.

KUPERMAN, S. C.; MORETTI, M. R.; CIFU, S.; CELESTINO, B.; RE, G.; ZOELLNER, K.; PINFARI, J. C.; CARNEIRO, E. F.; ROSSETTO, S. L. G.; REIGADA, R. P. Critérios para fixação de valores limite da instrumentação civil de barragens de concreto e de terra. In: SIMPÓSIO SOBRE A GEOTECNIA DA BACIA DO ALTO PARANÁ, São Paulo, 1983.

KUPERMAN, S. C.; MORETTI, M. R.; CIFU, S.; CELESTINO, T.B.; RE, G.; PEREIRA, P.N.; SANTOS, R. P.; FERREIRA, W. V. F. Reavaliação da segurança e dos valores de controle da instrumentação das estruturas civis da UHE Jurumirim. In: SEMINÁRIO NACIONAL DE GRANDES BARRAGENS, 25., Salvador, 2003.

KUPERMAN, S. C.; MORETTI, M. R.; CIFU, S.; CELESTINO, T. B.; RE, G.; ZOELLNER, K.; PÍNFARI, J. C.; CARNEIRO, E. F.; ROSSETTO, S. L. G.; REIGADA, R. P. Reavaliação da instrumentação instalada em barragens da CESP. In: SEMINÁRIO NACIONAL DE GRANDES BARRAGENS, 25., Salvador, 2003.

LAMBE, T. W. Predictions in soil engineering. In: **Thirteenth Rankine Lecture**, London, 1973.

QUEIROZ, P. I. B.; NAMBA M.; PRADO, C. M. A.; HATORI, A. C. A.; NEGRO JR., A. Paraitinga: previsão de comportamento da barragem de terra através de análises numéricas. In: SEMINÁRIO NACIONAL DE GRANDES BARRAGENS, 25., Salvador, 2003.

TAVARES, A.; VIOTTI, C. B. O comportamento das barragens de terra de Volta Grande. In: SIMPÓSIO SOBRE INSTRUMENTAÇÃO DE CAMPO EM ENGENHARIA DE SOLOS E FUNDAÇÕES, Rio de Janeiro, 1975. v. I.

VARGAS, M. Design and performance of Xavantes Dam. In: SIMPÓSIO SOBRE A GEOTECNIA DA BACIA DO ALTO PARANÁ, São Paulo, 1983.

VIOTTI, C. B. Longitudinal craking at Emborcação Dam. **Anais XIX ICOLD**, Q.75 – R.50, Florence, 1977.

WILSON, S. D. Deformation of Earth and Rockfill Dams. In: **Embankment Dam Engineering** – Casagrande Volume, John Wiley & Sons, New York, 1973.

_____. Investigation of embankment performance. **Journal of the Soil Mechanics and Foundations Division**, ASCE, jul. 1967.

Oficina de Textos é uma editora jovem, fundada em 1996. Publica livros universitários e profissionais, visando promover, consolidar e difundir Ciência e Tecnologia brasileiras.

Nossa principal linha editorial iniciou-se com tópicos da Engenharia Civil, como Geotecnia, Tecnologia de Concreto e Barragens. São títulos destinados a professores e universitários, bem como a profissionais que atuam nessas áreas. Por afinidades, essa linha editorial expandiu-se para Geologia, Geografia e Agronomia, pois todos os títulos têm abordagem transdisciplinar, de acordo com tendências modernas fomentadas pelas preocupações ambientais.

Temos acompanhado o desenvolvimento e fortalecimento do Sensoriamento Remoto – inclusive do programa sino-brasileiro CBERS – e, conseqüentemente, o crescente interesse de profissionais e da sociedade em utilizar tal ferramenta. Por isso, também publicamos diversos títulos da área, aplicados às mais diversas finalidades: oceanos, meteorologia, estudos ambientais etc.

Melhorar a cultura científica da população jovem é imprescindível para a formação de mais cientistas e inventores, base do desenvolvimento tecnológico e econômico. É preciso valorizar Ciência e Tecnologia permanentemente, em casa e na escola, da criança ao jovem adulto. Com essa finalidade, a Oficina de Textos edita a série Decifrando.a.terra.br, para crianças, e a série Inventando o Futuro, para adolescentes, jovens e ao público geral interessado em divulgação científica. Com total rigor científico, os livros de ambas as séries correspondem às expectativas dos jovens leitores: são atraentes e ricamente ilustrados em cores, e têm linguagem despojada.

Como obrigação indiscutível, tomamos a elevada qualidade em todas as etapas editoriais. Fazemos revisões minuciosas da língua, porque abominamos ver matéria impressa com erros; produzimos cada livro pensando no papel mais adequado, na diagramação, na capa e em todos os detalhes, procurando um acabamento primoroso.

oficina de textos
www.ofitexto.com.br

Impressão e acabamento

psi7 | book7